高职高专产品艺术设计专业（灯具方向）规划教材

灯饰形态构成

主　编　尤太权

黄河水利出版社
·郑州·

内 容 提 要

本书主要内容包括灯饰形态构成概述、形式美的构成法则、形式美的审美特征、灯饰形态构成的材料与技术运用、从平面到立体的创造训练、线形态构成与训练、面形态构成与训练、块体形态构成与训练、灯饰形态设计制作案例、灯饰设计赏析。书中提出的造型理念简单易行，能帮助读者梳理形态构成创作的切入点，正确思考、判断和应用造型设计中点、线、面、体的形式美规律及造型表达技巧，迅速理解审美与表达、外观与结构、造型与功能等设计问题，并将形态构成规律运用到灯饰产品设计实践中。

本书可作为灯具设计专业的教材用书，也可供从事灯具设计专业的工程技术人员参考。

图书在版编目(CIP)数据

灯饰形态构成/尤太权主编.—郑州:黄河水利出版社，2016.11

高职高专产品艺术设计专业(灯具方向)规划教材

ISBN 978-7-5509-1603-6

Ⅰ.①灯… Ⅱ.①尤… Ⅲ.①灯具-设计-高等职业教育-教材 Ⅳ.①TS956

中国版本图书馆 CIP 数据核字(2016)第 302579 号

组稿编辑:贾会珍　电话:0371-66028027　E-mail:110885539@qq.com

出 版 社:黄河水利出版社

地址:河南省郑州市顺河路黄委会综合楼 14 层　邮政编码:450003

发行单位:黄河水利出版社

发行部电话:0371-66026940、66020550、66028024、66022620(传真)

E-mail:hhslcbs@126.com

承印单位:河南省瑞光印务股份有限公司

开本:787 mm×1 092 mm　1/16

印张:9

字数:200 千字　　印数:1—2 000

版次:2016 年 11 月第 1 版　　印次:2016 年 11 月第 1 次印刷

定价:32.00 元

前　言

本书归纳总结了将形态构成应用于灯饰产品造型创新的方法和案例,能为灯具设计师及灯具设计教学人员提供参考。

形态构成对灯饰从概念到实体的创造设计过程具有重要意义。首先,构成训练的过程能使设计者掌握构成方法和形式,提高对灯饰造型设计中形式美规律的认识,培养良好的造型感觉和判断力;其次,立体构成的形态大多具有简洁之美,具有用作灯饰造型的可行性。

编写本书的目的是要构建起设计基础与灯具产品设计实务的桥梁,为灯具设计,特别是灯具造型设计打下基础。本书有以下两个特点:一是在编写时,从设计基础课程要为专业设计教学服务的角度出发,在讲解形态构成的理论知识和基础技法的同时,对相关的灯具设计作品及案例进行分析,分析不同的理论对应的结果是什么,让学生清楚地认识到,形态构成的理论知识和基础技法是如何与灯具设计实践紧密联系的,从而引导学生将所学的知识自觉地应用于设计中。二是本书附带有专门学习网站,其中包含的项目化教学案例、实训项目和理论教学视频等,能让学生更深入地理解相关知识及互动参与项目实训。

本书第一章至第七章由中山职业技术学院尤太权编写,第八章至第十章由中山市第一中等职业技术学校胡检盛编写。本书由尤太权主编。

由于时间仓促,作者水平有限,书中难免存在不足和疏漏之处,真诚希望有关专家学者、同行和广大读者不吝赐教,多提宝贵意见,谢谢!

附:《灯饰形态构成》学习网站:

http://sperc. zspt. cn/suite/solver/classView. do? courseKey = 14825097&siteKey = 14827681

尤太权

2016 年 8 月

目　录

第一章　什么是灯饰形态构成

灯饰形态构成是用一定的材料，以美学为基础、照明功能为依据，将造型要素按照一定的构成原则，组合成兼具美观形态与照明功能的构成方法。它是以点、线、面、体、肌理等作为设计要素，研究灯饰产品立体形态和造型要素构成法则的学科。其任务是揭开灯饰产品立体造型的规律，阐明灯饰造型设计的基本原理，图 1-1 为由电路板布线抽象出的“美的形态”应用于灯饰形态创意，兼具科技感和时代感。灯饰形态不仅具有瓷器碎片化的瞬间动态美感，且具有很好的照明功能，如图 1-2 所示。

图 1-1

图 1-2

第一节 灯饰形态构成概述

灯饰形态构成是研究灯饰产品外观的设计形式，揭示三维造型的基本规律，阐明三维设计的基本原理，研究三维造型的基本方法，以及各形态元素之间的构成法则，探讨如何用造型要素和语言，按照形式美法则，创造出富有个性和审美价值的灯饰产品形态的学科。大量的构成训练，能够让设计师习惯于从"形态构成"的角度去思考，加强灯饰产品造型观念和意识，最终启发创新意识。图1-3、图1-4为设计师基于球体的不同构成样式，设计出的现代吊灯造型。

图1-3

图1-4

一、灯饰形态构成的概念

灯饰形态构成是研究三维造型规律的学科。三维形态是由长、宽、高三个维度构成的形态，涉及体积、空间、材质等方面的问题。"构成"是"形成""造成""组合""建造"的意思，是指以各种视觉要素为素材，将两个以上的单元按照一定的原则，重新组合形成新的单元。

灯饰形态构成是使用各种基本材料元素，以具象或抽象的形态为素材，将材料按功能的、审美的、心理的、力学的秩序，按照视觉原理合理构思，将造型要素按一定的构成原则和造型规律，创造性地组合成具有形式美感的新的灯饰形态。

图1-5、图1-6所示为经典的PH吊灯（设计者：Poul Henningsen）。以松果为创意来源，抽象出松籽片状层叠重复的构成形态，创造出外观和功能俱佳的灯饰产品。图1-7、图1-8

图1-5

图1-6

所示案例来自中山市琪朗灯饰有限公司，以天鹅的美的形态为创意的灯饰，因为造型新颖，形态简洁优雅，受到了消费者的普遍欢迎。

图 1-7

图 1-8

二、学习灯饰形态构成的原因

灯饰形态构成能为灯饰产品设计提供广泛的发展基础。灯饰形态的构思不是完全依赖于设计师的灵感，而是把灵感和严密的逻辑思维结合起来，通过逻辑推理的办法，并结合美学、工艺、材料等因素，确定最后方案。灯饰形态构成的目的在于培养造型的感觉能力、想象能力和构成能力，灯饰形态构成练习可以为灯饰设计积累大量的素材。灯饰形态构成是包括技术、材料在内的综合训练，在灯饰形态的构成过程中，必须结合技术和材料来考虑造型的可能性。因此，作为设计者来讲，不仅要掌握灯饰立体造型规律，还要掌握技术、材料等方面的知识和技能。

第二节　灯饰形态构成的基本要素

一、对点、线、面、体的认识

灯饰造型多样且创意来源广泛，无论是仿拟自然、仿拟人造物，或是构成创造，都离不开点、线、面、体等基本元素。对点、线、面、体的正确认识，有助于灯饰设计师有效利用构成元素创新灯饰形态。

点、线、面、体是相对存在的，有时可以相互转化。有的形体远看是点，近看则是体，它们是在比较之下形成的概念。当视觉条件改变、周围环境和参照物改变时，人们对点、线、面、体的认知和归类也会改变。

（一）点

点常常被认为是小的、圆的。其实，点的形态多种多样，可以是圆的、方的、三角形的、心形的、多边形的、异形的，等等。当某一形态与其所处的三维空间相比，所占据的空间非常小时，它就会被视为点的形态。比如地球，它是一个大大的体块，但与浩渺的宇宙相比，却是一小小的点。所以，点的概念不是绝对的，在现实世界中并不存在几何学意义上的点。

当点的形状、大小、色彩、质感等特征与周围环境要素对比强烈时，就会形成视觉的注目点。在灯饰中巧妙地运用点的造型因素可以让产品显得活泼生动。如图 1-9 所示的幕帘灯，由小鱼构成的点元素，具有动态的美感和生命的活力。如图 1-10 所示，水晶吊灯的多个“挂坠”可视为点元素。在规则、呆板的空间环境中，点形态的灯饰亦能起到丰富空间、活跃气氛的作用。大的点比小的点视觉冲击力强；外形复杂、表面凸起的点比外形简单、表面凹陷的点更富有张力；色彩对比强的点比色彩对比弱的点更吸引人的视线；表面材质发光的点比不发光的点更加醒目。如图 1-11、图 1-12 所示，设计的灵感源于星空，灯罩上零散的“星星”是典型的点元素，该作品来自德国设计师 Denise Hachinger。

图 1-9

图 1-10

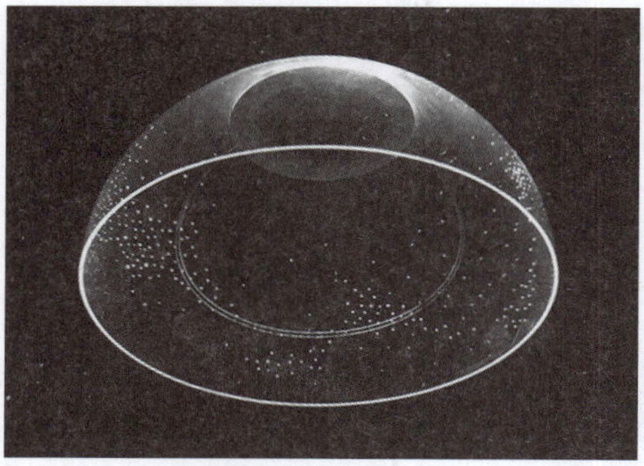

图 1-11

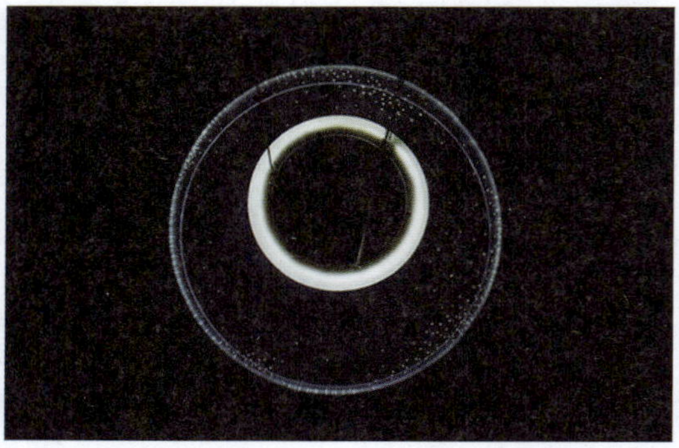

图 1-12

（二）线

线是点的运动轨迹，线的运动构成了面。在灯饰形态构成中的线是指有厚度、宽度和相对细长的实体，如花枝吊灯的灯臂。线能决定形的方向，可以形成骨架，表现形体的结构；线也可以形成形态的外部轮廓线。线状灯饰常给人以纤细、律动、流畅的感觉，如图 1-13 所示的花枝吊灯，其 S 形曲线花枝灯臂具有优美、流畅的意蕴和女性的优雅、柔和感、有魅力及高贵感。

图 1-13

形态丰富的线概括起来可以分为直线和曲线。不同种类的线会给人不同的心理感觉。

直线的基本属性为方向性、力度感、直接硬朗和明确简洁，如图 1-14 所示。直线能够表达形态的理性。

曲线更多表达形态的感性和趣味性。用曲线形成的灯饰形态，给人以舒展、柔和、优雅、活泼的感觉。几何曲线包括圆、椭圆、抛物线、双曲线、渐开线等，给人以简洁、概括、整体、大方、高贵感；自由曲线线形复杂，富有变化，具有多种可能性；C 形曲线简单、华丽、柔软，如图 1-15 所示。

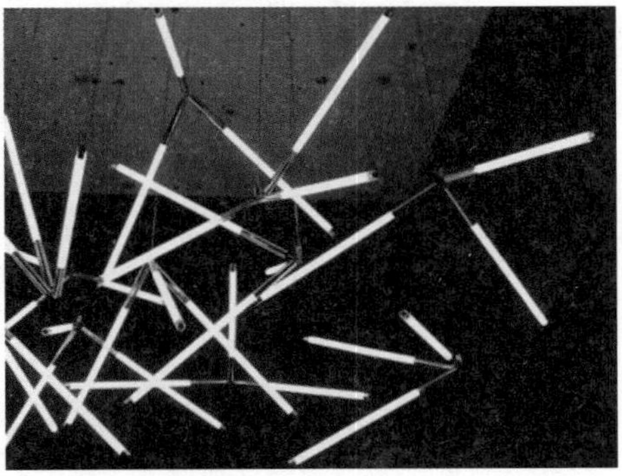

图 1-14

图 1-15

（三）面

面是点的面积扩张或线的移动轨迹所形成的。灯饰形态构成中的面，是具有长、宽、高三维空间的实体。它虽然有一定的厚度，但其厚度与长度相比要小很多。

面的形态非常丰富，一般概括为平面和曲面。平面和曲面都有规则和不规则之分。如图 1-16、图 1-17 所示，台灯的发光板是一规则圆形平面，落地灯的曲面形似现代雕塑，具有很好的视觉美感。

图 1-16

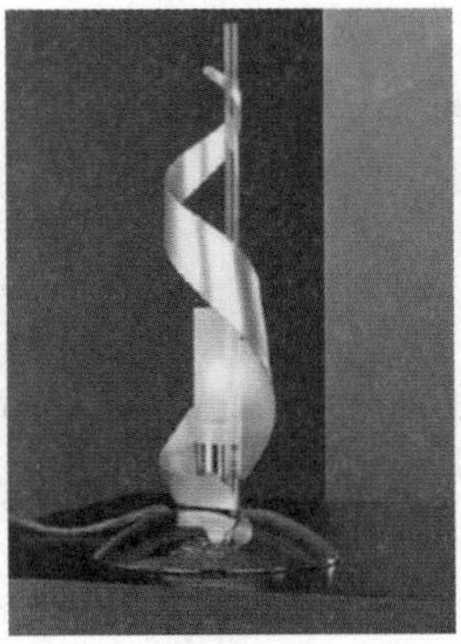

图 1-17

（四）体

体是面进行运动的轨迹，面的厚度增加形成体块。体块占据了三维空间，能有效地表现空间实体，即有重量感和力度感的实体。因此，在灯饰形态构成中，实体的体与量是不可分割的。体与量的视觉感受与体的大小、数量、质量有一定关系。大而厚的体量，能表达浑厚、稳重的感觉；小而薄的体量，能表达轻盈、灵秀、漂浮的感觉。材料不同所表现的坚实感与重量感也不同，如体积相同的石材与玻璃，石材造型具有坚硬、厚重、坚实的感觉，而玻璃造型则给人以轻盈、通透的感觉，如图 1-18、图 1-19 所示。

图 1-18

图 1-19

二、对空间的认识

灯饰形态构成中的空间概念指灯饰实体本身所占有的长度、宽度、高度的体积及限定的立体空间造型，形体之间位置的远近关系构成的空间感，以及实体以外的周围空间关系。该空间可分为物理空间和心理空间两类。

(一)物理空间

物理空间是实体所占有和限定的空间，有长度、宽度和深度三维的具体表达，是实空间，如楼房、人、树都是物理空间。物理空间和物质是密不可分的。物质存在于空间之中，没有单独存在的物质，也没有单独存在的空间。在灯饰形态构成里所说的物理空间是通过对空间的限定形成灯饰实体的视觉形象。配灯设计需要考虑灯饰的物理空间，即灯饰处在空间的位置和大小，如图 1-20 所示。

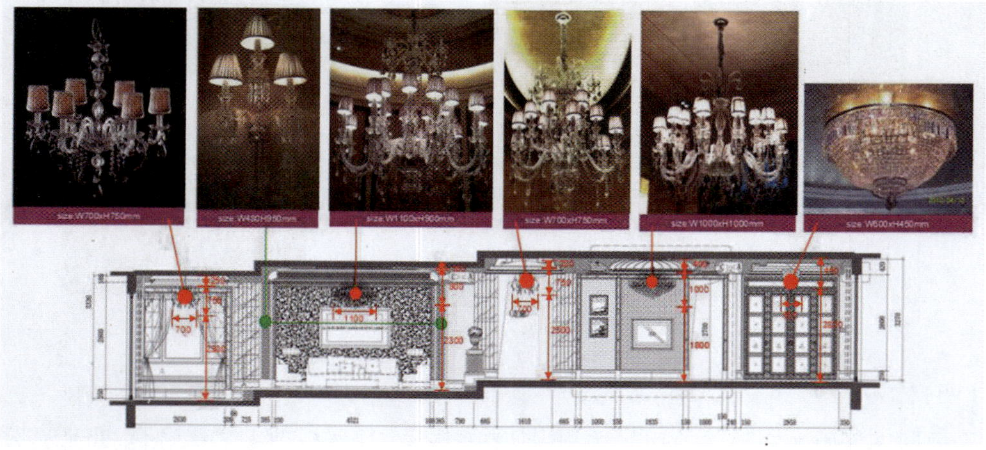

图 1-20

(二)心理空间

心理空间不是客观存在的，是实体内力的运动变化向外散发而形成的无形张力，能激发观众的某种心理感觉，是通过人的感受而存在的想象空间，是虚空间。心理空间相对于物理空间虽然不可捉摸，但能给观众留下更大的发挥想象的余地，更能表现艺术的魅力。如图 1-21、图 1-22 所示巨型灯饰(设计师：Bart Lens)，不但能提供照明，而且可以在内层贴上图画后变成景观穹顶，具有强烈视觉冲击力，带给用户独特的感受和想象空间。

图 1-21

图 1-22

第三节　灯饰形态构成与灯具设计

一、灯具设计的概念

灯具设计是艺术设计的一个专门类别，是一门科学技术与艺术相融合的学科，是将灯具的形式、特点、美感结合社会、文化、经济、市场、科技等因素，进行创造与实践的活动。灯具设计是人类社会照明功能与审美需求的结合，是社会和技术发展到一定进程的必然产物。它不但具有审美功能，还具有使用功能。它是在家居、建筑、景观等方面为人类社会创造具有使用价值和审美价值的照明产品的造物活动。

灯具设计包括灯具产品设计、室内照明设计、环境亮化工程设计等服务于人类照明方面的创造活动。随着现代社会的发展，灯具设计成为人类社会中思想的展现、文化的浓缩、流动的时尚，对人们的生活方式产生越来越大的影响。

二、灯饰形态构成与灯具设计

灯饰形态构成是灯具设计的专业基础课程，其教学训练是为进行灯具造型设计打基础，培养灯饰设计师立体造型的感觉能力、空间想象能力和立体形态的构成能力。灯饰形态构成研究的造型、形式美规律、材料等要素是灯具设计中最重要的因素。灯饰形态构成所创造的形态要求有实用功能，为灯饰产品的制造提供可能性。灯饰形态构成能为灯具设计做思维能力和想象能力的准备，对灯具设计从感性体验过渡到理性认识奠定坚实的基础。

灯饰形态构成可以为灯具设计积累大量的素材，其中每一项练习都必须从三维造型的角度去研究形态的可能性和变化性，通过大量的实训提高三维表现的技能与技巧，使创造出来的作品可为今后灯具设计积累丰富的造型素材。

灯饰形态构成能为灯具设计提供广泛的发展基础。灯饰形态构成的构思是把灵感和严密的逻辑思维结合起来，并通过逻辑推理的办法，在训练过程中按形式美的原则结合美学、技术和材料来考虑造型的可能性的，如图 1-23、图 1-24 所示。设计者不仅要掌握三维造型规律，而且必须了解或掌握技术、材料等方面的知识和技能。可以说，灯饰形态构成是综合性的训练。灯饰形态构成能为灯具设计对材料的开发和利用予以启发和引导。灯饰形态构成的形式美的构成法则、形体组合原理、造型规律和方法都可以在灯具设计中被广泛应用，为灯具设计提供广泛的发展基础，是提高和完善设计能力的重要手段。

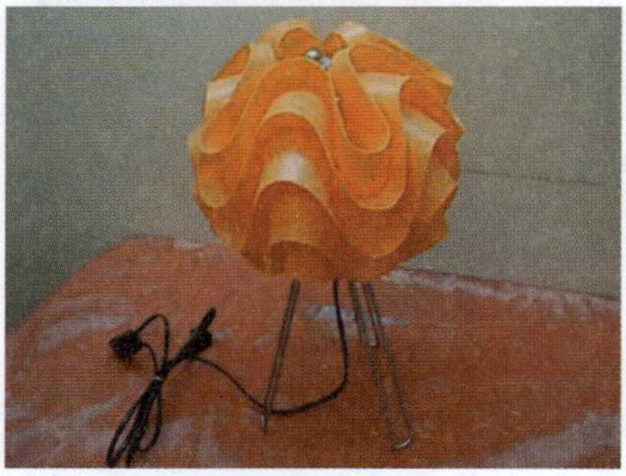

图 1-23

图 1-24

第二章　形式美的构成法则

形式美的构成法则存在于抽象元素的分解与组合过程中，形态构成的形成过程是从自然形态和人为形态中提取形态要素，并将其重新分解，再组合成抽象的新的形态，如图 2-1、图 2-2 所示，从树枝、月亮形态中抽象出“月影婆娑”形式与意境，创造出新的灯饰形态。这个构成活动的过程存在一系列的影响因素，如形状、色彩、空间、光照、材料、工艺和肌理等。

图 2-1

图 2-2

判断形态是否具有设计的美感要素的依据是形式美的构成法则。形式美是指客观事物和艺术形象在造型上美的表现，涉及社会环境和自然环境中的各种因素，有线条、色彩、肌理、节奏、韵律等的有规律的组合，如图 2-3、图 2-4 所示，灯饰“球体表面的密集短线发射”构成样式来源于蒲公英白色冠毛结成的绒球。对于设计艺术而言，形式美是经过物态化了的艺术设计活动中所创造的美。

图 2-3

图 2-4

对美感的追求与探索是人类永恒的主题，造型艺术学科更是如此，审美的各要素成为我们学习形态构成最基本也是最重要的内容。

第一节　统一与变化

一、统一

统一是指同化性质的运动，是同一规律的体现，为了使造型的诸多要素在无序的排列或组合情况下显得更协调，归纳同类、同型、同量、同色等元素，强调规律性的结合方式。统一手法在实际运用时需要注意“量”的把握，过于追求统一会使艺术作品显得呆板、生硬和缺乏生气。在构成艺术的创作中，应适当运用统一，使事物的关系达到某种理想化境界。

如图 2-5 ~ 图 2-8 所示，这些灯具（以色列设计师：Nelly）类别不同，有桌灯、壁灯、落地灯等，具有统一的系列化特征，这些统一化、系列化特征包括相同的织物材料、相同的蒙皮构造工艺以及相似的仿生设计手法。在室内环境中，这些灯具同处一室，灯具与灯具间相互呼应，相得益彰，表现出鲜明的统一美感。

图 2-5

图 2-6

图 2-7

图 2-8

二、变化

丰富多样的变化是构成美感的常用方法，其目的是避免过于单调、乏味的设计。变化是丰富的事物运动发展产生的。为形成丰富的元素资源，变化有多种表现形式：形态的变化、结构的变化、色彩的变化、表现方法的变化、表现内容的变化等。但变化是有使用原则的，否则场面会陷入无序的混乱之中，缺乏美感。

如图 2-9、图 2-10 所示，虽然两盏灯具的类别和材料相似，都是现代简约型玻璃吊灯，但感觉图 2-9 中的灯要花俏一点，图 2-10 中的灯整体感更强一点；图 2-9 中的灯低端庸俗一点，图 2-10 中的灯更高端、上档次一点。为什么会有这种感觉上的差异呢？其原因在于图 2-9中灯饰的颜色更丰富、形态上的“变化”更夸张，较图 2-10 中的灯更显凌乱无序。这里不是说“变化”，或者是说“元素丰富”不好，而是强调“变化”要有限度，在考虑“变化”时，还要兼顾“统一”。

图 2-9

图 2-10

统一与变化既是事物对立面的平衡，又保持了事物的丰富性。统一与变化这一对构成关系是形式美的基本法则，是对形式美审美原则中对称、平衡、虚实、对比、节奏、比例等总的概括，适用于所有艺术方面，在灯饰形态构成艺术创作中，应尤其注意统一与变化构成关系的学习和运用。

第二节　对称与均衡

一、对称

对称是指相同或相似元素上下对称、左右对称等形量相等的构成形式。对称有完全对称和相对对称。人类从自身结构发现了身体的美在于各部分之间的比例对称，许多美学理论把对称认为是美好的基本标准。自然界中以对称形式美出现的不仅有人类，还有动物和植物。对称也是人类最早发现和使用的美感原理。对称在某些艺术领域是必须遵循的原则，比如房屋的构造受力学影响，很大程度上得以对称形式出现。又如服装设计，因使用者——人类本身的形态是对称的，所以服装的设计也受到对称的限制。人对于对称造型有特殊的偏爱，视觉上喜欢秩序感强的造型，大部分日常使用器具也设计成对称形，对称的物品在制作和生产时也相对比较便利。对称的构成手法可以营造庄严有条理但易呆板乏味、一成不变的视觉感觉。所以，对称的方式使用起来应注意“度”的把握，如图 2-11、图 2-12 所示。

图 2-11

图 2-12

二、均衡

均衡也称为平衡，原指力学的平衡状态。这里是指构成元素的色彩面积、物体质量或空间从视觉上和心理上保持平衡的形式，与对称相比较，均衡属于动态的构成形式，其更富有变化。均衡一般表现为在形态元素上有所不同，但却有其内在的相互联系和呼应。同对称一样，均衡失度会使局面失序，所以均衡的使用要处理好各元素之间诸如形态的尺寸、疏密布置、色彩、空间、肌理等的搭配和关联。使用均衡手法时可以考虑与形成对立面的某一构成元素的对比，有对比，形象才会活跃起来，显现艺术魅力，如色彩的均衡较为含蓄，但却非常适合用于营造意境，如图 2-13、图 2-14 所示。

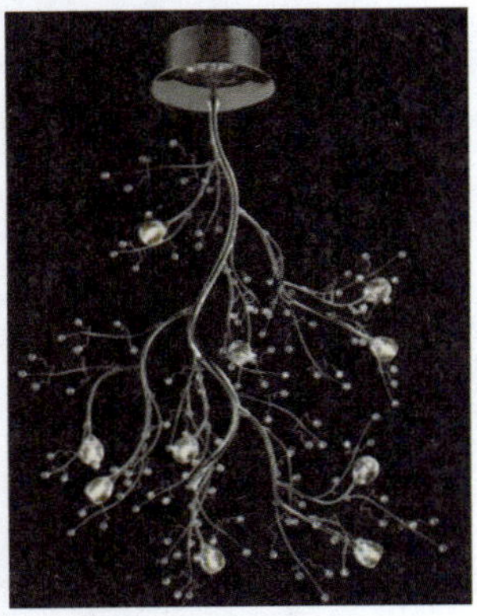

图 2-13

图 2-14

第三节　对比与调和

一、对比

对比就是在静态的平衡中创造某种动态的变化，是一种事物与另一种事物相比较，显现出不同之处。我们想突出事物某一因素时，常使用对比来加以强调。对比的因素有大小、强弱、明暗、方向、色彩、动静、肌理、形状、体积、尺寸等。对比使性质相反的元素产生冲突，形成感官刺激，有助于突出事物的特点，带来视觉快感，加深观者印象。对比是艺术创作中重要的表现手段。在实际运用中，对比是使事物产生紧张和冲突的一种手段，对比所产生的刺激性是视觉产生快感的重要原因。对比虽然重要，但必须适当控制，使用时若太过则会使之无序，在对比或变化的前提下，画面各要素必须遵循一定的秩序原则。

如图 2-15、图 2-16 所示，灯饰部件的不锈钢材质是工业社会人造物的典型材料，表层抛光形成镜面反射的华丽感觉，与自然界矿物结晶材质形成强烈对比。因为存在对比和材质上的差异化，所以能产生刹那间的“惊艳”，即产生视觉美感。

图 2-15

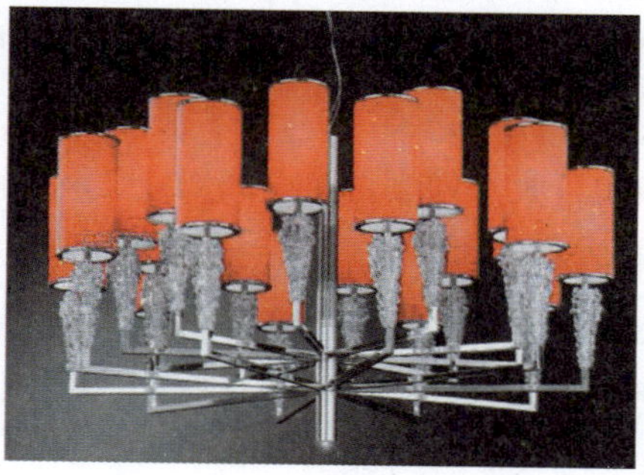

图 2-16

二、调和

调和即秩序美，强调事物形态的同一性。寻求秩序是人类天生的本能反应，人类本身善于将观察对象秩序化，当观察物过于凌乱失去视觉控制时，便会转移视线，重新寻找和谐、调和的视点。从理论上讲，在某个画面中，造型要素的数量关系越丰富越具说服力，但仅仅丰富是不够的，其前提是元素的组织必须有序，在造型创作时，调和是以构成元素的相似而产生和谐及秩序性。在构成练习时，当对比的手法运用过量时就需要调和来改善，可以修饰对比的失序状态，但若过分统一会降低视觉冲击，出现呆滞、无生气的效果，这种情况下，审美直觉就会有对比的需要。因此，调和的把握也要注意动中有静和差异化组织。如图 2-17、图 2-18 所示，手做台灯的葫芦灯罩、缠绕麻线的支撑杆和随形的实木底座具有材料、质感和风格上的同一性，即调和特性。

图 2-17

图 2-18

第四节 节奏与韵律

一、节奏

节奏常用于音乐术语，表示时间上有秩序地连续重现，如音乐中均匀和规律的节拍，形成优美的旋律。但节奏首先是一种艺术创作的方法，这种审美法则适用于各种艺术门类，当然也包括设计艺术学。

英国《大不列颠百科全书》对节奏的解释是：节奏是对比因素有规律地交替出现。节奏在视觉艺术中通常呈现出一些形态元素有规则地反复交替或排列，让人们形成视觉上的节拍，也就是说，人眼在观察物体的时候随着视线焦点在时间上的运动，使人感受到节奏。在形态构成中，节奏是局部形态，而把握整体造型的决定性因素则是韵律。如图 2-19、图 2-20 所示，前者较后者更具节奏感。

图 2-19

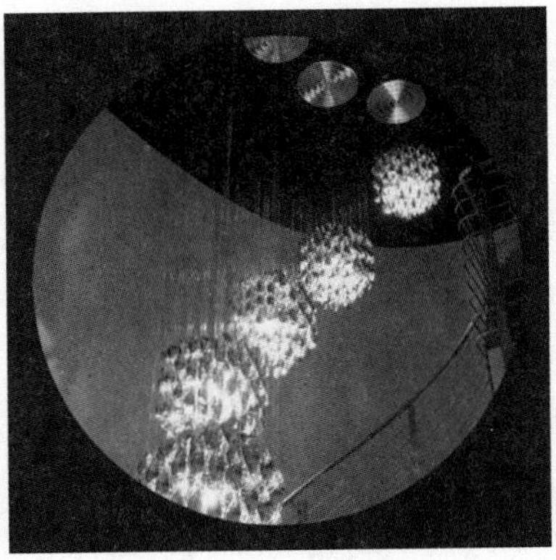

图 2-20

二、韵律

韵律常指依据美学理论产生的元素之间有节奏地连续运动，在造型艺术中用来体现视觉流动的畅通。韵律是形态有规律地重复出现，产生起伏变化。

韵律的表现形式有两种：其一为基本形在上下或左右方向的单一反复变化；其二为基本形在上下左右多个方向空间同时反复变化。基本形自身的变化、基本形之间的间距变化决定韵律感的强弱。观者的视线流动在这些和谐的形态中，其中蕴涵着极其复杂而完美的韵律美。如图 2-21、图 2-22 所示，前者较后者更具韵律感。

节奏和韵律对于艺术设计创作非常重要，节奏和韵律是艺术创作中最基本的形式规律。任何优秀的艺术工作者都能巧妙地把握创作主体的节奏和韵律。

图 2-21

图 2-22

第五节　想象与意境

一、想象

爱因斯坦曾经说过想象力比知识更重要,知识是有限的而想象力却是无限的。在艺术创作活动中,想象力是一切创造的源泉,对于设计具有重要的意义,也是不可缺少的常用手法。《辞海》对想象的定义为:在原有感性形象的基础上创造出新的形象的心理过程。任何思考都是有本源的,不是天马行空、毫无依据的。这就注定想象其实就是一种思维的延续活动,观察事物时,事物的外形、色彩等可以引起人的各种感觉(如味觉、听觉、触觉等)的联想。由一种事物的印象可以想象延伸到另一种事物,产生形象和构思。如经常观察云朵的人就会发现,抽象的云彩随风运动的时候会产生许多似像非像的具体形象。由此,我们可以把产生的想象作为艺术创作出来。因此,想象的前提条件不可缺少,成功的艺术家应善于发现可用元素,再运用想象把虚幻的情景变为艺术世界的可能。如图 2-23、图 2-24 所示,在海豚跃起的感性形象基础上创造出灯饰的单体与群集形态;如图 2-25、图 2-26 所示,受阿拉丁神灯形态启发,创造出“鬼魅”灯饰(设计者:Joschi Herczeg)。

图 2-23

图 2-24

图 2-25

图 2-26

二、意境

我们学习形式美法则的目的是使艺术创作能呈现美的意境，这需要一些意境元素来支撑，意境取决于氛围，特定的氛围可以营造特定的意境。优秀的艺术作品往往都是氛围和意境的完美表达，其中包含着深刻的内涵，甚至是富有哲理的。一件完美的艺术作品可能由多个不同的联想串接而成，其整体气氛和结构衔接得好，内容生动，才能称为有意境的设计。所以，整体的把握、大关系的协调、同一内涵的意境元素为意境正确的营造手法。如图 2-27、图 2-28所示，灯饰表现出鸟雀落停暂息、首尾顾盼的情态，营造出轻松闲逸的意境美；图 2-29、图 2-30 中的灯饰则表现出鸟雀刹惊群跃与独囚笼阁的情态，各具不同的意境。

图 2-27

图 2-28

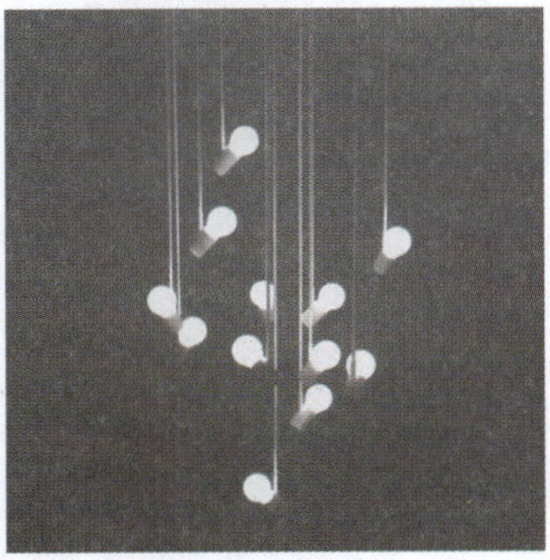

图 2-29

图 2-30

第三章　形式美的审美特征

现代产品形态是一个多维的错综复杂的有机组合。它不仅体现为各构成要素的审美特征，如新型材质的肌理美，力学成就的结构美，现代气息的色彩美，合乎人体的舒适美，精细加工的工艺美（如图3-1所示，具有现代感和工艺美的吸顶灯），批量生产的规整美，尖端科技的功能美和有利环境的生态美（如图3-2所示，木材的应用使落地灯具有质朴的自然美）等，而且表现为由这些要素组合在一起形成的复合形态的审美特征，如粗犷与精细、简朴与华丽、夸张与生动以及直白与隐喻等。产品的形式美感是传统文化与现代文明之间传承、交融和变异的结果。

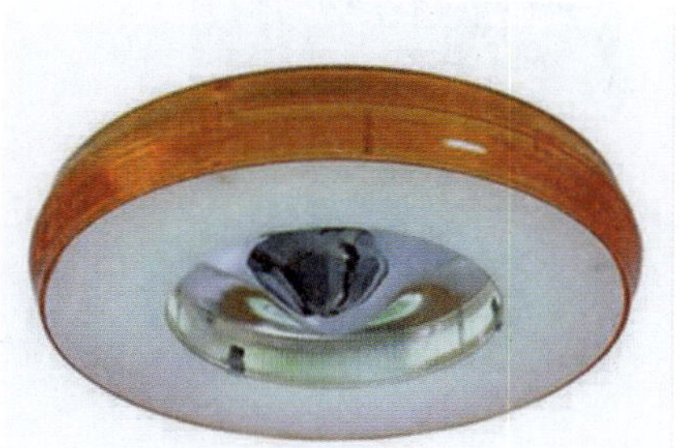

图3-1

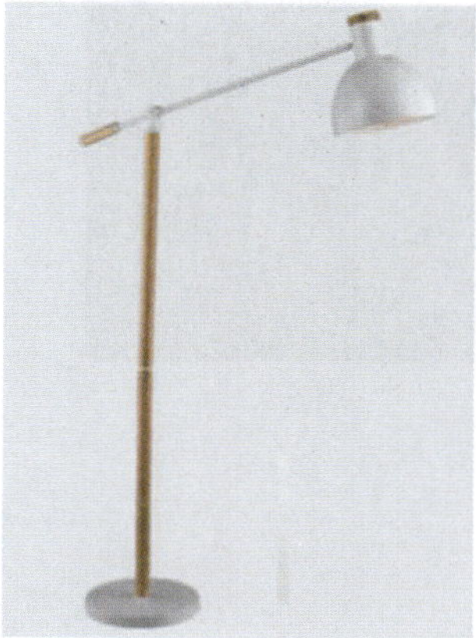

图3-2

第一节　粗犷与精细

粗犷型产品具有浑厚、激越、威猛、刚健的阳刚之美，在造型上往往富有急骤的运动感和很强的力度感，坚实有力，对立强于统一。此外，设计师有时也采取简洁精炼的手法，借助于线条和体量感来表达产品形态的与众不同。

精细型产品具有轻盈、纤细、雅致、秀丽的阴柔之美，在产品造型上一般表现为和谐统一，局部和整体形态的呼应关系比较考究，因而容易产生精致细腻的审美感觉。图3-3 ~ 图3-6为粗犷型灯饰与精细型灯饰的对比图例。

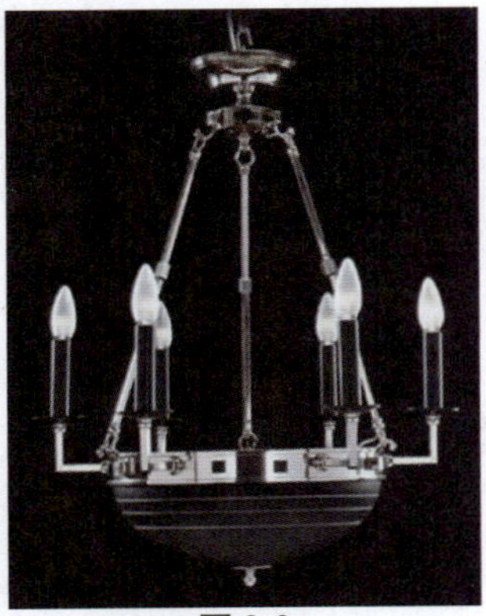

图 3-3

图 3-4

图 3-5

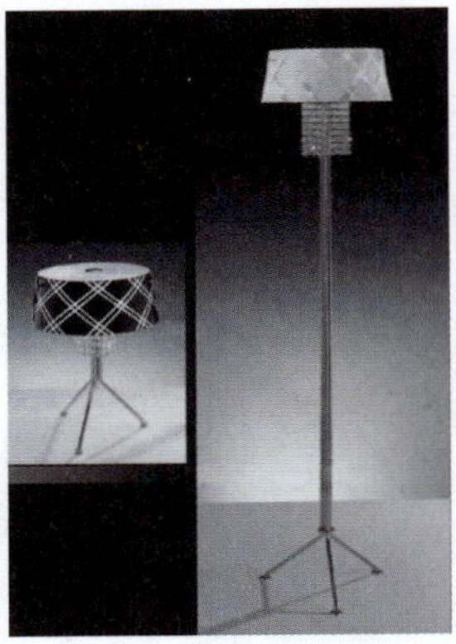

图 3-6

第二节　简朴与华丽

简朴型产品具有简括、憨拙、纯朴、童稚的自然美。在设计过程中,设计师尽量删减或摒弃不必要的功能,因此产品造型的运动感和力度感趋于平和而安稳,其内部组织秩序也相对平稳。不少设计师在师法大自然、追溯人类文明的历史踪迹时,也以极大的兴趣发掘着童稚与憨拙带给人的简朴美。如图 3-7、图 3-8 所示,木制台灯在材料和极简造型上体现出简朴的自然美;金属台灯在金黄色泽和精巧的曲线回旋体造型方面体现出华丽感觉。

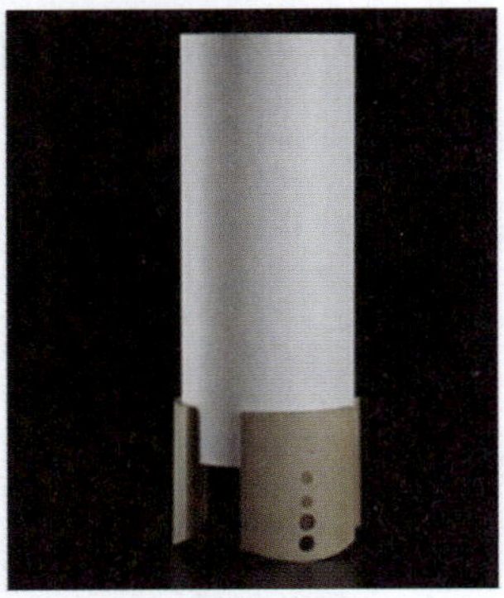

图 3-7

图 3-8

华丽型产品具有做工精美、用料考究的特点，设计师往往通过装饰产品由内向外的高贵气质来体现使用者的经济地位和社会身份。18 世纪欧洲的宫廷家具、餐具和灯饰，通过优美的曲线或用珍木贴片及表面镀金来加以装饰，不仅在视觉上形成极其华贵的整体感觉，而且在实用功能和装饰效果的配合上均达到了十分完美的程度。而现代社会的家用产品在其造型和材料的选用及模拟效果上，也很注意利用人们的审美经验显示富丽、高档的视觉效果。如图 3-9、图 3-10 所示，布艺材料的半球状吊灯具有简朴的美感，有浅浮雕装饰的吊灯具有华丽的视觉效果。

图 3-9

图 3-10

第三节　夸张与生动

夸张型产品一般不事细节修饰，通过诙谐有趣的造型使整体形象在飞扬流动中表现出张力、速度和运动等气势美。中山市光阳电器有限公司设计生产的“功夫小子”台灯（见图 3-11、图 3-12）展现了运动少年的蓬勃生命力，造型圆润饱满，线条奔放简洁，而且人物的神态诙谐有趣，极富感染力。

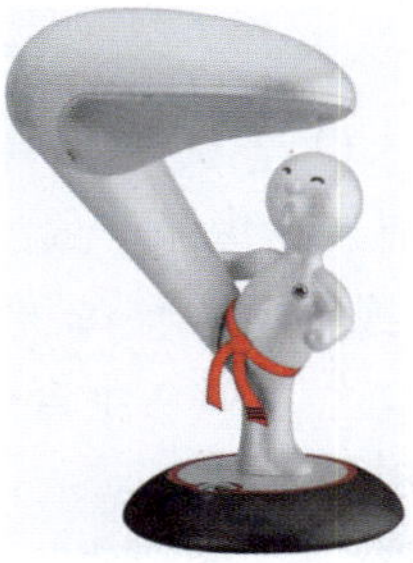

图 3-11

图 3-12

生动型产品形态逼真，线条流畅，富有强烈的韵律感和生命力，容易激起审美主体强烈的审美情感，如德国设计的大嘴鸟台灯（见图 3-13、图 3-14），其流线型灯罩与弧形悬臂构成了十分简洁明快的视觉效果。

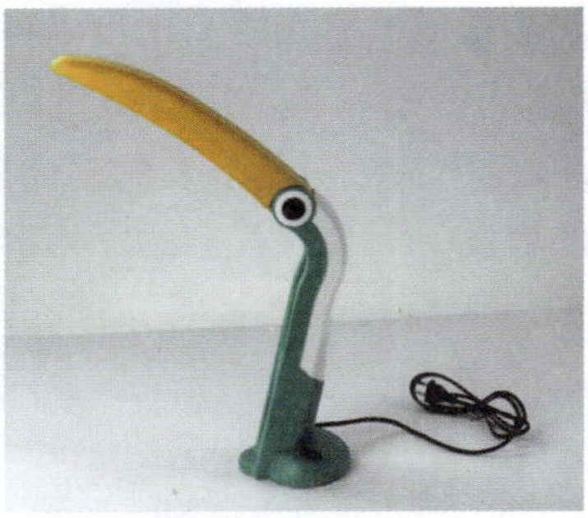

图 3-13

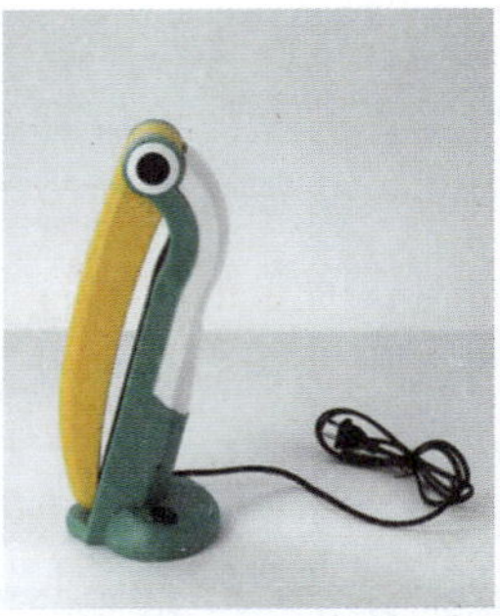

图 3-14

第四节　直白与隐喻

直白型产品具有通俗、清逸、舒朗、轻松的审美特点。比如我国的花灯，兼具生活功能与艺术特色，是民俗文化的重要组成部分。千姿百态的动态表演性花灯和琳琅满目的静态观赏性花灯，普遍具有通俗的艺术形象，以具有吉祥寓意的动植物为蓝本，创造出的喜庆、活泼和轻松的灯饰造型，为民众所喜爱（如图 3-15 所示）。在现代设计中，设计师也往往借助于直白而生动的自然形象构思其产品造型，如由国内设计师设计的动物台灯，其顾影自怜的造型写实直白，蛇形灯管的调节自如更增添了人与物对话的情趣（如图 3-16 所示）。

图 3-15

图 3-16

隐喻型产品具有深邃、朦胧的审美特点。现代产品的艺术设计传递着科技发展和人类文明的进步信息。如手做玻璃装饰台灯的设计，高精度工艺细节和华丽金属的应用，暗示着奢华和个性化品味，同为暖色调的灯罩、灯柱和灯座使人产生视觉上的整体统一，如图 3-17、图 3-18所示。又如图 3-19、图 3-20 所示，创意来源同为女士内衣，图 3-19 中台灯造型直白通

图 3-17

图 3-18

俗，而图 3-20 中台灯造型内敛含蓄，具有隐喻特质。

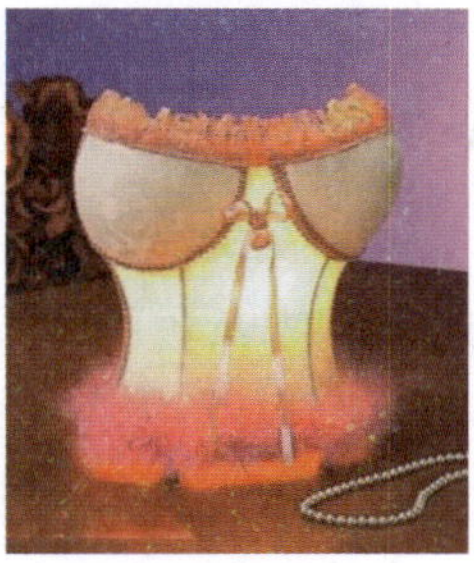

图 3-19

图 3-20

第五节　抽象与单纯

对那些未经提炼加工的自然形态原型，人们称之为具象形态；对那些经过视觉真实进行提炼加工的人工形态，则称之为抽象形态。在形式美的创造活动中，有的设计师是将自己的审美直觉（如设计对象的形态、色彩及质感）等变化关系忠实地加以描述；有的设计师则是根据各自的造型意识，将设计对象做任意的强调，从而将直觉上的形态转化为意念的形态，产生出新的视觉效果。如图 3-21 ~ 图 3-24 所示为长颈鹿桌灯和蘑菇形灯饰的具象形态与抽象形态。

图 3-21

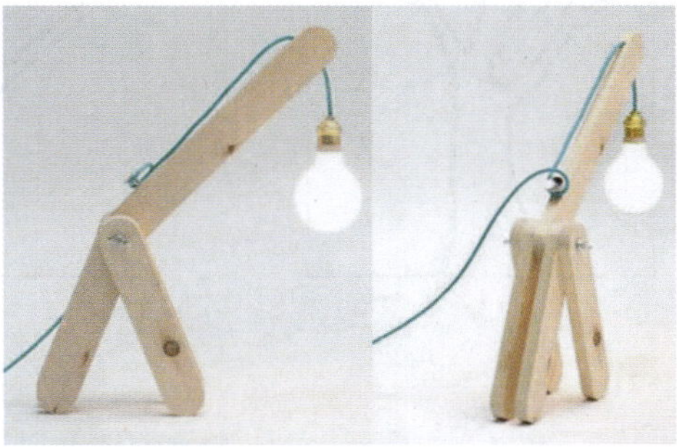

图 3-22

图 3-23

图 3-24

一、从具象到抽象的演绎

由于设计艺术不同于主观性的纯艺术创造，它必须服从于一定功能的要求和制约，因此设计构思不是漫无边际的想象，而是在有限中求无限的创意探索过程。

早在20世纪初，抽象艺术就被看作是艺术学潜意识情感的最高境界。抽象艺术代表人物蒙德里安认为，一切艺术表现均在“普遍的”和“个别的”两大范畴内，凡能体现艺术进化并在时间流逝中保持恒常不变的东西，并非艺术中的个别现象，而是带有规律性的东西。抽象艺术的目的就是表现“普遍性的东西”，因为抽象形态的单纯性和明确性，可以按照自身特有的结构方式来划分和诠释时空世界，通过“运动的均势”来表达对形态构成的平衡与稳定规律的深刻认识（如图3-25～图3-27中蒙德里安对树的抽象表现过程）。作为一种“形而上”的艺术形式，抽象艺术并不单纯地诞生于某一种固定理念，而是自然感受向高级思维阶段进化的结果。现代设计之所以青睐于抽象形态，是因为在解决功能、结构、工艺、成本以及视觉感受和欣赏品位的矛盾中，抽象形态可以创造出造型简洁、寓意深远的审美产品。

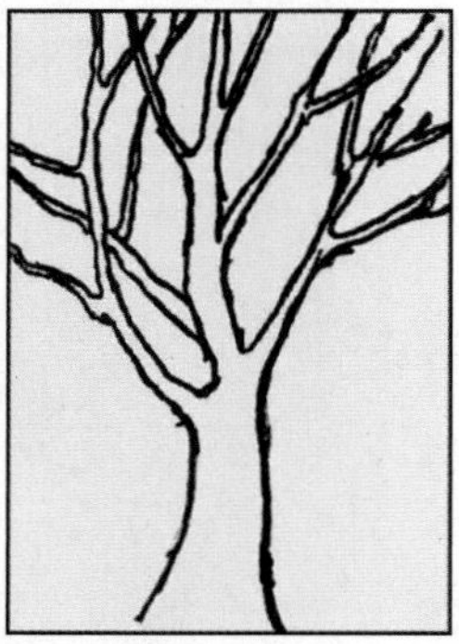

图3-25

图3-26

图3-27

二、单纯化的美学意义

从视觉效果看，单纯形最为醒目，也最易被识别。如同远近变形，远看的效果往往只表现图形的重点和总趋势，尤其是在对象所传达的物理刺激减弱时更是如此。从记忆规律看，若想在最短的时间里把握形态对象，就必须抓住最为主要的动态线。记忆保持的时间越长，形象也就越趋于单纯化。从现代生活看，人们置身于快节奏、高效率的现代社会中，更需要一些单纯化的人造物品来调节生活，平衡心态。正因为如此，单纯化不仅是一种造型手法，而且是艺术设计必须遵循的重要法则。如图3-28、图3-29所示，灯饰造型保留了蜂巢的典型特征，如巢房的六角形、蕴含蜂蜜巢房的金黄色泽等。但与真正的蜂巢相比，产品形态是单纯而简洁的。

图 3-28

图 3-29

第六节　量感与张力

产品形态是具有高度、宽度和深度三维空间的立体形态，在空间中占有实际位置。人们在对立体形态进行量的描述以及形态内力运动变化产生的审美感受中，形成了不同的量感和视觉张力。同样是对身体强壮的男人进行评价，一般身材高大健壮的男人，可用“魁梧”一词来形容，主要描述其身材特征。而当健美运动员在表演过程中做出各种动作促使肌肉紧张时，人们获得的是在形体的变幻中所展现的力量和能量的审美感受。可见，尽管量感和张力都带有形体审美的知觉成分，但前者侧重于对立体形态体积的描述，而后者明显倾向于对物体内力运动变化的感应。

一、三维形体的分类及审美特征

按自然现象划分，三维形体可分为单纯的块状形体、表面凸凹的浮雕式形体、块形上有洞穴的形体、板形扭折或翻转状的薄壳形体、悬挂浮动状的形体以及活动性的机动状形体等。按几何形体划分，三维形体可在球体、立方体、圆柱体、角柱、圆锥体、角锥等基础上，构成由点结合而成的形体，由线编排出来的形体，由面形构成的形体，等等。按物质存在的内容划分，三维形体又可分实心和空心两种。实心形体表里如一，感觉结实、沉着、稳固，但有时显得笨拙；空心形体轻盈灵活、便于想象。

不论是平面的立体表现还是真实的立体造型，对构成其量感与张力的各相关要素的分析与了解都很重要，如形态、质量、结构、表现、气韵以及色彩质地等。20 世纪最负盛名的雕塑巨匠亨利－摩尔敢于从潜意识中去探求那些隐藏在最深处且最能表现生命力的原始形体，擅长从实体中挖出空洞，制造实体的延伸；又把不同的形体汇集起来，造成新的具有生命韵律的形体。他的作品具有独特的艺术感受，既高雅又庄重。亨利－摩尔就三维的造型特质提醒大家：素材的真实性；完全立体的了解（各观察点均不相同的造型）；对自然法则的深刻观察；视觉与表现，抽象与现实的两个要素应加以协调。可见，三维形体的审美追求主要是通过形态的实体与外界空间的对比，产生对量感和张力的审美感悟。图 3-30、图 3-31 为亨利－摩尔雕塑作品，以及设计师受其作品启发创作出的台灯。

图 3-30

图 3-31

二、量感的立体表现

立体既可以是能明确指出界限(可计测质量,亦能丈量长、宽、高三度空间)的物体,也可以是依视觉、知觉判断的立体,还可以是用点、线、面、体等造型要素构成真实量感的立体。因此,量感的立体表现可大体分为以下几个方面。

(一)简块状

在现实物体的面前,简块状最易令人产生诚实可靠、敦厚淳朴的量感。如结实憨拙的陶瓷台灯、回归自然的木质灯等,都很注重产品表面的触觉效果和形态结构,充分运用其表示量感的显著特征。图 3-32 ~ 图 3-35 为具有块状特征的多种灯饰产品。

图 3-32

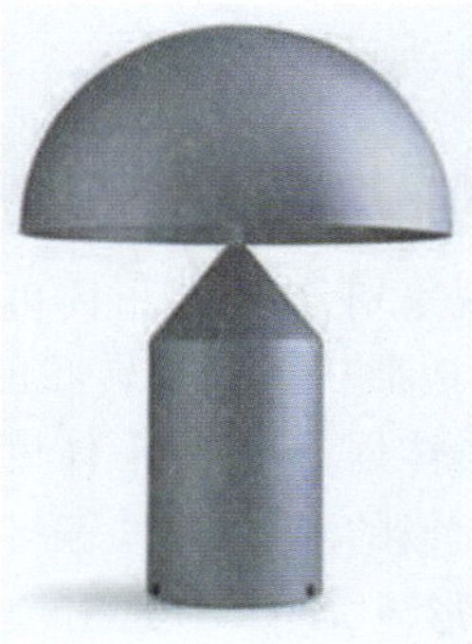

图 3-33

图 3-34

图 3-35

（二）凹凸状

在量感的表现上凹凸状的立体一般采取阴阳刻的光影原理，因而比简单的块状有更多的视觉化的感觉成分。如凹凸互补、圆滑与尖锐的形状以及相互对比等，都是加强原始块状对大小量感表现关系的常用造型手法，如图 3-36、图 3-37 所示。

图 3-36

图 3-37

（三）曲面状

由于曲面上的被覆力特别大，扭折翻转后可以改变原有的质感和重量感，形成轻巧、单纯的审美感觉，如图 3-38、图 3-39 所示。

图 3-38

图 3-39

（四）虚实状

虚实状的产品造型是由量感造型进入空间造型的过渡状态，重量感的正负分合保持虚实均衡，因而易产生薄壳般轻快活泼且超现实的审美感觉。如图 3-40、图 3-41 中灯饰突出表现镂空纹样和薄壳构造，以实写虚，图 3-42、图 3-43 中台灯留有台灯剪影，虚实相生。

图 3-40

图 3-41

图 3-42

图 3-43

三、张力的视觉感受

张力本是一个物理学概念，指物体受到拉力作用时，存在于其内部而垂直于两相邻部分接触面上的相互作用力。在产品艺术设计中，张力除指产品外在形态的速度感和反抗力外，还包括产品内在形态本身所具有的气势感和生命力。视觉张力一般表现为：

（1）速度感。物体在运动中所呈现出来的速度感，能激发出兴奋、激动、进取、奋进的审美情感，图 3-44 为来自广州美术学院某学生设计的灯具装置作品，颇具速度感。

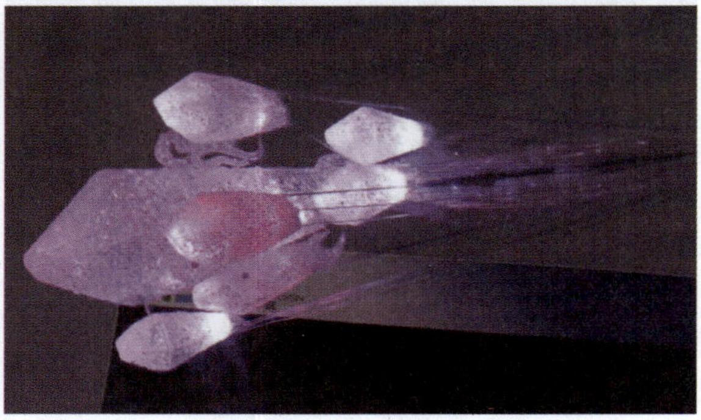

图 3-44

（2）气势感。由物体的内在联系和呼应构成的凝聚力，可体现其发展方向的轨迹，能构成特定的审美氛围，如图 3-45 中，群集化的小鱼表现出环形运动趋势，凸显灯饰的整体气势感。

（3）生命力。从自然造物的表面形态或生长规律中探寻生命的活力，并运用传神的手法加以提炼和表达，已成为现代艺术设计中最具活力的构成法则，如图 3-46 中，袅娜多姿的水母灯饰造型，具有生命的活力。

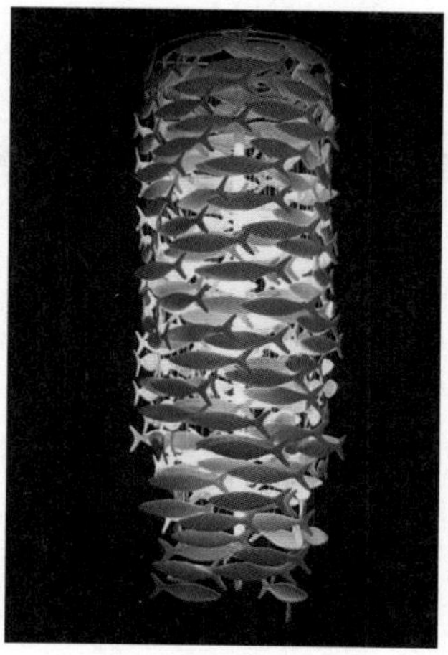

图 3-45

图 3-46

第四章　灯饰形态构成的材料与技术的运用

在灯饰形态构成中，材料是必备要素。材料有其自身的语意和设计表现力。对材料的造型功能、组织结构和使用性能的认识、体验是使三维作品富有艺术价值的重要因素之一。在三维设计中创意是灵魂，是对精神、思想的表达；材料是骨架、血肉，是对创意的体现。材料的品种繁多，在使用时只有对材料进行深入的研究，方能最贴切地表达设计者的创作意图。材料也具有很强的时代烙印，不但能体现时代的文化特征，而且新材料的出现和广泛使用会改变人们的生活方式和消费方式。如图 4-1 所示为国家游泳中心，新型发光材料的应用丰富着人们的感官（设计师：马克・巴特勒、赵小钧、毛红卫）。

图 4-1

第一节　材料的分类与特征

材料是表达设计的一种语言，不同的材料对形态创造的内容、意境的表达起着不同的作用。材料的质地、性能、形状的差别给人的视觉感受和心理感受也不尽相同。对材料进行分类有助于我们充分地认识材料，以及探求和尝试材料在创造灯饰形态中的多种可能性，如图 4-2、图 4-3 所示。

图 4-2

图 4-3

材料从属性上大致可分为天然材料和人工材料两大类。从功能上，材料可分为主体材料、辅助材料、连接材料。从形状上，材料可分为面材（包括板材）、线材（包括管材）、块材（包括颗粒状）三大类。

一、用于灯饰构成的材料

(一)硬质材料

硬质材料多为不容易变形的较硬材料。如木材、竹材、石材、金属、塑料、陶瓷、树脂等。如图 4-4 ~ 图 4-7 为将不锈钢、陶瓷应用于灯饰的例子。

图 4-4

图 4-5

图 4-6

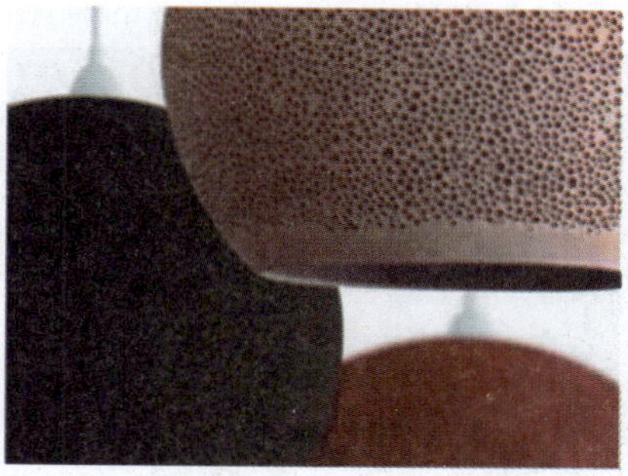

图 4-7

(二)软质材料

软质材料多为易变形的材料,较为柔软。如羽毛、塑料泡沫块、纺织品、纸、皮革、胶管、电线、拉链,以及毛发、毛线、尼龙线、棉线、麻线等纤维材料,如图 4-8 为应用于灯饰的发光纤维,图 4-9 为应用于灯饰的羽毛。

图 4-8

图 4-9

(三)透明材料

透明材料有透明和半透明之分。如玻璃、纱、薄纸、拷贝纸、塑料薄膜、吸管、胶片等。图4-10、图4-11中的灯饰分别应用了透明材料玻璃和半透明材料磨砂亚克力。

图4-10

图4-11

(四)可变材料

可变材料具有流动、多变、不定型的特点,如水、光、丝绸等。如图4-12、图4-13中LED音乐喷泉灯具有随节奏变换造型的特点。

图4-12

图4-13

(五)弹性材料

弹性材料即弹性、塑性比较鲜明的材料,如橡胶、气球等,如图4-14中的柔性彩虹管。

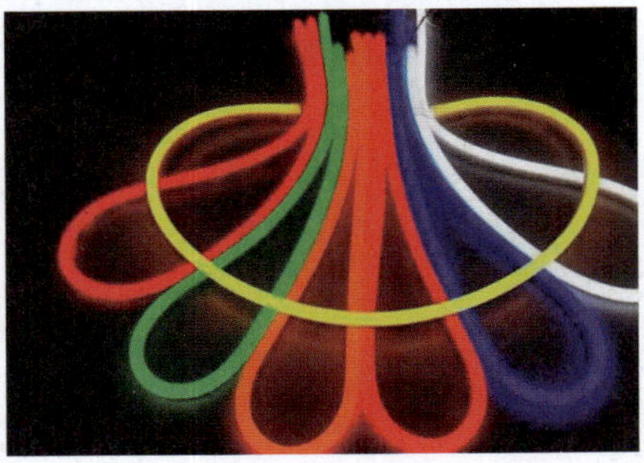

图4-14

二、主要用于辅助的材料

主要用于辅助的材料是指对设计主体起辅助作用的材料,根据主体的实际应用,涉及加工工具、支撑材料等范围。如测量、放样、锯钻、切割、组装等工具,以及用于翻制模型等工艺中的石蜡、泡沫、石膏等材料。

三、主要用于连接的材料

主要用于连接的材料同辅助材料一样,用于连接的材料是依据主体材料而定的。它包括不同规格的夹具、螺栓和用于焊接、胶接的材料等,如图 4-15 ~ 图 4-17 所示。

图 4-15

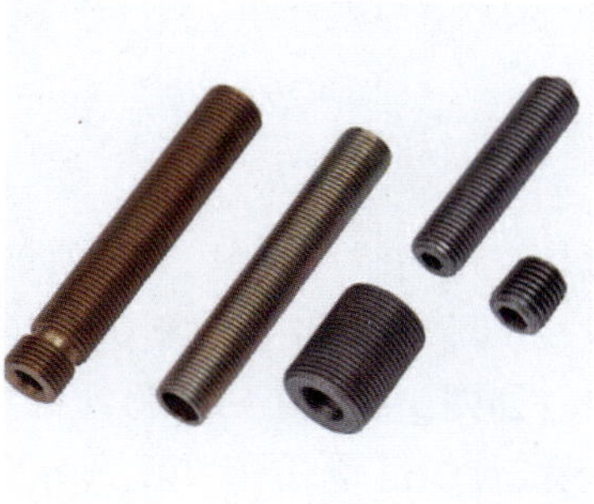

图 4-16

四、灯饰形态构成常用材料介绍

在灯饰形态构成中常用的材料有木材、石材、纤维、陶泥、纸、塑料、复合材料、金属、化工产品等。

图 4-17

(一)木材

木材是人类最早用于生活、生产的造型材料之一。木材具有材质轻、强度高、韧性强、弹性强、耐冲击、抗震动、环保、易加工等特点。木材有能引起亲近感的色泽和美丽的纹理,有良好的装饰性能,着色性能好,胶接性能好。因为木质材料的特性,它依然是用于各种造型的重要材料。图 4-18、图 4-19 为木材及木制灯具,图 4-20、图 4-21 为由哥本哈根 Madebywho 工作室推出的木制灯具作品(设计师:Hans Toft Hornemann 和 Terkel Skou Steffensen)。

图 4-18

图 4-19

图 4-20

图 4-21

（二）纤维

纤维是常用的软性材料，具有质地柔软、体轻、亲和力强、易加工等特点。它可以编织成各种形态，也可以依托硬质材料进行拉引、缠绕。纤维材料有麻线、棉线、毛线、棕绳、纸绳、尼龙线等。如图 4-22、图 4-23 为纤维材料及灯饰，图 4-24、图 4-25 为乌克兰设计事务所作品：彩色毛线针织灯罩，图 4-26、图 4-27 为用户使用毛线编织 DIY 灯具。

图 4-22

图 4-23

图 4-24

图 4-25

图 4-26

图 4-27

(三)陶泥

陶泥具有很强的可塑性,质地柔软,亲和力强,具有轻松随意、易成型等特点。在陶泥未干时,可以对其刻、刮、印造型并能进行各种装饰,待风干后,还可以进行形态的修理,这是其他材料较难做到的。图 4-28、图 4-29 为陶泥及灯饰制品,图 4-30 ~ 图 4-32 为丹麦设计师创作的鸟卵形陶瓷灯具。

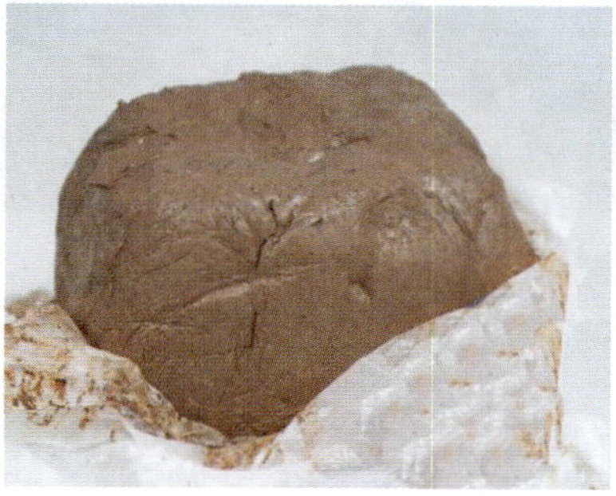

图 4-28

图 4-29

图 4-30

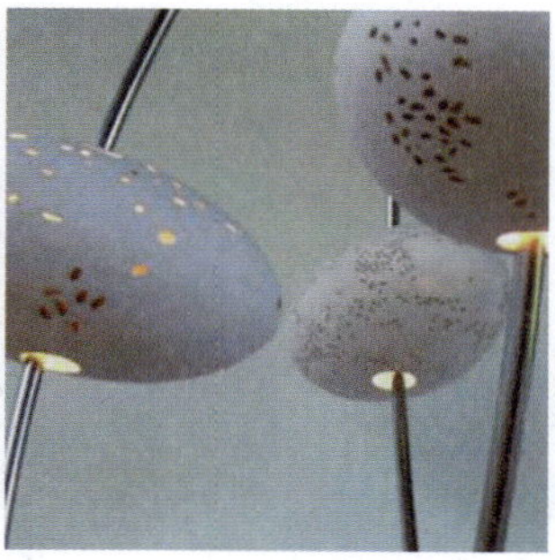

图 4-31

图 4-32

(四)纸

纸是灯饰形态构成中很好的面材。纸具有可塑性好、质轻、易定型、切割方便等物理特性。同时,纸材料又具有种类繁多,价格便宜,容易回收、再生降解,对加工工具要求简单的特点,给人轻松、随和、质朴、自然、便捷的心理感受。所以,纸是被广泛使用的材料。在灯饰形态构成基础训练中,各种卡纸、手工纸、艺术纸和铜版纸都是常用的纸张,如图 4-33 ~ 图 4-36 所示。其中,图 4-33、图 4-34 的设计制作者为江美芜,图 4-35、图 4-36 的设计者为 Kimu design studio。

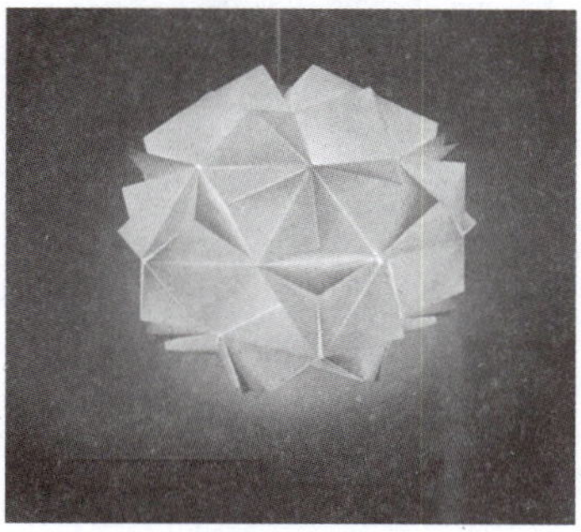

图 4-33

图 4-34

图 4-35

图 4-36

（五）金属

金属具有质地坚硬，保存长久，有磁性、韧性，不易破损，有光泽，造型变化丰富，精致美观，华丽时尚，有较强的视觉感，但加工难度大等特点。金属的种类很多，但因加工工艺所限，在灯饰形态构成中常以钢、铁、铜、铝、铅的线材为主，以及便于加工的金属面材和一些现成的金属零件等。材料的成型多是线、棒、条、管、板、片等，如图 4-37 ~ 图 4-40 所示，其中图 4-39、图 4-40 的设计者为 Ronen Kadushin。

图 4-37

图 4-38

图 4-39

图 4-40

（六）塑料

塑料是一种人工合成的高分子材料，具有良好的物理性能和一定的强度与弹性。塑料具有体轻、抗拉、抗压、抗冲击、抗弯曲、耐摩擦、防潮等特点。它有良好的化学稳定性，具有耐酸碱、耐油脂、防锈蚀等特点。同时,塑料具有很好的加工性,便于成型,样式丰富多样。图4-41、图4-42为由彩色的塑料管制成的灯具,图4-43、图4-44为利用塑料韧性手工打造的多彩民族风灯饰,图4-45、图4-46为Voxel-studio利用ABS塑料和3D打印技术设计创作出的具有奇幻外型的灯饰。

图4-41

图4-42

图4-43

图4-44

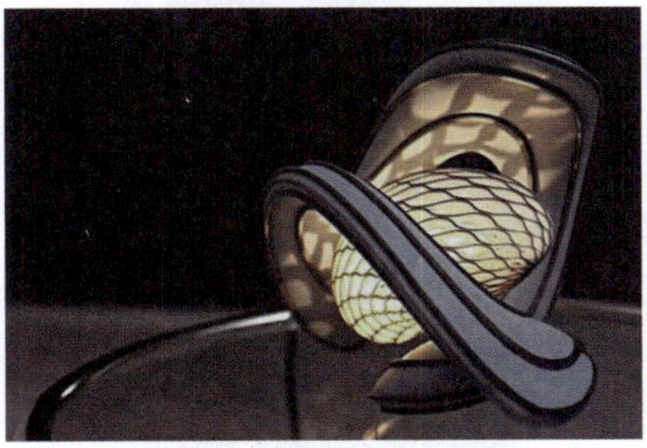

图4-45

图4-46

(七)废旧材料

废旧材料是指现代工业中的各种废旧物资,如包装盒袋、各种瓶罐、竹、木、布、绳、碎玻璃、边角料及废五金材料、废机器零件等。除此之外,废旧材料还包括各种废弃的轻工业产品、生活用品和现成品。各种垃圾的形态结构、材料肌理和视觉语言能触发我们创作的动机和灵感,对这些废旧材料进行再创作。可将两种或更多的材料组织在一起,让它们产生融合或对比的效果,使构成的材质肌理感和效果更加突出、丰富,富有创意的作品也就随之而来。图4-47、图4-48中用废弃塑料瓶扭拧后,因折射而形成漂亮的光线,具有美观、实用和环保价值。图4-49、图4-50为利用易拉罐拉环制作的照明装置,颇具冷峻、另类的后现代感。

图 4-51、图 4-52 为以自行车链条为材料创作出的吊灯，具有浓郁的现代工业气息。

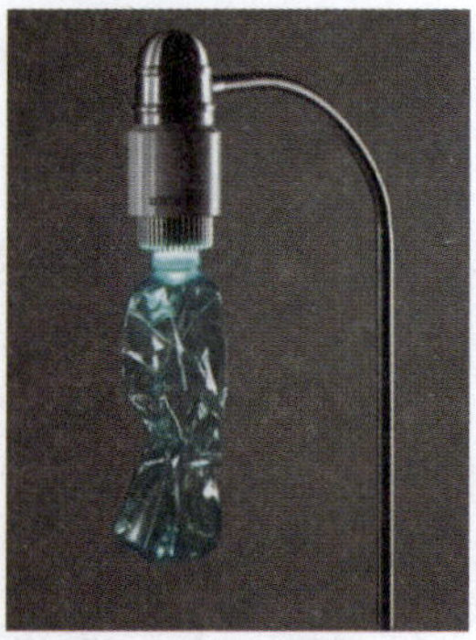

图 4-47

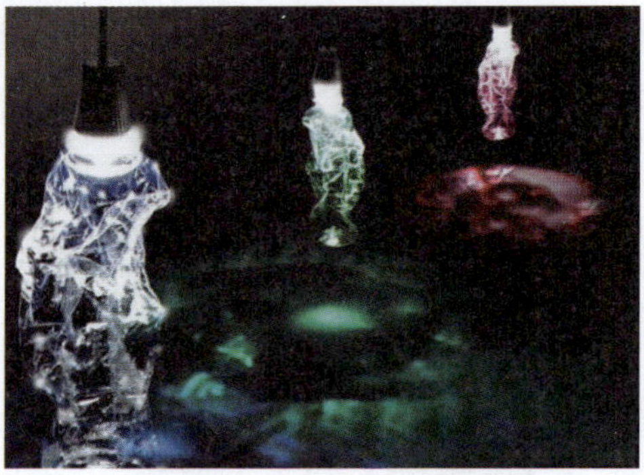

图 4-48

图 4-49

图 4-50

图 4-51

图 4-52

第二节　灯饰形态构成材料的加工方法和常用工具

一种材料可以有多种加工方式，既有传统的，也有现代化的，具体选择哪一种，要根据最终的使用目的来定。

一、材料的加工方法

(一)剪切加工

使用刀、机床、电热丝、钻等工具对材料进行剪切,用切、锯、割、磨、锉、凿、刻、削以及电化溶解等方法,将材料减少或分离。为了得到理想的工艺效果,使用的刀具自身就有许多形状,如直口、斜口、圆口等。除此之外,还有新的加工工具不断涌现,如激光、水刀等,如图 4-53、图 4-54 所示。图 4-53 为可同时加工多块材料的数控雕刻机,图 4-54 为适合切割聚氨酯和 ABS 等塑料的电热丝锯。

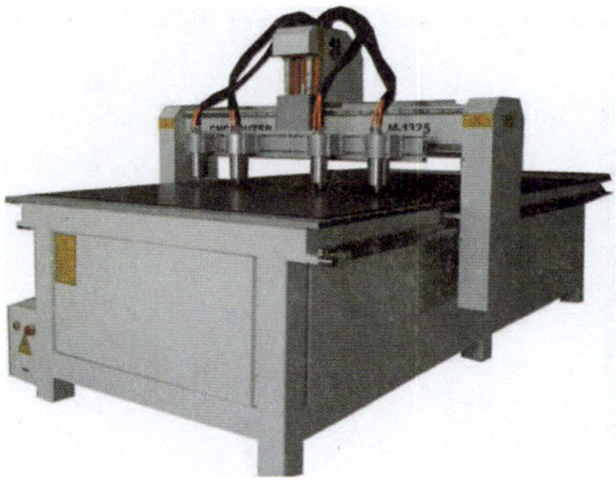

图 4-53

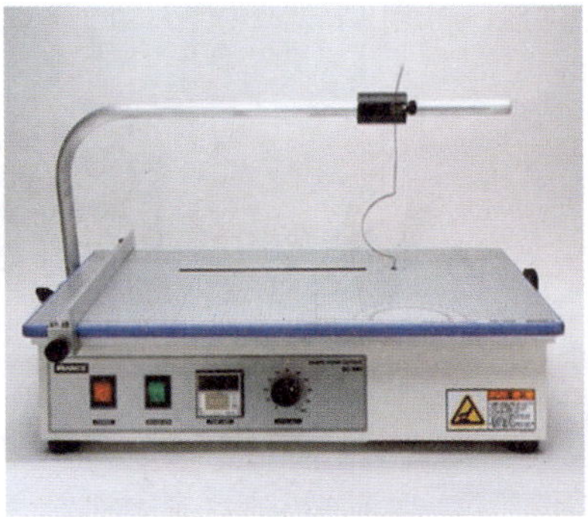

图 4-54

(二)连接加工

通过不同工艺把散落的物体组合成一个整体。连接加工方法有搭架、插接、铆接、胶合、焊接、穿缝、钉接、滑接、铰接等。根据不同材料的特点和造型目的选择连接方法,既要牢固又要达到审美要求。图 4-55、图 4-56 分别为用于胶结的环氧树脂胶和用于特种连接的鹅颈管。

图 4-55

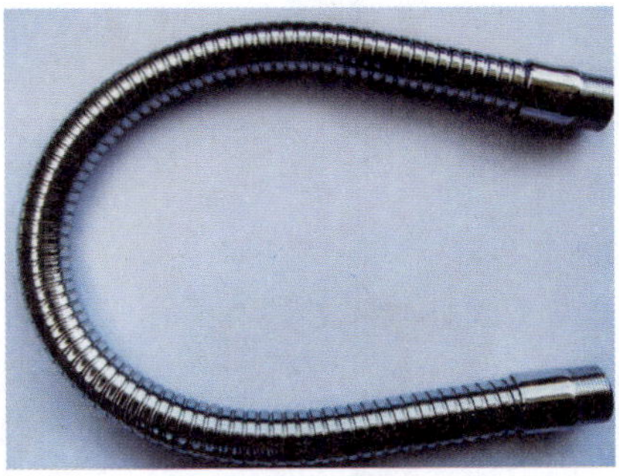

图 4-56

(三)变形加工

通过外部环境条件的调整来影响和改变材料的形态,如采用浸泡、加热、敲打、注塑、浇注等加工方法,使材料达到所需要的弯度,或者便于将之制作成新的三维造型。

(四)材料的后期处理

很多作品在成型后不能立刻达到理想要求,往往需要对此材料做技术上的后期处理,尤其是一些半成品,在翻制之后更需要修补,以及添加特殊的肌理效果,包括刮灰、上腻子、上色、上漆、打磨、抛光、上光乃至亚光处理等深加工，以达到理想效果。

二、灯饰形态构成的常用工具

在进行立体形态构成时，要对材料进行有目的的制作，对不同材料采用不同的加工工具和手段，这就需要一些最基本的加工工具，以便提高加工的效率和制作的工艺质量。一般将灯饰形态构成中常用的加工工具分为绘制和辅助绘图（如铅笔、圆珠笔、直尺、画线规等）、分割（如剪刀、美工刀、板锯和曲线锯等）、钻孔（如手摇钻、便携式电钻、台钻等）、切削（如木刨、木工凿、板锉、圆锉、半圆锉、三角锉等）、打磨（如砂纸、砂轮机、角磨机、木锉等）和辅助工具（活动扳手、电烙铁、螺丝刀等）等类别，如图 4-57 ~ 图 4-62 所示。

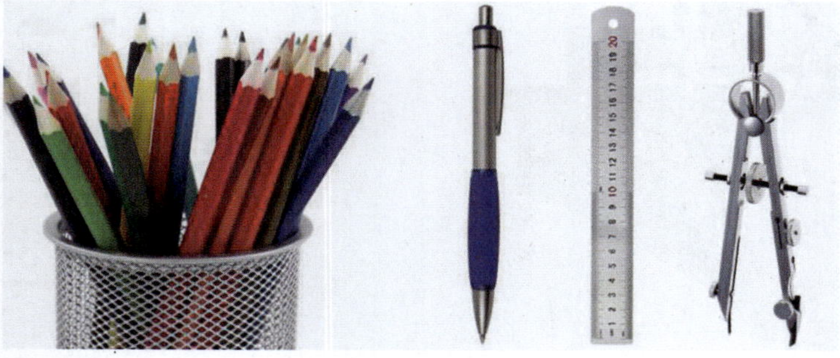

图 4-57

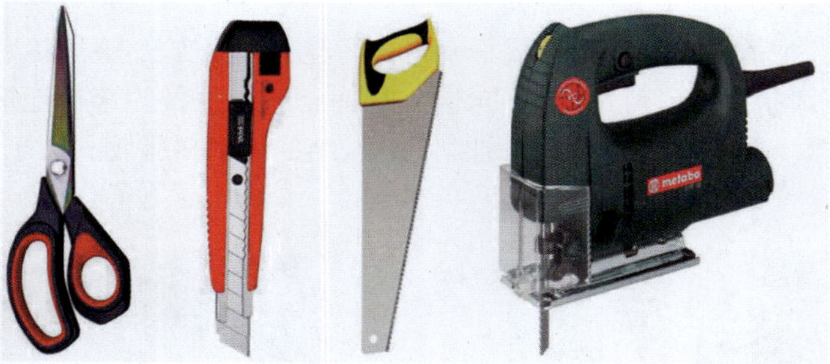

图 4-58

图 4-59

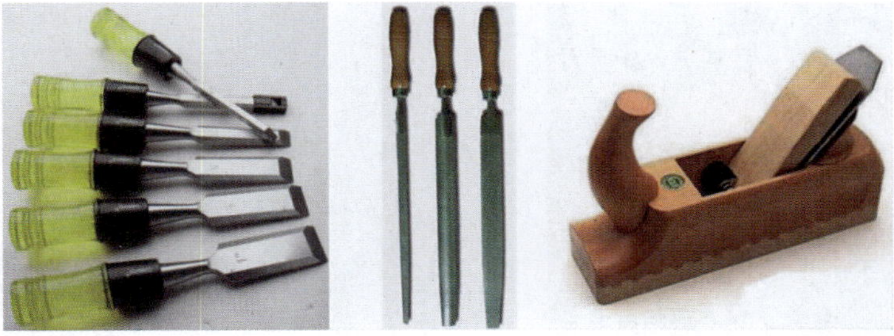

图 4-60

图 4-61

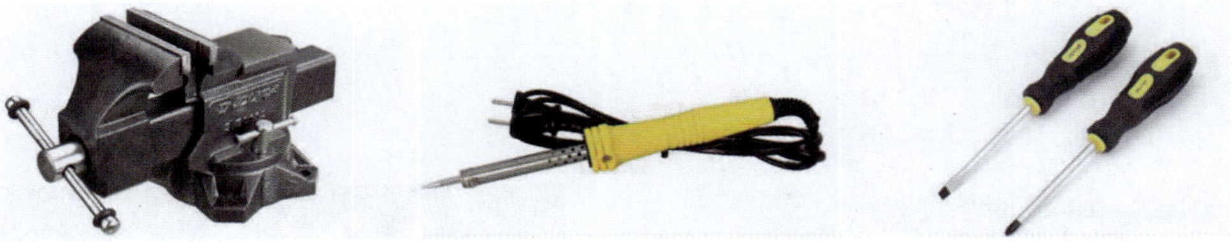

图 4-62

第三节 肌 理

材料的质地是通过材料表面的组织构造肌理体现出来的。不同的材料有着各种各样的组织结构,或平滑光洁,或粗糙斑驳,或轻软疏松,或厚重坚硬。不同的材质肌理给人的感觉是不一样的。具有相同形态的造型,由于肌理的表现不同,造成的审美意蕴就不相同。材料的肌理不仅可以增加形态的立体感,表现物体的质感,还可以丰富形态的外观,呈现多样的视觉效果和表现出不同的情感功能。图 4-63、图 4-64 为强调褶皱肌理效果的现代灯饰(德国设计师:ElisaStrozyk),图 4-65、图 4-66 中松散的竹纤维形成了质朴自然的肌理效果(品物流形(中国)出品,设计者:张雷),图 4-67、图 4-68 中棕榈的叶鞘纤维具有粗糙、多孔的肌理特征(设计者:张至伟)。

一、肌理的概念

在灯饰形态构成中,肌理指的是材料表面的纹理、构造组织给人的触觉质感和视觉触感。它根据来源可分为材料自然肌理(如木纹、树叶纹、大理石纹、毛皮等)和人工肌理(如仿木纹的人造板材、仿大理石纹的人造石材以及将各种材质综合形成的肌理等)。肌理在通过材料构造灯饰形态的整体面貌方面起着重要的作用,如图 4-69 ~ 图 4-72 所示。

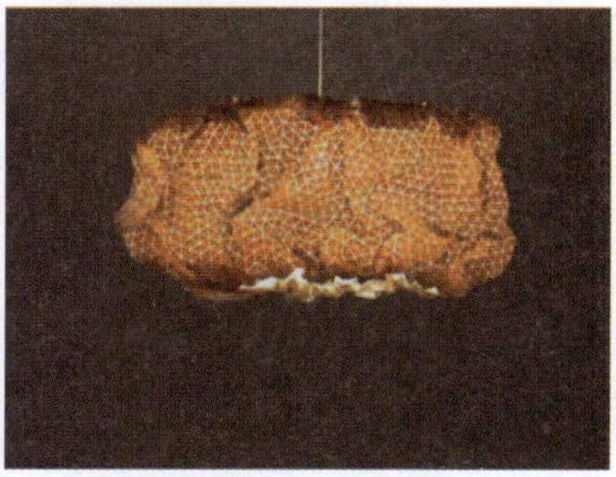

图 4-63

图 4-64

图 4-65

图 4-66

图 4-67

图 4-68

图 4-69

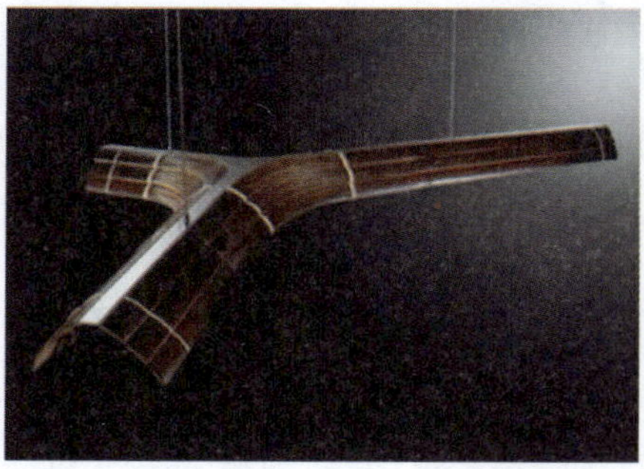

图 4-70

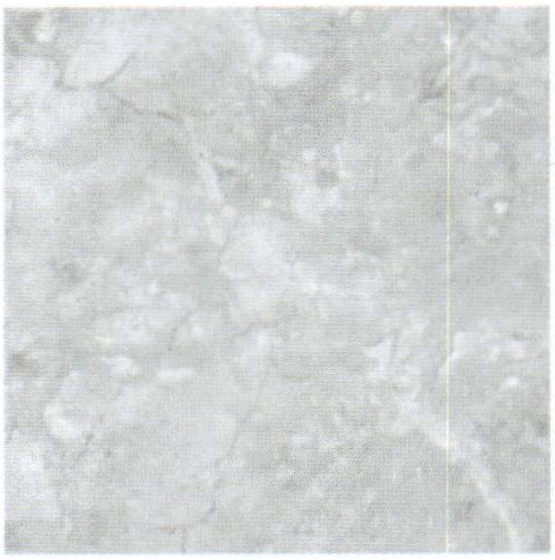

图 4-71

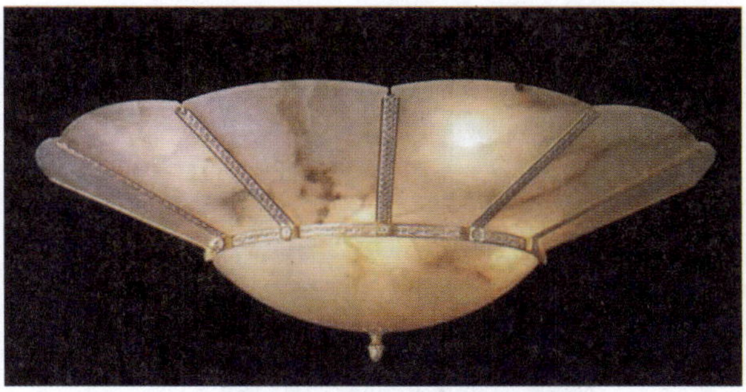

图 4-72

灯饰形态构成中的肌理往往是触觉、视觉综合性的肌理，既能通过视觉感知，又可通过触觉感受。触觉是人体的一种特殊感觉，是各种外界刺激（如冷、热，软、硬，光滑、粗糙等）通过分布于皮肤的神经末梢，传达到大脑，使人体产生的一种综合感受。通过触觉能够感受到物体的不同性质。因此，触觉是带给我们肌理感受的主要手段。

另一种肌理感受则来自视觉。比如我们从高空俯瞰沙漠，漫漫黄沙会通过视觉传达给我们沙漠的肌理感受。再如站在山腰看云海，虽然我们不能通过触觉来感受云海，但通过视觉，仍然可以感受到云海特殊的肌理。

不同的肌理，会给人带来不同的心理感受。材料的肌理在现代科学与加工技术的不断进步中越来越多样化。现代生活中人们对灯饰造型的追求是求新求异，使得肌理的运用在现代灯饰造型设计中处在一个很重要的位置，如图 4-73、图 4-74 所示，吸顶灯和射灯具有砂岩材质的肌理效果，适合搭配地中海风格的家居环境。

图 4-73

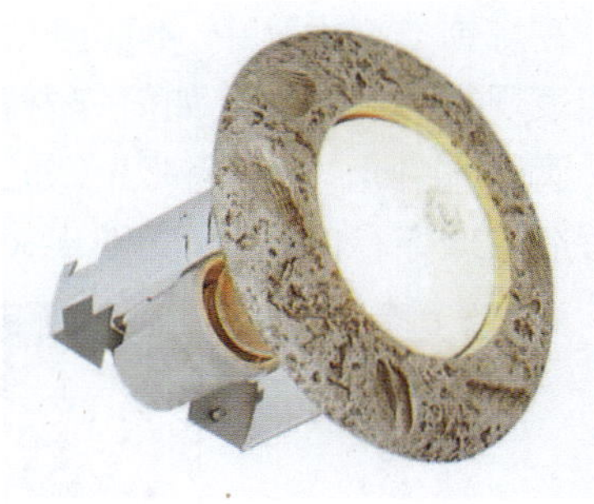

图 4-74

二、肌理的作用

（一）肌理的视觉效果和心理感受

不同材料的肌理会产生不同的视觉效果和心理感受。如：同是面材，金属板使人感觉冰冷、坚硬，玻璃板使人感觉透明、易脆，木板让人感觉温暖、舒适，塑料板让人感觉柔韧、时尚。表面光洁而细腻的肌理让人觉得华丽、轻快、活泼、冰冷；表面平滑而无光的肌理给人以含蓄、安宁、质朴的感觉；表面粗糙而有光的肌理让人感觉稳重而生动；表面粗糙而无光的肌理，给人坚定、朴实、厚重和悠远的感觉；表面毛绒的肌理给人柔软、温暖、舒适的感觉。如图 4-75 ~ 图 4-78 所示，天然珠光贝壳具有轻盈、朦胧和光洁的特征，能带来较好的视觉效果和心理感受；仿鹿角材质的吊灯具有粗犷、坚实的感觉。

图 4-75

图 4-76

图 4-77

图 4-78

(二)肌理的功能效应

在灯饰造型设计中，不同产品功能的发挥需要相应的材料肌理对应，让造型形态的使用功能表现得更为突出。如筒灯内表面的镜面肌理是为了光线反射；台灯灯罩的织物肌理是为了遮挡直射光线，避免炫光(如图 4-79 所示)。水晶灯挂件多面切割的光洁透明肌理是为了营造璀璨夺目的光效(如图 4-80 所示)。

图 4-79

图 4-80

(三)肌理可丰富灯饰形态的表情

不同的肌理会呈现灯饰形态不同的表情和特征。如灯笼的喜庆、水晶灯的华丽、岩石草坪灯的质朴自然等。肌理不同，所产生的表情丰富多彩。如图 4-81、图 4-82 所示，灯笼具有喜庆热闹的特征，铁艺灯具有古朴、冷峻的表情和特征。

图 4-81

图 4-82

三、肌理的设计

可以利用不同触觉的材料，以及材料质感的对比来达到某种造型效果，还可以利用肌理的不同特征与构造形态和谐搭配，形成有趣味的灯饰形态。图 4-83、图 4-84 为利用树叶的肌理和质感创作出的独特灯具。

图 4-83

图 4-84

无论哪种肌理的设计都应突出时代特点。对于流行的时尚化、风格的个性化、品种的多样化、样式的自然化、设计的人性化，以及不同文化对肌理的不同反映都要深入研究，如此灯饰设计才能更为世界化。

第五章　从平面到立体的创造训练

宇宙是一个多维空间，地球是个三维形态，人们生活的空间由各种物质组成的三维形态所构成。大自然提供了各种各样的原材料，先祖用树皮、茅草、木板、泥巴搭建房屋，用金属、石块、木材制造各种用具和用品，用工具在石头、木头上雕刻，于是构筑出一个纷繁复杂的物质世界，满足人们的各种生活需求。

人的思维和创造常常从平面开始。先祖们在岩石上画图，记录他们的生活场景；人们在纸上绘画、写字，表达思想。人们从平面开始发散思维，学会用布匹做衣服，用纸糊灯笼，用蔑条编织筐篮，用砖垒房子，用石块砌长城，用玻璃搭建筑。一些普通甚至琐屑的东西通过恰当的方法被组合起来，构筑成人们想要的空间和形态。在人类文明的历史中，可以找到许许多多的创造方法，它们都是人类世世代代智慧的结晶。今天我们为了创造新的灯饰形态继续探索和发展这些东西，找寻和创造灯饰构成的方法和规律。图 5-1、图 5-2 分别为人们用竹篾和木片编织的灯具。

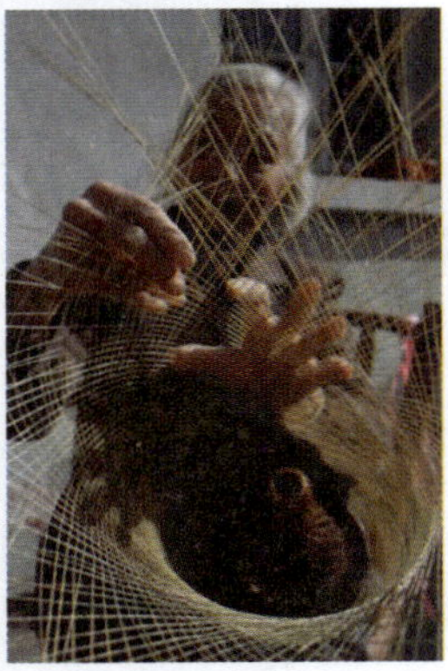

图 5-1

图 5-2

第一节　半立体形态构成与训练

一、何谓半立体构成

半立体构成，又称之为二点五维构成，是在平面材料上进行立体化加工，使平面材料在视觉和触觉上有立体感，但没有创作物理空间的构成方法，如图 5-3 所示。严格意义上讲，现实世界不存在绝对的半立体，半立体在灯饰中更多体现在产品局部的立体构造和表面处理上，如图 5-4 所示，产品表面具有半立体构成特征的蝴蝶吊灯，灯罩主体是立体的，但其表面经过切割并折起蝴蝶形，在视觉和触觉上突破了表面的单一性，可认为灯罩表面的多个局部具有半立体形态构成特征。

图 5-3

图 5-4

二、半立体的特点

在古典欧式灯上复杂的雕花，吸顶灯灯罩上深浅不一的雕刻，都是半立体的浮雕，比平面的图案更生动，更富有感染力。在我们的生活中，还有许许多多这样的半立体形态的物品，它们不仅好看、好玩，而且有很多作用，如图 5-5、图 5-6 所示。

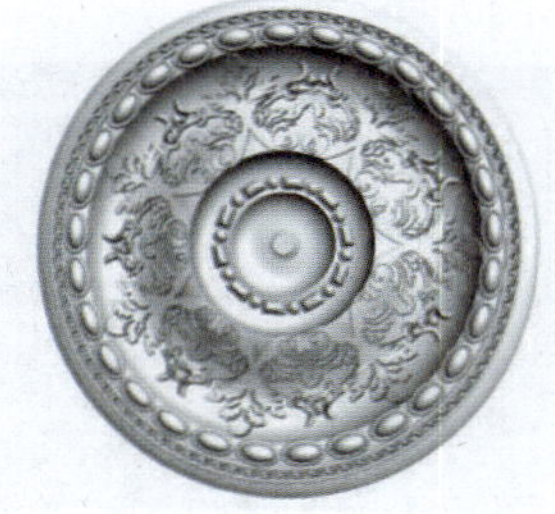

图 5-5

图 5-6

我们穿的运动鞋鞋底都有一些漂亮的纹理，凹凸有致，这些纹理不仅仅是为了好看，最重要的是增加摩擦力，起到防滑的作用。现在，底纹的设计还成为鞋子设计的卖点，皮鞋、休闲鞋、板鞋都争相在底纹设计上下功夫。同鞋底的原理一样，汽车轮胎的花纹设计也是半立体的，而且对于纹理的排布方向颇有讲究，会根据不同的路面和车型而设计，如图 5-7、图 5-8所示。

图 5-7

图 5-8

在建筑装饰上，半立体的应用更多，墙面、柱面、顶面、底面比比皆是，如图 5-9、图 5-10 所示，一方面是为了增强审美效果，另一方面是也有实用功能。因此，半立体是平面上的三维化造型，在视觉上有三维特征，观察半立体的最佳角度为正前方45°。在触觉上也可以感受到凹凸的变化，只是在深度的造型上有所限制，凸起的尺度很小。平面上的凹凸起伏在侧光和半侧光的照射下会形成明暗阴影，从而会加强三维效果。

图5-9

图5-10

三、半立体形态设计实训材料与制作方法

半立体形态的设计和制作方法有很多，不同的材料有不同的方法。

（一）纸质材料

纸制材料包括卡纸、纸板等，质轻，易加工，有弹性和强度。折叠是最简单的方法，还有剪切、卷曲、拉伸、粘贴、缝制等方法，如图5-11所示。

图5-11

（二）板材

板材包括木板、亚克力等，具有平整、厚薄均匀、硬度不高的特点。一般用切割、雕刻、凿、堆叠的方法塑造形体，如图5-12～图5-14所示。图5-12、图5-13中在薄木板上切割出半立体状的树木造型，图5-14中新款蒂凡尼灯具表面具有半立体的几何变化。

图5-12

图5-13

图 5-14

(三)金属

金属包括铜板、铁板、钢板、铝板等,质地坚硬、结实,可以采用腐蚀、焊接、浇铸、锤打等方法,往往需要利用专门的工具,图 5-15 ~ 图 5-17 所示为压铸的铜件灯饰。

图 5-15

图 5-16

图 5-17

四、半立体的制作步骤

这里以便于操作的卡纸为例,讲解制作步骤,其他材料可以举一反三。

(一)构思

有好的构思才会有好的作品,联系平面构成的知识原理,联想生活中的事物,进行提炼和概括,先绘制一些平面图形,然后想象一下把这些图形变成半立体的样子,思考可以采用哪些方法达到理想的效果。创意绘图时一定要考虑审美法则,使图形具有一定的形式美,如图 5-18 所示。

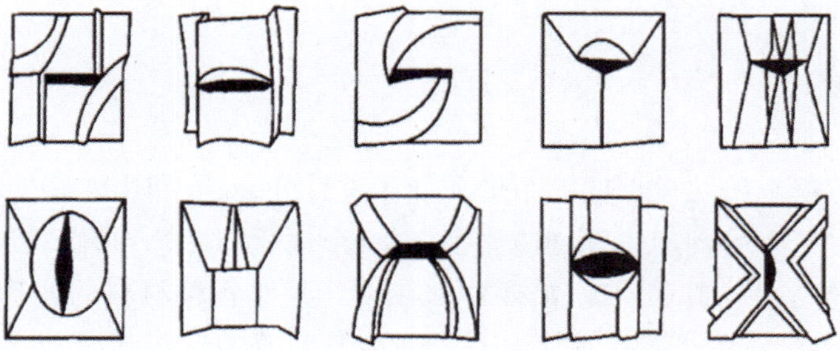

图 5-18

（二）画图

把构思好的图按所需大小画在选好的材料上。画图时对加工工艺要用不同的线表达和提示，以免制作时出错。比如用实线表示切口，虚线表示折痕，用箭头表示上下方位，用阴影表示镂刻等，如图 5-19 所示。

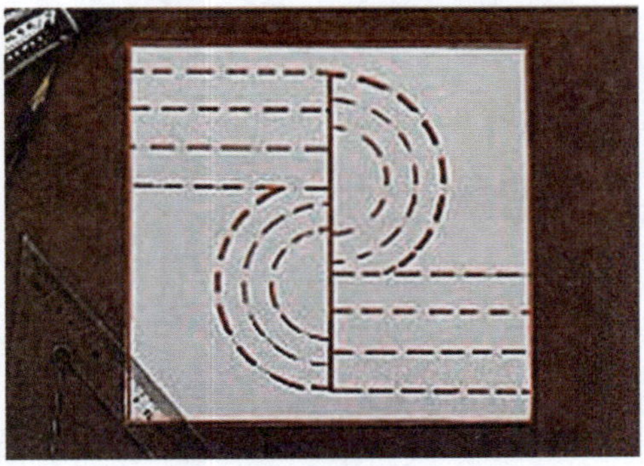

图 5-19

（三）制作

根据设计的图样和加工方式进行制作，采用恰当的工具和制作方法很重要。以卡纸为例，先使用美工刀切割，然后用刀背在需要折叠的位置划出压痕，然后顺着压痕，根据设计构思做凹凸折叠，就可以做出想要的三维形态，如图 5-20、图 5-21 所示。

图 5-20

图 5-21

五、半立体表达的基本手段

下面介绍几种常用的半立体形态构成的训练方法，灵活应用这几种方法就能设计出创新形态。

（一）肌理与雕刻

1. 肌理

可用工具在基材上按照设计好的图形和规律进行分裂，或利用一些外物制造肌理，产生半立体效果。在设计中可利用肌理创造出多样化、个性化的形态，并使人形成良好的触感或兴趣。作品表面的形态重塑和表现，需要建立在设计师对各种材料的物理和化学性能的充分理解上，并能结合传统的或现代的工艺手段改变其原有的形态，以产生新的肌理和视觉效果，如图 5-22 ~ 图 5-25 所示。

图 5-22

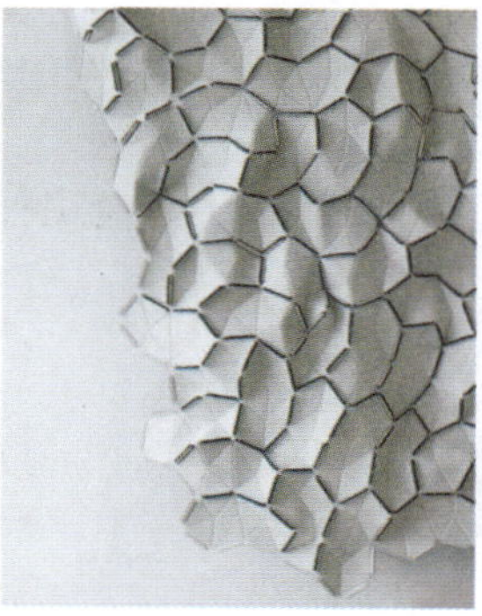
图 5-23

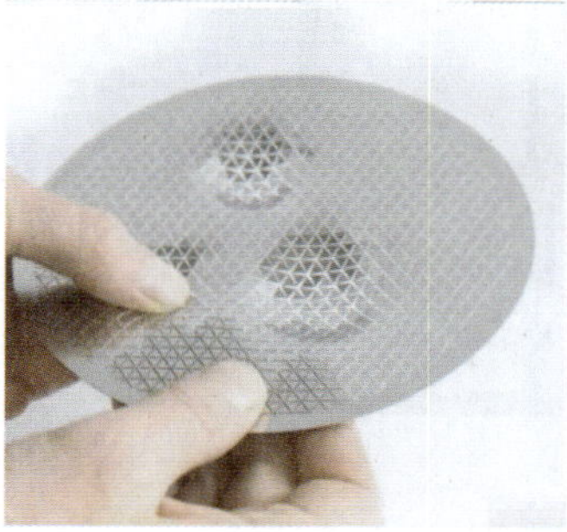
图 5-24

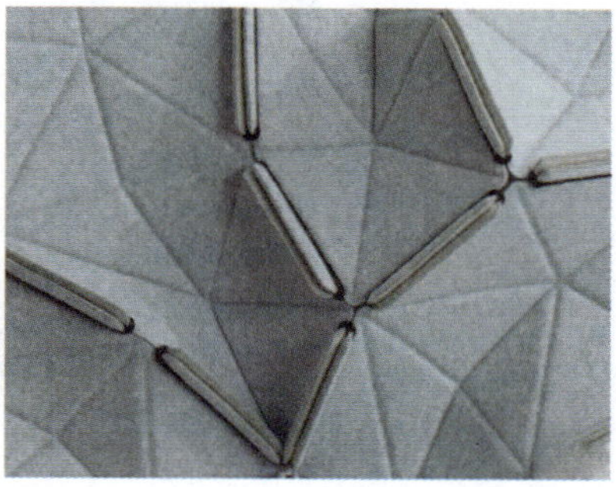
图 5-25

2. 雕刻

对木材、石材、复合材料等可塑性材料进行雕刻，产生新的半立体形态。雕刻方法有阴刻和阳刻。

1) 阴刻

用凿子在基材表面挖刻图形的轮廓线条或直接把图形挖刻掉，形成凹陷，如图 5-26、图 5-27所示，设计师 Calabarte 将阴刻技术作用于葫芦，制作出美妙绝伦的表面效果。

图 5-26

图 5-27

2) 阳刻

与阴刻相反，把图形主体周边挖刻掉，使图形凸出，如图 5-28 ~ 图 5-30 所示。

(二) 折叠

1. 折直线

训练方法：把一张平面的纸按排列规律的直线(数量为奇数)折叠，即产生半立体形态，如图 5-31 所示。

图 5-28

图 5-29

图 5-30

图 5-31

直线折叠应用于灯饰形态的案例有法国设计师 Nancel Duke 设计的折纸吊灯和壁灯（见图 5-32、图 5-33），以色列独特照明工作室 Aqua Creations 出品的折纸灯（见图 5-34、图 5-35）。

图 5-32

图 5-33

图 5-34

图 5-35

2. 折曲线

训练方法:在平面上画出数目为奇数的弧线(至少 3 根以上),再折叠,形成半立体形态,如图 5-36 所示。

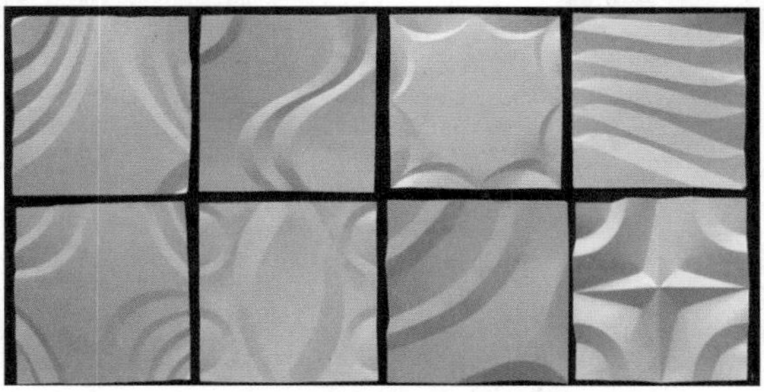

图 5-36

曲线折叠造型案例,如保罗·克里斯琴森设计的灯饰(见图 5-37、图 5-38),可用于灯罩造型的曲线折叠(见图 5-39 ~ 图 5-41)。

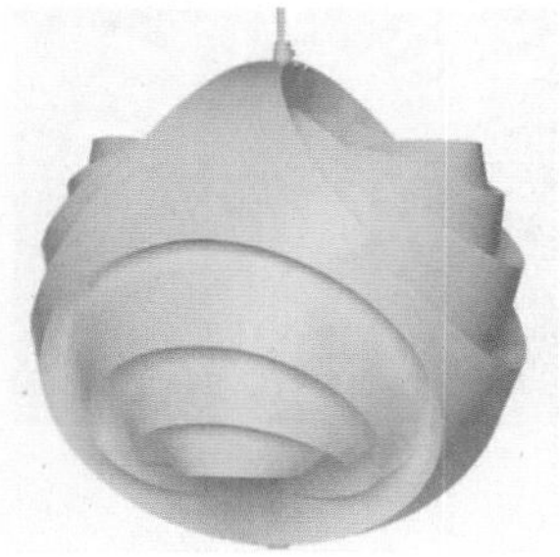

图 5-37

图 5-38

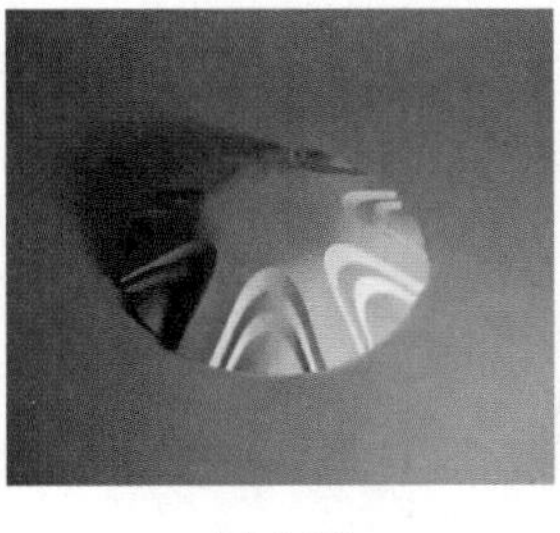

图 5-39

图 5-40

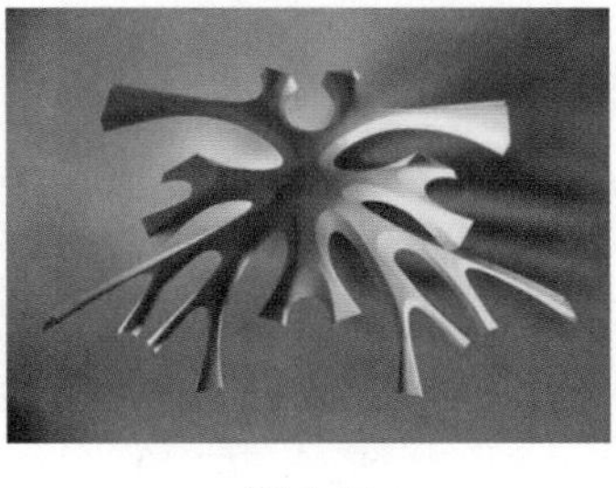

图 5-41

3. 卷曲

训练方法:把平面的材料进行卷曲处理,产生半立体形态,如图 5-42 所示。

图 5-42

以卷曲为造型手法的灯饰形态案例,如卷曲形态的吊灯(见图 5-43、图 5-44)、卷曲形态的桌灯(见图 5-45、图 5-46)。

图 5-43

图 5-44

图 5-45

图 5-46

4. 瓦楞折

在画好折曲造型展开图之后,按折曲线将卡纸反复折叠,使卡纸形成有起有伏的瓦楞立体形,如图 5-47 ~ 图 5-52 所示。

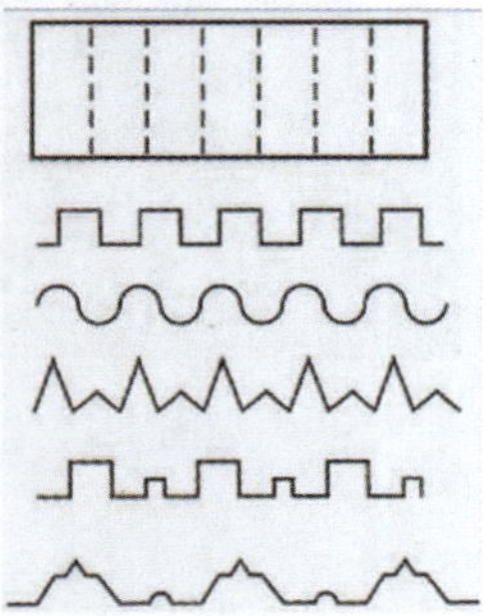

图 5-47

图 5-48

图 5-49

图 5-50

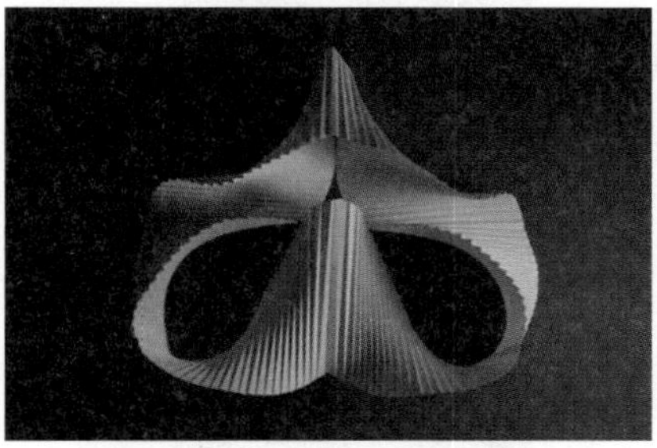

图 5-51

图 5-52

5. 蛇腹折

蛇腹折指通过基线（垂直线或水平线）与辅线（斜线）的垂直和水平方向的折叠、收缩而构成的立体形态，给人以活泼、优美、和谐之感觉，如图 5-53 ~ 图 5-63 所示。

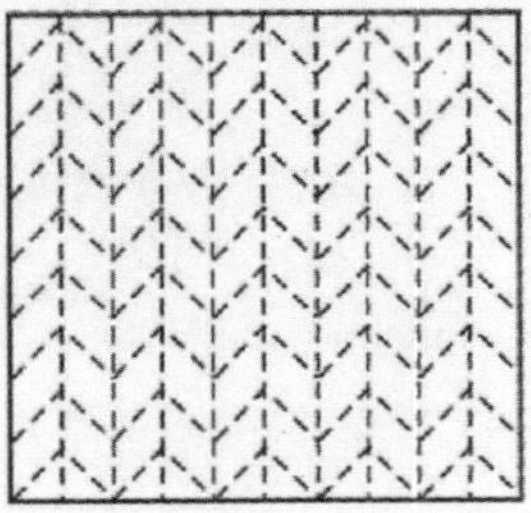

图 5-53

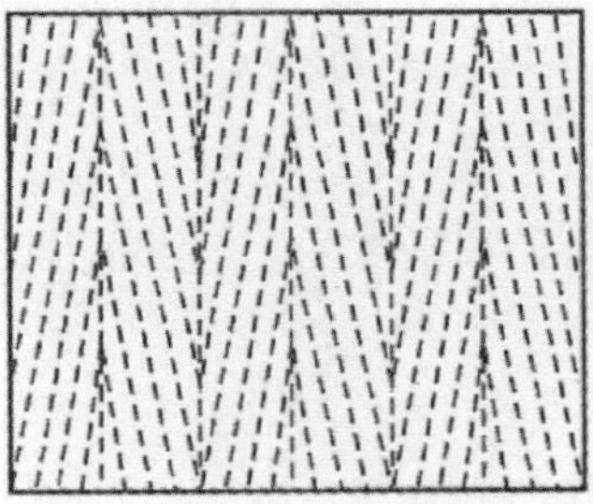

图 5-54

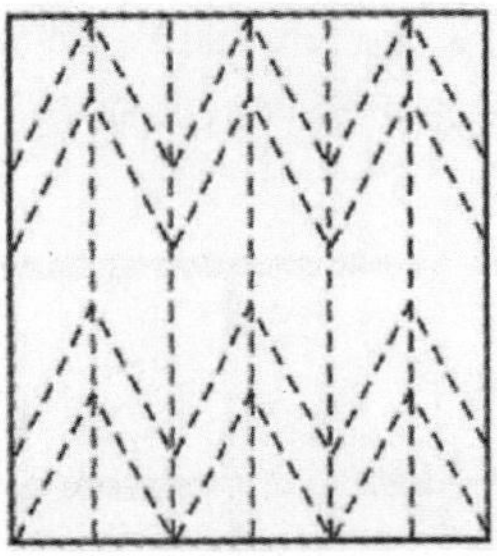

图 5-55

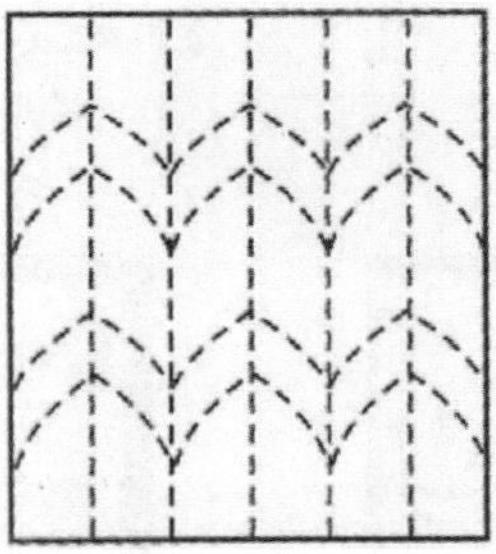

图 5-56

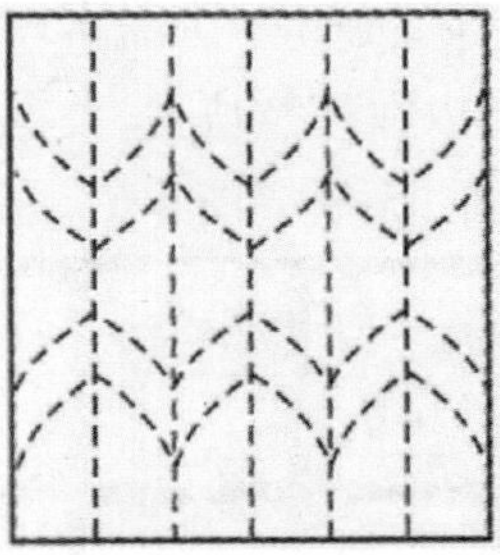

图 5-57

图 5-58

图 5-59

图 5-60

图 5-61

图 5-62 （设计师 Kevin Pfaff）

图 5-63 （设计师 Kevin Pfaff）

（三）切折结合

1. 一切多折

将纸张切一刀后进行折叠，创造新的半立体形态。这一刀可以是直线、曲线、弧线、折线，可以在任意位置，关键是便于折叠造型。重点要体现形式美，比如重复、韵律、节奏、渐变等，如图 5-64 ~ 图 5-67 所示。

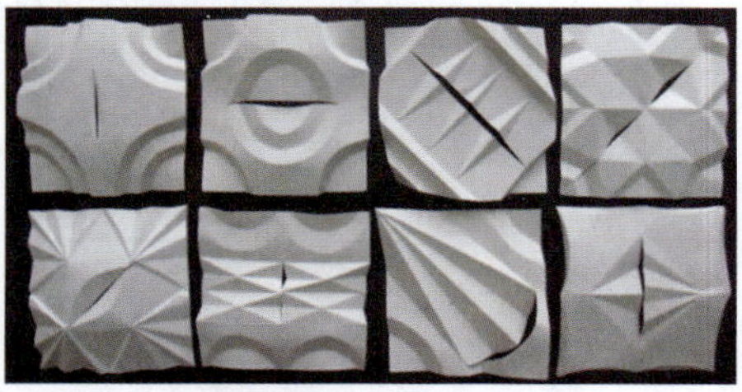

图 5-64

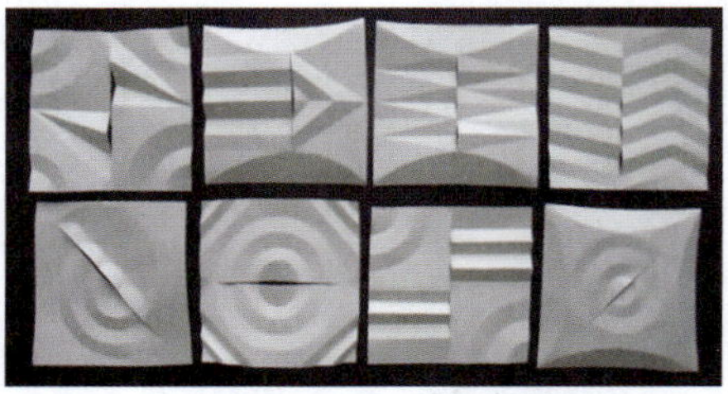

图 5-65

图 5-66

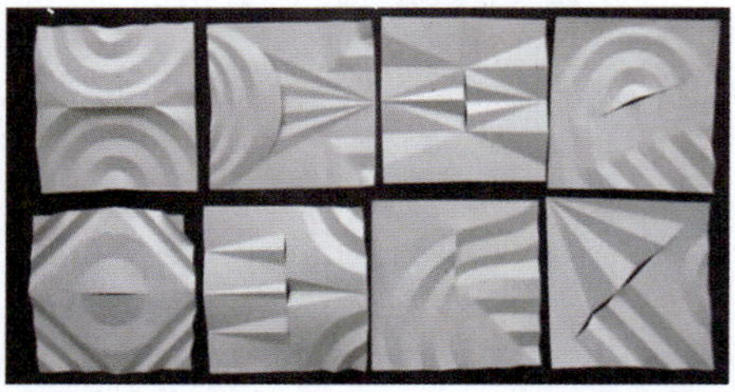

图 5-67

2. 多切多折

在一个平面上切多刀后进行折叠，通常是按一定规律切割，产生丰富的构成效果，如图 5-68 所示。

图 5-68

多切多折手法应用于壁灯造型，如图 5-69、图 5-70 所示。

图 5-69

图 5-70

（四）堆叠

1. 单层堆叠

把一些小的形态按一定规律堆积粘贴在一个平面上，产生半立体效果，如图 5-71 ~ 图 5-74所示。

图 5-71

图 5-72

图 5-73

图 5-74

2. 多层堆叠

把小块形态一层一层按一定规律叠加粘贴在一起，形成丰富的半立体效果，如图 5-75 ~ 图 5-78 所示。

图 5-75

图 5-76

图 5-77

图 5-78

第二节　基本立体形态造型方法

一、何谓基本立体形态

基本立体形态是三维造型的基础单位，它既可以独立地存在和使用，也可进行组合再生，产生新的较为复杂的形态。

仿生形态：模仿或参照生物的形态造型，是对自然生物形态的概括和提炼。

抽象形态：对生活中自然形态的主观概括和提炼，以纯粹的几何观念提升的客观形态，如正方体、球体以及由此衍生的具有单纯特点的形体，在生活中的运用非常多。

二、仿生形态

人类最初进行艺术表达时，主要是模仿自然界中的生物。从远古的陶瓷器皿、青铜、玉器、石雕，以及建筑上的装饰都能看到大量的仿生设计。中国自古就有崇拜自然、天人合一、人与自然和谐相处的哲学思想。自然造物鬼斧神工，我们可以师法自然，赋予作品主观意识，创造出人们心中之物。中国的艺术在效仿自然之物时更多取其神，而不是完全写实。这种模仿带有很强的主观意识，所以我们会看到门前的石狮子千姿百态，传统器物中的仿生形态如图 5-79 ~ 图 5-82 所示。

图 5-79

图 5-80

图 5-81

图 5-82

仿生形态的塑造是在神似的基础上创造出来的，往往比真实的生物少一些琐屑，多一些韵味。或许造型简化，或许装饰丰富，不管怎样，这些生物形态已经不是生活中真实的样子了，而变成了人们希望的样子，如图 5-83 ~ 图 5-87 所示。图 5-83、图 5-84 中“Swarm”吊灯造型灵感源自黄蜂，由瑞典设计工作室 Jangir Maddadi 设计出品，图 5-85 ~ 图 5-87 中，Aleksandr Mukomelov 设计的“鲨鱼”台灯，具有别具一格的鱼鳍造型。

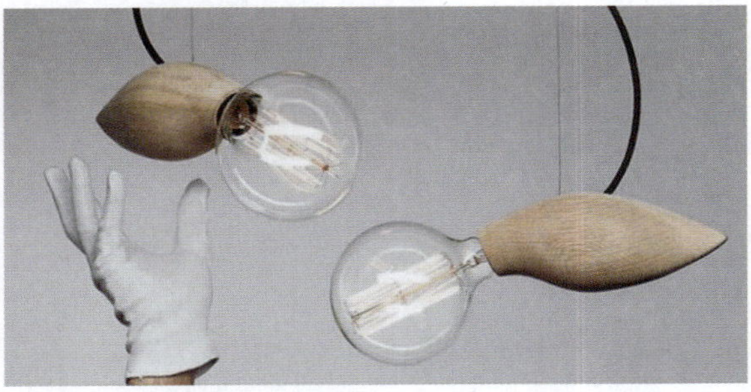

图 5-83

图 5-84

图 5-85

图 5-86

图 5-87

简化法和装饰法是两种最常用的方法，通过这两种方法的运用，可以创造出丰富多彩的仿生形态。

(1)简化法。提取生物的典型特征作为造型元素，强调和夸张其特征，舍去繁杂的无意义的地方，使造型具有生物的典型性，形态简洁明了。如图 5-88 所示，毕加索创作牛的历程是化繁为简造型过程的典型案例。

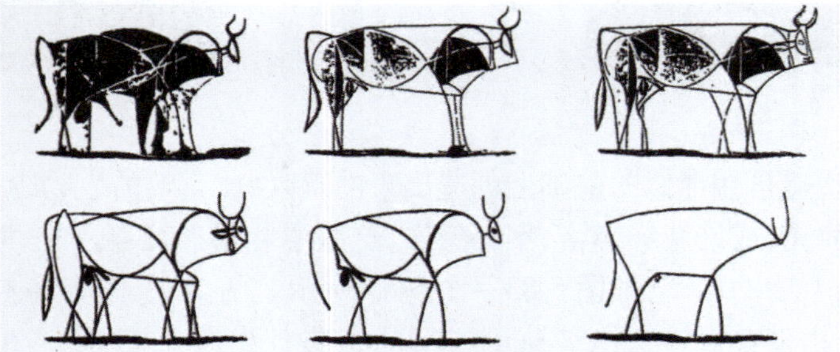

图 5-88

（2）装饰法。把生物形态概括表达，使之具有生物的典型造型特征，然后运用符号化或图案化的图形来装饰，替代原有杂乱随意的细节，图 5-89、图 5-90 中的“萌猫灯”出自设计师 Kuntzel Deygas 之手，作品造型简约抽象，甚至连耳朵都没有，但只是靠着那惟妙惟肖的蹲地、猫腰前行的姿态以及脸部那三撇小胡子便可以让人一眼认出它是灯具中的猫类。

图 5-89

图 5-90

三、多面体

（一）多面体造型方法：切、折、粘

1. 正多面体

正多面体又称柏拉图多面体，包括正四面体、正六面体、正八面体、正十二面体、正二十面体……。这是构成世界的要素中最基本的单位结构，是自然界中几何形体最基本的形式，如图 5-91 ~ 图 5-95 所示。图 5-91 中的正四面体是由 4 个等边三角形组成的多面体，其每个顶点旁边都有 3 个三角形。四面体是最简单的有角规则立体几何图形。图 5-92 中的正六面体是由 6 个正方形组成的多面体，其每个顶点旁边都有 3 个正方形。图 5-93 中的正八面体是由 8 个等边三角形组成的多面体，其每个顶点旁边都有 4 个三角形。图 5-94 中的正十二面体是由 12 个正五角形组成的多面体，其每个顶点旁边都有 3 个五边形。图 5-95 中的正二十面体是由 20 个等边三角形组成的多面体，其每个顶点旁边都有 5 个三角形。

特征：所有的面绝对重复，等边、等角，边缘棱角都重复，而且向外凸出。

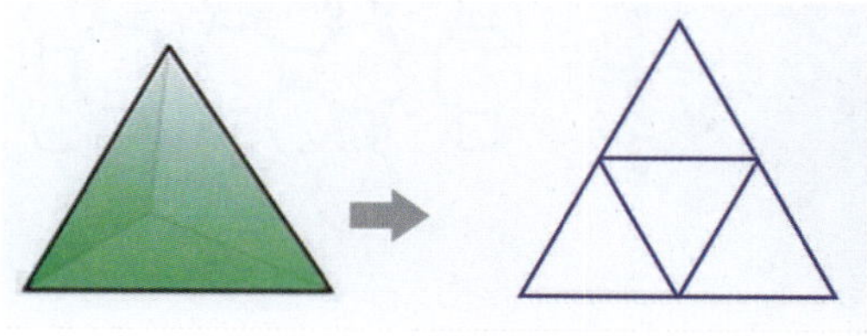

图 5-91

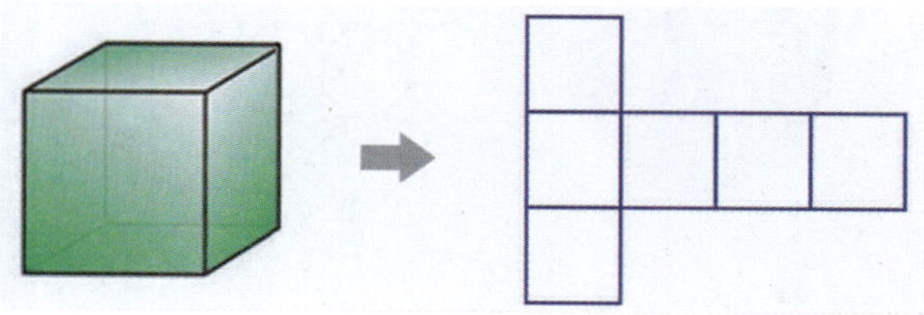

图 5-92

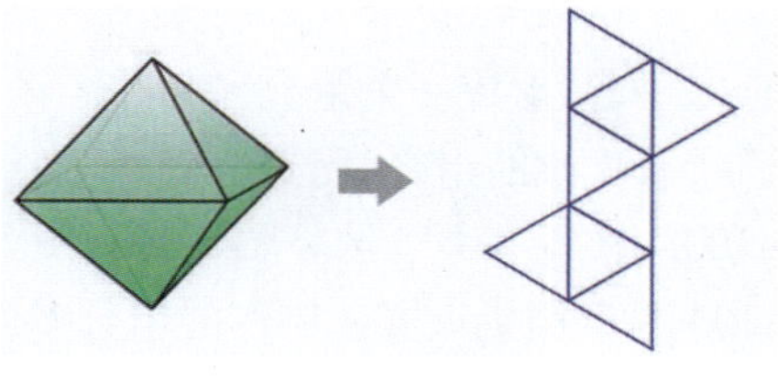

图 5-93

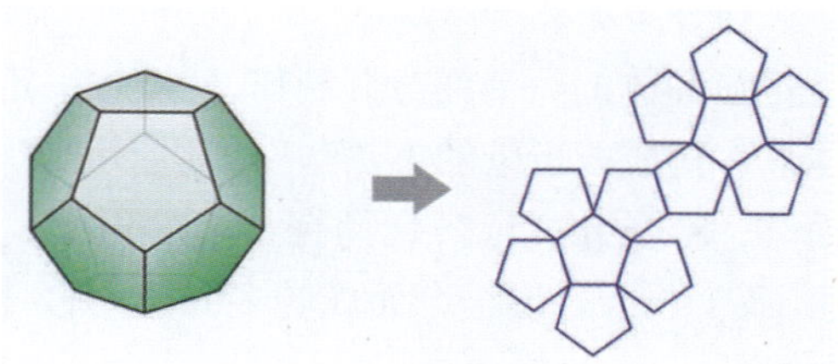

图 5-94

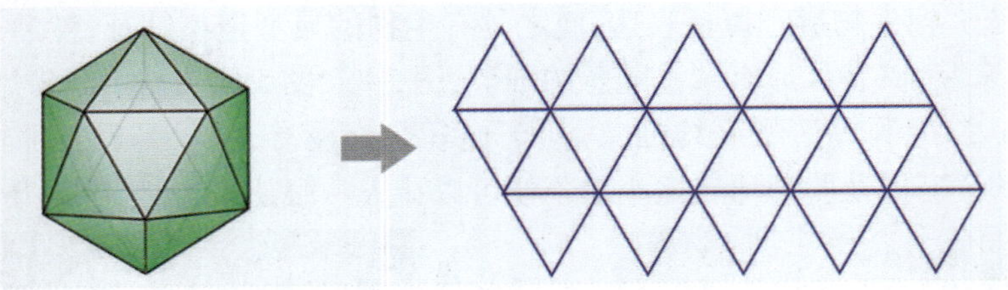

图 5-95

2. 阿基米德多面体

阿基米德多面体是以柏拉图多面体为基础发展而成的由两种或两种以上的面构成的造型,以正多面体为原型,切掉其顶角,被切割后的位置形成一个新的正多边形的面。图 5-96 ~ 图 5-99 分别为阿基米德多面体之“截半立方体”“截顶八面体”“截顶立方体”“斜方截半立方体”。

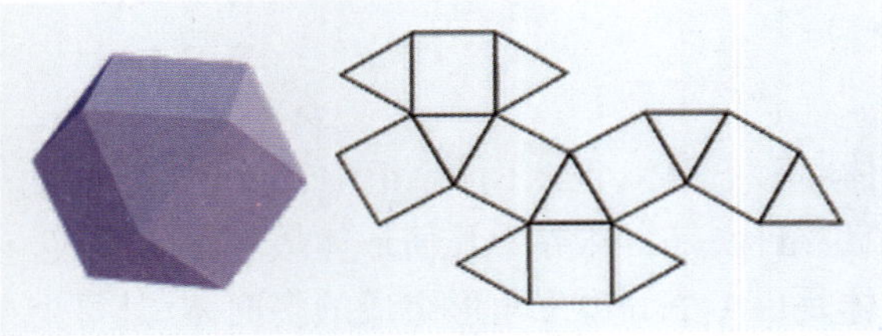

图 5-96

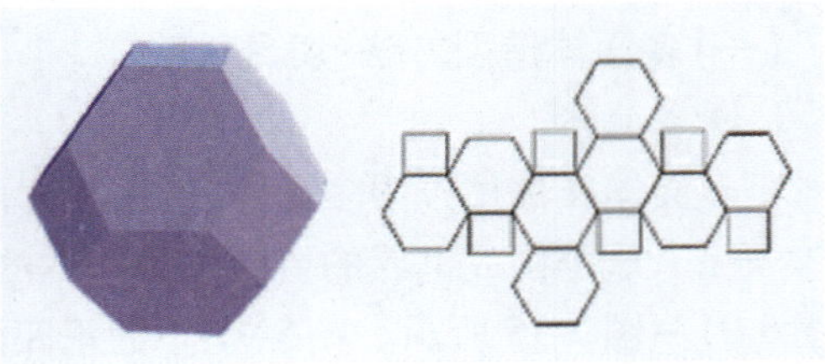

图 5-97

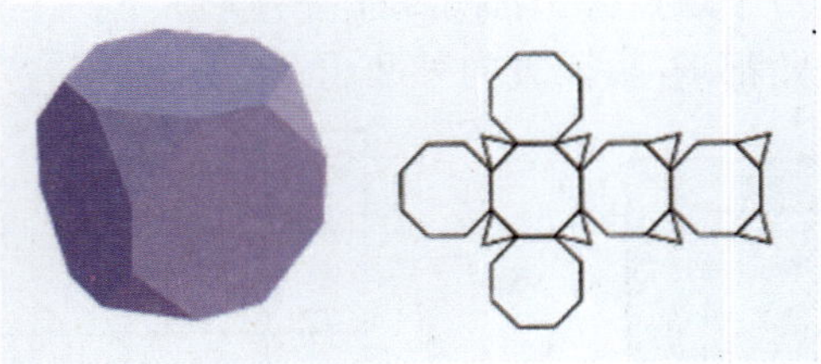

图 5-98

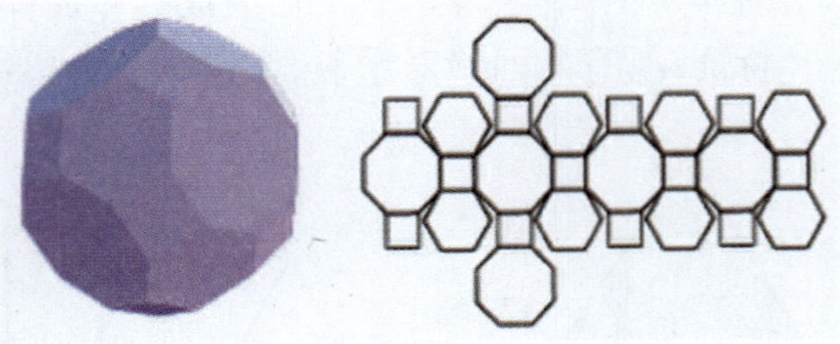

图 5-99

3. 组合多面体

把多面体的每个面分开制作,然后按一定规律组合在一起,形成一个组合多面体。运用半立体形态构成或折纸的方法制作多边形面或多边形,通过有规律的组合、积聚形成一个复杂的多面体,使之层次丰富,且具有和谐的秩序美,如图 5-100 ~ 图 5-103 所示。图 5-100、图 5-101 为由 12 个正五边形组合而成的多面体,图 5-102、图 5-103 为运用折纸方法制作的组合多面体。

图 5-100

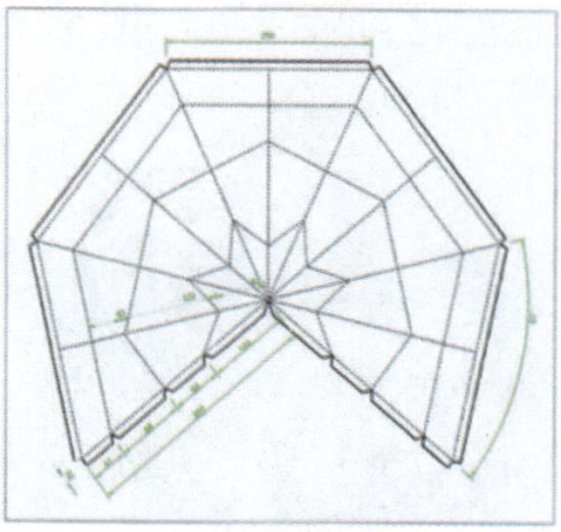

图 5-101

图 5-102

图 5-103

(二)多面体的造型变化

对多面体的表面、棱、角进行挖切、折叠、附加,产生更为丰富的形态变化,如图 5-104 ~ 图 5-109 所示。

(1)面的变化,如图 5-104、图 5-105 所示。

图 5-104

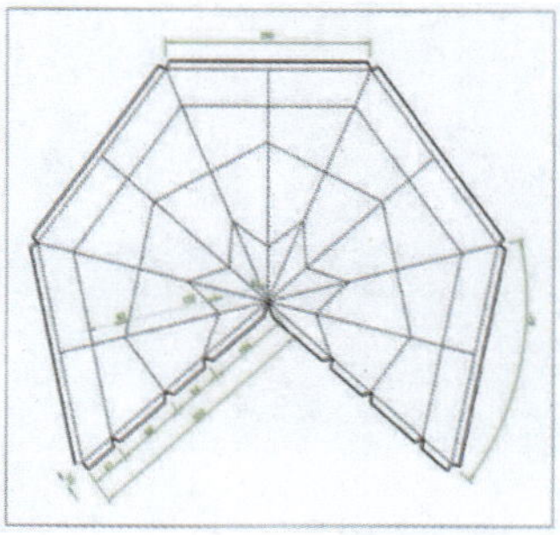

图 5-105

(2)棱的变化,如图 5-106、图 5-107 所示。

图 5-106

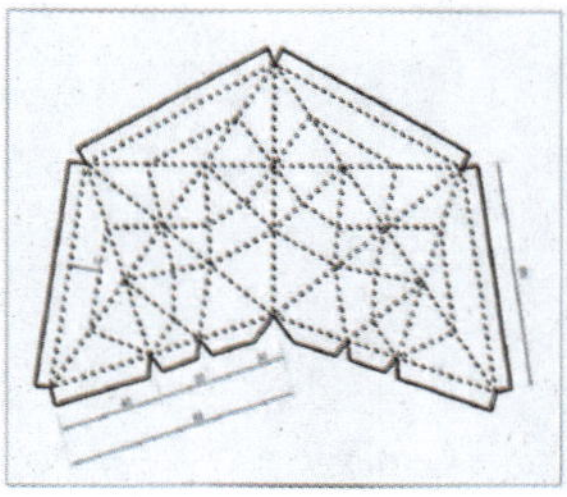

图 5-107

(3)角的变化,如图 5-108、图 5-109 所示。

图 5-108

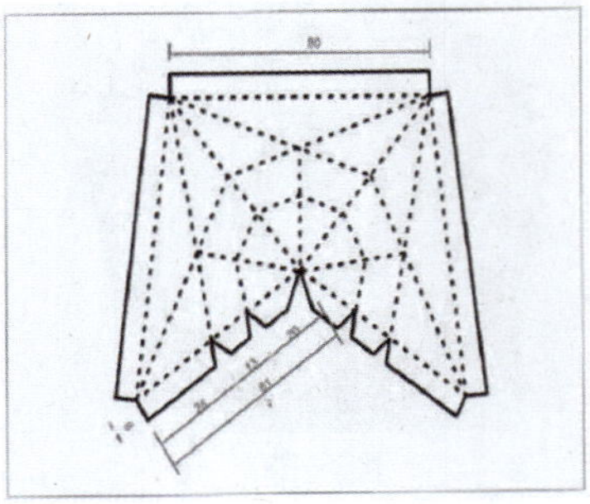

图 5-109

(4)多面体造型案例展示,如图 5-110 ~ 图 5-117 所示。

图 5-110

图 5-111

图 5-112

图 5-113

图 5-114

图 5-115

图 5-116

图 5-117

(5)多面体在灯饰造型中的应用,如图 5-118 ~ 图 5-121 所示。

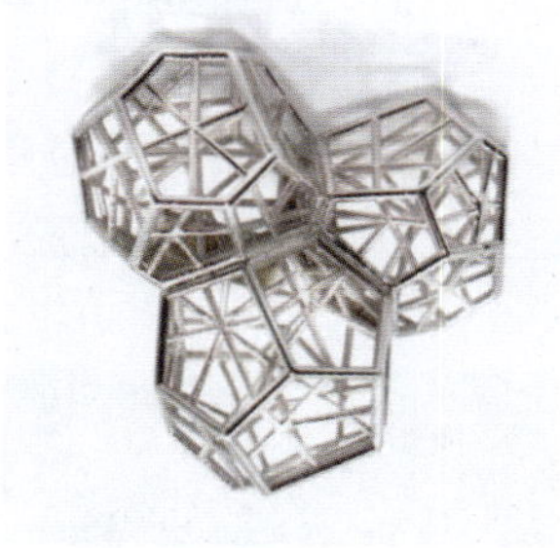

图 5-118

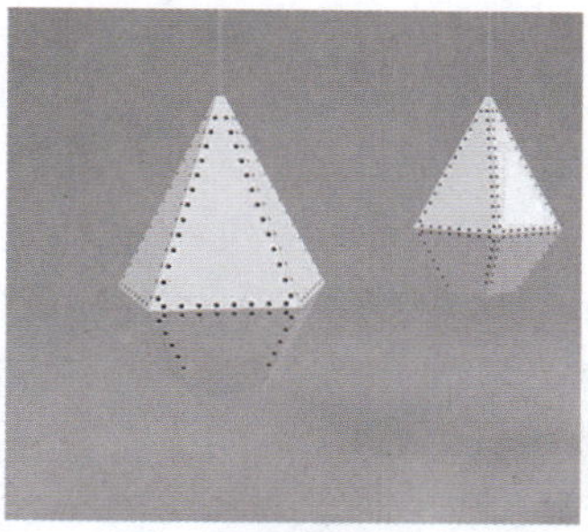

图 5-119

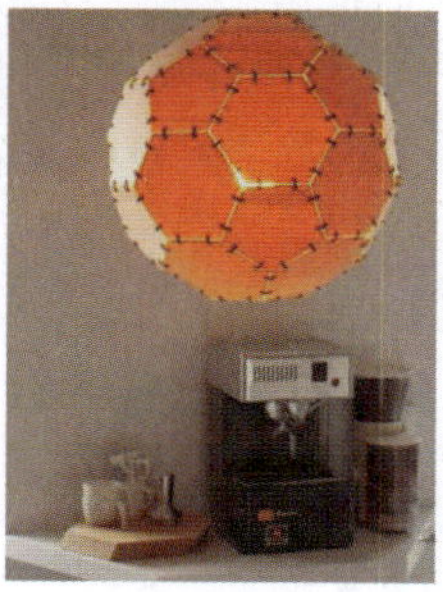

图 5-120

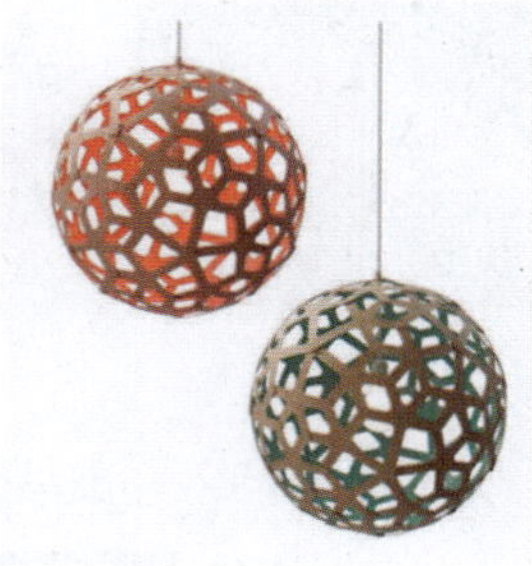

图 5-121

四、曲面形态

(一)自由曲面

在一个形体内进行或单纯或反复的曲面切割、弯曲、捏造,使外形呈曲面立体。

自由曲面的形态创造训练可以通过两种材料来实施,一是卡纸,二是泥或石膏,二者各有特点,如图 5-122 ~ 图 5-125 所示。

图 5-122 中,曲面构成在折痕、开口、插接运用得恰到好处,形态具有很好的动势、情感、空间感。面的折痕形成的直线刚劲有力,插接形成的曲线与曲面柔和婉转,其两者既是对比又是协调。线的顶端出现的点位置感很强,具有精致的情感传达。(设计者:徐攀)

图 5-123 中,曲面设计形式美感十足,其最强烈的形式感是由形态中婉转的曲线和曲面所构成的,其相互的关系又构成了温柔的空间传达。形态两端的点的位置是视觉的一个凝聚,让人充满想象力。(设计者:陈晨)

图 5-122

图 5-123

图 5-124 中，曲面设计的最大特点是拥有很强的空间感，形态面的过渡简洁、清晰，面的方向性、力量感很强，线的渐消变化使形态具有了更丰富的情感。（设计者：曲欣妍）

图 5-125 中，设计者意图运用曲面形态表达“蠕动”的抽象概念，形态传达的意象主要突出“慢”“微动”。最终的曲面形态设计把上述要素都很好地表达了出来，且使人能感受到形态的空间感、力感、生命感。（设计者：曲欣妍）

图 5-124

图 5-125

自由曲面在灯饰造型设计中的运用案例，如图 5-126 ~ 图 5-130 所示。

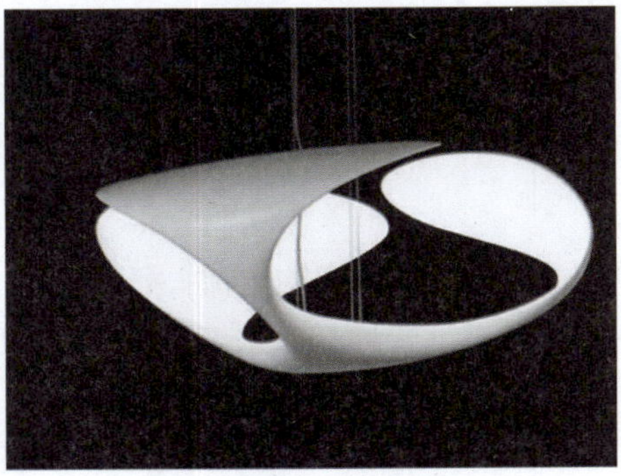

图 5-126

图 5-126 中的 LED 灯采用白色聚氨酯材料和自由曲面外型，通过反光漫射发出洁白柔和的光，优美飘逸的线条曲线和独特的内包裹叶片结构，形成了立体包围和开放的结构，超现实造型像一个充满光的雕塑。（设计师：Brodie Neill）

图 5-127、图 5-128 为 Kim HyunJoo 设计的桌灯，运用树脂材料结合流线型的造型，制作出一个虽然很小但是很生动的形态。

图 5-127

图 5-128

图 5-129、图 5-130 为 Laszlo Tompa 木质花瓣灯具创意设计。运用现代工艺加工木材为曲面立体形态，既有大自然的质朴，又有人类设计的精巧。

图 5-129

图 5-130

（二）柱形曲面

柱形曲面是先将面材卷曲成筒状，再对柱体的柱形曲面进行各种变化处理，与棱柱体相比，没有柱棱，柱面为曲面，图 5-131 ~ 图 5-133 分别对柱形曲面进行了多切多折、编织和镂空处理。

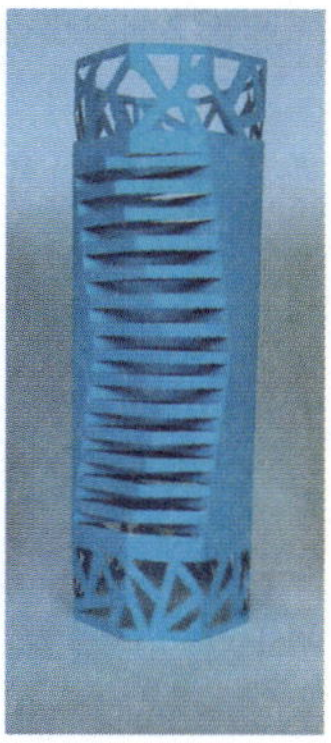

图 5-131

图 5-132

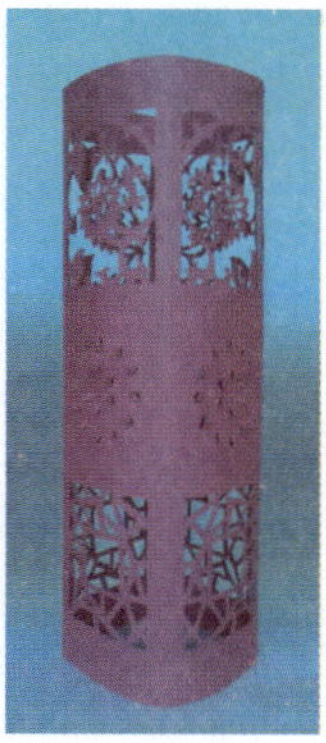

图 5-133

（三）单曲面

单曲面既是有一个方向的曲率为“0”的曲面，又是单向弯曲。双曲面是双曲线绕其对称轴旋转而成的曲面。多曲面则是多向弯曲的曲面形态，它在灯饰及现代建筑中的应用很广泛，如图 5-134 ~ 图 5-140 所示。

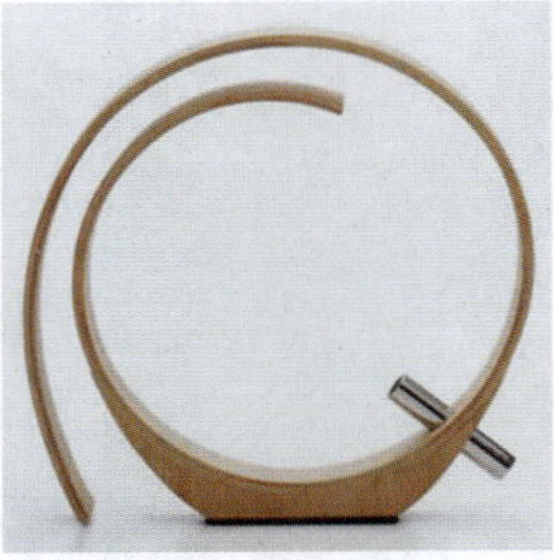

图 5-134 （设计师:桥本夕纪夫）图 5-135 （设计师:桥本夕纪夫） 图 5-136 （设计师:桥本夕纪夫）

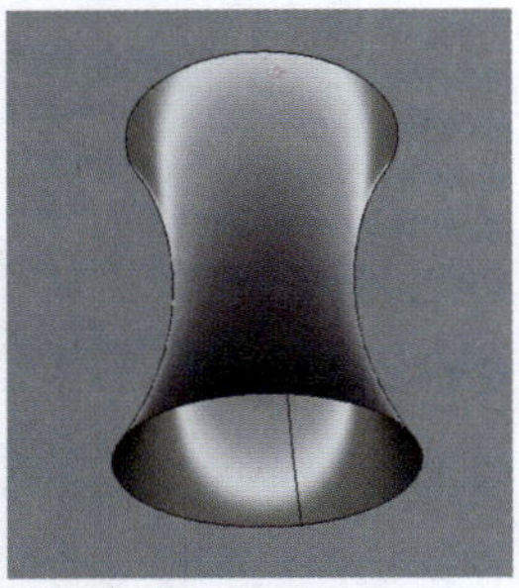

图 5-137

图 5-138

图 5-139 （建筑师:扎哈·哈迪德）

图 5-140 （建筑师:扎哈·哈迪德）

第六章　线形态构成与训练

线材是三维造型的重要元素。线材的造型表现力极强，能够决定形体的方向，具有速度感和延伸感。线材可以构成形体的骨骼，也可成为结构体的外轮廓。在现代灯饰设计中，它是不可或缺的造型元素。

家居灯饰中的线构成如图 6-1、图 6-2 所示。

图 6-1　（Tim Baute 设计）

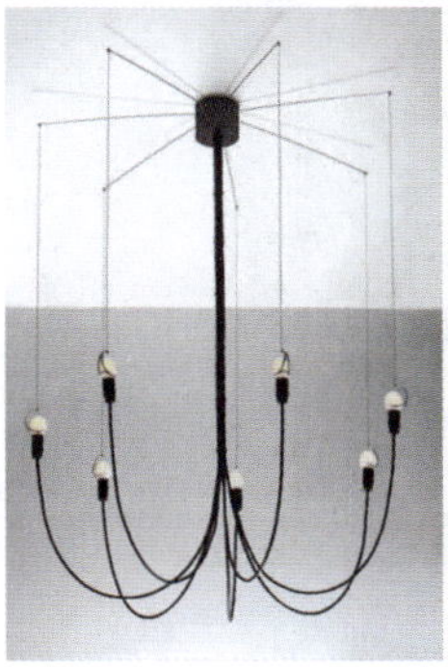

图 6-2　（Tim Baute 设计）

第一节　线的基本形态与特征

一、何谓线形态构成

线材是以长度为特征的型材。在长、宽、高三个维度中，线的宽度和高度显得很弱，但显示出它的长度与方向特征，能表达各种方向性和运动感。

线形态构成的特点：以线为主要研究对象，通过不同类型线的各种形式的组合，求得丰富的三维视觉美感。通过线群的集聚形成面，再运用面的围合构成三维造型，或通过单位线材构成等方式，形成具有一定体量感的三维造型。线材构成由于是线群的集合，线与线之间会产生一定的间距，各线构成的层次交错，会呈现出疏密变化，产生一种空间感、距离感，还具有较强的韵律感，表现出具有半透明形体性质的效果，可显示出形体的轻量化，如图 6-3、图 6-4 所示。

图 6-3

图 6-4

二、线材的基本形态与特征

生活中线的形态有地平线、生长高大的树干、流星划过天空的印迹、纺织线材、电线、筷子、铁丝、灯管等。

线材的形态种类繁多，但是在灯饰形态构成中，线材可以按以下几个方面来分类。

(一)按照形态分类

线材按照形态可分为直线和曲线。直线包括水平线与垂直线、长线与短线、粗线与细线、折线等。能够表达严肃、直接、硬朗、明确、简洁、有力等感觉，如图 6-5 ~ 图 6-7 所示。

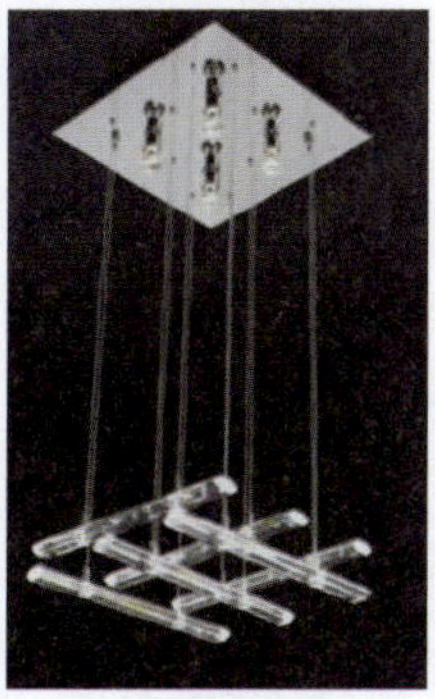

图 6-5

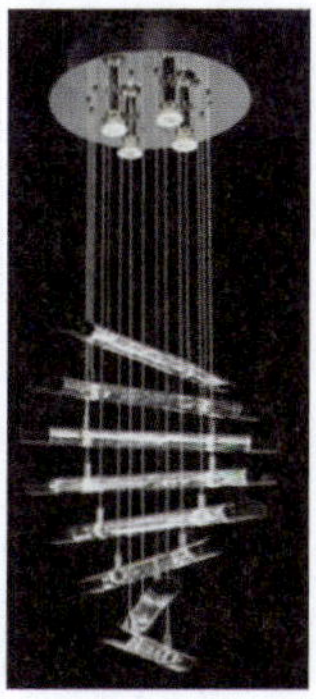

图 6-6

图 6-7

曲线包括弧线、抛物线、螺旋线、自由曲线、双环曲线、回环曲线等。能表达出舒展、柔和、优美、活泼、流畅、轻松、充满活力的感觉，由曲线构成的多种灯饰造型如图 6-8、图 6-9 所示。

图 6-8

图 6-9

(二)按照质地分类

线材按照质地可分为硬质线材与软质线材。

1. 硬质线材

硬质线材指木、竹、塑料、金属等有一定硬度的线材。

2. 软质线材

软质线材包括棉、麻、草类、化纤等软线、软绳类，还有铁丝、铜丝、铝丝等质地较软的金属线材。

线材构成按照构成形式的不同，可以分为连续性线材构成(连续构造)、单位线材构成(垒积构造、框架构造等)、线层构成(线层构造、线织面构造等)和自由构成等形式。线材的造型表现力极强，富于感情色彩。线材有轻快的感觉，可产生运动感、扩张感、紧张感和空间感。

第二节 线形态构成的形式

一、硬质线材的三维造型

硬质线材是具有一定刚性的线材，如木、有机玻璃、塑料、铁、铜、铝等。硬质线材构成是用木条、玻璃柱、金属条、塑料细管等条材组合而成的三维造型。硬质线材有较好的支撑力，可以不依靠支撑架，多以线材的排列、叠加、组合等方式构成新的形态。硬质线材构成具有强烈的空间感、节奏感和运动感，如图6-10、图6-11所示为名为ARIANNA的硬质线材吊灯。在外观设计上，这款灯的装饰性大于其功能性，由樱桃木构成的结构像一把伞的骨架一样可以收缩。

图6-10

图6-11

硬质线材常见的造型方法如下。

（一）连续构造

以一根较长的线材，在空间里做运动，线条运动的形式根据设计的要求，可做直线、曲线、折线的转换和空间的伸展，使之产生形式美感，表现线条运动的空间节奏规律，表现动势和空间的韵律。

造型以线材本身的移动轨迹为主要特点，可以分为如下两种：

（1）限定形连续构成。将线移动的轨迹凝固下来，形成实际的形态，如图6-12～图6-16所示。图6-12、图6-13为限定形态分别为五角星和圆形的连续构成，图6-14～图6-16为以限定形态连续构成为主要特征的灯饰作品。

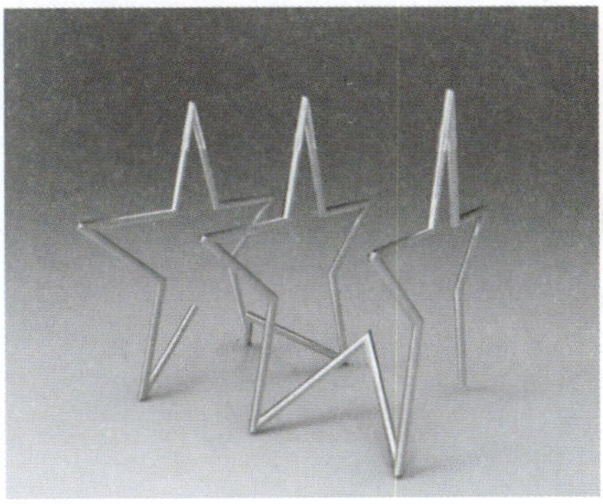

图6-12

图6-13

图 6-14

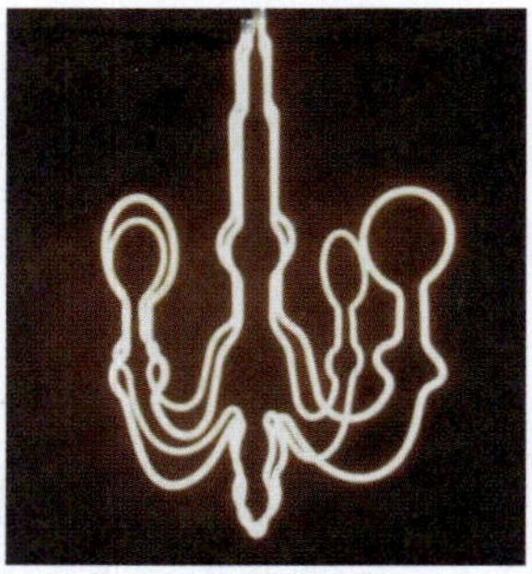

图 6-15

图 6-16

(2)不限定形连续构成。由连续的线进行不间断的、任意的、自然的构成，做构成时不限定范围，如图 6-17、图 6-18 所示，以色列设计师 Naama Hofman 带来的一款极具几何感的台灯，为典型的不限定形连续线构成主要特征的灯饰作品。

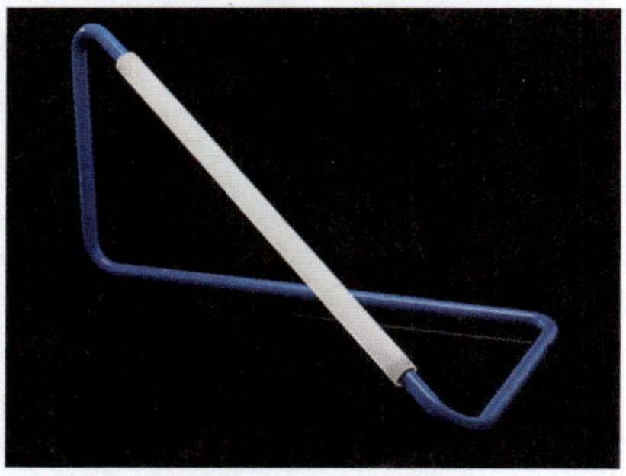

图 6-17

图 6-18

(二)垒积构成

垒积构成指将材料垒叠起来形成三维造型的构成方式，特点是易承受向下压力，横向受力容易倒塌。

其连接形式有如下两种：

(1)棒的积木：像木柴架空一样把棒累积起来。缺点是如果支撑角度过大，就会成为不安定结构，如图 6-19 所示。

(2)卡别组合：通过摩擦进行构成，是相互卡紧的组合，如图 6-20 所示。

图 6-19

图 6-20

垒积形式包括如下三种：

(1)重复垒积。特点是线材相同,结构重复,具有重复叠积木构成样式的灯饰如图6-21、图6-22所示。

图6-21

图6-22

(2)渐变垒积。特点是线材的长度、粗细以及线材与线材的方向和空间距离呈渐变变化,如图6-23、图6-24所示。具有渐变垒积样式构成样式的灯饰如图6-25 ~ 图6-27所示。其中图6-27为意大利设计公司Manifattura Italiana Design的有趣创意,将原本固定在灯座上的木头设计成可拆解的小木块,使用者可依自己心情变换灯座造型。

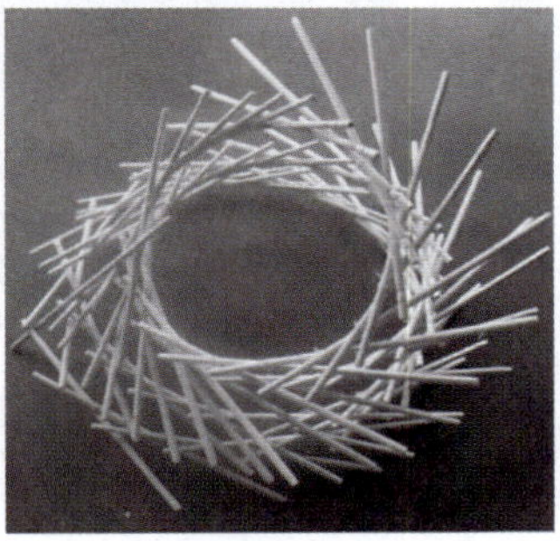

图6-23

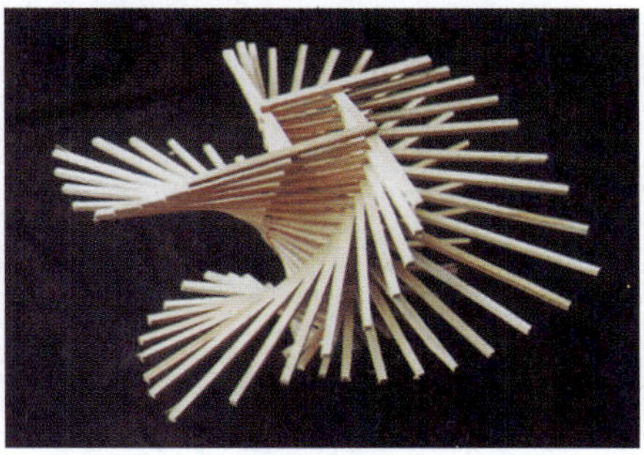

图6-24

图6-25

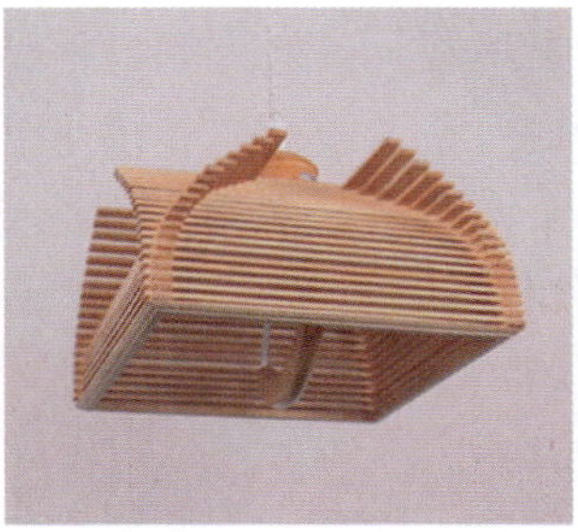

图6-26

图6-27

(3)自由垒积。特点是形态结构、连接方法自由,但忌杂乱堆砌,具有自由垒积构成样式的灯饰如图6-28所示。

线材排列方式及注意事项:

(1)重复。重复数量适度、线材空隙合适,从而避免节奏枯燥,如图6-21、图6-22所示。

(2)渐变。选择合适的比率,注意空间进深的变化,把握如何在有限的空间里追求更深远的空间感受。

(3)发射。在组合时要注意发射元素的数量和渐变的把握,注意在追求强烈的动态美

图 6-28

感时，对指向空间的把握，扩大形态的虚空间。

(4)旋转。考虑旋转元素的数量和旋转比率，在追求空间动态变化时，注意层次交错和不同角度呈现出的变化，如图 6-29 所示。图 6-30、图 6-31 中，是座 25 英尺高的爬行灯塔(设计师:Erich Remash)，为狂欢节而设计，人们可以爬到上面，从攀爬中获得娱乐的同时，还能获得更好的视点，观赏到周围景观。

图 6-29

图 6-30

图 6-31

(三)框架构造

框架结构构成是采用某种方式将硬质条材先制成框架基本形，用相同的三维线框按一定的秩序排列或交错垒积，按照重复、渐变、发射、连续排列等方式加以排列组合，积聚为空间三维形态。这种形式给人一种整体的稳定感、次序感和节奏感。

用硬线作为框架，框架基本形态可以是各种规则和不规则的几何体，如立方体、三角柱体、锥体、多边柱、曲线形、圆形等，如图 6-32 ~ 图 6-35 所示，具有典型框架结构构成样式的灯具如图 6-36 ~ 图 6-41 所示。

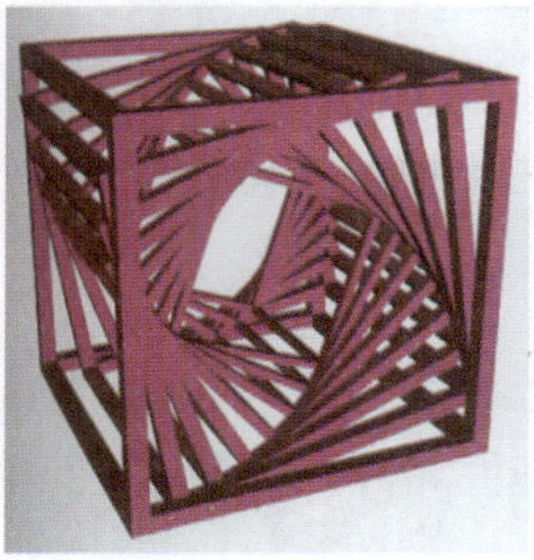

图 6-32

图 6-33

图 6-34

图 6-35

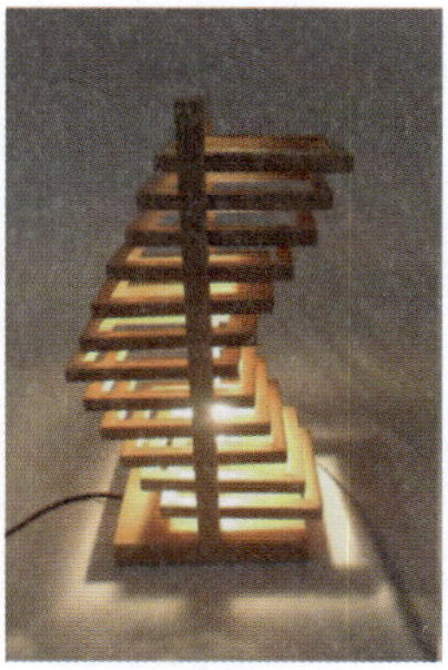
图 6-36

图 6-37

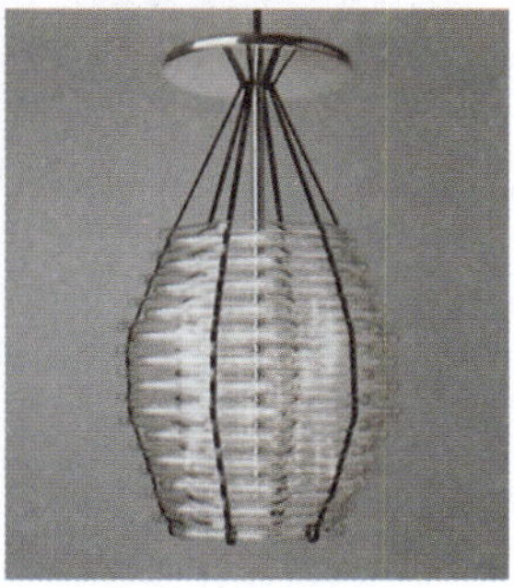
图 6-38

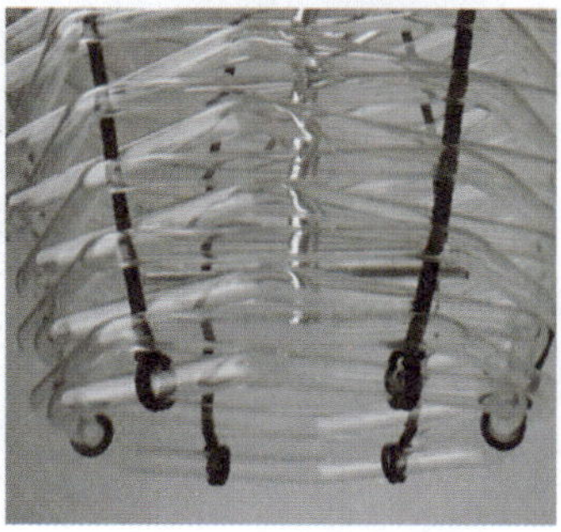
图 6-39

图 6-40

图 6-41

另一种框架构造又称网架，是采用一定长度的线材，以铰节构造将其组成三角形，并以此三角形为单位组成构造体，具有典型网架构成样式的灯具（设计者：Michiel Cornelissen）如图6-42～图6-47所示。

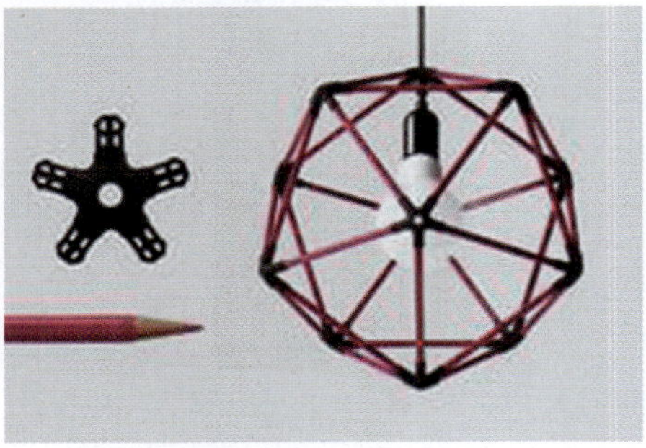

图6-42

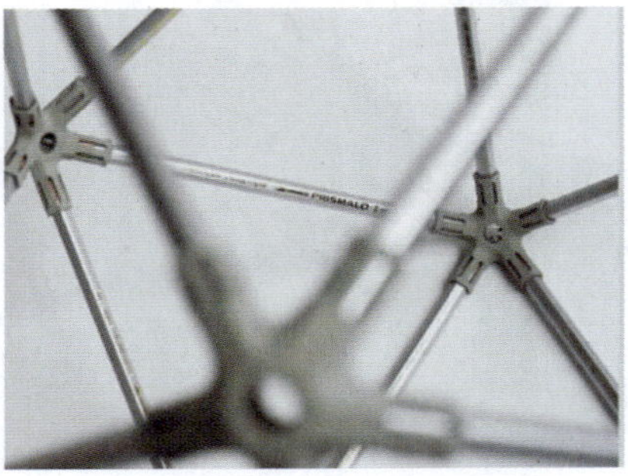

图6-43

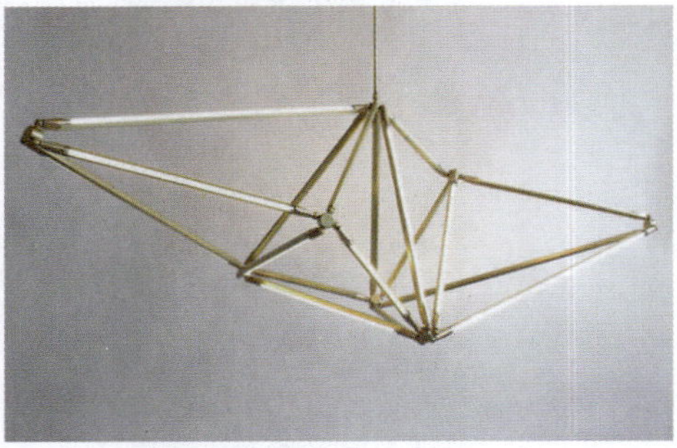

图6-44

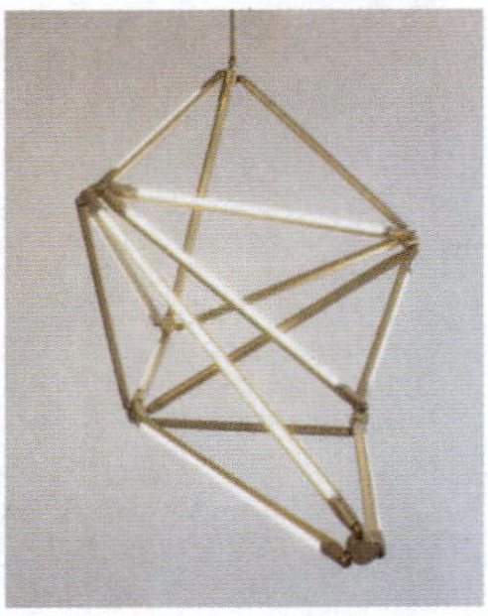

图6-45

图6-46

图6-47

（四）线层构造

将硬线材有层次、有序地层叠排列，组合成三维形态。线层构造的三维形态，因所观者的视点不同，会产生出变化丰富的不同节奏和韵律的层面空间现象。

线层的排列可以在大小、方向、位置上进行重复、穿插、发射、旋转、渐变等组合。

线层的排列方式可以是单一直线的重复排列，也可以是多个线材以某种形式组合后，再构成线层，形成多样变化的结构，如图6-48、图6-49所示。具有线层构造特征的现代灯饰如图6-50、图6-51所示。

二、软质线材的三维构型

软材柔韧性、可塑性好，具有空灵、轻巧、多变的特点。软线材可分为两类：一类是有一

图 6-48

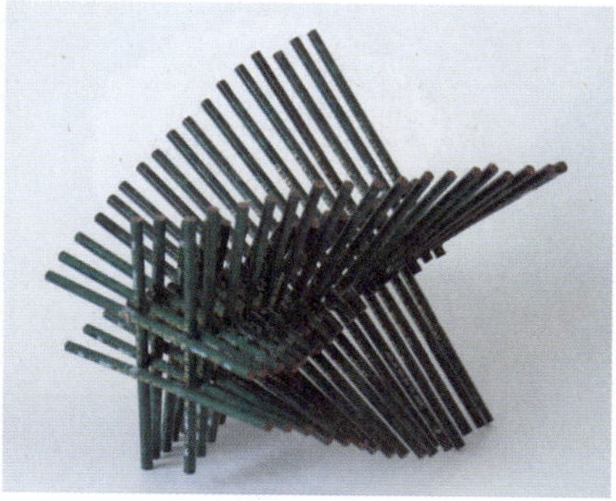

图 6-49

图 6-50

图 6-51

定韧性的面材裁切出来的线；另一类是软纤维，包括棉、麻、棕、纸、丝、草类、化纤等软线、软绳类，还有铁丝、铜丝、铝丝、金丝、银丝等质地较软的金属线材。软质线材可依赖硬质线材框架为载体，通过固定、缠绕、牵引、悬挂等方式共同组成特定的构成形式，构造出三维形态，也可通过自重下垂或编织与编结等无框架方式构筑三维造型。

（一）有框架的软线构型

软质线材的框架结构可选用正方体、三角柱体、三角锥、五棱柱等造型，也可采用圆形、半圆或渐伸涡线形等。以框架为依托，用软质细线缠绕，形成空间面层结构，表现层次感和韵律感。缠绕的连接点的间距可以是等距的，也可以是渐变的。线的方向可以是垂直、水平、等距连接，也可是倾斜、错位连接，形成网状形态，还可以按一定秩序连接成线层平面或曲面，如图 6-52 ~ 图 6-58 所示。

图 6-52

图 6-53

图 6-54

图 6-55

图 6-56

图 6-57

图 6-58

如图 6-52 所示，该软线构型的创意来源于蜘蛛网。在方形框架内，编织出了变化丰富、形态特征新颖的软线形态。图 6-56、图 6-57 中，两件作品采用了开放的硬质框架，通过软线有规律的排列和交织，形成物理和视觉的平衡，形似现代雕塑，具有较好的审美体验，如图 6-59、图 6-60 所示，该灯饰产品将软线运用到灯罩设计中，在灯光的照射下，丝线层层交织，营造出虚实并存的空间造型，具有一定创新性。

图 6-59

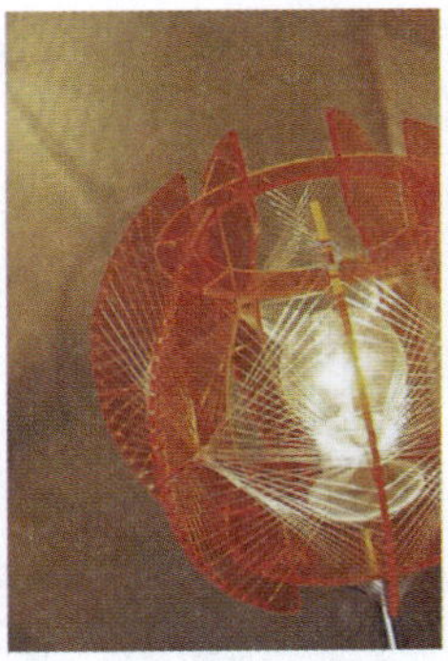
图 6-60

（二）无框架的软线构型

1. 自垂构型

以硬质材料做框架支撑，将软质线材通过一个端点固定于框架之上，利用线材自己垂落的特性，形成动感空间或不固定空间，典型如水晶垂幕吊灯的形态构成。

如图 6-61 所示，垂落的发光纤维即是自垂构型样式，自垂构型的软线能够错落有致、疏密有别，则感觉自然、协调，如图 6-62 所示，这款花灯采用剪纸工艺，模拟出藤蔓缠绕和垂落的意蕴，是自垂构型的典型案例。

图 6-61

图 6-62

2. 编织与编结构型

编织与编结技术广泛用于生产、生活中，如编绳、纺织纤维装饰编织、服饰编结扣、发辫编结装饰等。选用软、细的线材，通过线与线的穿插、盘绕、挑压、打结的方式进行结合，形成各种造型，这种形式装饰性极强，具有很高的普及性。

编织与编结构型最大的特点是不需要硬材质做支撑。编结时，线材自身可以进行编结，也可与硬质材料综合编结。像毛衣、渔网、纺织品、盘长结、中国结等都是依靠编织与编结成型的。

图 6-63 ~ 图 6-68 展示的是运用编织与编结技术设计制作的灯饰。特别提到的是，灯饰中的软线，不仅指纺织纤维软线，类似铁丝、铜丝等金属线，只要能随意进行弯曲和编织，都可以认为是软线。甚至，处于热熔状态的玻璃丝，也可称之软线。对软线材料内涵的丰富和扩展，能使我们挖掘出更多更新的材料和制作工艺，从而使设计创意有更多的可能性。

图 6-63

图 6-64

图 6-65

图 6-66

图 6-67

图 6-68

第七章　面形态构成与训练

第一节　面的基本形态与特征

由面构造的三维形态在自然界中有很多，如核桃壳、贝壳、蛋壳、花朵、大白菜等。人工构成的面造型有建筑物、服装、工业产品等。自然界丰富的面材所构成的千变万化的立体形态，不但向我们展示了无穷的视觉造型美感，更给我们提供了造型设计原理。它就像一座宝藏，从里面可以挖掘无尽的灵感，给予我们许多设计的启示。

一、面形态构成的概念

面是由线的排列或体的切割所形成的。在灯饰形态构成中的面是指具有长度、宽度、厚度的三维形态的面材。把面材按照有一定意味的形式构成新的形态叫面的构成。面材的构成也就是板材的组合构成。在灯饰设计、生产领域，利用板材的组合可以形成形式多样、千变万化的三维形态。面材的运用非常广泛，被视为最有效的灯饰造型媒介物。

如图 7-1、图 7-2 所示，曲面和平面构成的灯饰作品。Tunto 展示的 LED 灯饰采用自然弯曲的橡木或胡桃木制作完成，整体风格简约，被认为环保灯饰设计的典范。

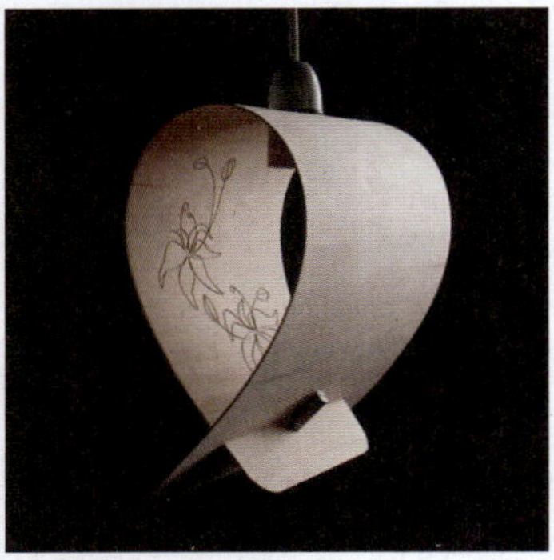

图 7-1

图 7-2

面材的构成常用的材料有卡纸、有机板、木板、玻璃、塑料片、ABS 板、KT 板、金属板、泡沫板、皮革、装饰面板等纤维面料以及可以分割成面状的材料。

二、面的基本形态与特征

面在三维空间里既有平面的视觉感受，又有立体状态下的触觉感受。

面材的种类有规则面和非规则面两种，实际应用时可以分为平面与曲面两类。

（一）规则面

简单来说，限定的面就是人可以预测的面，通过人的理性思维归纳整理出来的形态，可复制。它可分为有机形态和几何形态。限定形态的面会让人感觉明确、理智、有秩序感，如

图 7-3 ~ 图 7-6 所示。

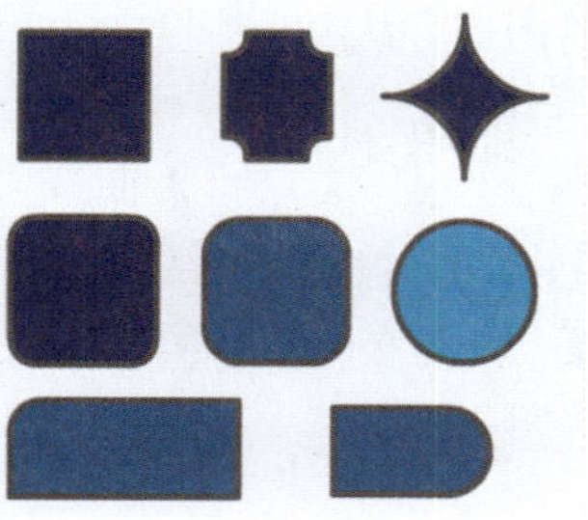

图 7-3

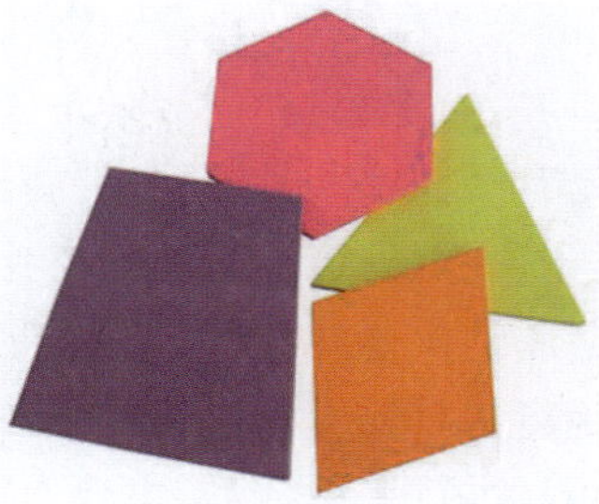

图 7-4

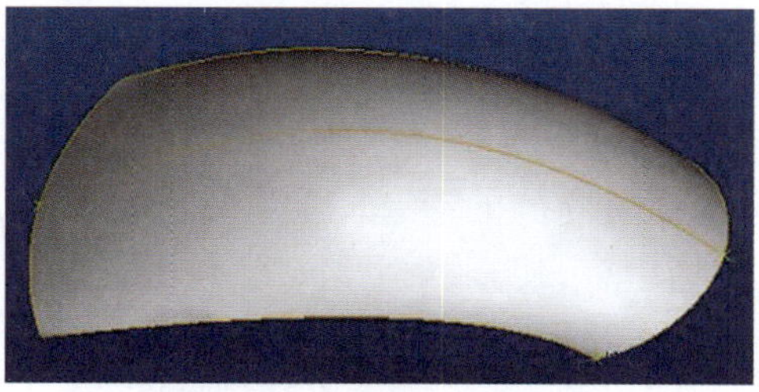

图 7-5

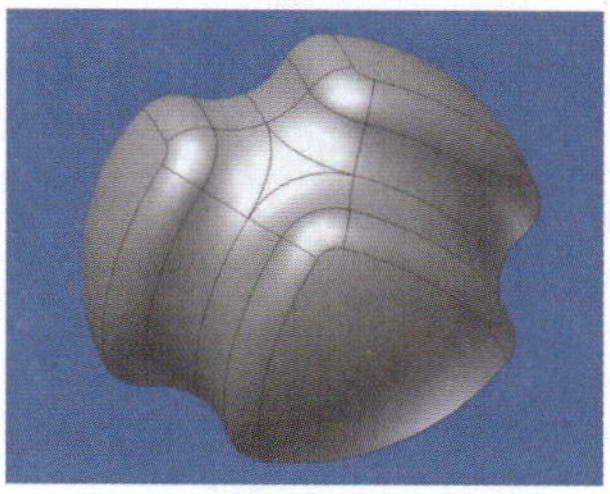

图 7-6

（二）非规则面

非规则面可以理解为自然形成的，不受设计者的影响，是不可复制的，比如说泼在地上的一滩水、泼墨等。非规则面富有变化和偶然性，很自然。

非规则形态的面具有强烈的流动感，富有变化，让人感觉自然、无拘无束、舒适。自然是它最大的特点，如图 7-7 ~ 图 7-10 所示，泼溅的颜料、干裂的土地、树干上生长的菌类和北极冰面都具有非限定形态面的特征。

图 7-7

图 7-8

图 7-9

图 7-10

第二节　面形态构成的形式

面材具有平面感和延展感，要将其转换为立体感较强的形态，需进行折曲加工以形成具有明显长、宽、高的立体造型。面材比线材的功能性更强，比块材更具灵活性。在各类造型设计中都是非常重要的材料，将其巧妙运用可产生线、面、块的多重特点。面材的大小、方向、位置、距离和具体形态是影响层面排列造型特征的关键因素。

运用面材进行三维造型，主要有以下几种构成形式。

一、面材的层积立体组合

（一）概念

面材的层积立体组合，也叫面材的层面排列，是用若干个面材（直面或曲面）进行有秩序的层层排列组合成立体形态的构成方法。构造面材立体的形态需要设计者精心构思，让形态多样的面材通过大小、距离、位置、方向的排列组合，使三维造型变得丰富多样，凸显面材层面排列的视觉魅力，具有面材层积立体组合特征的基础构成如图 7-11、图 7-12 所示。

图 7-11

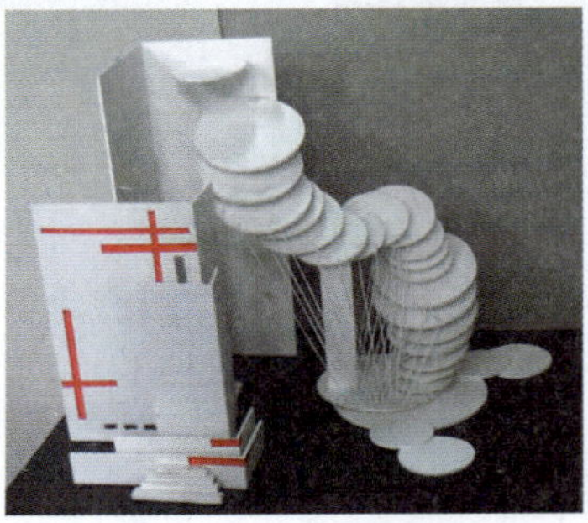

图 7-12

（二）层面的排列方式

层面的排列方式有直线排列、渐变排列、弧线排列、发射排列、错位排列、旋转排列等。

在做渐变排列的时候，除了面形的大小渐变外，还有面形的宽窄渐变、高低渐变等，比如从方到圆、从椭圆到圆再到方的渐变等。

1. 层面直线排列

层面直线排列方向不变，间距相当，层面直线排列的基本范式、构成造型、吊灯造型、吸顶灯造型分别如图 7-13 ~ 图 7-19 所示。

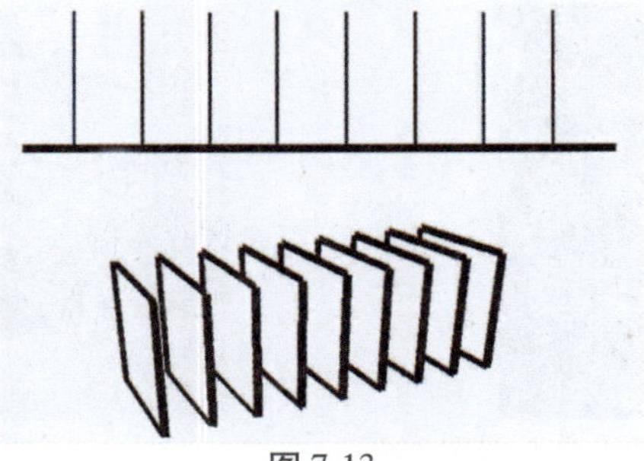

图 7-13

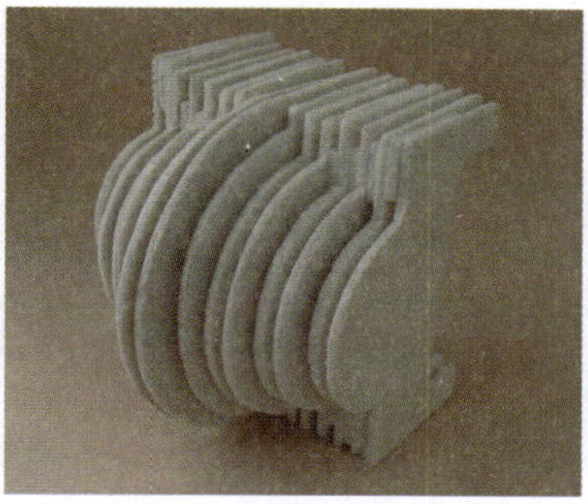
图 7-14

图 7-15

图 7-16

图 7-17

图 7-18

图 7-19

2. 层面渐变排列

遵循某种规律的渐变排列形式,如图 7-20 ~ 图 7-22 所示。具有层面渐变排列的灯具产品造型,如图 7-23 ~ 图 7-26 所示。

图 7-20

图 7-21

图 7-22

图 7-23

图 7-24

图 7-25

图 7-26

3. *层面曲线排列*

层面曲线排列指按照一定的曲线轨迹进行排列，位置不变，间距相当。一般建议采用规则化的几何线作为曲线轨迹，较常见的曲线轨迹有 S 形线、C 形线、螺旋线等，如图 7-27 所示。层面沿曲线轨迹排列的灯饰造型如图 7-28 ~ 图 7-30 所示。

图 7-27

图 7-28

图 7-29

图 7-30

4. 层面发射

层面发射指排列方向不变，间距相当，如图 7-31 所示。具有层面发射特征的灯饰造型如图 7-32、图 7-33所示。

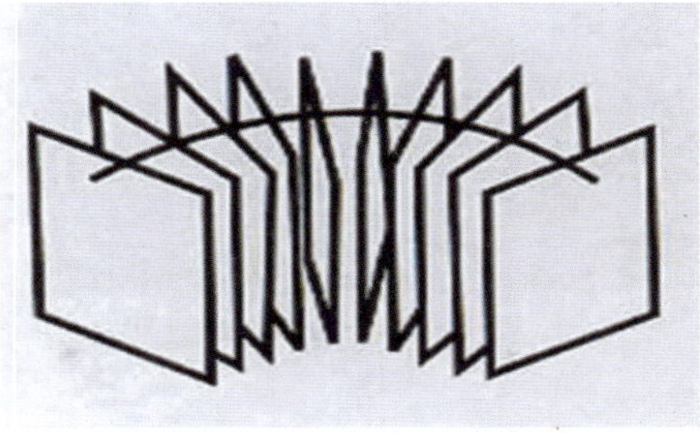

图 7-31

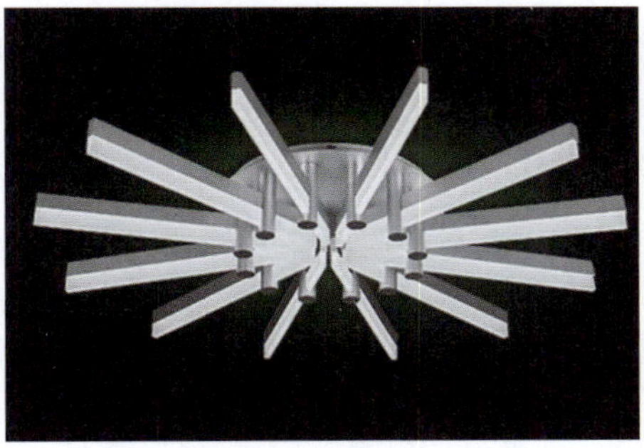

图 7-32

图 7-33

5. 错位式排列

错位式排列指位置改变，间距相当。错位式排列分为理性错位排列和自由式错位排列。

1）理性错位排列

排列有目的性和严谨性，考虑到每一个单元体错位的具体位置，然后将其有序地组合起来，所以给人以理智和秩序感。具有理性错位排列特征的灯饰造型如图 7-34 ~ 图 7-36 所示。

2）自由式错位排列

自由式错位排列虽名为“自由”，但主要指在排列形式上区别于之前的规律。面材的大小、方向、位置、距离等层面排列比较灵活自由，形散而神不散。灵活多变是这种排列方式最大的特点，具有自由式错位排列特征的灯饰造型如图 7-37、图 7-38 所示。

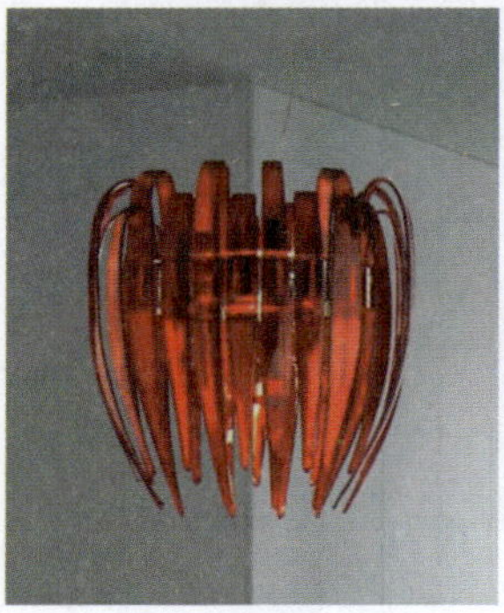

图 7-34

图 7-35

图 7-36

图 7-37

图 7-38

6. 旋转排列

旋转排列就是按照物体旋转的轨迹进行排列组合。方向改变，位置产生互动，间距随之变化，具有旋转排列特征的灯饰造型如图 7-39 ~ 图 7-42 所示。这款由英国设计团队 MacMaster Design为我们带来的茧吊灯，是一种敞形结构的吊灯，它的灯罩由八片美丽的木质花瓣组成，这种表现形式给了视图一个温暖的世界。这款设计也围绕了可持续原理，用作灯罩的是很薄且超耐用的木质薄片，木片是可变平打包的，其他组件也都是些可快速组装的小配件，在注重生态的同时，这样简单大方的结构也让人感受到一种与生俱来的优雅。（设计师：MacMaster Design）

图 7-39

图 7-40

图 7-41

图 7-42

二、面的插接构造

（1）何谓面的插接？主要是研究面与面的结构节点，在相互构造的面材上进行切缝，然后相互插接组成三维形态。此种结合方法不需要任何黏合剂来加固插缝结合处，靠插接后相互咬合产生的摩擦力连接，并方便拆散再组合，插接造型及平面图形单元如图 7-43、图 7-44 所示。

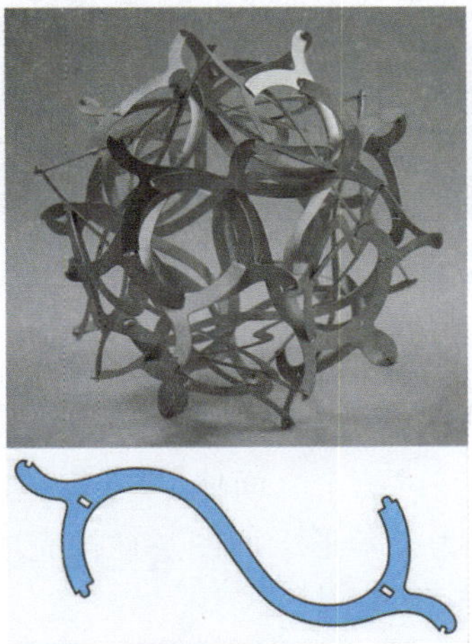

图 7-43

图 7-44

（2）面材的插接构造方式。先构思好用平面板材构造的形态，然后分别在若干相同或相似的平面板上切割缝口，计算好切割缝口的数量，再相应集合插接，构造成不易脱落的立体组合形态。示例如图 7-45 ~ 图 7-49 所示。

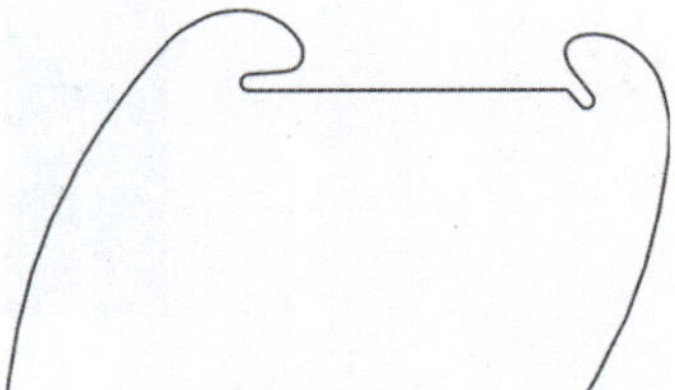

图 7-45

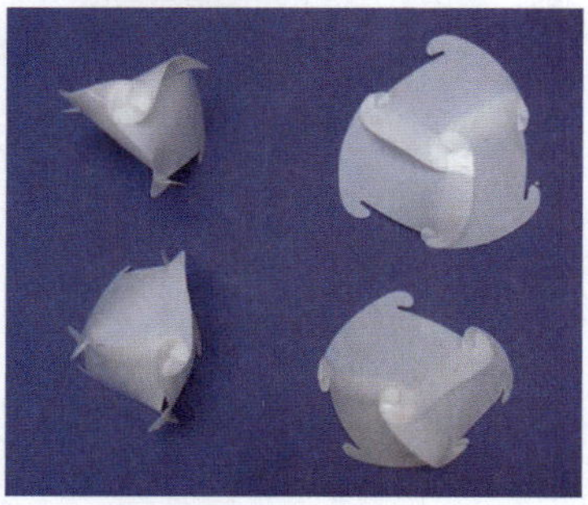

图 7-46

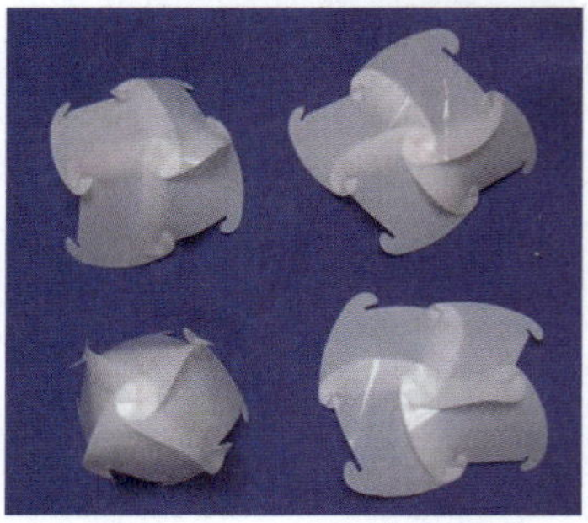

图 7-47

图 7-48

图 7-49

（3）可用于插接构造几何球体的平面图及组合成品图，如图 7-50 ~ 图 7-61 所示。图 7-50、图 7-51 为十角形平面图及插接完成的十二面体，图 7-52、图 7-53 为十边形平面图及插接完成的十二面体，图 7-54、图 7-55 为五角星平面图及插接完成的十二面体，图 7-56、图 7-57 为六边形平面图及插接完成的二十面体，图 7-58、图 7-59 为三角形平面图及插接完成的二十面体，图 7-60、图 7-61 为四边形平面图及插接完成的三十面体。

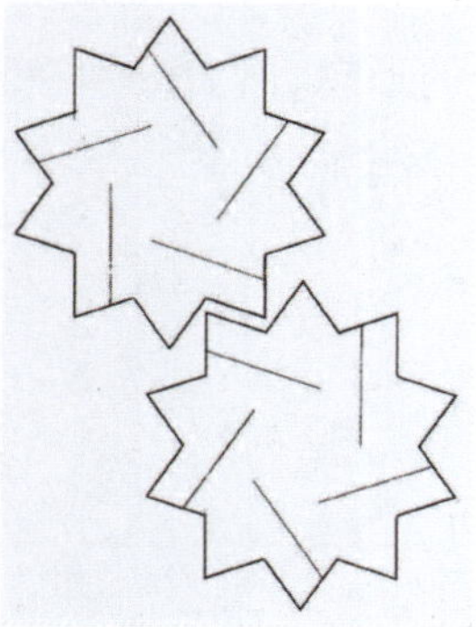

图 7-50

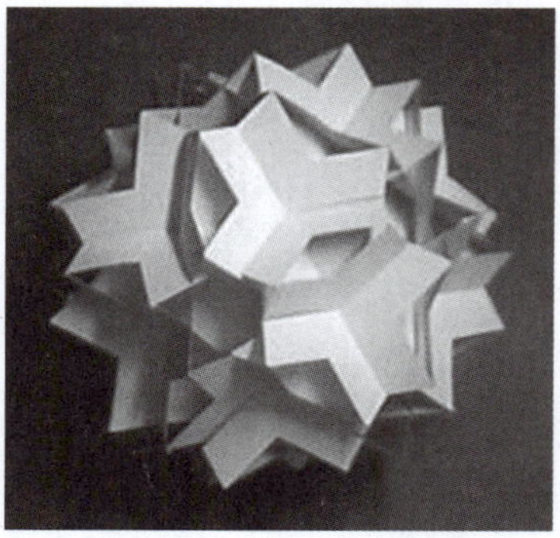

图 7-51

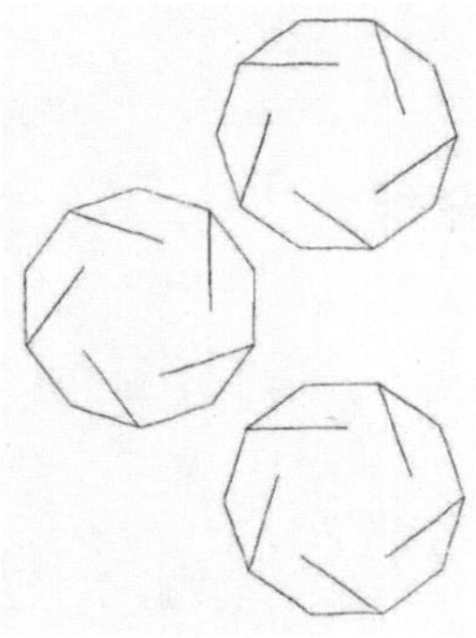

图 7-52

图 7-53

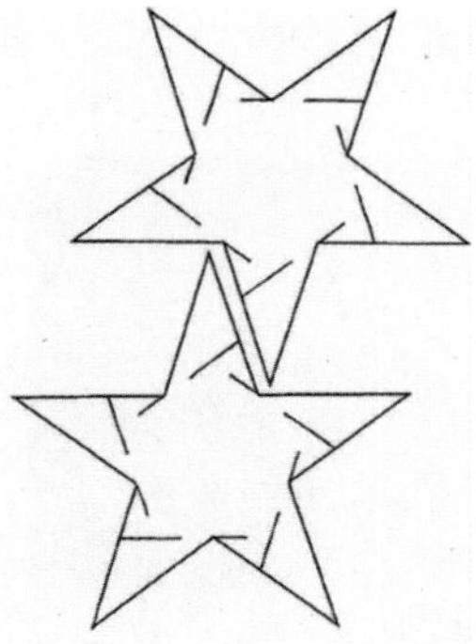

图 7-54

图 7-55

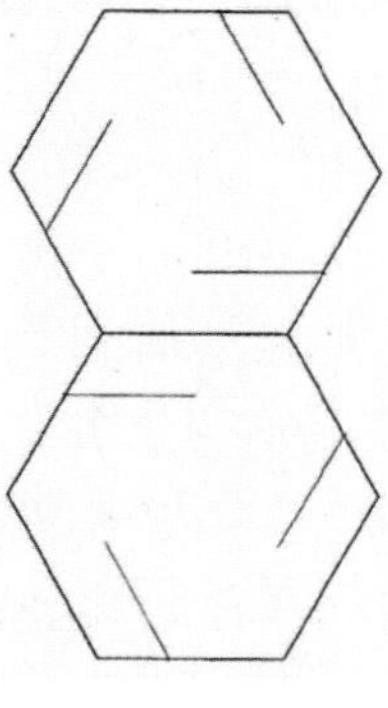

图 7-56

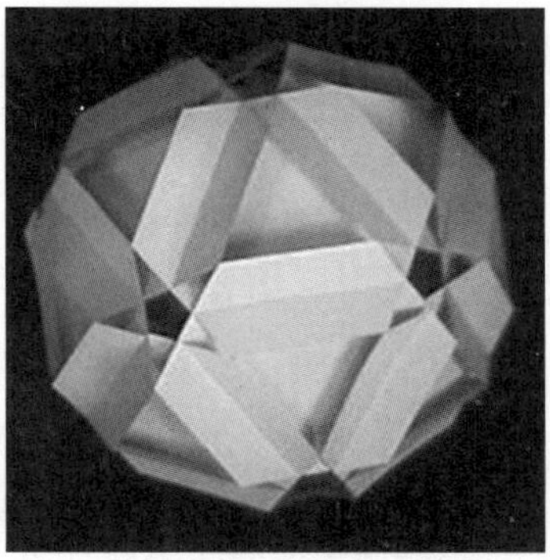

图 7-57

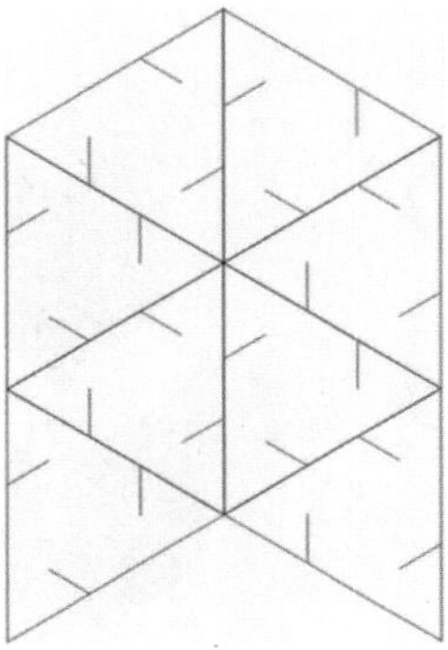

图 7-58

图 7-59

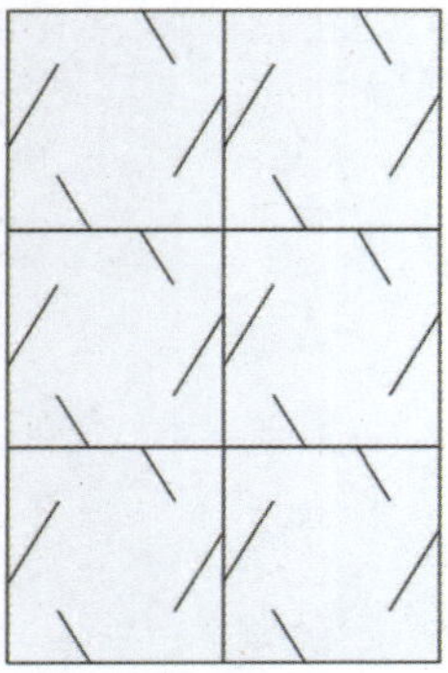

图 7-60

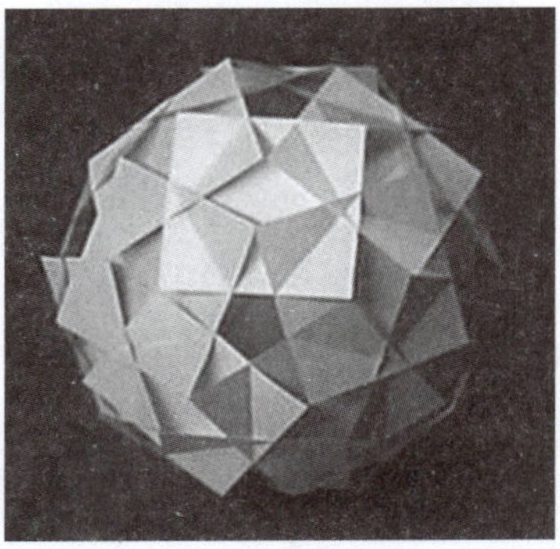

图 7-61

(4)面的插接构造应用于灯饰造型。具有面材插接构造特征的灯具作品如图 7-62、图 7-63所示。

图 7-62

图 7-63

三、面的切割翻转

对单一平面进行切割，向内或向外翻转并固定成型，实现平面到立体的转变，如图 7-64 ~ 图 7-66 所示，LED 光源的应用使“面切割翻转”造型灯饰变化多样。具有切割翻转造型特征的薄木片桌灯（芬兰 Nikari 公司专利产品），如图 7-67、图 7-68 所示，木质灯饰的魅力在于木头本身呈现出的自然纹路，以及随时间沉淀深化的木色。芬兰家具设计制造公司 Nikari 设计者试图从不同角度切入，保留木头固有特质的同时，为木质灯饰寻找更多样化的面貌。其选用轻薄易弯的白蜡木板，弯曲成想要的形状。当晕黄的光线从中穿过时，能为灯具本身极简风格的线条，做出画龙点睛的点缀。

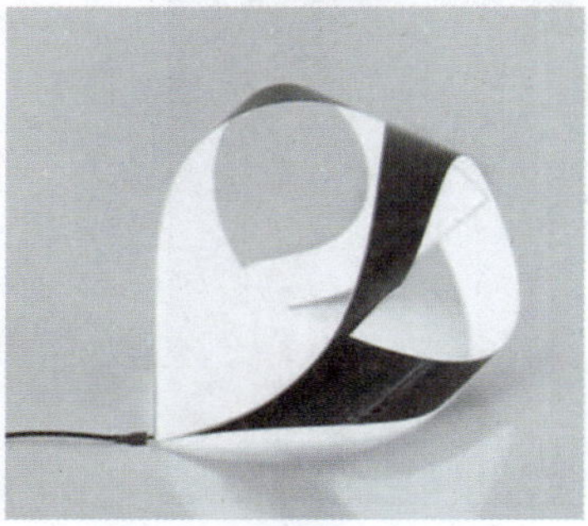

图 7-64

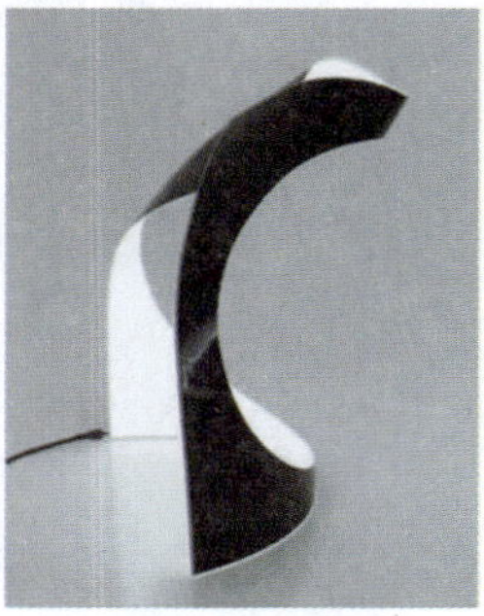

图 7-65

图 7-66

图 7-67

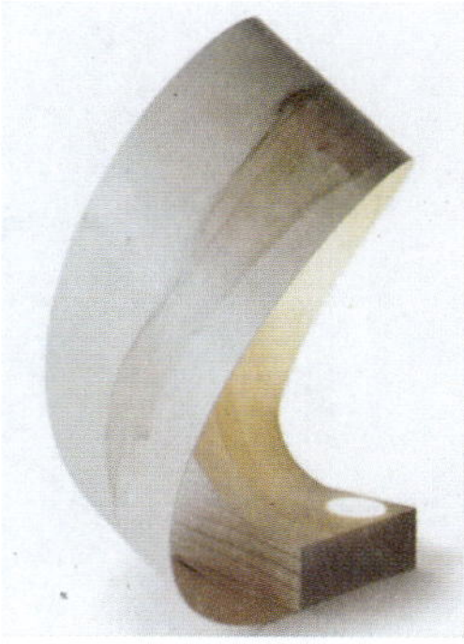
图 7-68

四、面的隆起与折叠

面的隆起通常表现为随机的高低起伏，一定程度上可认为是肌理效果；面的折叠通常是在预设的印迹上施加作用力，制作出挺拔的棱线，实现平面到立体的变化，相对面的隆起而言，具有更多人工痕迹。具有面的隆起与折叠造型特征的灯具如图 7-69 ~ 图 7-72 所示。

图 7-69

图 7-70

图 7-71

图 7-72

五、蒙皮构造

蒙皮构造通常指在硬质线材骨架上蒙上或绷上弹性面材，典型的如中国式灯笼（如图 7-73 所示）。具有蒙皮构造特征的现代灯饰如图 7-74 ~ 图 7-79 所示。

图 7-73

图 7-74

图 7-75

图 7-76

图 7-77

图 7-78

图 7-79

六、柱式立体构成

（一）何谓柱式立体构成

在平面的卡纸上进行弯曲、折曲等形态的构造，然后将折叠前预留的边缘粘连在一起，形成透空的柱体造型。以面材为基础，通过卷曲或折叠所形成的柱体形态，包括圆柱体、平行四边柱体、三棱柱体和八棱柱体等。在这些柱体上进行切割、分解、翻转、插接、粘连等加工，可制作出有美感的柱式立体形态，如图 7-80 所示。图 7-80 为中山职业技术学院古镇灯饰学院学生作品。

图 7-80

（二）柱体构成的变化方式

1. 柱端的变化

柱端的变化就是在柱体的两端进行造型设计。柱端的设计是简洁还是复杂，可根据柱体设计的整体效果来确定，如图 7-81 ~ 图 7-84 所示。

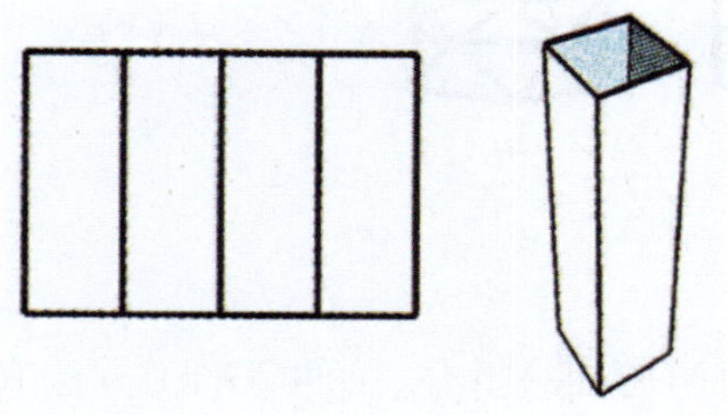

图 7-81

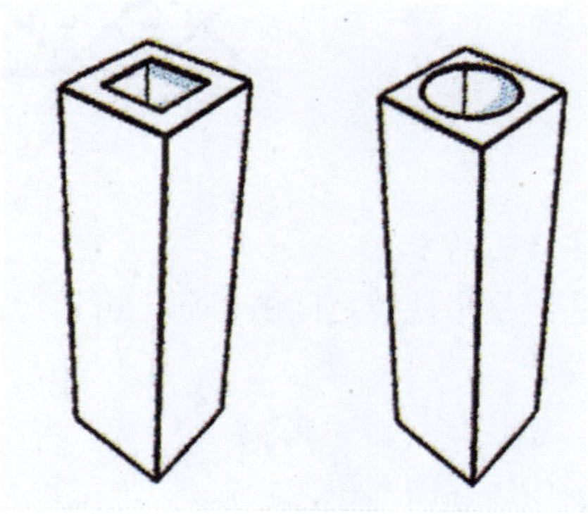

图 7-82

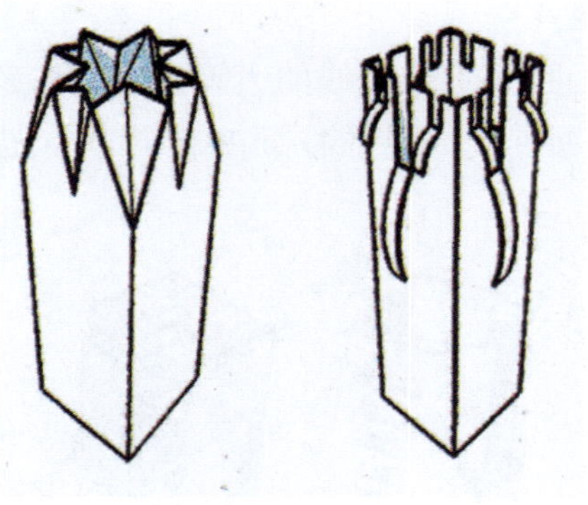

图 7-83

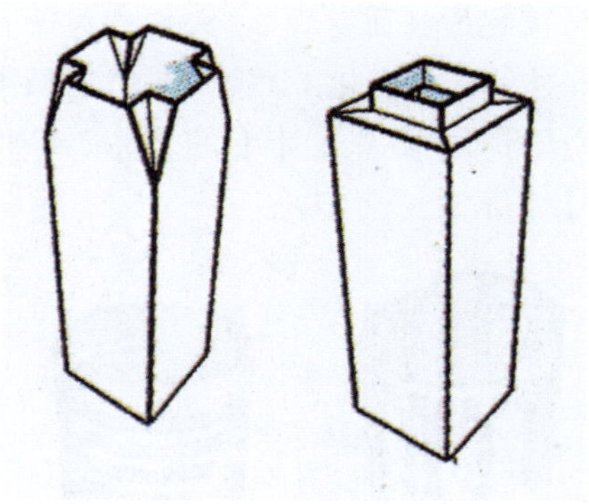

图 7-84

2. 柱棱的变化

柱棱是连接柱面之间的转折边缘线（圆柱体除外）。可通过将柱棱的单折直棱线变为双折直棱线，使边线不平行，弯曲及折叠等方法设计柱棱造型，如图 7-85 ~ 图 7-89 所示。

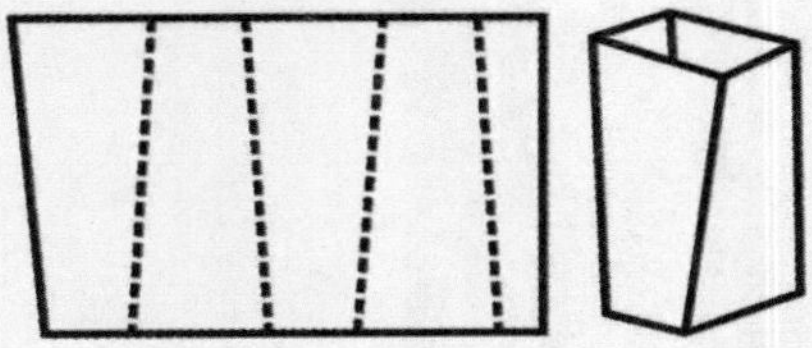

图 7-85

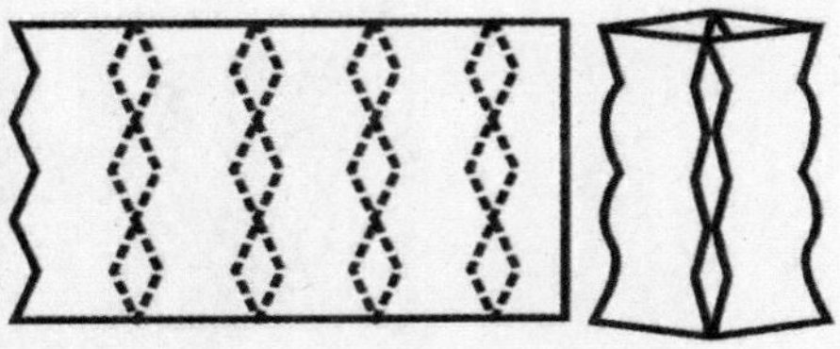

图 7-86

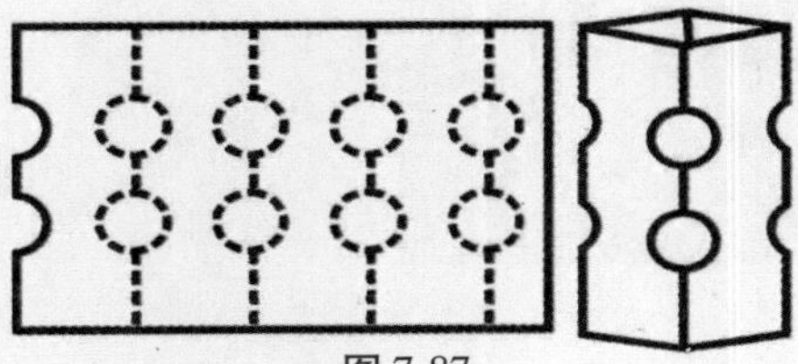

图 7-87

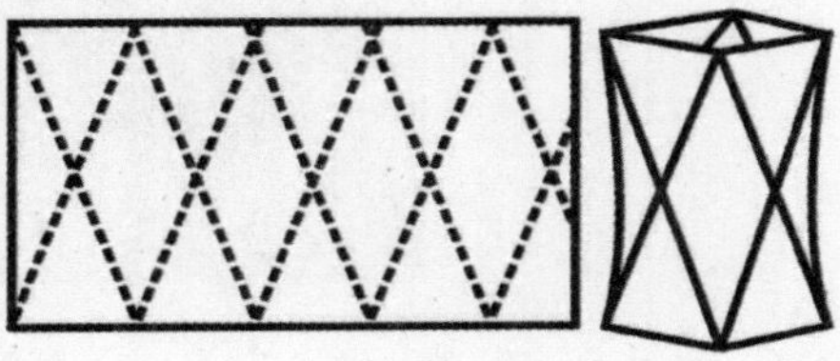

图 7-88

图 7-89

3. 柱面的变化

柱面是指柱棱之间的平面。可通过对柱面的切割、折曲、折叠、拉伸等加工方法来进行造型设计。

1) 圆柱体柱面变化

圆柱体柱面面积比较大,切割比较灵活,造型也比较灵活,圆柱体柱面变化的基本范式如图 7-90 所示。

2) 棱柱的柱面变化

棱柱的柱面变化虽然受柱边的限定(不平行边、曲线的边、折线的边等),但这种多向式限定会给我们带来设计上的自由,产生丰富的柱面变化。棱柱柱面变化的基本范式如图 7-91 所示。

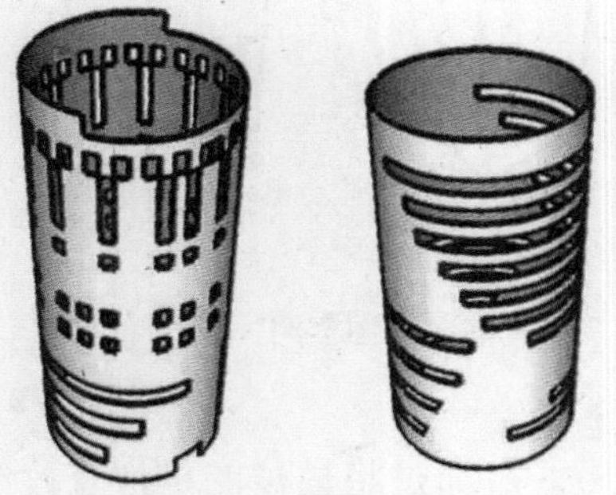

图 7-90

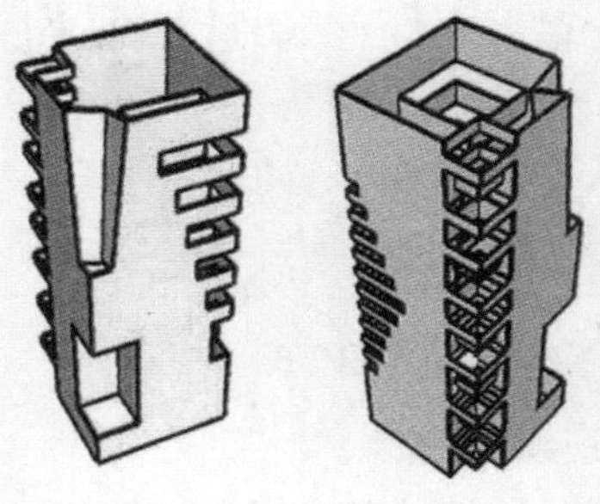

图 7-91

（三）柱体形态构成案例

柱体形态构成案例如图 7-92 ~ 图 7-95 所示，均为中山职业技术学院古镇灯饰学院学生作品。

图 7-92

图 7-93

图 7-94

图 7-95

（四）柱体应用于灯饰形态构成

柱体应用于灯饰形态构成，如图 7-96 ~ 图 7-100 所示。

图 7-96

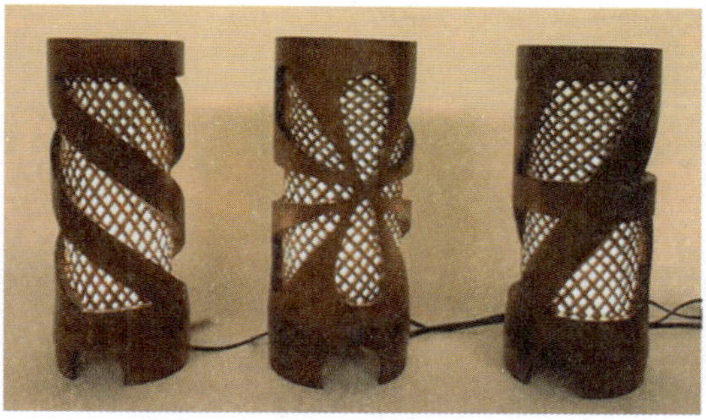

图 7-97

图 7-98

图 7-99

图 7-100 （设计者:Neffa）

第八章　块体形态构成与训练

在人们的日常生活中，充斥着各种各样的块体，如电视机、冰箱、手机、洗衣机等，灯饰产品亦然。对块体的研究是进行灯饰产品设计的基础，只有弄清楚块体的造型手段和方法，以及构成形式美的规律和法则，才能更好地运用块体为设计服务，创造设计需要的形态，以块体为产品原形的各类灯具，具有简洁美观、易加工生产的优点，如图 8-1 ~ 图 8-5 所示。

图 8-1

图 8-2

图 8-3

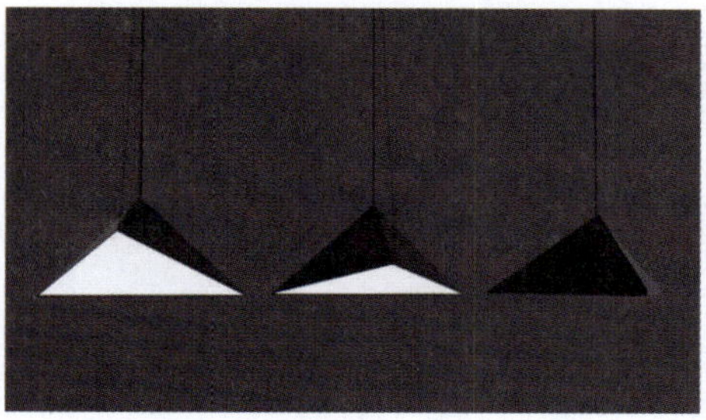

图 8-4

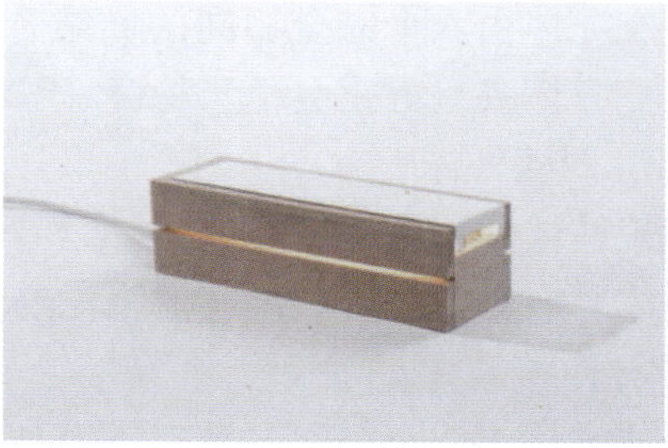

图 8-5

第一节　块体的形态

一、何谓块体

块体指具有长、宽、高三维尺度的实体形态，拥有连续的表面，是三维形态中最基本的表现形式，也称块材。与线材和面材相比，块材更具有厚重感，从任意方位观察都能看到较为完整的形象，因此其表现力具有多向性。

二、块体的基本形态与特征

块体是三维形态中的一种基本形式，也是生活中最常见的形态，应用非常广泛。块以各种形态出现，应用在不同领域，起着不同的作用。沙发垫是倒角长方体，衣柜是长方体，杯子是柱体，酒瓶是柱体，手机是倒角长方体，汽车是曲面流线体。

块体的表面形态不仅是为了好看，还有其特别的作用。每种物件在使用中都有其特定的场所、情境，如果要充分发挥其作用，达到最好的使用效果，就必须要对其表面形态进行设计。比如鼠标的外在形态就是能适合人手操作时的形态，使操作更轻松、方便、自如；流线型的汽车表面形态便于导风，减小阻力；长方体的衣柜能很好地与房间匹配，节约空间；方块状的建筑远多于异形或圆形建筑，是因为方块形态能更好地排列组合，最大限度地利用土地资源。所以，我们研究块体的重点在于研究各种形态的特点和组织构成方式所产生的空间与形态的关系。

（一）球体

球体是最原始、最基本的形体，宇宙中许多物体都是由球体演变而来的。球体具有充实、饱满、圆润、不稳定、运动等视觉特征。

（二）圆柱体

圆柱体是由两条平行的直线沿着一条封闭的曲线运动而形成的。圆柱体的顶面与底面相等且平行，具有圆润、挺拔、直立的视觉特征。圆柱体是生活中用得较多的形体之一。

（三）圆锥体

圆锥体由一条斜线的一端连接到一个固定点，另一端沿着一条封闭的曲线运动而成。当封闭的曲线是一个正圆，并且固定点在正圆圆心的正上方时，便形成正圆锥体。圆锥体具有移动向上、尖锐、稳定的视觉特征。

（四）正立方体

正立方体由六个完全相同的面组合而成，相邻的两个面之间呈直角，每条边的长度相等。正立方体具有方正、规矩、稳健、硬朗、庄重和对称的视觉心理特征。

（五）四棱柱体

四棱柱体是正方体的延伸，顶面和底面均为四边形，大小相等，其他面两两相对且平行。四棱柱体具有挺拔、坚硬、结实的视觉心理特征。

（六）四棱锥体

四棱锥体由四个等腰三角形斜面与一个正方形底面构成，具有尖锐、阳刚、稳定的视觉特征。

第二节　块体的造型方法

块体的形态构成形式和组织构成方法与规律是我们学习研究的重点。通过对块体进行分割与组合，可以产生各种各样的三维形态。设计师可运用这些方法创造实用的、丰富的灯饰产品。

一、块体的分割造型方法

分割是块体形态塑造的一种简单有效的方法，其形式和手法是多样的，包括等形分割、等比分割、等量分割、自由分割等，其关键在于分割的线形和分割的量。

分割手法的运用基于块体的基本形态，通过对块体基本形态的分割可以产生姿态万千的形体。

（一）等形分割

等形分割是形状相同、体量相同的分割，具有对称性，分割后的子形态完全相同，如

图8-6中，中式吊灯，等形分割后，表面图案保持连贯。

图8-6

（二）等比分割

等比分割是按照一定的比例关系进行分割，形状近似或相同，在量上呈比例关系，规律性和秩序性很强。比如黄金分割比、1/2分割比等，如图8-7、图8-8所示，等比分割四面体的灯饰，具有通透感和秩序美。

图8-7

图8-8

（三）等量分割

等量分割是量（体积）相同、形态不同的分割，呈现出一定的变化性，如图8-9所示，平板吸顶灯被两条U形曲线分割，其中一组对角的两个四边形彼此分开，剩下一组对角的四边形彼此连接，两组分割形体积相等，形态各异。与整体的平板灯相比，等量分割的灯更具变化和视觉吸引力。

图8-9

（四）自由分割

自由分割是一种无规律的分割形式，不受任何约束，分割后的形态在形上和量上都不同，但在形态上有关联性。自由分割的形态比较活跃，富有变化性和随意性。

1. 自由曲线分割

自由曲线分割运用曲线对块体进行分割，产生流畅光滑的曲面形态造型，如图 8-10、图 8-11所示，对球体进行曲线分割，使灯饰富有变化和韵律。

图 8-10

图 8-11

2. 任意折线分割

任意折线分割运用折线对块体进行分割，形态趋向于硬朗、活泼，图 8-12 为运用折线分割出的树枝剪影图形。

3. 曲直结合分割

曲直结合分割具有前两种分割形式的特点，形态富于变化和层次，图 8-13 为具有曲直分割特征的台灯。

图 8-12

图 8-13

（五）多次分割

从横向和（或）纵向进行多次分割，可产生更多的子形态。综合使用多种分割方法，得到想要的形态。

1. 等形多次分割

等形多次分割可以得到大小、形状都相同的若干子形态，这些子形态为新形态的创造提供基础元素。等形多次分割还具有功能性，便于调节灯饰的照明角度，如图 8-14、图 8-15所示。

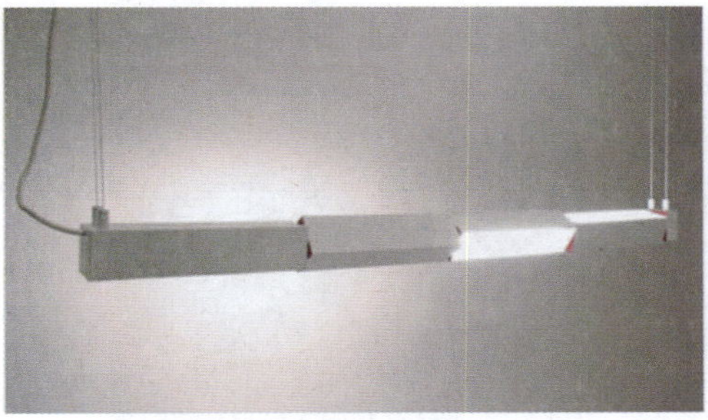

图 8-14

图 8-15

2. 等比多次分割

等比多次分割可以得到更多的具有模数关系的子形态，如图 8-16、图 8-17 中，落地灯的镂空间隙是具有模数关系的子形态。（设计师：Nakarin Kemseela）

图 8-16

图 8-17

3. 自由多次分割

自由多次分割的关键是被分割形体之间的关联性、数理性和形体本身的形式美。如图 8-18所示，自由多次分割的桌面摆件具有现代感造型，兼具照明和名片夹功能。

图 8-18

二、块体的组合方法

组合是块体造型的有效方法。组合的目的是使形态更加丰满，符合功能要求和审美心理要求。所以，组合时既要考虑其结构的合理性，又要考虑视觉上的和谐性。

（一）组合方式

（1）面与面连接的组合，如图 8-19 ~ 图 8-21 所示。图 8-19、图 8-20 中，ledwork 交互式灯具利用磁铁实现面与面的连接，允许用户自由组合。图 8-21 为立方体灯饰与面的连接组合。

图 8-19

图 8-20

图 8-21

（2）边与边连接的组合。边与边连接的组合灯饰可以实现开合效果，如图 8-22、图 8-23 所示。

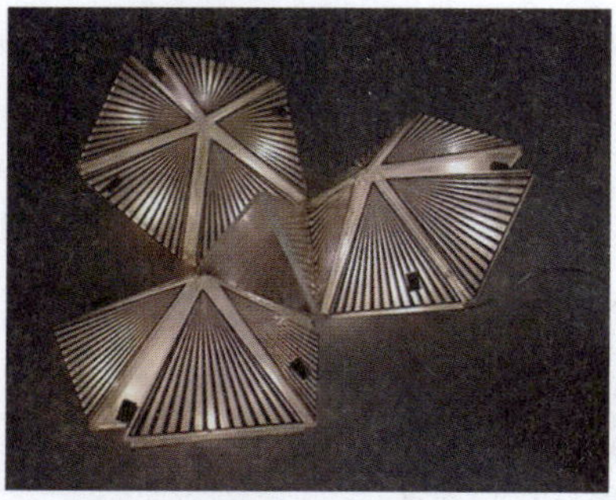

图 8-22

图 8-23

（3）角与角连接的组合。具有角与角连接特征的吊灯如图 8-24 所示。

图 8-24

(4)插接组合。如图 8-25、图 8-26 所示，台灯的支撑结构为立方体的插接组合。

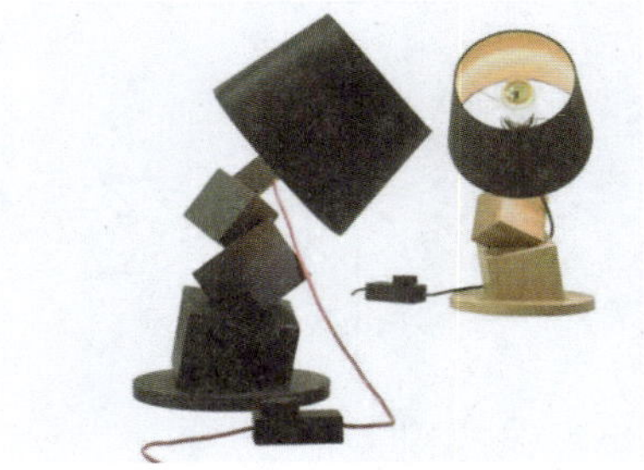

图 8-25

图 8-26

(二)组合骨架

(1)线性骨架。具有线性骨架的灯饰造型图例如图 8-27、图 8-28 所示。

图 8-27

图 8-28

(2)放射式骨架。具有放射式骨架的灯饰造型图例如图 8-29、图 8-30 所示。

图 8-29

图 8-30

(3)框架式骨架。具有框架式骨架的灯饰造型图例如图 8-31 所示。

图 8-31

（4）树枝式骨架。具有树枝式骨架的灯饰造型图例如图 8-32、图 8-33 所示。

图 8-32

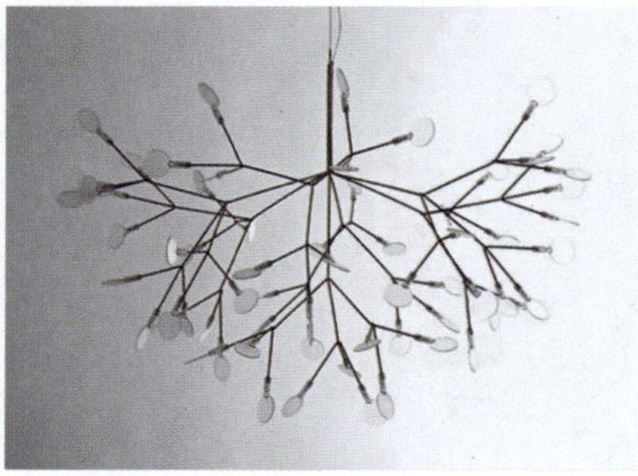

图 8-33

（5）同心圆式骨架。具有同心圆式骨架的灯饰造型图例如图 8-34、图 8-35 所示。

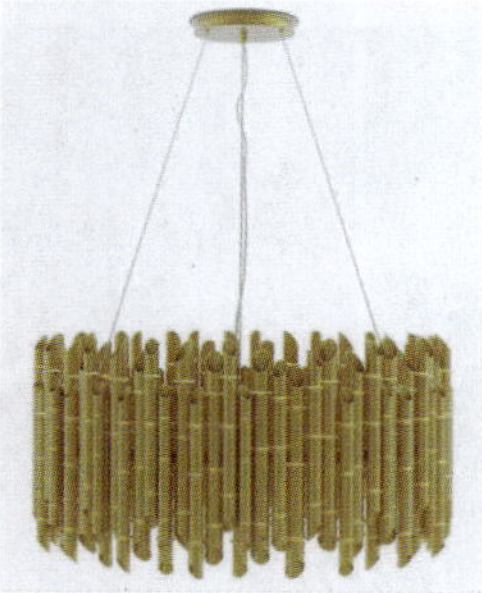

图 8-34

图 8-35

三、块体的积聚

块体的积聚是对切割后的子块体进行重组的一种方式，由两块以上的单个块体组成，可以是相同形态的单体的重复排列，也可以是类似单体形态的渐变，还可以是不同形状、不同材质的块体堆积。方向性、节奏感和秩序性是积聚组合的要点。相邻两个个体单位基本块体之间的关系存在着接触与分离两种结构形式。

块体积聚有如下五种类型。

（一）单体重复积聚

单体重复积聚指单体形态按照一定的形式美法则进行排列组合而构成复杂的综合体，包括矩阵重复、渐变、旋转排列组合，形成规则、整体视觉效果好的阵容。运用叠加、堆砌、错落的方法可以产生大小、高低、疏密变化的视觉效果，如图 8-36 ~ 图 8-41 所示。

图 8-36

图 8-37

图 8-38

图 8-39

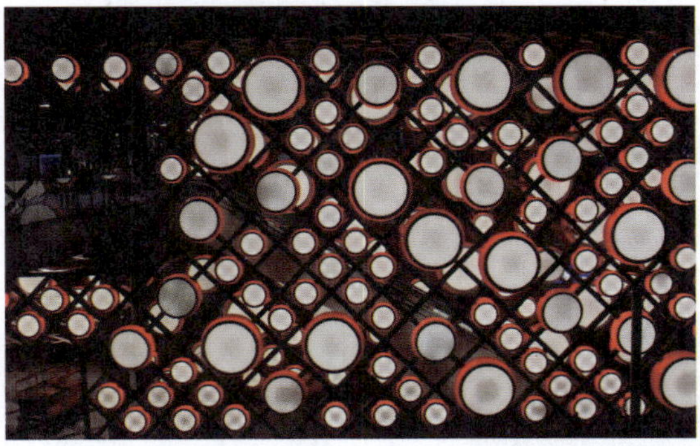

图 8-40

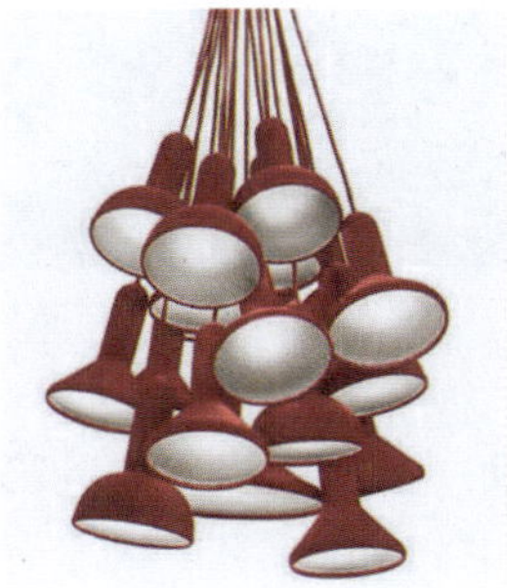

图 8-41

如图 8-36、图 8-37 所示，daniel becker 为 quasar 设计的迷你卫星吊灯，是基于 19 世纪 60 年代研究出来的卫星模型，由 150 个内置微型 LED 灯泡的单体聚集成球体形态。图 8-38、图 8-39 中的冰川吊灯，由纽约 Alvaro Uribe Design 事务所为加拿大玻璃制品公司 Tsunami 设计。运用错落的方法使聚集状态产生高低、疏密的变化。图 8-40 中，不同大小的圆形灯饰重复积聚，具有较强的视觉效果。图 8-41 为呈积聚状态的悬垂吊灯。

(二)屏障构造

屏障构造指若干个同一大小正等边形块体重复做横向和纵向的连续排列，形成一个较大型的三维造型，比如正等边三角形块体、正等边四边形块体、正等边六边形块体。呈屏障构造状态的照明装置如图 8-42、图 8-43 所示。

图 8-42

图 8-43

（三）多层积聚

多层积聚指若干个同一大小或不同大小的正等边形块体重复从三个方向做连续排列，形成一个较大型的造型。具有多层积聚的灯饰造型图例如图 8-44、图 8-45 所示。图 8-45 中的“bio - light”灯饰造型，其玻璃容器包含生物荧光细菌，它们在接触沼气时会发出绿色荧光。

图 8-44

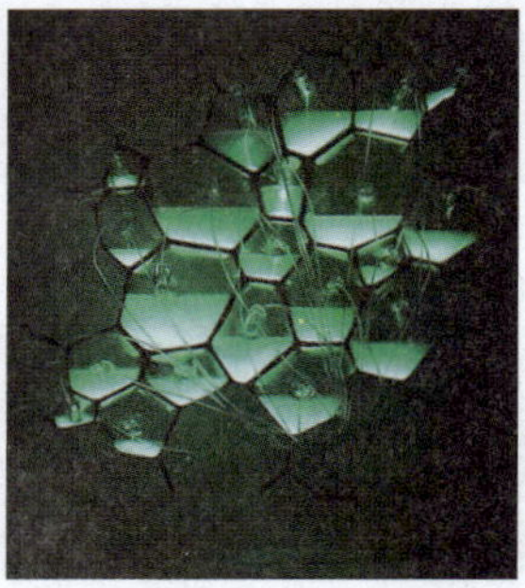

图 8-45

（四）相似或相关联的形体积聚

如图 8-46 ~ 图 8-48 所示，设计师 Marc Trotereau 创作的灯具，由多个立方体积聚构成。

图 8-46

图 8-47

图 8-48

（五）正负形体积聚

实体的积聚构成虚体空间，产生正负形体效果，具有正负形体积聚特征的现代灯饰如图 8-49、图 8-50 所示。

图 8-49

图 8-50

第九章 灯饰形态设计制作案例

案例一 圆形层叠纸灯

圆形层叠纸灯见图 9-1 ~ 图 9-8。

选择厚卡纸作为灯饰材料，能兼顾纸张强度和透光度

图 9-1

图 9-2

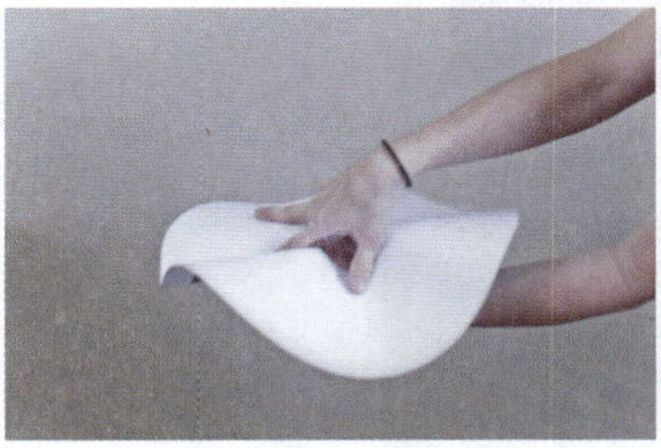

图 9-3

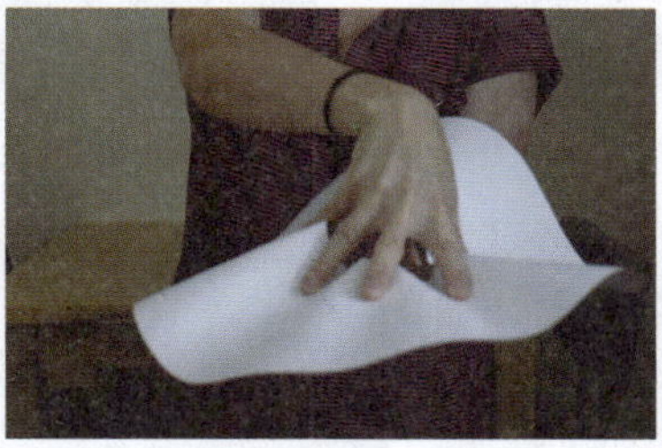

图 9-4

将纸张浸透水，软化后即可拗出随机隆起的效果

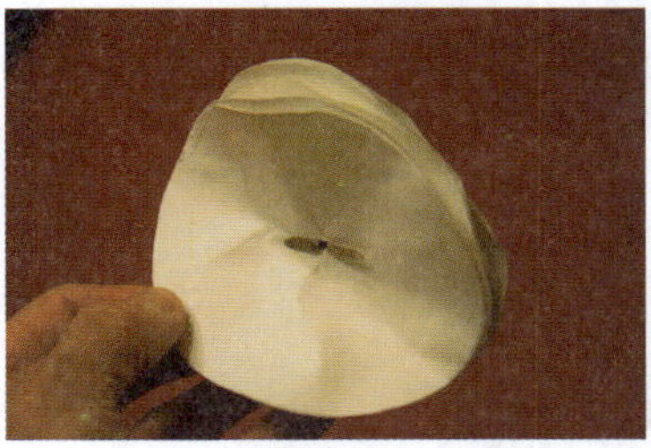

图 9-5

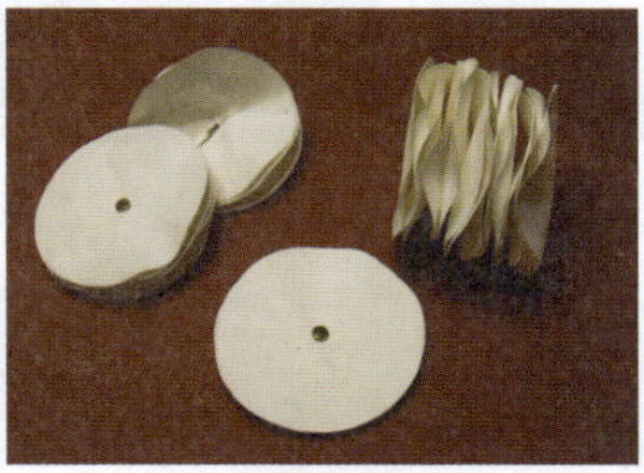

图 9-6

干燥后的纸片

装配光源后的效果

图 9-7

图 9-8

案例二　水泥灯具制作

水泥灯具制作见图 9-9 ~ 图 9-16。

准备水泥、圆盆(一大一小)、木棒等材料和工具

图 9-9

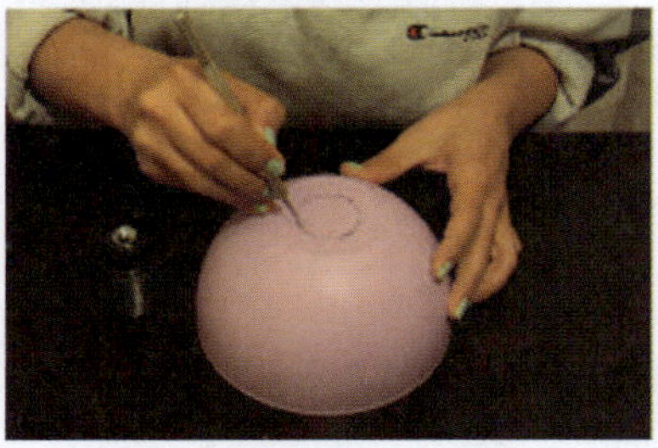

图 9-10

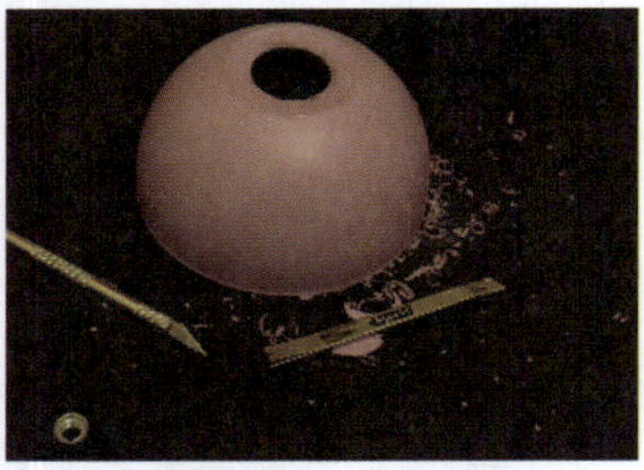

图 9-11

在小圆盆底部切出圆孔,为后期安装灯头预留位置

图 9-12

图 9-13

利用大、小圆盆作为水泥灯罩的内外模具,浇灌水泥,并安置灯头和支撑脚孔

图 9-14

图 9-15

静置 48 h,待水泥固化后即可取出内外模具

装配光源后的效果

图 9-16

案例三　布艺灯具制作

布艺灯具制作见图 9-17 ~ 图 9-24。

准备一圆形气球、胶水和蕾丝布艺片

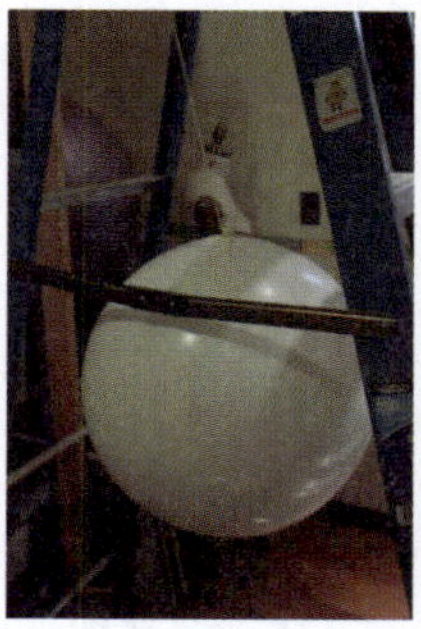

图 9-17

图 9-18

将胶水涂刷到蕾丝布片上，并将其粘贴在气球表面

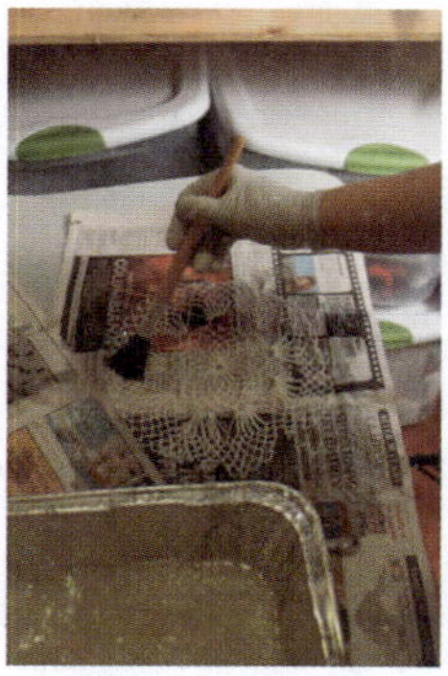

图 9-19

图 9-20

待布片干燥固化后,可戳破气球

图 9-21

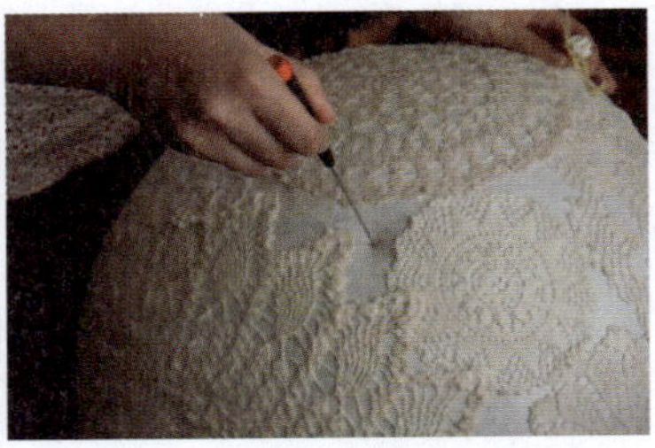

图 9-22

图 9-23

图 9-24

安装光源后的效果

案例四 混凝土灯具制作过程与效果

混凝土灯具制作过程与效果见图 9-25 ~ 图 9-29。

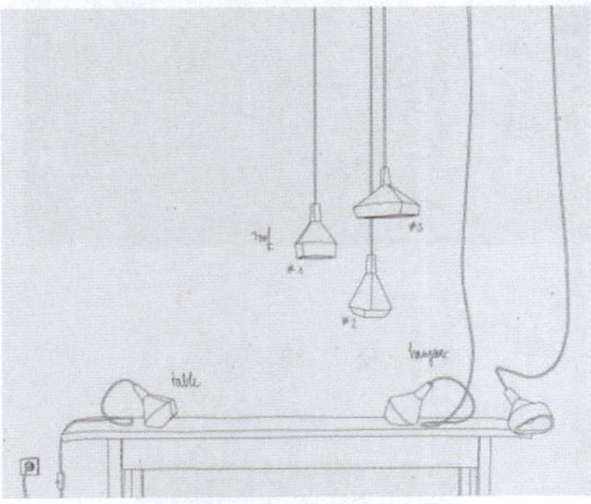

图 9-25

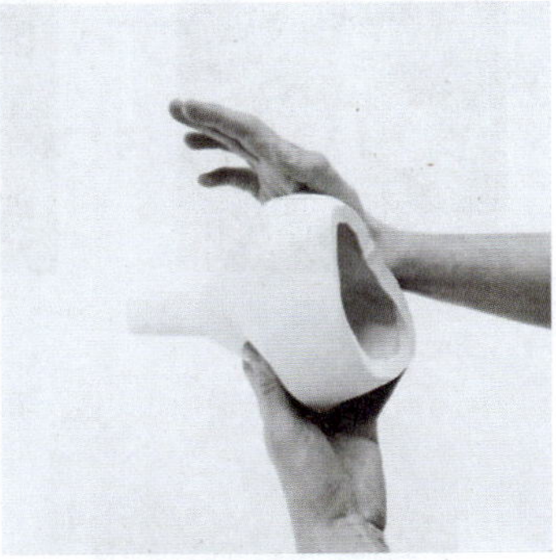

图 9-26

设计构思,制作黏土母模

图 9-27

图 9-28

以母模为基础,使用混凝土进行批量翻制

图 9-29

最终效果（Aust & Amelung 工作室）

案例五　制作多面体小台灯

制作多面体小台灯见图 9-30 ~ 图 9-43。

在纸板上画 11 个等大的正五边形，并绘出每个正五边形的等距同心图形，最后裁切出来

图 9-30

图 9-31

旋转垒积层叠，并粘接固定

图 9-32

图 9-33

依次粘接起多个五边形单体

图 9-34

图 9-35

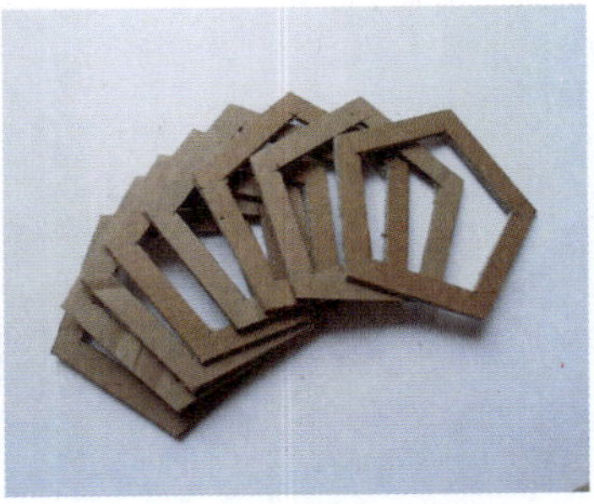

图 9-36

图 9-37

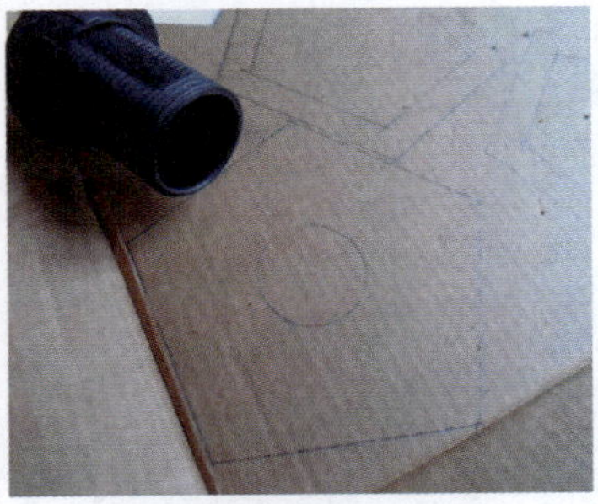

图 9-38

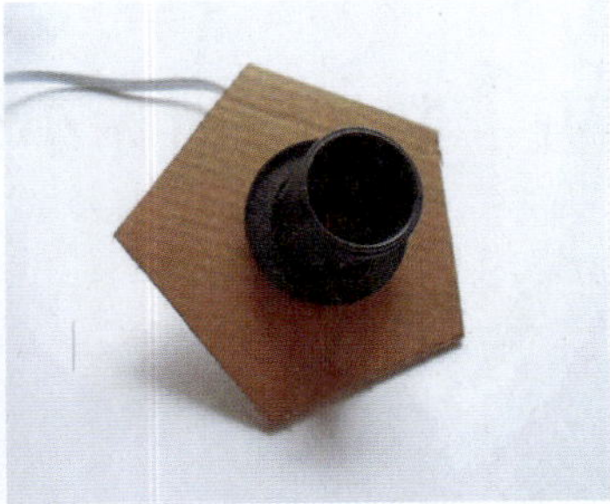

图 9-39

制作灯头固定装置，并与台灯底座胶接在一起

图 9-40

图 9-41

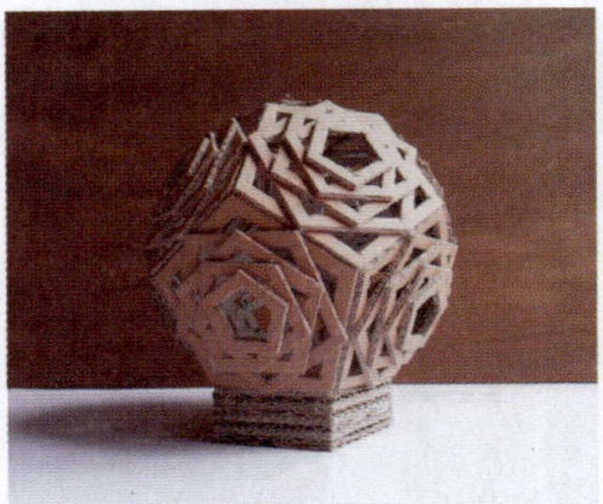

图 9-42

图 9-43

效果展示

案例六　制作纸艺灯

制作纸艺灯见图 9-44 ~ 图 9-57。

材料与工具：

纸板、塑料袋、12 根竹签、白色的胶水、灯座和 LED 灯泡、刀、量角器、长针、尺子和铅笔。

图 9-44

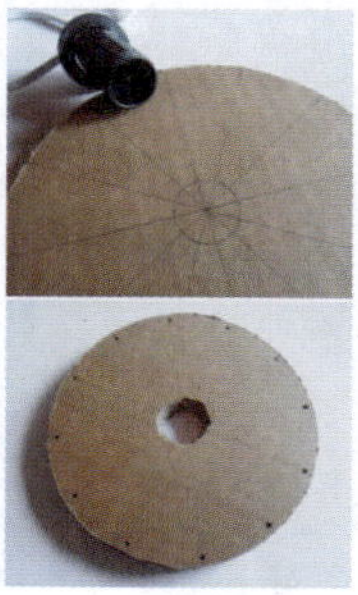

图 9-45

裁切圆形纸片作为灯饰底座并等分 12 份，开圆孔以置放灯头

将 12 根竹签穿过圆底板，作为灯饰的支撑物

图 9-46

图 9-47

准备多段足够长的纸条，并折叠成瓦楞状

图 9-48

图 9-49

将瓦楞状纸条折叠为 3 层，穿插到两根竹签上。重复该过程，将瓦楞状纸条堆叠到合适高度

图 9-50

图 9-51

制作出环形纸板，用作灯饰顶端固定装置。等分周长为 12 份，并用纸条配合白乳胶缠绕胶接

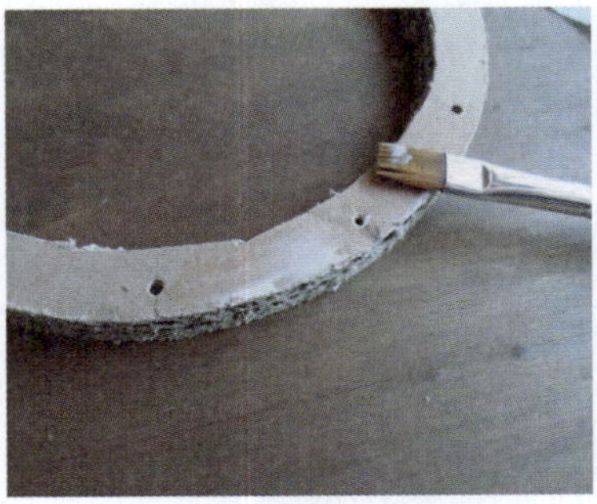

图 9-52

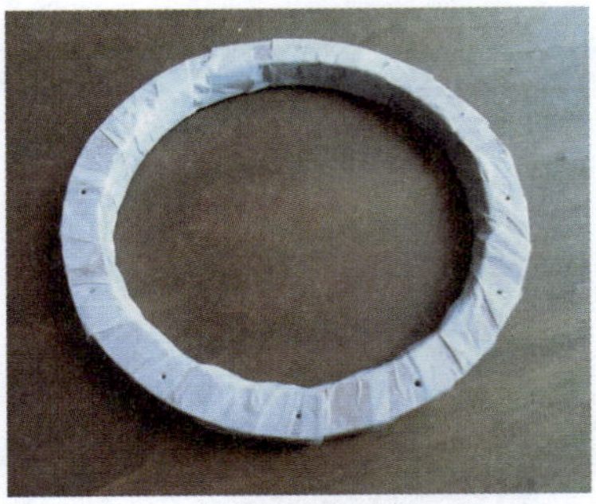

图 9-53

图 9-54

图 9-55

在竹签顶部涂刷白乳胶，将环形固定装置装配到台灯顶部

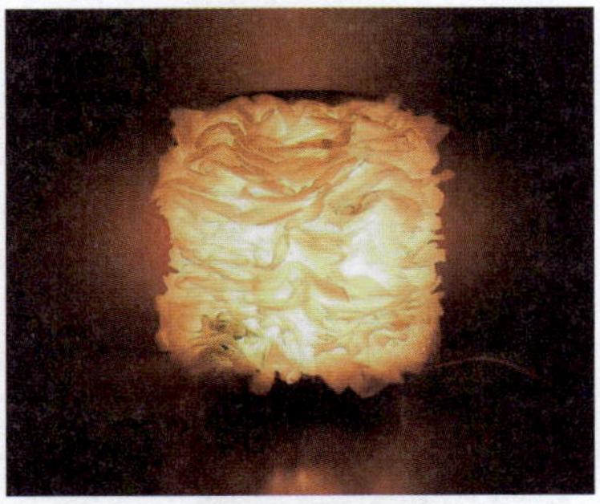

图 9-56

图 9-57

效果展示

案例七　制作立方体台灯

制作立方体台灯见图 9-58 ~ 图 9-63。

图 9-58

图 9-59

将瓦楞纸裁切成若干等长等宽（12 cm × 12 cm）的线段，并置，胶接成边长 12 cm 的正方形

图 9-60

图 9-61

将 4 片边长 12 cm 的正方形纵横并置成 24 cm × 24 cm 的大正方形；进一步胶接成 24 cm × 24 cm × 24 cm 的立方体

安装光源后的效果展示

图 9-62

图 9-63

案例八　四棱柱灯饰设计与制作

四棱柱灯饰设计与制作见图 9-64 ~ 图 9-75。

准备 1 mm 厚 ABS 塑料板、裁纸刀、手电钻等材料与工具

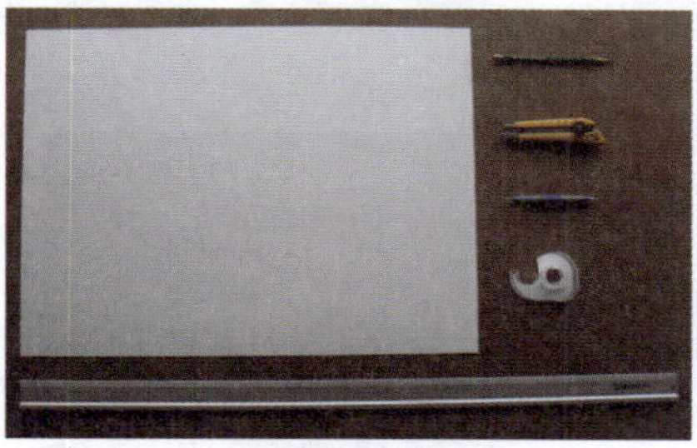

图 9-64

图 9-65

在底座上安装光源和台脚

图 9-66

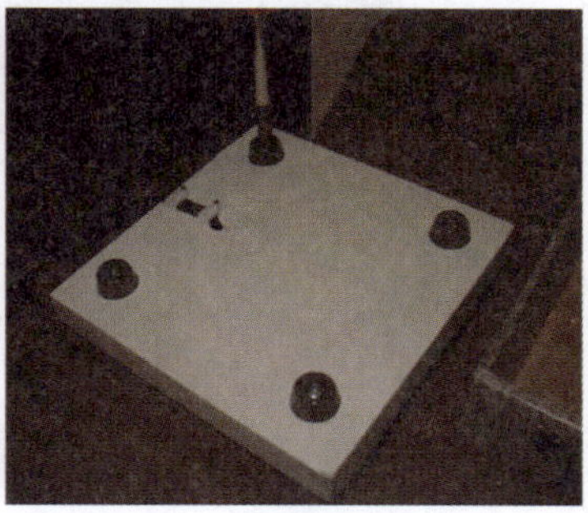

图 9-67

设计制图，并打印输出

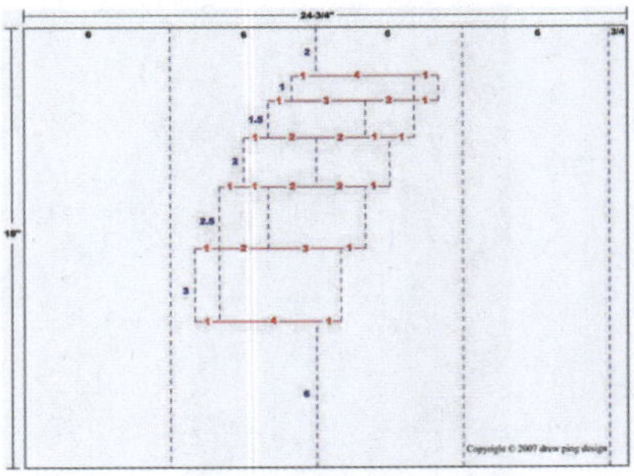

图 9-68

图 9-69

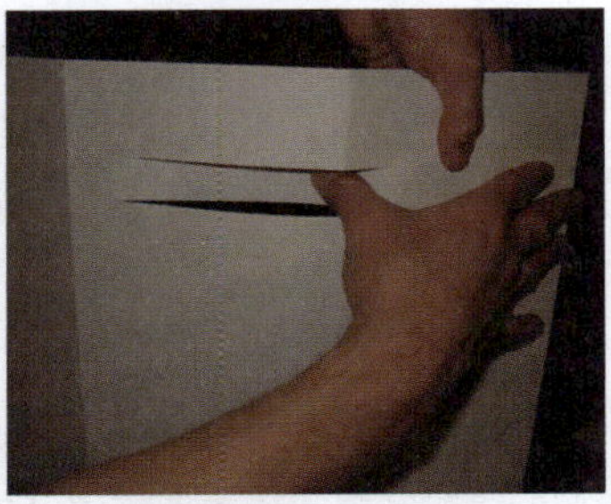

图 9-70

图 9-71

沿参考线折叠成型

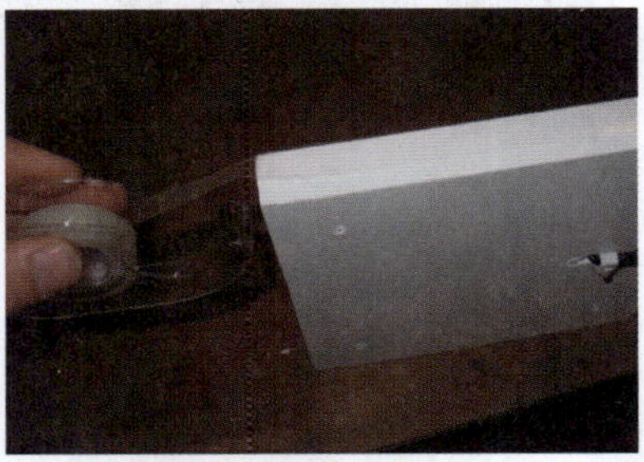

图 9-72

图 9-73

在底座边沿贴上双面胶，将灯体围合底座并粘接

图 9-74

图 9-75

效果展示

案例九　装饰小桌灯设计与制作

装饰小桌灯设计与制作见图 9-76 ~ 图 9-82。

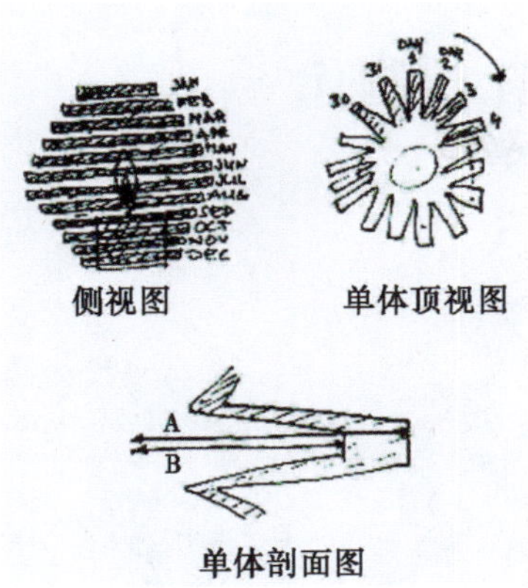

图 9-76

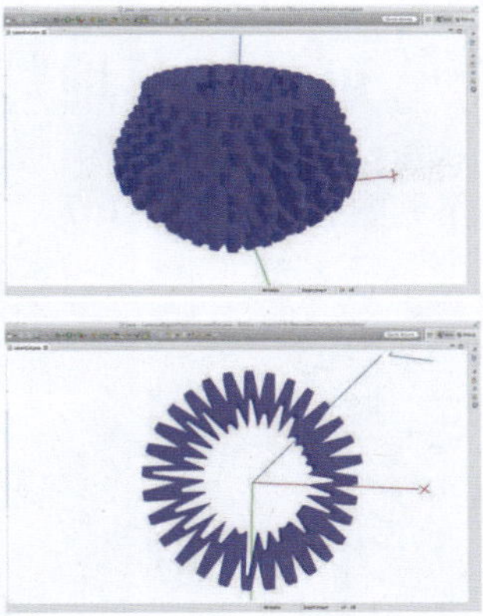

图 9-77

设计并制图

使用激光雕刻机加工亚克力板材

图 9-78

图 9-79

粘接并装配

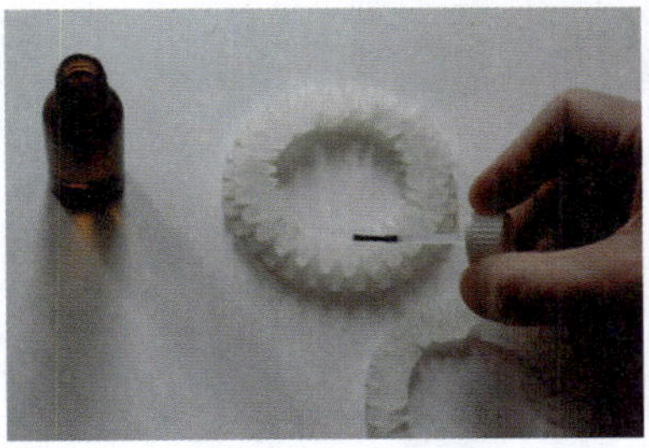

图 9-80

图 9-81

效果展示

图 9-82

案例十　可伸缩落地灯设计与制作

可伸缩落地灯设计与制作见图 9-83 ~ 图 9-107。

方案设计

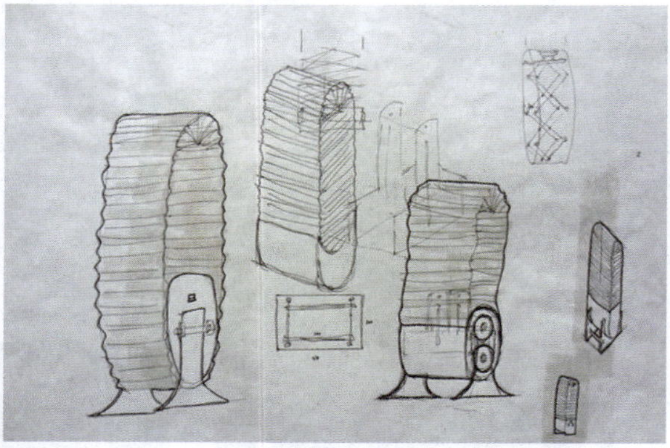

图 9-83

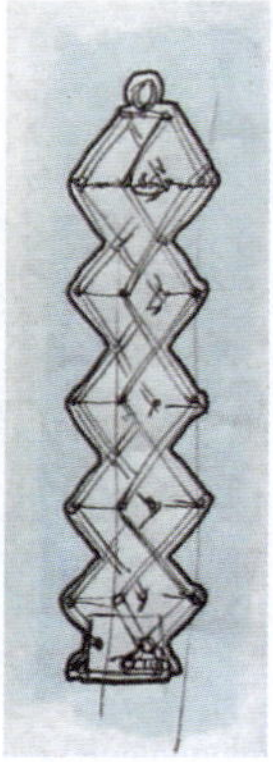

图 9-84

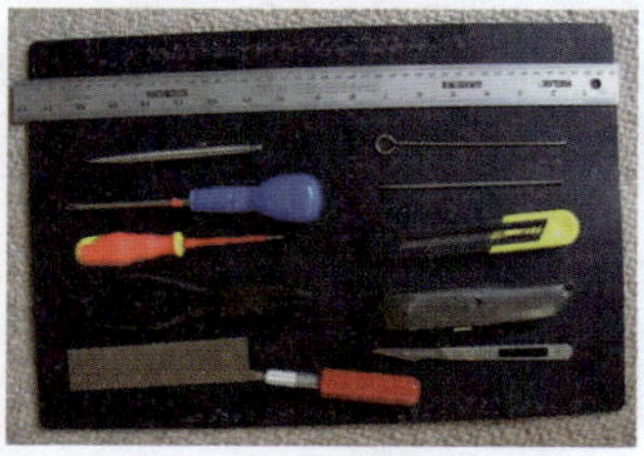

图 9-85

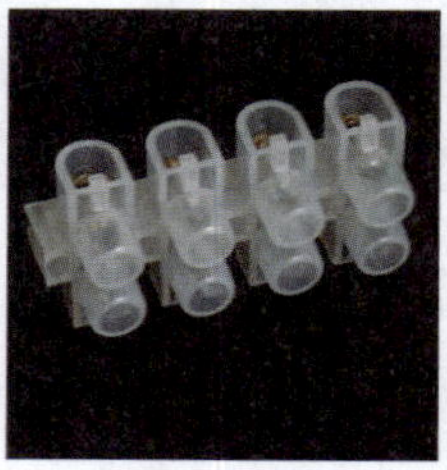

图 9-86

图 9-87

准备好工具刀、剪钳、竹签、软木瓶塞等工具和材料

图 9-88

图 9-89

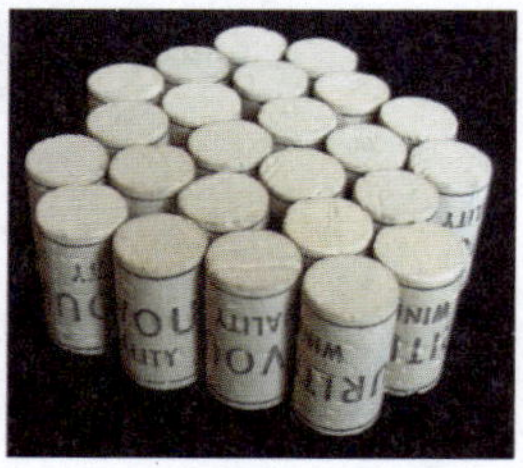

图 9-90

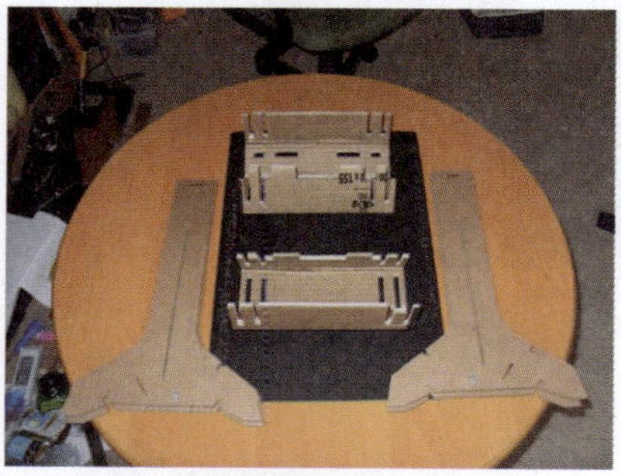

图 9-91

图 9-92

按图裁切瓦楞纸，并装配灯座

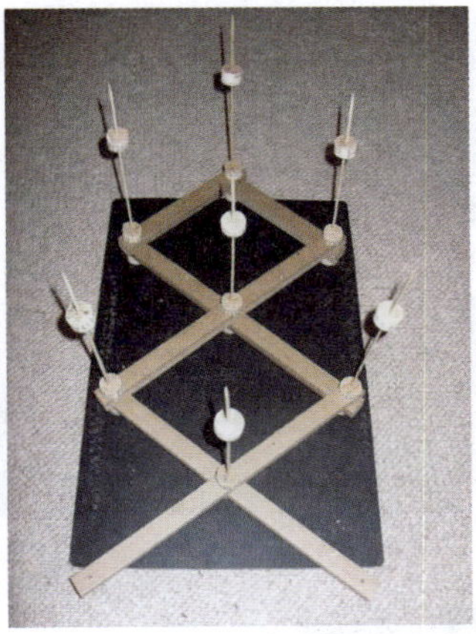

图 9-93

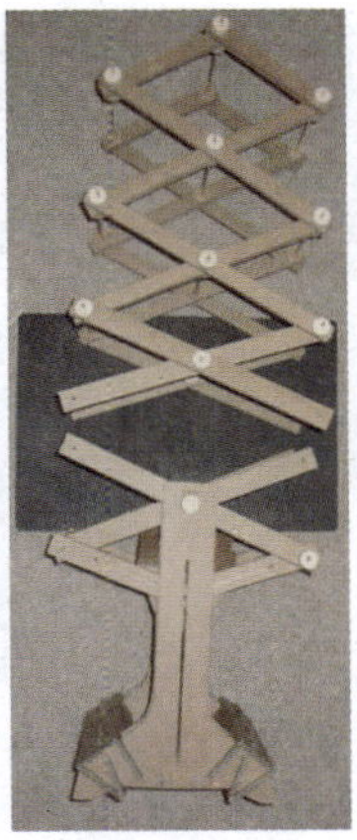

图 9-94

将等长瓦楞纸块用竹签做X连接，软木塞作为连接点固定在竹签两端

可伸缩骨架的装配效果

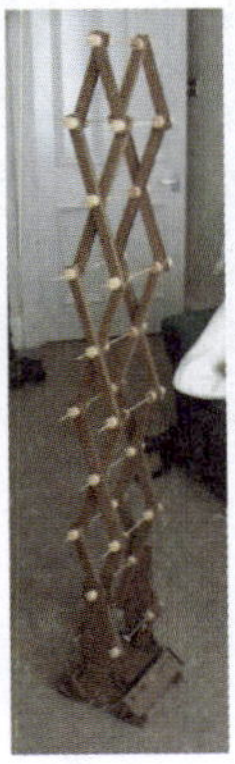

图 9-95

图 9-96

图 9-97

图 9-98

图 9-99

将宣纸做多次瓦楞折叠，并黏结为长袋状灯罩

图 9-100

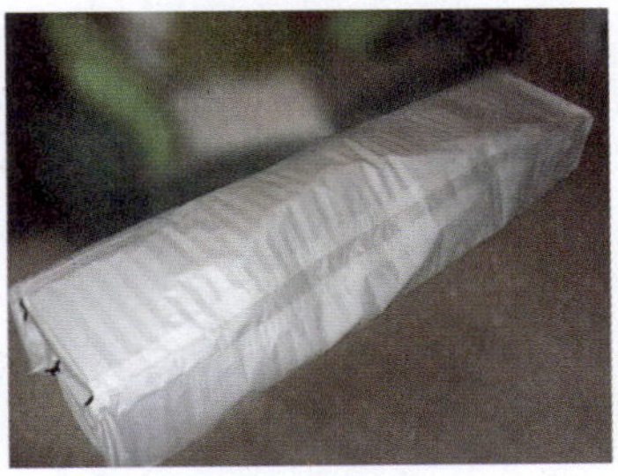

图 9-101

将纸质灯罩和可伸缩灯架装配在一起

图 9-102

图 9-103

图 9-104

图 9-105

图 9-106

图 9-107

效果展示

案例十一　几何镂空灯

几何镂空灯见图 9-108 ~ 图 9-114。

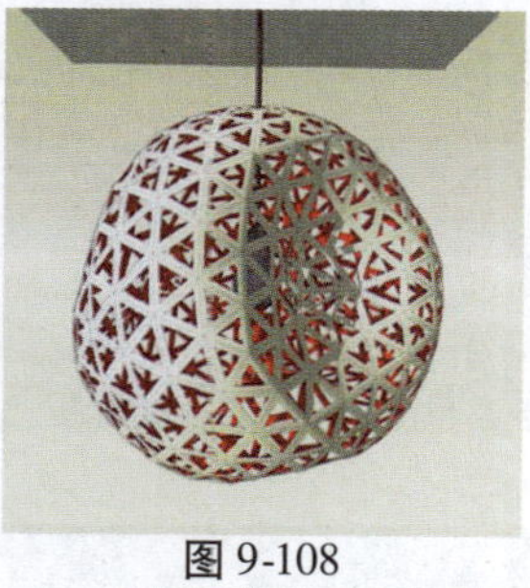

图 9-108

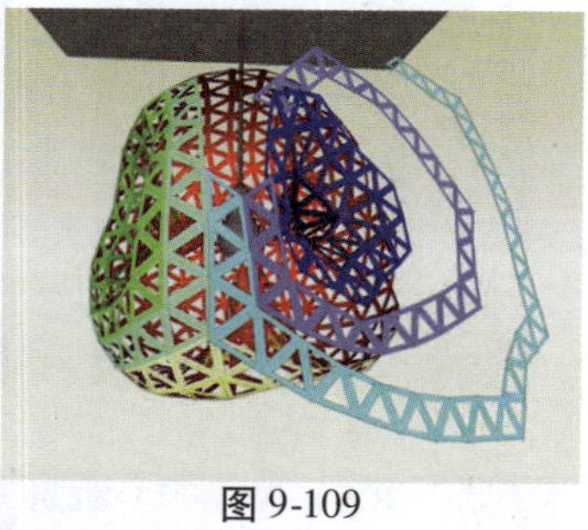

图 9-109

使用 Rhino 软件建模，并对模型的拓扑结构进行展开

图 9-110

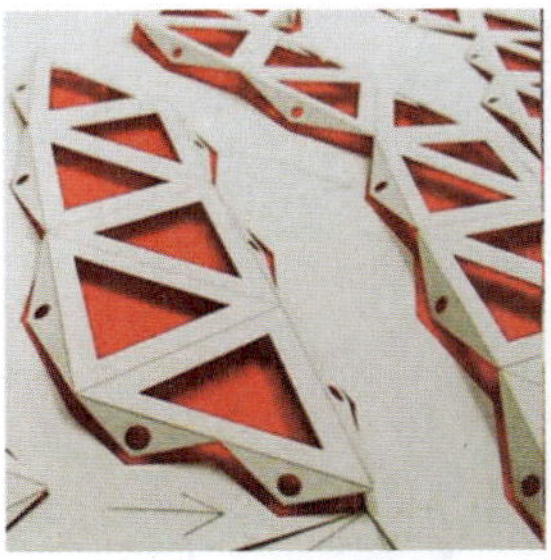

图 9-111

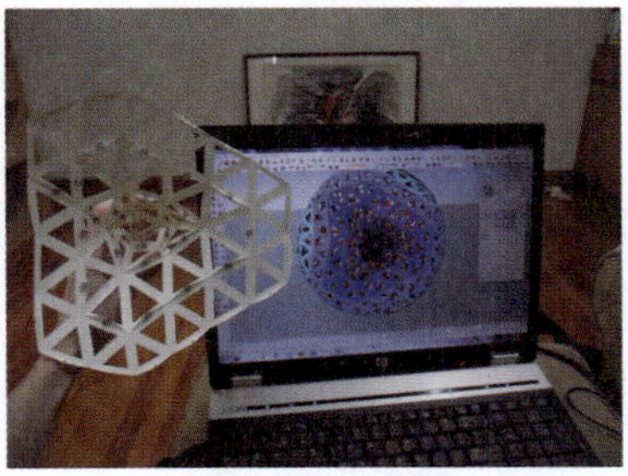

图 9-112

使用刀片依线裁切纸板，并依照数字模型进行装配

效果展示

图 9-113

图 9-114

案例十二　折纸灯制作

折纸灯制作见图 9-115 ~ 图 9-122。

先纵横折叠出正方形印痕，再斜向折叠出对角印痕

图 9-115

图 9-116

依照印痕，拗出半立体皱褶造型

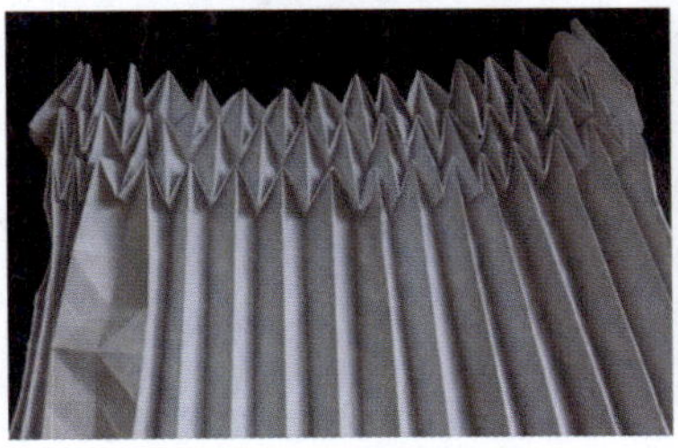

图 9-117

图 9-118

准备一透明饮水桶，将折纸围绕圆桶，粘接折纸两端成围合状

图 9-119

图 9-120

图 9-121

图 9-122

装配光源后的效果

案例十三　废旧材料应用于灯饰制作

废旧材料应用于灯饰制作见图 9-123 ~ 图 9-129。

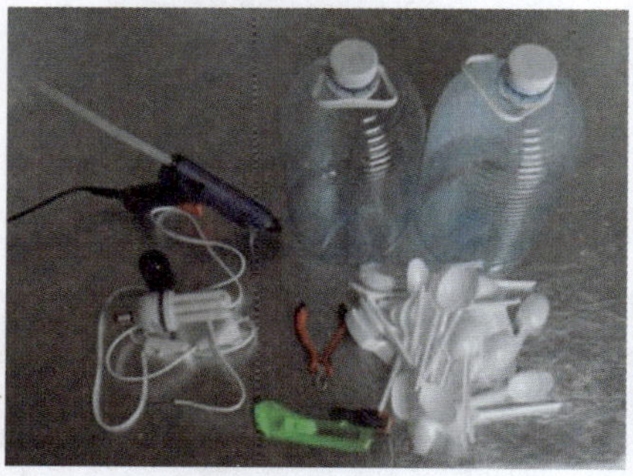

图 9-123

图 9-124

准备好塑料桶、多个塑料勺、胶枪、节能灯管、工具刀和剪钳等材料和工具；逐个剪断并去除塑料勺的柄，留下需要的部分

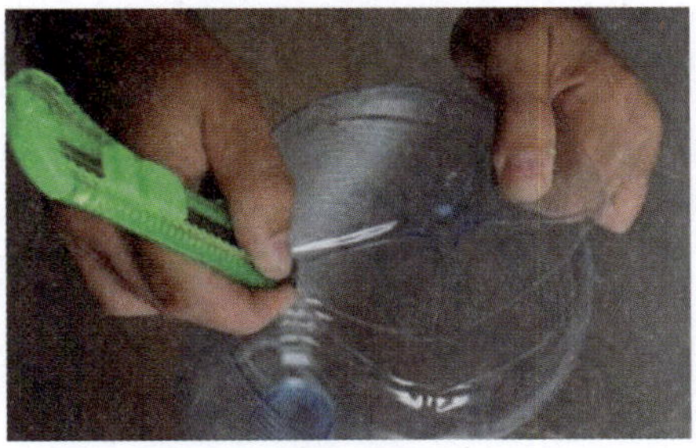

图 9-125

图 9-126

切除塑料桶的底部，使之成为灯罩的基体；使用热溶胶，将塑料勺逐个粘贴在塑料桶上

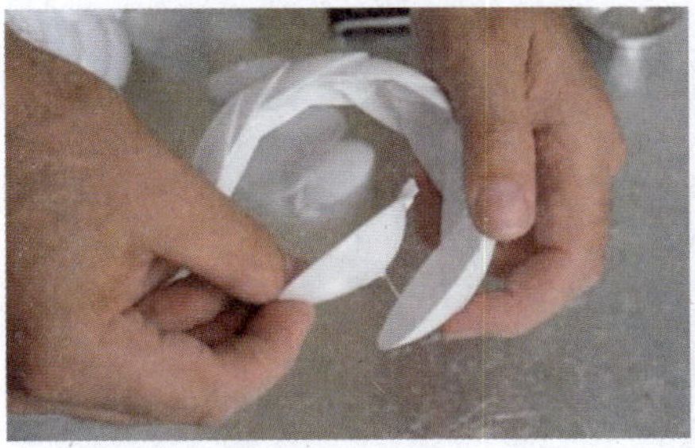

图 9-127

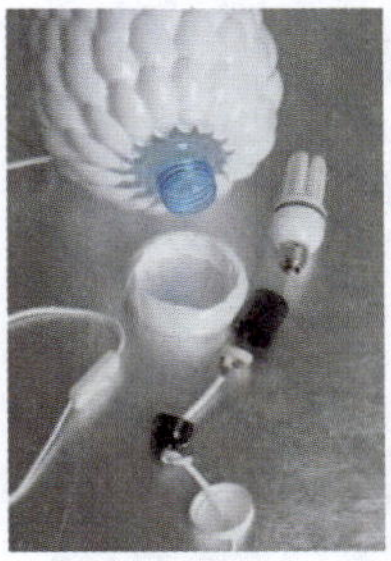

图 9-128

将塑料勺做环形粘接；连接好电线、灯头和节能灯管，做最后装配

图 9-129

效果展示

第十章 灯饰设计赏析

(1)金属莲花吊灯(见图10-1、图10-2)。灯饰形态由面的发射排列构成。最大亮点在于金属骨架勾勒出莲花的骨感之美。

图10-1

图10-2

(2)"海月"系列灯饰(见图10-3、图10-4)。Aurelia Light"海月"系列,用特殊工艺打造出层叠效果,而通过LED和触控技术,灯饰更能实现三段式的艺术灯效。(QisDesign专利产品)

图10-3

图10-4

(3)Coral Reef灯饰(见图10-5~图10-7)。台湾QisDesign Coral Reef桌灯,以有机的环片造型,可上下或左右调整环片角度,营造出静谧、柔美的灯光效果。桌灯款的单层环片,透过球形转轴可上下左右调整环片角度,触控式的脚座设计,只要轻拍即可开启或调整光线明暗。(QisDesign专利产品)

图 10-5

图 10-6

图 10-7

(4)海鸥灯(见图 10-8、图 10-9)。灯具整体以金属制作,双翼流畅的线条与轻盈的体态,使 LED 灯不仅是一盏时尚的灯,也成为独具个性的现代艺术雕塑品。(QisDesign 专利产品)

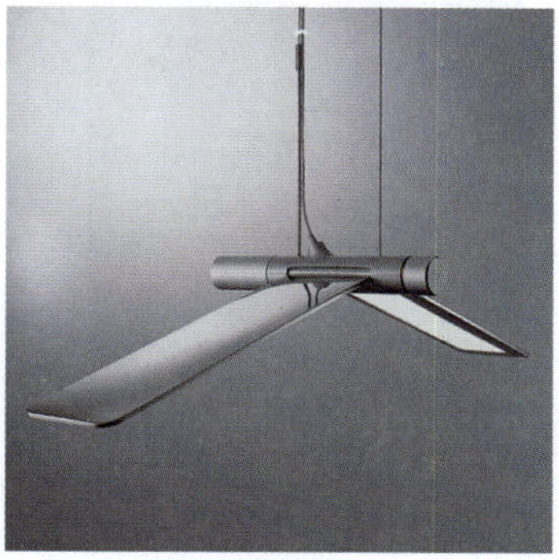
图 10-8

图 10-9

(5)钢琴灯(见图 10-10、图 10-11)。灵感来自钢琴键盘,利用特殊导光科技,让 LED 光均匀散布在各个发光琴键,每个琴键都能独立发光,使用者可依需求像弹琴一般自由调整光源强度。(QisDesign 专利产品)

图 10-10

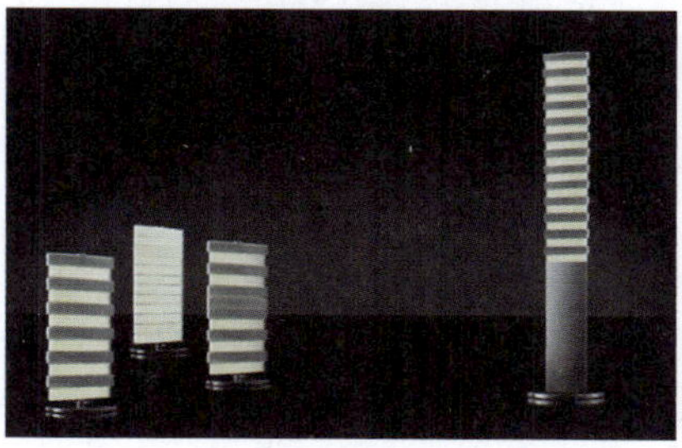
图 10-11

(6)超薄铝片台灯(见图 10-12、图 10-13)。这款超薄铝片台灯使用 100% 铝材制成,它身形窈窕,厚度仅为 5 mm。设计师还将电路板暴露在台灯的“长颈”外部,为单调的白色台灯添加了一抹亮色,而台灯亮度调节也采用了触摸式设计,操作标识简洁醒目。(设计者:Ross Lovegrove)

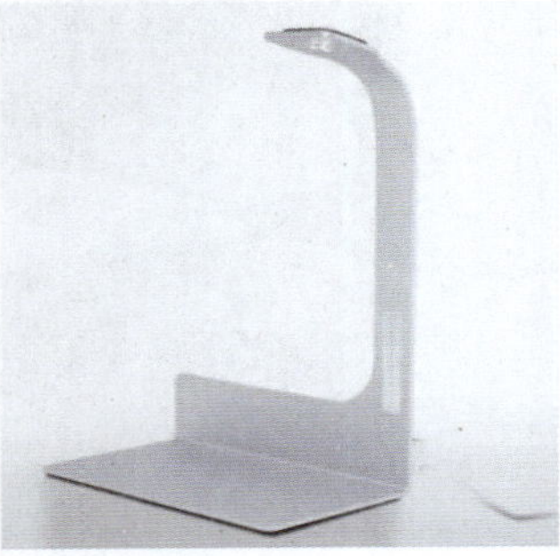

图 10-12

图 10-13

(7)水银灯具(见图 10-14、图 10-15)。Ross Lovegrove 为意大利灯具品牌Artemide打造的铝制灯具,像是悬浮在空中的液态泡泡,水银质感反射出光线并和环境相折射,在空中似流泻的光,投射出炫亮的色彩,带来超现实的未来主义新潮风格。(设计者:Ross Lovegrove)

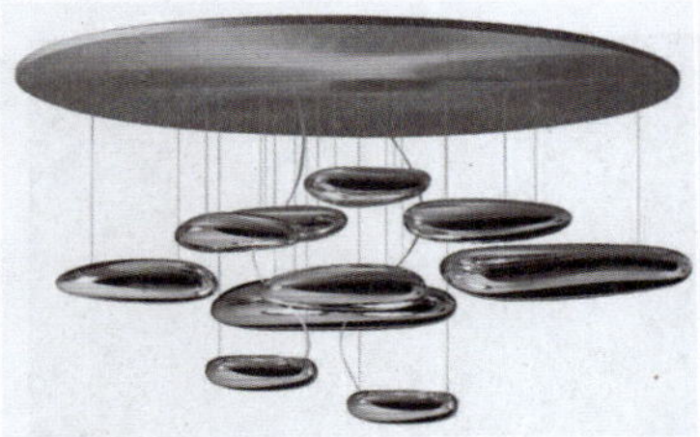

图 10-14

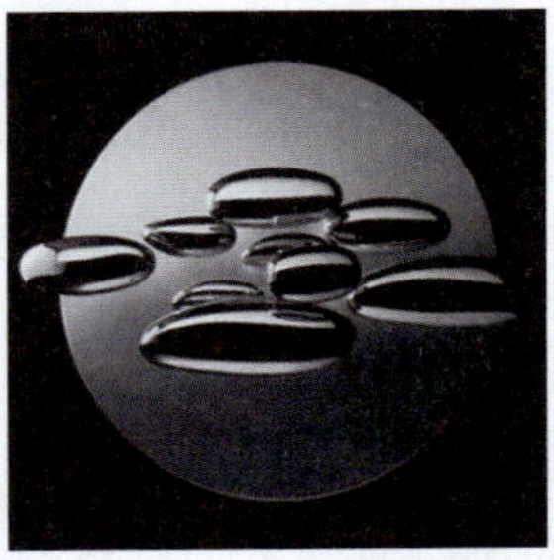

图 10-15

(8)涟漪灯(见图 10-16、图 10-17)。这个系列的灯具,出自英国设计大师 Ross Lovegrove 之手,以铝质金属,打造宛如波纹般,波光潋滟的至美动感;将光影的折射、明暗变化呈现得淋漓尽致。优美独特的设计风格,带给人们新潮、华丽的生活体验。

图 10-16

图 10-17

(9)Cosmic Angel(见图 10-18、图 10-19)。Cosmic Angel 是一款波浪起伏状的灯具,灯光可以从不同方向发光。这是英国伦敦的设计师 Ross Lovegrove 带来的几款灯具设计,他使用了某种能够塑形的织物来做灯罩,看上去就像是天边飘过的一片云,又像是水中的一片荷叶,而灯泡则位于云下的“雨滴”中,非常漂亮。有吊灯、壁灯和台灯等多种款式。

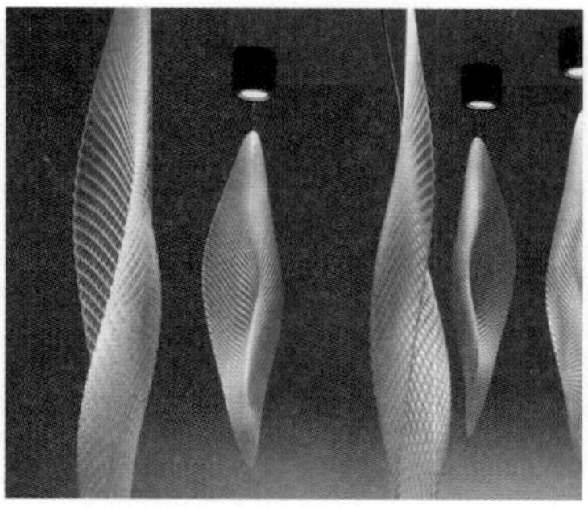

图 10-18

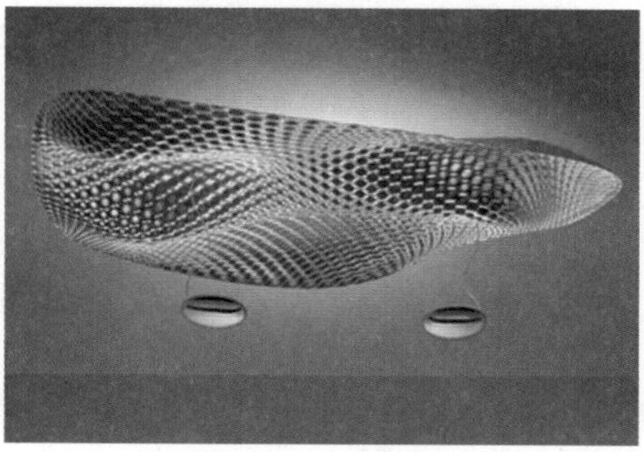

图 10-19

(10)可组合灯具(见图 10-20、图 10-21)。该灯饰采用的是能节能 80% 的节能二极管,由多个弯曲的独立灯具组成,可以通过排列、分离、重组、反向来塑造多种可能性。可以组成圆圈型的吊灯,也可以组成长条的曲线地灯,还有独立的台灯、壁灯等。造型典雅简洁,适合各种风格的家居环境。。

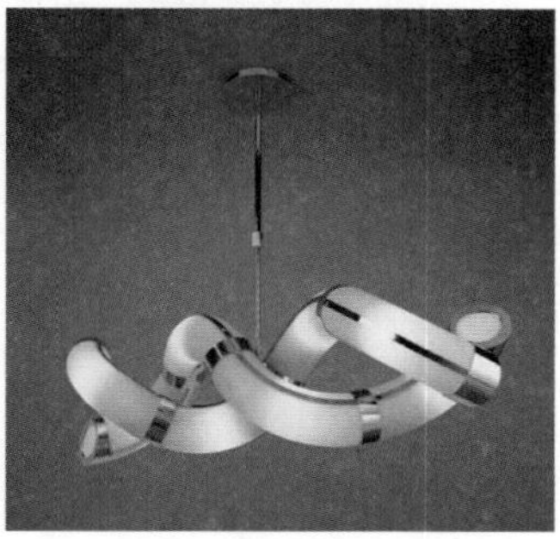

图 10-20

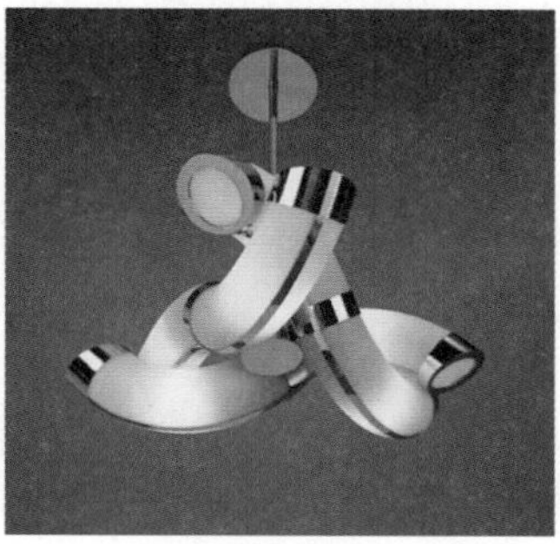

图 10-21

(11)章鱼灯(见图 10-22、图 10-23)。来自设计师 Markus Johansson 的创意,章鱼灯采用亚克力材料制成的外壳,既是灯罩也是支架。当灯被点亮,乳白的光映着周围浓重的黑,就像是一只章鱼正浮在水里偷窥了。

图 10-22

图 10-23

(12)小鸟灯(见图 10-24、图 10-25)。以小鸟为主题,包括桌面灯和吊灯两种。在材质方面有木质的也有玻璃的,可以根据各种空间环境以及不同家居风格的需求,做出许多不同的变化。

图 10-24

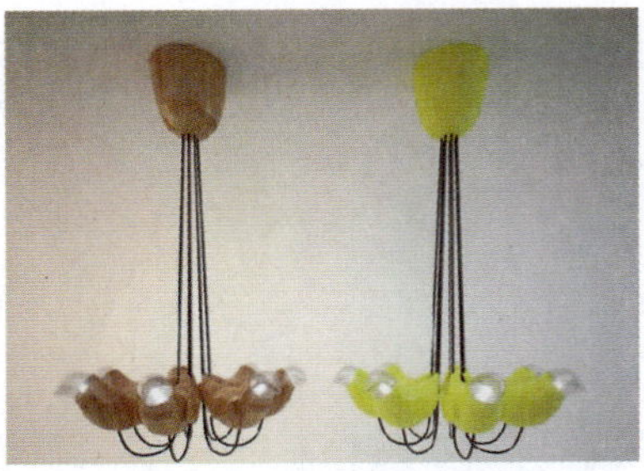

图 10-25

(13)多姿台灯(见图 10-26 ~ 图 10-28)。来自韩国 Nanum 品牌的一款灯具,可以自由变换造型的 Dlight 多姿台灯,上下拉动小手柄就能调整灯罩,让灯罩呈现出多种形态,灯光也会随之调节,每一个旋转的角度,都能呈现不同的氛围。

图 10-26

图 10-27

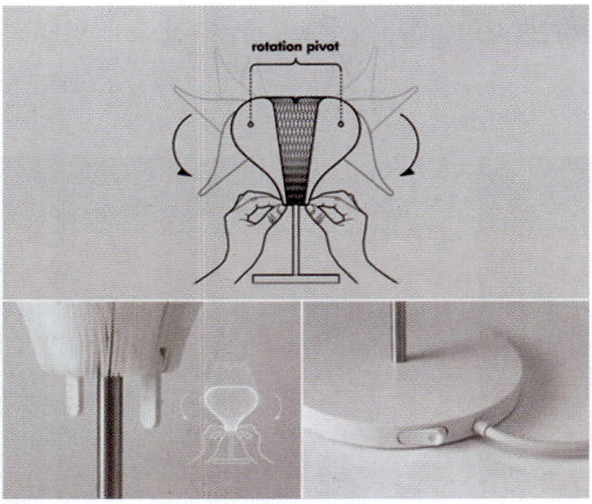

图 10-28

(14)Under My Tree 灯饰(见图 10-29、图 10-30)。"Under My Tree"吊灯由铝和木材制作,灯罩防水,是设计师 Florian Brillet 为品牌 Ligne Roset 设计的产品。这款吊灯作为户外花园吊灯能随意挂在树枝上,也能手持。

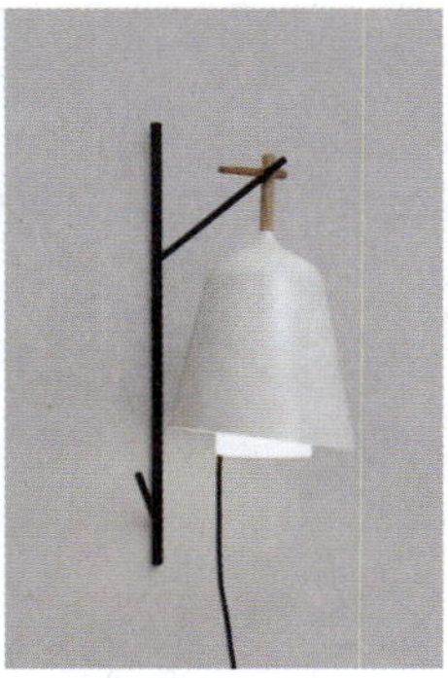

图 10-29

图 10-30

(15)“Stelle Filanti”吊灯(见图 10-31、图 10-32)。“Stelle Filanti”吊灯的玻璃灯体由人工吹制而成,用细条皮革接起的网兜吊着,样子像装了东西的网状购物袋。

图 10-31

图 10-32

(16)“Aria and Avia”吊灯(见图 10-33)。“Aria(黑色)”的光源由一个中心垂直朝下的聚光灯和六个朝外的灯泡组成;“Avia(白色)”造型与“Aria(黑色)”相似,有两个尺寸。灯光亮起时,它们就像光瀑布一样,外形流畅灵动,颤动人心。(设计者:Zaha Hadid)

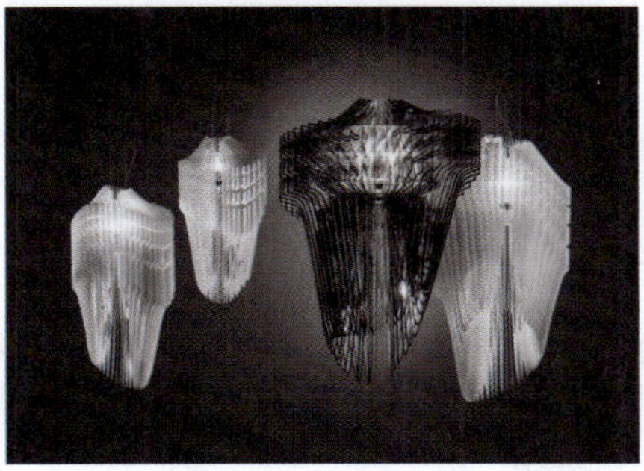

图 10-33

(17)“豆腐”灯(见图 10-34、图 10-35)。来自日本设计师 Tokujin Yoshioka 的创意,虽然被命名为“豆腐”(ToFU),但是这块“豆腐”可称得上是漂亮了,虽然是超级简单的切割,就是用金属边框围着一块四方的全透明有机玻璃,但是当光源从右下角射入,就仿佛是一缕阳光吵醒了宇宙的苍茫,华美异常。

图 10-34

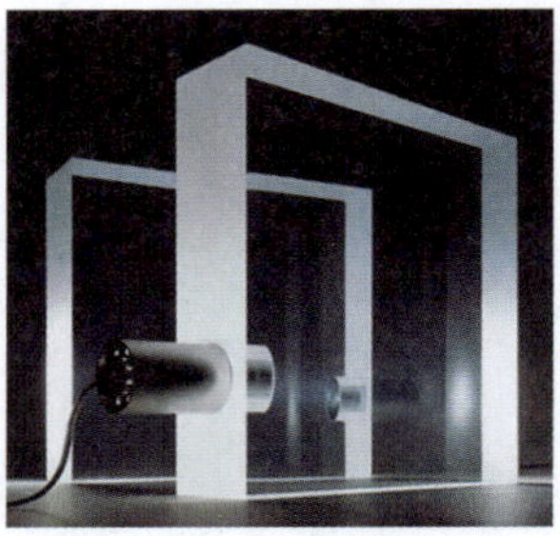

图 10-35

(18)PH 灯具设计(见图 10-36、图 10-37)。该经典的灯具系列出自丹麦设计师 Poul Henningsen 之手,故名 PH 灯。所有的 PH 灯都具有下列奥秘:全部光线以反射、折射的方式到达照射区面,以此生成柔和光源;透过周边的遮掩设计,从任何角度都看不到发光灯源,绝不会灼伤人们的眼睛;多片灯罩的设计,让边缘自然流泻部分光源,令整个房间的环境更为柔和融洽,避免了过于强烈的明暗对比;也对白炽灯光谱进行了光色补偿,以获得更为宜人的光感。(设计者:Poul Henningsen)

图 10-36

图 10-37

(19)珊瑚灯(见图 10-38、图 10-39)。珊瑚灯由许多单元体组成,每个单元体的型态如花初绽放。为了展现海中珊瑚折射光波的曼妙姿态,设计师利用特殊的导光科技,让隐藏在珊瑚花心的 LED 灯光所射出的光线,能在花瓣边缘均匀地滚上一层光亮,具有独特的视觉效果。(QisDesign 专利产品)

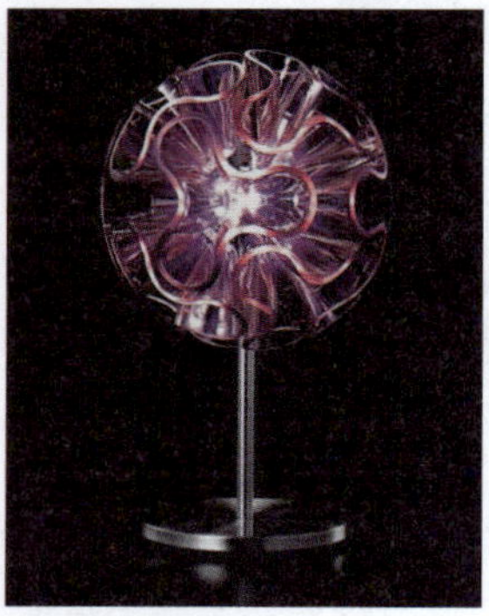

图 10-38

图 10-39

(20)"The Rumbles"吊灯(见图 10-40、图 10-41)。"The Rumbles"吊灯通过现代小型 3D 打印机打印制作,具有质地柔软、曲线弯曲平滑并装饰密集散热孔的特色。(Meraldi Rubini

工作室作品）

图 10-40

图 10-41

（21）Lili Lite 床头书架（见图 10-42、图 10-43）。Lili Lite 床头书架，是 Smeets Design 工作室的设计。它是一个阅读灯、一个书签、一个多功能的书架。阅读灯上设置了传感器，把书放上灯自然关闭，把书拿起后灯又自然开启，同时可以手动开关。

图 10-42

图 10-43

（22）“teca”灯（见图 10-44、图 10-45）。Slow wood 是一家意大利的设计公司，主要专注于木雕和可持续发展。为了专注于目标，Slow wood 和 shiina + nardi 设计以及 Lorenzo franceschinis 共同合作，制作出了“teca”灯，这盏灯将手工木雕艺术和精确的玻璃吹制相结合。

图 10-44

图 10-45

（23）SOHKA 灯（见图 10-46、图 10-47）。SOHKA 是一个简单和好玩的灯。它由 5 块木头组成，三角形的灯身既能立着放又能躺着放，由松紧带构成的灯罩能够随意的改变，你能在灯罩上玩出很多花样，让灯与灯光变幻多样。

图 10-46

图 10-47

(24)“structend”灯具(见图 10-48、图 10-49)。葡萄牙设计师 cláudio cigarro 设计的“structend”是一款以蒙皮构造和面料为基础而设计的灯具,尤其是当内部的灯被点亮之后,其结构框架的阴影清晰可见。这个设计由一个几何结构框架、内部照明灯具和尼龙灯罩组成。外部面料会根据灯具的不同形式而发生变化,且方便更换、清洗。内部灯具上有一层色胶,为使用者提供了多变的视觉体验。(设计者:cláudio cigarro)

图 10-48

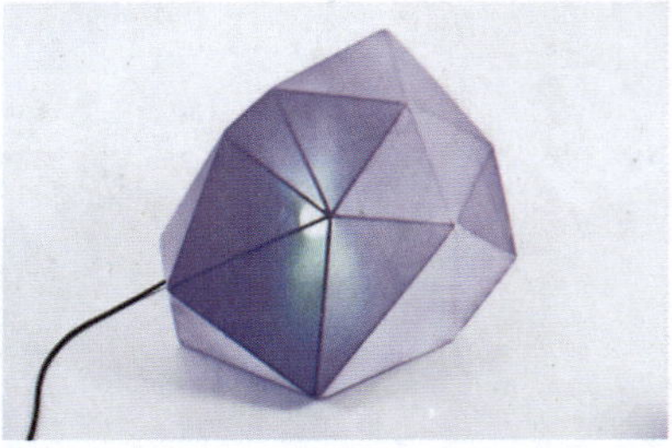

图 10-49

(25)“inside out”的水晶吊灯(见图 10-50、图 10-51)。这盏吊灯打破常规,不再将水晶作为装饰品,而是赋予其新功能。镶嵌着水晶的巨大灯座被嵌在内部的 LED 灯照亮,创造了一种折射光的棱角效果。(设计者:stephen burks)

图 10-50

图 10-51

(26)闪电台灯(见图 10-52、图 10-53)。Thunder lamp 是由 BARRYLOCK 设计的闪电台灯,它的外形酷似一道闪电。拥有 3 个 OLED 发光模块,可以单独控制开关,也可灵活调节照射方向。它还能与智能手机无线连接,来电时,会不停闪烁,如同闪电一样。

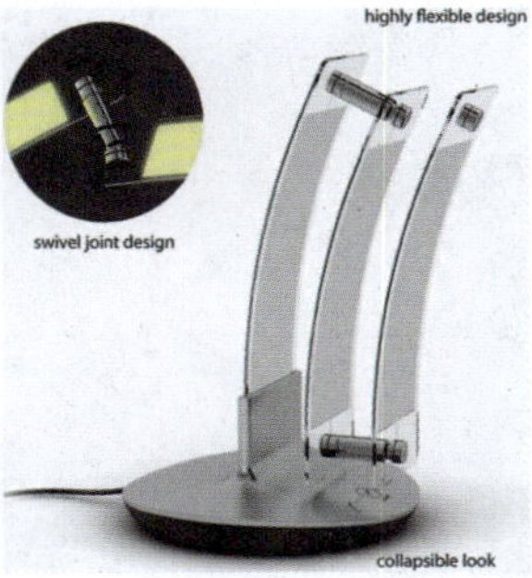

图 10-52

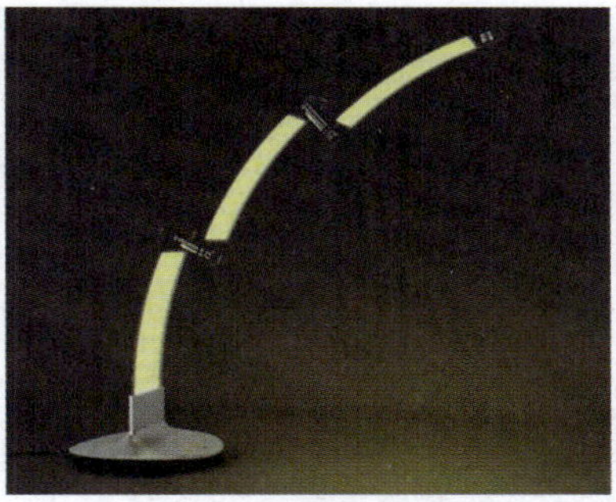

图 10-53

（27）艺术灯具（见图 10-54、图 10-55）。TJR 设计机构运用参数化软件进行编程设计，通过一层层的片状亚克力板构造的方式，设计出富有韵律变化的艺术灯具。亚克力板通过铬色的铜柱进行连接，灯具的表皮可以呈现出变化的艺术造型。它通过光影的变化使其具有非常好的渐变光影效果。这一系列的灯具造型独特，是具有舒适感和雕塑感的时尚现代艺术灯具。

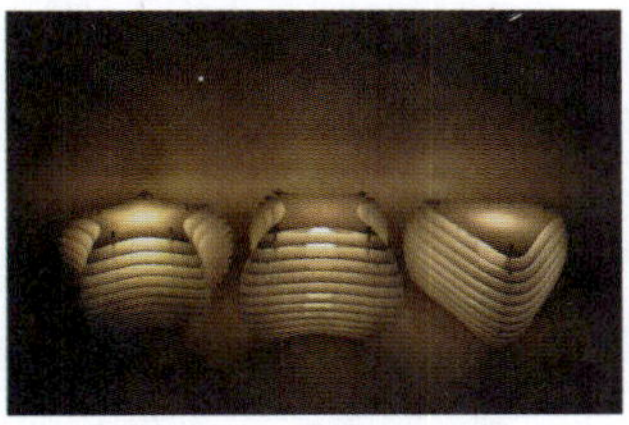

图 10-54

图 10-55

（28）线框结构灯具（见图 10-56 ~ 图 10-58）。是法国设计师 Antoine Mege 受邀为比利时灯具品牌 Hind Rabii 设计的一款灯具，采用简单的线框结构，适用于多种场合。灯具由圆柱形的金属线框和棉布灯罩两部分组成，利用仿效提灯的一个弯折的手柄，可以将其固定在桌面上，同时可以悬挂起来作为吊灯。（设计者：Antoine Mege）

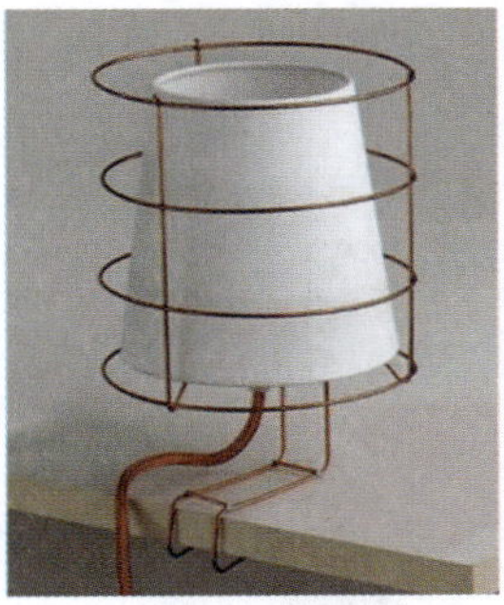

图 10-56

图 10-57

图 10-58

（29）垂饰灯（见图 10-59、图 10-60）。由日本照明设计师谷俊幸设计。他的作品样式大胆，在灯光照射下纹样浮在天花板上面，组成一个极其自然的艺术作品，给人温暖柔和的亲密感，并且作品里面蕴含着一种天然的感觉。

图 10-59

图 10-60

（30）The Woods（见图 10-61、图 10-62）。The Woods 灯具由挪威设计师 Stokke Austad 和 Andreas Engesvik 设计完成。灵感来源于北欧的森林与光线，手工吹制的玻璃形似森林中的树木，象征着四季变换的透明色彩，清新生动。简洁纯粹的设计体现了北欧设计中独特的理念，而当中亦不乏透着其精湛的工艺。

图 10-61

图 10-62

（31）木质台灯（见图 10-63 ~ 图 10-66）。来自 Split Grain 公司的创意，切片灯（SplitWood Lights），是用整段的加州柏木为原料，并不做外形的修饰，只是进行打磨加工，切片、组装，然后将暖色的光源内置，效果惊艳。

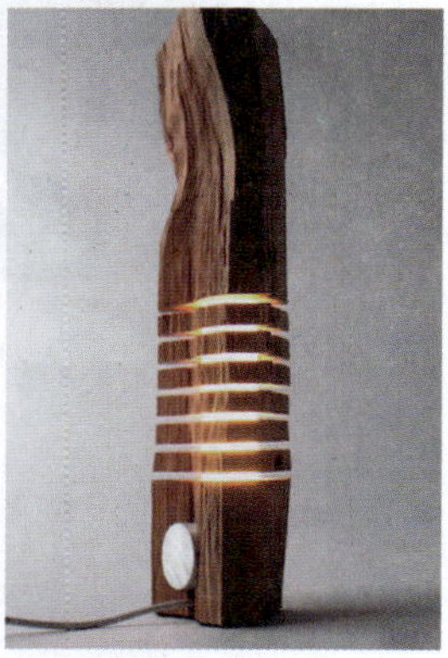

图 10-63

图 10-64

图 10-65

图 10-66

(32)几何螺旋灯(见图 10-67、图 10-68)。在一整块白色塑料片上,等宽切割出若干塑料条,然后将之裹成圆筒状,挤压至塑料条呈灯笼状鼓出,并互相交织、扭曲,最终成为一个类似海螺状的完美几何体,曲线万缕千丝,却又回归统一的原点,光影穿梭其间,照亮的是生活。(设计者:Chris Kirby)

图 10-67

图 10-68

(33)"折"出来的小鸟夜灯:Perch Light(见图 10-69、图 10-70)。来自英国的设计师 Umut Yamac,将折纸的概念与灯具结合,创造出这只线条单纯、颜色素雅的小鸟,再配上能够互动的小构件,让你在边看边玩中重整心情。

图 10-69

图 10-70

Yamac 喜欢在设计中加入各种"冲突"与"平衡"的元素,让设计更有个性。他为 Perch Light 选用了纸张与黄铜两种材质,呈现出柔软与刚硬的冲突,却又相处得非常融洽。纸张的轻盈与金属的沉重成了设计师发挥的重点,Yamac 在小鸟嘴和尾巴上分别放上黄铜,使得小鸟处于细微的平衡状态,只需轻轻一推,甚至阵阵微风,就能使其前后摇晃。

Perch Light 并非只是静静待在角落里的灯具，它可以与人类互动，与大自然互动。Yamac试图在功能与外观之外，给设计加入更多情感。当你盯着这只小鸟轻微且规律地晃动时，会渐渐放松下来，就像被催眠了一样。（设计者：Umut Yamac）

（34）水灯泡（见图 10-71、图 10-72）。灯饰采用回收玻璃材质制作，球形的灯泡是实心的，里面充斥着各种气泡，而 LED 光源则隐藏其中。当它被点亮时，蓝色的光影如梦似幻。（日本建筑事务所 Torafu Architects 的设计）

图 10-71

图 10-72

（35）腊梅吊灯（见图 10-73、图 10-74）。来自设计师 Lindsey Adelman 的设计，腊梅吊灯，有着逼真的树枝，而每一个分叉的末端都结着一朵粉色的梅花。将它挂在窗边，每个黄昏的影影绰绰间，让人想起林和靖的诗句——“疏影横斜水清浅，暗香浮动月黄昏”。

图 10-73

图 10-74

（36）树丫造型的平衡台灯 Triad（见图 10-75、图 10-76）。一款利用杠杆原理的平衡台灯。其拥有一个可以滚动的圆柱体底座，Y 型灯壁形成一个完美的平衡系统，能像不倒翁一样屹立在桌面。（设计者：Fyodor Lazariev）

图 10-75

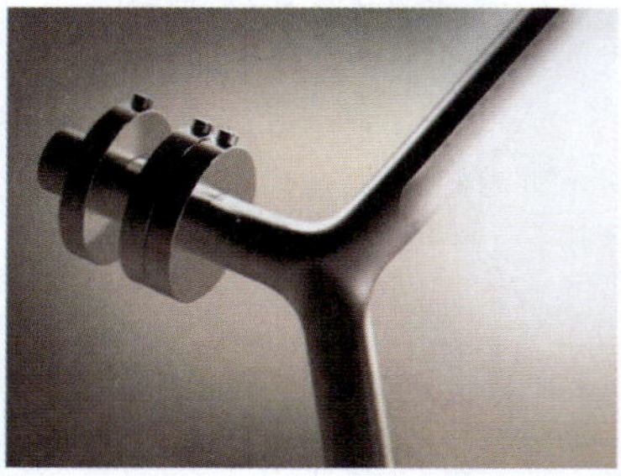

图 10-76

(37)最简洁的华美——Tru 落地灯(见图 10-77、图 10-78)。Tru 灯几乎将所有传统灯具上应该有的部件隐藏了起来,看不到灯管和开关,所见的就只是银色的方框,简洁、沉稳、厚重,犹如现代风格的雕塑。其 LED 光源分布在边框的背面,所以当灯被点亮时,它能为居室带来恰到好处的背景照明。(设计者:Roberto Paoli)

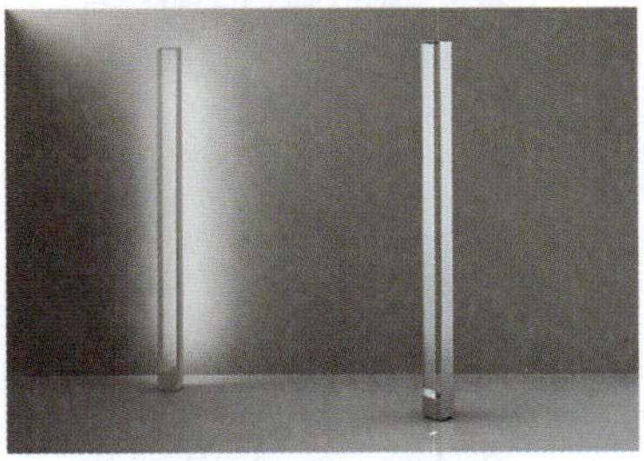

图 10-77

图 10-78

(38)火花灯(见图 10-79、图 10-80)。火花灯(Sparks Light)是一套非常漂亮的模块化灯具,每一个模块都像是一段树枝,带着几个枝条状的修长 LED 灯,就像是夜空中绽放的花火,而各个枝节都可以转动,这也带给它超强的适应能力,无论是什么样的房间,它都能灵活地布局,获得最大的装饰效果。(设计者:Daniel Becker)

图 10-79

图 10-80

(39)团扇灯(见图 10-81、图 10-82)。灯饰搭配网状灯罩和看上去相当硬朗的支架,好似风帆,又似穿和服女人手中的团扇,别有风情。(设计者:IonnaVautrin)

图 10-81

图 10-82

(40)红日之灯(见图 10-83、图 10-84)。红日之灯由塑料和荧光灯等部件组成,这盏灯象征着太阳,四射的光线带来生机与温暖。

图 10-83

图 10-84

(41)飘带灯(见图 10-85、图 10-86)。灯罩变成带状,盘旋而下,如同女性裙带,轻柔却带着诱惑地飘在空中。(Monochro Design Studio 出品)

图 10-85

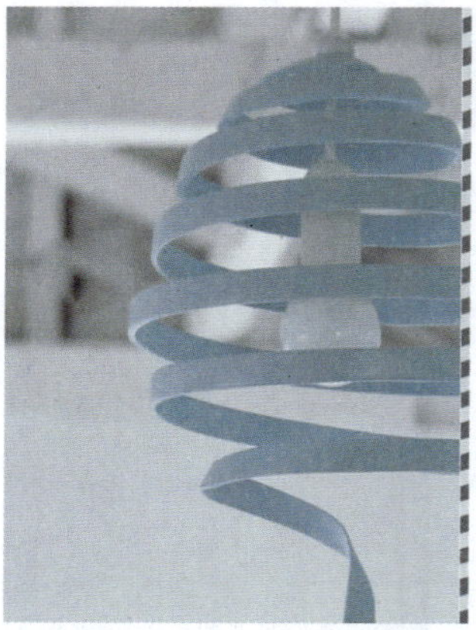

图 10-86

(42)胶囊吊灯(见图 10-87、图 10-88)。取材自新西兰森林的深色灯座和手工吹制玻璃做成的透明灯罩,共同组成逼真的“胶囊”,每一粒都透着饱满的柔和 LED 灯光芒,风格既古典又现代,适合卧室、浴室和客厅等各种场合的使用。(设计者:Tim Wigmore)

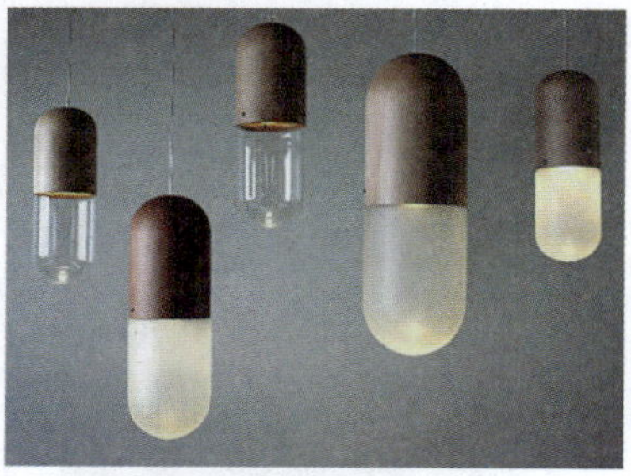

图 10-87

图 10-88

(43)书页灯(见图 10-89、图 10-90)。书脊和封面是支架,而书页则变成了风琴一样可

以收拢和打开的灯罩,可以用作吊灯,也可以直接摆桌子上用作台灯。(Studio MS 出品)

图 10-89

图 10-90

目　录

第二篇 土地法规

第一篇　测绘法规

第一章　测绘法规概述

测绘学是研究地球形状及地球重力场，对地球表面自然地理要素或者人工设施的形状、大小、空间位置及其属性等进行测定、采集、表述，以及对获取的数据、信息成果进行处理和提供活动的科学，又称测量学。其包括测量和制图两项主要内容。

测绘活动是有关政府行政部门、企事业单位从事的专门的测绘业务或涉及测绘的活动，是以测绘为内容并受测绘法制约的社会活动。测绘活动内容包括：以各种测绘手段布设不同等级的地面测绘控制系统；在陆地、海洋和空间获取各种静态和动态的自然信息和社会信息，并确定其空间位置、分布和属性；加工、处理、存储、提供、使用各种测绘成果；编制出版各种地图、海图和建立相应的地理信息系统；使用和维护各种测量标志；涉及测绘的管理、生产、科技、教育和经济等。

测绘工作是国民经济、国防建设和社会发展的一项十分重要的前期性、基础性工作。测绘业是国家重要的信息产业，它为国家建设和管理提供与地理位置有关的各种专题性、综合性的基础信息，其成果是进行资源调查，环境监测，农业建设，能源、交通、水利等大型建设，城乡规划建设，土地开发利用，重大灾害监测预报，科学研究以及国防建设等必不可少的基础资料，是社会主义现代化建设的一种重要的保障手段。同时，测绘工作又是准确反映我国疆域境界、行政区域界线和土地权属界线的手段，也是国家行政管理的基础工作之一。

测绘工作具有以下鲜明特点：一是测绘属于知识密集型和技术密集型专业，从事测绘工作的专业技术人员既要具备相应的专业理论知识，又要熟练操作各种测绘仪器设备，掌握相应的专业技术；二是测绘属于信息产业和高科技产业；三是测绘具有先行性和基础性，测绘服务领域十分广泛。

鉴于以上特点，我国高度重视测绘事业的发展。中共中央总书记、国家主席胡锦涛同志作出重要指示：要加强测绘统一监督管理和基础测绘工作。这是对我国的测绘管理工作提出的明确要求，认真贯彻落实胡锦涛同志的指示是各级测绘行政主管部门的责任，也是我国测绘管理工作的重要任务。

随着我国改革的深化和社会经济的快速发展，测绘工作的地位越来越重要，在社会经济发展中的作用也越来越大，同时使得测绘管理工作越来越重要。要依法测绘，就必须建立完善的以《中华人民共和国测绘法》（简称《测绘法》）为基准的测绘法制体系，依法行政，依法测绘，加强对测绘工作的统一监督管理，保障测绘事业的快速发展，为我国的国民经济和社会发展作出更加突出的贡献。

第一节　加强依法测绘，促进测绘事业快速发展

新中国成立以后，我国测绘事业进入了一个崭新的阶段。经过60余年的努力，我国测绘行业从小到大，形成了测绘生产、科研、教育、仪器制造、地图出版、行业管理等门类齐全的体系。根据国家测绘局的统计，截至2008年底，我国有11269个具有测绘资质的测绘生产单位，主要分布在测绘、国土、地矿、水利、交通、电力、地震、煤炭、铁道、有色金属、石油、农业、林业、海洋、建材、建设、航空航天、电子、国防等20多个领域，地理信息产业相关企业3000多家，从业人员共30多万人，并逐步形成了比较完整的测绘事业体系，在测绘成果、技术进步、测绘行业发展、测绘市场和测绘管理等方面都取得了巨大的成就。

改革开放以来，随着我国市场经济和社会的飞速发展以及国家行政体制的改革，越来越多的测绘队伍进入测绘市场，承揽各种测绘业务，测绘市场规模不断扩大。测绘工作的地位和作用越来越重要。测绘不但要向全社会提供全方位的服务，而且已经成为一种实现可持续发展的手段，成为实现信息化的一个重要基础。现代科学技术的发展使测绘工作进入了高科技时代，全球定位技术、地理信息系统技术、遥感技术、电子网络通信技术的应用使传统的测绘发生了根本性的变革。同时，测绘的服务领域越来越广泛，测绘与国家安全、主权、经济建设、国防建设、社会发展、社会主义市场经济秩序以及公共服务等的关系越来越密切，给测绘工作提出了十分艰巨的任务。但是测绘工作在发展水平上，在测绘领域内部和社会外部环境上，特别是在行政管理和法制建设上还存在不相适应的问题，主要表现在以下几个方面：

（1）政府测绘管理体制还不够完善，需要进一步理顺各级测绘行政管理机构的关系。

（2）统一的测绘市场准入制度尚未健全，测绘市场管理比较混乱，无证测绘、非法测绘的现象时有发生，测绘不正当竞争现象十分严重。

（3）测绘产品质量有待进一步提高，测绘成果管理力度不够。

（4）测绘工作的统筹规划与协调不够，存在严重的重复测绘和重复建设问题，不利于提高经济效益和社会效益。

（5）涉外测绘活动急需加强管理。在对外经济、文化和科学技术合作中，我国调整涉外测绘活动关系的法制尚不健全，致使在涉外活动中国家权益缺乏必要的保障。

（6）测绘企业内部需要转变经营机制，探索新的管理模式，力求创新，以适应社会发展对测绘行业的要求。

综上所述，在新的形势下，国民经济和社会发展对测绘工作提出了更高的要求，必须加强测绘管理工作，形成以测绘基本法为核心的测绘法规体系，依法测绘，保证有效地规范测绘活动，为测绘工作的顺利进行和健康发展提供良好的环境。

第二节　测绘法律法规概述

一、测绘法的定义

测绘法是调整人们在测绘活动及相关活动中的行为或社会关系的规范。狭义的测绘法

是指《中华人民共和国测绘法》;广义的测绘法是一切测绘法律法规的总称,它是由测绘基本法、各项测绘行政法规(包括经济、技术法规)和规范、地方测绘法规及测绘行政主管部门的测绘规章等构成的法律体系的总称。

《中华人民共和国测绘法》是从事测绘活动和进行测绘管理的基本法律,是制定测绘行政法规、部门规章和规范性文件的主要依据,是我国法律体系的一个组成部分。测绘法是经济行政法,但是与一般经济行政法不同。它是从事测绘活动和进行测绘管理的基本法律,是各类测绘单位及其从业人员从事测绘活动的行为规范,是各级人民政府和各级测绘行政主管部门进行测绘监督管理和测绘行政执法的法律依据,测绘法一个较为显著的特点是具有很强的技术性。它主要适用于测绘领域。

测绘法为我国测绘事业的健康发展提供了强有力的法律保障,对于推进我国测绘法制建设和测绘依法行政、加强测绘市场管理、规范测绘行为、提高测绘保障能力和服务水平、满足经济建设和人民生活对基础地理信息日益增长的需求具有十分重要的意义。

二、测绘法律法规的产生和发展

新中国成立以来,国家十分重视测绘立法工作,在《中华人民共和国测绘法》制定前,1955 年 12 月国务院发布了《关于长期保护测量标志的命令》,1959 年 9 月国务院批准《中华人民共和国大地测量法式(草案)》,1976 年 1 月国务院、中央军事委员会发出《关于加强地图国界画法审查工作的通知》,1984 年 1 月国务院颁布《中华人民共和国测量标志保护条例》,测绘立法不断完善。

党的十一届三中全会以后,随着改革开放的深入,我国社会和经济迅速发展,各行各业对测绘事业提出了新的要求。为了保障和促进测绘事业的顺利发展,1984 年经国务院同意,由国家测绘局组织起草测绘基本法。1992 年 12 月 28 日经第七届全国人大常委会审议通过了《中华人民共和国测绘法》,并于 1993 年 7 月 1 日起生效。1996 年 9 月 4 日国务院发布《中华人民共和国测量标志保护条例》,并于 1997 年 1 月 1 日起施行。1996 年 12 月 24 日国务院发布《地图审核管理办法》,并于 1997 年 1 月 1 日起施行。为加强测绘生产质量管理,确保测绘产品质量和服务质量,1997 年 7 月 22 日国家测绘局颁布了《测绘生产质量管理规定》。1997 年 8 月 6 日,国家测绘局会同国家技术监督局颁布了《测绘质量监督管理办法》。2002 年 8 月 29 日第九届全国人大常委会第 29 次会议审议通过了重新修订的《中华人民共和国测绘法》,并于 2002 年 12 月 1 日起生效。2006 年 5 月 27 日国务院令第 469 号公布《中华人民共和国测绘成果管理条例》,并于 2006 年 9 月 1 日起施行。2009 年 5 月 12 日国务院令第 556 号公布《基础测绘条例》,并于 2009 年 8 月 1 日起施行。

我国根据社会和经济发展要求,不断制定、完善和修订各项测绘法律法规,目前,已经初步建立了由法律、行政法规、部门规章、政府规章、重要规范性文件等共同组成的测绘法律体系,为从事测绘活动提供了基本准则,为测绘管理提供了依据。我国的测绘法律体系进一步完善和健全。

三、测绘法律法规

(一)《中华人民共和国测绘法》

《中华人民共和国测绘法》是我国最高国家立法机关制定的国家法律,是我国测绘的基本法律,是从事测绘活动和进行测绘管理的基本依据和基本准则,是我国整个测绘法规体系中的母法,是制定测绘法规和测绘行政管理的基本依据。

《中华人民共和国测绘法》在内容体系上是以测绘工作体制管理和测绘活动管理为中心内容的行政、经济、技术规范,现行《中华人民共和国测绘法》共有九章五十五条,包括以下方面的内容:

(1)测绘组织法规。其规定了测绘工作管理体制、各级测绘行政主管部门的职责和分工。

(2)测绘技术管理法规。其规定了测绘基准、测绘系统及测绘标准设立与使用的原则。

(3)测绘准入和测绘保障。其规定了测绘资质管理、测绘项目承发包、测绘执业资格、测绘作业证件等,规定了测绘的生产定额、成本定额、收费标准和测绘市场管理。

(4)基础测绘。其规定了各项测绘工作的规划原则、经费使用与拨付办法、基础测绘成果更新等。

(5)界线测绘和其他测绘。其规定了国界线和国内行政区域界线测绘的原则及测绘、出版、审批办法等。在双边条约中规定了邻国之间界线勘测和检测的原则、办法等。

(6)测绘成果管理。其规定了测绘成果汇交、保管、保密、提供、使用,重要地理信息数据审核发布,测绘成果质量监管等。

(7)测量标志保护。其规定了测量标志的建立、使用与维护管理的原则和办法。

(8)测绘活动违法处理。

(9)附则。其规定了军事测绘管理办法的制定、《中华人民共和国测绘法》的生效日期等。

(二)测绘行政法规

测绘行政法规由国务院根据宪法和法律,按照行政法规制定程序制定。行政法规的地位和效力仅次于法律,服从于宪法和法律。测绘行政法规是针对某一项测绘工作所作的专门法律规定。目前,我国的测绘行政法规主要有以下四项:

(1)《中华人民共和国地图编制出版管理条例》是一部专门规范地图出版活动的行政法规,也是现行地图管理的主要依据。该条例对地图内容的表示原则、编制地图需要的资质、出版地图的资质、地图印刷和展示前的审核和备案、地图著作权保护等都作了明确规定。

(2)《中华人民共和国测绘成果管理条例》是对测绘成果汇交、保管、秘密范围和等级确定、利用涉及国家秘密的测绘成果时的保密技术处理、利用测绘成果的审批、著作权保护、重要地理信息数据的审核公布与使用等作出了规定。

(3)《中华人民共和国测量标志保护条例》对测量标志的管理分工、测量标志建设的要求、占地范围、设置标记、义务保管、检查维修、有偿使用、拆迁审批、标志保护、打击破坏测量标志的违法行为等作出了规定。

(4)《基础测绘条例》对基础测绘的分级管理、规划和计划制定、经费来源、组织实施、成果更新、信息共享等作出了规定。

(三)部门规章和重要规范性文件

部门规章由国务院各部、各委员会等具有行政管理职能的直属机构根据法律和国务院的行政法规、决定、命令,在本部门的权限范围内制定。部门规章经部会议或者委员会会议决定,由部门首长签署命令予以公布后实施。

规范性文件是指各党政机关、团体、组织制发的各类文件中最主要的一类，其内容具有约束和规范测绘行为的性质。

部门规章和重要规范性文件较多，这里不再一一列出，请参照第一篇第九章测绘法律法规选辑。

四、测绘法调整对象

每个法律都有其特定的调整对象，调整对象是构成一个法律独立存在并区别于其他法律的主要因素。调整对象是指法律所调整的社会关系。不同的社会关系要由不同的法律规范调整，一定的社会关系通过一定的法律规范调整形成一定的法律关系。

测绘法调整的对象是测绘活动中产生的测绘行政管理关系和测绘经济关系。测绘行政管理关系是指各级人民政府测绘行政主管部门在实施行政管理过程中，与其行政管理的对象——测绘行政管理相对人之间产生的关系。测绘法确定了各级人民政府测绘行政主管部门管理测绘工作的职责，在他们履行这些职责时就产生了测绘行政管理关系。测绘经济关系是指在测绘活动中发生的经济协调关系。在测绘活动中，以测绘为内容，单位之间、部门之间、部门与单位之间、地区之间发生大量的纵向和横向的经济协调关系。这些关系除被国家其他法律调整外，还要由测绘法律法规进行直接协调。

总之，测绘法适用于在中华人民共和国领域和管辖的其他海域等从事的一切测绘活动。

五、测绘法的特征

测绘法是从事测绘活动和进行测绘管理的基本法律，是各类测绘单位及其从业人员从事测绘活动的行为规范，是各级人民政府和各级测绘行政主管部门进行测绘监督管理和测绘行政执法的法律依据。该法具有以下几个特征。

（一）测绘法的规定覆盖了测绘工作的各个方面

测绘法所规定的法律制度覆盖了测绘工作的方方面面，包括测绘基准、测绘系统、大地测量、国家基本比例尺地图、基础测绘、国界线测绘、行政区域界线测绘、地籍测绘、房产测绘、工程测量、建立地理信息系统和地图等。

（二）测绘法的规定贯穿测绘活动的各个环节

测绘法所规定的法律制度贯穿于测绘工作的各个环节，包括测绘准入、测绘项目承包发包活动、测绘生产技术活动、测绘成果质量、测绘成果管理、测绘成果的提供使用及测量标志的保护等。

（三）测绘法规范了所有测绘法律关系主体的权利义务

测绘法规定了各级政府、各级政府测绘行政主管部门、各级政府有关部门、军队、测绘单位、测绘项目立项及发包单位、公民以及其他有关主体的权利义务，具有全面、具体、明确的特点。

（四）测绘法确定了我国测绘工作各个方面的体系模式

测绘法规定了我国测绘行政管理体系、测绘活动规范体系、基础测绘体系、测绘服务体系、测绘生产技术体系、测绘法律法规体系等多种体系模式，特别是对我国的测绘行政管理体系，全面规定了乡级以上人民政府、县级以上人民政府测绘行政主管部门的责任，基本实现了从测绘技术管理向经济调节、市场监管、社会管理、公共服务的转变。

（五）测绘法对测绘工作给予了很高的定位

根据社会主义市场经济发展和测绘事业发展的客观情况和要求，以及国家经济建设、国防建设和社会发展对测绘的需要，从测绘与国家主权、安全和利益的关系，与社会经济信息化的关系，与可持续发展的关系出发，测绘法规定了测绘工作的性质、地位和作用，站在国家全局的高度来规范测绘工作。

六、测绘法的基本原则

测绘法的基本原则是法律所规定的贯穿于整个测绘法律法规之中的方针和基本准则。它是指导测绘法律法规制定、修改、废除和指导测绘法贯彻执行的重要指导原则。其具体体现在以下方面：

(1)加强测绘工作的统一管理和统筹规划的原则。测绘工作服务领域广泛，作业分散，技术性强，专业特点突出。测绘法将加强对测绘工作的统一管理并将统筹规划作为核心内容加以规定。

(2)测绘是国民经济建设和社会发展的基础性产业，应当使用国家规定的统一测绘基准和测绘标准的原则。测绘法规定了设立和采用全国统一的测绘基准和测绘系统、统一的大地测量等级的精度、统一的国家基本比例尺地图系列和基本精度的内容。

(3)国家鼓励加强测绘科学技术研究，采用先进技术和先进设备，提高测绘科学技术水平的原则。测绘在其服务领域中的作用大小、效益高低关键取决于测绘技术手段的先进性。测绘法的这一原则十分重要。

(4)保障测绘人员依法从事测绘工作而不受侵犯的原则。《中华人民共和国测绘法》第二十六条明确规定了这一原则。

(5)测绘成果有偿使用的原则。《中华人民共和国测绘法》第三十一条明确规定了测绘成果有偿使用的原则，反映了市场经济的规律，是推动我国测绘工作改革的指导性方针。

《中华人民共和国测绘法》的颁布标志着我国测绘工作开始全面走上法治的轨道，并为逐步建立适应社会主义市场经济的测绘工作新体制奠定了基础。以《中华人民共和国测绘法》为核心，制定和完善各项测绘法规和行政规定，建立了多层次相配套的测绘法律体系，为实行测绘行政管理、协调行业内外的关系、发挥各有关部门和各有关单位在测绘管理和测绘工作中的作用提供了基本的法律依据。

《中华人民共和国测绘法》实施以来，测绘工作进一步得到了党和国家的高度重视与关心、支持，胡锦涛同志多次视察测绘单位，并提出：要加大测绘统一监管力度，加强基础测绘工作，全面提升我国测绘保障服务能力；推进数字中国地理空间框架建设，加快信息化测绘体系建设，提高测绘保障服务能力。使测绘事业的发展环境得到改善，测绘科学技术进步成效显著，我国初步建立了数字化测绘体系，现代测绘高新技术的应用实现了测绘从传统的模拟测绘技术向数字化测绘技术的转变，并培养和锻炼了结构合理、专业配套、技术水平先进的测绘队伍，使我国测绘科技的整体水平达到了国际先进水平，测绘工作的保障能力进一步加强。我国依靠科学进步，使国家测绘基准和测绘系统进一步完善，在规模、精度和统一性方面位居世界先进行列。

《中华人民共和国测绘法》的实施对于规范我国测绘管理工作，保障测绘事业发展，促进测绘事业为国家经济建设、国防建设和社会发展服务都有着极其重要的意义。

思考与分析题

1. 目前我国测绘行业存在哪些主要问题？怎样解决这些问题？
2. 测绘法的基本原则是什么？

第二章 测绘法律关系主体与测绘管理体制

测绘法律关系主体是测绘法律关系的参加者，即在测绘法律关系中一定权利的享有者和一定义务的承担者。在我国，根据各种法律的规定，能够参与法律关系的主体包括以下几类：

(1)公民(自然人)。这里的公民既指中国公民，也指居住在中国境内或在境内活动的外国公民和无国籍人。

(2)机构和组织(法人)。其主要包括三类：一是各种国家机关(立法机关、行政机关和司法机关等)，二是各种企事业组织和在中国领域内设立的中外合资经营企业、中外合作经营企业和外资企业，三是各种政党和社会团体。

(3)国家。在特殊情况下，国家可以作为一个整体，成为法律关系主体。

在测绘法律关系中，测绘法律关系主体主要体现在以《中华人民共和国测绘法》为核心的我国测绘法律法规对各级人民政府、各级人民政府测绘行政主管部门、各级人民政府其他有关部门、军队主管部门、测绘单位及其他组织在测绘法律关系中的地位、作用、责任作出了明确的规定，构成了我国的测绘管理体制。

第一节 各级人民政府的权利和义务

按照我国现行的行政管理体制，我国各级人民政府包括中央人民政府(国务院)、省(自治区、直辖市)级人民政府、市(地、州、盟)级人民政府、县(市、自治县、旗、特区、林区)级人民政府、乡(镇)级人民政府。对于各级人民政府对测绘工作的领导责任，测绘法有明确的规定。

一、国务院的权利和义务

按照我国现行宪法，国务院是我国的最高国家行政机关，测绘法对国务院在测绘行政管理中的权利和义务有明确的规定，包括以下几点。

(一)加强对测绘工作的领导

《中华人民共和国测绘法》第三条规定："各级人民政府应当加强对测绘工作的领导。"这里所说的各级人民政府应当包括国务院。《中华人民共和国宪法》(简称《宪法》)第八十五条规定："中华人民共和国国务院，即中央人民政府，是最高国家权力机关的执行机关，是最高国家行政机关。"《中华人民共和国宪法》第八十九条规定："国务院统一领导全国地方各级国家行政机关的工作，规定中央和省、自治区、直辖市的国家行政机关的的职权的具体划分。"加强对测绘工作的领导是法律赋予国务院的责任。

由于测绘工作是经济建设、国防建设和社会发展的基础性事业，在国民经济和社会发展中占有重要地位。《国民经济和社会发展第十个五年计划纲要》明确提出："要加强测绘工作，提高服务能力和水平。""建立基础国情、公共信息资源、宏观经济数据及其交换服务中心，完善地理空间信息系统。”基础测绘是公益事业，1996 年《中国国民经济和社会发展报告》（中国计划白皮书）提出：“加强我国基础测绘的主要措施是：①建立国家基本比例尺地图的定期更新机制；②加快国家基础地理信息系统建设；③将基础测绘列入中央和地方的国民经济和社会发展计划；④增加对基础测绘的投入。”1997 年《中国国民经济和社会发展报告》（中国计划白皮书）提出：“基础测绘是国民经济和社会发展中一项基础性、先行性工作。”因此，加强对测绘工作的领导十分重要和必要。

国务院作为国家最高行政机关，历来就重视、关心和支持测绘工作。国务院重视测绘立法工作。1955 年 12 月国务院发布《关于长期保护测量标志的命令》，1959 年 9 月国务院批准《中华人民共和国大地测量法式（草案）》，1965 年 5 月国务院发布《地图上边界画法的规定》，1976 年 1 月国务院、中央军事委员会发出《关于加强地图国界画法审查工作的通知》，1980 年 1 月国务院批准国家测绘局修订的《我国地图编制出版管理办法》，1984 年 1 月国务院颁布《中华人民共和国测量标志保护条例》，1992 年 12 月《中华人民共和国测绘法》发布，1995 年 7 月国务院发布《中华人民共和国地图编制出版管理条例》，1996 年 9 月国务院发布《中华人民共和国测量标志保护条例》，2002 年 8 月《中华人民共和国测绘法》修订发布，2006 年 5 月国务院发布《中华人民共和国测绘成果管理条例》，并不断完善各项法律法规。

（二）《中华人民共和国测绘法》规定的职责

（1）批准全国统一的测绘基准数据。《中华人民共和国测绘法》第八条规定：“国家设立和采用全国统一的大地基准、高程基准、深度基准和重力基准，其数据由国务院测绘行政主管部门审核，并与国务院其他有关部门、军队测绘主管部门会商后，报国务院批准。”

（2）批准全国基础测绘规划。《中华人民共和国测绘法》第十二条规定：“国务院测绘行政主管部门会同国务院其他有关部门、军队测绘主管部门组织编制全国基础测绘规划，报国务院批准后组织实施。”

（3）将基础测绘纳入国民经济和社会发展年度计划及财政预算。《中华人民共和国测绘法》第十四条规定：“县级以上人民政府应当将基础测绘纳入本级国民经济和社会发展年度计划及财政预算。”

（4）批准中华人民共和国国界线标准样图。《中华人民共和国测绘法》第十六条规定：“中华人民共和国国界线的测绘，按照中华人民共和国与相邻国家缔结的边界条约或者协定执行。中华人民共和国地图的国界线标准样图，由外交部和国务院测绘行政主管部门拟订，报国务院批准后公布。”

（5）批准行政区域界线的标准画法图和作出行政区域界线测绘规定。《中华人民共和国测绘法》第十七条规定：“行政区域界线的测绘，按照国务院有关规定执行。省、自治区、直辖市和自治州、县、自治县、市行政区域界线的标准画法图，由国务院民政部门和国务院测绘行政主管部门拟订，报国务院批准后公布。”

（6）规定测绘成果汇交的具体办法。《中华人民共和国测绘法》第二十八条规定：“测绘成果汇交的具体办法由国务院规定。”

（7）会同中央军事委员会对属于国家秘密的测绘成果的审批程序作出规定。《中华人民共和国测绘法》第二十九条规定：“测绘成果属于国家秘密的，适用国家保密法律、行政法规的规定；需要对外提供的，按照国务院和中央军事委员会规定的审批程序执行。”

（8）会同中央军事委员会对海洋基础测绘的管理职责分工作出规定。《中华人民共和国测绘法》第十三条规定:“军队测绘主管部门负责编制军事测绘规划,按照国务院、中央军事委员会规定的职责分工负责编制海洋基础测绘规划,并组织实施。”

(9)规定测绘成果(有偿或无偿)使用的具体办法。《中华人民共和国测绘法》第三十一条规定:“基础测绘成果和国家投资完成的其他测绘成果,用于国家机关决策和社会公益性事业的,应当无偿提供。

前款规定之外的,依法实行有偿使用制度;但是,政府及其有关部门和军队因防灾、减灾、国防建设等公共利益的需要,可以无偿使用。

测绘成果使用的具体办法由国务院规定。”

(10)批准和公布国家的重要地理信息数据。《中华人民共和国测绘法》第三十二条规定:“中华人民共和国领域和管辖的其他海域的位置、高程、深度、面积、长度等重要地理信息数据,由国务院测绘行政主管部门审核,并与国务院其他有关部门、军队测绘主管部门会商后,报国务院批准,由国务院或者国务院授权的部门公布。”

(11)规定地图管理办法和加强对国家版图意识的教育。《中华人民共和国测绘法》第三十三条规定:“各级人民政府应当加强对编制、印刷、出版、展示、登载地图的管理,保证地图质量,维护国家主权、安全和利益。具体办法由国务院规定。

各级人民政府应当加强对国家版图意识的宣传教育,增强公民的国家版图意识。”

(12)采取有效措施加强测量标志保护。《中华人民共和国测绘法》第三十九条规定:“县级以上人民政府应当采取有效措施加强测量标志的保护工作。”

二、县级以上地方各级人民政府的权利和义务

(一)加强对测绘工作的领导

《中华人民共和国测绘法》第三条规定:“各级人民政府应当加强对测绘工作的领导。”加强对测绘工作的领导是法律赋予县级以上地方各级人民政府的责任。县级以上地方各级人民政府对测绘工作的领导体现在:重视、关心、支持测绘工作,深入贯彻测绘法律、行政法规、地方性法规,加强测绘行政管理机构的建设,重视对测绘事业发展的计划和投入等。

(二)《中华人民共和国测绘法》规定的职责

(1)将基础测绘纳入本级国民经济和社会发展年度计划及财政预算。《中华人民共和国测绘法》第十四条规定:“县级以上人民政府应当将基础测绘纳入本级国民经济和社会发展年度计划及财政预算。”根据本条规定,县级以上地方各级人民政府应当将基础测绘纳入本级国民经济和社会发展年度计划及财政预算。

(2)加强对地图的管理。《中华人民共和国测绘法》第三十三条规定:“各级人民政府应当加强对编制、印刷、出版、展示、登载地图的管理,保证地图质量,维护国家主权、安全和利益。”根据本条规定,县级以上地方各级人民政府应当加强对编制、印刷、出版、展示、登载地图的管理。

(3)加强对国家版图意识的宣传教育。《中华人民共和国测绘法》第三十三条规定:“各级人民政府应当加强对国家版图意识的宣传教育,增强公民的国家版图意识。”根据本条规定,县级以上地方各级人民政府应当加强对国家版图意识的宣传教育。

(4)采取有效措施,加强测量标志保护。《中华人民共和国测绘法》第三十九条规定:“县级以上人民政府应当采取有效措施加强测量标志的保护工作。”根据本条规定,县级以

上地方各级人民政府应当承担加强测量标志保护的责任。

(5)应当履行行政法规和地方性法规规定的责任。

三、乡(镇)人民政府的权利和义务

(一)加强对测绘工作的领导

《中华人民共和国测绘法》第三条规定:“各级人民政府应当加强对测绘工作的领导。”这里所说的各级人民政府应当包括乡(镇)人民政府。随着我国经济和社会的快速发展,发生在乡(镇)的测绘事务越来越多,特别是经济发达地区的地形、房产、地籍测绘及地图产品的制作等都发生在乡(镇),加强对测绘工作的领导也是乡级人民政府的责任。

乡(镇)人民政府对测绘工作的领导主要体现在贯彻测绘法律、行政法规、地方性法规和地方政府规章等方面。

(二)做好本行政区域内的测量标志保护工作

《中华人民共和国测绘法》第三十九条规定:“乡级人民政府应当做好本行政区域内的测量标志保护工作。”

第二节　县级以上人民政府测绘行政主管部门的权利和义务

《中华人民共和国测绘法》第四条规定:“国务院测绘行政主管部门负责全国测绘工作的统一监督管理。国务院其他有关部门按照国务院规定的职责分工,负责本部门有关的测绘工作。县级以上地方人民政府负责管理测绘工作的行政部门(以下简称测绘行政主管部门)负责本行政区域测绘工作的统一监督管理。”按照该条规定,各级人民政府测绘行政主管部门承担统一监督管理测绘工作的责任。

一、国务院测绘行政主管部门的权利和义务

国务院测绘行政主管部门负责对全国测绘工作进行统一监督管理。根据目前国务院的机构设置,国家测绘局是国务院的测绘行政主管部门。国家测绘局依法履行全国测绘行政管理职责。国家测绘局作为国务院测绘行政主管部门,其履行职责的主要依据是测绘法和国务院关于国家测绘局的“三定”(职能配置、内设机构、人员编制)规定。根据测绘相关条文规定,其具体的责任包括以下内容。

(1)负责全国测绘工作的统一监督管理。

(2)会同军队测绘主管部门对外国组织或者个人在中华人民共和国领域和管辖的其他海域从事测绘活动进行审批,制定审批程序的规定。

(3)组织设立全国统一的测绘基准,对测绘的基准数据进行审核,并与国务院其他有关部门、军队测绘主管部门会商,将会商后的数据报国务院批准。

(4)会同国务院其他有关部门、军队测绘主管部门制定全国测绘系统、大地测量等级和精度、国家基本比例尺地图系列与基本精度的规范和要求。

(5)组织建立和不断完善全国统一的测绘系统。《中华人民共和国测绘法》第九条规定:“国家建立全国统一的大地坐标系统、平面坐标系统、高程系统、地心坐标系统和重力测

量系统。”这项工作责无旁贷地由国务院测绘行政主管部门负责实施。后面还要讲到，建立全国统一的测绘系统是基础测绘的重要组成部分，组织完成全国基础测绘工作，是法律赋予国务院测绘行政主管部门的重要责任。

(6)会同军队测绘主管部门对采用国际坐标系统进行审批，制定审批程序的规定。《中华人民共和国测绘法》第九条规定：“在不妨碍国家安全的情况下，确有必要采用国际坐标系统的，必须经国务院测绘行政主管部门会同军队测绘主管部门批准。”

(7)对大城市和国家重大工程项目建立相对独立的平面坐标系统进行审批，制定审批程序的规定。《中华人民共和国测绘法》第十条规定：“因建设、城市规划和科学研究的需要，大城市和国家重大工程项目确需建立相对独立的平面坐标系统的，由国务院测绘行政主管部门批准；其他确需建立相对独立的平面坐标系统的，由省、自治区、直辖市人民政府测绘行政主管部门批准。”

(8)组织管理全国基础测绘工作。《中华人民共和国测绘法》第十一条规定：“基础测绘是公益性事业。国家对基础测绘实行分级管理。本法所称基础测绘，是指建立全国统一的测绘基准和测绘系统，进行基础航空摄影，获取基础地理信息的遥感资料，测制和更新国家基本比例尺地图、影像图和数字化产品，建立、更新基础地理信息系统。”1998 年国务院办公厅印发的国家测绘局“三定”规定中规定：国家测绘局组织并管理基础测绘、国界线测绘、行政区域界线测绘、地籍测绘和其他全国性或重大测绘项目、重大测绘科技项目。因此，组织管理全国基础测绘工作是国家测绘局的重要职责。

(9)会同国务院其他有关部门、军队测绘主管部门组织编制全国基础测绘规划。

(10)会同国务院发展计划主管部门编制全国基础测绘年度计划。《中华人民共和国测绘法》第十四条规定：“县级以上人民政府应当将基础测绘纳入本级国民经济和社会发展年度计划及财政预算。国务院发展计划主管部门会同国务院测绘行政主管部门，根据全国基础测绘规划，编制全国基础测绘年度计划。”

(11)组织实施全国基础测绘规划和年度计划。

(12)会同外交部拟订中华人民共和国地图的国界线标准样图。《中华人民共和国测绘法》第十六条规定：“中华人民共和国国界线的测绘，按照中华人民共和国与相邻国家缔结的边界条约或者协定执行。中华人民共和国地图的国界线标准样图，由外交部和国务院测绘行政主管部门拟订，报国务院批准后公布。”

(13)会同国务院民政部门拟订行政区域界线的标准画法图。《中华人民共和国测绘法》第十七条规定：“省、自治区、直辖市和自治州、县、自治县、市行政区域界线的标准画法图，由国务院民政部门和国务院测绘行政主管部门拟订，报国务院批准后公布。”

(14)会同国务院土地行政主管部门编制全国地籍测绘规划。

(15)组织管理全国地籍测绘。《中华人民共和国测绘法》第十八条规定：“县级以上地方人民政府测绘行政主管部门按照地籍测绘规划，组织管理地籍测绘。”根据该条规定，国家测绘局作为国务院测绘行政主管部门，应当按照全国地籍测绘规划，组织管理地籍测绘。

(16)会同建设部门编制城市建设领域的工程测量技术规范。《中华人民共和国测绘法》第二十条规定：“城市建设领域的工程测量活动，……应当执行由国务院建设行政主管部门、国务院测绘行政主管部门负责组织编制的测量技术规范。”根据该条规定，国家测绘局应当会同建设部门编制城市建设领域的工程测量技术规范。

(17)会同建设部门编制房产测量技术规范。《中华人民共和国测绘法》第二十条规定："……与房屋产权、产籍相关的房屋面积的测量，应当执行由国务院建设行政主管部门、国务院测绘行政主管部门负责组织编制的测量技术规范。"根据该条规定，国家测绘局应当会同建设部门编制房产测量技术规范。

(18)组织制定测绘资质管理规定。《中华人民共和国测绘法》第二十三条规定："测绘资质审查的具体办法由国务院测绘行政主管部门商国务院其他有关部门规定。"

(19)组织全国测绘资质审查发证。《中华人民共和国测绘法》第二十三条规定："国务院测绘行政主管部门和省、自治区、直辖市人民政府测绘行政主管部门按照各自的职责负责测绘资质审查、发放资质证书。"根据该条规定，国家测绘局应当组织全国测绘资质审查发证。测绘资质管理有三个原则：一是统一管理、统一审查、统一发证，二是审查发证要依据测绘法和国务院测绘行政主管部门制定的具体办法，三是测绘资质审查发证的权限仅限于国务院测绘行政主管部门和省、自治区、直辖市人民政府测绘行政主管部门。

(20)会同有关部门依法监督管理全国测绘市场。依据测绘法多项条文规定，国家测绘局会同有关部门依法承担监督管理全国测绘市场的责任，其内容涵盖测绘资质管理、测绘项目承发包管理等测绘市场的方方面面。国家测绘局应当加强对测绘市场的统一监督管理，查处测绘市场违法行为。

(21)会同人事行政部门组织制定测绘执业资格管理办法。

(22)组织管理测绘人员作业证件。《中华人民共和国测绘法》第二十六条规定："测绘人员进行测绘活动时，应当持有测绘作业证件。任何单位和个人不得妨碍、阻挠测绘人员依法进行测绘活动。"《中华人民共和国测绘法》第四条规定："国务院测绘行政主管部门负责全国测绘工作的统一监督管理。"国家测绘局应当对这两条法律规定进行组织实施。

(23)组织管理测绘成果的汇交工作。《中华人民共和国测绘法》第二十八条规定："国家实行测绘成果汇交制度。测绘项目完成后，测绘项目出资人或者承担国家投资的测绘项目的单位，应当向国务院测绘行政主管部门或者省、自治区、直辖市人民政府测绘行政主管部门汇交测绘成果资料。属于基础测绘项目的，应当汇交测绘成果副本；属于非基础测绘项目的，应当汇交测绘成果目录。负责接收测绘成果副本和目录的测绘行政主管部门应当出具测绘成果汇交凭证，并及时将测绘成果副本和目录移交给保管单位。测绘成果汇交的具体办法由国务院规定。国务院测绘行政主管部门和省、自治区、直辖市人民政府测绘行政主管部门应当定期编制测绘成果目录，向社会公布。"

(24)会同军事测绘主管部门对对外提供测绘成果进行审批。《中华人民共和国测绘法》第二十九条规定："测绘成果属于国家秘密的，适用国家保密法律、行政法规的规定；需要对外提供的，按照国务院和中央军事委员会规定的审批程序执行。"根据该条规定和国务院、中央军事委员会的现行规定，国家测绘局应当会同军队测绘主管部门审批对外提供测绘成果。

(25)对使用中央财政资金的测绘项目和使用中央财政资金的建设工程测绘项目提出立项意见。

(26)管理基础测绘成果的提供和使用。《中华人民共和国测绘法》第三十一条规定："基础测绘成果和国家投资完成的其他测绘成果，用于国家机关决策和社会公益性事业的，应当无偿提供。前款规定之外的，依法实行有偿使用制度；但是，政府及其有关部门和军队因防灾、减灾、国防建设等公共利益的需要，可以无偿使用。”

(27)审核国家重要地理信息数据，并与国务院有关部门、军队测绘主管部门会商后，报国务院批准公布。《中华人民共和国测绘法》第三十二条规定：“中华人民共和国领域和管辖的其他海域的位置、高程、深度、面积、长度等重要地理信息数据，由国务院测绘行政主管部门审核，并与国务院其他有关部门、军队测绘主管部门会商后，报国务院批准，由国务院或者国务院授权的部门公布。”

(28)地图管理和组织开展国家版图意识的宣传教育。《中华人民共和国测绘法》第三十三条规定：“各级人民政府应当加强对编制、印刷、出版、展示、登载地图的管理，保证地图质量，维护国家主权、安全和利益。具体办法由国务院规定。”根据该条规定和国务院现行规定(《中华人民共和国地图编制出版管理条例》和国家测绘局“三定”规定)，国家测绘局应当依法承担管理地图的编制、出版、展示、登载，组织开展国家版图意识的宣传教育。

(29)监督管理测绘成果质量。《中华人民共和国测绘法》第三十四条规定：“县级以上人民政府测绘行政主管部门应当加强对测绘成果质量的监督管理。”

(30)审批永久性测量标志的拆迁。《中华人民共和国测绘法》第三十七条规定：“进行工程建设，应当避开永久性测量标志；确实无法避开，需要拆迁永久性测量标志或者使永久性测量标志失去效能的，应当经国务院测绘行政主管部门或者省、自治区、直辖市人民政府测绘行政主管部门批准；涉及军用控制点的，应当征得军队测绘主管部门的同意。”根据该条规定，国家测绘局应当审批永久性测量标志的拆迁。

(31)组织国家永久性测量标志的检查维护。《中华人民共和国测绘法》第三十九条规定：“县级以上人民政府测绘行政主管部门应当按照规定检查、维护永久性测量标志。”根据该条规定，国家测绘局应当组织国家永久性测量标志的检查维护。此外，国务院《测量标志保护条例》对国务院测绘行政主管部门的责任还有一些更具体和明确的规定。

(32)依法查处测绘违法行为。《中华人民共和国测绘法》第四十条至第五十一条对23种违反该法律的行为规定了法律责任，并在第五十二条规定：“本法规定的降低资质等级、暂扣测绘资质证书、吊销测绘资质证书的行政处罚，由颁发资质证书的部门决定；其他行政处罚由县级以上人民政府测绘行政主管部门决定。”根据这些规定，国家测绘局应当对这23种违反《中华人民共和国测绘法》的行为进行监督和检查，并依法予以处罚。

二、省、自治区、直辖市人民政府测绘行政主管部门的权利和义务

省、自治区、直辖市人民政府测绘行政主管部门负责对本行政区域测绘工作进行统一监督管理。具体规定包括以下内容。

(1)负责本行政区域内测绘工作的统一监督管理。《中华人民共和国测绘法》第四条规定：“县级以上地方人民政府负责管理测绘工作的行政部门(以下简称测绘行政主管部门)负责本行政区域测绘工作的统一监督管理。”

(2)审批除大城市和国家重大工程项目外确需建立相对独立的平面坐标系统的城市和建设工程测绘项目。《中华人民共和国测绘法》第十条规定：“因建设、城市规划和科学研究的需要，大城市和国家重大工程项目确需建立相对独立的平面坐标系统的，由国务院测绘行政主管部门批准；其他确需建立相对独立的平面坐标系统的，由省、自治区、直辖市人民政府测绘行政主管部门批准。”

(3)组织管理本行政区域内的基础测绘工作。按照《中华人民共和国测绘法》第十一条规定:“国家对基础测绘实行分级管理。”基础测绘分级管理是指按照行政层级从上到下的分级管理,其中省、自治区、直辖市人民政府测绘行政主管部门负责本行政区域的基础测绘管理。

(4)会同本级政府其他有关部门组织编制本行政区域内的基础测绘规划。《中华人民共和国测绘法》第十二条规定:“县级以上地方人民政府测绘行政主管部门会同本级人民政府其他有关部门根据国家和上一级人民政府的基础测绘规划和本行政区域内的实际情况,组织编制本行政区域的基础测绘规划,报本级人民政府批准,并报上一级测绘行政主管部门备案后组织实施。”

(5)会同本级政府发展计划部门编制本行政区域内的基础测绘年度计划。《中华人民共和国测绘法》第十四条规定:“县级以上地方人民政府发展计划主管部门会同同级测绘行政主管部门,根据本行政区域的基础测绘规划,编制本行政区域的基础测绘年度计划,并分别报上一级主管部门备案。”

(6)组织实施本行政区域内的基础测绘规划和年度计划。根据多项测绘法的规定,省、自治区、直辖市人民政府测绘行政主管部门应当组织实施本行政区域内的基础测绘规划和年度计划。

(7)会同本级政府土地行政主管部门编制本行政区域内的地籍测绘规划。《中华人民共和国测绘法》第十八条规定:“县级以上地方人民政府测绘行政主管部门会同同级土地行政主管部门编制本行政区域的地籍测绘规划。”

(8)组织管理本行政区域内的地籍测绘。《中华人民共和国测绘法》第十八条规定:“县级以上人民政府测绘行政主管部门按照地籍测绘规划,组织管理地籍测绘。”

(9)根据职责负责本行政区域内的测绘资质审查发证。《中华人民共和国测绘法》第二十三条规定:“国务院测绘行政主管部门和省、自治区、直辖市人民政府测绘行政主管部门按照各自的职责负责测绘资质审查、发放资质证书。”根据该条规定,各省、自治区、直辖市人民政府测绘行政主管部门应当根据各自的职责负责本行政区域内测绘资质的审查和发证。

(10)会同有关部门依法监督管理本行政区域内的测绘市场。

(11)组织管理本行政区域内测绘成果的汇交工作。

(12)对使用本级政府财政资金的测绘项目和使用本级政府财政资金的建设工程测绘项目提出立项意见。

(13)管理本行政区域内基础测绘成果的提供和使用。

(14)管理本行政区域内地图的编制、出版、展示、登载,组织开展国家版图意识的宣传教育。《中华人民共和国测绘法》第三十三条规定:“各级人民政府应当加强对编制、印刷、出版、展示、登载地图的管理,保证地图质量,维护国家主权、安全和利益。具体办法由国务院规定。各级人民政府应当加强对国家版图意识的宣传教育,增强公民的国家版图意识。”根据该条规定,省、自治区、直辖市人民政府测绘行政主管部门应当依据《中华人民共和国测绘法》和国务院的有关规定(如地图编制管理条例)管理地图的编制、出版、展示、登载,组织开展国家版图意识的宣传教育。

(15)监督管理本行政区域内测绘成果质量。

(16)审批本行政区域永久性测量标志的拆迁。《中华人民共和国测绘法》第三十七条规定:“进行工程建设,应当避开永久性测量标志;确实无法避开,需要拆迁永久性测量标志或者使永久性测量标志失去效能的,应当经国务院测绘行政主管部门或者省、自治区、直辖市人民政府测绘行政主管部门批准;涉及军用控制点的,应当征得军队测绘主管部门的同意。”根据该条规定,省、自治区、直辖市人民政府测绘行政主管部门应当审批永久性测量标志的拆迁。

(17)组织本行政区域内永久性测量标志的检查维护。《中华人民共和国测绘法》第三十九条规定:“县级以上人民政府测绘行政主管部门应当按照规定检查、维护永久性测量标志。”国务院《测量标志保护条例》对省、自治区、直辖市人民政府、测绘行政主管部门还有一些更具体和明确的规定。

(18)依法查处测绘违法行为。《中华人民共和国测绘法》第四十条至第五十一条对23种违反该法律的行为规定了法律责任,并在第五十二条规定:“本法规定的降低资质等级、暂扣测绘资质证书、吊销测绘资质证书的行政处罚,由颁发资质证书的部门决定;其他行政处罚由县级以上人民政府测绘行政主管部门决定。”根据这些规定,省、自治区、直辖市人民政府测绘行政主管部门应当对这23种违反《中华人民共和国测绘法》的行为进行监督和检查,并依法予以处罚。

(19)应当履行行政法规、地方性法规和规章规定的其他责任。除《中华人民共和国测绘法》外,行政法规、地方性法规、部门规章、政府规章对省、自治区、直辖市人民政府测绘行政主管部门都规定了一些测绘管理责任,省、自治区、直辖市人民政府测绘行政主管部门都应当认真履行。

三、市(地)级、县级人民政府测绘行政主管部门的权利和义务

市(地)级、县级人民政府测绘行政主管部门负责对本行政区域测绘工作进行统一监督管理。具体规定包括以下内容。

(1)负责本行政区域内测绘工作的统一监督管理。

(2)组织管理本行政区域内的基础测绘工作。

(3)会同本级政府其他有关部门组织编制本行政区域内的基础测绘规划。

(4)会同本级政府发展计划部门编制本行政区域内的基础测绘年度计划。

(5)组织实施本行政区域内的基础测绘规划和年度计划。

(6)会同本级政府土地行政主管部门编制本行政区域内的地籍测绘规划。

(7)组织管理本行政区域内的地籍测绘。

(8)会同有关部门依法监督管理本行政区域内的测绘市场。

(9)对使用本级政府财政资金的测绘项目和使用本级政府财政资金的建设工程测绘项目提出立项意见。

(10)管理本行政区域内基础测绘成果的提供和使用。

(11)监督管理本行政区域内的测绘成果质量。

(12)组织本行政区域内永久性测量标志的检查维护。

(13)依法查处测绘违法行为。《中华人民共和国测绘法》第四十条至第五十一条对23种违反该法律的行为规定了法律责任,并在第五十二条规定:“本法规定的降低资质等级、

暂扣测绘资质证书、吊销测绘资质证书的行政处罚,由颁发资质证书的部门决定;其他行政处罚由县级以上人民政府测绘行政主管部门决定。”根据这些规定,市(地)级人民政府测绘行政主管部门应当对违反《中华人民共和国测绘法》的行为进行监督和检查,并依法予以处罚。

(14)应当履行行政法规、地方性法规和规章规定的其他责任。除《中华人民共和国测绘法》外,行政法规、地方性法规、部门规章、政府规章对市(地)级人民政府测绘行政主管部门都规定一些测绘管理责任,市(地)级人民政府测绘行政主管部门都应当认真履行。

第三节　县级以上人民政府其他有关部门的权利和义务

测绘工作涉及国家许多基础工作,服务领域较为广泛,必须充分发挥有关部门的作用,得到有关部门的配合和支持才能顺利进行。

一、国务院其他有关部门的权利和义务

(1)国务院其他有关部门按照国务院规定的职责分工负责本部门有关的测绘工作。《中华人民共和国测绘法》第四条规定:“国务院其他有关部门按照国务院规定的职责分工,负责本部门有关的测绘工作。”为了发挥国务院其他有关部门在测绘工作中的作用,《中华人民共和国测绘法》作出了国务院其他有关部门按照本级人民政府规定的职责分工,负责本部门有关的测绘工作的规定。这里职责分工意味着有关部门应明确某一项测绘工作的职责,并履行其责任。

(2)参与会商测绘基准数据。《中华人民共和国测绘法》第八条规定:“国家设立和采用全国统一的大地基准、高程基准、深度基准和重力基准,其数据由国务院测绘行政主管部门审核,并与国务院其他有关部门、军队测绘主管部门会商后,报国务院批准。”

(3)参与制定全国测绘系统、大地测量等级和精度、国家基本比例尺地图系列和基本精度的规范和要求。《中华人民共和国测绘法》第九条规定:“国家建立全国统一的大地坐标系统、平面坐标系统、高程系统、地心坐标系统和重力测量系统,确定国家大地测量等级和精度以及国家基本比例尺地图的系列和基本精度。具体规范和要求由国务院测绘行政主管部门会同国务院其他有关部门、军队测绘主管部门制定。”根据该条规定,在国务院测绘行政主管部门会同国务院其他有关部门制定全国测绘系统、大地测量等级和精度、国家基本比例尺地图系列和基本精度的规范和要求时,国务院其他有关部门应当参与制定。

(4)参与国务院测绘行政主管部门组织编制全国基础测绘规划。《中华人民共和国测绘法》第十二条规定:“国务院测绘行政主管部门会同国务院其他有关部门、军队测绘主管部门组织编制全国基础测绘规划,报国务院批准后组织实施。”

(5)协助国务院测绘行政主管部门制定测绘资质管理办法。

(6)国家重要地理信息数据由国务院测绘行政主管部门与国务院有关部门、军队测绘主管部门会商后,报国务院批准公布。《中华人民共和国测绘法》第三十二条规定:“中华人民共和国领域和管辖的其他海域的位置、高程、深度、面积、长度等重要地理信息数据,由国务院测绘行政主管部门审核,并与国务院其他有关部门、军队测绘主管部门会商后,报国务院批准,由国务院或者国务院授权的部门公布。”

(7)应当履行的法律法规规定的其他责任。

(8)国务院人事行政主管部门的地位和作用。《中华人民共和国测绘法》第二十五条规定:“从事测绘活动的专业技术人员应当具备相应的执业资格条件,具体办法由国务院测绘行政主管部门会同国务院人事行政主管部门规定。”根据该条规定,在国务院测绘行政主管部门会同国务院人事行政主管部门制定测绘执业资格管理办法时,国务院人事行政主管部门应当给予支持和配合。同时,应当履行法律法规规定的其他责任。

(9)国务院外交部的地位和作用。《中华人民共和国测绘法》第十六条规定:“中华人民共和国国界线的测绘,按照中华人民共和国与相邻国家缔结的边界条约或者协定执行。中华人民共和国地图的国界线标准样图,由外交部和国务院测绘行政主管部门拟订,报国务院批准后公布。”

(10)国务院建设行政主管部门的地位和作用。《中华人民共和国测绘法》第二十条规定:“城市建设领域的工程测量活动,与房屋产权、产籍相关的房屋面积的测量,应当执行由国务院建设行政主管部门、国务院测绘行政主管部门负责组织编制的测量技术规范。”根据该条规定,国务院建设行政主管部门和国务院测绘行政主管部门负责组织编制城市建设领域的工程测量规范和房屋面积测量的技术规范。同时,应当履行法律法规规定的其他责任。

(11)国务院民政部门的地位和作用。《中华人民共和国测绘法》第十七条规定:“省、自治区、直辖市和自治州、县、自治县、市行政区域界线的标准画法图,由国务院民政部门和国务院测绘行政主管部门拟订,报国务院批准后公布。”根据该条规定,国务院民政部门的责任是与国务院测绘行政主管部门共同拟订省、自治区、直辖市和自治州、县、自治县、市行政区域界线的标准画法图。同时,应当履行法律法规规定的其他责任。

另外,测绘行政主管部门的行政管理和执法活动,需要得到技术质量监督、工商行政管理、新闻出版、公安等部门的配合和支持。

二、县级以上地方人民政府其他有关部门的权利和义务

县级以上地方人民政府其他有关部门按照《中华人民共和国测绘法》相关规定履行自身职责。

(1)按照本级人民政府的职责分工负责本部门有关的测绘工作。《中华人民共和国测绘法》第四条规定:“县级以上地方人民政府其他有关部门按照本级人民政府规定的职责分工,负责本部门有关的测绘工作。”

(2)参与本级测绘行政主管部门组织的编制本行政区域的基础测绘规划。《中华人民共和国测绘法》第十二条规定:“县级以上地方人民政府测绘行政主管部门会同本级人民政府其他有关部门根据国家和上一级人民政府的基础测绘规划和本行政区域内的实际情况,组织编制本行政区域的基础测绘规划,报本级人民政府批准,并报上一级测绘行政主管部门备案后组织实施。”

(3)应当履行行政法规、地方性法规和规章规定的其他责任。

三、县级以上各级人民政府发展计划主管部门的权利和义务

(1)会同本级人民政府测绘行政主管部门编制基础测绘年度计划。

《中华人民共和国测绘法》第十四条规定:“国务院发展计划主管部门会同国务院测绘

行政主管部门，根据全国基础测绘规划，编制全国基础测绘年度计划。县级以上地方人民政府发展计划主管部门会同同级测绘行政主管部门，根据本行政区域的基础测绘规划，编制本行政区域的基础测绘年度计划，并分别报上一级主管部门备案。”

根据该条规定，国务院发展计划主管部门应当会同国务院测绘行政主管部门，根据全国基础测绘规划，编制全国基础测绘年度计划。

省、自治区、直辖市人民政府发展计划部门应当会同同级测绘行政主管部门，根据本行政区域的基础测绘规划，编制本行政区域的基础测绘年度计划，并报国务院发展计划主管部门备案。

市（地）级人民政府发展计划部门应当会同同级测绘行政主管部门，根据本行政区域的基础测绘规划，编制本行政区域的基础测绘年度计划，并报省、自治区、直辖市人民政府发展计划主管部门备案。

县级人民政府发展计划部门应当会同同级测绘行政主管部门，根据本行政区域的基础测绘规划，编制本行政区域的基础测绘年度计划，并报市（地）级人民政府发展计划主管部门备案。

（2）应当履行法律法规规定的其他责任。

四、县级以上各级人民政府财政部门的权利和义务

根据《中华人民共和国测绘法》第十四条的规定：县级以上各级人民政府财政部门应当将基础测绘列入本级人民政府财政预算。同时，应当履行法律法规规定的其他责任。

五、县级以上人民政府土地行政主管部门的权利和义务

《中华人民共和国测绘法》第十八条规定：“国务院测绘行政主管部门会同国务院土地行政主管部门编制全国地籍测绘规划。县级以上地方人民政府测绘行政主管部门会同同级土地行政主管部门编制本行政区域的地籍测绘规划。”根据该条规定，在县级以上人民政府测绘行政主管部门会同同级土地行政主管部门编制地籍测绘规划时，土地行政主管部门应当予以配合。同时，应当履行法律法规规定的其他责任。

第四节　军队测绘主管部门的权利和义务

依照《中华人民共和国测绘法》的规定，军队测绘主管部门负责管理军事部门的测绘工作，并按照国务院、中央军事委员会规定的职责分工负责管理海洋基础测绘工作。

军队测绘主管部门是全军管理测绘工作的职能部门，负责管理军事部门的测绘工作。军事部门的测绘工作，是指具有军事内容或者为军队作战、训练、军事工程、战略准备等实施的测绘工作的总称。由于军事测绘具有一定的特殊性，《中华人民共和国测绘法》没有规定军事测绘的具体内容，而是在第五十四条规定：“军事测绘管理办法由中央军事委员会根据本法制定。”该法律还根据军事测绘的特殊情况，对军事部门的测绘工作管理作出了特别规定：“军队测绘主管部门负责编制军事测绘规划，并组织实施。”“军队测绘主管部门负责军事测绘单位的测绘资质审查。”军队测绘主管部门的权利和义务包括以下几个方面。

（1）负责管理军事部门的测绘工作，并按照国务院、中央军事委员会规定的职责分工负

责管理海洋基础测绘工作。

我国大陆海岸线长达1.84万km,加上岛屿共3.2万km,拥有渤海、黄海、东海和南海四大海域。我国海区有500 m^2以上的岛屿6 536个,拥有12海里(1海里=1 852 m)领海权的海域面积37万km^2,管辖的200海里领海、毗连区、专属经济区和部分国际海底区域面积近300万km^2,相当于我国陆地面积的1/3,若按管辖海域面积排列,我国在世界海洋大国中列居第5位。

在我国的海域面积内,蕴含着丰富的海洋资源,包括旅游、可再生能源、油气、渔业、港口和海水等六大类。在人类对石油、天然气等不可再生资源的需求越来越大的情况下,海底石油、天然气成了海洋资源争夺的重点。而油气资源关系到国家的基本利益,其勘探开发、利用必须依据海洋测绘成果。海洋测绘是以海洋或者陆地水域为对象的测绘活动,是一项广泛应用于国家经济建设、国防建设和社会发展的测绘工作。为了保障国家利益不被侵害,《中华人民共和国测绘法》规定:军队测绘主管部门负责编制军事测绘规划 ,按照国务院、中央军事委员会规定的职责分工负责编制海洋基础测绘规划,并组织实施。也就是说,国务院、中央军事委员会应当对军队测绘主管部门在海洋基础测绘管理方面的职责作出规定,军队测绘主管部门在国务院、中央军事委员会规定的职责分工范围内管理海洋基础测绘工作。

新中国成立以来,军事部门、交通部门、海洋部门、测绘部门、地矿部门及能源部门等都开展了各种不同用途的海洋测绘工作,对国家经济建设、国防建设发挥了重要作用。

(2)会同国务院测绘行政主管部门对外国组织或者个人在中华人民共和国领域和管辖的其他海域从事的测绘活动进行审批。《中华人民共和国测绘法》第七条规定:“外国的组织或者个人在中华人民共和国领域和管辖的其他海域从事测绘活动,必须经国务院测绘行政主管部门会同军队测绘主管部门批准,并遵守中华人民共和国的有关法律、行政法规的规定。”

(3)与国务院测绘行政主管部门会商测绘基准数据。《中华人民共和国测绘法》第八条规定:“国家设立和采用全国统一的大地基准、高程基准、深度基准和重力基准,其数据由国务院测绘行政主管部门审核,并与国务院其他有关部门、军队测绘主管部门会商后,报国务院批准。”

(4)会同国务院测绘行政主管部门制定全国测绘系统、大地测量等级和精度、国家基本比例尺地图系列和基本精度的规范和要求。《中华人民共和国测绘法》第九条规定:“国家建立全国统一的大地坐标系统、平面坐标系统、高程系统、地心坐标系统和重力测量系统,确定国家大地测量等级和精度以及国家基本比例尺地图的系列和基本精度。具体规范和要求由国务院测绘行政主管部门会同国务院其他有关部门、军队测绘主管部门制定。”

(5)会同国务院测绘行政主管部门对采用国际坐标系统的项目进行审批。《中华人民共和国测绘法》第九条规定:“在不妨碍国家安全的情况下,确有必要采用国际坐标系统的,必须经国务院测绘行政主管部门会同军队测绘主管部门批准。”

(6)会同国务院测绘行政主管部门编制全国基础测绘规划。《中华人民共和国测绘法》第十二条规定:“国务院测绘行政主管部门会同国务院其他有关部门、军队测绘主管部门组织编制全国基础测绘规划,报国务院批准后组织实施。”

(7)军队测绘主管部门负责编制军事测绘规划,按照国务院、中央军事委员会规定的职责分工负责编制海洋基础测绘规划,并组织实施。《中华人民共和国测绘法》第十三条规定:"军队测绘主管部门负责编制军事测绘规划,按照国务院、中央军事委员会规定的职责分工负责编制海洋基础测绘规划,并组织实施。"根据该条规定,军队测绘主管部门承担三项责任:一是负责编制军事测绘规划,二是按照国务院、中央军事委员会规定的职责分工负责编制海洋基础测绘规划,三是对军事测绘规划和编制的海洋基础测绘规划组织实施。

(8)负责军事测绘单位的测绘资质审查。《中华人民共和国测绘法》第二十三条规定:"军队测绘主管部门负责军事测绘单位的测绘资质审查。"

(9)会同国务院测绘行政主管部门对提供保密测绘成果进行审批。《中华人民共和国测绘法》第二十九条规定:"测绘成果属于国家秘密的,适用国家保密法律、行政法规的规定;需要对外提供的,按照国务院和中央军事委员会规定的审批程序执行。"

(10)与国务院测绘行政主管部门会商重要地理信息数据。《中华人民共和国测绘法》第三十二条规定:"中华人民共和国领域和管辖的其他海域的位置、高程、深度、面积、长度等重要地理信息数据,由国务院测绘行政主管部门审核,并与国务院其他有关部门、军队测绘主管部门会商后,报国务院批准,由国务院或者国务院授权的部门公布。"

(11)审批军用控制点永久性测量标志的拆迁。《中华人民共和国测绘法》第三十七条规定:"进行工程建设,应当避开永久性测量标志;确实无法避开,需要拆迁永久性测量标志或者使永久性测量标志失去效能的,应当经国务院测绘行政主管部门或者省、自治区、直辖市人民政府测绘行政主管部门批准;涉及军用控制点的,应当征得军队测绘主管部门的同意。"根据该条规定,军队测绘主管部门应当对拆迁军用控制点提出意见。

第五节　测绘单位及其他组织的权利和义务

测绘单位是指从事测绘活动的单位,其应当具备以下条件,并依法取得相应等级的测绘资质证书后,方可从事测绘活动:

(1)有与其从事的测绘活动相适应的专业技术人员;

(2)有与其从事的测绘活动相适应的技术装备和设施;

(3)有健全的技术、质量保证体系和测绘成果及资料档案管理制度;

(4)具备国务院测绘行政主管部门规定的其他条件。

一、测绘单位的权利和义务

作为从事测绘活动的单位或个人,既要履行测绘行政管理相对人的义务,也要履行其他方面的法律义务,例如:必须取得相应的行政许可,承揽测绘项目要以不违反《中华人民共和国测绘法》为前提;从事生产技术活动必须遵守国家规定的技术标准,必须履行法律规定的各项义务等。《中华人民共和国测绘法》对于社会各个方面和人民群众都规定了相应的法律义务,应当得到有效的履行。以下分别对测绘单位的权利和义务加以阐述。

(一)测绘单位的权利

(1)依法取得测绘资质的权利。测绘资质管理制度是《中华人民共和国测绘法》规定的一项重要制度,其中第二十二条、第二十三条、第二十四条、第四十二条、第四十三条对测绘资质管理作出了明确的规定。测绘资质管理是对从事测绘活动单位的测绘资质管理,它是测绘行政管理的一个十分重要的方面。测绘单位可以依据《中华人民共和国测绘法》以及相关法规的要求,依法获得相应的资质等级,并进入测绘市场承包测绘项目,从事测绘活动,获得经济收益。

(2)公平竞争、承揽测绘项目的权利。《中华人民共和国测绘法》第二十四条规定:“测绘项目实行承发包的,测绘项目的发包单位不得向不具有相应测绘资质等级的单位发包或者迫使测绘单位以低于测绘成本承包。”第四十四条规定:“违反本法规定,测绘项目的发包单位将测绘项目发包给不具有相应资质等级的测绘单位或者迫使测绘单位以低于测绘成本承包的,责令改正,可以处测绘约定报酬二倍以下的罚款。发包单位的工作人员利用职务上的便利,索取他人财物或者非法收受他人财物,为他人谋取利益,构成犯罪的,依法追究刑事责任;尚不够刑事处罚的,依法给予行政处分。”

(3)测绘成果有偿使用的权利。《中华人民共和国测绘法》第三十一条规定:“基础测绘成果和国家投资完成的其他测绘成果,用于国家机关决策和社会公益性事业的,应当无偿提供。前款规定之外的,依法实行有偿使用制度。”

(4)依法进行合理测绘活动的权利。《中华人民共和国测绘法》第二十六条规定:“测绘人员进行测绘活动时,应当持有测绘作业证件。任何单位和个人不得妨碍、阻挠测绘人员依法进行测绘活动。”第二十七条规定:“测绘作业证的样式,由国务院测绘行政主管部门统一规定。”根据上述规定,持有测绘作业证件的测绘人员从事合法测绘活动的权利受《中华人民共和国测绘法》的保护。

(二)测绘单位的义务

(1)合法取得测绘资质。依据《中华人民共和国测绘法》的有关规定,测绘单位应依法按照测绘资质管理的具体法律法规要求取得相应资质,以欺骗手段取得测绘资质证书从事测绘活动的,或未取得测绘资质证书,擅自从事测绘活动的都将受到处罚,并承担法律责任。

(2)按照取得测绘资质等级证书的许可范围从事测绘活动。《中华人民共和国测绘法》第二十四条规定:“测绘单位不得超越其资质等级许可的范围从事测绘活动或者以其他测绘单位的名义从事测绘活动,并不得允许其他单位以本单位的名义从事测绘活动。”

(3)不得将承包测绘项目转包。《中华人民共和国测绘法》第二十四条规定:“测绘单位不得将承包的测绘项目转包。”

(4)依法合理使用和保护测量标志,并持证作业。《中华人民共和国测绘法》第三十五条规定:“任何单位和个人不得损毁或者擅自移动永久性测量标志和正在使用中的临时性测量标志,不得侵占永久性测量标志用地,不得在永久性测量标志安全控制范围内从事危害测量标志安全和使用效能的活动。”第三十八条规定:“测绘人员使用永久性测量标志,必须持有测绘作业证件,并保证测量标志的完好。”

(5)依法使用测绘基准和测绘系统。依据《中华人民共和国测绘法》第五条、第九条、第十条规定,测绘单位从事测绘活动应当使用国家规定的全国统一的大地基准、高程基准、深度基准和重力基准,这是从事测绘活动的基本技术原则和前提。在不妨碍国家安全的情况下,确有必要采用国际坐标系统的,必须经国务院测绘行政主管部门会同军队测绘主管部门批准。因建设、城市规划和科学研究的需要,大城市和国家重大工程项目确需建立相对独立的平面坐标系统的,由国务院测绘行政主管部门批准;其他确需建立相对独立的平面坐标系统的,由省、自治区、直辖市人民政府测绘行政主管部门批准。建立相对独立的平面坐标系统,应当与国家坐标系统相联系。

(6)依法履行测绘成果汇交制度,保证成果质量。《中华人民共和国测绘法》第二十八条规定:“国家实行测绘成果汇交制度。测绘项目完成后,测绘项目出资人或者承担国家投资的测绘项目的单位,应当向国务院测绘行政主管部门或者省、自治区、直辖市人民政府测绘行政主管部门汇交测绘成果资料。属于基础测绘项目的,应当汇交测绘成果副本;属于非基础测绘项目的,应当汇交测绘成果目录。负责接收测绘成果副本和目录的测绘行政主管部门应当出具测绘成果汇交凭证,并及时将测绘成果副本和目录移交给保管单位。测绘成果汇交的具体办法由国务院规定。”

依据《中华人民共和国测绘法》第二十九条至第三十一条规定,测绘单位的测绘成果属于国家秘密的,适用国家保密法律、行政法规的规定;需要对外提供的,按照国务院和中央军事委员会规定的审批程序执行。测绘单位应当充分利用已有的测绘成果,避免重复测绘。测绘单位的成果实行有偿使用,但在政府及其有关部门和军队因防灾、减灾、国防建设等公共利益的需要,可以无偿使用。测绘成果使用的具体办法由国务院规定。

《中华人民共和国测绘法》第三十四条规定:“测绘单位应当对其完成的测绘成果质量负责。”

(7)依法履行测绘标准化制度。《中华人民共和国测绘法》第五条规定:“从事测绘活动,应当使用国家规定的测绘基准和测绘系统,执行国家规定的测绘技术规范和标准。”这里的测绘技术规范是测绘标准的一种,是对测绘产品的质量、规格、形式以及测绘作业中的技术要求所作的统一规定。第二十一条规定:“建立地理信息系统,必须采用符合国家标准的基础地理信息数据。”第二十条规定:“城市建设领域的工程测量活动,与房屋产权、产籍相关的房屋面积的测量,应当执行由国务院建设行政主管部门、国务院测绘行政主管部门负责组织编制的测量技术规范。水利、能源、交通、通信、资源开发和其他领域的工程测量活动,应当按照国家有关的工程测量技术规范进行。”

依据《中华人民共和国测绘法》有关规定,测绘单位在测绘地图时应依照国家规定的基本比例尺和基本精度,在地图上绘制国界线按照国家规定的国界线标准样图绘制,在地图上绘制行政区域界线应当按照国家规定的行政区域界线标准画法绘制。

测绘单位不认真履行义务,违反上述有关规定,将承担相应的法律责任。

(8)努力提高测绘科技水平,采用先进技术和设备。《中华人民共和国测绘法》第六条规定:“国家鼓励测绘科学技术的创新和进步,采用先进的技术和设备,提高测绘水平。对在测绘科学技术进步中做出重要贡献的单位和个人,按照国家有关规定给予奖励。”

二、其他组织的权利和义务

其他组织指测绘项目立项及发包单位、测绘从业人员、外国的组织或者个人等。

(一)测绘项目立项及发包单位

《中华人民共和国测绘法》第二十四条规定:“测绘项目实行承发包的,测绘项目的发包单位不得向不具有相应测绘资质等级的单位发包或者迫使测绘单位以低于测绘成本承包。”

(二)测绘从业人员

《中华人民共和国测绘法》第二十五条规定:“从事测绘活动的专业技术人员应当具备相应的执业资格条件,具体办法由国务院测绘行政主管部门会同国务院人事行政主管部门规定。”

《中华人民共和国测绘法》第二十六条规定:“测绘人员进行测绘活动时,应当持有测绘作业证件。任何单位和个人不得妨碍、阻挠测绘人员依法进行测绘活动。”

测绘从业人员依法取得相应的执业证书,而测绘单位的资质证书、测绘专业技术人员的执业证书和测绘人员的测绘作业证件的式样,由国务院测绘行政主管部门统一规定。

(三)外国的组织或者个人

《中华人民共和国测绘法》第七条的规定:“外国的组织或者个人在中华人民共和国领域和管辖的其他海域从事测绘活动,必须经国务院测绘行政主管部门会同军队测绘主管部门批准,并遵守中华人民共和国的有关法律、行政法规的规定。外国的组织或者个人在中华人民共和国领域从事测绘活动,必须与中华人民共和国有关部门或者单位依法采取合资、合作的形式进行,并不得涉及国家秘密和危害国家安全。”

思考与分析题

1. 目前我国测绘管理体制存在什么问题？怎样解决这些问题？
2. 测绘单位有哪些权利和义务？

第三章　测绘行政许可和测绘权利保障制度

随着我国经济体制由计划经济向市场经济转变，国内的测绘市场逐渐形成，测绘队伍不断壮大。为了加强对测绘队伍的管理，我国实行测绘行政许可制度。为此，《中华人民共和国测绘法》、《测绘市场管理暂行办法》等法律、法规和规章规定了测绘资质审查认定制度、测绘任务登记制度、测绘活动准则、测绘产品质量监督检查制度等制度，纳入了市场进入、市场竞争、市场交易等测绘市场规则。明确了测绘市场主体的法律地位，保障测绘单位相同的竞争条件；打破了测绘市场条块的分割和垄断；打击压价竞争、违法转包和招标投标等不正当竞争行为，在市场竞争中倡导“等价有偿、平等互利、协商一致、诚实守信”的社会主义道德观念；杜绝测绘产品质量事故，维护好测绘市场秩序，保护测绘行业的共同利益。

另外，为保障测绘工作为国民经济和社会发展提供高效、高质量的服务，保障公共安全，保护国家和公民的合法权益，维护国家安全、主权和利益，对测绘事业进行宏观调控和行业管理也要建立必要的行政许可和管理制度，对进入测绘市场的组织和个人进行资质和资格审查。

第一节　测绘资质管理制度

测绘资质管理制度是一项法定制度，是《中华人民共和国测绘法》规定的一项重要的行政许可制度。《中华人民共和国测绘法》第二十二条规定：“国家对从事测绘活动的单位实行测绘资质管理制度。”

测绘资质是指测绘单位从事测绘活动的素质和能力，包括设备、仪器等物质条件和人员素质、生产能力、业绩等。

一、测绘资质管理的概念

测绘资质管理是指测绘行政主管部门对测绘资质制定具体的规定，对进入测绘市场的单位进行资质审查、发放测绘资质证书、依法对测绘活动进行监督、查处无证测绘等行政行为。

《中华人民共和国测绘法》明确规定国家对从事测绘活动的单位实行测绘资质管理制度。从事测绘生产的单位应当具备一定的条件，并依法取得相应等级的测绘资质证书后，方可从事测绘活动。

测绘资质管理是一项统一监督管理制度：一是测绘资质的条件统一，二是测绘资质管理的具体办法统一规定，三是测绘资质证书的式样统一，四是统一由测绘行政主管部门进行测绘资质的审查和统一颁发资质证书，五是统一进行监督执法。但军事测绘单位的资质审查由军队测绘主管部门负责。

测绘资质管理制度是一项行政许可制度。《中华人民共和国测绘法》明确规定了对从事测绘活动的单位进行资质审查，即一般情况下，禁止任何单位和个人从事测绘活动，只有通过国务院测绘行政主管部门和省、市、自治区、直辖市人民政府测绘行政主管部门资质审查并领取测绘资质的单位,才能解除法律规定的对从事测绘活动的禁止,才能获得从事测绘活动的权利和资格。

测绘资质管理制度以依法行政为原则,以《中华人民共和国测绘法》、《中华人民共和国行政许可法》等法律法规为依据。测绘资质管理制度的实行可以限制低水平重复建立测绘队伍,保障测绘为国民经济和社会发展提供高效、高质量的服务;规范测绘市场主体,维护社会主义市场经济秩序,创造测绘市场公平竞争的环境;保障公共安全,保护国家和公民的合法权益,维护国家安全、主权和利益;推动测绘技术进步和仪器设备更新,优化测绘产业结构。

近年来,测绘资质管理的重要性凸显出来。参与测绘市场各项活动的测绘单位必须要有相应等级的测绘资质;测绘行政执法必须要检查测绘单位的测绘资质;处理涉及测绘活动的民事纠纷,也要确认从事测绘活动的单位是否具有测绘资质等。测绘资质管理的重要地位和作用也对测绘资质管理提出了更高的要求。

二、取得测绘资质的条件

《中华人民共和国测绘法》第二十二条规定:国家对从事测绘活动的单位实行测绘资质管理制度。从事测绘活动的单位应当具备一定的条件,并依法取得相应等级的测绘资质证书后,方可从事测绘活动。

测绘行政主管部门按照测绘单位申报的资质材料,对测绘单位所具有的技术条件(包括技术人员、设备、仪器和设施),经过资格评定,确认其是否具有与其业务能力相适应的资质,对符合条件的发给相应等级的资质证书,通过审查许可的测绘单位获得法律赋予的测绘权利。因此,依法行政是测绘资质管理的基本原则。

具有测绘资质的单位必须具备以下条件。

(一)有与其从事的测绘活动相适应的专业技术人员

现代测绘是一个知识密集型和技术密集型行业,属于高科技和信息产业的范畴,涉及许多尖端科技,专业性强,对从事测绘活动的人员的专业技术知识和能力要求较高。从事测绘活动的专业技术人员必须受过一定的测绘专业知识教育,其骨干人员必须具备熟练的技术。对于一个从事测绘活动的单位,需要有《测绘资质分级标准》中规定数量的高、中、初级的专业技术人员。

(二)有与其从事的测绘活动相适应的技术装备和设施

现代测绘要依靠现代测绘仪器和设备才能进行,没有相应的设备就不可能从事测绘活动。承担测绘任务的单位应当拥有能够完成其所从事的测绘任务所必需的仪器设备和设施。测绘单位的测绘资质等级不同,要求其拥有的测绘仪器设备的数量也不同。

(三)有健全的技术、质量保证体系和测绘成果及资料档案管理制度

测绘工作工序、环节多,每个工序、环节都必须保证质量,才能保证最终测绘成果的质量,因此测绘单位必须具有健全的技术、质量保证体系。

大量的测绘成果资料属于国家秘密,涉及国家安全;有些具有知识产权,涉及各方当事人的利益。完整、安全、有效地保管好测绘成果资料是对测绘单位的基本要求。测绘单位要有严格的测绘成果资料档案管理制度,有严格的保密措施。

（四）独立的法人单位，并有固定的住所

从事测绘工作必须是独立的法人单位，并有固定的住所。

（五）从事测绘活动的单位的性质符合我国相关法律规定

根据我国相关法律规定，对一些特殊的单位和机构从事测绘活动是具有一定的限制的。例如，外国的组织和个人不能独立在我国从事测绘活动，我国的行政机关不能从事经营性的测绘活动等。另外，测绘单位从事测绘活动的内容和范围必须要和本单位的测绘资质相适应。

（六）具备国务院测绘行政主管部门规定的其他条件

从事测绘工作的单位还必须具备国务院测绘行政主管部门规定的其他条件。

符合以上条件，并通过审查批准，从事测绘工作的单位才能够取得测绘资质。根据测绘单位申报测绘资质的各项条件，按照从事测绘活动的单位的规模、管理水平、能力大小，将测绘资质分为甲、乙、丙、丁四个级别。其中，甲级为最高等级，丁级为最低等级。从测绘资质分布情况上看，甲级单位重点是原属中央单位（约占38.9%）和省属单位（占47.3%），主要集中在省会城市；乙级单位重点是省属单位（占46%）和地市所属单位（占27%），主要集中在大中城市；丙级单位主要是地市所属单位（占35%）和县市所属单位（占34%），主要集中在中小城市；丁级单位重点是县属单位（占68%），集中在小城市。

据国家测绘局统计，截至2008年底，我国具有测绘资质的单位有11269家，地理信息产业相关企业3000多家，从业人员共30多万人。

不同测绘资质的测绘单位的业务范围见第九章测绘法律法规选辑中的《测绘资质管理规定》和《测绘资质分级标准》。

三、测绘资质管理的原则

测绘资质管理必须遵守以下原则。

（一）依法原则

由于测绘资质审查制度直接关系公民、法人和其他组织的权利，制定办法必须符合有关法律的规定。

（二）统一管理原则

我国社会主义市场经济发展、行政管理体制改革、测绘事业发展、加入世界贸易组织、维护国家安全、测绘行业客观情况、加强测绘管理等都要求对测绘资质进行统一管理，避免多头管理导致政令不畅、不公平竞争、市场混乱、危害国家安全、增加测绘单位负担等弊端，统一管理，势在必行。

（三）公开、透明原则

设定测绘资质审查的法律文件，必须使测绘资质审查的条件和程序公开、透明。

（四）公正、公平原则

设定和实施测绘资质审查，必须平等对待同等条件的个人和组织，不得有歧视现象。

（五）便民、效率原则

测绘资质审查在程序设置上必须体现方便申请人、提高行政效率的要求。

（六）救济原则

救济包括在实施测绘资质审查时，申请人有权陈述、申辩、依法请求听证、申请复议和提起诉讼等。

(七)诚实守信、信赖保护原则

要求政府的行政活动具有真实性、稳定性。行政机关指定的规范或作出的行为应当具有稳定性,不能变化无常,不能追及既往。行政机关不得随意变更或撤销测绘资质。因公共利益的需要,必须变更或撤销测绘资质的,行政机关应当负责赔偿损失。

(八)监督与责任原则

谁审批,谁监督,谁负责。测绘资质审查要与行政机关的利益脱钩,与责任挂钩。行政机关不履行监督责任或监督不力,甚至滥用职权、以权谋私的,都必须承担法律责任。

四、测绘资质管理的内容

《中华人民共和国测绘法》规定了国家实行测绘资质管理制度,并授权国家测绘行政主管部门进行管理。测绘资质管理的内容包括以下几个方面。

(一)制定测绘资质管理规定,规定测绘资质证书的式样

《中华人民共和国测绘法》对测绘资质管理作出了原则性的规定,而其他测绘法规和规定要对测绘的业务范围、资质等级、资质条件、资质审查程序、资质审查内容、资质审查主体、不同等级的测绘资质证书的效力等作出具体的规定。

(二)测绘资质审查和发放测绘资质证书

测绘单位要按照国家测绘局颁布实施的《测绘资质管理规定》中测绘资质审查认证程序进行测绘资质的申请。国务院测绘行政主管部门和省、市、自治区、直辖市人民政府测绘行政主管部门按照各自的职责负责对进入测绘市场的主体按照取得测绘资质的条件进行资质审查,对符合条件的依法进行审批,予以行政许可,发放资质证书。

测绘单位的测绘资质证书由测绘主管部门统一发放。测绘资质证书的样式由国务院测绘行政主管部门统一规定。

从事测绘生产的单位实行市场准入制度,必须取得相应等级的测绘资质证书,不得超越其资质等级许可的范围从事测绘活动,或者以其他测绘单位的名义从事测绘活动,并不得允许其他单位以本单位的名义从事测绘活动。

(三)对测绘资质证书持证单位进行年度注册

由于我国正处在快速发展阶段,测绘单位的重组、合并、拆分、撤销、解散、兼并情况时有发生,因此对取得测绘资质证书的单位要进行动态管理,测绘资质证书持证单位要进行年度注册。每一年度在国务院测绘行政主管部门的统一部署下,国务院测绘行政主管部门和省、自治区、直辖市测绘行政主管部门按照规定的程序、在规定的时间内、按规定的条件和规定的内容,对测绘资质证书持证单位进行测绘资质注册,对不合格的给予降级或者取消测绘资质的处理。

(四)检查和处理未取得测绘资质证书擅自从事测绘活动和超越资质等级许可的范围从事测绘活动的违法行为

《中华人民共和国测绘法》对违反测绘资质管理制度的行为规定了法律责任:

(1)在测绘活动中,测绘单位不得超越其资质等级许可的范围从事测绘活动或者以其他测绘单位的名义从事测绘活动,并不得允许其他单位以本单位的名义从事测绘活动。

(2)违反测绘法规定,未取得测绘资质证书,擅自从事测绘活动的,责令停止违法行为,没收违法所得和测绘成果，并处测绘约定报酬一倍以上二倍以下的罚款。以欺骗手段取得测绘资质证书从事测绘活动的，吊销测绘资质证书，没收违法所得和测绘成果，并处测绘约定报酬一倍以上二倍以下的罚款。

(3)对超越资质等级许可的范围从事测绘活动的、以其他测绘单位的名义从事测绘活动的、允许其他单位以本单位的名义从事测绘活动的，由测绘行政主管部门责令停止违法行为，没收违法所得和测绘成果，处测绘约定报酬一倍以上二倍以下的罚款，并可以责令停业整顿或者降低资质等级，情节严重的，吊销测绘资质证书。

五、测绘资质管理的职责划分

测绘资质管理实行分级管理与属地管理相结合的办法，分级管理是测绘法规定的一项制度，属地管理是保障有效实施测绘法和有效地进行测绘资质管理的方法。

分级管理是指国务院测绘行政主管部门、省级测绘行政主管部门、市(地)级测绘行政主管部门、县级测绘行政主管部门按照法律法规的规定履行各自应当履行的职责。

属地管理是指测绘单位应当接受所在行政区域的测绘行政主管部门依法进行的测绘资质管理。

根据法律法规规定，各级测绘行政主管部门的职责分别如下所述。

(一)国务院测绘行政主管部门的职责

(1)承担统一监督管理全国测绘资质的职责。

(2)承担制定测绘资质管理具体办法的职责。

(3)承担规定测绘资质证书式样的职责。

(4)承担全国甲级测绘资质审查发证的职责。

(5)重大的“无证”测绘案件。

(二)省、自治区、直辖市测绘行政主管部门的职责

(1)承担本行政区域测绘资质的监督管理职责。

(2)承担受理本行政区域测绘单位资质申请的职责。

(3)承担本行政区域甲级测绘资质申请的转报工作。

(4)承担本行政区域乙、丙、丁级测绘资质的审查、发证。

(5)处理本行政区域违反测绘资质管理规定的案件。

(三)市(地)级测绘行政主管部门的职责

按照法律规定，市(地)级测绘行政主管部门不承担测绘资质审查的职责，但应当依法履行对测绘活动的监督，查处违反测绘资质管理规定的案件，也可以依据地方性法规受省、自治区、直辖市测绘行政主管部门的委托承担部分初审工作。

(四)县级测绘行政主管部门的职责

按照法律规定，县级测绘行政主管部门不承担测绘资质审查的职责，但应当依法履行对测绘活动的监督，查处违反测绘资质管理规定的案件。

第二节　测绘执业资格管理制度

执业资格是政府对某些责任重大、社会通用性强、关系公共利益的职业(专业)实行准

入控制的制度，是专业技术人员依法独立开展或者独立从事某种专业技术工作学识、技术和能力的必备标准。测绘执业资格是指自然人从事测绘活动应当具备的知识、技术水平和能力等。

《中华人民共和国测绘法》第三条规定："测绘事业是经济建设、国防建设、社会发展的基础性事业。"测绘工作广泛服务于经济、国防、科学研究、文化教育、行政管理和人民生活等诸多领域，属于责任重大、社会通用性强、专业技术性强、关系公共利益的技术工作。测绘成果是对国家版图、疆域的反映，体现了国家主权和政府意志。测绘成果的质量与国家的国民经济建设和人民生活密切相关，地籍测绘、房产测绘及其他一些成果的质量直接与人民群众的生活息息相关。所以，测绘执业资格理所当然地成为我国执业资格体系中的一员。

《中华人民共和国测绘法》第二十五条规定："从事测绘活动的专业技术人员应当具备相应的执业资格条件，具体办法由国务院测绘行政主管部门会同国务院人事行政主管部门规定。"《中华人民共和国测绘法》的这一条款确定我国实行对测绘专业技术人员的执业资格管理制度。

一、测绘执业资格的条件

《中华人民共和国测绘法》第二十五条规定："从事测绘活动的专业技术人员应当具备相应的职业资格条件，具体办法由国务院测绘行政主管部门会同国务院人事行政主管部门规定。"测绘人员取得测绘执业资格应当具备以下条件。

（一）具备足够的测绘知识

测绘专业按照专业内容可以分为大地测量、摄影测量与遥感、工程测量、地籍测量、房产测绘、界线测绘、地图制图、地理信息系统工程、海洋测绘等。测绘人员从事测绘活动必须了解、熟悉和掌握丰富的测绘理论知识。

在目前情况下，测绘执业资格中应当具备的知识水平是通过学历、学位来体现的。

（二）具备的技术水平

测绘人员从事测绘活动仅仅靠理论知识是无法产生测绘成果的。必须具备一定的测绘专业技能，必须能够掌握和熟练操作测绘仪器设备，必须具有一定的测绘生产经验。专业技术水平体现在以下几方面：

（1）必须能够承担测绘任务，完成测绘项目，提供符合要求的测绘成果；

（2）必须具备测绘仪器的操作技能，能够熟练使用各种测绘仪器；

（3）必须熟悉和掌握完成测绘项目所需的测绘标准、规范，并能够正确应用，以保证测绘成果的质量。

（三）具备的能力

测绘人员从事测绘活动必须具备测绘项目的设计能力、测绘生产的组织能力、对测绘成果质量的检查和验收能力。

测绘人员的能力是通过其从事测绘工作的资历、业绩、完成测绘成果的数量和质量状况来体现的。

测绘执业资格的对象是测绘专业技术人员，从事测绘活动的测绘专业技术人员必须具备执业资格条件。测绘行业的个人只有按照国家有关规定，经过法定的程序才能获得从事测绘活动的权利和资格。根据我国现行的行政管理体制，测绘行业的执业资格是在国务院人事行政部门的指导下,由测绘行政主管部门负责管理。

二、测绘执业资格的管理

从事测绘活动的专业技术人员要具备相应的测绘执业资格,才能从事测绘活动。我国实行测绘执业资格制度后,还要进行必要的管理。测绘执业资格管理是指国家对测绘执业资格作出具体规定,这些规定涉及测绘执业资格条件、考试以及执业资格认定、注册、继续教育等诸多具体问题。制定执业资格的管理办法,并由国务院人事行政主管部门和国务院测绘行政主管部门承担相应测绘执业资格管理责任,对从事测绘活动的测绘专业技术人员进行测绘执业资格考试、发放测绘执业资格证书、进行审验注册、依法查处非法从事测绘活动等。

(一)考试

执业资格通过考试方法取得,依法经过考试所取得的执业资格经注册后,全国范围内有效。

(1)参加考试的条件:全国应当统一规定参加执业资格考试的报名条件,这个条件在测绘执业资格管理办法中予以规定。凡符合规定条件的中华人民共和国公民,均可报名参加测绘执业资格考试。

(2)考试的组织:为了保证执业资格考试的客观、公正、严格,全国的测绘执业资格考试应当统一组织、统一政策、统一管理。执业资格考试工作由国务院测绘行政主管部门会同国务院人事行政主管部门组织进行,除此之外,其他任何人不得擅自组织进行测绘执业资格考试。

(3)考试的时间:测绘执业资格考试应当定期举行,全国统一时间。

(4)考试命题:测绘执业资格考试实行全国统一大纲、统一命题。

(二)测绘执业资格证书

经测绘执业资格考试合格的人员,由国家授予测绘执业资格证书。

测绘执业资格证书是证书持有人专业水平能力的证明,可作为求职、就业的凭证和从事特定专业的法定注册凭证。测绘执业资格证书全国范围内有效。

测绘执业资格证书由国家统一规定样式,统一核发。《中华人民共和国测绘法》第二十七条规定:测绘执业资格证书的样式由国务院测绘行政主管部门统一规定。

(三)测绘执业资格注册

测绘执业资格实行注册登记制度。注册是对测绘专业技术人员执业管理的重要手段。未经注册者,不得使用相应的名称和从事有关业务。

申请测绘执业资格注册的条件由《注册测绘师制度暂行规定》作出规定,包括:遵纪守法,遵守职业道德;取得测绘执业资格证书;身体健康,并能坚持在相应的岗位工作;经所在单位考核合格等。

(四)测绘执业资格的监督管理

测绘行政主管部门应当确定必须由取得测绘执业资格的人员充任关键岗位及遵守工作规范,并对关键岗位的执业人员上岗及执业情况检查监督,对违反岗位工作规范者要进行处罚。

测绘执业资格管理是我国的一项法定制度,对从事测绘活动的个人实行行政许可。测绘执业资格制度的建立,将形成一种新的测绘执业资格认证体系。

在市场经济条件下,测绘市场日益繁荣,各种不同体制的测绘企业大量出现,国家迫切需要采取措施,对进入测绘市场的专业技术人员的学识、技术水平和能力进行确认,并进行执业资格管理。实行测绘执业资格管理对我国国民经济发展和社会发展具有十分重要的意义,具体体现在以下几个方面。

第一,我国实行测绘执业资格管理是适应社会主义市场经济发展的要求。一方面,在市场经济条件下,随着测绘工作的社会性不断增强,测绘单位与行政主管部门逐步脱钩,成为无主管部门的单位。新增测绘专业技术人员的学识、技术和能力已经不能靠主管部门通过职称评定来确认,国家原有的测绘专业技术人员管理体制已经不能满足市场经济的要求,必须形成一种新的社会化的执业资格认证体系。另一方面,在市场经济条件下,民营测绘企业、合资合作测绘企业、股份制测绘企业的大量出现,迫切需要采取措施,对这些单位的专业技术人员的学识、技术水平和能力进行确认,迫切需要进行测绘执业资格管理。实行测绘执业资格管理是对测绘工作进行统一监督管理的重要组成部分。

第二,我国实行测绘执业资格管理是依法开展测绘单位测绘资质管理的需要。测绘资质管理制度是对测绘单位实行的行政许可和市场准入制度,测绘单位取得测绘资质证书最基本的条件就是具有与所从事测绘活动相应的测绘专业技术人员,各等级测绘资质单位的基本条件就是具备一定数量的各种层次的测绘专业技术人员。但是,随着测绘工作的市场化、测绘单位的社会化,测绘单位成为无主管部门的经营实体。在这种情况下,测绘专业技术人员的执业资格无法像过去那样通过其主管部门确认,对测绘专业技术人员没有法定的确认制度,测绘单位自身认定的专业技术人员没有合法的执业资格,不能作为测绘单位具有相应的测绘专业技术人员来看待。在这种情况下,实行统一的测绘执业资格管理十分必要。

第三,我国实行测绘执业资格管理是保障测绘为国民经济和社会发展提供高效、高质量的服务的需要。测绘是国民经济建设、国防建设的一项先行性、基础性工作,测绘成果的质量高低直接关系到国民经济的建设、社会的进步与发展及广大人民的生活水平。测绘执业资格管理就是对测绘专业技术人员的学识、技术和能力进行考察,达到一定水平的测绘专业技术人员才能允许从事测绘专业技术工作,这样做才能保证测绘成果符合标准,保证测绘成果质量,避免测绘成果的粗制滥造,从而有效地保障为国民经济和社会发展提供、高质量的测绘服务。

第四,我国实行测绘执业资格管理是维护测绘市场秩序的需要。通过测绘执业资格管理,有效地规范测绘市场主体的行为,维护测绘市场秩序,充分运用测绘执业资格管理手段,防止违法测绘活动,维护公平竞争。

第五,我国实行测绘执业资格管理有利于测绘专业技术队伍的建设。通过测绘执业资格管理,不断提高专业技术人员的业务水平和素质,有利于加速测绘专业人才培养,提高测绘专业技术队伍的整体水平。

第六,我国实行测绘执业资格管理有利于我国对外开放,走出国门,使测绘融入经济全球化之中。在加强测绘管理方面,许多国家的测绘法都对测绘专业技术人员的市场准入条件进行了明确的规定和严格的限制。很多国家是通过实行注册测绘师制度来加强对测绘专业技术人员的规范和管理的,如日本、澳大利亚、马来西亚、美国、加拿大、德国、英国等国家。现在国际上通行的注册测绘师制度,就是我们所称的测绘执业资格制度。这些国家对测绘人员执业资格进行了分级,并对执业的授予程序、条件,如专业知识和学历、测绘实践、资格考试等方面都作了严格的规定。测绘专业技术人员依法取得相应的执业资格,有利于被国际上所承认,促进我国测绘工作与国际上的合作与交流。

三、注册测绘师制度

2007 年 1 月 24 日,人事部、国家测绘局共同颁布《注册测绘师制度暂行规定》、《注册测绘师资格考试实施办法》、《注册测绘师资格考核认定办法》,标志着我国测绘行业正式建立注册测绘师制度。法定的测绘执业资格制度对测绘专业技术人员的市场准入条件进行了明确的规定和严格的限制,在具体实施中定义为注册测绘师制度。

《注册测绘师制度暂行规定》第四条规定:“本规定所称注册测绘师,是指经考试取得《中华人民共和国注册测绘师资格证书》,并依法注册后,从事测绘活动的专业技术人员。”

取得注册测绘师资格应当具备以下基本条件:

(1)政治条件合格:为中华人民共和国公民,遵守国家法律、法规,恪守职业道德。

(2)符合必要的业务条件:测绘类专业大专学历,从事测绘工作满 6 年;或者测绘类专业大学本科学历,从事测绘工作满 4 年;或者测绘类专业在内的双学士学位或者测绘类研究生班毕业,从事测绘工作满 3 年;或者测绘类专业硕士学位,从事测绘工作满 2 年;或者测绘类专业博士学位,从事测绘工作满 1 年;其他理工类或者工学类专业学历或者学位的人员,其从事测绘业务的工作年限相应增加 2 年。

(3)考试合格:参加依据《注册测绘师制度暂行规定》组织的全国统一大纲、统一命题、每年举行一次的考试,并在一个考试年度内考试科目全部合格。

具备以上注册测绘师资格基本条件的测绘专业技术人员可以取得注册测绘师资格,由国家颁发由国务院测绘行政主管部门统一制定的“中华人民共和国注册测绘师资格证书”,证明本人具有测绘专业水平能力,并在全国范围内有效。

国家对注册测绘师资格实行注册执业管理,取得“中华人民共和国注册测绘师资格证书”的人员,经过注册后方可以注册测绘师的名义从事测绘活动。未经法定机构注册,即便持有“中华人民共和国注册测绘师资格证书”,也不能以注册测绘师的名义从事测绘活动。

注册测绘师要依照《注册测绘师制度暂行规定》,在具有测绘资质的单位,开展与该单位测绘资质等级和业务许可范围相应的测绘执业活动,具有良好的执业能力,承担执业责任。享有注册测绘师的权利,履行注册测绘师的义务。

《中华人民共和国测绘法》第四十六条规定:“违反本法规定,未取得测绘执业资格,擅自从事测绘活动的,责令停止违法行为,没收违法所得,可以并处违法所得二倍以下的罚款;造成损失的,依法承担赔偿责任。”

第三节　测绘人员合法权利保障制度

测绘人员在踏勘、控制测量、数据采集时经常从事外业工作。测绘外业工作是指测绘人员离开单位驻地,在野外从事具体的测绘活动。测绘外业工作流动性大,人员分散作业,施测时间不定,涉及的单位和个人很多。测绘工作人员在进行测绘时,要与许多单位和人员发生相关关系,需要得到支持和配合。为了保障测绘人员进行野外测绘需要的合法权利,就要给测绘人员提供一个身份证明，在野外测绘时出示给另一方当事人表明身份，在对方已经知情的前提下，必须提供便利。这个身份证明称做测绘作业证件，也就是说，测绘作业证件是指证明正在进行测绘活动的作业人员的合法身份的证件，主要用于测绘外业工作，以保证测绘外业工作的顺利进行，保护测绘人员的正当合法权利。

《中华人民共和国测绘法》第二十六条规定："测绘人员进行测绘活动时，应当持有测绘作业证件。任何单位和个人不得妨碍、阻挠测绘人员依法进行测绘活动。"

测量标志是野外测绘的基本依据，没有测量标志，野外测绘工作将无法完成。同时，测量标志是我国的宝贵财产，是国家投入巨额资金，由无数测绘人员经过数十年的辛勤劳动建立起来的，需要加强保护。野外测绘人员使用测量标志时，应当具有合法的身份和合法的使用目的，并不得损坏测量标志。

《中华人民共和国测绘法》第三十八条规定："测绘人员使用永久性测量标志，必须持有测绘作业证件，并保证测量标志的完好。"

《中华人民共和国测绘法》规定了为保障合法的测绘活动，需要测绘从业人员出示有法律效力的、能证明其身份和行为性质的证件，以维护施测现场单位和个人的知情权。另外，《中华人民共和国测绘法》为测绘人员设置了一项义务：凡不能出示有效测绘证件的，所进行的测绘活动有可能得不到相关单位和个人的配合和支持；凡在施测时已出示有效测绘作业证件的，所进行的测绘活动受到法律保护，施测人员有权要求有关单位和个人提供便利，并给予配合和支持。为持有测绘作业证件从事测绘活动的测绘人员提供便利是与测绘活动发生关系的单位和个人的法定义务。

测绘作业证件是测绘人员身份的证明，为测绘人员提供了权利保障，但是它的效力是有限的，所以持有测绘作业证件的测绘人员的权利是有限的。一般地说，它适用于下列情况：一是测绘人员与从事测绘活动所在地的人民政府和有关单位、个人联系工作时，二是使用测量标志时，三是接受测绘管理部门的执法监督检查时，四是进入机关、厂矿、住宅、耕地或者其他地块时，五是办理与所进行的测绘活动相关的其他事项时。其不适用于测绘人员进入保密单位、军事禁区和法律法规规定的需要特殊审批的区域进行测绘活动。进入保密单位、军事禁区和法律法规规定的需要特殊审批的区域进行测绘活动时，应当按照规定经有关部门批准，并持有测绘作业证件及其相应的批准文件进入。

测绘作业证件制度是测绘法规定的一项制度。测绘作业证件的管理有以下几项内容：

(1)测绘行政主管部门依法作出测绘作业证件的具体规定。

为了有效地实施测绘作业证件制度，规范测绘作业证件管理活动。国家测绘局制定了《测绘作业证管理规定》，并向社会公布，使全社会了解这项制度。在《测绘作业证管理规定》中明确规定了领取测绘作业证件的主体、条件、用途、样式、发证机关、发证程序、换证程序、证件使用、证件管理、法律责任等事项。

(2)按照规定的办法和程序审核并颁发测绘作业证件。

①领取测绘作业证件的人员包括测绘外业作业人员、需要持有测绘作业证件进行作业的其他测绘人员、测绘生产技术管理人员等。领取测绘作业证件的人员的工作单位必须具有相应的测绘资质，测绘人员本身具有合法的资格等。

②国务院测绘行政主管部门负责测绘作业证件的统一管理工作，统一印制测绘作业证件；省、自治区、直辖市人民政府测绘行政主管部门负责测绘工作作业证件的审核、发证和监

督管理工作，也可以委托市（地）级人民政府测绘行政主管部门受理申报和审核发证。

③测绘作业证由测绘单位统一申请领取，个人不能到测绘行政主管部门办理，其程序是：测绘单位填写“测绘作业证申请表”、“测绘作业证申请汇总表”，报单位所在地的省、自治区、直辖市测绘行政主管部门审批、发证。

（3）对测绘作业证件的使用进行监管的行政活动。

①注册：我国对测绘作业证件实行注册制度，注册工作由省、自治区、直辖市测绘行政主管部门负责，按照规定的年限进行注册。

②收回：测绘单位对于调离、退休的人员应收回测绘作业证件，交回发证机关。

③对违法测绘作业证件管理的行为予以查处。

思考与分析题

1.2007 年 5 月，湖北省测绘局在管理工作中发现，武汉某航空遥感技术有限公司于 2003 年 10 月至 2005 年 11 月期间，在未取得测绘资质证书的情况下，擅自承揽并实施了某高速公路某某段航空摄影项目。武汉某航空遥感技术有限公司的行为违反了《中华人民共和国测绘法》的哪一条规定？依据《中华人民共和国测绘法》应当如何处理？

2.2007 年宁波市规划局在测绘资质监督检查中发现，浙江某工程勘察公司在申请测绘资质证书时，以欺骗手段提供了 4 名技术人员的虚假材料，于 2005 年 2 月取得了测绘资质，领取了测绘资质证书。浙江某工程勘察公司的行为属于什么行为？违反了《中华人民共和国测绘法》和《测绘资质管理规定》的哪些法律法规的规定？应怎样进行处理？

3.2008 年 1 月，江西省测绘局根据举报，对某大地勘测设计有限公司以欺骗手段取得测绘资质证书的行为进行立案调查。经查，某大地勘测设计有限公司在 2005 年 12 月申办丙级测绘资质证书时，伪造一名中级测绘专业技术人员的职称证书和学历证书，以欺骗手段取得了测绘资质证书。该公司以欺骗手段取得测绘资质证书的行为违反了《中华人民共和国测绘法》第几条的有关规定？应怎样进行处理？

4.2008 年 6 月，浙江省测绘局根据有关部门反映，以涉嫌无资质测绘对杭州某信息科技有限公司进行立案调查。经查，杭州某信息科技有限公司在未取得测绘资质证书的情况下，制作三维仿真城市地图。截至 2008 年 5 月，该公司已陆续完成了国内 79 个城市的三维仿真城市地图的制作，并在公司门户网站上登载，获得人民币 27.3 万元。该公司的行为属于什么行为？违反了《中华人民共和国测绘法》哪一条的有关规定？应怎样进行处理？

第四章 测绘项目与测绘市场管理制度

社会主义市场经济的发展以及市场机制的不断完善,使我国的测绘市场得到不断的完善和发展。20 世纪 90 年代初,以往测绘工作中的计划管理模式被打破,取而代之的是市场经济模式,大量的测绘项目投入市场发包,测绘单位则进入测绘市场承揽测绘项目和任务。随着近几年我国不断加大基础设施建设,目前,我国的测绘市场已经形成一个由房产测绘、地籍测绘、建立地理信息系统、工程测量、摄影测量、GPS 测量、地图编制出版、导航电子地图制作等构成的综合性市场,据国家测绘局统计,2008 年测绘产值(服务总值)达 367.734 亿元,已成为我国市场经济的重要组成部分。据不完全统计,目前参与测绘市场并已取得测绘资质的单位有 11000 多个。但是,测绘市场秩序相当混乱,存在一些亟待解决的问题。如:招标投标、承发包活动不规范,不公平竞争、不正当交易、恶性压价竞争,无资质测绘现象依然存在,非法编制出版地图、测绘基准和测绘系统混乱、重复测绘、浪费资源、数据信息标准不规范等。

因此,很有必要对测绘项目和测绘市场实行统一监督管理,建立一个统一、开放、有序、竞争、充满活力又规范的测绘市场。测绘法律法规从测绘项目的技术管理、规划管理以及测绘市场的监督管理等方面作了有效的要求和规定。

第一节 测绘项目规划管理制度

测绘规划是国家或地方政府为了保障国家经济建设、国防建设战略目标的实现和科学技术水平的不断提高而编制的测绘事业的长远发展计划。测绘规划可分为五类:基础测绘规划、专业测绘规划、军事测绘规划、地籍测绘规划、海洋基础测绘规划。下面重点介绍基础测绘规划和专业测绘规划。

一、基础测绘与基础测绘规划

基础测绘是指建立全国统一的测绘基准和测绘系统,进行基础航空摄影,获取基础地理信息的遥感资料,测制和更新国家基本比例尺地图、影像图和数字化产品,建立、更新基础地理信息系统。国家对基础测绘实行分级管理,并建立定期更新机制。

基础测绘规划包括全国性的基础测绘规划和其他重大测绘项目规划、省级测绘规划和其他重大测绘项目规划以及市、县级的基础测绘规划。基础测绘规划在谋划测绘发展项目、筹集测绘发展资金、保障测绘协调发展等方面发挥了“龙头”的作用。

各级基础测绘应根据基础测绘规划制定相应的年度计划。《中华人民共和国测绘法》第十四条规定:“县级以上人民政府应当将基础测绘纳入本级国民经济和社会发展年度计划及财政预算。国务院发展计划主管部门会同国务院测绘行政主管部门,根据全国基础测绘规划,编制全国基础测绘年度计划。县级以上地方人民政府发展计划主管部门会同同级测绘行政主管部门,根据本行政区域的基础测绘规划,编制本行政区域的基础测绘年度计划,并分别报上一级主管部门备案。”

(一)基础测绘规划的编制程序和原则

《中华人民共和国测绘法》第十二条规定:“国务院测绘行政主管部门会同国务院其他有关部门、军队测绘主管部门组织编制全国基础测绘规划,报国务院批准后组织实施。县级以上地方人民政府测绘行政主管部门会同本级人民政府其他有关部门根据国家和上一级人民政府的基础测绘规划和本行政区域内的实际情况,组织编制本行政区域的基础测绘规划,报本级人民政府批准,并报上一级测绘行政主管部门备案后组织实施。”

依据测绘法的规定,编制测绘规划的程序是:

(1)全国性的基础测绘和其他重大测绘项目规划由国务院测绘行政主管部门编制,并按照分工组织实施;

(2)县级以上行政区域的基础测绘和其他重大测绘项目规划,由相应的人民政府测绘行政主管部门根据本行政区域内的实际情况编制,并报国务院测绘行政主管部门备案后组织实施;

(3)军事测绘规划,由军队测绘主管部门组织编制并实施;

(4)专业测绘规划,由国务院其他有关部门编制本部门专业测绘规划,报国务院测绘行政主管部门备案后组织实施;

(5)地籍测绘规划,由国务院测绘行政主管部门会同国务院土地管理部门和国务院其他有关部门编制,由国务院测绘行政主管部门组织协调实施。

测绘规划是测绘工作的长远目标、措施和安排,其编制的原则是:

(1)根据实际情况编制;

(2)省级及市、县级测绘规划编制根据国家和上一级人民政府的基础测绘规划编制;

(3)统一规划与分部门规划相结合。

(二)基础测绘规划的实施

基础测绘规划的实施包括两个方面:一方面,国务院测绘行政主管部门、军队测绘主管部门、国务院其他有关部门以及省级及市、县级测绘行政主管部门根据测绘规划和测绘法规定的权限、要求、分工,对测绘规划进行组织实施;另一方面,测绘规划通过测绘年度计划分步进行,分解为各级各类测绘项目,由测绘单位签订测绘合同,并组织实施。

二、专项测绘与专项测绘规划管理

在测绘活动中,有很多涉及国家利益、集体利益和人民群众的切身利益,特别是地籍测绘和房产测绘。地籍测绘是确认土地的权属和土地管理的基础性工作,通过地籍测绘依法区分各类组织和人民群众的土地使用权,为国家土地管理提供依据。房产测绘是确认房产所有权的基础性工作,为国家房产管理提供依据。地籍测绘和房产测绘成果的可靠性与准确性,直接关系到国家、各类组织和人民群众的利益。近些年来,土地纠纷和房产纠纷大幅度增加,其中很多都与地籍测绘和房产测绘有关,由于地籍测绘成果和房产测绘成果出现错误,造成侵害国家、组织和人民群众利益的事件屡有发生。所以,我们说专项测绘涉及国家、各类组织和人民群众的切身利益,必须进行严格的统一规划和管理。

(一)地籍测绘与地籍测绘管理

地籍测绘是地籍测绘管理的基础性工作,是国家测绘工作的重要组成部分。地籍测绘是在地籍调查的基础上进行的,地籍测绘涵盖了最先进的测绘高新技术。地籍测绘成果包括控制点和界址点坐标、地籍图和地籍表册,为土地管理提供准确、可靠的地理参考系统,具有很强的现势性,是勘验取证的法律依据。地籍测绘是政府行使土地行政管理职能的具有法律意义的行政性技术行为。

《中华人民共和国测绘法》第十八条规定:"国务院测绘行政主管部门会同国务院土地行政主管部门编制全国地籍测绘规划。县级以上地方人民政府测绘行政主管部门会同同级土地行政主管部门编制本行政区域的地籍测绘规划。县级以上人民政府测绘行政主管部门按照地籍测绘规划,组织管理地籍测绘。"同时,测绘行政主管部门在编制地籍测绘规划时,要保持与同级政府基础测绘规划以及其他有关规划进行衔接,避免重复测绘。

测绘行政主管部门要依法组织管理地籍测绘。审核、监督参与地籍测绘的测绘单位的资质,按照《中华人民共和国测绘法》要求监督检查采用符合国家标准的基础地理信息数据,建立地籍管理信息系统,保证地籍测绘成果质量,并加强对地籍测绘标准化的管理,确保国家地籍测绘的各项标准、规范得到全面正确的实施。

(二)房产测绘与房产测绘管理

房产测绘是采集和表述房屋及房屋用地的有关信息,为房产产权、产籍管理、房地产开发利用、交易、征收税费以及城镇规划建设提供数据和资料的活动。房产测绘通过利用测绘手段测定和表述房屋及其自然状况、权属状况、位置、数量、质量和利用状况及其属性等信息,为房产产权、产籍管理等提供基础数据。

《中华人民共和国测绘法》第二十条规定:"城市建设领域的工程测量活动,与房屋产权、产籍相关的房屋面积的测量,应当执行由国务院建设行政主管部门、国务院测绘行政主管部门负责组织编制的测量技术规范。"建设部、国家测绘局于2000年联合制定了我国第一个房产测绘国家标准《房产测量规范》(GB/T 17986—2000),并由国家质量技术监督局发布实施。《房产测量规范》(GB/T 17986—2000)是落实《中华人民共和国测绘法》确定的房产测绘管理职能的具体体现。

房产测绘单位在测量过程中必须严格执行相关规范,以保证房产测量成果的质量,维护房屋产权人的合法权益。房地产行政主管部门应当对房地产施测单位资质、测绘成果的适用性、界址点的准确性、面积量算依据与方法等内容进行审核。审核后的房产测绘成果纳入房产档案统一管理。测绘行政主管部门在监督检查房产测绘成果时,应当与房产行政主管部门相互配合,协调一致,做到依法监管。

房产测绘成果与人民的切身利益密切相关,带有一定的权威性、法定性。因此,测绘行政主管部门应当与房地产行政主管部门相互配合,依法查处房产测绘违法案件,对无证测绘、弄虚作假、房产面积测算失误、造成重大损失的行为,应当按照相关法律进行严惩。

三、其他专项测绘的管理

《中华人民共和国测绘法》第二十条规定:"城市建设领域的工程测量活动,与房屋产权、产籍相关的房屋面积测量应当执行由国务院建设行政主管部门、国务院测绘行政主管部门负责组织编制的测量技术规范。水利、能源、交通、通信、资源开发和其他领域的工程测量活动,应当按照国家有关的工程测量技术规范进行。"

第二节　测绘市场监督管理制度

前已提及,测绘市场发展进程中存在许多不规范、不合理的现象,为此,就需要通过测绘行政管理对测绘市场的发展进行监督、规范和调控。在我国,通过《中华人民共和国测绘法》以及《测绘市场管理暂行办法》等法律、法规和规章制度规定了多项规范和管理测绘市场的制度,包括:测绘资质审查认证制度、测绘任务登记制度、测绘活动准则(包括签订合同、测绘项目招标投标及承发包、测绘收费、测绘成果交易等)、测绘产品质量监督检验制度等,同时,引入市场自然培养机制和市场公平竞争、市场规范交易等规则或者说原则。通过多种手段、多种渠道对测绘市场的有序运行进行客观、公正的监督和管理。

一、测绘资质的监督审查

《中华人民共和国测绘法》第二十二条规定:“国家对从事测绘活动的单位实行测绘资质管理制度。”

依据《中华人民共和国测绘法》的要求,测绘市场实行准入制度。测绘单位只有取得相应等级的测绘资质,才能参与测绘项目的招标投标,才能进入测绘市场承揽测绘项目。因此,首先要建立测绘资质的审查制度。

《中华人民共和国测绘法》第二十三条规定:“国务院测绘行政主管部门和省、自治区、直辖市人民政府测绘行政主管部门按照各自的职责负责测绘资质审查、发放资质证书,具体办法由国务院测绘行政主管部门商国务院其他有关部门规定。军队测绘主管部门负责军事测绘单位的测绘资质审查。”

由以上规定可知,实施测绘资质审查的主管机关将根据测绘单位所具有的技术条件,经过资格评定,确认其是否具有与其业务能力相适应的资质,对符合要求的发给相应资质证书。同时,《中华人民共和国测绘法》和相应法规也明确了审查机关对资质审查的范围和权限:国务院其他有关部门管辖系统内的测绘单位在承担本部门业务范围内的测绘任务时,由该部门进行测绘资质审查;军事测绘单位的资质审查由军队测绘主管部门负责;除上述两种情况外的所有测绘单位在承揽测绘项目时由国务院测绘行政主管部门和省、自治区、直辖市人民政府测绘行政主管部门按照各自的职责负责测绘资质审查、发放资质证书。

另外,测绘单位具有测绘资质方可进入测绘市场,承揽测绘项目。而测绘单位承揽测绘项目的能力要与其具有的测绘资质的业务范围相一致。测绘单位不能超越测绘资质等级承揽超出其能力范围的工程项目。各级测绘行政主管部门经检查发现超越资质等级进行测绘的要依照《中华人民共和国测绘法》进行处罚。

国家测绘局颁布实施的《测绘资质管理规定》对测绘资质审查认证程序作了具体而详尽的规定,主要内容有:《测绘资质证书》有效期为 5 年;测绘单位自取得之日起,一般 2 年后方可申请升级;申请单位以欺骗、贿赂等不正当手段取得测绘资质的,应当予以撤销,并依法给予处罚,并在 3 年内不得再次申请测绘资质等。其他内容可参照本篇第九章测绘法律法规选辑。

通过建立测绘资质审查制度,则可以有效地限制低水平重复建立测绘队伍,并规范测绘市场主体,从而创造测绘市场公平竞争的环境。

二、测绘市场活动监督管理

测绘市场活动是指企业单位、事业单位、个体测绘业者，以及其他经济组织相互之间以及他们与其他部门、单位、个人之间的测绘项目的委托、承揽、技术咨询服务或测绘成果交易等活动。

(一)测绘项目

测绘项目可分为以下几类:

(1)国家和地方的计划性测绘项目，是由国家和地方测绘行政主管部门以测绘规划为依据制定的国家和地方测绘计划，并以国家基本测绘计划下达给测绘单位的项目，这样的测绘项目必须按时、保质、保量地完成。一般是指国家和地方的基础测绘项目、地籍测绘项目、重大测绘项目等。

(2)国务院其他主管部门和省一级专业主管部门的计划性测绘项目，是指由各经济建设主管部门，根据本部门专业工作需要，纳入本部门计划的测绘项目，如计划性的地质勘探测量、水利设施测量、铁路及公路测量等测绘项目。

(3)市场项目，是指测绘生产单位接受企事业单位委托，以经济合同形式确定的测绘项目。

(二)测绘合同管理

测绘合同的管理机关包括国家各级工商行政管理部门和各级测绘行政主管部门，其性质属于加工承揽合同的范畴。测绘合同管理的依据包括《中华人民共和国合同法》以及《测绘市场管理暂行办法》等。订立测绘合同应当采用书面形式，并使用国家各级工商行政管理和国家测绘局共同制定的统一文本。合同应该明确以下内容。

1.委托方的权利与义务

(1)委托方的权利:检验承揽方的测绘资质证书，对委托的项目提出符合国家有关规定的技术、质量、价格、工期等要求，对于由承揽方未履行合同造成的经济损失提出赔偿要求，明确规定承揽方完成的成果的验收方式，按合同约定测绘成果的所有权或使用权。

(2)委托方的义务:遵守有关法律法规、履行合同;向承揽方提供与项目有关的可靠的基础资料，并为承揽方提供必要的工作条件;向测绘项目所在省、自治区、直辖市测绘行政主管部门汇交测绘成果目录或副本;执行国家规定的测绘收费标准。

2.承揽方的权利与义务

(1)承揽方的权利:公平参与市场竞争，获得所承揽的测绘项目应得的价款，按合同约定享有测绘成果的所有权或使用权，拒绝委托方提出的违反国家规定的不正当要求，对于委托方未履行合同而造成的经济损失提出赔偿要求。

(2)承揽方的义务:遵守有关的法律、法规，全面履行合同，遵守职业道德;保证成果质量合格，按合同约定向委托方提交成果资料;测绘合同的工期按照国家测绘局制定的《测绘生产统一定额》计算;测绘合同的价款按照国家测绘局颁发的现行《测绘生产成本费用定额》的测绘收费标准计算或由国家物价主管部门批准。

(三)测绘项目承发包管理

目前，测绘项目由原来的计划机制运作转变为依靠市场机制运作，大量的测绘项目投入市场发包，测绘单位进入测绘市场承揽测绘任务。在这种条件下，测绘项目承发包活动越来越多,特别是大量的测绘项目采取了招标投标的方式确定承包单位。为了规范和维护市场秩序,政府依法进行必要的监督是应当的,尤其是测绘活动具有其特殊性,是一种经许可才能开展的活动,对承发包活动进行监督是更必要的。

1. 监督管理测绘项目承发包的意义

各级测绘行政主管部门要监督检查测绘项目的承发包,其意义有以下几个方面。

1)规范测绘项目承发包行为

随着市场经济的发展和管理体制改革的不断深入,越来越多的测绘队伍进入市场,测绘市场出现许多不规范甚至是违法的行为。例如:有些测绘项目发包方将测绘项目以低于成本的价格发包给无相应测绘资质的单位,有的测绘项目几经转包后,其直接用于测绘项目的费用不足测绘成本的50%,由于入不敷出,往往拖延工期,甚至偷工减料,造成测绘成果质量低劣,对后续的各项工程建设造成重大质量隐患。在测绘项目承发包活动中,存在“暗箱操作”现象,不通过公平竞争的程序确定承包单位,按照规定应当招标而不进行招标,招标投标程序不规范,违反公开、公平、公正的原则,甚至有些招标人与投标人进行权钱交易,行贿受贿,搞虚假招标,投标人串通投标,进行不公平竞争。这些现象和事件造成了测绘市场的混乱,因此很有必要通过测绘行政主管部门对测绘项目承发包活动进行监督,以规范测绘项目承发包活动。

2)保护国家利益

测绘项目中有较多是政府各部门发包测绘项目,或是涉及国家秘密事项的测绘项目,因此对测绘项目承发包进行监督,特别是对招标投标活动进行监督,对于保障财政资金和其他国有资金的节约、合理有效的使用具有重要意义,对于防止重复投资、重复测绘具有重要意义,也有利于创造公平竞争的市场环境,这正是我们建立社会主义市场经济体制所要实现的目标。创造一种公平竞争的环境,有利于促进测绘事业健康发展,有利于促进测绘事业为国民经济和社会发展服务。

3)保护公共利益

测绘是涉及各个领域的一项基础性工作,测绘成果的质量直接影响各个领域中以测绘成果为基础的各项工作的质量,对测绘项目承发包进行监督,保障承包测绘项目的主体具有合法的资质,保障承发包活动合法有序,对于保证测绘成果的质量具有重要作用。

4)保护承发包当事人的合法权益

通过对测绘项目承发包活动的监督,促进承发包活动合理合法地开展,打破地方保护和部门封锁,防止非法干预承发包的事件发生,对于保护当事人的合法权益具有重要作用。

监督的法律依据包括《中华人民共和国测绘法》、《中华人民共和国招标投标法》、《反不正当竞争法》和《中华人民共和国价格法》等,也包括《测绘市场管理办法》等法规制度。依据这些法律法规的要求,进入测绘市场的测绘项目,金额超过100万元的,应由省测绘管理机构和工商行政主管部门负责测绘项目招标投标的监督管理。金额在50万元至100万元的测绘项目,应由市管理测绘工作的部门和工商行政管理部门负责测绘项目招标投标的监督和管理。金额在20万元至50万元的县级以上重大工程测绘项目,由县(市)管理测绘工作的部门和工商行政管理部门负责测绘项目招标投标的监督管理。

招标单位须制定规范的招标文件,为投标单位提供有关资料,投标单位须按招标文件的要求填写标书。投标单位以其实力参与竞争,禁止投标单位之间或招标投标单位之间恶意串通,损害国家或者第三方利益。评标工作应实行公正、公开的原则,当众开标、议标、确定中标单位。

2.《中华人民共和国测绘法》对承发包的规定

《中华人民共和国测绘法》对测绘项目的承发包作出规定,主要包括以下内容:

(1)测绘项目的发包单位不得向不具备相应测绘资质等级的单位发包,不得把测绘项目发包给没有测绘资质或者测绘资质等级不符合要求的测绘单位。测绘项目的承包方必须以自己的设备、技术和劳动力完成所承揽项目的主要部分。测绘项目的承包方可以向其他具有测绘资质的单位分包,但分包量不得大于该项目总承包量的40%。分包出的任务由总承包方向发包方负完全责任。测绘项目的招标投标及承发包,必须遵守国家的有关法律法规,禁止行贿、受贿及账外暗中回扣等违法行为。

(2)测绘项目的发包单位不得迫使测绘单位以低于测绘成本承包。当前,在我国的经营性测绘活动中,被迫压价竞争现象比较普遍,测绘收费平均压到了国家指导价的50%,有的甚至只达到30%。有些测绘项目发包方以最低承包价确定承包单位,迫使测绘单位以低于测绘成本承包,严重损害了测绘单位的利益,造成测绘成果质量低劣,给后续的各项工程建设造成重大的质量隐患。

(3)测绘单位不得将承包的测绘项目转包。《中华人民共和国招标投标法》第四十八条规定:"中标人应当按照合同的约定履行义务,完成中标项目。中标人不得向他人转让中标项目,也不得将中标项目肢解后分别向他人转让。"因此,测绘单位不得将承包项目转包。但是,有些单位和个人不顾发包单位的权益,将测绘项目层层转包,从中牟取暴利,使测绘成果质量难以得到保证;有些单位和个人与测绘项目发包方搞私下交易,暗中回扣,严重扰乱了测绘市场秩序,败坏了社会风气。

(四)测绘质量与价格管理

1.测绘质量监督管理

《中华人民共和国测绘法》第三十四条规定:"县级以上人民政府测绘行政主管部门应当加强对测绘成果质量的监督管理。"

测绘成果的质量管理工作是测绘工作的核心内容,测绘成果的质量直接关系到各类工程建设的质量和效益,当然也是关系着测绘单位在市场竞争中生存和发展的大问题。《中华人民共和国测绘法》第三十四条规定:"测绘单位应当对其完成的测绘成果质量负责。"在实践中,因测绘成果质量存在问题,使后续建设受影响,造成重大损失的实例时有发生。《中华人民共和国测绘法》对各级政府测绘行政主管部门的测绘成果质量监督管理职责进行了明确规定。

目前,对测绘成果监督管理的办法主要有以下几个方面:

(1)做好测绘标准化管理工作,监督测绘标准的实施。

(2)规范测绘单位的质量管理体系。测绘单位应当按照国家有关规定建立本单位的测绘成果质量管理体系。国务院测绘行政主管部门或者省、自治区、直辖市人民政府测绘行政主管部门在审定测绘单位资质时,将测绘单位的质量保证体系是否健全作为一个重要条件。

(3)测绘仪器检定的监管。测绘仪器是测绘的基本工具,测绘仪器是否合格,是保证测绘成果质量的基本条件。因此,测绘仪器检定是保证测绘成果质量的重要一环。对于测绘仪器检定,国家有相关的规定,测绘行政主管部门应当对测绘仪器检定加强监管。测绘仪器检定是审批测绘资质或测绘资质年度检验的一项重要考核因素。

(4)组织对测绘成果质量进行抽样检验。

2. 测绘产品价格管理

目前,在测绘市场上,存在大量测绘产品价格与价值严重背离的现象,其中的主要原因是测绘行业内部日益严重的压价竞争。这种情况既损害了测绘单位的利益,也会严重影响测绘事业的发展,严重影响测绘行业的社会地位。按照《测绘市场管理暂行办法》第三十一条规定:“测绘项目承揽和测绘成果交易收费标准为国家测绘局颁布的《测绘收费标准》。除国家定价的测绘产品以外,其他测绘产品价格实行市场价格。”第三十二条规定:“对已列入《测绘收费标准》的测绘产品,计费不得低于《测绘收费标准》规定标准的百分之八十五。”

要想遏制这种压价竞争的现象蔓延,使测绘技术、劳务的价格回归其价值,首先要加强测绘市场监督和管理,严格执行有关规定;其次可以成立行业协会,充分发挥行业协会的作用,规范测绘市场,维护本行业的利益,禁止压价竞争、违法招标投标等不正当竞争行为。

第三节　测绘项目技术管理制度

测绘项目技术管理主要从技术立法,技术基础设施建立,技术业务及质量保障,技术创新及新技术、先进设备使用、推广等几方面加以规范和管理。对此,测绘法律法规对建立测绘基准和测绘系统、制定测绘技术规范和标准、坐标系统选择、测绘质量监督管理等内容作了明确要求和规定。

一、测绘项目必须采用国家统一的测绘基准和测绘系统

《中华人民共和国测绘法》第五条规定:“从事测绘活动,应当使用国家规定的测绘基准和测绘系统,执行国家规定的测绘技术规范和标准。”

《中华人民共和国测绘法》第八条规定:“国家设立和采用全国统一的大地基准、高程基准和重力基准,其数据由由国务院测绘行政主管部门审核,并与国务院其他有关部门、军队测绘主管部门会商后,报国务院批准。”

《中华人民共和国测绘法》第九条规定:“国家建立全国统一的大地坐标系统、平面坐标系统、高程系统、地心坐标系统和重力测量系统。”

以上条款要求测绘单位从事测绘活动应当使用国家规定的测绘基准和测绘系统,以保证测绘成果的可靠性,便于测绘成果共享。

二、测绘标准化制度

测绘标准是国家测绘行政主管部门根据测绘事业的发展需要,以测绘科学技术和生产实践的综合成果为基础,经有关方面协商一致,经国家标准行政主管部门批准、颁布的关于测绘技术方法、产品质量、品种规格、地图表示、数据库建设、生产技术管理等统一规定的技术文件。

测绘标准的形式包括标准、规范、图式、规定、细则等多种,其范围涵盖了大地测量、摄影测量与遥感测绘、地图编制与印刷、工程测量、界线与地籍测绘、海洋测绘、地理信息系统工程等专业领域。国家测绘标准由国家测绘行政主管部门提出(或归口),由国家标准行政主

管部门批准、颁布，在全国范围内执行；行业标准由国家测绘行政主管部门提出（或归口）、批准、颁布，在行业范围内执行。

《中华人民共和国测绘法》第五条规定："从事测绘活动，应当使用国家规定的测绘基准和测绘系统，执行国家规定的测绘技术规范和标准。"测绘工作的专业性质很强，测绘成果具有准确性、一致性、科学性和共享性的特点。因此，必须统一测绘标准，以保证测绘成果质量，提高测绘的社会效益和经济效益。

三、测绘成果质量的监督管理

测绘工作是国民经济和社会发展的前期性、基础性工作，测绘成果质量是各项工程建设质量的基础，直接影响着后续建设的成效。在各类工程实践中，因为测绘成果质量存在问题，导致工程建设受影响，造成重大损失的事件常有发生。因此，加强对测绘成果的质量监督管理，保证测绘成果的质量标准符合国家要求，对于维护公共安全和公共利益具有十分重要的意义。

《中华人民共和国测绘法》第三十四条规定："测绘单位应当对其完成的测绘成果质量负责。县级以上人民政府测绘行政主管部门应当加强对测绘成果质量的监督管理。"

测绘成果质量的监督管理主要要求县级以上人民政府测绘行政主管部门从以下几个方面做好工作：

（1）做好测绘标准化管理工作，监督测绘标准的实施。

（2）规范测绘单位的质量管理体系。依据测绘法的要求，测绘单位申请测绘资质应当具备条件之一是有健全的技术、质量保证体系和测绘成果及资料档案管理制度。

（3）测绘仪器检定的监管。

（4）组织对测绘成果质量进行抽样检验。

思考与分析题

1. 2008 年 6 月，河北省测绘局在年度测绘资质注册检查中发现，河北建设勘察研究院有限公司于 2007 年 5 月 12 日将河北省晋州市控制及 1:1000 地形图测量项目分包给河北鑫蓝图测绘有限公司，该项目测绘面积 17.5 km^2，而河北鑫蓝图测绘有限公司为丙级测绘资质，只有 10 km^2 的作业限额。以上两单位的行为属于什么行为？违反了《中华人民共和国测绘法》第几条的有关规定？应当怎样处罚？

2. 2007 年 3 月，河北省测绘局接到举报，中国煤炭地质总局物探队在 2004 年分别与巨鹿县国土资源局、平乡县国土资源局签订城区地籍数据建库合同，总金额 65853.5 元。该单位测绘资质范围中不包括数据库建设的业务，不具备从事地籍数据库建设的业务能力，中国煤炭地质总局物探队的行为属于什么行为？违反了《中华人民共和国测绘法》哪一条的规定？应当怎样处罚？

3. 在测绘市场中，有些测绘项目发包方将测绘项目以低于成本的价格发包给无相应测绘资质的单位，有的测绘项目几经转包后，其直接用于测绘项目的费用不足测绘成本的 50%，这种行为违反了哪些法律法规的规定？应怎样进行处理？

4. 你对测绘产品价格管理有什么好的建议和想法？

第五章 维护国家主权和安全的测绘制度

第一节 涉外测绘管理制度

《中华人民共和国测绘法》第七条规定："外国的组织或者个人在中华人民共和国领域和管辖的其他海域从事测绘活动，必须经国务院测绘行政主管部门会同军队测绘主管部门批准，并遵守中华人民共和国的有关法律、行政法规的规定。"

外国的组织或者个人是指中华人民共和国以外的国家或者地区的政府部门、企业、民间团体和不具有中华人民共和国国籍的公民。

外国的组织或者个人来华测绘是指外国的组织或者个人在中华人民共和国领域和管辖的其他海域，从事自然地理要素或者地表人工设施的形状、大小、空间位置及其属性等的测定、采集、表述以及对获取的数据、信息、成果进行处理和提供活动。

随着我国改革开放步伐的进一步加快，我国对外经济、文化、科学技术的交流与合作越来越广泛，在很多开放的领域都涉及测绘工作，外国的组织或者个人从事测绘活动的也逐渐增多。而测绘范围涉及整个国土，通过测绘成果不仅可以定性地认识自然地理要素及河堤上、地下的各种建筑物、构筑物和基础设施，也可以定量地认识它们的空间位置、大小和形状。这些要素和建筑物、构筑物及设施中包括军事、政治、经济、科技等要素。一旦对这些要素进行了测绘，其空间位置、大小及其属性将被定量和定性地表述出来。而这些重要地理信息对一个国家来讲均属于保密的范畴。测绘是获取地理信息数据的重要手段，外国的组织或者个人在我国从事测绘活动，将获取测绘成果，直接关系到我们国家的安全。

为了维护国家主权和安全，加强对外国的组织或者个人来华测绘活动的管理，《中华人民共和国测绘法》对此规定了明确的审批制度，国土资源部于 2007 年 1 月出台了《外国的组织或者个人来华测绘管理暂行办法》，外国组织或者个人在我国从事测绘活动，必须经国务院测绘行政主管部门会同军队测绘主管部门批准。国务院测绘行政主管部门会同军队测绘主管部门负责来华测绘的审批，县级以上各级人民政府测绘行政主管部门依照法律、行政法规和规章的规定，对来华测绘履行监督管理职责。

外国的组织或者个人在中华人民共和国领域和管辖的其他海域从事测绘活动，必须遵守以下原则：

(1)必须遵守中华人民共和国的法律、行政法规的规定；

(2)不得从事涉及国家机密的测绘活动；

(3)不得从事危害中华人民共和国国家安全的测绘活动。

《中华人民共和国测绘法》规定："外国的组织或者个人在中华人民共和国领域从事测绘活动，必须与中华人民共和国有关部门或者单位依法采取合资、合作的形式进行，并不得涉及国家秘密和危害国家安全。”这就限定了外国的组织或者个人来华测绘的形式。

外国的组织或者个人在我国从事测绘活动，只能够选择与中方政府或者有关单位进行合资或者合作，而中方主体不包括个人。中方主体与外国的组织或者个人合资、合作从事测绘活动，中方也必须是政府或者单位，不允许与个人合作或者合资。

根据我国相关法律和客观情况，外国组织或个人来华测绘可以设立中外合资企业。中外合资企业是指中国合营者与外国合营者依据中华人民共和国法律的规定，在中国境内投资、共同经营，并按比例分享利润、分担风险及亏损的企业。设立的中外合资经营的测绘企业，必须依照我国相关法律法规的规定，具备相应的条件，符合相应的规定，按照法定的程序审查批准、核准登记，取得中国法人资格和测绘资质。中外合资企业：一是经营以测绘为主的业务；二是经营以测绘业务为辅、与测绘相关的业务为主的业务，并且要严格限制其业务范围（从事的业务、区域、面积、测绘成果的适用范围）等。

可以设立中外合作企业。中外合作企业经营是指中国合作者与外国合作者依据中华人民共和国法律的规定，在中国境内共同成立的，按合作企业合同约定分配收益或者产品、分担风险和亏损的企业。这类企业经营以测绘为主的业务或经营与测绘有关的业务为主、以测绘业务为辅或者进行一次性的测绘活动。中外合作企业的设立要严格进行审批，对批准的企业也要严格限制其业务范围等。

为了维护国家的安全，某些测绘业务应当严禁中外合作企业涉足。以上两种形式的测绘活动中，如果测绘活动获取的测绘成果属于国家秘密范围的，则不允许外国人从事此类测绘活动。如果从事的测绘项目、从事测绘活动的区域或者测绘的对象和内容涉及国家秘密，也不允许外国人从事此类测绘活动。此外，有些测绘活动虽然不涉及国家秘密，但是如果外国人开展这项测绘活动会对我国国家安全造成危害，或者测绘活动本身就是以危害国家安全为目的的，这样的测绘活动也要坚决禁止外国人从事。

外国投资项目中的测绘活动。随着我国改革开放的不断深化，我国吸引外资建设的工程项目越来越多，而这些工程项目中将涉及很多测绘活动。在这种情况下所进行的测绘活动必须采取测绘法规定的合资或合作的形式。这些项目中的测绘活动应当经国务院测绘行政主管部门会同军队测绘主管部门批准。承担这些项目的单位应当取得测绘法规定的测绘资质证书。外国组织和个人使用这些测绘成果必须符合我国法律、法规的规定。

中外合资、合作项目中的测绘活动主要是指合资、合作的项目就是测绘项目，或者合资合作的项目是其他项目，其中包含测绘工作。根据《中华人民共和国测绘法》的规定，无论哪一种情况都应当经过国务院测绘行政主管部门会同军队测绘主管部门的批准。承担这些项目的单位应当具有《中华人民共和国测绘法》规定的测绘资质证书。外国的组织或者个人使用测绘成果必须符合我国法律的规定。

外国的组织或者个人未经批准，擅自在中华人民共和国领域和管辖的其他海域从事测绘活动；或者未与中华人民共和国有关部门和单位合资、合作，擅自在中华人民共和国领域从事测绘活动的，由测绘行政主管部门责令停止违法行为，没收测绘成果和测绘工具，并处一万元以上十万元以下的罚款；情节严重的，由测绘行政主管部门并处十万元以上五十万元以下的罚款，由公安机关责令其限期离境；所获取的的测绘成果属于国家机密、构成犯罪的，依法追究刑事责任。

第二节　测绘基准与测绘系统管理制度

一、测绘基准及测绘基准管理

（一）测绘基准

测绘基准是指一个国家的整个测绘的起算依据和各种测绘系统的基础，测绘基准包括所选用的各种大地测量参数，统一的起算面、起算基准点、起算方位以及有关的地点、设施和名称等。我国目前的测绘基准有大地基准、高程基准、重力基准和深度基准。

1. 大地基准

大地基准是建立大地坐标系和测量空间点位的大地坐标的基本依据，其包括参考椭球的大小、形状和定位、定向参数及大地原点等。我国目前大都采用的大地基准是 1980 西安坐标系。其大地测量的常数采用国际大地测量学与地球物理学联合会第 16 届大会（1975 年）推荐值，大地原点设在陕西省泾阳县永乐镇。2008 年 7 月 1 日经国务院批准，我国正式开始启用 2000 国家大地坐标系，2000 国家大地坐标系是全球地心坐标系在我国的具体体现。

2. 高程基准

高程基准是建立高程系统和测量空间点高程的基本依据，其包括一个水准基准面和水准原点。我国采用的高程基准为 1985 国家高程基准。

3. 重力基准

重力基准是建立重力测量系统和测量空间点的重力值的基本依据。我国目前采用的重力基准是 2000 国家重力基准。

4. 深度基准

深度基准是海洋深度测量和海图上图载水深的基本依据。我国目前采用的深度基准因海区不同而有所不同。中国海区从 1956 年起采用理论最低潮面（即理论深度基准面）作为深度基准。内河、湖泊采用最低水位、平均低水位或设计水位作为深度基准。

（二）测绘基准的特点

（1）测绘基准是依靠严密的科学理论、科学方法和手段，经过严密的演算和施测建立起来的，其形成的数学基础和物理结构都必须符合科学理论和方法的要求，从而使测绘基准具有科学性。

（2）为保证测绘成果的科学性、系统性和可靠性，满足科学研究、经济建设和国防建设的需要，国家的测绘基准必须严格统一。测绘基准不统一不仅使测绘成果不具有可比性和衔接性，也给国家安全和城市建设以及社会管理带来不良的后果。

（3）测绘基准由国家最高行政机关国务院批准，测绘基准数据由国务院测绘行政主管部门负责审核，测绘基准的设立必须符合国家的有关规范和要求，测绘基准由国家法律规定，从而使测绘基准具有很强的法定性。

（4）测绘基准是一切测绘活动和测绘成果的基础和依据，测绘基准一经建立，便具有相对的稳定性，在一定时期内不能轻易变动。

(三)测绘基准管理

《中华人民共和国测绘法》第八条规定:“国家设立和采用全国统一的大地基准、高程基准、深度基准和重力基准,其数据由国务院测绘行政主管部门审核,并与国务院其他有关部门、军队测绘主管部门会商后,报国务院批准。”

《中华人民共和国测绘法》对测绘基准的规定包含以下几层含义:

一是,国家设立全国统一的测绘基准,明确规定从事测绘活动应当使用国家规定的统一测绘基准和测绘系统,执行国家规定的测绘技术规范和标准。

二是,设立测绘基准要有严格的审核、审批程序。测绘基准数据由国务院测绘行政主管部门审核,并与国务院其他有关部门、军队测绘主管部门会商后,报国务院批准。各项测绘基准数据经国务院批准后,便成为所有测绘活动的起算依据。

三是,《中华人民共和国测绘法》规定从事测绘活动,应当采用国家规定的测绘基准和测绘系统。从事测绘活动使用国家规定的测绘基准和测绘系统是从事测绘活动的基本技术原则和前提,不使用国家规定的测绘基准要依法承担相应的法律责任。2009 年 5 月12 日,国务院颁布了《基础测绘条例》,强调不使用国家规定的测绘基准和测绘系统要依法受到处罚。

二、测绘系统

(一)测绘系统的内容

测绘系统是指由测绘基准延伸,在一定范围内布设的各种测量控制网。它们是测绘成果的依据,包括大地坐标系统、平面坐标系统和高程系统、地心坐标系统和重力测量系统等。

1. 大地坐标系统

大地坐标系统是用来表述地球上点的位置的一种地球坐标系统。大地坐标系统的三个坐标是大地经度、大地纬度、大地高。我国先后采用了 1954 北京坐标系、1980 西安坐标系和 2000 国家大地坐标系。

2. 平面坐标系统

平面坐标系统是指确定地面点的平面位置所采用的一种坐标系统。平面坐标系统是通过地图投影把椭球面上的点的大地坐标科学地转换成展绘在平面上的平面坐标。我国在陆地上的国家统一平面坐标系统采用“高斯 - 克吕格平面直角坐标系”。

3. 高程系统

高程系统是用来传算全国高程控制网中各点高程所采用的同一系统。我国目前采用的高程系统是正常高系统,高程起算依据是国家黄海 1985 高程基准。

4. 地心坐标系统

地心坐标系统是以坐标原点与地球质心重合建立的大地坐标系统,或称空间直角坐标系统。我国目前采用 2000 国家大地坐标系即是全球地心坐标系在我国的具体体现,其原点为包括海洋和大气的整个地球的质量中心。

5. 重力测量系统

重力测量系统是指重力测量施测与计算依据的重力测量基准和计算重力异常所采用的正常重力公式的总称。我国在不同的时期先后采用了 1957 重力测量系统、1985 重力测量系统和 2000 重力测量系统。

6. 国际坐标系统

国际坐标系统是指全球性的坐标系统，或者国际区域性的坐标系统，或者其他国家建立的坐标系统。随着全球卫星定位基数的广泛应用，在中华人民共和国领域和管辖的其他海域从事测绘活动，采用国际坐标系统比较方便，也易于交流，但与现行的坐标系统不一致。

7. 相对独立的平面坐标系统

相对独立的平面坐标系统是指为满足在局部地区进行大比例尺测图和工程测量的需要，以任意点和方向起算建立的平面坐标系统或者在全国统一的坐标系统的基础上，进行中央子午线投影变形以及平移、旋转等而建立的平面坐标系统。相对独立的平面坐标系统是一种非国家统一的但与国家统一坐标系统相联系的平面坐标系统。这种独立的平面坐标系统通过与国家坐标系统之间的联测，确定两种坐标系统之间的数学转换关系，称为相对独立的平面坐标系统，与国家坐标系统相联系。

（二）测绘系统的管理

由于测绘工作涉及各行各业，责任重大，关系国家安全和国家秘密，《中华人民共和国测绘法》对测绘系统的管理作出了明确的规定，并设立了严格的测绘法律责任。

1. 测绘系统管理的基本法律规定

《中华人民共和国测绘法》第五条规定："从事测绘活动，应当使用国家规定的测绘基准和测绘系统，执行国家规定的测绘技术规范和标准。"

《中华人民共和国测绘法》第九条规定："国家建立全国统一的大地坐标系统、平面坐标系统、高程系统、地心坐标系统和重力测量系统，确定国家大地测量等级和精度以及国家基本比例尺地图的系列和基本精度。具体规范和要求由国务院测绘行政主管部门会同国务院其他有关部门、军队测绘主管部门制定。"

考虑到维护国家的安全等其他因素，《中华人民共和国测绘法》第九条规定："在不妨碍国家安全的情况下，确有必要采用国际坐标系统的，必须经国务院测绘行政主管部门会同军队测绘主管部门批准。"《中华人民共和国测绘法》第十条规定："因建设、城市规划和科学研究的需要，大城市和国家重大工程项目确需建立相对独立的平面坐标系统的，由国务院测绘行政主管部门批准；其他确需建立相对独立的平面坐标系统的，由省、自治区、直辖市人民政府测绘行政主管部门批准。"

《中华人民共和国测绘法》第四十条规定："违反本法规定，有下列行为之一的，给予警告，责令改正，可以并处十万元以下的罚款；对负有直接责任的主管人员和其他直接责任人员，依法给予行政处分：

（一）未经批准，擅自建立相对独立的平面坐标系统的；

（二）建立地理信息系统，采用不符合国家标准的基础地理信息数据的。"

《中华人民共和国测绘法》第四十一条规定："违反本法规定，有下列行为之一的，给予警告，责令改正，可以并处十万元以下的罚款；构成犯罪的，依法追究刑事责任；尚不够刑事处罚的，对负有直接责任的主管人员和其他直接责任人员，依法给予行政处分：

（一）未经批准，在测绘活动中擅自采用国际坐标系统的；

（二）擅自发布中华人民共和国领域和管辖的其他海域的重要地理数据的。"

根据上述规定，在我国使用国际坐标系统，必须报经国务院测绘行政主管部门会同军队测绘主管部门批准，否则将受到处罚。

2. 采用国际坐标系统的管理

按照《中华人民共和国测绘法》规定，采用国际坐标系统必须坚持三个原则：一是在我国采用国际坐标系统必须以不妨碍国家安全为原则，对于妨碍国家安全的，不允许其采用国际坐标系统；二是采用国际坐标系统必须以确有必要为原则；三是采用国际坐标系统必须以经国务院测绘行政主管部门会同军队测绘主管部门批准为原则。按照上述原则，申请采用国际坐标系统必须符合下列条件：

(1)国家现有的坐标系统不能满足需要，而采用国际坐标系统的。

(2)采用国际坐标系统后的资料，将为公众提供的。

(3)在较大区域内采用国际坐标系统的。

(4)其他确有必要采用国际坐标系统的。

(5)独立的法人单位或者政府相关部门。

(6)有健全的测绘成果及资料档案管理制度。

符合以上条件，需采用国际坐标系统的单位要提交相应的申请材料，按照国家测绘局《采用国际坐标系统审批程序规定》的要求，经过国务院测绘行政主管部门会同军队测绘主管部门批准后，方可采用国际坐标系统，从事测绘活动。

3. 采用相对独立的平面坐标系统的管理

从事测绘活动，建立相对独立的平面坐标系统的，必须坚持以下原则：一是必须是因建设、城市规划、科学研究的需要，否则必须按照国家规定采用全国统一的测绘系统；二是确实需要建立，建立相对独立的平面坐标系统必须有明确的目的和理由；三是必须经过批准，未按照规定的程序经省级以上测绘行政主管部门批准，任何单位都不得建立相对独立的平面坐标系统；四是应当与国家坐标系统相联系，建立相对独立的平面坐标系统必须与国家统一的测量控制网点相联测，建立其与国家坐标系统的联系。

建立相对独立的平面坐标系统必须经过审批，这是一项有数量限制的行政许可制度。为保障城市建设顺利进行，保持测绘成果的连续性、稳定性和系统性，维护国家安全和区域安全稳定，一个城市只能建立一个相对独立的平面坐标系统。为加强对建立相对独立的平面坐标系统的管理，国家测绘局 2007 年颁布了《建立相对独立的平面坐标系统管理办法》，对建立相对独立的平面坐标系统的审批权限进行了详细的规定。确需建立相对独立的平面坐标系统的单位要按照管理规定的程序进行申请和审批后，方可从事测绘活动。

第三节　测绘成果保密管理制度

一、测绘成果

测绘成果是指通过测绘形成的数据、信息、图件以及相关的技术资料，是各类测绘活动形成的记录和描述自然地理要素或者地表人工设施的形状、大小、空间位置及其属性的地理信息、数据、资料、图件和档案。

测绘成果分为基础测绘成果和非基础测绘成果。其主要包括以下方面：

(1)天文测量、大地测量、卫星大地测量、重力测量的数据和图件以及相关的技术资料。

(2)航空航天摄影和遥感的底片和磁带。

(3)各种地图(包括地形图、普通地图、地籍图、海图和其他有关的专题地图等)及其数字化成果。

(4)各种基础地理信息以及在基础地理信息的基础上挖掘、分析形成的信息。

(5)工程测量数据和图件。

(6)地理信息系统中的测绘数据及其运行软件。

(7)其他有关地理信息数据。

(8)与测绘成果直接有关的技术资料、档案等。

二、测绘成果的保密概念

保密是保守秘密的简称。各行各业都有一定的秘密范围,这里所说的秘密是指国家秘密。国家秘密关系国家的安全和利益,依据法定程序规定,在一定时间内只限一定范围的人员知悉的事项。我国国家秘密的密级分为“绝密”、“机密”、“秘密”三级。“绝密”是重要的国家机密,泄露会使国家的安全和利益遭受特别严重的损害;“机密”是重要的国家机密,泄露会使国家的安全和利益遭受严重的损害;“秘密”是一般的国家机密,泄露会使国家的安全和利益遭受一定程度的损害。

为了保守国家秘密,维护国家的安全和利益,保障社会主义现代化建设顺利进行,全国人大1988年9月5日通过的《中华人民共和国保守国家秘密法》明确规定一切国家机关、武装力量、政党、社会团体、企事业单位和公民都有保守国家秘密的义务。测绘成果大部分都涉及国家秘密,加强测绘成果的保密管理,对于维护国家安全和利益,保守国家秘密,具有十分重要的意义。

测绘成果保密是指由于测绘成果涉及国家秘密,综合运用法律和行政手段将其严格限定在一定范围和被一定的人员知悉的活动。

大量的测绘成果属于国家秘密,测绘成果也相应地划分为秘密测绘成果和公开测绘成果两类。对于测绘成果的密级划分,1984年4月国家测绘局专门出台了《全国测绘资料和测绘档案管理规定》。2003年12月23日,国家测绘局和国家保密局又联合印发了《测绘管理工作国家秘密范围的规定》,对测绘成果的密级进行了严格的划分。

(一)绝密级测绘成果

属于绝密级测绘成果的有:国家大地坐标系、地心坐标系以及独立坐标系之间的相互转换系数;分辨率高于$5' \times 5'$,精度优于± 1毫伽的全国性高精度重力异常成果;1:1万、1:5万全国高精度数字高程模型;地形图保密处理技术参数计算法。

(二)机密级测绘成果

属于机密级测绘成果的有:国家等级控制点坐标成果以及其他精度相当的坐标成果;国家等级天文测量、三角测量、导线测量、卫星大地测量的观测成果;国家等级重力点成果及其他精度相当的重力点成果;分辨率高于$30' \times 30'$,精度优于± 5毫伽的重力异常成果;精度优于± 1 mm的高程异常成果;精度优于$\pm 3''$的垂线偏差成果;涉及军事禁区的大于或等于1:1万的国家基本比例尺地形图及其数字化成果;1:2.5万、1:5万、1:10万国家基本比例尺地形图及其数字化成果;空间精度即涉及的要素和范围相当于机密基础测绘成果的非基础测绘成果。

（三）秘密级测绘成果

属于秘密级测绘成果的有：构成环线或者长度超过1000 m的国家等级水准网成果；重力加密点成果；分辨率高于30′×30′～1°×1°，精度在±5～±10毫伽的重力异常成果；精度优于±1～±2 m的高程异常成果；精度优于±3″～±6″的垂线偏差成果；非军事禁区1∶5000国家基本比例尺地形图，或多张连续的、覆盖范围超过6 km^2的大于1∶5000的国家基本比例尺地形图及其数字化成果；1∶10万、1∶25万、1∶50万国家基本比例尺地形图及其数字化成果；军事禁区及国家安全要害部门所在地的航射影像；空间精度及涉及的要素和范围相当于上述秘密基础测绘成果的非基础测绘成果；涉及军事、国家安全要害部门的点位名称及坐标；涉及国民经济重要设施、精度优于±100 m的点位坐标。属于国家秘密测绘成果的保密期限一律定位"长期"保存。

随着测绘科技进步和测绘事业的发展，测绘成果的种类和表现形式越来越多，测绘成果的保密问题也越来越突出。由于测绘成果广泛服务于经济社会发展的各个领域，测绘成果的密级越来越高，其应用范围越来越小。为了促进测绘成果的广泛应用，必须正确处理测绘成果保密与经济社会发展的需求的矛盾。

三、测绘成果保密的特点

通常，国家秘密的密级是有一定期限的，在所要求的期限内不得变更密级或者解密。对于密级的确定、变更和解密，《中华人民共和国保守国家秘密法》和《中华人民共和国保守国家秘密法实施办法》都作出了规定，符合下列两种情况的可以变更密级：一是该事项秘密泄露后对国家的安全和利益的损害程度已发生明显变化的；二是因工作需要，原接触范围需作很大改变的。符合下列两种情形的可以解密：一是该事项公开后无损于国家安全和利益的，二是从全局衡量公开后对国家更为有利的。对于这些规定，测绘成果也是要遵守的。但是测绘成果与其他保密事项相比，具有以下明显的特点。

（一）测绘成果涉及的国家秘密事项是客观存在的实物

测绘成果是对自然地理要素和地表人工设施的空间位置、大小、形状和属性的客观反映。测绘成果保密的关键是一部分自然地理要素和地表人工设施的空间位置、大小、形状和属性需要保密。例如，军事设施的空间位置、大小、形状和属性需要保密，有些政治设施、经济设施、科学设施以及国家安全设施等的空间位置、大小、形状、属性需要保密，决定了相应的测绘成果必须保密。这些特定的设施都是客观存在的物质实体，因此测绘成果涉及的国家秘密事项是客观存在的实物。

（二）测绘成果涉及的国家秘密事项具有广泛性

国家或一个地区的测绘成果是对国家或一个地区的自然地理要素和地表人工设施的空间位置、大小、形状和属性的客观反映。这些自然地理要素和地表人工设施不仅分布广泛，其数量也是十分浩大的。根据《中华人民共和国保守国家秘密法》的规定，国家事务中的重大决策中的秘密事项、国防建设和武装力量活动中的秘密事项、外交和外事活动中的秘密事项以及对外承担保密义务的事项、国民经济和社会发展中的秘密事项、科学技术中的秘密事项、维护国家安全活动和追查刑事犯罪中的秘密事项、其他经国家保密部门确定为应当保守的国家秘密事项等都属于国家秘密，这些秘密的相当一部分都会通过测绘手段，真实地反映在不同类型的测绘成果上。因此，测绘成果涉及的国家秘密事项具有广泛性。

（三）涉及国家秘密的测绘成果数量大、涉及面广

截至2008年底，我国地理信息产业从业人员超过了40万人，地理信息市场总规模达到600亿元，地理信息产业已经成为国民经济新的增长点。面对如此巨大的市场，测绘成果的数量巨大，其中大部分属于国家秘密。国家大地坐标系统、平面坐标系统、高程系统、重力测量系统的控制点至少有100多万个点的数据；国家1:1万～1:100万基本比例尺地形图及数据库和城市1:500、1:1000、1:2000、1:5000比例尺地形图、数据库以及数字高程模型、数字正射影像信息、数据库等都涉及国家秘密，与这些测绘成果直接接触的人员数量是相当大的，这些人员涉及的领域和范围也非常广泛。

（四）测绘成果涉及的国家秘密事项保密时间长

测绘成果涉及的国家秘密要素是以实物形式存在的物质实体，这些物质实体一般情况下都会长期存在。即使由于各种人为因素和不可抗力使这些物质不存在了，也会由此产生新的保密内容，特别是各类测绘系统的点位和数据，始终是测定保密要素的空间位置、大小、形状的依据。因此，除国家有变更密级或解密的规定外，测绘成果的保密期限都是长期的，需要永久保存。

（五）测绘成果不同于其他文件、档案等保密资料

测绘成果是应用性的成果，已经提供出去就不再收回，也不可能收回，即由使用单位自行使用、保存或者销毁，与其他带有密级的文件、档案等秘密资料不同。其他带有密级的文件、档案、音像等资料一般都采用登记借阅的方式，借阅完后要在规定的时间内归还。因此，对提供和使用测绘成果的单位和人员都有特殊的要求，以防止泄露国家秘密的事件发生，危害国家安全和利益。为此，《中华人民共和国测绘法》明确规定，对外提供测绘成果必须经过国务院测绘行政主管部门和军队测绘行政主管部门批准。

四、测绘成果保密管理规定

《中华人民共和国测绘法》规定了测绘成果保密管理制度，具体内容涉及以下几个方面。

（一）测绘成果属国家秘密的，适用国家保密法律、行政法规的规定

本条规定包含了两个方面的内容：

（1）确定测绘成果的保密范围和密级。明确测绘成果的保密范围和秘密等级，对于测绘成果保密管理具有十分重要的作用。关于测绘成果的秘密范围和秘密等级的划分，《中华人民共和国保守国家秘密法》、《中华人民共和国保守国家秘密法实施办法》和国家保密局、国家测绘局联合制定的《测绘管理工作国家秘密范围的规定》中有明确的规定，是划分测绘成果秘密范围和成果密级的依据。测绘成果保密管理首先要清楚哪些测绘成果属于国家秘密测绘成果，属于什么秘密等级，只有在这个前提下，才能更好地进行管理。

（2）确定测绘成果保密适用国家保密法律、行政法规的规定。《中华人民共和国保守国家秘密法》、《中华人民共和国保守国家秘密法实施办法》、《中华人民共和国测绘成果管理条例》等都对测绘成果保密进行了严格的规定。《中华人民共和国保守国家秘密法》明确规定：一切国家机关、武装力量、政党、社会团体、企事业单位和公民都有保守国家秘密的义务，报刊、书籍、地图、图文资料、声像制品和出版、发行等，应当遵守有关保密规定，不得泄露国家秘密;携带属于国家秘密的文件、资料和其他物品外出不得违反有关保密规定;加强测绘成果保密管理,测绘成果保管单位应当建立健全测绘成果资料的保管制度,配备必要的设施,确保测绘成果资料的安全。

(二)对外提供属于国家秘密的测绘成果,按照国务院和中央军事委员会规定的审批程序执行

1. 对外提供属于国家秘密的测绘成果应当依法进行审批

涉及国家秘密的测绘成果与国家安全和利益密切相关,一旦泄露出去,会对国家安全造成严重的威胁和损害。因此,《中华人民共和国测绘成果管理条例》规定:对外提供属于国家秘密的测绘成果,应当按照国务院和中央军事委员会规定的审批程序,报国务院测绘行政主管部门或者省、自治区、直辖市人民政府测绘行政主管部门审批;测绘行政主管部门在审批前,应当征求军队有关部门的意见。

2. 对外提供属于国家秘密的测绘成果要按照规定的审批程序进行

对外提供属于国家秘密的测绘成果属于一项测绘行政许可事项。按照《中华人民共和国行政许可法》的规定,行政许可必须由法定的实施机关按照法定的条件、标准和程序进行。《中华人民共和国测绘成果管理条例》规定:对外提供属于国家秘密的测绘成果,应当按照国务院和中央军事委员会规定的审批程序,报国务院测绘行政主管部门或者省、自治区、直辖市人民政府测绘行政主管部门审批。

(三)测绘成果保管单位应当采取措施保障测绘成果的完整和安全,并按照国家有关规定向社会公开和提供利用

1. 测绘成果保管单位要采取措施保障测绘成果的完整和安全

测绘成果是各项经济建设的重要基础和保障,是一笔十分宝贵的财富。同时,大部分测绘成果都涉及国家秘密,测绘成果保管单位必须采取有效的安全保障措施保证测绘成果的完整和安全,防止测绘成果损坏、灭失和泄露国家秘密。

2. 测绘成果保管单位按照国家有关规定向社会公开和提供利用

测绘成果保管单位的一项基本职责是及时向社会公开和提供利用各类测绘成果。但是,由于测绘成果数量大、范围广,测绘成果的种类和用途不一致,涉及的很多测绘成果都属于国家秘密。因此,测绘成果保管单位必须依据国家有关测绘成果提供的有关规定,依法向社会公开和提供利用。

测绘成果大都属于国家秘密,应用范围广,涉及人员众多,而且当今世界,人类社会活动中80%的信息都与地理空间信息有关,而测绘成果提供的就是空间地理信息。在经济全球化和信息化的时代,对外经济和社会活动会越来越多,测绘活动涉入的领域越来越广,它将给测绘成果保密管理提出更高的要求。为了保证国家安全,国务院颁布了《中华人民共和国测绘成果管理条例》,国家测绘局制定了《关于汇交测绘成果目录副本的实施办法》、《国家基础地理信息数据使用许可管理规定》、《重要地理信息数据审核公布管理规定》等一系列有关测绘成果的管理规定,规范了测绘成果的汇交、保管、保密、发布、提供、使用等活动。有关部门对提供测绘成果依法进行了严格审批,并加大执法检查的力度,对一些泄密、非法复制测绘成果的事件进行了查处和纠正。

第四节　界线测绘

界线测绘是整个测绘事业的一个重要组成部分，它包括国界线测绘、行政区域界线测绘和土地建筑物以及地面上其他附着物的权属界址线测绘等三个方面。界限测绘是一项行政性较强的测绘工作，它不但要依据测绘技术标准进行测绘，还要根据人民政府的有关决定来进行测绘，界线测绘成果一旦被人民政府确认，就成为划分行政区域的依据和标准，具有法律效力。

一、国界线测绘

国界线是指相邻国家领土的分界线，是划分国家领土范围的界限，也是国家行使领土主权的界限。国界可以分为陆地国界、水域国界和空中国界。

国界线的形成分两种情况：一种是在长期历史过程中根据行政管辖所及的范围逐渐形成的，称为传统国界线或历史国界线；另一种是有关国家通过双边条约或多边条约来划定的，称为条约边界线。世界上大部分国家的国界线为条约国界线。

我国的国界线分为两类：一类是陆地国界线，我国与相邻国家的国界线有 15 条，总长 22000 多 km；另一类是大陆海岸线，我国海岸线总长为 18000 多 km。新中国成立以后，本着和平共处五项原则，以和平谈判的方式，先后同 12 个邻国签订了边界线条约，基本解决了与邻国的边界问题。

国界线测绘是指划定国家间共同边界线而进行的测绘活动，是与邻国明确划定边界线、签订边界条约和议定书以及日后定期进行联合检查的基础工作。国界线测绘的主要成果是边界线位置和走向的文字说明、界桩点坐标及边界线地形图。

国界线测绘不仅涉及我国的主权和领土完整，而且涉及我国的外交关系和政治主张。国界线测绘成果出现质量问题或者错误，将会引起国际边界争议和争端，必然会对我国的外交关系产生不利影响，以致引起相邻国家的不同见解和主张，造成不良国际政治影响。国界线测绘涉及国家安全和利益，测绘成果属于国家秘密。可见，国界线测绘具有严格的法定性、政治性和严肃性。因此，在国界线测绘中一定要按照《中华人民共和国测绘法》规定的国界线测绘制度，严格执行中华人民共和国与邻国缔结的边界条约或者规定，按所商定的邻国国界线的主要位置和基本走向，认真进行国界线的实地勘察，并准确绘制国界线地图。

国界线地图按照国家统一规定的国界线标准样图绘制。国界线标准样图由外交部和国务院测绘行政主管部门拟定并由国务院批准公布。国界线标准样图在所有涉及国界线的地图中具有最高的权威性，是各种公开出版、发行、登载、展示的地图上中国国界线画法的标准依据，一切涉及国界线画法的地图都要按照国界线标准样图进行绘制。

二、行政区域界线测绘

行政区域界线又称行政区划，是指国家为了方便行政管理，依据政治、经济、文化及民族状况，并综合考虑历史传统、人口分布、地理环境和国防需要等条件，通过一定的法律程序，由国务院或者省、自治区、直辖市人民政府批准的行政区域毗邻的各有关人民政府行使行政管辖权的分界线。行政区域界线涉及行政区域界线周边地区的稳定与发展以及行政争议。

行政区域界线测绘是指利用测绘技术手段和原理，为划定行政区域界线的走向、分布以及周边地理要素而进行的测绘工作。行政区域界线测绘是测绘行政主管部门为勘定行政区域界线而实施的一种行政行为，行政区域界线测绘的成果具有法律效力。因此，行政区域界线测绘被认定是一种法定测绘。

根据1989年国家民政部、国家土地局、国家测绘局联合发布的《省级行政区域界线勘界测绘技术规定（试行）》的规定，行政区域界线测绘的主要内容包括界桩的埋设与测定、边界线标绘、边界协议书附图的绘制、边界线走向和界桩位置说明的编写、中华人民共和国省级行政区域界线详图集的编纂和制印。行政区域界线测绘采用全国统一的大地坐标系统、平面坐标系统和高程系统，执行国家现行的有关测绘技术规范和标准。

行政区域界线测绘管理是测绘行政管理的重要组成部分，《中华人民共和国测绘法》对行政区域界线测绘的管理作出了法律规定：

（1）行政区域界线测绘按照国务院有关规定执行。

（2）行政区域界线图要按照国务院民政部和国务院测绘行政主管部门拟定的行政区域界线的标准画法图绘制。行政区域界线的标准画法图是指根据国务院及各省、自治区、直辖市人民政府批准的行政区域界线协议书、附图及勘界有关成果，按照一定的编绘方式编制的反映各级行政区域界线画法的地图。

依据《中华人民共和国测绘法》第十七条的规定：“省、自治区、直辖市和自治州、县、自治县、市行政区域界线的标准画法图，由国务院民政部和国务院测绘行政主管部门拟定，报国务院批准后公布。”

（3）从事行政区域界线测绘必须要有测绘资质，并在资质等级许可的范围内从事测绘活动；各级测绘行政主管部门要加强对行政区域界线测绘成果的监督管理；加强采用国家规定的测绘技术标准和规范的管理，使测绘成果满足勘界测绘技术过程和规定的精度要求。

搞好行政区域界线测绘工作，对于国家行政管理和国家的长治久安具有十分重要的意义。《中华人民共和国测绘法》关于行政区域界线测绘的规定对加强行政区域界线的测绘工作和完善相应的法规和制度提供了重要的依据。

第五节　地图管理

一、地图的基本概念

地图是根据特定的数学法则，将地球上的自然现象和社会现象，通过制图综合，并以符号和注记缩绘在平面或者曲面上的图像。地图是地理空间信息的图形表现形式，是人们提供自然地理要素或者地表人工设施的形状、大小、空间位置及其属性的图形。

地图可以分为很多种类，但不管怎样划分，地图均是对自然地理现象和社会经济现象的直观表达，其内容丰富、通俗易懂，因此成为国家宏观决策、经济建设、国防军事和人民群众日常生活需要的必备读物和实用工具。

二、地图的特点

地图具有以下几个方面的特点：

(1)地图是重要的测绘成果，具有严密的科学性。地图的生产过程是一个复杂的过程，包括建立测量控制网、野外采集地理信息数据，通过一定的数学法则和制图规范，经过公式化、符号化和抽象化、直观化的技术处理，最终编制成地图。地图的生产过程自始至终都是依靠严格的测绘科学理论、数学法则和制图规范进行的，因而具有严密的科学性。

(2)地图作为人类生存空间的重要地理信息载体，具有严肃的政治性。地图是人们认识世界和改造世界、实现经济社会可持续发展的重要工具之一，有其特定的商业价值。绘有完整的国界线的地图是国家版图的主要表现形式，体现着一个国家在主权方面的意志和在国际社会中的政治、外交立场，具有严肃的政治性。

(3)地图是测绘成果的直观表达形式，具有严格的法定性。地图不同于其他的测绘成果。地图上的国界线、行政区域界线的画法及标准由国家法律明确规定，由国务院测绘行政主管部门会同有关部门拟定后报国务院批准公布；地图编制、出版、展示、刊登等都有严格的法律规定；地图审核由具有法定权限的测绘行政主管部门依法进行；地图的著作权受国家法律保护。

三、地图的管理

随着地图在众多领域的应用越来越广泛，我国对地图的编制十分重视，国务院 1995 年 7 月 10 日颁布了《中华人民共和国地图编制出版管理条例》，对地图出版管理作出了严格的规定。《中华人民共和国测绘法》也规定了严格的地图管理制度。

(一)地图编制管理制度

1. 地图编制资质管理

根据《中华人民共和国测绘法》和《中华人民共和国地图编制出版管理条例》的规定，从事地图编制必须依法取得测绘资质证书，并在测绘资质证书许可的业务范围内从事地图编制工作。

2. 地图编制内容管理

《中华人民共和国地图编制出版管理条例》对地图编制的内容进行了严格的规定，主要内容如下：

(1)编制地图必须遵守保密法律、法规，公开地图不得表示任何国家秘密和内部事项。

(2)编制地图必须遵守国家有关地图内容表示的规定。

(3)编制地图应当选择最新地图资料作为编制基础，并及时补充或者更改现势变化的内容。

(4)正确反映各要素的地理位置、形态、名称及相互关系，具备符合地图使用目的的有关数据和内容。

(5)地图的比例尺和开本应当符合国家有关规定。

(6)在地图上绘制中华人民共和国国界、中国历史疆界、世界各国国界以及中华人民共和国省、自治区、直辖市行政区域界线的，应当严格按照《中华人民共和国地图编制出版管理条例》确定的基本原则进行。

(二)地图质量的监督管理

《中华人民共和国测绘法》规定,县级以上人民政府测绘行政主管部门应当加强对测绘成果质量的监督管理。编制地图是测绘活动,其成果属于测绘成果,要将其纳入测绘成果质量监督管理范围。在编制地图时,除不允许错绘、漏绘国界线和行政区域界线外,更要遵守国家有关地图内容的表示规定和相应的标准、规范。对于违反规范和规定的,或者错绘有关内容,提供虚假地理信息的,要依法查处。

四、地图出版的管理

(一)地图出版机构管理

国家对设立地图出版单位实行行政许可制度。按照《中华人民共和国地图编制出版管理条例》的规定,设立专门地图出版社或者调整已设立的专门地图出版社的地图出版范围,应当按照规定程序报国务院出版行政管理部门审批。国务院出版行政管理部门在办理审批手续前,应当征求国务院测绘行政主管部门的意见。

(二)地图出版管理

地图出版管理包括以下几个方面:

(1)出版绘有国界线或者省、自治区、直辖市行政区域界线的地图,在地图印制前,应当依照有关规定送省级以上测绘行政主管部门审核批准。

(2)保密地图和内部地图不得以任何形式公开出版、发行。地图出版前样图应按照一定的程序审核备案。

(3)出版地图应当注明地图上国界线画法的依据资料及其来源,广告、商标、宣传画、电影电视画面中的示意地图除外。

(4)任何出版单位不得出版未经审定的中小学教学地图。

(5)地图出版物必须按照国家有关规定保护地图作者的著作权。

(6)地图出版物必须符合国家有关地图出版的标准和规范要求,保证地图的质量。

五、地图展示的管理

地图展示是指将不同类型的地图利用一定的载体在公开场合进行展出或使用。《中华人民共和国测绘法》等有关法律、法规对地图展示规定了如下内容:

(1)展示未出版的绘有国界线或者省、自治区、直辖市行政区域界线的地图,在地图展示前,必须经省级以上测绘行政主管部门审核批准。

(2)保密地图和内部地图不得以任何形式公开展示。

(3)公开展示的地图不得表示任何国家秘密和内部事项。

六、地图登载的管理

地图登载是指利用数字地图、经可视化处理,通过网络传输的屏幕地图,如互联网地图、车载导航地图、掌上电脑、手机地图等。《中华人民共和国测绘法》和《中华人民共和国地图编制出版管理条例》都明确规定要加强对地图登载的监督管理。

为保证登载地图的质量,维护国家主权、安全和领土完整,依据《中华人民共和国地图编制出版管理条例》和《地图审核管理规定》,地图登载前,登载地图的单位或者个人应当将登载的地图按照规定的权限,送地图审核部门审核。经地图审核部门同意后方可登载。

依据《互联网信息服务管理办法》的规定,从事互联网地图服务的单位,在互联网上登载地图,应当依法经省级以上测绘行政主管部门审核。

为了保护国家主权、安全和利益,各级人民政府应当加强对国家版图意识的宣传教育,增强公民的国家版图意识。《中华人民共和国测绘法》第四十九条规定:"违反本法规定,编制、印刷、出版、展示、登载的地图发生错绘、漏绘、泄密,危害国家主权或者安全,损害国家利益,构成犯罪的,依法追究刑事责任;尚不够刑事处罚的,依法给予行政处罚或行政处分。"

第六节 军事测绘的管理

军事测绘是指有关军事作战、训练、战略准备和军事工程等具有军事内容的测绘活动。军事测绘与一般测绘相比,虽然在技术手段上相同,但在服务对象上截然不同。

军事测绘是为国防建设服务的,是军事活动的重要保障,是现代化战争实施远程打击的手段。国防建设是一个特殊领域,这些决定了对测绘有不同的要求。

军事测绘具有严格的保密性,主要是因为测绘成果是为国防建设和军事活动服务的。

《中华人民共和国测绘法》对军事测绘作出了特殊规定:一是军队测绘主管部门负责军事部门的测绘工作,并按照国务院、中央军事委员会规定的职责分工负责海洋基础测绘工作;二是军队测绘主管部门负责军事测绘单位的测绘资质审查;三是军队测绘主管部门负责编制军队测绘规划;四是军队测绘主管部门按照国务院和中央军事委员会规定的职责分工负责编制海洋测绘规划,并组织实施;五是军事测绘管理办法由中央军事委员会根据《中华人民共和国测绘法》规定来制定。

思考与分析题

1.2007 年 12 月 17 日,洛阳市国土资源局发现有外国人未经行政许可,擅自在当地进行测绘活动。洛阳市国土资源局立即向河南省测绘局进行汇报,并迅速组织人员在相关部门的协助下进行查处。

经调查,擅自进行测绘的是一名地质工程师卡尔·海文,随行的还有一名中国籍男子,于 2007 年 12 月 7 日到达洛阳,在此期间进行非法测绘活动。洛阳市国土资源局经过对卡尔·海文的 GPS 接收机和笔记本电脑采集的数据进行处理,共发现有河南、云南、四川、青海、新疆、陕西等省地理信息坐标达 586 组,其中在洛阳采集有 54 组三维坐标。

洛阳市国土资源局依照《中华人民共和国测绘法》的相关规定,应对卡尔·海文作出什么行政处罚?

2.2007 年,乌鲁木齐市阶梯书业资讯有限公司在乌鲁木齐市、伊犁哈萨克自治州、巴音郭楞蒙古自治州、喀什地区、吐鲁番地区非法编制出版地图,并非法在地图上刊载新疆维吾尔自治区旅游局或地、州、市旅游局编制或监制等字样征集广告;非法以 2005 年已取消测绘资质的"新疆有色地质工程公司"的名义编制地图;非法以"新疆美术摄影出版社"的名义出版地图。与此同时,这家公司还采取盗用自治区测绘局编发给新疆美术摄影出版社的审图号行骗，致使许多单位蒙受巨大的经济损失，严重扰乱了地图市场的秩序。

依照《中华人民共和国测绘法》的相关规定，乌鲁木齐市阶梯书业资讯有限公司的行为属于什么行为？应该如何处罚？

3. 2007年3月27日，《郑州晚报》在配合郑州市供水节水办公室开展纪念十五届“世界水日”、十三届“中国水周”活动中，在未经测绘行政主管部门审核的情况下，擅自刊登了郑州市花园口和邙山部分涉密1∶5万比例尺地形图。依据《中华人民共和国测绘法》、《中华人民共和国保守国家秘密法》、《中华人民共和国保守国家秘密法实施办法》和《中华人民共和国测绘成果管理条例》的有关法律法规，擅自刊登部分涉密1∶5万比例尺地形图，属于什么性质的问题？应当如何处理？

4. 2007年8月，白山市驻军发现5名不明身份人员非法进入某县军事管理区进行测绘活动。8月28日吉林省测绘局接到白山国家安全部门的通知前去调查。经查，8月24～27日，3名外国公民在吉林某大学教授金某等人的带领下，未经国务院测绘行政主管部门批准，以研究考察长白山火山岩的名义，在中国境内二道白河、长白县、靖宇县等地，使用2台手持GPS卫星定位仪在我国军事禁区进行非法测绘活动。外国公民未经批准在我国境内进行非法测绘的行为，违反了《中华人民共和国测绘法》和《外国的组织或者个人来华测绘管理暂行办法》哪些条款的规定？吉林省测绘局依据《中华人民共和国测绘法》的规定，应对3名外国公民和某大学教授作出什么处罚？

5. 浙江省水利水电勘测设计院于2006年7月未经提供测绘成果部门批准，擅自复制国家机密级1∶5万比例尺地形图4幅（图号分别为H－50－106－丁、H－50－107－丙、H－50－118－乙、H－50－119－甲）。浙江省水利水电勘测设计院的行为违反了《中华人民共和国测绘法》和《中华人民共和国测绘成果管理条例》的哪些条款？浙江省测绘局应对浙江省水利水电勘测设计院作出什么处罚？

6. 九头崖超市申请在本市交通地图上标注单位驻地，应经过什么流程办理？

第六章　促进地理信息共享的管理制度

随着信息技术的发展，当今社会已步入信息时代。其中，占信息资源总量80%以上的都是与地理空间有关的地理信息。地理信息已经得到了广泛应用，服务于我们的生活、工作，并带来了很大便利。电子地图、卫星导航、遥感影像，这些地理信息产业链上的新生事物正在创造奇迹，效益已经显现。人们对地理信息的需求和依赖越来越强烈，同时获取和提供地理信息的手段也越来越先进，地理信息产业迅速发展，地理信息市场迅速扩大。测绘工作的主要目的就是获取和处理大量地理信息，因此测量成果是重要的地理信息资源，有效而且充分利用测量成果为国民经济和社会发展提供服务是一项十分重要而且必要的任务。

为此，《中华人民共和国测绘法》对于测绘成果汇交与管理、测绘成果提供与使用、重要地理信息数据的审核发布以及建立地理信息系统等内容作出明确规定，以促进地理信息可以广泛共享。

第一节　测绘成果的汇交与管理制度

测绘项目涉及测绘的各个领域，产生了许多不同的测绘业务，而且这些测绘业务都具有其特殊性，因而产生了不同的法律制度，如基础测绘、地籍测绘、国界线测绘、行政区域界线测绘、房产测绘、工程测量、建立地理信息系统、地图编制等，其都具有相互区别的特点，因此应分别加以规范和管理，包括《工程测量规范》(GB 50026—2007)、《房产测量规范》(GB/T 17986—2000)等。但由于测绘工作具有基础性和广泛性的特点，这些不同的测绘活动也有着以下共同的特性。

(1)测绘的对象具有一致性。无论哪类测绘活动，从广义上讲都是对自然地理要素或者地表人工设施的形状、大小、空间位置及其属性进行测定、采集、表述以及对获取的数据、信息、成果进行处理，只不过根据不同的需求，获取的数据、信息的重点和详细程度不同。

(2)测绘的技术手段具有一致性。测绘技术手段的一致性包括三个方面：一是采用的仪器设备具有共性，二是需要的技术具有共性，三是技术标准也具有一定的共性。

(3)测绘成果具有一定的通用性。例如，用于交通、水利、能源建设等领域的测绘成果，往往也可以用于其他领域。

由于测绘成果具有通用性，因此应该尽量减少重复测绘的次数，避免浪费，提高效率，特别是测绘投资大多数是来自于公共财政，这就更有必要减少浪费。基于这样的考虑，为了最大限度地实现信息共享，减少浪费，就出现了测绘成果的汇交。

《中华人民共和国测绘法》第二十八条规定："国家实行测绘成果汇交制度。"

一、测绘成果汇交的概念

测绘成果汇交是指将测绘成果向法定的公共服务和公共管理机构提交副本或者目录，由公共服务和公共管理机构编制测绘成果目录，并向社会发布信息，利用收取的副本更新公共产品和依法向社会提供公共产品。

测绘成果汇交的重要作用在于推进地理信息共享,减少资源浪费,促进我国社会经济信息化建设。

二、测绘成果汇交的内容、要求和程序

《中华人民共和国测绘法》第二十八条规定:"测绘项目完成后,测绘项目出资人或者承担国家投资测绘项目的单位,应当向国务院测绘行政主管部门或者省、自治区、直辖市人民政府测绘行政主管部门汇交测绘成果资料。属于基础测绘项目的,应当汇交测绘成果副本;属于非基础测绘项目的,应当汇交测绘成果目录。负责接收测绘成果副本和目录的测绘行政主管部门应当出具测绘成果汇交凭证,并及时将测绘成果副本和目录移交给保管单位。测绘成果汇交的具体办法由国务院规定。国务院测绘行政主管部门和省、自治区、直辖市人民政府测绘行政主管部门应当定期编制测绘成果目录,向社会公布。"

这条规定对测绘成果的汇交主体、接收主体以及汇交形式、汇交程序提出了要求,明确了各方面的责任和义务,同时也表明测绘成果汇交以后,应由国务院测绘行政主管部门和省、自治区、直辖市人民政府测绘行政主管部门定期编制测绘成果目录,向社会公布,以实现信息共享。

三、测绘成果的管理

(一)测绘成果的保管

《中华人民共和国测绘法》第二十九条规定:"测绘成果保管单位应当采取措施保障测绘成果的完整和安全,并按照国家有关规定向社会公开和提供利用。"

测绘成果是测绘工作者经过千辛万苦、付出艰苦劳动和努力而得到的,有些成果属于保密资料,有些成果一旦丢失就很难重新获得。因此,必须采取有效措施保障测绘成果的完整和安全,防止测绘成果丢失、灭失和泄密。我国对测绘成果的保管措施有一系列的相关规定,要求测绘成果保管单位必须认真执行,从机构建设、制度建设以及资源配置上为测绘成果的完整和安全提供保障。具体来说,保管单位应具有以下必要的设施:

(1)存放载体介质的库房措施;

(2)存放载体介质的柜架措施;

(3)专有技术设备,如档案资料维护设备及磁介质读取、备份、维护设备等;

(4)安全防护设备,如防火、防盗、报警、防磁等设备;

(5)管理与服务设备,如电脑、打印机等设备。

由于基础测绘成果属于测绘成果中的核心成果,是国家投资的重要资源,大多数属于国家秘密,直接关系到国家安全,因此基础测绘成果采取异地存放备份的措施,即备份并存放于不同地点,以保证基础测绘成果意外损毁后,可以迅速恢复基础测绘成果服务使用。具体方法、措施应符合国家有关保密、档案管理的规定。

(二)测绘成果的保密管理

《中华人民共和国测绘法》第二十九条规定:"测绘成果属于国家秘密的,适用国家保密法律、行政法规的规定;需要对外提供的,按照国务院和中央军事委员会规定的审批程序执行。"

测绘成果的保密是指测绘成果由于涉及国家秘密，综合运用法律和行政手段将测绘成果严格限定在一定范围之内和被一定人员知悉的活动。

测绘成果的秘密性质是由其特性决定的，在测绘成果中，往往涉及许多国家秘密要素，因此大量的测绘成果属于国家秘密，测绘成果也相应地划分为秘密测绘成果和公开测绘成果两类。按照国家秘密的密级划分，秘密可分为“绝密”、“机密”、“秘密”三级。国家测绘局和国家保密局2003年12月联合印发的《测绘管理工作国家秘密范围的规定》对测绘成果的密级有严格的划分。

综上所述，按照测绘法规制度的各项要求，测绘成果保管单位有以下两项义务：

(1)采取措施保障测绘成果的完整和安全；属于国家秘密的成果，适用于国家保密法律、行政法规的规定。

(2)按照国家有关规定向社会公开和提供利用。需要对外提供的，按照国务院和中央军事委员会规定的审批程序执行。

第二节　测绘成果的提供和使用

测绘成果的利用是测绘活动的目的。在测绘活动中，测绘成果的完成者，或测绘成果的所有者根据测绘成果使用者的要求提供测绘成果；测绘成果使用者按照需求索取测绘成果，并使用测绘成果为某个特定目标服务，这就构成了测绘成果的提供和使用。

一、测绘成果提供和使用的特点

测绘成果的提供和使用具有以下几个特点：

(1)提供测绘成果具有交易的特征。测绘成果是投入很多人力、财力和物力，经过生产过程取得的，具有价值和使用价值，提供测绘成果具有交易的特征。

(2)测绘成果具有不能擅自提供的特征。大量的测绘成果属于国家秘密，这就决定了测绘成果不能擅自提供使用，不同的测绘成果具有不同的提供范围，有些测绘成果在提供时必须履行必要的批准手续，需要进行必要的技术处理。

(3)提供和使用测绘成果必须注意保护测绘成果的著作权。

二、测绘成果提供和使用制度的内容

测绘法关于测绘成果的提供和使用方面的主要规定在于测绘成果的有偿使用及无偿使用制度。这里包括三个方面内容。

(一)关于无偿提供基础测绘成果

测绘法规定，基础测绘成果和国家投资完成的其他测绘成果，用于国家机关决策和社会公益性事业的，应当无偿提供。

该条制度说明“公产用于公用”这样一个原则，因为基础测绘成果和国家投资完成的其他测绘成果是由公共财政支付的用于公共服务的产品，其所有权归国家，属于全体人民。国家机关在决策时有权无偿使用国家所有的测绘成果，同样，社会公益性事业是服务于大众生活方方面面的非营利性事业，取之于民、用之于民无可争议。

(二)关于紧急情况的无偿使用测绘成果

政府及其有关部门和军队因防灾、减灾、国防建设等公共利益的需要,可以无偿使用测绘成果。

该项法律制度的实质是在国家遇到突发性事件,如洪水、地震、台风等自然灾害的紧急情况下,可以征用任何测绘成果,在无条件支付费用时可以不支付费用。

(三)关于测绘成果有偿使用

除法律规定的无偿提供使用的特殊情形外,测绘成果依法实行有偿使用制度。测绘成果的种类很多,除基础测绘和国家投资完成的测绘成果外,还有大量的其他投资形式的测绘成果,如企业投资完成的测绘成果等。测绘成果的应用领域也十分广泛,如基础测绘成果,除国家机关决策和社会公益性事业使用测绘成果外,社会经济各个领域都需要,因此无偿使用测绘成果仅仅是特殊情形,有偿使用测绘成果是普遍情形。

在我国市场经济和市场机制发展的前提下,实行测绘成果有偿使用制度是符合市场经济客观要求的,也有利于测绘市场健康发展以及测绘事业稳步前进。

第三节 重要地理信息数据的审核公布管理

《中华人民共和国测绘法》第三十二条规定:"中华人民共和国领域和管辖的其他海域的位置、高程、深度、面积、长度等重要地理信息数据,由国务院测绘行政主管部门审核,并与国务院其他有关部门、军队测绘主管部门会商后,报国务院批准,由国务院或者国务院授权的部门公布。"

这是一条关于重要地理信息数据审核、公布管理的规定。

一、重要地理信息数据的概念

这里所说的重要地理信息数据,是指在中华人民共和国领域和管辖的其他海域内的重要自然和人文地理实体的位置、高程、深度、面积、长度等位置信息数据及重要属性信息数据。

国家的重要地理信息数据主要包括:

(1)涉及国家主权、政治主张的地理信息数据;

(2)国界、国家面积、国家海岸线长度;

(3)国家版图重要特征点、地势、地貌分区位置等地理信息数据,如重要山地、山峰、山隘(口)、海洋、大陆架、岛礁、海峡、滩涂、流域、河流、河源等;

(4)冠以"全国"、"中国"、"中华"等字样的地理信息数据;

(5)经相邻省级人民政府联合勘定并经国务院批复的省级界线长度及行政区域面积,沿海省、自治区、直辖市海岸线长度;

(6)法律法规规定以及需要由国务院测绘行政主管部门审核的其他重要地理信息数据。

二、重要地理信息数据的特征

重要地理信息数据具有以下特征。

（一）权威性

重要地理信息数据的获取是依据科学的观测方法和手段进行的，由国务院测绘行政主管部门审核，并与国务院其他有关部门、军队测绘主管部门会商后，报国务院批准，由国务院或者国务院授权的部门以公告形式公布，并在全国范围内发行的报纸或者互联网上发布，体现出了重要地理信息数据的权威性。

（二）准确性

重要地理信息数据涉及中华人民共和国领域和管辖的其他海域内的重要自然和人文地理实体的位置、高程、深度、面积、长度等位置信息数据和重要属性信息数据，这些数据是依据科学的技术方法和手段获取的，建议人提出建议后，国务院测绘行政主管部门还要对数据的科学性、完整性、可靠性进行严格审核。因此，重要地理信息数据具有严格的准确性。

（三）法定性

重要地理信息数据审核公布制度由国家法律规定，重要地理信息数据的审核、批准、公布的主体和程序都必须严格按照有关法律法规执行，任何单位和个人不得擅自审核公布。因此，重要地理信息数据具有法定性。

三、重要地理信息数据的审核公布

国家对重要地理信息数据实行统一的审核和公布制度，任何单位和个人不得擅自公布重要地理信息数据。

（一）重要地理信息数据审核

国家对重要地理信息数据实行统一审核与公布制度。按照《中华人民共和国测绘法》和国家有关重要地理信息数据审核公布管理的法律法规要求，重要地理信息数据由国务院测绘行政主管部门审核，但由于重要地理信息数据的权威性和科学性的特点，国务院测绘行政主管部门还必须与国务院有关部门会商。

建议人申请审核公布重要地理信息数据，必须依法向国务院测绘行政主管部门提出申请，建议审核公布重要地理信息数据，并按要求提供申请资料后，由国务院测绘行政主管部门审核相关内容，对通过审核的重要地理信息数据公布的必要性、公布部门等内容与有关部门会商后，上报国务院公布建议。

（二）重要地理信息数据公布

经国务院测绘行政主管部门审核并与有关部门会商，上报国务院后，由国务院批准，并由国务院或国务院授权的部门公布。公布以公告形式公布，并在全国范围内发行的报纸或者互联网上刊登。

任何单位和个人擅自发布国务院已批准并授权国务院有关部门公布的重要地理信息数据的，擅自发布未经国务院批准的重要地理信息数据的，要依法承担相应的法律责任。

四、重要地理信息数据的使用

中华人民共和国领域和管辖的其他海域内的位置、高程、深度、面积、长度等信息数据和重要属性信息数据，关系到国家政治、经济和国际地位以及社会稳定，涉及国家主权和领土完整、民主尊严。重要地理信息数据不准确，就会损害国家领土的完整，对国家经济建设、行政管理和国际交往造成不良影响，也会对测绘工作带来严重后果。因此，《中华人民共和国测绘成果管理条例》和《重要地理信息数据审核公布管理规定》中都明确规定,在行政管理、新闻传播、对外交流、教学等对社会有影响的活动、公开出版的教材以及需要使用重要地理信息数据的,应当使用依法公布的数据。否则,要依法承担相应的法律责任,并受到一定的处罚。

第四节　建立地理信息系统的监督和管理

随着信息技术和计算机技术的发展,测绘行业的发展不断向着以"3S"技术为代表的方向前进。这里的"3S"指地理信息系统(GIS)、全球定位系统(GPS)和遥感技术(RS)。建立地理信息系统作为一项计算机技术与测绘技术和通信技术、网络技术相结合的业务,在很短的时间内,就得到了迅猛发展,并在国民经济建设和社会发展中得到了广泛的应用,特别是在区域开发、环境保护、资源利用、城市管理、灾情预测、人口控制、交通运输等方面发挥着积极的作用。胡锦涛总书记曾指示:要加快遥感、地理信息系统、全球定位系统、网络通信技术的应用以及防灾减灾高科技成果转化和综合集成,建立国家综合减灾和风险管理信息共享平台。可见,建立地理信息系统在我国各项建设中具有极其重要的作用和深远的意义。

一、地理信息系统的概念

地理信息系统的定义有多种,是从不同角度来阐述其概念的,一般来说,地理信息系统是在计算机软、硬件支持下,把各种资源信息和环境参数按照空间分布或地理坐标,以一定的格式和分类编码输入、处理、存储、输出,以满足应用需要的人－机交互信息系统。它通过对多要素数据的操作和综合分析,方便快速地把所需要的信息以图形、图像、数字等多种形式输出,满足各应用领域或研究工作的需要。

地理信息系统一般分为三个类型:全国性的综合系统、区域性地理信息系统和专题性信息系统。

地理信息系统是以测绘成果为基础建立的,测绘是全面、准确、可靠、定性、定量、定位地获取地理信息的必要手段,没有相应的测绘工作,地理信息系统就难以建立。

二、建立地理信息系统的监督和管理

(一)建立地理信息系统的法律规定

《中华人民共和国测绘法》第二十一条规定:"建立地理信息系统,必须采用符合国家标准的基础地理信息数据。"这说明,建立地理信息系统必须采用符合国家标准的基础地理信息数据。这体现在以下两个方面。

1. 国家制定基础地理信息数据的标准

基础地理信息数据是指按照国家规定的技术规范、标准制作的,可以通过计算机系统使用数字化的基础测绘成果。基础地理信息数据具有通用性强、共享需求量大的特点。

为了提高基础地理信息数据的使用效益,提高测绘成果的共享利用程度和各种地理信息系统之间的兼容性,测绘法明确规定由国家制定基础地理信息数据标准。

目前,国家已经建成了1∶400万、1∶100万、1∶25万、1∶5万国家基础地理信息数据库和地名数据库;1∶5万数字高程模型数据库、全国卫星影像数据库和部分城市的1∶500～

1∶2000基础地理信息数据库，大部分省、自治区、直辖市也已建成了1∶1万地形数据库和正射影像数据库。这些基础地理信息数据库为建立各类地理信息系统提供了保障。

2. 建立地理信息系统必须采用基础地理信息数据的标准

随着地理信息系统技术在各行各业的普及使用，各相关部门在不同时期建立了大量的专业性地理信息系统，发挥了巨大作用，但由于采用的基础地理信息数据的标准不统一，限制了各个地理信息系统之间的兼容和共享，对国民经济和社会信息化发展产生不利影响。因此，《中华人民共和国测绘法》明确要求，建立地理信息系统必须采用符合国家标准的基础地理信息数据。

（二）地理信息系统工程管理

地理信息系统工程管理包括以下两个方面的内容。

1. 地理信息系统工程资质管理

从事建立地理信息系统的单位，应当依法取得由国务院测绘行政主管部门或省、自治区、直辖市测绘行政主管部门颁发的载有地理信息系统工程业务的资质证书，并在资质等级范围内从事地理信息系统工程建设活动。

2. 地理信息系统数据管理

建立地理信息系统必须采用符合国家标准的基础地理信息数据，这是测绘法确定的基本原则。测绘行政主管部门应加强地理信息系统标准化工作，强化对地理信息系统建设单位的日常监管。对采用不符合国家标准的基础地理信息数据的，要按照《中华人民共和国测绘法》第四十条的规定给予警告，责令改正，可以并处十万元以下的罚款；对负有直接责任的主管人员和其他直接责任人员，依法给予行政处分。

思考与分析题

1. 我国已经建成了1∶400万、1∶100万、1∶25万、1∶5万国家基础地理信息数据库和地名数据库，在第二次土地调查中，出现了现有农村行政村的村名与国家第二次土地调查的地名数据库中的行政村村名不一致的问题，当地政府要求按他们习惯的村庄名称注记，应当如何解决？

2. 测绘成果保管单位应如何保管、使用和公布测绘成果？

3. 你对建立测绘成果汇交制度有什么认识？

第七章　测量标志管理

测量标志是在陆地和海洋标定测量控制点位置的标石、觇标以及其他标记的总称。标石一般是埋设于地下的固定标示物，标定控制点的位置；觇标是建在地面上或其他建筑物顶部的专用测量标架，供观测瞄准目标和升高仪器位置时使用。根据用途和使用期限，测量标志分为永久性测量标志和临时性测量标志。永久性测量标志是指设有固定的标志物以供测绘单位长期使用的需永久保存的测量标志；临时性测量标志是指测绘单位在测量使用过程中设置和使用的，工作结束之后不需要长期保存的标志物和标记。

测量标志是国家的一种重要的基础设施和宝贵财富，它对经济建设、国防建设和社会发展具有重要的作用。每一个测量标志都是经过测绘工作者精心建设和测量后留存下来的，它们不仅仅是一个固定的标识物，更重要的是每一个标志都标记着一个点位的精确测量成果数据。测量标志为我国国民经济建设各个部门服务。如地形测图、工程测量、地质勘探、地质科学研究、地壳变形观测等都需要使用精确、完好的测量标志。新中国成立以来，在全国各地相继建立了90多万个各类永久性测量标志，包括各等级的天文点、重力点、三角点、导线点、卫星定位点、水准点以及其他控制点的测量标志，为测绘事业发挥了极大的作用。

永久性测量标志具有分布广泛、位置精确、不能移动，并需要占用一定面积的土地，设立一定的安全控制范围等特点，因此测量标志的保护和保管将是一项长期而艰巨的任务。

第一节　测量标志的保护

一、测量标志的建设

为了满足测绘工作的需要，必须建造和设立测量标志。关于测量标志的建设规定，《中华人民共和国测绘法》和《中华人民共和国测量标志保护条例》均有明确的规定，主要体现在以下几个方面：

(1)使用国家规定的测绘基准和测绘标准。

(2)选择有利于测量标志长期保护和保管的点位。

(3)设置永久性测量标志的，应当对永久性测量标志设立明显标识；设置基础性测量标志的还应当设立有国务院测绘行政主管部门统一监制的专门标牌。

(4)需要依法使用土地或者在建筑物上设置永久性测量标志的，有关单位和个人不得干扰和阻挠。设置永久性测量标志需要占用土地的，地面标识占用土地面积的范围为36～100 m^2，地下标志占用土地面积的范围为16～36 m^2。

(5)设置永久性测量标志的部门应当将永久性测量标志委托测量标志设置地的有关单位和个人负责保管，并签订委托协议。

(6)符合法律、法规规定的其他要求。

二、测量标志的保护

《中华人民共和国测绘法》第三十五条规定："任何单位和个人不得损毁或者擅自移动永久性测量标志和正在使用中的临时性测量标志。"这一规定将保护测量标志作为全社会的公共责任和公民的基本义务确定下来，从根本上确定了测量标志所具有的法律地位。同时，《中华人民共和国测绘法》规定了测量标志保护制度，主要包括永久性测量标志设立明显标记的制度、委托保管制度、工程建设避开永久性测量标志制度、永久性测量标志拆迁制度、永久性测量标志的使用制度、永久性测量标志的检查和维护制度、各级人民政府的责任制度、全民保护测量标志制度和违法追究制度。

（一）为测量标志设立明显标志

《中华人民共和国测绘法》第三十六条规定："永久性测量标志的建设单位应当对永久性测量标志设立明显标记，并委托当地有关单位指派专人保管。"我国实行谁建设永久性测量标志，谁就要设立明显标志的制度。为了防止永久性测量标志遭到破坏，必须加大对群众的宣传力度，设立明显标志以使人们能够很方便地识别测量标志，进而达到保护的目的。例如，对永久性测量标志加埋指示桩、设立保护井，并加挂"测量标志，法律保护，破坏必究"的宣传牌，既可起到警示作用，又可便于保管人员更好地对测量标志加以保护。

（二）工程建设应该避开永久性测量标志

工程建设避开永久性测量标志是指工程建设避开永久性测量标志用地，在两个相邻测量标志之间建设的建筑物不能影响相邻测量标志之间相互通视；在测量标志附近建设的建筑物不得影响卫星定位设备接收卫星传送信号；工程建设不得造成测量标志沉降或者位移；在测量标志附近建设微波站广播电视台、雷达站、架设线路要避免影响测量仪器受到电磁干扰等。总之，要尽量避免工程建设损毁测量标志或者使测量标志失去效能。

三、测量标志检查和维修

《中华人民共和国测绘法》第三十九条规定："县级以上人民政府应当采取有效措施加强测量标志的保护工作。县级以上人民政府测绘行政主管部门应当按照规定检查、维护永久性测量标志。乡级人民政府应当做好本行政区域内的测量标志保护工作。"

对测量标志进行检查和维护是保护测量标志十分重要的工作，是县级以上人民政府测绘行政主管部门的重要责任。检查、维护测量标志的主要工作内容是：

(1)定期对测量标志进行普查，建立档案，对测量标志的完好状况做到心中有数；

(2)定期对测量标志进行维护，保证测量标志处于完好状态；

(3)对损坏的测量标志进行维修，恢复测量标志的使用效能。

县级以上人民政府测绘行政主管部门作为测绘工作的监督管理机构，在测量标志保护方面还有很多责任，如组织测量标志保护的宣传，指导测量标志保护人员做好测量标志保管工作，采取措施加强测量标志保护，查处测量标志违法案件等。

同时，测量标志检查、维护具有一定的技术要求，需要按照规范、规程和其他相关规定进行。

由于测量标志数量多、分布广，而乡级人民政府是我国的基层人民政府，将测量标志保护责任落实到乡级人民政府是行之有效的办法。乡级人民政府应做好以下几方面的测量标志保护工作：

（1）做好宣传工作，使辖区人民群众了解测量标志保护的意义和有关知识；

（2）对委托保管书进行备案，协助落实保管责任；

（3）发现测量标志被损毁的情况，及时报告县级以上人民政府测绘行政主管部门或者当地公安机关进行查处，并协助查处案件；

（4）制止损毁测量标志的行为；

（5）为建设测量标志提供便利。

四、永久性测量标志的保管

我国地域辽阔、地形地貌情况复杂，永久性测量标志有90多万座，数量巨大，遍及全国各地。为了使测量标志得到妥善保护，必须充分依靠测量标志所在地的政府和群众，由永久性测量标志的建设单位委托当地有关单位，签订委托合同书，指派专人负责保管永久性测量标志。永久性测量标志保管的工作任务如下：

（1）负责保管测量标志的单位和个人要对其保管的测量标志经常进行检查，遇到损毁和移动测量标志的行为要立即制止，责令行为人修复，并及时报告当地乡级以上人民政府；

（2）发现测量标志有被损害和移动的情况时，除及时上报当地人民政府外，对属于人为破坏的应当协助公安、司法和测绘行政主管部门查找线索，查明原因；

（3）对使用测量标志者查验测绘作业证书，监督使用和用后恢复原状，查验使用后的测量标志的完好情况；

（4）向工程建设单位和个人宣传保护测量标志的重要性；

（5）测量标志保管人员应定期对测量标志进行普查和维护，并与当地测绘行政主管部门联系，通报测量标志完好情况等。

第二节　测量标志的使用

《中华人民共和国测绘法》第三十八条规定："测量人员使用永久性测量标志，必须持有测绘作业证件，并保证测量标志的完好。"测绘人员凭测绘作业证件使用永久性测量标志是保护测量标志的一个有效措施。永久性测量标志作为国家的宝贵财产，是测绘的基础设施，承载着十分精确的数据信息，是从事测绘活动的基础。非测绘人员随意使用永久性测量标志很容易造成测量标志损坏或者使测量标志失去使用效能。为此，测绘人员应遵照《中华人民共和国测绘法》的规定，使用测量标志应当持有测绘作业证件，接受县级以上人民政府管理测绘工作的部门的监督和负责保管测量标志的单位和人员的查询，并按照操作规程进行测绘，使用后恢复原状，保证测量标志的完好。

《中华人民共和国测量标志保护条例》规定违反测绘操作规程进行测绘，使永久性测量标志受到损坏的；无证使用永久性测量标志并且拒绝县级以上人民政府测绘行政主管部门监督和负责保管测量标志的单位和人员查询的，要依法承担相应的法律责任。

第三节　测量标志的拆迁

在国家经济发展进程中，工程建设项目很多，有些项目涉及国家重大投资和城市规划布局调整，无法避开永久性测量标志，在建设过程中不可避免地造成测量标志的损毁或者移动。为此，《中华人民共和国测绘法》规定，确实无法避开、需要拆迁永久性测量标志或者使永久性测量标志失去效能的，建设单位在工程建设施工前，要及时按照规定的程序，向省、自治区、直辖市人民政府测绘行政主管部门提出拆迁申请；国务院测绘行政主管部门或者省、自治区、直辖市人民政府测绘行政主管部门按照职责分工做出批准或不批准、拆除或拆迁的决定；按照国务院测绘行政主管部门或者省、自治区、直辖市人民政府测绘行政主管部门批准的拆迁方法进行拆迁。

军事控制点是指军事上专用的控制点。军事控制点的测量标志对于国防建设具有十分重要的作用。涉及军用控制点的，国务院测绘行政主管部门或者省、自治区、直辖市人民政府测绘行政主管部门在审批拆迁或者使军事控制点失去效能时，应当征得军队测绘主管部门的同意，批准后方可拆迁或移动。

测量控制点拆迁时所需拆迁费用由工程建设单位承担，以用于永久性测量标志的恢复重建。

第四节　法律责任

测量标志是国家的宝贵财富，每一个测量标志都凝聚了测绘工作者的艰辛和汗水，甚至是流血和牺牲。每一个测量标志都对应着一组精确的测量成果数据，测绘、资源开发管理、水利、交通、规划、地震、科研，甚至像飞船返回地球的落地都需要使用高精度地面觇标和标石完好的测量标志为依据。据了解，全国测量标志被损毁的情况也很严重，据 2004 年调查统计，全国测量标志仅剩 42 万余座，仅占设立测量标志的 46.71%。其中，三角点地面觇标损毁率达 72.9%，地下标石损毁率达 29.97%，水准点损毁率达 33.52%。例如：新疆维吾尔自治区测绘局历时 3 年，对境内的 16500 个测量标志进行了普查，普查数据显示：经过半个多世纪，由于自然因素和人为破坏，分布在新疆 166 万 km^2 范围内的 2 万座永久性测量标志目前仅存 1 万多座。有 70% 的永久性测量标志遭到破坏，其中完全被破坏不能使用的占 40%。许多地方和单位在进行公路、水利、城市基础设施建设时，由于不了解保护测量标志的相关法律法规，对测量标志的重要作用不了解，对测量标志往往用推土机一推了之，或掩埋在建设项目下，而没有及时上报当地测绘行政主管部门，造成了无可挽回的损失。不法分子将测量标志盗窃后当废品卖的情况也屡有发生。

测量标志是受法律保护的极为重要的国家财产，未经批准谁都无权移动，否则将被追究法律责任。

《中华人民共和国测绘法》、《中华人民共和国测量标志保护条例》对违反测量标志保护法律、行政法规的行为，设定了严格的法律责任，这些行为主要包括以下几个方面：

（1）损毁或者擅自移动永久性测量标志和正在使用的临时性测量标志的；

（2）侵占永久性测量标志用地的；

(3)在永久性测量标志安全范围内从事危害测量标志安全和使用效能的活动的；

(4)在测量标志占地范围内，建设影响测量标志使用效能的建筑物的；

(5)擅自拆除永久性测量标志或者使永久性测量标志失去效能的，或者拒绝支付拆建费用的；

(6)违反操作规程使用永久性测量标志，造成永久性测量标志损毁的；

(7)无证使用永久性测量标志并且拒绝县级以上人民政府管理测绘工作的部门监督和负责保管测量标志的单位和人员查询的；

(8)干扰或者阻挠测量标志建设单位依法使用土地或者在建筑物上建设永久性测量标志的。

法律规定对以上行为给予警告、责令改正，可以并处五万元以下罚款；造成损失的依法承担赔偿责任；构成犯罪的，依法追究刑事责任；尚不构成刑事处罚的，对负有直接责任的主管人员和其他直接责任人，依法给予行政处分。

思考与分析题

1. 某国土资源所工作人员在沿省道进行巡查时，发现某加油站正在一国家二等水准点标志附近进行施工建设。工作人员立刻上前制止，并宣传测量标志在经济建设、国防建设中的重要作用及损坏测量标志应承担的法律责任。通过说服教育，该加油站负责人意识到自己对测量标志重要性认识不足，法律意识淡薄，险些酿成大错，并表示将按照政策要求保护好标志。

依据《中华人民共和国测绘法》，该加油站应采取什么措施保护测量标志？国土资源部门应该怎样做？如果施工使该测量标志失去效能，应该如何处理？

2. 2007 年 4 月，新疆维吾尔自治区伊宁市国土资源局在对伊宁市范围内的测量标志进行巡查时发现，位于巴彦岱镇西南伊犁河畔代平砖厂内图幅编号为 K－44－7 的Ⅱ级测量标志的标石和钢标三角架遭到破坏。经查，伊宁市代平砖厂在施工时未对测量标志采取保护措施，致使测量标志遭到破坏无法使用。伊宁市代平砖厂违反了《中华人民共和国测量标志保护条例》和《中华人民共和国测绘法》的哪些规定？应当怎样处罚？

第八章　测绘活动违法的法律责任

测绘活动违法的法律责任是指在进行测绘活动的过程中，各方违反测绘法律法规的法律责任，即由于其违法行为而应承担的法律后果。这里的各方指国家机关、国家机关工作人员、公民或者法人。不论哪一方，只要实施了违反测绘法律法规的行为，都应受到相应的法律制裁。

一般来说，构成测绘活动的违法行为包括以下四个方面：

(1)所实施的违反测绘法律法规的行为是客观存在的，这说明首先违法行为的事实应该认定，确认违法行为是客观清楚、没有异议的。

(2)违法行为必须侵犯了测绘法律法规所保护的社会关系，如违法行为侵犯了测绘法律法规确立和保护的测绘制度。

(3)违法行为者是具有责任能力的自然人。

(4)违法行为者主观上必须有过错。

测绘活动违法的责任按违法行为的性质不同可以分为测绘活动违法的行政法律责任、测绘活动违法的民事法律责任和测绘活动违法的刑事法律责任三类。以下分别从三个方面对测绘违法行为逐条加以阐述，以明确违法责任，加强法制教育。

第一节　测绘活动违法的行政法律责任

测绘活动违法的行政法律责任是指因实施违反测绘法律法规规定的行为而引起的，由各级测绘主管部门或其他行政机关依法给予制裁的，必须承担的法律后果。

行政法律责任可以分为行政处罚和行政处分两类。

违反测绘法律法规的行政处罚类型有警告、没收违法所得、没收测绘成果、罚款、责令停业整顿、暂扣测绘资质、降低或吊销测绘资质等。行政处罚主要以行政命令的方式责令违法行为人纠正其违法行为，使其行为符合法律、行政法规的规定。

行政处分是指行政机关内部上级对下级以及监察机关、人事部门和企事业单位按照行政隶属关系，对违反政纪的人员依法给予的一种法律制裁。由于我国目前实行公务员制度，对直接负责的主管人员和其他直接责任人员的行政处分应当按照《国家公务员暂行条例》的规定执行。给予行政处分一般可分为三种情况：

(1)对违法行为较轻，仍能担任现任职务的人员，可以给予警告、记过、降级处分；

(2)对违法行为较重，不宜继续担任现任职务的人员，给予降职或者撤职处分；

(3)对严重违法失职，屡教不改的，可以给予开除处分。

以下分别按照《中华人民共和国测绘法》、《中华人民共和国地图编制出版管理条例》、《测绘市场管理暂行办法》、《房产测绘管理办法》等几种主要的测绘法律法规规定，对测绘活动违法的行政法律责任加以阐述。

一、《中华人民共和国测绘法》的有关规定

《中华人民共和国测绘法》第八章对违反《中华人民共和国测绘法》的行为应承担的法律责任有明确规定。

《中华人民共和国测绘法》第四十条规定："未经批准，擅自建立相对独立的平面坐标系统的"或"建立地理信息系统，采用不符合国家标准的基础地理信息数据的"，给予警告，责令改正，可以并处十万元以下的罚款；对负有直接责任的主管人员和其他直接责任人员，依法给予行政处分。

《中华人民共和国测绘法》第四十一条规定："未经批准，在测绘活动中擅自采用国际坐标系统的"或"擅自发布中华人民共和国领域和管辖的其他海域的重要地理信息数据的"，给予警告，责令改正，可以并处十万元以下的罚款；尚不够刑事处罚的，对负有直接责任的主管人员和其他直接责任人员，依法给予行政处分。

《中华人民共和国测绘法》第四十二条规定："未取得测绘资质证书，擅自从事测绘活动的，责令停止违法行为，没收违法所得和测绘成果，并处测绘约定报酬一倍以上二倍以下的罚款。以欺骗手段取得测绘资质证书从事测绘活动的，吊销测绘资质证书，没收违法所得和测绘成果，并处测绘约定报酬一倍以上二倍以下的罚款。"

《中华人民共和国测绘法》第四十三条规定：测绘单位"超越资质等级许可的范围从事测绘活动的"或"以其他测绘单位的名义从事测绘活动的"或"允许其他单位以本单位的名义从事测绘活动的"，责令停止违法行为，没收违法所得和测绘成果，处测绘约定报酬一倍以上二倍以下的罚款，并可以责令停业整顿或者降低资质等级；情节严重的，吊销测绘资质证书。

《中华人民共和国测绘法》第四十四条规定："测绘项目的发包单位将测绘项目发包给不具有相应资质等级的测绘单位或者迫使测绘单位以低于测绘成本承包的，责令改正，可以处测绘约定报酬二倍以下的罚款。发包单位的工作人员利用职务上的便利，索取他人财物或者非法收受他人财物，为他人谋取利益，构成犯罪的，依法追究刑事责任；尚不够刑事处罚的，依法给予行政处分。

《中华人民共和国测绘法》第四十五条规定："测绘单位将测绘项目转包的，责令改正，没收违法所得，处测绘约定报酬一倍以上二倍以下的罚款，并可以责令停业整顿或者降低资质等级；情节严重的，吊销测绘资质证书。"

《中华人民共和国测绘法》第四十六条规定："未取得测绘执业资格，擅自从事测绘活动的，责令停止违法行为，没收违法所得，可以并处违法所得二倍以下的罚款；造成损失的，依法承担赔偿责任。"

《中华人民共和国测绘法》第四十七条规定："违反本法规定，不汇交测绘成果资料的，责令限期汇交；逾期不汇交的，对测绘项目负责人处以重测所需费用一倍以上二倍以下的罚款；对承担国家投资的测绘项目的单位处一万元以上五万元以下的罚款，暂扣测绘资质证书，自暂扣测绘资质证书之日起六个月内仍不汇交测绘成果资料的，吊销测绘资质证书，并对负有直接责任的主管人员和其他直接责任人员依法给予行政处分。"

《中华人民共和国测绘法》第四十八条规定："测绘成果质量不合格的，责令测绘单位补测或者重测；情节严重的，责令停业整顿，降低资质等级直至吊销测绘资质证书；给用户造成

损失的，依法承担赔偿责任。”

《中华人民共和国测绘法》第四十九条规定：“编制、印刷、出版、展示、登载的地图发生错绘、漏绘、泄密，危害国家主权或者安全，损害国家利益，构成犯罪的，依法追究刑事责任；尚不够刑事处罚的，对负直接责任的主管人员和其他直接责任人员，依法给予行政处分。”

《中华人民共和国测绘法》第五十条规定：“违反本法规定，有下列行为之一的，给予警告，责令改正，可以并处五万元以下的罚款；造成损失的，依法承担赔偿责任；构成犯罪的，依法追究刑事责任；尚不够刑事处罚的，对负有直接责任的主管人员和其他直接责任人员，依法给予行政处分：

（一）损毁或者擅自移动永久性测量标志和正在使用中的临时性测量标志的；

（二）侵占永久性测量标志用地的；

（三）在永久性测量标志安全控制范围内从事危害测量标志安全和使用效能的活动的；

（四）在测量标志占地范围内，建设影响测量标志使用效能的建筑物的；

（五）擅自拆除永久性测量标志或者使永久性测量标志失去使用效能，或者拒绝支付迁建费用的；

（六）违反操作规程使用永久性测量标志，造成永久性测量标志毁损的。”

《中华人民共和国测绘法》第五十一条规定：“外国的组织或者个人未经批准，擅自在中华人民共和国领域和管辖的其他海域从事测绘活动的”或“外国的组织或者个人未与中华人民共和国有关部门或者单位合资、合作，擅自在中华人民共和国领域从事测绘活动的”，所获取的测绘成果不属于国家秘密的，责令停止违法行为，没收测绘成果和测绘工具，并处一万元以上十万元以下的罚款；情节严重的，并处十万元以上五十万元以下的罚款，责令限期离境。

《中华人民共和国测绘法》第五十三条规定：“县级以上人民政府测绘行政主管部门工作人员利用职务上的便利收受他人财物、其他好处或者玩忽职守，对不符合法定条件的单位核发测绘资质证书，不依法履行监督管理职责，或者发现违法行为不予查处，造成严重后果，构成犯罪的，依法追究刑事责任；尚不够刑事处罚的，对负有直接责任的主管人员和其他直接责任人员，依法给予行政处分。”

《中华人民共和国测绘法》第五十二条规定：“本法规定的降低资质等级、暂扣测绘资质证书、吊销测绘资质证书的行政处罚，由颁发资质证书的部门决定；其他行政处罚由县级以上人民政府测绘行政主管部门决定。本法第五十一条规定的责令限期离境由公安机关决定。”

二、《中华人民共和国地图编制出版管理条例》的有关规定

《中华人民共和国地图编制出版管理条例》是由国务院测绘行政主管部门会同其他有关部门制定，并报国务院批准实施的行业法规，对违反地图编制、出版规定的行为明确了其应承担的法律责任。

《中华人民共和国地图编制出版管理条例》第二十四条规定：“违反本条例规定，未取得相应测绘资格，擅自编制地图的，由国务院行政主管部门或者其授权的部门，或者省、自治区、直辖市人民政府负责管理测绘工作的部门或者其授权的部门，依据职责责令停止编制活动，没收违法所得，可以并处违法所得一倍以下的罚款。”

《中华人民共和国地图编制出版管理条例》第二十五条规定："违反本条例规定，有下列行为之一的，由国务院测绘行政主管部门或者省、自治区、直辖市人民政府负责管理测绘工作的部门责令停止发行、销售、展示，对有关地图出版社处以 300 元以上 10000 元以下的罚款；情节严重的，由出版行政管理部门注销有关地图出版社的地图出版资格：

(一)地图印刷或者展示前未按照规定将试制样图报送国务院测绘行政主管部门或者省、自治区、直辖市人民政府负责管理测绘工作的部门审核的；

(二)专题地图在印刷或者展示前未按照规定将试制样图报有关行政主管部门审核的；

(三)地图上国界线或者省、自治区、直辖市行政区域界线的绘制不符合国家有关规定而出版的；

(四)地图内容的表示不符合国家有关规定，造成严重错误的。

有前款第(三)项、第(四)项所列行为之一的，还应当没收全部地图及违法所得。"

《中华人民共和国地图编制出版管理条例》第二十六条规定："违反本条例规定，未经批准，擅自从事地图出版活动或者超越经批准的地图出版范围出版地图的，由出版行政管理部门责令停止违法活动，没收全部非法地图出版物和违法所得，可以并处违法所得 5 倍以上 15 倍以下的罚款。"

《中华人民共和国地图编制出版管理条例》第二十七条规定："侵犯地图著作权的，依照著作权法律、行政法规的规定处理。"

《中华人民共和国地图编制出版管理条例》第二十八条规定："违反本条例规定，公开地图泄露国家秘密，或者产生危害国家主权或者安全、损害国家利益的其他后果的，对负有直接责任的主管人员和其他直接责任人员依法给予行政处分；构成犯罪的，依法追究刑事责任。"

《中华人民共和国地图编制出版管理条例》第二十九条规定："地图编制、出版行政工作人员弄虚作假、玩忽职守、徇私舞弊，构成犯罪的，依法追究刑事责任；尚不构成犯罪的，依法给予行政处分。"

三、《测绘市场管理暂行办法》的有关规定

《测绘市场管理暂行办法》是由国务院测绘行政主管部门会同其他有关部门制定，并报国务院批准实施的行业法规，对违反测绘市场公平、有序竞争的行为和其他违法行为明确了其应承担的法律责任。

《测绘市场管理暂行办法》第三十三条规定："未领取《测绘资格证书》进行测绘或者超经营范围进行测绘的或者通过伪造、涂改、借用、租用《测绘资格证书》的手段非法经营测绘业务的，由市(地)级以上测绘主管部门会同工商行政主管部门视其情节给予通报批评、责令停止测绘、没收违法所得的处罚，可以并处违法所得百分之五十到百分之百的罚款。"

《测绘市场管理暂行办法》第三十四条规定："未按规定进行测绘任务登记，未汇交测绘成果目录或副本的，由市(地)级以上测绘主管部门通报批评、责令停止测绘；情节严重的，由省级以上测绘主管部门吊销其《测绘资格证书》。"

《测绘市场管理暂行办法》第三十五条规定："测绘成果不合格给用户造成损失的，测绘单位应当承担赔偿责任，同时，由市(地)级以上测绘主管部门给予通报批评；情节严重的，由省级以上测绘主管部门吊销其《测绘资格证书》。工商行政管理部门依照企业登记有关

规定予以处罚。”

《测绘市场管理暂行办法》第三十六条规定:“非法复制、转让或者转借测绘成果的,由测绘主管部门给予通报批评,可以并处不低于违法所得的罚款。”

《测绘市场管理暂行办法》第三十七条规定:“测绘项目承包者的分包量大于总包量百分之四十的,或向没有相应测绘资格的单位、个人分包或者转包的,由市(地)级以上测绘主管部门责令其停止测绘;情节严重的,由省级以上测绘主管部门吊销其《测绘资格证书》。工商行政管理部门依照有关法律、法规予以处罚。”

《测绘市场管理暂行办法》第三十八条规定:“违反本规定压价竞争的,或者有其他不正当竞争行为的,由县级以上工商行政管理部门依照《反不正当竞争法》的有关规定给予处罚。”

四、《房产测绘管理办法》的有关规定

《房产测绘管理办法》是由国务院测绘行政主管部门会同其他有关部门制定,并报国务院批准实施的行业法规,对违反房产测绘的违法行为明确了其应承担的法律责任。

《房产测绘管理办法》第二十条规定:“未取得载明房产测绘业务的《测绘资格证书》从事房产测绘业务以及承担房产测绘任务超出《测绘资格证书》所规定的房产测绘业务范围、作业限额的,依照《中华人民共和国测绘法》和《测绘资格审查认证管理规定》的规定处罚。”

《房产测绘管理办法》第二十一条规定:“房产测绘单位有下列情形之一的,由县级以上人民政府房地产行政主管部门给予警告并责令限期改正,并可处以一万元以上三万元以下的罚款;情节严重的,由发证机关予以降级或者取消其房产测绘资格:

(一)在房产面积测算中不执行国家标准、规范和规定的;

(二)在房产面积测算中弄虚作假、欺骗房屋权利人的;

(三)房产面积测算失误,造成重大损失的。”

《房产测绘管理办法》第二十二条规定:“违反本办法第十九条规定的,根据《中华人民共和国测绘法》、《中华人民共和国测绘成果管理规定》以及国家安全、保密法律法规的规定处理。”

《房产测绘管理办法》第二十三条规定:“房产测绘管理人员、工作人员在工作中玩忽职守、滥用职权、徇私舞弊的,给予行政处分;构成犯罪的,依法追究刑事责任。”

第二节　测绘活动违法的民事法律责任

测绘活动违法的民事法律责任是指违反测绘法律法规规定的民事义务,依照法律或者合同的规定所应承担的责任。

民事法律责任是一种以财产责任和等价、有偿性质为主的法律责任,违反测绘法律法规的民事法律责任具有以下特点:

(1)民事法律责任的主体,即测绘单位同用户之间处于平等的法律地位,双方可以通过协商解决赔偿责任和赔偿金额的纠纷。在追究行为人的民事法律责任时,原则上应当由受害人主张,各级测绘行政管理机关和人民法院一般不主动追究。

(2)民事法律责任尽管也有惩罚违法行为人的目的,但主要的还是为了弥补受害人的

损失。这区别于主要侧重于处罚的行政法律责任和刑事法律责任。

(3)民事法律责任是通过协商、调解、仲裁、起诉等民事法律程序追究的。《中华人民共和国民法通则》规定了十种承担民事法律责任的方式,有停止侵害、返还财产、恢复原状、赔偿损失、支付违约金、赔礼道歉等。

《中华人民共和国测绘法》第四十六条规定:"违反本法规定,未取得测绘执业资格的,擅自从事测绘活动的,责令停止违法行为,没收违法所得,可以并处违法所得二倍以下的罚款;造成损失的,依法承担赔偿责任。"对于违法行为人因未取得测绘执业资质,擅自从事测绘活动造成损失的,违法行为人应当依法承担赔偿责任。承担民事赔偿责任的行为应当具备以下条件:

(1)测绘成果质量不合格,即测绘成果的质量不符合国家有关法律和法规、行业质量标准或者当事人双方签订的合同的规定。这是测绘单位承担民事赔偿责任的前提条件。

(2)给用户造成损失,这里主要指的是给用户造成的经济上的损失,如因测量的误差使整个工程延误工期、需要返工等。

(3)测绘成果质量不合格与用户的损失之间有着必然的因果关系,即用户的损失是由于测绘成果质量的不合格造成的。

以上三个条件是缺一不可的,如果没有测绘成果质量不合格的前提,或者虽有这一前提,但并未给用户造成损失的,都不应由测绘单位承担民事赔偿责任。

《中华人民共和国测绘法》第四十八条规定:"违反本法规定,测绘成果质量不合格的,责令测绘单位补测或者重测,情节严重的,责令停业整顿,降低资质等级直至吊销测绘资质证书;给用户造成损失的,依法承担赔偿责任。"测绘单位因测绘成果质量不合格所应承担的民事法律责任中,损害赔偿责任可以由测绘行政主管部门以调解的方式要求违法行为人承担,受害人也可以提起民事诉讼,请求人民法院判决违法行为人承担损害赔偿责任。

《中华人民共和国测绘法》第五十条规定:"违反本法规定,有下列行为之一的,给予警告,责令改正,可以并处五万元以下的罚款;造成损失的,依法承担赔偿责任;构成犯罪的,依法追究刑事责任;尚不够刑事处罚的,对负有直接责任的主管人员和其他责任人员,依法给予行政处分:

(一)损毁或者擅自移动永久性测量标志和正在使用中的临时性测量标志的;

(二)侵占永久性测量标志用地的;

(三)在永久性测量标志安全控制范围内从事危害测量标志安全和使用效能的活动的;

(四)在测量标志占地范围内,建设影响测量标志使用效能的建筑物的;

(五)擅自拆除永久性测量标志或者使永久性测量标志失去使用效能,或者拒绝支付迁建费用的;

(六)违反操作规程使用永久性测量标志,造成永久性测量标志毁损的。"

由以上阐述可以看出,民事法律责任强调的是如何赔偿损失,即法律强制民事违法行为人向受害人支付一定的金钱,以弥补受害人因违法行为所遭受的财产损失和人身伤害。这是民事法律责任中最重要和最常见的责任形式,也是保护用户合法权益的最常用、最有效的法律手段。

第三节　测绘活动违法的刑事法律责任

测绘活动违法的刑事法律责任是指具有刑事责任能力的人实施了违反《中华人民共和国测绘法》、《中华人民共和国刑法》等刑事法律所禁止的行为所必须承担的法律义务，这里的行为指犯罪行为。刑事责任是最严厉的法律责任，违法行为触犯了刑法的有关规定，构成了犯罪，则违法行为人就应当承担相应的刑事法律责任。

以下按照《中华人民共和国测绘法》所涉及的违法行为的刑事法律责任，对应于《中华人民共和国刑法》（简称《刑法》）相应条款分别加以阐述。

《中华人民共和国测绘法》第四十一条规定："未经批准，在测绘活动中擅自采用国际坐标系统的"或"擅自发布中华人民共和国领域和管辖的其他海域的重要地理信息数据的"，构成犯罪的，依法追究刑事责任。

违法行为人不仅实施了本条规定所列举的两种行为，并且其行为同时触犯了刑法的有关规定，构成了犯罪，则违法行为人就应当承担相应的刑事法律责任。

《中华人民共和国测绘法》第四十四条规定："发包单位的工作人员利用职务上的便利，索取他人财物或者非法收受他人财物，为他人谋取利益，构成犯罪的，依法追究刑事责任。

对应此条规定，《中华人民共和国刑法》第一百六十三条规定："公司、企业的工作人员利用职务上的便利，索取他人财物或者非法收受他人财物，为他人谋取利益，数额较大的，处五年以下有期徒刑或者拘役；数额巨大的，处五年以上有期徒刑，可以并处没收财产"。"公司、企业的工作人员在经济往来中，违反国家规定，收受各种名义的回扣、手续费，归个人所有的，依照前款规定处罚"，"国有公司、企业中从事公务的人员和国有公司、企业委派到非国有公司、企业从事公务的人员有前两款行为的，依照本法第三百八十五条、第三百八十六条的规定定罪处罚"。

《中华人民共和国刑法》第三百八十五条规定："国家工作人员利用职务上的便利，索取他人财物的，或者非法收受他人财物，为他人谋取利益的，是受贿罪"，"国家工作人员在经济往来中，违反国家规定，收受各种名义的回扣、手续费，归个人所有的，以受贿论处"。

《中华人民共和国测绘法》第四十九条规定："编制、印刷、出版、展示、登载的地图发生错绘、漏绘、泄密，危害国家主权或者安全，损害国家利益的，构成犯罪的，依法追究刑事责任。"

对应此条规定，《中华人民共和国刑法》第三百九十八条规定："国家机关工作人员违反保守国家秘密法的规定，故意或者过失泄露国家秘密，情节严重的，处三年以下有期徒刑或者拘役；情节特别严重的，处三年以上七年以下有期徒刑。非国家机关工作人员犯前款罪的，依照前款的规定酌情处罚。"

但是，由于技术原因造成的错绘、漏绘，不承担本条规定的刑事责任。

《中华人民共和国测绘法》第五十条规定："违反本法规定，有下列行为之一的，给予警告，责令改正，可以并处五万元以下的罚款；造成损失的，依法承担赔偿责任；构成犯罪的，依法追究刑事责任；尚不够刑事处罚的，对负有直接责任的主管人员和其他责任人员，依法给予行政处分：

（一）损毁或者擅自移动永久性测量标志和正在使用中的临时性测量标志的；

（二）侵占永久性测量标志用地的；

（三）在永久性测量标志安全控制范围内从事危害测量标志安全和使用效能的活动的；

（四）在测量标志占地范围内，建设影响测量标志使用效能的建筑物的；

（五）擅自拆除永久性测量标志或者使永久性测量标志失去使用效能，或者拒绝支付迁建费用的；

（六）违反操作规程使用永久性测量标志，造成永久性测量标志毁损的。”

对应此条规定，《中华人民共和国刑法》第三百二十三条规定：“故意破坏国家边境的界碑、界桩或者永久性测量标志的，处三年以下有期徒刑或拘役。”即违法行为人明知是受保护的永久性测量标志，而故意予以破坏的，才构成犯罪。对故意破坏永久性测量标志的犯罪，处三年以下有期徒刑、拘役或者管制。

《中华人民共和国测绘法》第五十一条规定：“外国的组织或者个人未经批准，擅自在中华人民共和国领域和管辖的其他海域从事测绘活动的”或“外国的组织或者个人未与中华人民共和国有关部门或者单位合资、合作，擅自在中华人民共和国领域从事测绘活动的”，所获取的测绘成果属于国家秘密的，构成犯罪的，依法追究刑事责任。

外国的组织或者个人有上述违法行为之一，并且所获取的测绘成果属于国家秘密，构成犯罪的，依法追究刑事责任。这里的“国家秘密”，在《中华人民共和国保守国家秘密法》中已有规定，是指关系国家的安全和利益，依照法定程序确定，在一定时间内只限一定范围的人知悉的事项。

对应此条规定，《中华人民共和国刑法》第二百八十二条第一款规定：“以窃取、刺探、收买方法，非法获取国家秘密的，处三年以下有期徒刑、拘役、管制或者剥夺政治权利；情节严重的，处三年以上七年以下有期徒刑。”

《中华人民共和国测绘法》第五十三条规定：“县级以上人民政府测绘行政主管部门工作人员利用职务上的便利收受他人财物、其他好处或者玩忽职守，对不符合法定条件的单位核发测绘资质证书，不依法履行监督管理职责，或者发现违法行为不予查处，造成严重后果，构成犯罪的，依法追究刑事责任。”

这里所涉及的罪名主要有受贿罪和玩忽职守罪等。

对应此条规定，《中华人民共和国刑法》第三百八十三条和第三百八十六条规定，对犯受贿罪的，根据受贿所得数额及情节轻重，分别给予下列处罚：

（1）个人受贿数额在十万元以上的，处十年以上有期徒刑或者无期徒刑，可以并处没收财产；情节特别严重的，处死刑，并处没收财产。

（2）个人受贿数额在五万元以上不满十万元的，处五年以上有期徒刑，可以并处没收财产；情节特别严重的，处无期徒刑，并处没收财产。

（3）个人受贿数额在五千元以上不满五万元的，处一年以上七年以下有期徒刑；情节严重的，处七年以上十年以下有期徒刑。个人受贿数额在五千元以上不满一万元，犯罪后有悔改表现、积极退赃的，可以减轻处罚或者免予刑事处罚，由其所在单位或者上级主管机关给予行政处分。

（4）个人受贿数额不满五千元，情节较重的，处二年以下有期徒刑或者拘役；情节较轻的，由其所在单位或者上级主管机关酌情给予行政处分。对多次受贿未经处理的，按照累计受贿数额处罚。索贿的从重处罚。

《中华人民共和国刑法》第三百九十七条规定："国家机关工作人员滥用职权或者玩忽职守，致使公共财产、国家和人民利益遭受重大损失的，处三年以下有期徒刑或者拘役；情节特别严重的，处三年以上七年以下有期徒刑。""国家机关工作人员徇私舞弊，犯前款罪的，处五年以下有期徒刑或者拘役；情节特别严重的，处五年以上十年以下有期徒刑。"

思考与分析题

1. 请收集十个典型的测绘违法案例。
2. 分析上题案例并逐个加以说明。
3. 你对测绘违法有什么认识？

第九章　测绘法律法规选辑

测绘法律法规包括《中华人民共和国测绘法》、测绘行政法规、测绘部门规章和重要规范性文件,为了查阅方便,特将测绘法律法规选辑在一起,共包括以下内容。

第一节　中华人民共和国测绘法

中华人民共和国主席令

第七十五号

《中华人民共和国测绘法》已由中华人民共和国第九届全国人民代表大会常务委员会第二十九次会议于2002年8月29日修订通过,现将修订后的《中华人民共和国测绘法》公布,自2002年12月1日起施行。

中华人民共和国主席　江泽民

2002年8月29日

第一章　总　则

第一条　为了加强测绘管理,促进测绘事业发展,保障测绘事业为国家经济建设、国防建设和社会发展服务,制定本法。

第二条　在中华人民共和国领域和管辖的其他海域从事测绘活动,应当遵守本法。

本法所称测绘,是指对自然地理要素或者地表人工设施的形状、大小、空间位置及其属性等进行测定、采集、表述以及对获取的数据、信息、成果进行处理和提供的活动。

第三条　测绘事业是经济建设、国防建设、社会发展的基础性事业。各级人民政府应当加强对测绘工作的领导。

第四条　国务院测绘行政主管部门负责全国测绘工作的统一监督管理。国务院其他有关部门按照国务院规定的职责分工,负责本部门有关的测绘工作。

县级以上地方人民政府负责管理测绘工作的行政部门(以下简称测绘行政主管部门)负责本行政区域测绘工作的统一监督管理。县级以上地方人民政府其他有关部门按照本级人民政府规定的职责分工,负责本部门有关的测绘工作。

军队测绘主管部门负责管理军事部门的测绘工作,并按照国务院、中央军事委员会规定的职责分工负责管理海洋基础测绘工作。

第五条　从事测绘活动,应当使用国家规定的测绘基准和测绘系统,执行国家规定的测绘技术规范和标准。

第六条　国家鼓励测绘科学技术的创新和进步,采用先进的技术和设备,提高测绘水平。

对在测绘科学技术进步中做出重要贡献的单位和个人，按照国家有关规定给予奖励。

第七条 外国的组织或者个人在中华人民共和国领域和管辖的其他海域从事测绘活动，必须经国务院测绘行政主管部门会同军队测绘主管部门批准，并遵守中华人民共和国的有关法律、行政法规的规定。

外国的组织或者个人在中华人民共和国领域从事测绘活动，必须与中华人民共和国有关部门或者单位依法采取合资、合作的形式进行，并不得涉及国家秘密和危害国家安全。

第二章 测绘基准和测绘系统

第八条 国家设立和采用全国统一的大地基准、高程基准、深度基准和重力基准，其数据由国务院测绘行政主管部门审核，并与国务院其他有关部门、军队测绘主管部门会商后，报国务院批准。

第九条 国家建立全国统一的大地坐标系统、平面坐标系统、高程系统、地心坐标系统和重力测量系统，确定国家大地测量等级和精度以及国家基本比例尺地图的系列和基本精度。具体规范和要求由国务院测绘行政主管部门会同国务院其他有关部门、军队测绘主管部门制定。

在不妨碍国家安全的情况下，确有必要采用国际坐标系统的，必须经国务院测绘行政主管部门会同军队测绘主管部门批准。

第十条 因建设、城市规划和科学研究的需要，大城市和国家重大工程项目确需建立相对独立的平面坐标系统的，由国务院测绘行政主管部门批准；其他确需建立相对独立的平面坐标系统的，由省、自治区、直辖市人民政府测绘行政主管部门批准。

建立相对独立的平面坐标系统，应当与国家坐标系统相联系。

第三章 基础测绘

第十一条 基础测绘是公益性事业。国家对基础测绘实行分级管理。

本法所称基础测绘，是指建立全国统一的测绘基准和测绘系统，进行基础航空摄影，获取基础地理信息的遥感资料，测制和更新国家基本比例尺地图、影像图和数字化产品，建立、更新基础地理信息系统。

第十二条 国务院测绘行政主管部门会同国务院其他有关部门、军队测绘主管部门组织编制全国基础测绘规划，报国务院批准后组织实施。

县级以上地方人民政府测绘行政主管部门会同本级人民政府其他有关部门根据国家和上一级人民政府的基础测绘规划和本行政区域内的实际情况，组织编制本行政区域的基础测绘规划，报本级人民政府批准，并报上一级测绘行政主管部门备案后组织实施。

第十三条 军队测绘主管部门负责编制军事测绘规划，按照国务院、中央军事委员会规定的职责分工负责编制海洋基础测绘规划，并组织实施。

第十四条 县级以上人民政府应当将基础测绘纳入本级国民经济和社会发展年度计划及财政预算。

国务院发展计划主管部门会同国务院测绘行政主管部门，根据全国基础测绘规划，编制全国基础测绘年度计划。

县级以上地方人民政府发展计划主管部门会同同级测绘行政主管部门，根据本行政区域的基础测绘规划，编制本行政区域的基础测绘年度计划，并分别报上一级主管部门备案。

国家对边远地区、少数民族地区的基础测绘给予财政支持。

第十五条 基础测绘成果应当定期进行更新，国民经济、国防建设和社会发展急需的基础测绘成果应当及时更新。

基础测绘成果的更新周期根据不同地区国民经济和社会发展的需要确定。

第四章 界线测绘和其他测绘

第十六条 中华人民共和国国界线的测绘，按照中华人民共和国与相邻国家缔结的边界条约或者协定执行。中华人民共和国地图的国界线标准样图，由外交部和国务院测绘行政主管部门拟订，报国务院批准后公布。

第十七条 行政区域界线的测绘，按照国务院有关规定执行。省、自治区、直辖市和自治州、县、自治县、市行政区域界线的标准画法图，由国务院民政部门和国务院测绘行政主管部门拟订，报国务院批准后公布。

第十八条 国务院测绘行政主管部门会同国务院土地行政主管部门编制全国地籍测绘规划。县级以上地方人民政府测绘行政主管部门会同同级土地行政主管部门编制本行政区域的地籍测绘规划。

县级以上人民政府测绘行政主管部门按照地籍测绘规划，组织管理地籍测绘。

第十九条 测量土地、建筑物、构筑物和地面其他附着物的权属界址线，应当按照县级以上人民政府确定的权属界线的界址点、界址线或者提供的有关登记资料和附图进行。权属界址线发生变化时，有关当事人应当及时进行变更测绘。

第二十条 城市建设领域的工程测量活动，与房屋产权、产籍相关的房屋面积的测量，应当执行由国务院建设行政主管部门、国务院测绘行政主管部门负责组织编制的测量技术规范。

水利、能源、交通、通信、资源开发和其他领域的工程测量活动，应当按照国家有关的工程测量技术规范进行。

第二十一条 建立地理信息系统，必须采用符合国家标准的基础地理信息数据。

第五章 测绘资质资格

第二十二条 国家对从事测绘活动的单位实行测绘资质管理制度。

从事测绘活动的单位应当具备下列条件，并依法取得相应等级的测绘资质证书后，方可从事测绘活动：

（一）有与其从事的测绘活动相适应的专业技术人员；

（二）有与其从事的测绘活动相适应的技术装备和设施；

（三）有健全的技术、质量保证体系和测绘成果及资料档案管理制度；

（四）具备国务院测绘行政主管部门规定的其他条件。

第二十三条 国务院测绘行政主管部门和省、自治区、直辖市人民政府测绘行政主管部门按照各自的职责负责测绘资质审查、发放资质证书，具体办法由国务院测绘行政主管部门商国务院其他有关部门规定。

军队测绘主管部门负责军事测绘单位的测绘资质审查。

第二十四条 测绘单位不得超越其资质等级许可的范围从事测绘活动或者以其他测绘单位的名义从事测绘活动，并不得允许其他单位以本单位的名义从事测绘活动。

测绘项目实行承发包的，测绘项目的发包单位不得向不具有相应测绘资质等级的单位发包或者迫使测绘单位以低于测绘成本承包。

测绘单位不得将承包的测绘项目转包。

第二十五条 从事测绘活动的专业技术人员应当具备相应的执业资格条件，具体办法由国务院测绘行政主管部门会同国务院人事行政主管部门规定。

第二十六条 测绘人员进行测绘活动时，应当持有测绘作业证件。

任何单位和个人不得妨碍、阻挠测绘人员依法进行测绘活动。

第二十七条 测绘单位的资质证书、测绘专业技术人员的执业证书和测绘人员的测绘作业证件的式样，由国务院测绘行政主管部门统一规定。

第六章　测绘成果

第二十八条 国家实行测绘成果汇交制度。

测绘项目完成后，测绘项目出资人或者承担国家投资的测绘项目的单位，应当向国务院测绘行政主管部门或者省、自治区、直辖市人民政府测绘行政主管部门汇交测绘成果资料。属于基础测绘项目的，应当汇交测绘成果副本；属于非基础测绘项目的，应当汇交测绘成果目录。负责接收测绘成果副本和目录的测绘行政主管部门应当出具测绘成果汇交凭证，并及时将测绘成果副本和目录移交给保管单位。测绘成果汇交的具体办法由国务院规定。

国务院测绘行政主管部门和省、自治区、直辖市人民政府测绘行政主管部门应当定期编制测绘成果目录，向社会公布。

第二十九条 测绘成果保管单位应当采取措施保障测绘成果的完整和安全，并按照国家有关规定向社会公开和提供利用。

测绘成果属于国家秘密的，适用国家保密法律、行政法规的规定；需要对外提供的，按照国务院和中央军事委员会规定的审批程序执行。

第三十条 使用财政资金的测绘项目和使用财政资金的建设工程测绘项目，有关部门在批准立项前应当征求本级人民政府测绘行政主管部门的意见，有适宜测绘成果的，应当充分利用已有的测绘成果，避免重复测绘。

第三十一条 基础测绘成果和国家投资完成的其他测绘成果，用于国家机关决策和社会公益性事业的，应当无偿提供。

前款规定之外的，依法实行有偿使用制度；但是，政府及其有关部门和军队因防灾、减灾、国防建设等公共利益的需要，可以无偿使用。

测绘成果使用的具体办法由国务院规定。

第三十二条 中华人民共和国领域和管辖的其他海域的位置、高程、深度、面积、长度等重要地理信息数据，由国务院测绘行政主管部门审核，并与国务院其他有关部门、军队测绘主管部门会商后，报国务院批准，由国务院或者国务院授权的部门公布。

第三十三条 各级人民政府应当加强对编制、印刷、出版、展示、登载地图的管理，保证地图质量，维护国家主权、安全和利益。具体办法由国务院规定。

各级人民政府应当加强对国家版图意识的宣传教育，增强公民的国家版图意识。

第三十四条 测绘单位应当对其完成的测绘成果质量负责。县级以上人民政府测绘行政主管部门应当加强对测绘成果质量的监督管理。

第七章 测量标志保护

第三十五条 任何单位和个人不得损毁或者擅自移动永久性测量标志和正在使用中的临时性测量标志，不得侵占永久性测量标志用地，不得在永久性测量标志安全控制范围内从事危害测量标志安全和使用效能的活动。

本法所称永久性测量标志，是指各等级的三角点、基线点、导线点、军用控制点、重力点、天文点、水准点和卫星定位点的木质觇标、钢质觇标和标石标志，以及用于地形测图、工程测量和形变测量的固定标志和海底大地点设施。

第三十六条 永久性测量标志的建设单位应当对永久性测量标志设立明显标记，并委托当地有关单位指派专人负责保管。

第三十七条 进行工程建设，应当避开永久性测量标志；确实无法避开，需要拆迁永久性测量标志或者使永久性测量标志失去效能的，应当经国务院测绘行政主管部门或者省、自治区、直辖市人民政府测绘行政主管部门批准；涉及军用控制点的，应当征得军队测绘主管部门的同意。所需迁建费用由工程建设单位承担。

第三十八条 测绘人员使用永久性测量标志，必须持有测绘作业证件，并保证测量标志的完好。

保管测量标志的人员应当查验测量标志使用后的完好状况。

第三十九条 县级以上人民政府应当采取有效措施加强测量标志的保护工作。

县级以上人民政府测绘行政主管部门应当按照规定检查、维护永久性测量标志。

乡级人民政府应当做好本行政区域内的测量标志保护工作。

第八章 法律责任

第四十条 违反本法规定，有下列行为之一的，给予警告，责令改正，可以并处十万元以下的罚款；对负有直接责任的主管人员和其他直接责任人员，依法给予行政处分：

（一）未经批准，擅自建立相对独立的平面坐标系统的；

（二）建立地理信息系统，采用不符合国家标准的基础地理信息数据的。

第四十一条 违反本法规定，有下列行为之一的，给予警告，责令改正，可以并处十万元以下的罚款；构成犯罪的，依法追究刑事责任；尚不够刑事处罚的，对负有直接责任的主管人员和其他直接责任人员，依法给予行政处分：

（一）未经批准，在测绘活动中擅自采用国际坐标系统的；

（二）擅自发布中华人民共和国领域和管辖的其他海域的重要地理信息数据的。

第四十二条 违反本法规定，未取得测绘资质证书，擅自从事测绘活动的，责令停止违法行为，没收违法所得和测绘成果，并处测绘约定报酬一倍以上二倍以下的罚款。

以欺骗手段取得测绘资质证书从事测绘活动的，吊销测绘资质证书，没收违法所得和测绘成果，并处测绘约定报酬一倍以上二倍以下的罚款。

第四十三条 违反本法规定，测绘单位有下列行为之一的，责令停止违法行为，没收违法所得和测绘成果,处测绘约定报酬一倍以上二倍以下的罚款,并可以责令停业整顿或者降低资质等级;情节严重的,吊销测绘资质证书:

(一)超越资质等级许可的范围从事测绘活动的;

(二)以其他测绘单位的名义从事测绘活动的;

(三)允许其他单位以本单位的名义从事测绘活动的。

第四十四条 违反本法规定,测绘项目的发包单位将测绘项目发包给不具有相应资质等级的测绘单位或者迫使测绘单位以低于测绘成本承包的,责令改正,可以处测绘约定报酬二倍以下的罚款。发包单位的工作人员利用职务上的便利,索取他人财物或者非法收受他人财物,为他人谋取利益,构成犯罪的,依法追究刑事责任;尚不够刑事处罚的,依法给予行政处分。

第四十五条 违反本法规定,测绘单位将测绘项目转包的,责令改正,没收违法所得,处测绘约定报酬一倍以上二倍以下的罚款,并可以责令停业整顿或者降低资质等级;情节严重的,吊销测绘资质证书。

第四十六条 违反本法规定,未取得测绘执业资格,擅自从事测绘活动的,责令停止违法行为,没收违法所得,可以并处违法所得二倍以下的罚款;造成损失的,依法承担赔偿责任。

第四十七条 违反本法规定,不汇交测绘成果资料的,责令限期汇交;逾期不汇交的,对测绘项目出资人处以重测所需费用一倍以上二倍以下的罚款;对承担国家投资的测绘项目的单位处一万元以上五万元以下的罚款,暂扣测绘资质证书,自暂扣测绘资质证书之日起六个月内仍不汇交测绘成果资料的,吊销测绘资质证书,并对负有直接责任的主管人员和其他直接责任人员依法给予行政处分。

第四十八条 违反本法规定,测绘成果质量不合格的,责令测绘单位补测或者重测;情节严重的,责令停业整顿,降低资质等级直至吊销测绘资质证书;给用户造成损失的,依法承担赔偿责任。

第四十九条 违反本法规定,编制、印刷、出版、展示、登载的地图发生错绘、漏绘、泄密,危害国家主权或者安全,损害国家利益,构成犯罪的,依法追究刑事责任;尚不够刑事处罚的,依法给予行政处罚或者行政处分。

第五十条 违反本法规定,有下列行为之一的,给予警告,责令改正,可以并处五万元以下的罚款;造成损失的,依法承担赔偿责任;构成犯罪的,依法追究刑事责任;尚不够刑事处罚的,对负有直接责任的主管人员和其他直接责任人员,依法给予行政处分:

(一)损毁或者擅自移动永久性测量标志和正在使用中的临时性测量标志的;

(二)侵占永久性测量标志用地的;

(三)在永久性测量标志安全控制范围内从事危害测量标志安全和使用效能的活动的;

(四)在测量标志占地范围内,建设影响测量标志使用效能的建筑物的;

(五)擅自拆除永久性测量标志或者使永久性测量标志失去使用效能,或者拒绝支付迁建费用的;

(六)违反操作规程使用永久性测量标志,造成永久性测量标志毁损的。

第五十一条 违反本法规定,有下列行为之一的,责令停止违法行为,没收测绘成果和测绘工具,并处一万元以上十万元以下的罚款;情节严重的,并处十万元以上五十万元以下的罚款，责令限期离境；所获取的测绘成果属于国家秘密，构成犯罪的，依法追究刑事责任：

（一）外国的组织或者个人未经批准，擅自在中华人民共和国领域和管辖的其他海域从事测绘活动的；

（二）外国的组织或者个人未与中华人民共和国有关部门或者单位合资、合作，擅自在中华人民共和国领域从事测绘活动的。

第五十二条 本法规定的降低资质等级、暂扣测绘资质证书、吊销测绘资质证书的行政处罚，由颁发资质证书的部门决定；其他行政处罚由县级以上人民政府测绘行政主管部门决定。

本法第五十一条规定的责令限期离境由公安机关决定。

第五十三条 违反本法规定，县级以上人民政府测绘行政主管部门工作人员利用职务上的便利收受他人财物、其他好处或者玩忽职守，对不符合法定条件的单位核发测绘资质证书，不依法履行监督管理职责，或者发现违法行为不予查处，造成严重后果，构成犯罪的，依法追究刑事责任；尚不够刑事处罚的，对负有直接责任的主管人员和其他直接责任人员，依法给予行政处分。

第九章 附 则

第五十四条 军事测绘管理办法由中央军事委员会根据本法规定。

第五十五条 本法自2002年12月1日起施行。

第二节 中华人民共和国测绘成果管理条例

（2006年5月17日国务院第136次常务会议通过，国务院令第469号，2006年9月1日起施行）

第一章 总 则

第一条 为了加强对测绘成果的管理，维护国家安全，促进测绘成果的利用，满足经济建设、国防建设和社会发展的需要，根据《中华人民共和国测绘法》，制定本条例。

第二条 测绘成果的汇交、保管、利用和重要地理信息数据的审核与公布，适用本条例。

本条例所称测绘成果，是指通过测绘形成的数据、信息、图件以及相关的技术资料。测绘成果分为基础测绘成果和非基础测绘成果。

第三条 国务院测绘行政主管部门负责全国测绘成果工作的统一监督管理。国务院其他有关部门按照职责分工，负责本部门有关的测绘成果工作。

县级以上地方人民政府负责管理测绘工作的部门（以下称测绘行政主管部门）负责本行政区域测绘成果工作的统一监督管理。县级以上地方人民政府其他有关部门按照职责分工，负责本部门有关的测绘成果工作。

第四条 汇交、保管、公布、利用、销毁测绘成果应当遵守有关保密法律、法规的规定，采取必要的保密措施，保障测绘成果的安全。

第五条 对在测绘成果管理工作中作出突出贡献的单位和个人，由有关人民政府或者部门给予表彰和奖励。

第二章　汇交与保管

第六条　中央财政投资完成的测绘项目，由承担测绘项目的单位向国务院测绘行政主管部门汇交测绘成果资料；地方财政投资完成的测绘项目，由承担测绘项目的单位向测绘项目所在地的省、自治区、直辖市人民政府测绘行政主管部门汇交测绘成果资料；使用其他资金完成的测绘项目，由测绘项目出资人向测绘项目所在地的省、自治区、直辖市人民政府测绘行政主管部门汇交测绘成果资料。

第七条　测绘成果属于基础测绘成果的，应当汇交副本；属于非基础测绘成果的，应当汇交目录。测绘成果的副本和目录实行无偿汇交。

下列测绘成果为基础测绘成果：

（一）为建立全国统一的测绘基准和测绘系统进行的天文测量、三角测量、水准测量、卫星大地测量、重力测量所获取的数据、图件；

（二）基础航空摄影所获取的数据、影像资料；

（三）遥感卫星和其他航天飞行器对地观测所获取的基础地理信息遥感资料；

（四）国家基本比例尺地图、影像图及其数字化产品；

（五）基础地理信息系统的数据、信息等。

第八条　外国的组织或者个人依法与中华人民共和国有关部门或者单位合资、合作，经批准在中华人民共和国领域内从事测绘活动的，测绘成果归中方部门或者单位所有，并由中方部门或者单位向国务院测绘行政主管部门汇交测绘成果副本。

外国的组织或者个人依法在中华人民共和国管辖的其他海域从事测绘活动的，由其按照国务院测绘行政主管部门的规定汇交测绘成果副本或者目录。

第九条　测绘项目出资人或者承担国家投资的测绘项目的单位应当自测绘项目验收完成之日起3个月内，向测绘行政主管部门汇交测绘成果副本或者目录。测绘行政主管部门应当在收到汇交的测绘成果副本或者目录后，出具汇交凭证。

汇交测绘成果资料的范围由国务院测绘行政主管部门商国务院有关部门制定并公布。

第十条　测绘行政主管部门自收到汇交的测绘成果副本或者目录之日起10个工作日内，应当将其移交给测绘成果保管单位。

国务院测绘行政主管部门和省、自治区、直辖市人民政府测绘行政主管部门应当定期编制测绘成果资料目录，向社会公布。

第十一条　测绘成果保管单位应当建立健全测绘成果资料的保管制度，配备必要的设施，确保测绘成果资料的安全，并对基础测绘成果资料实行异地备份存放制度。

测绘成果资料的存放设施与条件，应当符合国家保密、消防及档案管理的有关规定和要求。

第十二条　测绘成果保管单位应当按照规定保管测绘成果资料，不得损毁、散失、转让。

第十三条　测绘项目的出资人或者承担测绘项目的单位，应当采取必要的措施，确保其获取的测绘成果的安全。

第三章　利　用

第十四条　县级以上人民政府测绘行政主管部门应当积极推进公众版测绘成果的加工

和编制工作，并鼓励公众版测绘成果的开发利用，促进测绘成果的社会化应用。

第十五条 使用财政资金的测绘项目和使用财政资金的建设工程测绘项目，有关部门在批准立项前应当书面征求本级人民政府测绘行政主管部门的意见。测绘行政主管部门应当自收到征求意见材料之日起10日内，向征求意见的部门反馈意见。有适宜测绘成果的，应当充分利用已有的测绘成果，避免重复测绘。

第十六条 国家保密工作部门、国务院测绘行政主管部门应当商军队测绘主管部门，依照有关保密法律、行政法规的规定，确定测绘成果的秘密范围和秘密等级。

利用涉及国家秘密的测绘成果开发生产的产品，未经国务院测绘行政主管部门或者省、自治区、直辖市人民政府测绘行政主管部门进行保密技术处理的，其秘密等级不得低于所用测绘成果的秘密等级。

第十七条 法人或者其他组织需要利用属于国家秘密的基础测绘成果的，应当提出明确的利用目的和范围，报测绘成果所在地的测绘行政主管部门审批。

测绘行政主管部门审查同意的，应当以书面形式告知测绘成果的秘密等级、保密要求以及相关著作权保护要求。

第十八条 对外提供属于国家秘密的测绘成果，应当按照国务院和中央军事委员会规定的审批程序，报国务院测绘行政主管部门或者省、自治区、直辖市人民政府测绘行政主管部门审批；测绘行政主管部门在审批前，应当征求军队有关部门的意见。

第十九条 基础测绘成果和财政投资完成的其他测绘成果，用于国家机关决策和社会公益性事业的，应当无偿提供。

除前款规定外，测绘成果依法实行有偿使用制度。但是，各级人民政府及其有关部门和军队因防灾、减灾、国防建设等公共利益的需要，可以无偿使用测绘成果。

依法有偿使用测绘成果的，使用人与测绘项目出资人应当签订书面协议，明确双方的权利和义务。

第二十条 测绘成果涉及著作权保护和管理的，依照有关法律、行政法规的规定执行。

第二十一条 建立以地理信息数据为基础的信息系统，应当利用符合国家标准的基础地理信息数据。

第四章　重要地理信息数据的审核与公布

第二十二条 国家对重要地理信息数据实行统一审核与公布制度。

任何单位和个人不得擅自公布重要地理信息数据。

第二十三条 重要地理信息数据包括：

（一）国界、国家海岸线长度；

（二）领土、领海、毗连区、专属经济区面积；

（三）国家海岸滩涂面积、岛礁数量和面积；

（四）国家版图的重要特征点，地势、地貌分区位置；

（五）国务院测绘行政主管部门商国务院其他有关部门确定的其他重要自然和人文地理实体的位置、高程、深度、面积、长度等地理信息数据。

第二十四条 提出公布重要地理信息数据建议的单位或者个人，应当向国务院测绘行政主管部门或者省、自治区、直辖市人民政府测绘行政主管部门报送建议材料。

对需要公布的重要地理信息数据,国务院测绘行政主管部门应当提出审核意见,并与国务院其他有关部门、军队测绘主管部门会商后,报国务院批准。具体办法由国务院测绘行政主管部门制定。

第二十五条 国务院批准公布的重要地理信息数据,由国务院或者国务院授权的部门以公告形式公布。

在行政管理、新闻传播、对外交流、教学等对社会公众有影响的活动中,需要使用重要地理信息数据的,应当使用依法公布的重要地理信息数据。

第五章 法律责任

第二十六条 违反本条例规定,县级以上人民政府测绘行政主管部门有下列行为之一的,由本级人民政府或者上级人民政府测绘行政主管部门责令改正,通报批评;对直接负责的主管人员和其他直接责任人员,依法给予处分:

(一)接收汇交的测绘成果副本或者目录,未依法出具汇交凭证的;

(二)未及时向测绘成果保管单位移交测绘成果资料的;

(三)未依法编制和公布测绘成果资料目录的;

(四)发现违法行为或者接到对违法行为的举报后,不及时进行处理的;

(五)不依法履行监督管理职责的其他行为。

第二十七条 违反本条例规定,未汇交测绘成果资料的,依照《中华人民共和国测绘法》第四十七条的规定进行处罚。

第二十八条 违反本条例规定,测绘成果保管单位有下列行为之一的,由测绘行政主管部门给予警告,责令改正;有违法所得的,没收违法所得;造成损失的,依法承担赔偿责任;对直接负责的主管人员和其他直接责任人员,依法给予处分:

(一)未按照测绘成果资料的保管制度管理测绘成果资料,造成测绘成果资料损毁、散失的;

(二)擅自转让汇交的测绘成果资料的;

(三)未依法向测绘成果的使用人提供测绘成果资料的。

第二十九条 违反本条例规定,有下列行为之一的,由测绘行政主管部门或者其他有关部门依据职责责令改正,给予警告,可以处10万元以下的罚款;对直接负责的主管人员和其他直接责任人员,依法给予处分:

(一)建立以地理信息数据为基础的信息系统,利用不符合国家标准的基础地理信息数据的;

(二)擅自公布重要地理信息数据的;

(三)在对社会公众有影响的活动中使用未经依法公布的重要地理信息数据的。

第六章 附 则

第三十条 法律、行政法规对编制出版地图的管理另有规定的,从其规定。

第三十一条 军事测绘成果的管理,按照中央军事委员会的有关规定执行。

第三十二条 本条例自2006年9月1日起施行。1989年3月21日国务院发布的《中华人民共和国测绘成果管理规定》同时废止。

第三节　中华人民共和国测量标志保护条例

（1996年9月4日中华人民共和国国务院令第203号发布，自1997年1月1日起施行）

第一条　为了加强测量标志的保护和管理，根据《中华人民共和国测绘法》，制定本条例。

第二条　本条例适用于在中华人民共和国领域内和中华人民共和国管辖的其他海域设置的测量标志。

第三条　测量标志属于国家所有，是国家经济建设和科学研究的基础设施。

第四条　本条例所称测量标志，是指：

（一）建设在地上、地下或者建筑物上的各种等级的三角点、基线点、导线点、军用控制点、重力点、天文点、水准点的木质觇标、钢质觇标和标石标志，全球卫星定位控制点，以及用于地形测图、工程测量和形变测量的固定标志和海底大地点设施等永久性测量标志；

（二）测量中正在使用的临时性测量标志。

第五条　国务院测绘行政主管部门主管全国的测量标志保护工作。国务院其他有关部门按照国务院规定的职责分工，负责管理本部门专用的测量标志保护工作。

县级以上地方人民政府管理测绘工作的部门负责本行政区域内的测量标志保护工作。

军队测绘主管部门负责管理军事部门测量标志保护工作，并按照国务院、中央军事委员会规定的职责分工负责管理海洋基础测量标志保护工作。

第六条　县级以上人民政府应当加强对测量标志保护工作的领导，增强公民依法保护测量标志的意识。

乡级人民政府应当做好本行政区域内的测量标志保护管理工作。

第七条　对在保护永久性测量标志工作中做出显著成绩的单位和个人，给予奖励。

第八条　建设永久性测量标志，应当符合下列要求：

（一）使用国家规定的测绘基准和测绘标准；

（二）选择有利于测量标志长期保护和管理的点位；

（三）符合法律、法规规定的其他要求。

第九条　设置永久性测量标志的，应当对永久性测量标志设立明显标记；设置基础性测量标志的，还应当设立由国务院测绘行政主管部门统一监制的专门标牌。

第十条　建设永久性测量标志需要占用土地的，地面标志占用土地的范围为36～100平方米，地下标志占用土地的范围为16～36平方米。

第十一条　设置永久性测量标志，需要依法使用土地或者在建筑物上建设永久性测量标志的，有关单位和个人不得干扰和阻挠。

第十二条　国家对测量标志实行义务保管制度。

设置永久性测量标志的部门应当将永久性测量标志委托测量标志设置地的有关单位或者人员负责保管，签订测量标志委托保管书，明确委托方和被委托方的权利和义务，并由委托方将委托保管书抄送乡级人民政府和县级以上人民政府管理测绘工作的部门备案。

第十三条　负责保管测量标志的单位和人员，应当对其所保管的测量标志经常进行检查;发现测量标志有被移动或者损毁的情况时,应当及时报告当地乡级人民政府,并由乡级人民政府报告县级以上地方人民政府管理测绘工作的部门。

第十四条 负责保管测量标志的单位和人员有权制止、检举和控告移动、损毁、盗窃测量标志的行为,任何单位或者个人不得阻止和打击报复。

第十五条 国家对测量标志实行有偿使用;但是,使用测量标志从事军事测绘任务的除外。测量标志有偿使用的收入应当用于测量标志的维护、维修,不得挪作他用。具体办法由国务院测绘行政主管部门会同国务院物价行政主管部门规定。

第十六条 测绘人员使用永久性测量标志,应当持有测绘工作证件,并接受县级以上人民政府管理测绘工作的部门的监督和负责保管测量标志的单位和人员的查询,确保测量标志完好。

第十七条 测量标志保护工作应当执行维修规划和计划。

全国测量标志维修规划,由国务院测绘行政主管部门会同国务院其他有关部门制定。

省、自治区、直辖市人民政府管理测绘工作的部门应当组织同级有关部门,根据全国测量标志维修规划,制定本行政区域内的测量标志维修计划,并组织协调有关部门和单位统一实施。

第十八条 设置永久性测量标志的部门应当按照国家有关的测量标志维修规程,对永久性测量标志定期组织维修,保证测量标志正常使用。

第十九条 进行工程建设,应当避开永久性测量标志;确实无法避开,需要拆迁永久性测量标志或者使永久性测量标志失去使用效能的,工程建设单位应当履行下列批准手续:

(一)拆迁基础性测量标志或者使基础性测量标志失去使用效能的,由国务院测绘行政主管部门或者省、自治区、直辖市人民政府管理测绘工作的部门批准。

(二)拆迁部门专用的永久性测量标志或者使部门专用的永久性测量标志失去使用效能的,应当经设置测量标志的部门同意,并经省、自治区、直辖市人民政府管理测绘工作的部门批准。

拆迁永久性测量标志,还应当通知负责保管测量标志的有关单位和人员。

第二十条 经批准拆迁基础性测量标志或者使基础性测量标志失去使用效能的,工程建设单位应当按照国家有关规定向省、自治区、直辖市人民政府管理测绘工作的部门支付迁建费用。

经批准拆迁部门专用的测量标志或者使部门专用的测量标志失去使用效能的,工程建设单位应当按照国家有关规定向设置测量标志的部门支付迁建费用;设置部门专用的测量标志的部门查找不到的,工程建设单位应当按照国家有关规定向省、自治区、直辖市人民政府管理测绘工作的部门支付迁建费用。

第二十一条 永久性测量标志的重建工作,由收取测量标志迁建费用的部门组织实施。

第二十二条 测量标志受国家保护,禁止下列有损测量标志安全和使测量标志失去使用效能的行为:

(一)损毁或者擅自移动地下或者地上的永久性测量标志以及使用中的临时性测量标志的;

(二)在测量标志占地范围内烧荒、耕作、取土、挖沙或者侵占永久性测量标志用地的;

(三)在距永久性测量标志 50 米范围内采石、爆破、射击、架设高压电线的;

（四）在测量标志的占地范围内，建设影响测量标志使用效能的建筑物的；

（五）在测量标志上架设通讯设施、设置观望台、搭帐篷、拴牲畜或者设置其他有可能损毁测量标志的附着物的；

（六）擅自拆除设有测量标志的建筑物或者拆除建筑物上的测量标志的；

（七）其他有损测量标志安全和使用效能的。

第二十三条 有本条例第二十二条禁止的行为之一，或者有下列行为之一的，由县级以上人民政府管理测绘工作的部门责令限期改正，给予警告，并可以根据情节处以 5 万元以下的罚款；对负有直接责任的主管人员和其他直接责任人员，依法给予行政处分；造成损失的，应当依法承担赔偿责任：

（一）干扰或者阻挠测量标志建设单位依法使用土地或者在建筑物上建设永久性测量标志的；

（二）工程建设单位未经批准擅自拆迁永久性测量标志或者使永久性测量标志失去使用效能的，或者拒绝按照国家有关规定支付迁建费用的；

（三）违反测绘操作规程进行测绘，使永久性测量标志受到损坏的；

（四）无证使用永久性测量标志并且拒绝县级以上人民政府管理测绘工作的部门监督和负责保管测量标志的单位和人员查询的。

第二十四条 管理测绘工作的部门的工作人员玩忽职守、滥用职权、徇私舞弊的，依法给予行政处分。

第二十五条 违反本条例规定，应当给予治安管理处罚的，依照治安管理处罚条例的有关规定给予处罚；构成犯罪的，依法追究刑事责任。

第二十六条 本条例自 1997 年 1 月 1 日起施行。1984 年 1 月 7 日国务院发布的《测量标志保护条例》同时废止。

第四节　中华人民共和国地图编制出版管理条例

（1995 年 7 月 10 日中华人民共和国国务院令第 180 号发布，自 1995 年 10 月 1 日起施行）

第一章　总　则

第一条 为了加强地图编制出版管理，保证地图编制出版质量，维护国家的主权、安全和利益，为经济建设、社会发展和人民生活服务，制定本条例。

第二条 本条例适用于各种公开的普通地图和专题地图的编制和出版。

第三条 编制出版地图，必须遵守保密法律、法规。

公开地图不得表示任何国家秘密和内部事项。

第四条 国务院测绘行政主管部门主管全国的地图编制工作。国务院其他有关部门按照国务院规定的职责分工，负责管理本部门专题地图的编制工作。国务院出版行政管理部门商国务院测绘行政主管部门，负责管理全国的地图出版工作。

省、自治区、直辖市人民政府负责管理地图编制出版工作的部门及其职责，由省、自治区、直辖市人民政府规定。

军用地图和海图的编制管理，按照国务院、中央军事委员会的规定执行。

第二章 地图编制管理

第五条 编制普通地图的，依照《中华人民共和国测绘法》的规定，必须取得相应的测绘资格。

编制专题地图，需要直接进行测绘的，依照《中华人民共和国测绘法》的规定，必须取得相应的测绘资格。

第六条 在地图上绘制中华人民共和国国界、中国历史疆界、世界各国国界，应当遵守下列规定：

（一）中华人民共和国国界，按照中华人民共和国同有关邻国签订的边界条约、协定、议定书及其附图绘制；中华人民共和国尚未同有关邻国签订边界条约的界段，按照中华人民共和国地图的国界线标准样图绘制。

（二）中国历史疆界，1840 年至中华人民共和国成立期间的，按照中国历史疆界标准样图绘制；1840 年以前的，依据有关历史资料，按照实际历史疆界绘制。

（三）世界各国国界，按照世界各国间边界标准样图绘制；世界各国间的历史疆界，依据有关历史资料，按照实际历史疆界绘制。

中华人民共和国地图国界线标准样图、中国历史疆界标准样图、世界各国间边界标准样图，由外交部和国务院测绘行政主管部门制定，报国务院批准发布。

第七条 在地图上绘制中华人民共和国省、自治区、直辖市行政区域界线，应当遵守下列规定：

（一）国务院已经划定界线的，或者相邻省、自治区、直辖市人民政府已经协商确定界线的，按照有关文件或者协议确定的界线画法绘制；

（二）相邻省、自治区、直辖市人民政府虽未就界线划分签订协议，但是双方地图上界线绘制一致，并且无争议的，按照双方地图上绘制一致的界线画法绘制；

（三）相邻省、自治区、直辖市人民政府对界线划分有争议，并且双方地图上界线绘制不一致的，按照国务院测绘行政主管部门和国务院民政部门制定并报国务院批准发布的省、自治区、直辖市行政区域界线标准画法图绘制。

第八条 编制地图，应当遵守国家有关地图内容表示的规定。

第九条 编制地图，应当符合下列要求：

（一）选用最新地图资料作为编制基础，并及时补充或者更改现势变化的内容；

（二）正确反映各要素的地理位置、形态、名称及相互关系；

（三）具备符合地图使用目的的有关数据和专业内容；

（四）地图的比例尺符合国家规定。

第三章 地图出版管理

第十条 普通地图应当由专门地图出版社出版，其他出版社不得出版。

设立专门地图出版社或者调整已设立的专门地图出版社的地图出版范围的，应当按照规定程序报国务院出版行政管理部门审批。国务院出版行政管理部门在办理审批手续前，应当征求国务院测绘行政主管部门的意见。

第十一条　中央级专门地图出版社，按照国务院出版行政管理部门批准的地图出版范围，可以出版各种地图。

地方专门地图出版社，按照国务院出版行政管理部门批准的地图出版范围，可以出版除世界性地图、全国性地图以外的各种地图。

第十二条　中央级专业出版社，具备出版地图的专业技术条件的，按照国务院出版行政管理部门批准的地图出版范围，可以出版本专业的专题地图。

地方专业出版社，具备出版地图的专业技术条件的，按照国务院出版行政管理部门批准的地图出版范围，可以出版本专业的地方性专题地图。

第十三条　专业出版社从事旅游图、交通图以及时事宣传图出版业务的，应当具备相应的地图编制专业技术人员、设备和技术条件，向所在地的省、自治区、直辖市人民政府出版行政管理部门提出地图出版申请，经审核同意，并报国务院出版行政管理部门审核批准，方可按照批准的地图出版范围出版。

省、自治区、直辖市人民政府出版行政管理部门在依照前款规定审核地图出版申请时，应当按照国家有关规定征求国务院测绘行政主管部门或者省、自治区、直辖市人民政府负责管理测绘工作的部门的意见。

第十四条　全国性中、小学教学地图，由国务院教育行政管理部门会同国务院测绘行政主管部门和外交部组织审定；地方性中、小学教学地图，可以由省、自治区、直辖市人民政府教育行政管理部门会同省、自治区、直辖市人民政府负责管理测绘工作的部门组织审定。

任何出版单位不得出版未经审定的中、小学教学地图。

第十五条　中、小学教学地图，由中央级专门地图出版社按照国务院出版行政管理部门批准的地图出版范围出版；其他中央级出版社出版中、小学教学地图，以及地方出版社出版地方性中、小学教学地图的，应当经国务院出版行政管理部门商国务院测绘行政主管部门审核批准，方可按照批准的地图出版范围出版。但是，中、小学教科书中的插附地图除外。

第十六条　各出版社、报社、杂志社可以根据需要，在图书、报刊中插附地图。

第十七条　出版或者展示未出版的绘有国界线或者省、自治区、直辖市行政区域界线地图（含图书、报刊插图、示意图）的，在地图印刷或者展示前，应当依照下列规定送审试制样图一式两份：

（一）绘有国界线的地图，跨省、自治区、直辖市行政区域的地图，以及台湾、香港、澳门地区地图，报国务院测绘行政主管部门审核；

（二）省、自治区、直辖市行政区域范围内的地方性地图，报有关省、自治区、直辖市人民政府负责管理测绘工作的部门或者国务院测绘行政主管部门审核；

（三）历史地图、世界地图和时事宣传图，报外交部和国务院测绘行政主管部门审核。

第十八条　出版或者展示未出版的全国性和地方性专题地图的，在地图印刷或者展示前，其试制样图的专业内容应当分别报国务院有关行政主管部门或者省、自治区、直辖市人民政府有关行政主管部门审核。

第十九条　依照本条例第十七条、第十八条的规定负责审核的部门，应当自收到试制样图之日起30日内，将审核决定通知送审单位；逾期未通知的，视为同意出版或者展示。

第二十条　保密地图和内部地图不得以任何形式公开出版、发行或者展示。

第二十一条　地图出版物发行前，有关的中央级出版社和地方出版社应当按照国家有关规定向有关部门和单位送交样本，并将样本一式两份报国务院测绘行政主管部门或者省、自治区、直辖市人民政府负责管理测绘工作的部门备案。

第二十二条 地图的著作权受法律保护。未经地图著作权人许可，任何单位和个人不得以复制、发行、改编、翻译、编辑等方式使用其地图；但是，著作权法律、行政法规另有规定的除外。

第二十三条 出版地图，应当注明地图上国界线画法的依据资料及其来源；广告、商标、宣传画、电影电视画面中的示意地图除外。

第四章 法律责任

第二十四条 违反本条例规定，未取得相应测绘资格，擅自编制地图的，由国务院测绘行政主管部门或者其授权的部门，或者省、自治区、直辖市人民政府负责管理测绘工作的部门或者其授权的部门，依据职责责令停止编制活动，没收违法所得，可以并处违法所得一倍以下的罚款。

第二十五条 违反本条例规定，有下列行为之一的，由国务院测绘行政主管部门或者省、自治区、直辖市人民政府负责管理测绘工作的部门责令停止发行、销售、展示，对有关地图出版社处以 300 元以上 10000 元以下的罚款；情节严重的，由出版行政管理部门注销有关地图出版社的地图出版资格：

（一）地图印刷或者展示前未按照规定将试制样图报送国务院测绘行政主管部门或者省、自治区、直辖市人民政府负责管理测绘工作的部门审核的；

（二）专题地图在印刷或者展示前未按照规定将试制样图报有关行政主管部门审核的；

（三）地图上国界线或者省、自治区、直辖市行政区域界线的绘制不符合国家有关规定而出版的；

（四）地图内容的表示不符合国家有关规定，造成严重错误的。

有前款第（三）项、第（四）项所列行为之一的，还应当没收全部地图及违法所得。

第二十六条 违反本条例规定，未经批准，擅自从事地图出版活动或者超越经批准的地图出版范围出版地图的，由出版行政管理部门责令停止违法活动，没收全部非法地图出版物和违法所得，可以并处违法所得 5 倍以上 15 倍以下的罚款。

第二十七条 侵犯地图著作权的，依照著作权法律、行政法规的规定处理。

第二十八条 违反本条例规定，公开地图泄露国家秘密，或者产生危害国家主权或者安全、损害国家利益的其他后果的，对负有直接责任的主管人员和其他直接责任人员依法给予行政处分；构成犯罪的，依法追究刑事责任。

第二十九条 地图编制、出版行政工作人员弄虚作假、玩忽职守、徇私舞弊，构成犯罪的，依法追究刑事责任；尚不构成犯罪的，依法给予行政处分。

第五章 附 则

第三十条 本条例自 1995 年 10 月 1 日起施行。

第五节　基础测绘条例

（2009年5月12日国务院令第556号，自2009年8月1日起施行）

第一章　总　则

第一条　为了加强基础测绘管理，规范基础测绘活动，保障基础测绘事业为国家经济建设、国防建设和社会发展服务，根据《中华人民共和国测绘法》，制定本条例。

第二条　在中华人民共和国领域和中华人民共和国管辖的其他海域从事基础测绘活动，适用于本条例。

本条例所称基础测绘，是指建立全国统一的测绘基准和测绘系统，进行基础航空摄影，获取基础地理信息的遥感资料，测制和更新国家基本比例尺地图、影像图和数字化产品，建立、更新基础地理信息系统。

在中华人民共和国领海、中华人民共和国领海基线向陆地一侧至海岸线的海域和中华人民共和国管辖的其他海域从事海洋基础测绘活动，按照国务院、中央军事委员会的有关规定执行。

第三条　基础测绘是公益性事业。

县级以上人民政府应当加强对基础测绘工作的领导，将基础测绘纳入本级国民经济和社会发展规划及年度计划，所需经费列入本级财政预算。

国家对边远地区和少数民族地区的基础测绘给予财政支持。具体办法由财政部门会同同级测绘行政主管部门制定。

第四条　基础测绘工作应当遵循统筹规划、分级管理、定期更新、保障安全的原则。

第五条　国务院测绘行政主管部门负责全国基础测绘工作的统一监督管理。

县级以上地方人民政府负责管理测绘工作的行政部门（以下简称测绘行政主管部门）负责本行政区域基础测绘工作的统一监督管理。

第六条　国家鼓励在基础测绘活动中采用先进科学技术和先进设备，加强基础研究和信息化测绘体系建设，建立统一的基础地理信息公共服务平台，实现基础地理信息资源共享，提高基础测绘，保障服务能力。

第二章　基础测绘规划

第七条　国务院测绘行政主管部门会同国务院其他有关部门、军队测绘主管部门，组织编制全国基础测绘规划，报国务院批准后组织实施。

县级以上地方人民政府测绘行政主管部门会同本级人民政府其他有关部门，根据国家和上一级人民政府的基础测绘规划和本行政区域的实际情况，组织编制本行政区域的基础测绘规划，报本级人民政府批准，并报上一级测绘行政主管部门备案后组织实施。

第八条　基础测绘规划报送审批前，组织编制机关应当组织专家进行论证，并征求有关部门和单位的意见。其中，地方的基础测绘规划，涉及军事禁区、军事管理区或者作战工程的，还应当征求军事机关的意见。

基础测绘规划报送审批文件中应当附具意见采纳情况及理由。

第九条 组织编制机关应当依法公布经批准的基础测绘规划。

经批准的基础测绘规划是开展基础测绘工作的依据,未经法定程序不得修改;确需修改的,应当按照本条例规定的原审批程序报送审批。

第十条 国务院发展改革部门会同国务院测绘行政主管部门,编制全国基础测绘年度计划。

县级以上地方人民政府发展改革部门会同同级测绘行政主管部门,编制本行政区域的基础测绘年度计划,并分别报上一级主管部门备案。

第十一条 县级以上人民政府测绘行政主管部门应当根据应对自然灾害等突发事件的需要,制定相应的基础测绘应急保障预案。

基础测绘应急保障预案的内容应当包括:应急保障组织体系,应急装备和器材配备,应急响应,基础地理信息数据的应急测制和更新等应急保障措施。

第三章 基础测绘项目的组织实施

第十二条 下列基础测绘项目,由国务院测绘行政主管部门组织实施:

(一)建立全国统一的测绘基准和测绘系统;

(二)建立和更新国家基础地理信息系统;

(三)组织实施国家基础航空摄影;

(四)获取国家基础地理信息遥感资料;

(五)测制和更新全国1:100万至1:2.5万国家基本比例尺地图、影像图和数字化产品;

(六)国家急需的其他基础测绘项目。

第十三条 下列基础测绘项目,由省、自治区、直辖市人民政府测绘行政主管部门组织实施:

(一)建立本行政区域内与国家测绘系统相统一的大地控制网和高程控制网;

(二)建立和更新地方基础地理信息系统;

(三)组织实施地方基础航空摄影;

(四)获取地方基础地理信息遥感资料;

(五)测制和更新本行政区域1:1万至1:5000国家基本比例尺地图、影像图和数字化产品。

第十四条 设区的市、县级人民政府依法组织实施1:2000至1:500比例尺地图、影像图和数字化产品的测制和更新以及地方性法规、地方政府规章确定由其组织实施的基础测绘项目。

第十五条 组织实施基础测绘项目,应当依据基础测绘规划和基础测绘年度计划,依法确定基础测绘项目承担单位。

第十六条 基础测绘项目承担单位应当具有与所承担的基础测绘项目相应等级的测绘资质,并不得超越其资质等级许可的范围从事基础测绘活动。

基础测绘项目承担单位应当具备健全的保密制度和完善的保密设施,严格执行有关保守国家秘密法律、法规的规定。

第十七条 从事基础测绘活动,应当使用全国统一的大地基准、高程基准、深度基准、重力基准,以及全国统一的大地坐标系统、平面坐标系统、高程系统、地心坐标系统、重力测量系统,执行国家规定的测绘技术规范和标准。

因建设、城市规划和科学研究的需要,确需建立相对独立的平面坐标系统的,应当与国家坐标系统相联系。

第十八条 县级以上人民政府及其有关部门应当遵循科学规划、合理布局、有效利用、兼顾当前与长远需要的原则,加强基础测绘设施建设,避免重复投资。

国家安排基础测绘设施建设资金,应当优先考虑航空摄影测量、卫星遥感、数据传输以及基础测绘应急保障的需要。

第十九条 国家依法保护基础测绘设施。

任何单位和个人不得侵占、损毁、拆除或者擅自移动基础测绘设施。基础测绘设施遭受破坏的,县级以上地方人民政府测绘行政主管部门应当及时采取措施,组织力量修复,确保基础测绘活动正常进行。

第二十条 县级以上人民政府测绘行政主管部门应当加强基础航空摄影和用于测绘的高分辨率卫星影像获取与分发的统筹协调,做好基础测绘应急保障工作,配备相应的装备和器材,组织开展培训和演练,不断提高基础测绘应急保障服务能力。

自然灾害等突发事件发生后,县级以上人民政府测绘行政主管部门应当立即启动基础测绘应急保障预案,采取有效措施,开展基础地理信息数据的应急测制和更新工作。

第四章　基础测绘成果的更新与利用

第二十一条 国家实行基础测绘成果定期更新制度。

基础测绘成果更新周期应当根据不同地区国民经济和社会发展的需要、测绘科学技术水平和测绘生产能力、基础地理信息变化情况等因素确定。其中,1∶100 万至 1∶5000 国家基本比例尺地图、影像图和数字化产品至少 5 年更新一次;自然灾害多发地区以及国民经济、国防建设和社会发展急需的基础测绘成果应当及时更新。

基础测绘成果更新周期确定的具体办法,由国务院测绘行政主管部门会同军队测绘主管部门和国务院其他有关部门制定。

第二十二条 县级以上人民政府测绘行政主管部门应当及时收集有关行政区域界线、地名、水系、交通、居民点、植被等地理信息的变化情况,定期更新基础测绘成果。

县级以上人民政府其他有关部门和单位应当对测绘行政主管部门的信息收集工作予以支持和配合。

第二十三条 按照国家规定需要有关部门批准或者核准的测绘项目,有关部门在批准或者核准前应当书面征求同级测绘行政主管部门的意见,有适宜基础测绘成果的,应当充分利用已有的基础测绘成果,避免重复测绘。

第二十四条 县级以上人民政府测绘行政主管部门应当采取措施,加强对基础地理信息测制、加工、处理、提供的监督管理,确保基础测绘成果质量。

第二十五条 基础测绘项目承担单位应当建立健全基础测绘成果质量管理制度,严格执行国家规定的测绘技术规范和标准,对其完成的基础测绘成果质量负责。

第二十六条 基础测绘成果的利用,按照国务院有关规定执行。

第五章　法律责任

第二十七条　违反本条例规定，县级以上人民政府测绘行政主管部门和其他有关主管部门将基础测绘项目确定由不具有测绘资质或者不具有相应等级测绘资质的单位承担的，责令限期改正，对负有直接责任的主管人员和其他直接责任人员，依法给予处分。

第二十八条　违反本条例规定，县级以上人民政府测绘行政主管部门和其他有关主管部门的工作人员利用职务上的便利收受他人财物、其他好处，或者玩忽职守，不依法履行监督管理职责，或者发现违法行为不予查处，造成严重后果，构成犯罪的，依法追究刑事责任；尚不构成犯罪的，依法给予处分。

第二十九条　违反本条例规定，未取得测绘资质证书从事基础测绘活动的，责令停止违法行为，没收违法所得和测绘成果，并处测绘约定报酬 1 倍以上 2 倍以下的罚款。

第三十条　违反本条例规定，基础测绘项目承担单位超越资质等级许可的范围从事基础测绘活动的，责令停止违法行为，没收违法所得和测绘成果，处测绘约定报酬 1 倍以上 2 倍以下的罚款，并可以责令停业整顿或者降低资质等级；情节严重的，吊销测绘资质证书。

第三十一条　违反本条例规定，实施基础测绘项目，不使用全国统一的测绘基准和测绘系统或者不执行国家规定的测绘技术规范和标准的，责令限期改正，给予警告，可以并处 10 万元以下罚款；对负有直接责任的主管人员和其他直接责任人员，依法给予处分。

第三十二条　违反本条例规定，侵占、损毁、拆除或者擅自移动基础测绘设施的，责令限期改正，给予警告，可以并处 5 万元以下罚款；造成损失的，依法承担赔偿责任；构成犯罪的，依法追究刑事责任；尚不构成犯罪的，对负有直接责任的主管人员和其他直接责任人员，依法给予处分。

第三十三条　违反本条例规定，基础测绘成果质量不合格的，责令基础测绘项目承担单位补测或者重测；情节严重的，责令停业整顿，降低资质等级直至吊销测绘资质证书；给用户造成损失的，依法承担赔偿责任。

第三十四条　本条例规定的降低资质等级、吊销测绘资质证书的行政处罚，由颁发资质证书的部门决定；其他行政处罚由县级以上人民政府测绘行政主管部门决定。

第六章　附　则

第三十五条　本条例自 2009 年 8 月 1 日起施行。

第六节　重要地理信息数据审核公布管理规定

（2003 年 3 月 25 日中华人民共和国国土资源部令第 19 号发布，自 2003 年 5 月 1 日起施行）

第一条　为了加强重要地理信息数据审核、公布工作的管理，确保对外公布的重要地理信息数据的权威性和准确性，根据《中华人民共和国测绘法》的有关规定，制定本规定。

第二条　中华人民共和国领域和管辖的其他海域的重要地理信息数据的审核、公布管理工作，适用本规定。

第三条 国务院测绘行政主管部门负责重要地理信息数据的审核、公布管理工作。

第四条 在行政管理、新闻传播、对外交流等对社会公众有影响的活动、公开出版的教材以及需要使用重要地理信息数据的，应当使用依法公布的数据。

第五条 本规定所称的重要地理信息数据，是指在中华人民共和国领域和管辖的其他海域内的重要自然和人文地理实体的位置、高程、深度、面积、长度等位置信息数据和重要属性信息数据。主要包括：

（一）涉及国家主权、政治主张的地理信息数据；

（二）国界、国家面积、国家海岸线长度，国家版图重要特征点、地势、地貌分区位置等地理信息数据；

（三）拟冠以“全国”、“中国”、“中华”、“国家”等字样的地理信息数据；

（四）经相邻省级人民政府联合勘定并经国务院批复的省级界线长度及行政区域面积，沿海省、自治区、直辖市海岸线长度；

（五）法律法规规定以及需要由国务院测绘行政主管部门审核的其他重要地理信息数据。

第六条 国务院测绘行政主管部门负责受理单位和个人（以下称为建议人）提出的审核公布重要地理信息数据的建议。

建议人也可以直接向省、自治区、直辖市测绘行政主管部门提出审核公布重要地理信息数据建议。省、自治区、直辖市测绘行政主管部门应当在 10 个工作日内将建议转报国务院测绘行政主管部门。

第七条 建议人建议审核公布重要地理信息数据，应当向国务院测绘行政主管部门提交以下书面资料：

（一）建议人基本情况；

（二）重要地理信息数据的详细数据成果资料，科学性及公布的必要性说明；

（三）重要地理信息数据获取的技术方案及对数据验收评估的有关资料；

（四）国务院测绘行政主管部门规定的其他资料。

建议人为各级地方人民政府、国务院各部门的，可以不提供前款（一）规定的资料。

第八条 国务院测绘行政主管部门收到建议人建议审核公布重要地理信息数据的资料后，应当在 10 个工作日内决定是否受理，并书面通知建议人。不予受理的，应当说明原因。

第九条 国务院测绘行政主管部门应当组织对建议人提交的重要地理信息数据进行审核。审核主要包括以下内容：

（一）重要地理信息数据公布的必要性；

（二）提交的有关资料的真实性与完整性；

（三）重要地理信息数据的可靠性与科学性；

（四）重要地理信息数据是否符合国家利益，是否影响国家安全；

（五）与相关历史数据、已公布数据的对比。

第十条 国务院测绘行政主管部门应当会同国务院有关部门、军队测绘主管部门，对通过审核的重要地理信息数据公布的必要性、公布部门等内容进行会商，并向国务院上报公布建议。

第十一条 国务院批准公布的重要地理信息数据，由国务院或者国务院授权的部门公布。

重要地理信息数据以公告形式公布，并在全国范围内发行的报纸或者互联网上刊登。

第十二条 重要地理信息数据公布时，应当注明审核、公布部门。

第十三条 依照本规定公布重要地理信息数据的国务院有关部门，应当在公布时，将公布公告抄送国务院测绘行政主管部门。

第十四条 国务院测绘行政主管部门收到公布公告后，应当在10日内书面通知建议人。

建议人建议审核公布的重要地理信息数据，在受理后未被批准公布的，国务院测绘行政主管部门应当及时书面通知建议人，并说明理由。

第十五条 国务院有关部门具有下列情形之一的，由国务院测绘行政主管部门依法给予警告，责令改正，可以并处十万元以下罚款；构成犯罪的，依法追究刑事责任；尚不够刑事处罚的，对负有直接责任的主管人员和其他直接责任人员，依法给予行政处分：

（一）擅自发布已经国务院批准并授权国务院有关部门公布的重要地理信息数据的；

（二）擅自发布未经国务院批准的重要地理信息数据的。

第十六条 单位和个人具有下列情形之一的，由省级测绘行政主管部门依法给予警告，责令改正，可以并处十万元以下罚款；构成犯罪的，依法追究刑事责任；尚不够刑事处罚的，对负有直接责任的主管人员和其他直接责任人员，依法给予行政处分：

（一）擅自发布已经国务院批准并授权国务院有关部门公布的重要地理信息数据的；

（二）擅自发布未经国务院批准的重要地理信息数据的。

第十七条 本规定自2003年5月1日起实施。

第七节　外国的组织或者个人来华测绘管理暂行办法

（2007年1月19日中华人民共和国国土资源部令第38号公布，自2007年3月1日起施行）

第一条 为加强对外国的组织或者个人在中华人民共和国领域和管辖的其他海域从事测绘活动的管理，维护国家安全和利益，促进中外经济、科技的交流与合作，根据《中华人民共和国测绘法》和其他有关法律、法规，制定本办法。

第二条 外国的组织或者个人在中华人民共和国领域和管辖的其他海域从事测绘活动（以下简称来华测绘），适用本办法。

第三条 来华测绘应当遵循以下原则：

（一）必须遵守中华人民共和国的法律、法规和国家有关规定；

（二）不得涉及中华人民共和国的国家秘密；

（三）不得危害中华人民共和国的国家安全。

第四条 国务院测绘行政主管部门会同军队测绘主管部门负责来华测绘的审批。

县级以上各级人民政府测绘行政主管部门依照法律、行政法规和规章的规定，对来华测绘履行监督管理职责。

第五条 来华测绘应当符合测绘管理工作国家秘密范围的规定。测绘活动中涉及国防和国家其他部门或者行业的国家秘密事项,从其主管部门的国家秘密范围规定。

第六条 外国的组织或者个人在中华人民共和国领域测绘,必须与中华人民共和国的有关部门或者单位依法采取合资、合作的形式(以下简称合资、合作测绘)。

前款所称合资、合作的形式,是指依照《中华人民共和国中外合资经营企业法》、《中华人民共和国中外合作经营企业法》的规定设立合资、合作企业。

经国务院及其有关部门或者省、自治区、直辖市人民政府批准,外国的组织或者个人来华开展科技、文化、体育等活动时,需要进行一次性测绘活动的(以下简称一次性测绘),可以不设立合资、合作企业,但是必须经国务院测绘行政主管部门会同军队测绘主管部门批准,并与中华人民共和国的有关部门和单位的测绘人员共同进行。

第七条 合资、合作测绘不得从事下列活动:

(一)大地测量;

(二)测绘航空摄影;

(三)行政区域界线测绘;

(四)海洋测绘;

(五)地形图和普通地图编制;

(六)导航电子地图编制;

(七)国务院测绘行政主管部门规定的其他测绘活动。

第八条 合资、合作测绘应当取得国务院测绘行政主管部门颁发的《测绘资质证书》。

合资、合作企业申请测绘资质应当具备下列条件:

(一)符合《中华人民共和国测绘法》以及外商投资的法律法规的有关规定;

(二)符合《测绘资质管理规定》的有关要求;

(三)合资、合作企业须中方控股;

(四)已经依法进行企业登记,并取得中华人民共和国法人资格。

第九条 合资、合作企业申请测绘资质应当提供下列材料:

(一)《测绘资质管理规定》中要求提供的申请材料;

(二)中方控股的证明文件;

(三)企业法人营业执照;

(四)国务院测绘行政主管部门规定应当提供的其他材料。

第十条 测绘资质许可依照下列程序办理:

(一)提交申请:合资、合作企业应当分别向国务院测绘行政主管部门和其所在地的省、自治区、直辖市人民政府测绘行政主管部门提交申请材料。

(二)初审:国务院测绘行政主管部门在收到申请材料后依法作出是否受理的决定。决定受理的,应当及时通知省、自治区、直辖市人民政府测绘行政主管部门进行初审。省、自治区、直辖市人民政府测绘行政主管部门应当在接到初审通知后20个工作日内提出初审意见,并报国务院测绘行政主管部门。

(三)审查:国务院测绘行政主管部门接到初审意见后5个工作日内送军队测绘主管部门会同审查,并在接到会同审查意见后8个工作日内作出审查决定。

（四）发放证书：审查合格的，由国务院测绘行政主管部门颁发相应等级的《测绘资质证书》；审查不合格的，由国务院测绘行政主管部门作出不予许可的决定。

第十一条 申请一次性测绘的，应当提交下列申请材料一式三份：

（一）申请表；

（二）国务院及其有关部门或者省、自治区、直辖市人民政府的批准文件；

（三）按照法律法规规定应当提交的有关部门的批准文件；

（四）外国的组织或者个人的身份证明和有关资信证明；

（五）测绘活动的范围、路线、测绘精度及测绘成果形式的说明；

（六）测绘活动时使用的测绘仪器、软件和设备的清单和情况说明；

（七）中华人民共和国现有测绘成果不能满足项目需要的说明。

第十二条 一次性测绘应当依照下列程序取得国务院测绘行政主管部门的批准文件：

（一）提交申请：经国务院及其有关部门批准，外国的组织或者个人来华开展科技、文化、体育等活动时，需要进行一次性测绘活动的，应当向国务院测绘行政主管部门提交申请材料。

经省、自治区、直辖市人民政府批准，外国的组织或者个人来华开展科技、文化、体育等活动时，需要进行一次性测绘活动的，应当向国务院测绘行政主管部门和省、自治区、直辖市人民政府测绘行政主管部门分别提交申请材料。

（二）初审：国务院测绘行政主管部门在收到申请材料后依法作出是否受理的决定。经省、自治区、直辖市人民政府批准，外国的组织或者个人来华开展科技、文化、体育等活动时，需要进行一次性测绘活动的，国务院测绘行政主管部门决定受理后，应当及时通知省、自治区、直辖市人民政府测绘行政主管部门进行初审。省、自治区、直辖市人民政府测绘行政主管部门应当在接到初审通知后20个工作日内提出初审意见，并报国务院测绘行政主管部门。

（三）审查：国务院测绘行政主管部门受理后或者接到初审意见后5个工作日内送军队测绘主管部门会同审查，并在接到会同审查意见后8个工作日内作出审查决定。

（四）批准：准予一次性测绘的，由国务院测绘行政主管部门依法向申请人送达批准文件，并抄送测绘活动所在地的省、自治区、直辖市人民政府测绘行政主管部门；不准予一次性测绘的，应当作出书面决定。

第十三条 依法需要听证、检验、检测、鉴定和专家评审的，所需时间不计算在规定的期限内，但是应当将所需时间书面告知申请人。

第十四条 合资、合作企业应当在《测绘资质证书》载明的业务范围内从事测绘活动。一次性测绘应当按照国务院测绘行政主管部门批准的内容进行。

合资、合作测绘或者一次性测绘的，应当保证中方测绘人员全程参与具体测绘活动。

第十五条 来华测绘成果的管理依照有关测绘成果管理法律法规的规定执行。

来华测绘成果归中方部门或者单位所有的，未经依法批准，不得以任何形式将测绘成果携带或者传输出境。

第十六条 县级以上地方人民政府测绘行政主管部门，应当加强对本行政区域内来华测绘的监督管理，定期对下列内容进行检查：

（一）是否涉及国家安全和秘密；

（二）是否在《测绘资质证书》载明的业务范围内进行；

（三）是否按照国务院测绘行政主管部门批准的内容进行；

（四）是否按照《中华人民共和国测绘成果管理条例》的有关规定汇交测绘成果副本或者目录；

（五）是否保证了中方测绘人员全程参与具体测绘活动。

第十七条 违反本办法规定，法律、法规已规定行政处罚的，从其规定。

违反本办法规定，来华测绘涉及中华人民共和国的国家秘密或者危害中华人民共和国的国家安全的行为的，依法追究其法律责任。

第十八条 违反本办法规定，有下列行为之一的，由国务院测绘行政主管部门撤销批准文件，责令停止测绘活动，处3万元以下罚款。有关部门对中方负有直接责任的主管人员和其他直接责任人员，依法给予行政处分；构成犯罪的，依法追究刑事责任。对形成的测绘成果依法予以收缴：

（一）以伪造证明文件、提供虚假材料等手段，骗取一次性测绘批准文件的；

（二）超出一次性测绘批准文件的内容从事测绘活动的。

第十九条 违反本办法规定，未经依法批准将测绘成果携带或者传输出境的，由国务院测绘行政主管部门处3万元以下罚款；构成犯罪的，依法追究刑事责任。

第二十条 来华测绘涉及其他法律法规规定的审批事项的，应当依法经相应主管部门批准。

第二十一条 香港特别行政区、澳门特别行政区、台湾地区的组织或者个人来内地从事测绘活动的，参照本办法进行管理。

第二十二条 本办法自2007年3月1日起施行。

第八节 测绘资质管理规定

（2009年3月12日由国家测绘局印发，于2009年6月1日施行）

第一条 为了规范测绘资质管理，维护测绘市场秩序，依据《中华人民共和国测绘法》和《中华人民共和国行政许可法》，制定本规定。

第二条 凡从事测绘活动的单位，必须取得《测绘资质证书》，并在其资质等级许可的范围内从事测绘活动。

第三条 测绘资质分为甲、乙、丙、丁四级。其中，甲级测绘资质包括甲（特）级和甲级。

各等级测绘资质的具体条件和作业限额由《测绘资质分级标准》规定。

第四条 测绘资质审查实行分级管理。

国家测绘局为甲级测绘资质审查机关，负责甲级测绘资质的受理、审查和颁发《测绘资质证书》。

省、自治区、直辖市人民政府测绘行政主管部门为乙、丙、丁级测绘资质审查机关，负责乙、丙、丁级测绘资质的受理、审查和颁发《测绘资质证书》。

省、自治区、直辖市人民政府测绘行政主管部门可以根据地方性法规或规章，委托市（地）级人民政府测绘行政主管部门承担本行政区域乙、丙、丁级测绘资质申请的受理工作。

县级以上各级测绘行政主管部门应当加强对测绘资质的监督和管理。

军队测绘主管部门负责军事测绘单位的测绘资质审查。

第五条 测绘业务划分为：大地测量、测绘航空摄影、摄影测量与遥感、工程测量、地籍测绘、房产测绘、行政区域界线测绘、地理信息系统工程、地图编制、海洋测绘（含港口和内陆水域测量）。

第六条 申请测绘资质应当具备下列基本条件：

（一）有《测绘资质分级标准》中规定数量的专业技术人员；

（二）有《测绘资质分级标准》中规定的相应的仪器设备和设施；

（三）有健全的技术、质量保证体系和测绘成果及资料档案管理制度；

（四）独立的法人单位，并有固定的住所。

第七条 申请甲级测绘资质的单位，应当向国家测绘局提出申请，也可以由申请单位所在地的省、自治区、直辖市人民政府测绘行政主管部门将其申请转报国家测绘局。

申请乙、丙、丁级测绘资质的单位，应当向申请单位所在地的省、自治区、直辖市人民政府测绘行政主管部门提出申请，也可以由申请单位所在地的省、自治区、直辖市人民政府测绘行政主管部门委托的市（地）级测绘行政主管部门将其申请转报省、自治区、直辖市人民政府测绘行政主管部门。

第八条 申请测绘资质的单位应当提交下列材料（原件或复印件）：

（一）符合国家测绘局规定样式的《测绘资质申请表》一式四份；

（二）企业法人营业执照或者事业单位法人证书；

（三）法定代表人的简历及任命或聘任文件；

（四）符合规定数量的专业技术人员的任职资格证书、任命或聘用文件、合同、毕业证书、身份证；

（五）当年单位在职专业技术人员名册；

（六）符合规定数量的仪器设备的证明材料；

（七）测绘技术、质量保证体系和测绘成果及资料档案管理制度的证明文件；

（八）单位住所证明；

（九）可以反映本单位技术水平的测绘成果证明材料；

（十）应当提供的其他材料。

第九条 申请测绘资质的单位，应当如实提交有关材料，并对其申请材料的真实性负责。

第十条 申请材料不齐全或者不符合规定形式的，受理机关应当在收到申请材料后5个工作日内一次告知申请单位需要补正的全部内容。

申请材料齐全、符合规定形式的，或者申请单位按照要求提交全部补正申请材料的，应当受理其申请。否则不予受理，不予受理的应当说明理由。

第十一条 测绘资质审查机关应当对申请单位所提交的材料进行审查。需要对申请材料的实质内容进行核实的，由测绘资质审查机关或其委托的下级测绘行政主管部门指派两名以上工作人员进行核查。

第十二条 对申请测绘资质的单位,测绘资质审查机关应当自受理申请之日起20个工作日内作出审查决定。20个工作日内不能作出决定的,经测绘资质审查机关领导批准,可以延长10个工作日,并应当将延长期限的理由告知申请单位。

申请单位符合法定条件的,测绘资质审查机关应当作出予以批准的书面决定,并于作出决定之日起10个工作日内向申请单位颁发《测绘资质证书》。

测绘资质审查机关作出不予批准的决定,应当向申请单位说明理由。

第十三条 《测绘资质证书》分为正本和副本,其式样由国家测绘局统一规定,正、副本具有同等法律效力。

《测绘资质证书》编号形式为:等级+测资字+省、自治区、直辖市编号+顺序号。

第十四条 《测绘资质证书》有效期为5年,有效期满30日前,测绘单位应当向原发证机关提出延期申请,依照本规定办理测绘资质延期手续。

第十五条 测绘单位自取得《测绘资质证书》之日起,一般2年后方可申请升级。新成立测绘单位初次申请测绘资质,一般不能申请甲级测绘资质。

第十六条 测绘单位申请升级或变更业务范围的,依照本规定重新办理资质审查手续。

申请升级的测绘单位在申请之日前2年内有下列行为之一的,不予批准升级和增加测绘业务范围:

(一)采用不正当手段承接测绘项目的;

(二)将承接的测绘项目转包或者违法分包的;

(三)测绘成果质量不合格,造成损失且情节严重的;

(四)有其他违法违规行为的。

第十七条 测绘单位变更名称、住所、法定代表人等,应当在变更后的30日内,向发证机关申请更换《测绘资质证书》,并提交有关的变更文件,由发证机关办理变更手续。

测绘单位在领取新的《测绘资质证书》的同时,须将原《测绘资质证书》交回发证机关。

第十八条 申请单位以欺骗、贿赂等不正当手段取得测绘资质的,应当予以撤销,并依法给予处罚,并在3年内不得再次申请测绘资质。

第十九条 有下列情形之一的,由测绘资质发证机关或者其上级行政机关根据利害关系人的请求或者依据职权,可以撤销测绘资质审查决定:

(一)测绘资质发证机关的工作人员滥用职权、玩忽职守作出测绘资质审查决定的;

(二)超越法定职权作出测绘资质审查决定的;

(三)违反测绘资质审查程序作出审查决定的;

(四)依法可以撤销测绘资质审查决定的其他情形。

第二十条 有下列情形之一的,发证机关应当注销《测绘资质证书》:

(一)《测绘资质证书》有效期届满未延续的;

(二)测绘单位依法终止的;

(三)测绘资质审查决定依法被撤销、撤回的;

(四)《测绘资质证书》依法被吊销的;

(五)测绘单位在2年内未承担测绘项目的;

（六）法律、法规规定的应当注销《测绘资质证书》的其他情形。

第二十一条 任何部门、任何地方不得对已经取得《测绘资质证书》的单位重复进行测绘资质审查发证。

已经取得《测绘资质证书》的单位不得在当地或者异地重复申请《测绘资质证书》。

第二十二条 各级测绘行政主管部门应当建立健全测绘资质监督制度，履行监督责任。上级测绘行政主管部门应当加强对下级测绘行政主管部门实施测绘资质管理工作的监督检查。

第二十三条 测绘单位遗失《测绘资质证书》，应当及时向发证机关报告并在公众媒体上声明作废。

第二十四条 测绘单位从事测绘活动违反测绘资质管理规定的，依照《中华人民共和国测绘法》的规定予以处罚。

第二十五条 测绘行政主管部门及其工作人员违反测绘资质管理规定的，依照《中华人民共和国测绘法》和《中华人民共和国行政许可法》的有关规定予以处理。

第二十六条 本规定由国家测绘局负责解释。

第二十七条 本规定自二〇〇四年六月一日起施行。国家测绘局二〇〇〇年八月八日发布的《测绘资格审查认证管理规定》同时废止。

第九节　测绘资质分级标准

（2009 年 3 月 12 日由国家测绘局印发，于 2009 年 6 月 1 日起施行）

前　言

一、依据《中华人民共和国测绘法》和《测绘资质管理规定》，结合测绘行业发展实际，制定本标准。本标准是各级测绘行政主管部门进行测绘资质审查的基本依据。

二、本标准划分为通用标准、专业标准两部分。

通用标准是指对申请不同专业测绘资质统一适用的标准。

专业标准是根据不同测绘专业的特殊需要制定的专项标准，包括大地测量、测绘航空摄影、摄影测量与遥感、工程测量、地籍测绘、房产测绘、行政区域界线测绘、地理信息系统工程、海洋测绘、地图编制、导航电子地图制作、互联网地图服务等专业。

由于测绘科技的发展或者其他特殊需要，国家测绘局可以作出特别规定。

三、凡申请《测绘资质证书》的单位，必须同时达到通用标准和相应的专业标准要求。

丙级测绘资质的业务范围仅限于工程测量、摄影测量与遥感、地籍测绘、房产测绘、地理信息系统工程、海洋测绘，且不超过上述范围内的四项业务。

丁级测绘资质的业务范围仅限于工程测量、地籍测绘、房产测绘、海洋测绘，且不超过上述范围内的三项业务。

四、本标准中的测绘专业技术人员和测绘相关专业技术人员，是指取得测绘及相关专业技术任职资格的人员。

五、本标准中的作业限额，是指承担测绘项目的最高限量。

六、本标准中各等级测绘资质的定量考核标准是指最低限量。

七、省级测绘行政主管部门可以根据本地实际情况，适当调整乙、丙、丁级考核标准，调整后的标准，不得高于上一级标准或者不得低于下一级标准。调整后的标准应报国家测绘局备案。

八、本标准自二〇〇九年六月一日起施行。国家测绘局二〇〇四年二月十六日印发的《测绘资质分级标准》同时废止。

通用标准

一、主体资格

1. 具有独立法人资格。企业法人中的甲级测绘单位注册资金不低于500万元，乙级测绘单位注册资金不低于200万元，丙级测绘单位注册资金不低于100万元，丁级测绘单位注册资金不低于50万元。申请导航电子地图制作资质的企业注册资金不低于6000万元。

2. 以规划、勘察、设计、施工等为主要业务的单位，应当设有相对独立建制的测绘生产机构和主管测绘生产的负责人。

3. 申请测绘资质的中外合资、合作企业的主体资格，依照《外国的组织或者个人来华测绘管理暂行办法》的有关规定执行。

二、专业技术人员

1. 本标准所称高级、中级和初级专业技术人员，是指经具备相应职称评定资格的机构颁发或认可的具有相应专业技术职务任职资格的人员。

2. 未取得专业技术职务任职资格的其他测绘从业人员，应当通过测绘职业技能鉴定。

3. 本标准所称测绘相关专业技术人员，是指地质、水利、勘察、物探、道桥、工民建、规划、海洋勘测、土地资源管理、计算机等工程技术人员，或者能够提供其在校期间所学专业开设测绘专业为必修课程证明的工程技术人员，但不得超过本标准对专业技术人员要求数量的50%。申请地理信息系统工程、互联网地图服务资质的单位，测绘相关专业技术人员不得超过本标准对专业技术人员要求数量的70%。

4. 同一单位申请两个以上测绘专业的，对人员数量的要求不累加计算。

5. 法定退休人员、兼职人员和没有签订劳动合同的人员不得计入专业技术人员。

三、仪器设备

按各专业标准核算仪器设备数量时，非本单位所有的仪器设备、租借的仪器设备、检定有效期已过的仪器设备或者不能正常使用的仪器设备等，均不能列入。

随着科学技术的发展，性能指标更优越的仪器设备可以替代某一专业标准所规定的相应仪器设备。

使用通用测绘专业软件的，应当通过国家测绘局组织的测评。

四、办公场所

各等级测绘单位的办公场所:甲级不少于500平方米,乙级不少于250平方米,丙级不少于80平方米,丁级不少于40平方米。

五、质量管理

1.质量保证体系认证:甲级测绘单位应当通过ISO9000系列质量保证体系认证,乙级测绘单位应当通过ISO9000系列质量保证体系认证或者通过省级测绘行政主管部门考核,丙级测绘单位应当通过ISO9000系列质量保证体系认证或者通过设区的市(州)级以上测绘行政主管部门考核,丁级测绘单位应当通过县级以上测绘行政主管部门考核。

2.配备专门的质量检验机构和质检人员:甲、乙级测绘单位质检机构、人员齐全,丙级测绘单位配备专门质检人员,丁级测绘单位配备兼职质检人员。

六、档案和保密管理

1.有健全的测绘成果及资料档案管理制度、保密制度和相应的设施:有明确的保密岗位责任,与涉密人员签订了保密责任书;明确专人保管、提供统计报表;建立测绘成果核准、登记、注销、检查、延期使用等管理制度;有适宜测绘成果存储的介质和库房。

2.资料档案管理考核:甲、乙级测绘单位应当通过省级测绘行政主管部门考核,取得通过考核的证明文件;丙级测绘单位应当通过设区的市(州)级以上测绘行政主管部门考核,取得通过考核的证明文件;丁级测绘单位应当通过县级以上测绘行政主管部门考核,取得通过考核的证明文件。

七、测绘业绩

凡申请测绘资质升级和变更业务范围的,应当具有以下业绩。

1.获奖情况

申请甲级:近3年内获得不少于2项省级以上测绘行政主管部门认定的优秀测绘工程奖。

申请乙级:近3年内获得不少于1项省级以上测绘行政主管部门认定的优秀测绘工程奖。

2.业务规模和质量水平

申请甲级:近3年内承揽的测绘服务总值不少于1200万元,且有3个以上测绘工程项目通过省级以上测绘行政主管部门组织的质量认可。

申请乙级:近3年内承揽的测绘服务总值不少于400万元,且有2个以上测绘工程项目通过设区的市(州)级以上测绘行政主管部门组织的质量认可。

申请丙级:近3年内承揽的测绘服务总值不少于80万元,且有1个以上测绘工程项目通过县级以上测绘行政主管部门组织的质量认可。

大地测量专业标准

专业范围	考核指标	考核内容		考核标准		备注
				甲级	乙级	
1. 卫星定位测量 2. 三角测量 3. 水准测量 4. 天文测量 5. 重力测量 6. 大地测量数据处理	人员规模	测绘及相关专业技术人员		50 人(高级 5,中级 14)	25 人(高级 2,中级 8)	微机等其他仪器设备配套齐全
	仪器设备	卫星定位测量	GPS 接收机	10 台(5 mm + 1ppm 精度以上)	6 台(5 mm + 1ppm 精度以上)	
		三角测量	全站仪	10 台(2 秒级精度以上)	5 台(2 秒级精度以上)	
		天文测量	天文测量设备	2 台套		
		重力测量	重力仪	4 台(0.02 毫伽精度以上)		
		水准测量	水准仪	10 台(S1 级精度以上)	5 台(S1 级精度以上)	
	作业限额			无限额限制	1:C 级以下; 2~4:三等以下; 5:专业重力测量; 6:相应于上述限额	

测绘航空摄影专业标准

专业范围	考核指标	考核内容	考核标准		备注
			甲级	乙级	
1. 胶片航空摄影 2. 数码航空摄影 3. 机载激光扫描 4. 机载 SAR 成像	人员规模	测绘及相关专业技术人员	25 人(高级 3,中级 8)	15 人(高级 2,中级 5)	微机等其他仪器设备配套齐全
	仪器设备	航摄仪及其他传感器	23 cm × 23 cm 像幅胶片航摄仪、7000 × 11000 以上像素框幅式(推扫式)数字航摄仪、机载 LIDAR,总数不少于 4 台套(其中,7000 × 11000 以上像素框幅式(推扫式)数字航摄仪至少 1 台套)	23 cm × 23 cm 像幅胶片航摄仪、7000 × 11000 以上像素框幅式(推扫式)数字航摄仪、机载 LIDAR,总数不少于 2 台套	
	作业限额		无限额限制	大于 1∶8000 比例尺,1000 km^2 以下;1∶35000 ~ 1∶8000 比例尺,30000 km^2 以下	

摄影测量与遥感专业标准

专业范围		考核指标	考核内容	考核标准			备注
				甲级	乙级	丙级	
摄影测量与遥感	外业	人员规模	测绘及相关专业技术人员	50 人（高级 5，中级 14）	25 人（高级 2，中级 8）	8 人（中级 3）	微机等其他仪器设备配套齐全
		仪器设备	GPS 接收机	6 台（其中 5 mm + 1ppm 以上精度不少于 3 台）	3 台（其中 5 mm + 1ppm 以上精度不少于 2 台）		
			全站仪	6 台（2 秒级精度以上）	4 台（2 秒级精度以上）	2 台（2 秒级精度以上）	
			水准仪	6 台（S3 级精度以上）	3 台（S3 级精度以上）	2 台（S3 级精度以上）	
	内业	仪器设备	全数字摄影测量系统（或遥感图像处理系统）	15 台套	8 台套	4 台套	
			影像扫描仪	1 台			
			图形扫描仪（A1 幅面以上）	1 台	1 台		
			彩色绘图仪（A0 幅面以上）	2 台	1 台		
			彩色绘图仪（A1 幅面以上）			1 台	
			交换机	2 台	1 台		
		作业限额		无限额限制	1:500 比例尺，30 km^2 以下； 1:1000 比例尺，60 km^2 以下； 1:2000 比例尺，100 km^2 以下； 1:5000 比例尺，200 km^2 以下； 1:10000 比例尺，300 km^2 以下	1:500 比例尺，20 km^2 以下； 1:1000 比例尺，30 km^2 以下； 1:2000 比例尺，50 km^2 以下； 1:5000 比例尺，100 km^2 以下； 小于或等于 1:10000 比例尺的不得承担	

工程测量专业标准

<table>
<tr><th rowspan="2">专业范围</th><th rowspan="2">考核指标</th><th rowspan="2">考核内容</th><th colspan="4">考核标准</th><th rowspan="2">备注</th></tr>
<tr><th>甲级</th><th>乙级</th><th>丙级</th><th>丁级</th></tr>
<tr><td rowspan="6">1. 控制测量
2. 地形测量
3. 城乡规划定线测量
4. 城乡用地测量
5. 规划检测测量
6. 日照测量
7. 市政工程测量
8. 水利工程测量
9. 建筑工程测量
10. 精密工程测量
11. 线路工程测量
12. 地下管线测量
13. 桥梁测量
14. 矿山测量
15. 隧道测量
16. 变形(沉降)观测
17. 形变测量
18. 竣工测量</td><td>人员规模</td><td>测绘及相关专业技术人员</td><td>50 人
(高级 5,中级 14)</td><td>25 人
(高级 2,中级 8)</td><td>8 人
(中级 3)</td><td>4 人
(中级 1)</td><td rowspan="6">微机等其他仪器设备配套齐全;
从事专业范围 10、16、17 的,要求配备 0.5 秒级精度以上全站仪和 S05 级精度以上水准仪各不少于 1 台;
从事专业范围 8、12、14 的,应当分别配备测深仪、地下管线探测仪、陀螺仪等相应的专业仪器设备</td></tr>
<tr><td rowspan="4">仪器设备</td><td>GPS 接收机</td><td>6 台(5 mm + 1ppm 精度以上)</td><td>4 台(5 mm + 1ppm 精度以上)</td><td>3 台(5 mm + 1ppm 精度以上)</td><td></td></tr>
<tr><td>全站仪</td><td>10 台(其中 2 秒级精度以上不少于 5 台)</td><td>5 台(其中 2 秒级精度以上不少于 3 台)</td><td>3 台(其中 2 秒级精度以上不少于 1 台)</td><td>2 台(5 秒级精度以上)</td></tr>
<tr><td>水准仪</td><td>6 台(S3 级精度以上)</td><td>3 台(S3 级精度以上)</td><td>2 台(S3 级精度以上)</td><td>1 台(S3 级精度以上)</td></tr>
<tr><td>A1 幅画以上绘图仪</td><td>2 台</td><td>1 台</td><td>1 台</td><td></td></tr>
<tr><td colspan="2">作业限额</td><td>无限额限制</td><td>1:三等以下。
2:1:500 比例尺,30 km² 以下;1:1000 比例尺,50 km² 以下;1:2000 比例尺,80km² 以下;1:5000 比例尺,100 km² 以下;1:10000 比例尺,200 km² 以下。
3~4:无限额限制。
5:建设工程总建筑面积 50 万 m² 以下,国家重点建设工程不得承担。
6:无限额限制。
7:特大城市一般道路、大中等城市主干道路、一般立交桥工程测量。
8:库容在 1 亿 m³ 以下的水库枢纽工程,排水流量在 1000 m³ 以下的水闸工程,2 级和 3 级堤防的河道治理工程,流量在 5 m³/s 以下的引调水工程,30 万亩(1 亩 = 1/15 hm²)以下的灌溉排涝工程,投资在 50 亿元以下的防洪工程,5 万亩以下的围垦工程,5000 hm² 以下的水土保持生态工程。
9:建筑范围小于 1 km²,单个建筑物和设施 10 万 m² 以下。
10:一般精密设备安装。
11:300 km 以下。
12:300 km 以下。
13:多孔跨径总长在 100 m 以下的桥梁。
14:100 km² 以下。
15:4 km 以下。
16~17:建筑面积在 10 万 m² 以下或者高度在 100 m 以下的建筑。
18:相应于上述限额</td><td>1:四等以下。
2:1:500 比例尺,15 km² 以下;1:1000 比例尺,20 km² 以下;1:2000 比例尺,30 km² 以下;小于 1:5000 比例尺,60 km² 以下。
3~4:无限额限制。
5:建设工程总建筑面积 30 万 m² 以下,国家重点建设工程不得承担。
6:无限额限制。
7:大中等城市一般道路、小城市道路。
8:库容在 1000 万 m³ 以下的水库枢纽工程,排水流量在 100 m³ 以下的水闸工程,4 级和 5 级堤防的河道治理工程,流量在 0.5 m³/s 以下的引调水工程,3 万亩以下的灌溉排涝工程,投资在 0.5 亿元以下的防洪工程,0.5 万亩以下的围垦工程,1500 hm² 以下的水土保持生态工程。
9:30 层以下的住宅、高度 70 m 以下的非住宅性质的民用建筑。
10:不得承担。
11:200 km 以下。
12:200 km 以下。
13:多孔跨径总长在 30 m 以下的桥梁。
14:100 km² 以下。
15:3 km 以下。
16~17:建筑面积在 2 万 m² 以下或者高度在 50 m 以下的建筑。
18:相应于上述限额</td><td>1:等级以外。
2:1:500 比例尺,10 km² 以下;1:1000 比例尺,15 km² 以下;1:2000 比例尺,20 km² 以下。
3~4:无限额限制。
5:建设工程总建筑面积 20 万 m² 以下,国家重点建设工程不得承担。
6:不得承担。
7:局部市政工程。
8:一般水渠、农田水利工程。
9:7 层以下的住宅、高度 24 m 以下的非住宅性质的民用建筑。
10:不得承担。
11:100 km 以下。
12:100 km 以下。
13:不得承担。
14:局部矿山测量、巷道测量。
15~17:不得承担。
18:相应于上述限额</td></tr>
</table>

地籍测绘专业标准

<table>
<tr><th rowspan="2">专业范围</th><th rowspan="2">考核指标</th><th rowspan="2">考核内容</th><th colspan="4">考核标准</th><th rowspan="2">备注</th></tr>
<tr><th>甲级</th><th>乙级</th><th>丙级</th><th>丁级</th></tr>
<tr><td rowspan="6">1. 平面控制测量
2. 界址测量
3. 其他地籍要素调查与测量
4. 地籍图测绘
5. 面积量算</td><td>人员规模</td><td>测绘及相关专业技术人员</td><td>50人(高级5,中级14)</td><td>25人(高级2,中级8)</td><td>8人(中级3)</td><td>4人(中级1)</td><td rowspan="6">微机等其他仪器设备配套齐全</td></tr>
<tr><td rowspan="4">仪器设备</td><td>GPS接收机</td><td>6台(5 mm + 1ppm精度以上)</td><td>4台(5 mm + 1ppm精度以上)</td><td>3台(5 mm + 1ppm精度以上)</td><td></td></tr>
<tr><td>全站仪</td><td>10台(其中2秒级精度以上不少于5台)</td><td>5台(其中2秒级精度以上不少于3台)</td><td>3台(其中2秒级精度以上不少于1台)</td><td>2台(5秒级精度以上)</td></tr>
<tr><td>水准仪</td><td>6台(S3级精度以上)</td><td>3台(S3级精度以上)</td><td>2台(S3级精度以上)</td><td>1台(S3级精度以上)</td></tr>
<tr><td>A1幅面以上绘图仪</td><td>2台</td><td>1台</td><td>1台</td><td></td></tr>
<tr><td colspan="2">作业限额</td><td>无限额限制</td><td>1:三等以下。
2~5:1∶500比例尺,30 km^2以下;1∶1000比例尺,50 km^2以下;1∶2000比例尺,80 km^2以下;1∶5000比例尺,100 km^2以下;1∶10000比例尺,200 km^2以下</td><td>1:四等以下。
2~5:1∶500比例尺,15 km^2以下;1∶1000比例尺,20 km^2以下;
1∶2000比例尺,30 km^2以下;1∶5000比例尺,60 km^2以下</td><td>1:等级以下。
2~5:1∶500比例尺,10 km^2以下;1∶1000比例尺,15 km^2以下;1∶2000比例尺,20 km^2以下</td></tr>
</table>

房产测绘专业标准

专业范围	考核指标	考核内容	考核标准 甲级	乙级	丙级	丁级	备注
1. 房产平面控制测量 2. 房产面积预测算 3. 房产面积测算 4. 房产要素调查与测量 5. 房产变更调查与测量 6. 房产图测绘	人员规模	测绘及相关专业技术人员	50 人(高级 5,中级 14)	25 人(高级 2,中级 8)	8 人(中级 3)	4 人(中级 1)	仅从事专业范围 5、6 的,对 GPS 接收机不作要求; 微机等其他仪器设备配套齐全
	仪器设备	GPS 接收机	6 台(5 mm + 1ppm 精度以上)	3 台(5 mm + 1ppm 精度以上)	2 台(5 mm + 1ppm 精度以上)		
		全站仪	5 台(2 秒级精度以上)	3 台(2 秒级精度以上)	2 台(2 秒级精度以上)	1 台(2 秒级精度以上)	
		水准仪	3 台(S3 级精度以上)	2 台(S3 级精度以上)	1 台(S3 级精度以上)	1 台(S3 级精度以上)	
		A1 幅面以上绘图仪	2 台	1 台	1 台		
		手持测距仪	20 台	12 台	6 台	3 台	
	作业限额		无限额限制	1:三等以下; 2 ~ 6:规划用地面积在 100 万 m^2,规划总建筑面积 200 万 m^2 以下的居住小区、建筑群体	1:四等以下; 2 ~ 6:规划用地面积在 50 万 m^2,规划总建筑面积 100 万 m^2 以下的居住小区、建筑群体	1:等级以下; 2 ~ 6:规划用地面积在 30 万 m^2,规划总建筑面积 50 万 m^2 以下的居住小区、建筑群体	

行政区域界线测绘专业标准

专业范围	考核指标	考核内容	考核标准		备注
			甲级	乙级	
1. 界桩埋设 2. 边界点测定 3. 边界线及相关地形要素调绘 4. 边界协议书附图标绘 5. 边界点位置和边界线走向说明的编写 6. 行政区域界线详图集的编纂	人员规模	测绘及相关专业技术人员	50 人(高级 5,中级 14)	25 人(高级 2,中级 8)	具有 GPS 数据处理软件、电磁波导线、水准测量数据处理软件等,编图软件具有数据处理、地图编制、数据转换等功能; 微机等其他仪器设备配套齐全
	仪器设备	GPS 接收机	6 台(10 mm +5ppm 精度以上)	3 台(10 mm +5ppm 精度以上)	
		全站仪	10 台(5 秒级精度以上)	5 台(5 秒级精度以上)	
		水准仪	4 台(S3 级精度以上)	3 台(S3 级精度以上)	
		A1 幅面以上绘图仪	2 台	1 台	

地理信息系统工程专业标准

<table>
<tr><th rowspan="2">专业范围</th><th rowspan="2">考核指标</th><th rowspan="2">考核内容</th><th colspan="3">考核标准</th><th rowspan="2">备注</th></tr>
<tr><th>甲级</th><th>乙级</th><th>丙级</th></tr>
<tr><td rowspan="9">1. 摄影测量数据处理
2. 空间遥感地理信息数据处理
3. 外业采集的地理信息数据处理
4. 地图数字化
5. 建立数据库
6. 建立基础地理信息系统
7. 建立专业地理信息系统
8. 外业地理信息数据采集</td><td>人员规模</td><td>测绘及相关专业技术人员</td><td>50 人（高级 5，中级 14，且高、中级计算机专业技术人员不少于 5 人）</td><td>25 人（高级 2 人，中级 8 人，且高、中级计算机专业技术人员不少于 3 人）</td><td>8 人（中级 3 人）</td><td rowspan="9">GPS 接收机仅限申请专业范围 8；
微机等其他仪器设备配套齐全</td></tr>
<tr><td rowspan="6">仪器设备</td><td>GPS 接收机</td><td>6 台（其中 5 mm + 1ppm 以上精度不少于 3 台）</td><td>3 台（其中 5 mm + 1ppm 以上精度不少于 2 台）</td><td>2 台（5 mm + 1ppm 精度以上）</td></tr>
<tr><td>网络交换机</td><td>4 台</td><td>2 台</td><td>1 台</td></tr>
<tr><td>磁带库或磁盘阵列</td><td>1 台(2TB 以上)</td><td>1 台(1TB 以上)</td><td></td></tr>
<tr><td>A0 幅面图形扫描仪</td><td>1 台</td><td></td><td></td></tr>
<tr><td>影像扫描仪（含 1 台航片扫描仪）</td><td>3 台</td><td>2 台</td><td>1 台</td></tr>
<tr><td>A0 幅面以上绘图仪</td><td>2 台</td><td>1 台</td><td>1 台</td></tr>
<tr><td colspan="2">项目基础</td><td>具备大型地理信息系统工程或地理信息数据库建设的组织、设计、开发与集成经验</td><td>具备中小型地理信息系统工程或地理信息数据库建设的组织、设计、开发与集成经验</td><td></td></tr>
<tr><td colspan="2">作业限额</td><td>无限额限制</td><td>设区的市（州）级行政区域以下地图数字化、地理信息数据处理、建立地理信息数据库和信息系统</td><td>县级行政区域以下地图数字化、地理信息数据处理、建立地理信息数据库和信息系统</td></tr>
</table>

地图编制专业标准

专业范围	考核指标	考核内容	考核标准		备注
			甲级	乙级	
1. 地形图 2. 世界政区地图 3. 全国政区地图 4. 省级及以下政区地图 5. 全国性教学地图 6. 地方性教学地图 7. 电子地图 8. 真三维地图 9. 其他专用地图	人员规模	测绘及相关专业技术人员	50 人 （高级 5， 中级 14）	25 人 （高级 2，中级 8）	申请专业范围 2 的，应当具有固定且权威的资料国际间交换渠道，10 年以上编制世界政区地图的经历，具有独立完成分国、分洲、世界地图集（册）的能力； 申请专业范围 4、6 的，应当有具有地图编制经历的人员 10 人
	仪器设备	图形编辑工作站	50 台	30 台	微机等其他仪器设备配套齐全
		A0 幅面图形扫描仪	2 台	1 台	
		A1 幅面以上彩色绘图仪	1 台	1 台	
		高性能数据服务器	2 台	1 台	
	作业限额		无限额限制	2、3、5 项不得承担； 1、7、8、9 项限省级及以下行政区域范围内	申请专业范围 5 的，应当具备专业范围 2 或 3；申请专业范围 6 的，应当具备专业范围 4

海洋测绘专业标准

<table>
<tr><th rowspan="2">专业范围</th><th rowspan="2">考核指标</th><th rowspan="2" colspan="2">考核内容</th><th colspan="4">考核标准</th><th rowspan="2">备注</th></tr>
<tr><th>甲级</th><th>乙级</th><th>丙级</th><th>丁级</th></tr>
<tr><td rowspan="17">1. 控制测量
2. 水深测量
3. 水文测量
4. 扫海测量
5. 海洋磁力测量
6. 底质测量
7. 浮泥测量
8. 水下障碍物探测
9. 浅地层剖面测量
10. 水下管线测量
11. 海岸滩涂地形测量
12. 海域界线测量
13. 海图(集、册)编制
14. 内水航道图编制
15. 港口与航道工程测量
16. 海域使用面积测量</td><td>人员规模</td><td colspan="2">测绘及相关专业技术人员</td><td>50 人
(高级 5,中级 14)</td><td>25 人
(高级 2,中级 8)</td><td>8 人
(中级 3)</td><td>4 人
(中级 1)</td><td rowspan="4">微机等其他仪器设备配套齐全</td></tr>
<tr><td rowspan="15">仪器设备</td><td colspan="2">GPS 接收机</td><td>8 台(5 mm + 1ppm 精度以上)</td><td>3 台(5 mm + 1ppm 精度以上)</td><td></td><td></td></tr>
<tr><td colspan="2">全站仪</td><td>2 台(2 秒级精度以上)</td><td>1 台(2 秒级精度以上)</td><td>1 台(2 秒级精度以上)</td><td>1 台(2 秒级精度以上)</td></tr>
<tr><td colspan="2">水准仪</td><td>6 台(S3 级精度以上)</td><td>4 台(S3 级精度以上)</td><td>2 台(S3 级精度以上)</td><td>1 台(S3 级精度以上)</td></tr>
<tr><td rowspan="2">测深仪</td><td>双频</td><td>5 台</td><td>2 台</td><td>1 台</td><td></td><td rowspan="14">内水测量除外</td></tr>
<tr><td>单频</td><td>10 台</td><td>6 台</td><td>4 台</td><td></td></tr>
<tr><td colspan="2">声速仪</td><td>3 台</td><td>2 台</td><td>1 台</td><td></td></tr>
<tr><td colspan="2">波浪补偿仪</td><td>3 台</td><td>2 台</td><td>1 台</td><td></td></tr>
<tr><td colspan="2">多波束测深系统</td><td>2 套</td><td>1 套</td><td></td><td></td></tr>
<tr><td colspan="2">侧扫声纳</td><td>2 台</td><td>1 台</td><td></td><td></td></tr>
<tr><td colspan="2">浅地层剖面仪</td><td>1 台</td><td>1 台</td><td></td><td></td></tr>
<tr><td colspan="2">海洋磁力仪</td><td>1 台</td><td>1 台</td><td></td><td></td></tr>
<tr><td colspan="2">验潮仪</td><td>10 台</td><td>5 台</td><td>2 台</td><td></td></tr>
<tr><td colspan="2">验流计</td><td>2 台</td><td>1 台</td><td>1 台</td><td></td></tr>
<tr><td colspan="2">图形扫描仪等数据采集设备</td><td>2 台</td><td>1 台</td><td>1 台</td><td></td></tr>
<tr><td colspan="2">A0 幅面以上绘图仪</td><td>3 台</td><td>2 台</td><td>1 台</td><td></td></tr>
<tr><td colspan="3">作业限额</td><td>无限额限制</td><td>不得承担专业范围 7、8、13,其他无限制</td><td>不得承担专业范围 4、7、8、9、10、13,其他无限制</td><td>只能承担专业范围 16</td></tr>
</table>

导航电子地图制作专业标准

专业范围	考核指标	考核内容	考核标准		备注
			综合	外业	
导航电子地图制作	人员规模	测绘及相关专业技术人员	具有与完成道路数据采集和数据信息加工处理能力相匹配的人员规模,100 人(高级 12 人,中级 20 人)	具有与完成道路数据采集和数据信息加工处理能力相匹配的人员规模,50 人(高级 8 人,中级 12 人)	1. 数据存储与备份。存储:配置扩展容量不小于 1TB,有不间断电源和冗余电源,并且具有磁盘冗余能力的磁盘阵列设备;备份:磁带单盘容量≥20 GB(非压缩),并配置相应的备份软件。 2. 网络传输。局域网主干带宽≥1000 MB/s,端口接入能力≥100 MB/s。 3. 数据安全保护。在网络内配置计算机病毒防护系统,安装杀毒中心和终端防病毒软件;建立数据备份机制并制定相应的规章制度。 4. 场地。机房符合《计算站场地安全要求》(GB/T 9361—1988)的 B 类要求;供电方式符合《电子计算机场地通用规范》(GB/T 2887—2000)配置不间断电源供电系统的要求
	仪器设备	导航仪设备	10 台	4 台	
		GPS 接收机	10 台(5 mm + 1ppm 精度以上)	5 台(5 mm + 1ppm 精度以上)	
		野外采集作业车	10 辆	10 辆	
		高性能网络服务器	6 台	3 台	
		A0 幅面图形扫描仪	2 台	1 台	
		A1 幅面以上彩色绘图仪	2 台	1 台	
		高性能数据服务器	10 台	5 台	
		网络交换机	5 台(需 200 个端口以上的接入能力)	1 台(需 40 个端口以上的接入能力)	
		在线存储设备	20 TB 以上有效存储	10 TB 以上有效存储	
	保密管理	保密制度	单位内部制度健全,符合以下要求: (1)保密机构健全,人员、职责明确落实; (2)保密制度完善,使所属人员知悉与其工作有关的保密范围和各项保密制度; (3)保密要害部门制定严格的保密防范措施,并组织实施,配备必要的保密设备和设施; (4)涉密设备和网络必须与互联网物理隔离; (5)经常进行测绘保密检查,发现问题及时解决; (6)在数据制作区域,禁止使用无线网络,并能够自动识别外来设备入网,生产办公设备禁止在互联网上使用,作业用计算机的 USB 端口、串口、并口必须封闭; (7)数据生产环节中的数据必须使用经加密处理的自有格式		经国家测绘局(成果管理职能部门)审查合格,并符合国家测绘局和国家保密局规定的其他条件

续表

专业范围	考核指标	考核内容	考核标准		备注
			综合	外业	
导航电子地图制作	作业标准	导航电子地图数据标准书	1. 完整的地图要素分类分级标准； 2. 道路交通网络的模型化表达； 3. 道路交通网络拓扑逻辑关系的表达； 4. 生活服务地物信息(POI)的分类分级； 5. 其他地图要素的表达； 6. 数据库的逻辑和物理存储结构		另有国家标准或行业标准的，按有关标准执行
		外业数据采集规范书	1. 设备的组织和架构，软件环境配置； 2. 作业人员的配备； 3. 采集作业的具体操作详细规定和说明		
		内业数据编辑制作规范书	1. 软件环境、硬件配置说明； 2. 作业人员配备说明； 3. 室内数据编辑的具体操作方法详细规定和说明		
		数据产品编译规范	1. 软件环境、硬件配置说明； 2. 作业人员配备说明； 3. 数据编译的具体操作方法详细规定和说明		
		导航电子地图制作质量检查作业规范书	1. 软件环境、硬件配置说明； 2. 作业人员配备说明； 3. 检查作业具体实施方法详细规定和说明		
		导航电子地图数据生产工艺流程说明书	含外业采集、内业编辑制作、数据编译、质量检查各作业环节的详细说明		

互联网地图服务专业标准

专业范围	考核指标	考核内容	考核标准		备注
			甲级	乙级	
1. 浏览、搜索服务 2. 导航、定位服务 3. 标注服务 4. 链接服务 5. 下载服务 6. 复制服务 7. 发送、转发服务 8. 引用、嵌入服务	人员规模	制图、计算机及相关专业技术人员	20 人(高、中级计算机专业技术人员 5 人,地图安全审校人员 5 人)	12 人(高、中级计算机专业技术人员 2 人,地图安全审校人员 2 人)	微机等其他仪器设备配套齐全
	仪器设备	服务器	存放地图数据的服务器设在中华人民共和国境内		
		专用软件	独立地图引擎	无要求	
	作业限额		无限额限制	专业范围 6、7、8 不得承担	
	保密管理	地图数据	使用经省级以上测绘行政主管部门审核批准的地图数据		
		保密制度	地图安全审校人员应当经国家测绘局考核合格	地图安全审校人员应当经省级以上测绘行政主管部门考核合格	
			建立地图数据安全管理制度,配备安全保障技术设施		

注:1. 互联网地图是指登载在互联网上或者通过互联网发送的基于服务器地理信息数据库形成的具有实时生成、交互控制、数据搜索、属性标注等特性的电子地图。

2. 通过无线互联网络调用的手机地图等纳入互联网地图管理范畴。

第十节 测绘作业证管理规定

（2004年3月19日由国家测绘局发布，于2004年6月1日起施行）

第一条 为使测绘工作顺利进行，保障测绘外业人员进行测绘活动时的基本权利，根据《中华人民共和国测绘法》，制定本规定。

第二条 测绘外业作业人员和需要持测绘作业证的其他人员（以下简称测绘人员）应当领取测绘作业证。进行外业测绘活动时应当持有测绘作业证。

第三条 国家测绘局负责测绘作业证的统一管理工作。

省、自治区、直辖市人民政府测绘行政主管部门负责本行政区域内测绘作业证的审核、发放和监督管理工作。

省、自治区、直辖市人民政府测绘行政主管部门，可将测绘作业证的受理、审核、发放、注册核准等工作委托市（地）级人民政府测绘行政主管部门承担。

第四条 测绘作业证的式样，由国家测绘局统一规定。测绘作业证在全国范围内通用。

第五条 测绘单位申领测绘作业证，应当向单位所在地的省、自治区、直辖市人民政府测绘行政主管部门或者其委托的市（地）级人民政府测绘行政主管部门提出办证申请，并需填写测绘作业证申请表和测绘作业证申请汇总表。

省、自治区、直辖市人民政府测绘行政主管部门或者其委托的市（地）级人民政府测绘行政主管部门应当自收到办证申请，并确认各种报表及各项手续完备之日起三十日内，完成测绘作业证的审核发证工作。

测绘单位领取测绘作业证，应当交纳证件工本费。测绘作业证工本费收费依照国务院有关主管部门核定的标准执行。

第六条 领证单位必须如实反映领证人员情况，严格执行领证规定，不得弄虚作假、虚报冒领，并对领证人员的真实情况负责。

第七条 测绘人员在下列情况下应当主动出示测绘作业证：

（一）进入机关、企业、住宅小区、耕地或者其他地块进行测绘时；

（二）使用测量标志时；

（三）接受测绘行政主管部门的执法监督检查时；

（四）办理与所进行的测绘活动相关的其他事项时。

进入保密单位、军事禁区和法律法规规定的需经特殊审批的区域进行测绘活动时，还应当按照规定持有关部门的批准文件。

第八条 各有关部门、单位和个人，对依法进行外业测绘活动的测绘人员应当提供测绘工作便利并给予必要的协助。

任何单位和个人不得阻挠和妨碍测绘人员依法进行的测绘活动。

第九条 测绘人员进行测绘活动时，应当遵守国家法律法规，保守国家秘密，遵守职业道德，不得损毁国家、集体和他人的财产。

第十条 测绘人员必须依法使用测绘作业证，不得利用测绘作业证从事与其测绘工作身份无关的活动。

测绘人员对测绘作业证应当妥善保存，防止遗失，不得损毁，不得涂改。测绘作业证只限持证人本人使用，不得转借他人。

测绘人员遗失测绘作业证，应当立即向本单位报告并说明情况。所在单位应当及时向发证机关书面报告情况。

第十一条 测绘人员离（退）休或调离工作单位的，必须由原所在测绘单位收回测绘作业证，并及时上交发证机关。

测绘人员调往其他测绘单位的，由新调入单位重新申领测绘作业证。

第十二条 测绘单位办理遗失证件的补证和旧证换新证的，省、自治区、直辖市人民政府测绘行政主管部门或者其委托的市（地）级人民政府测绘行政主管部门应当自收到补（换）证申请之日起三十日内，完成补（换）证工作。

第十三条 测绘作业证由省、自治区、直辖市人民政府测绘行政主管部门或者其委托的市（地）级人民政府测绘行政主管部门负责注册核准。每次注册核准有效期为三年。注册核准有效期满前三十日内，各测绘单位应当将测绘作业证送交单位所在地的省、自治区、直辖市人民政府测绘行政主管部门或者其委托的市（地）级人民政府测绘行政主管部门注册核准。过期不注册核准的测绘作业证无效。

第十四条 省、自治区、直辖市人民政府测绘行政主管部门应当明确相应的机构负责测绘作业证的审核、发放和管理工作，应当及时汇总本地区领取测绘作业证情况并于当年12月底以前报国家测绘局。

第十五条 测绘人员有下列行为之一的，由所在单位收回其测绘作业证并及时交回发证机关，对情节严重者依法给予行政处分；构成犯罪的，依法追究刑事责任：

（一）将测绘作业证转借他人的；

（二）擅自涂改测绘作业证的；

（三）利用测绘作业证严重违反工作纪律、职业道德或者损害国家、集体或者他人利益的；

（四）利用测绘作业证进行欺诈及其他违法活动的。

第十六条 测绘单位申报材料不真实，虚报冒领测绘作业证的，由省、自治区、直辖市人民政府测绘行政主管部门收回冒领的证件，并根据其情节给予通报批评。

第十七条 省、自治区、直辖市人民政府测绘行政主管部门，可根据本地区的实际情况，制定测绘作业证管理的具体规定。

第十八条 本规定由国家测绘局负责解释。

第十九条 本规定自二〇〇四年六月一日起施行。一九九五年一月十四日国家测绘局发布的《测绘工作证管理规定》同时废止。

第十一节　建立相对独立的平面坐标系统管理办法

（2006 年 4 月 12 日由国家测绘局发布，自发布之日起实施）

第一条　为加强对建立相对独立的平面坐标系统的管理，避免重复建设，促进测绘成果共享，根据《中华人民共和国测绘法》等法律法规，制定本办法。

第二条　在中华人民共和国领域和管辖的其他海域，建立相对独立的平面坐标系统，应当遵守本办法。

本办法所称相对独立的平面坐标系统是指：为了满足在局部地区大比例尺测图和工程测量的需要，以任意点和方向起算建立的平面坐标系统或者在全国统一的坐标系统基础上，进行中央子午线投影变换以及平移、旋转等而建立的平面坐标系统。

第三条　下列确需建立相对独立的平面坐标系统的，由国家测绘局负责审批：

（一）50 万人口以上的城市；

（二）列入国家计划的国家重大工程项目；

（三）其他需国家测绘局审批的。

下列确需建立相对独立的平面坐标系统的，由省、自治区、直辖市测绘行政主管部门（以下简称省级测绘行政主管部门）负责审批：

（一）50 万人口以下的城市；

（二）列入省级计划的大型工程项目；

（三）其他需省级测绘行政主管部门审批的。

第四条　一个城市只能建立一个相对独立的平面坐标系统。

第五条　建立相对独立的平面坐标系统，应当与国家坐标系统相联系。

第六条　城市确需建立相对独立的平面坐标系统的，由申请单位向该城市的测绘行政主管部门提交申请材料，经测绘行政主管部门审核并报该市人民政府同意后，逐级报省级测绘行政主管部门；直辖市确需建立相对独立的平面坐标系统的，由申请单位向该市的测绘行政主管部门提交申请材料，经测绘行政主管部门审核并报该市人民政府同意后，报国家测绘局；其他需要建立相对独立的平面坐标系统的，由建设单位向拟建相对独立的平面坐标系统所涉及的省级测绘行政主管部门提交申请材料。

申请建立城市相对独立的平面坐标系统的单位和申请建立其他相对独立的平面坐标系统的建设单位以下统称为申请人。

第七条　申请人应当提交下列申请材料一式四份：

（一）《建立相对独立的平面坐标系统申请书》（见附件）；

（二）属工程项目的申请人的有效身份证明（复印件）；

（三）立项批准文件（复印件）；

（四）能够反映建设单位测绘成果及资料档案管理设施和制度的证明文件（复印件）；

（五）建立城市相对独立的平面坐标系统的，应当提供该市人民政府同意建立的文件（原件）。

申请人应当如实提交有关材料，并对申请材料的真实性负责。

第八条　属于国家测绘局审批范围的，由省级测绘行政主管部门提出意见后，转报国家测绘局。

省级测绘行政主管部门向国家测绘局转报的意见应当包含下列内容：

（一）申请建立相对独立的平面坐标系统的区域内及周边地区现有坐标系统的情况；

（二）对建立相对独立的平面坐标系统申请是否批准的建议。

第九条　申请人提交的申请材料齐全、符合规定形式要求的，国家测绘局、省级测绘行政主管部门（以下统称测绘行政主管部门）应当受理其申请，并向申请人出具书面受理通知。

申请材料不齐全或者不符合法定形式的，测绘行政主管部门应当当场或者在五日内一次性告知申请人需要补正的全部内容。

对不予受理的，必须向申请人书面说明理由，并退回申请材料。

国家测绘局向申请人出具的书面通知，应当同时抄送有关转报申请的省级测绘行政主管部门。

第十条　测绘行政主管部门受理申请后，应当依法对申请材料进行审查。

测绘行政主管部门作出行政许可决定需要听证、检测、鉴定和专家评审的，依法组织实施。

第十一条　有以下情况之一的，对建立相对独立的平面坐标系统的申请不予批准：

（一）申请材料内容虚假的；

（二）国家坐标系统能够满足需要的；

（三）已依法建有相关的相对独立的平面坐标系统的；

（四）测绘行政主管部门依法认定的应当不予批准的其他情形。

第十二条　测绘行政主管部门应当自受理建立相对独立的平面坐标系统的申请之日起二十日内作出行政许可决定。二十日内不能作出行政许可决定的，经负责人批准，可以延长十日，并应当将延长期限的理由告知申请人。

测绘行政主管部门依法进行听证、检测、鉴定和专家评审的，所需时间不计算在行政许可期限内。测绘行政主管部门应当将所需时间书面告知申请人。

第十三条　测绘行政主管部门作出行政许可决定后，应当自作出决定之日起十日内向申请人送达准予或者不准予建立相对独立的平面坐标系统的书面决定。

国家测绘局作出的行政许可决定，应当同时抄送有关省级测绘行政主管部门。

第十四条　被许可人要求变更行政许可事项的，依照本办法的规定重新办理审批手续。

第十五条　经批准建立的相对独立的平面坐标系统，涉及到本办法第二条所定义的系统参数被改变的，依照本办法的规定重新办理审批手续。

第十六条　违反本办法规定的，依照《中华人民共和国测绘法》及《中华人民共和国行政许可法》有关规定予以处罚。

第十七条　省级测绘行政主管部门可以依据本办法制定实施办法。

第十八条　对《中华人民共和国测绘法》修订实施前（2002 年 12 月 1 日前）未履行法定手续建立且仍然在使用的相对独立的平面坐标系统，省级测绘行政主管部门应当组织进行清理，并按本办法的规定责令相关单位补办审批手续。

第十九条　本办法自发布之日起施行。

附件：

建立相对独立的平面坐标系统申请书

申请建立单位名称：

（公章）

坐标系统名称：

申请日期：

拟建相对独立的平面坐标系统情况表

<table>
<tr><td rowspan="5">申请单位情况</td><td>单位名称</td><td></td><td>单位性质</td><td></td></tr>
<tr><td>单位地址</td><td></td><td>邮政编码</td><td></td></tr>
<tr><td>联系人</td><td></td><td>联系电话</td><td></td></tr>
<tr><td rowspan="2">上级主管部门</td><td>单位名称</td><td colspan="2"></td></tr>
<tr><td>联系人</td><td>联系电话</td><td></td></tr>
<tr><td rowspan="4">申请单位义务</td><td colspan="2">系统建设后能否实现与国家坐标系统建立联系</td><td colspan="2"></td></tr>
<tr><td colspan="2">系统建设后能否保证其更新维护</td><td colspan="2"></td></tr>
<tr><td colspan="2">系统建设后能否依法汇交成果副本</td><td colspan="2"></td></tr>
<tr><td colspan="2">系统建设后能否按照国家有关规定及时将成果向用户提供使用</td><td colspan="2"></td></tr>
<tr><td rowspan="10">拟建坐标系统情况</td><td colspan="2">坐标系统名称</td><td colspan="2"></td></tr>
<tr><td colspan="2">坐标系统建设时间</td><td colspan="2"></td></tr>
<tr><td colspan="2">坐标系统开始启用时间</td><td colspan="2"></td></tr>
<tr><td colspan="2">坐标系统建设引用标准</td><td colspan="2"></td></tr>
<tr><td colspan="2">坐标系统原点位置</td><td colspan="2"></td></tr>
<tr><td colspan="2">控制网布设及等级</td><td colspan="2"></td></tr>
<tr><td colspan="2">中央子午线</td><td colspan="2">° ′ ″</td></tr>
<tr><td colspan="2">投影种类</td><td colspan="2"></td></tr>
<tr><td colspan="2">投影面高程</td><td colspan="2">米</td></tr>
<tr><td colspan="2">系统使用覆盖范围(四至)</td><td colspan="2"></td></tr>
<tr><td>区域内现有坐标系统情况</td><td colspan="4">本区域内现有坐标系统及与拟建系统关系</td></tr>
<tr><td>系统建设必要性及可行性专家论证意见</td><td colspan="4">注:可另页填写(需附必要性、可行性报告论证意见及论证专家组签字名单、单位、联系电话)。</td></tr>
<tr><td>系统管理单位的政府主管部门意见</td><td colspan="4">注:可另页填写。

(单位公章)</td></tr>
<tr><td>省级测绘行政主管部门转报建议</td><td colspan="4">建议包括:申请人所提交材料的真实性评价;承担建立相对独立的平面坐标系统的单位的资质及能力评价;拟建坐标系统在本区域内是否唯一;本区域内现有坐标系统与拟建坐标系统关系情况;在该区域建立相对独立的平面坐标系统是否必要;是否需要进行听证、检测、鉴定和专家评审;是否建议准予在该区域建立相对独立的平面坐标系统等。
注:可另页填写。

(单位公章)</td></tr>
<tr><td>备注</td><td colspan="4"></td></tr>
</table>

第十二节　注册测绘师制度暂行规定

第一章　总　则

第一条　为了提高测绘专业技术人员素质,保证测绘成果质量,维护国家和公众利益,依据《中华人民共和国测绘法》和国家职业资格证书制度有关规定,制定本规定。

第二条　本规定适用于在具有测绘资质的机构中,从事测绘活动的专业技术人员。

第三条　国家对从事测绘活动的专业技术人员,实行职业准入制度,纳入全国专业技术人员职业资格证书制度统一规划。

第四条　本规定所称注册测绘师,是指经考试取得《中华人民共和国注册测绘师资格证书》,并依法注册后,从事测绘活动的专业技术人员。

注册测绘师英文译为:Registered Surveyor。

第五条　人事部、国家测绘局共同负责注册测绘师制度工作,并按职责分工对该制度的实施进行指导、监督和检查。

各省、自治区、直辖市人事行政部门、测绘行政主管部门按职责分工,负责本行政区域内注册测绘师制度的实施与监督管理。

第二章　考　试

第六条　注册测绘师资格实行全国统一大纲、统一命题的考试制度,原则上每年举行一次。

第七条　国家测绘局负责拟定考试科目、考试大纲、考试试题,研究建立并管理考试题库,提出考试合格标准建议。

第八条　人事部组织专家审定考试科目、考试大纲和考试试题。会同国家测绘局确定考试合格标准和对考试工作进行指导、监督、检查。

第九条　凡中华人民共和国公民,遵守国家法律、法规,恪守职业道德,并具备下列条件之一的,可申请参加注册测绘师资格考试:

(一)取得测绘类专业大学专科学历,从事测绘业务工作满6年。

(二)取得测绘类专业大学本科学历,从事测绘业务工作满4年。

(三)取得含测绘类专业在内的双学士学位或者测绘类专业研究生班毕业,从事测绘业务工作满3年。

(四)取得测绘类专业硕士学位,从事测绘业务工作满2年。

(五)取得测绘类专业博士学位,从事测绘业务工作满1年。

(六)取得其他理学类或者工学类专业学历或者学位的人员,其从事测绘业务工作年限相应增加2年。

第十条　注册测绘师资格考试合格,颁发人事部统一印制,人事部、国家测绘局共同用印的《中华人民共和国注册测绘师资格证书》,该证书在全国范围有效。

第十一条　对以不正当手段取得《中华人民共和国注册测绘师资格证书》的,由发证机关收回。自收回该证书之日起,当事人3年内不得再次参加注册测绘师资格考试。

第三章　注　册

第十二条　国家对注册测绘师资格实行注册执业管理，取得《中华人民共和国注册测绘师资格证书》的人员，经过注册后方可以注册测绘师的名义执业。

第十三条　国家测绘局为注册测绘师资格的注册审批机构。各省、自治区、直辖市人民政府测绘行政主管部门负责注册测绘师资格的注册审查工作。

第十四条　申请注册测绘师资格注册的人员，应受聘于一个具有测绘资质的单位，并通过聘用单位所在地(聘用单位属企业的通过本单位工商注册所在地)的测绘行政主管部门，向省、自治区、直辖市人民政府测绘行政主管部门提出注册申请。

第十五条　省、自治区、直辖市人民政府测绘行政主管部门在收到注册测绘师资格注册的申请材料后，对申请材料不齐全或者不符合法定形式的，应当当场或者在5个工作日内，一次告知申请人需要补正的全部内容，逾期不告知的，自收到申请材料之日起即为受理。

对受理或者不予受理的注册申请，均应出具加盖省、自治区、直辖市人民政府测绘行政主管部门专用印章和注明日期的书面凭证。

第十六条　省、自治区、直辖市人民政府测绘行政主管部门自受理注册申请之日起20个工作日内，按规定条件和程序完成申报材料的审查工作，并将申报材料和审查意见报国家测绘局审批。

国家测绘局自受理申报人员材料之日起20个工作日内作出审批决定。在规定的期限内不能作出审批决定的，应将延长的期限和理由告知申请人。

国家测绘局自作出批准决定之日起10个工作日内，将批准决定送达经批准注册的申请人，并核发统一制作的《中华人民共和国注册测绘师注册证》和执业印章。对作出不予批准的决定，应当书面说明理由，并告知申请人享有依法申请行政复议或者提起行政诉讼的权利。

第十七条　《中华人民共和国注册测绘师注册证》每一注册有效期为3年。《中华人民共和国注册测绘师注册证》和执业印章在有效期限内是注册测绘师的执业凭证，由注册测绘师本人保管、使用。

第十八条　初始注册者，可自取得《中华人民共和国注册测绘师资格证书》之日起1年内提出注册申请。逾期未申请者，在申请初始注册时，须符合本规定继续教育要求。

初始注册需要提交下列材料：

(一)《中华人民共和国注册测绘师初始注册申请表》；

(二)《中华人民共和国注册测绘师资格证书》；

(三)与聘用单位签订的劳动或者聘用合同；

(四)逾期申请注册的人员的继续教育证明材料。

第十九条　注册有效期届满需继续执业的，应在届满前30个工作日内，按照本规定第十四条规定的程序申请延续注册。审批机构应当根据申请人的申请，在规定的时限内作出是否准予延续注册的决定；逾期未作出决定的，视为准予延续。

延续注册需要提交下列材料：

(一)《中华人民共和国注册测绘师延续注册申请表》；

(二)与聘用单位签订的劳动或者聘用合同；

（三）达到注册期内继续教育要求的证明材料。

第二十条 在注册有效期内，注册测绘师变更执业单位，应与原聘用单位解除劳动关系，并按本规定第十四条规定的程序办理变更注册手续。变更注册后，其《中华人民共和国注册测绘师注册证》和执业印章在原注册有效期内继续有效。

变更注册需要提交下列材料：

（一）《中华人民共和国注册测绘师变更注册申请表》；

（二）与新聘用单位签订的劳动或者聘用合同；

（三）工作调动证明或者与原聘用单位解除劳动或者聘用合同的证明、退休人员的退休证明。

第二十一条 注册测绘师因丧失行为能力、死亡或者被宣告失踪的，其《中华人民共和国注册测绘师注册证》和执业印章失效。

第二十二条 注册申请人有下列情形之一的，应由注册测绘师本人或者聘用单位及时向当地省、自治区、直辖市人民政府测绘行政主管部门提出申请，由国家测绘局审核批准后，办理注销手续，收回《中华人民共和国注册测绘师注册证》和执业印章：

（一）不具有完全民事行为能力的；

（二）申请注销注册的；

（三）注册有效期满且未延续注册的；

（四）被依法撤销注册的；

（五）受到刑事处罚的；

（六）与聘用单位解除劳动或者聘用关系的；

（七）聘用单位被依法取消测绘资质证书的；

（八）聘用单位被吊销营业执照的；

（九）因本人过失造成利害关系人重大经济损失的；

（十）应当注销注册的其他情形。

第二十三条 注册申请人有下列情形之一的，不予注册：

（一）不具有完全民事行为能力的；

（二）刑事处罚尚未执行完毕的；

（三）因在测绘活动中受到刑事处罚，自刑事处罚执行完毕之日起至申请注册之日止不满3年的；

（四）法律、法规规定不予注册的其他情形。

第二十四条 注册申请人以不正当手段取得注册的，应当予以撤销，并由国家测绘局依法给予行政处罚；当事人在3年内不得再次申请注册；构成犯罪的，依法追究刑事责任。

第二十五条 被注销注册或者不予注册的人员，重新具备初始注册条件，并符合本规定继续教育要求的，可按本规定第十四条规定的程序申请注册。

第二十六条 国家测绘局应及时向社会公告注册测绘师注册有关情况。当事人对注销注册或者不予注册有异议的，可依法申请行政复议或者提起行政诉讼。

第二十七条 继续教育是注册测绘师延续注册、重新申请注册和逾期初始注册的必备条件。在每个注册期内，注册测绘师应按规定完成本专业的继续教育。

注册测绘师继续教育，分必修课和选修课，在一个注册期内必修课和选修课均为60学时。

第四章 执 业

第二十八条 注册测绘师应在一个具有测绘资质的单位,开展与该单位测绘资质等级和业务许可范围相应的测绘执业活动。

第二十九条 注册测绘师的执业范围:

(一)测绘项目技术设计;

(二)测绘项目技术咨询和技术评估;

(三)测绘项目技术管理、指导与监督;

(四)测绘成果质量检验、审查、鉴定;

(五)国务院有关部门规定的其他测绘业务。

第三十条 注册测绘师的执业能力:

(一)熟悉并掌握国家测绘及相关法律、法规和规章;

(二)了解国际、国内测绘技术发展状况,具有较丰富的专业知识和技术工作经验,能够处理较复杂的技术问题;

(三)熟练运用测绘相关标准、规范、技术手段,完成测绘项目技术设计、咨询、评估及测绘成果质量检验管理;

(四)具有组织实施测绘项目的能力。

第三十一条 在测绘活动中形成的技术设计和测绘成果质量文件,必须由注册测绘师签字并加盖执业印章后方可生效。

第三十二条 修改经注册测绘师签字盖章的测绘文件,应由该注册测绘师本人进行;因特殊情况,该注册测绘师不能进行修改的,应由其他注册测绘师修改,并签字、加盖印章,同时对修改部分承担责任。

第三十三条 注册测绘师从事执业活动,由其所在单位接受委托并统一收费。因测绘成果质量问题造成的经济损失,接受委托的单位应承担赔偿责任。接受委托的单位依法向承担测绘业务的注册测绘师追偿。

第五章 权利、义务

第三十四条 注册测绘师享有下列权利:

(一)使用注册测绘师称谓;

(二)保管和使用本人的《中华人民共和国注册测绘师注册证》和执业印章;

(三)在规定的范围内从事测绘执业活动;

(四)接受继续教育;

(五)对违反法律、法规和有关技术规范的行为提出劝告,并向上级测绘行政主管部门报告;

(六)获得与执业责任相应的劳动报酬;

(七)对侵犯本人执业权利的行为进行申诉。

第三十五条 注册测绘师应履行下列义务:

(一)遵守法律、行政法规和有关管理规定,恪守职业道德;

(二)执行测绘技术标准和规范;

（三）履行岗位职责，保证执业活动成果质量，并承担相应责任；

（四）保守知悉的国家秘密和委托单位的商业、技术秘密；

（五）只受聘于一个有测绘资质的单位执业；

（六）不准他人以本人名义执业；

（七）更新专业知识，提高专业技术水平；

（八）完成注册管理机构交办的相关工作。

第六章 附 则

第三十六条 对本规定印发之日前，长期从事测绘专业工作，并符合考核认定条件的专业技术人员，可通过考核认定，获得《中华人民共和国注册测绘师资格证书》。

第三十七条 通过考试取得《中华人民共和国注册测绘师资格证书》，并符合《工程技术人员职务试行条例》工程师专业技术职务任职条件的人员，用人单位可根据工作需要优先聘任工程师专业技术职务。

第三十八条 需注册测绘师签字盖章的文件种类和办法、继续教育的内容、测绘单位配备注册测绘师数量、注册执业管理等工作的具体办法，由国家测绘局另行规定。

第三十九条 符合考试报名条件的香港和澳门居民，可申请参加注册测绘师资格考试。申请人在报名时应提交本人身份证明、国务院教育行政部门认可的相应专业学历或者学位证书、从事测绘相关专业实践年限证明。台湾地区专业技术人员考试办法另行规定。

外籍专业人员申请参加注册测绘师资格考试、申请注册和执业等管理办法另行制定。

第四十条 在实施注册测绘师制度过程中，相关行政部门和相关机构，因工作失误，使专业技术人员合法权益受到损害的，应当依据《中华人民共和国国家赔偿法》给予相应赔偿，并可向有关责任人追偿。

第四十一条 实施注册测绘师制度的相关行政部门和相关机构的工作人员，有不履行工作职责，监督不力，或者谋取其他利益等违纪违规行为，并造成不良影响或者严重后果的，由其上级相关行政部门责令改正，对直接负责的主管人员和其他直接责任人员依法给予行政处分；构成犯罪的，依法追究刑事责任。

第四十二条 本规定自 2007 年 3 月 1 日起施行。

第十三节 注册测绘师资格考核认定办法

一、考核认定申报条件

长期在测绘岗位从事测绘专业工作，业绩突出，遵守中华人民共和国宪法和各项法律、法规，恪守职业道德，身体健康，并符合下列条件（一）或者条件（二）的在职在编人员。

（一）中国科学院院士或者中国工程院院士。

（二）评聘为高级工程师专业技术职务，年龄在 70 周岁（含）以下，并同时具备下列条件 1、2、3 中各一项条件的人员。

1. 学历和职业年限

（1）1980 年 12 月 31 日前取得测绘类专业中专学历，累计从事测绘业务工作满 20 年。

(2)1985 年 12 月 31 日前取得测绘类专业大学专科学历，累计从事测绘业务工作满 15 年。

(3)1990 年 12 月 31 日前取得测绘类专业大学本科及以上学历或者学位，累计从事测绘专业工作满 10 年。

(4)在上述规定的日期前取得其他理学类或者工学类专业学历或者学位的人员，其从事测绘业务工作年限相应增加 5 年。

2. 专业水平与业绩成果

(1) 在有甲级测绘资质的单位中，担任正、副总工程师职务（负责测绘专业技术工作）满 5 年。

(2)在有测绘资质的单位中，担任测绘项目主要技术负责人，完成 1 项国家级重大项目（测绘业务），或者国家级测绘重点科研项目。

(3)在有测绘资质的单位中，担任测绘项目主要技术负责人，完成 2 项省（部）级重大测绘生产项目，或者省（部）级重点测绘科研项目。

(4)获得与测绘专业相关的国家级科技进步奖（科技成果奖）的主要技术负责人（前 5 名）。

(5)获得测绘专业省（部）级科技进步（科技成果）一等奖项的主要技术负责人（前 5 名），或者获得部级优秀测绘工程金奖、优秀地图作品奖的主要技术负责人（前 3 名）。

(6) 获得 2 项测绘专业省（部）级科技进步（科技成果）二等以上奖项主要技术负责人（前 3 名），或者获得 2 项部级优秀测绘工程银奖的主要技术负责人（前 3 名）。

(7)获得 3 项测绘专业省（部）级科技起步（科技成果）三等以上奖项的主要技术负责人（前 3 名）。

3. 学术水平

(1)在有国内统一刊号（CN）的期刊或者在有国际统一书号（ISSN）的国外期刊上，作为第一作者发表过测绘专业论文不少于 3 篇（每篇不少于 2000 字）。

(2)在正式出版社出版过统一书号（ISBN）的测绘专业著作，本人独立撰写的章节不少于 3 万字。

(3)受聘担任注册测绘师资格考试专家委员会成员，并参加编写考试大纲或者承担首次考试试题设计任务的专家。

二、考核认定组织

人事部、国家测绘局共同成立“注册测绘师资格考核认定工作领导小组”，负责全国注册测绘师资格考核认定工作。领导小组办公室设在国家测绘局。

三、考核认定申报材料

(一)各省、自治区、直辖市或者国务院有关部门、中央管理企业、军队人事部门推荐意见函。

(二)《中华人民共和国注册测绘师资格考核认定申报表》一式两份。

(三)中国科学院院士或者中国工程院院士证书复印件。其他人员应提供以下证明材料的复印件：学历或者学位证书、高级工程师专业技术职务聘书、获奖证书、生产项目和研究项目成果证书、单位测绘资质证书、获奖项目的主要文件和签署证明、主要技术负责人的任命文件(或者聘书)。

(四)获奖者应附有效证明,即奖状、个人证书或者正式公布的获奖人名单。对奖项未颁发个人证书或者未正式公布获奖人员名单的,应提供符合国家规定人数的单位申报奖项的人员名单、获奖项目主要文件的复印件,经单位负责人签字并加盖公章。

(五)所在单位出具的职业道德证明、省级测绘行政主管部门认可的测绘业务业绩证明。

四、考核认定程序

(一)符合考核认定条件的测绘专业技术人员,可向所在单位提出申请,经单位审核同意后,由所在单位向单位所在地(聘用单位属企业的向本单位工商注册所在地)的省、自治区、直辖市测绘行政主管部门推荐。

国务院有关部门所属单位和中央管理企业的人员,由本部门、本企业负责测绘业务工作管理机构统一向国家测绘局推荐。

(二)各省、自治区、直辖市测绘行政主管部门,国务院有关部门和中央管理企业负责测绘业务工作的机构,对本地区、本部门、本企业申报人员的材料进行审查,提出审查意见,并经本地区、本部门、本企业人事部门复审后,提出推荐名单送领导小组办公室审核。

军队测绘专业人员的申报,由总政干部部门按照本办法规定的程序和要求,提出推荐名单送领导小组办公室。

(三)领导小组办公室组织有关专家对推荐人员的材料进行审核,并将审核结果和拟认定人员材料,报领导小组复核。

(四)领导小组召开会议,对领导小组办公室的审核结果和申报人员材料进行复核。对复核合格的人员,由领导小组办公室进行公示。经公示无异议,由人事部、国家测绘局批准后,向社会公布获得《中华人民共和国测绘师资格证书》人员的名单。

对未通过考核认定的申请人,由领导小组办公室向其说明不通过的理由。

五、申报时间及要求

(一)各省、自治区、直辖市测绘行政主管部门和人事行政部门,国务院有关部门、中央管理企业负责测绘业务的机构和人事部门,应当对推荐人员材料进行认真审查和复审。于2007年8月1日前完成审查和复审工作,签署审查和复审意见,并在《中华人民共和国注册测绘师资格考核认定申报表》相应栏目中加盖印章后,将全部申报人员的材料送领导小组办公室。

(二)国家对考核认定人员数额实行总量控制。考核认定工作须在国家统一考试前完成,实施资格考试后不再进行。

(三)各省、自治区、直辖市和国务院有关部门、中央管理的企业及军队,应推荐具备申报条件、能力业绩突出、业内认可且仍在岗从事测绘业务工作的专业技术人员。

(四)各省、自治区、直辖市和国务院有关部门、中央管理的企业及军队,在审查、复审申报人员材料时,均须核查各类证书、相关证明及有关材料的原件。向领导小组办公室报送的各类证书等相关材料的复印件,应由所在单位测绘业务机构和人事部门负责人,对其真实性签署意见并加盖单位印章。

（五）已通过特许或者考核认定的方式取得其他专业职业（执业）资格证书、现在公务员岗位工作、正在申报其他专业职业（执业）资格考核认定和已办理离、退休手续的人员，均不在申报范围。凡因测绘业务工作中违法违纪或者发生重大失误，受到刑事处罚或者行政处罚的人员，一律不得申报。

（六）各省、自治区、直辖市和国务院有关部门、中央管理的企业及军队，要切实加强领导，坚持标准，严格要求，认真按程序做好申报、审查、复审等各环节工作。凡不认真把关或者弄虚作假的，一经发现，停止该地区或者部门、单位的申报权和取消个人申报的资格，并依据相应法律和有关规定，对直接负责的主管人员和其他直接责任人员进行处理。

第二篇 土地法规

第一章 绪 论

第一节 土地与土地法概念

一、土地的概念

“土地”是一个多义词,不同的学科基于不同的研究对象和研究目的,对于土地的界定各有不同。自然地理学、土地利用规划以及土地经济学对土地一词的界定都有所不同;世界各国或地区的法律对土地一词的界定也不尽相同;法律意义上的土地则根据调整的对象不同而有所不同。土地法学中,土地的概念为涉物法律概念。作为一个法律概念,一般应该由法律正式界定,但是我国现行法律对土地没有给出定义,我国法律对“土地”一词的界定是根据1986年实施的《中华人民共和国土地管理法》(简称《土地管理法》)第四条中对土地类型进行的规定:土地分为农用地、建设用地和未利用地。其中,农业用地是指直接用于农业生产的土地,包括耕地、林地、草地、水利用地、养殖水面等;建设用地是指建筑物、构筑物用的土地,包括城乡住宅和公共设施用地、工矿用地、交通水利设施用地、旅游用地、军用设施用地等;未利用地是指农业用地和建设用地之外的土地。我国法律对地表之下和地表之上延伸一定空间的具体范围未作明确规定,但是在实践中已经遇到了这样的问题。

二、土地法的概念

土地法是我国新兴的土地科学的一个分支学科,是介于自然科学和社会科学之间的一门边缘学科,土地法是调整以土地为客体而形成的各种社会关系的法律规范的总称,它是国家运用法律手段保护土地资源、促进土地流通、规范土地关系的重要工具。具体地说,就是调整在土地的规划、管理、保护、利用、监督过程中所发生的社会关系的法律规范的总称。这一概念包含以下三层含义:

(1)土地法是国家制定或认可的行为规范,具有普遍性、规范性和强制性等法律所具有的一般特性。

(2)土地法是调整以土地为客体而形成的社会关系。土地涉及社会、经济、环境各个方面,由此形成了以土地为客体的广泛的社会关系,如土地财产关系、土地权属关系、土地管理关系、土地规划利用关系、土地行政监察关系等,所有这些关系都在土地法的调整范围之列。

(3)土地法是调整土地关系的法律规范的总称。只要是法律、法规中有关调整土地关系的法律规范,都属于土地法的范畴。

三、土地法的特征

土地法就其本质特征而言,具有一般法律所应具有的权威性、规范性和强制性的特点。权威性指它所体现的是国家的整体意志,因此任何组织和个人都有自觉服从的义务。规范性主要表现在它是由国家制定和认可的,具体规定了国家土地管理人员和其他土地关系当事人的权利、义务,并要求切实遵守。强制性主要表现在以国家强制力保证其实施,对违反土地法律规范的行为,依法追究其经济、行政、法律责任。

除上述一般法律的基本特征外,土地法还具有以下特点:

(1)土地法既包括行政法规范,又包括财产法规范。土地具有资源和资产的双重属性。对于资源的持续利用与管理,应该是以政府的宏观调控和具体的监督管理为主,它应该是行政法律关系,适用行政法,主要是土地管理法;但是,公民个人之间以及公民与国家之间的土地财产关系应该是民事法律关系,应该适用民法,主要是财产法。其中,土地的行政性法律规范主要包括土地征用制度、土地利用规划制度、土地登记制度、土地税收制度等;财产法规范有土地所有权制度、土地使用权制度(用益物权制度)、土地抵押制度、土地交易制度等。

(2)土地法既包括实体法规范,又包括程序法规范。土地法的内容主要是由针对土地而形成的各种实体法规范构成的,用以调整土地所有者与土地使用者的权利义务关系、土地管理者与被管理者的权利义务关系。同时,土地法也规定有若干程序法规范,用以调整土地权属登记、建设用地规划、土地评价、土地纠纷处理等活动中的权利义务关系。

(3)土地法既包括强制性规范,又包括任意性规范。法定的权利义务是强制性规范,以合同形式约定的权利义务是任意性规范。比如:土地使用者必须按照法律规定的用途合理地使用土地,不得撂荒,就是强制性规范;土地使用者也可以按照自已的意愿以合约的方式将土地使用权转让、出租、抵押、承包等,就是任意性规范。

四、土地法的作用

(一)土地法为国家土地管理部门依法管理土地提供了法律依据

长期以来,由于我国土地立法工作落后,土地管理法规较少,致使我国在土地管理和土地使用方面存在着一系列问题,主要表现为:第一,土地资源大量浪费。据有关资料反映,1958~1986年全国累计减少耕地6.11亿亩。目前,我国有1/3的省、市人均耕地面积不足1亩,有666个县低于联合国制定的0.8亩的警戒线,463个县低于人均0.5亩的危险线。第二,使用土地审批不严。多征少用,征而未用,造成土地闲置、荒废。据武汉市调查,全市征而未用,多征少用的土地达2.4万亩。北京市抽样调查,195个单位征用的2.25万亩土地中有149个单位闲置土地,闲置量达1.38万亩。第三,土地污染日益严重。随着工业的发展,“三废”(废气、废水、废渣)排放量的增大,土地污染日益严重,加之不适当地使用化学肥料和农药,致使某些地方的土地质量下降,严重影响了农业生产。此外,非法占地、买卖土地现象也很普遍。《土地管理法》总结了新中国成立以来我国在土地管理方面的经验教训,对管理土地和使用土地作了一系列的规定,其重要内容之一就是建立和健全土地管理机构。

《土地管理法》第五条规定:“国务院土地行政主管部门统一负责全国土地的管理和监督工作”,“县级以上地方人民政府土地行政主管部门的设置及其职责,由省、自治区、直辖市人民政府根据国务院有关规定确定。”这条规定为加强土地管理工作创造了前提条件即土地由谁管理的问题。至于怎样管理,如何使用,我国相继出台了《中华人民共和国城镇国有土地使用权出让和转让暂行条例》(简称《出让和转让条例》)、《中华人民共和国城市房地产管理法》(简称《房地产法》),对土地管理的任务、土地管理机关的权限以及土地的有偿使用等问题作了具体规定。这些规定使土地管理部门职责明确,土地使用者有法可依,有利于土地管理部门依法行使职权,有利于土地使用者珍惜和节约用地,同时为禁止违法占地,禁止浪费或破坏土地提供了法律依据。

(二)土地法为开发和保护土地资源提供了有力的保障

土地是自然历史形成的,因此从总体上说,土地面积具有不可再生性,所以土地的一个重要特点就是面积的有限性。土地作为一种有限的农业生产资料,虽然人们通过劳动,可以把荒地、荒山、沙漠、沼泽、滩涂等改造成良田,但一般来说,创造不出比原来面积更多的土地。尽管如此,人们仍可以通过各种形式,使现有的土地面积不再减少,保护好现有耕地。《土地管理法》对土地的开发和保护也作了明确规定。如该法第十七条规定,开发国有荒山、荒地、滩涂用于农、林、牧、渔业生产的,由县级以上人民政府批准,可以确定给开发单位使用;第十八条规定,采矿、取土后能够复垦的土地,用地单位或个人应当负责复垦,恢复利用。这些规定对提高土地开发者的积极性,发挥土地资源的潜力都具有重要作用。根据《土地管理法》的规定,土地资源的开发者,不论是单位,还是个人都要首先向县以上人民政府申请,经批准后,方可取得开发权和土地使用权,从而避免了前些年毁林开发或毁草开发的现象,减少了水土流失,保护了自然环境。此外,关于谁破坏、谁复垦的规定,对于恢复和再利用土地资源,减少土地资源的浪费和破坏,充分发挥土地的经济效益都具有很重要的作用。

(三)土地法为人们从事土地经营管理活动提供了法律保障

土地不仅是一种自然资源,而且是一种资产。新中国成立以后,逐渐消灭了土地私有制,建立起社会主义公有制。长期以来,人们认为公有制一经建立,土地经济问题就解决了。由于认识上的偏差,人们把土地仅理解为一种资源,而没有看做是一种资产。从 1954 年开始,我国就实行了土地无偿、无期限的使用制度,这一制度的实行,不仅使宝贵的土地资源遇到了严重的浪费和破坏,而且影响了国家的财政收入。经济体制改革以后,我们进行了土地使用制度的改革。从 1987 年开始,我国在深圳等地开始实行土地有偿使用和有偿转让制度。1988 年 4 月第七届全国人民代表大会第一次会议对《宪法》中关于不得侵占、买卖、出租或者其他形式非法转让土地的条款进行了修改,规定土地使用权可以依法转让。同年,全国人民代表大会常务委员会依据宪法修改了《土地管理法》中的相应条款。经过两年多的实践,1990 年 5 月 19 日国务院公布了《出让和转让条例》和《外商投资开发经营成片土地暂行管理办法》,1994 年颁布了《房地产法》,这些规定明确了土地使用权出让与转让的形式、条件和程序。为法人和公民个人从事土地经营提供了法律保障。

(四)土地法对解决土地纠纷,保障土地所有者和使用者的合法权益有着重要作用

长期以来,由于我国土地法规不健全,因地界不清、地权不明以及侵犯他人土地使用权问题引起的纠纷不断发生,有些土地纠纷久拖不决,使土地所有者或使用者的合法权益不能得到保护,土地使用者的利益受到损害,尤其是影响了广大农民用地的积极性,造成了掠夺土地资源的现象。《土地管理法》第二章"土地的所有权和使用权"以及第六章"法律责任",不仅规定了土地的所有权和使用权形式,而且规定了侵犯土地所有权和使用权的行为应承担的法律责任,以及解决土地所有权和使用权纠纷的程序等。这些规定,对依法保护土地所有权,维护土地使用者的合法权益,及时正确地解决土地纠纷,稳定社会秩序都具有重要作用。

第二节 土地法的基本原则及体系

一、土地法的基本原则

土地法的基本原则是指由法律确定的贯穿于土地法规、土地纠纷案件的处理和土地管理工作过程的根本指导思想。它是我国土地法本质的集中表现,是我国土地立法和执法的基本准则。深刻领会这些基本原则,对于加深理解土地法的精神实质,自觉按照土地法办事,正确地适用土地法,妥善解决土地纠纷都具有非常重要的意义。

根据《土地管理法》、《出让和转让条例》的规定,可将我国土地法的基本原则概括为以下几个方面。

(一)维护社会主义土地公有制的原则

《土地管理法》第二条规定:"中华人民共和国实行土地的社会主义公有制,即全民所有制和劳动群众集体所有制。"这是我国土地管理法的首要原则。我国是一个生产资料公有制的社会主义国家,土地作为一种重要的生产资料,社会制度决定了它必须实行公有制,因而也就决定了维护社会主义土地公有制是我国土地管理法必须遵循的原则。这一原则主要表现在以下几个方面:

首先,《土地管理法》明确规定了土地所有权的主体。该法第八条规定:"城市市区的土地属于国家所有。农村和城市郊区的土地,除法律规定属于国家所有的以外,属于农民集体所有;宅基地和自留地、自留山,属于农民集体所有。"这里所规定的"城市市区的土地"是指建成区内的土地,而不是指规划区内的土地。这里所规定的"农民集体所有"是指集体成员所有,而不是农村集体经济组织所有,也不是农村的行政或自治组织所有。至于农民集体所有是指哪些农民集体所有,《土地管理法》规定:"农民集体所有的土地依法属于村农民集体所有的,由村集体经济组织或者村民委员会经营、管理。已经分别属于村内两个以上农村集体经济组织的农民集体所有的,由村内各该农村集体经济组织或者村民小组经营、管理;已经属于乡(镇)农民集体所有的,由乡(镇)农村集体经济组织经营、管理"。可见,农村土地所有权的主体可以是乡(镇)农民集体,也可以是村农民集体和村组农民集体所有。

其次,实行土地登记和发证制度。为了维护土地的所有权,保护土地所有权人的利益,《土地管理法》规定实行土地登记和发证制度。对此,该法在第十一条和第十二条作了明确规定。

最后,国家为维护土地公有制,规定了侵犯土地所有权应承担的法律责任。《土地管理法》规定,土地所有权受法律保护,任何单位或个人都不得侵犯。侵犯土地的所有权或者使用权的,由县级以上人民政府土地管理部门责令停止侵权行为、赔偿损失,被侵权人也可以直接向人民法院起诉,请求依法保护。

(二)保护土地使用权的原则

根据《土地管理法》的规定,土地使用权可以依法转让;国有土地和集体所有土地依法可以确定给单位和个人使用;土地的使用权受法律保护。《出让和转让条例》进一步明确规定了土地使用权出让、转让、出租、抵押等有关问题,从而使土地使用人所享有的权利更具体、更明确。这些规定说明了土地的所有权可以与使用权分离,土地使用权可以依法确定给法人和个人,也说明了土地使用者的合法权益受法律保护。

由于国有土地和农民集体所有的土地用途不同,土地使用权的表现形式也不一样。农村的土地使用权是以经营权的形式表现出来的。农户和农村集体经济组织签订土地承包合同以后,取得了土地经营权,与此相同,国营农场的职工和国营农场签订土地承包合同以后,也就取得了土地承包经营权。土地承包经营权受法律保护。取得土地经营权的职工或农户必须按合同规定履行自己对国家或集体经济组织应尽的义务,合理有效地充分使用土地和保护土地,坚持用地和养地并举的原则,不能对土地进行掠夺式经营和使用,也不能随意改变承包经营的土地的用途,随意建房或从事其他活动。集体经济组织或国营农场也不能擅自变更或终止承包经营合同,否则要承担相应的法律责任。这是《土地管理法》中规定的维护土地使用权原则的表现之一。表现之二是土地使用权可以根据土地所有者和使用者的意志依法进行转让。土地使用权人也可以从转让中取得一定的利益。但土地使用权人不能随意转让,转让必须依法进行,否则土地转让无效,不受国家法律保护。保护土地使用权原则的表现之三就是通过颁发土地使用证来确定土地使用权,这样既保护了土地使用权人的权益,也为依法处理土地纠纷提供了法律依据。最后,土地法还通过规定侵犯土地使用权要承担法律责任的法律制裁措施,保护土地使用权。

(三)土地有偿使用的原则

《土地管理法》第二条规定:"国家依法实行国有土地有偿使用制度。"这一规定从法律上规范了我国长期以来实行的土地无偿使用制度,对加强土地管理、节约用地、保护耕地都具有重要的意义。

土地有偿使用的原则是指土地使用者经过申请、审批或以其他法律规定的方式和程序,取得一定时期内土地使用权的同时,向土地所有者支付使用费的原则。这一原则对于有效地制止单位和个人乱占滥用土地、浪费土地的现象有重要的作用,对维护良好的社会经济秩序,创造良好的经济环境也有着重要的作用。

我国实行土地有偿使用制度主要基于以下三个原因:第一,我国存在着多种土地所有权。我国虽然消灭了土地私有制,但《宪法》仍明确规定,现阶段还存在土地国有和集体所有两种所有制形式。在两种土地所有制的基础上产生了不同的土地所有权主体,这说明在土地所有权上还有"你"与"我"之分,各农民集体对土地的所有权仍是"泾渭分明"的。第二,土地的有限性和不可替代性。土地作为农业生产资料,与其他生产资料相比既有不同之处,也有相同之处。不同之处表现为,土地不像其他生产资料会随着生产力的发展,数量不断增加,质量不断提高。就土地本身来说,它的面积不会增加,在现有的科学技术条件下,也不可能被其他生产资料所替代。相同之处表现为,社会再生产中消耗的物资需要补偿,土地也需要补偿。土地的有限性说明对土地的补偿更为迫切、更为重要。因此,为了使土地能够不断开发和永续利用,为了使社会再生产顺利进行,就必须实行土地有偿使用。第三,实行有偿使用,有利于制止浪费土地,能够节约用地。由于过去实行国有土地无偿使用制度,结果在土地使用方面产生了许多严重的后果。一些工厂、机关、大专院校、军事等单位都占有大量的土地而闲置未用，一些建设单位宽征窄用或征而不用，有的地方缺乏科学规划，重复建设，浪费土地，造成城市有限的土地资源日趋紧张，房地产价格暴涨，严重影响了城市居民的基本需求和生活水平的提高，给国家建设征地带来了困难，因此必须贯彻土地有偿使用原则。

为了贯彻执行土地有偿使用原则，《宪法》和《土地管理法》明确规定：国家征收或征用土地，必须支付土地补偿费和安置补助费；征收或征用城市郊区菜地，用地单位要按国家有关规定缴纳新菜地开发建设基金；乡（镇）办企业建设使用村农民集体土地的，应当按规定给被用地单位以适当补偿；城镇非农业户口居民建住宅需要使用集体所有土地的，参照国家建设征收土地的标准支付补偿费和安置补助费。《出让和转让条例》、《房地产法》对国有土地有偿使用的形式及土地交易等问题作了详细规定。

（四）合理利用土地的原则

合理利用土地的原则是指国民经济各部门以及农、林、牧、渔各业，根据国家的有关方针、政策和法规的规定，按照土地的自然属性和经济规律的要求，因地制宜地选择最优利用土地的方案，以便取得社会、经济和生态三效益的统一。这一原则对于实现"生态稳定，生产发展，生活康乐"这样一个良好的利用自然资源，发展生产，改善人民生活的目标具有重要的意义。

过去，在片面强调"以粮为纲"时期，山区搞毁林开荒种田，牧区搞毁草弃牧广种薄收，结果不仅农业生产没有得到发展，而且更严重地是破坏了生态平衡，造成了农、林、牧、副、渔各业比例失调。总结历史经验教训，要合理利用土地就必须做到以下几点：首先，因地制宜，发挥优势。我国地域辽阔，土地资源复杂多样，各地的气候等其他自然条件也迥然不同，在土地利用时，应从这一客观实际出发，根据各地的自然环境条件，结合各地区的土地利用历史、经济技术、人力资源条件的具体情况，采取适宜的方式、方法和措施来利用土地，最大限度地发挥土地的生产能力，在利用土地上要避免"一刀切"现象再度出现。各地区应根据具体情况，宜农则农，宜林则林，宜牧则牧，因地制宜地发展各种生产，以使各地的自然资源得以充分合理利用。其次，要经营合理，注重经济效益。土地利用作为一种社会经济现象，与经济效益有着密切的关系，科学合理地利用土地，就能发挥其潜力，带来较好的经济效益，如提倡有计划有步骤地将25°以上的陡坡地退耕还林、还牧，这样，既可取得较好的经济效益，又可获得良好的生态效益和社会效益。最后，在利用土地时，还要重视生态平衡，防止污染。在我国，现阶段经济发展进入了快车道，由于各种工业的不断兴起，一方面占用了大量的土地，另一方面消耗的原料、燃料数量与日俱增，排放的废气、废水、废渣也越来越多，势必给环境带来污染，危及生态，其中不少有毒有害物质已经污染了农、林、牧用地及其产品，直接威胁着人民群众的身心健康，因此在合理利用土地时，还应注意防止生态环境失衡，以保证土地质量的稳定和生产能力的持久。

为了贯彻执行合理利用土地的原则，《土地管理法》第三条规定，各级人民政府必须贯彻"十分珍惜"和"合理利用"土地的方针，全面规划，加强管理。《房地产法》也规定了房地产开发用地应贯彻"社会效益、经济效益和环境效益相统一"的原则。

（五）保护耕地原则

1998年8月29日第九届全国人民代表大会常务委员会第四次会议修订的《土地管理法》

设专章对保护耕地作了规定,即第四章耕地保护。其中规定,国家保护耕地,严格控制耕地转为非耕地;各级人民政府应当采取措施,保护耕地,维护排灌工程设施,改良土壤,提高地力,防治土地沙化、盐渍化、水土流失,制止荒废、破坏耕地的行为;国家建设和乡(镇)村建设必须节约使用土地,可以利用劣地的,不得占用好地;国家实行耕地占用补偿制度。这是我国土地管理法的重要原则之一,"保护耕地"这一原则对我国来说仍至关重要,其含义包括以下两点:

(1)必须保护现有耕地的面积。这是保护耕地原则在"量"上的要求。我国是一个人均占有耕地面积少的国家。1993 年我国人均耕地面积只有 1.2 亩,是世界人均耕地面积的 1/4。近几年来,耕地面积不断减少的势头虽有所控制,但仍不稳定,1991 年耕地面积净减少 340 万亩,1992 年净减少 437 万亩,1993 年净减少 484 万亩。仅 1993 年全国耕地减少量就相当于一个青海省的耕地或 13 个中等县的耕地。1996 ~ 2002 年,我国耕地年均减少 1027 万亩。其中,1999 年净减 654.9 万亩,2000 年净减 1500 万亩,2002 年净减 2529.3 万亩,呈逐年上升趋势,并且人口逐年增加与耕地逐年减少的矛盾越来越突出,潜在的土地危机,已成为现实危机。因此,我们必须增强保护土地的意识,控制耕地面积的减少。

(2)整治土地,改良土壤,增加地力,提高土地质量。这是保护耕地原则在"质"上的要求。我国有的地方耕地污染严重,不少地方的土地质量每况愈下,农业生产连年徘徊不前。加上近几年我国农村实行土地承包制度,农民在承包期内不适当地施用化学肥料,只顾用地,不知养地,使土地的有机成分减少,导致土地质量下降。因此,我们要在防止土地污染的同时,还要增强人们用地和养地的意识。

为了从根本上解决乱占滥用耕地问题,贯彻"保护耕地"这一原则,我国实行了占用耕地补偿制度和基本农田保护制度,《土地管理法》还从以下几个方面作了规定:第一,政府有关部门和土地管理部门必须依法对各种建设用地的范围、条件严格审查,确需用地的,从严掌握;乱占滥用土地建房的,从严惩处;对于国家工作人员滥用职权非法批准占用耕地的,要追究其法律责任。第二,对于非法占用土地或超过批准的用地数量占用土地的,限期拆除建筑物和其他设施,并处以罚款,责令退还占用的土地;属于越权审批的,宣布无效,同时,对有直接责任的单位或个人还可以给予行政处理。第三,建设单位可以利用荒地的,不得占用耕地;可以利用劣地的,不得占用良田,山区应因山就势,尽量利用山坡荒地。第四,重视土地复垦和土地开发,坚持"谁破坏、谁复垦"和"谁开发、谁使用"的原则,鼓励土地开发,加快土地复垦。

二、土地法的体系

土地法的体系是指构成土地法的各部分之间的有机联系的整体。对土地法的体系我们可以从两个方面来认识,即土地法的渊源体系和土地法的内容体系。

(一)土地法的渊源体系

土地法的渊源体系也称为土地法的法规体系,是指土地法律规范的表现形式,其中主要包括以下几方面。

1.《宪法》

《宪法》是国家的根本大法,由全国人民代表大会制定,具有最高的法律效力。《宪法》中有关土地的规定,是土地法最重要的表现形式。

《宪法》中对土地的规定主要有:①关于国有土地的范围。矿藏、水流、森林、山岭、草原、荒地、滩涂等自然资源,属于国家所有;由法律规定属于集体所有的森林和山岭、草原、荒地、滩涂除外。城市的土地属于国家所有。②关于集体所有土地的范围。农村和城市郊区的土地,除由法律规定属于国家所有的外,属于集体所有;宅基地和自留地、自留山,也属于集体所有。③关于土地的转让问题,《宪法》规定:任何组织或者个人不得侵占、买卖或者以其他形式非法转让土地。土地使用权可以依照法律的规定转让。④关于土地的利用和保护,《宪法》规定:"国家保障自然资源的合理利用……禁止任何组织和个人利用任何手段侵占或者破坏自然资源。""一切使用土地的组织和个人必须合理利用土地。""国家保护和改善生活环境和生态环境,防止污染和其他公害。"⑤关于土地征收或征用问题,2004 年 3 月 14 日第十届全国人民代表大会第二次会议通过的《宪法》修正案第二十条,将《宪法》第十条第三款"国家为了公共利益的需要,可以依照法律规定对土地实行征用"修改为:"国家为了公共利益的需要,可以依照法律规定对土地实行征收或者征用并给予补偿。"由于《宪法》是国家的根本大法,因此《宪法》中有关土地的规定,是我们制定土地法律法规所必须遵循的准则。

2. 土地法律

土地法律是由全国人民代表大会及其常务委员会制定颁布的土地立法文件,是我国土地法的主要表现形式。它包括基本法律和其他法律两种。根据 1982 年《宪法》第六十二条的规定,基本法律是指刑事、民事、国家机构和其他的规范性文件。基本法律是由全国人民代表大会制定的,其他法律一般由全国人民代表大会常务委员会制定。土地法律的效力仅次于《宪法》。

作为土地法表现形式的法律有两种:一种是法律文件整体都是关于土地问题的规定。如 1986 年 6 月 25 日第六届全国人民代表大会常务委员会第十六次会议通过,根据 1988 年 12 月 29 日第七届全国人民代表大会常务委员会第五次会议《关于修改 < 中华人民共和国土地管理法 > 的决定》修正,1998 年 8 月 29 日第九届全国人民代表大会常务委员会第四次会议修订,自 1999 年 1 月 1 日起施行的《土地管理法》,对土地管理作了全面规定。2002 年 8 月 28 日第十届全国人民代表大会常务委员会第十一次会议作出《关于修改 < 中华人民共和国土地管理法 > 的决定》,对《土地管理法》再次作了修正,依照《宪法》增加了有关土地征收、征用并给予补偿的规定。它是我国土地管理的主要法律。另一种是法律文件整体虽非都是对土地的规定,但其中有关于土地的规定。例如:《中华人民共和国中外合资经营企业法》,就整体而言是调整中外合资经营企业设立、变更、终止及经营管理关系的法律,但其中也有关于土地经营的规定,如第五条规定:"中国合营者的投资可包括为合营企业经营期间提供的场地使用权,如果场地使用权未作为中国合营者投资的一部分,合营企业应向中国政府缴纳使用费。"等。再如:《中华人民共和国民法通则》(简称《民法通则》),就其整体来说,它是调整平等主体的公民之间、法人之间、公民和法人之间的财产关系及人身关系的法律,但其中也有关于土地所有权的规定等。它们都是土地法律的表现形式。

3. 国务院发布的土地法规、决议和命令

国务院是最高国家行政机关。它可以根据宪法、法律和全国人民代表大会常务委员会的授权制定、批准和发布法规、决议和命令。其中,有关土地方面的法规、决议和命令,是土地法的重要表现形式。例如,国务院发布的《国务院关于中外合资企业建设用地的暂行规定》、《出让和转让条例》、《外商投资开发经营成片土地管理暂行办法》等,其法律效力次于

《宪法》和土地管理法律。国务院发布的土地法规、决议和命令,要以《宪法》、土地管理法律为依据,并不得与之相抵触。

4. 最高人民法院的文件

最高人民法院是我国的最高审判机关,依法享有监督地方各级人民法院和各专门人民法院的审判工作的职权,为了在审判工作中正确贯彻执行法律和有关的国家政策,最高人民法院可以在总结民事和经济审判实践经验的基础上,发布指导性文件,包括在审判工作中适用某个法律的具体意见。例如:《最高人民法院关于审理农村承包合同纠纷案件若干问题的意见》等。最高人民法院的这些文件,也是土地法的重要表现形式,对各级人民法院审理有关土地纠纷案件具有法律效力。此外,最高人民法院关于某些具体案件适用法律的批复等,对各级人民法院审理案件也具有指导作用。

5. 国务院各部委发布的命令、指示和规章

国务院所属各部委根据《宪法》、土地管理法律和国务院发布的土地法规、决议和命令,在本部门的权限范围内,可以发布命令、指示、办法、规定和规章等,这也是土地法的表现形式。例如,财政部发布的《关于土地复垦财务的通知》等。

6. 地方政权机关发布的土地管理法规

地方各级人民代表大会和人民政府在《宪法》、法律规定的权限内所制定、发布的关于土地方面的决议、命令、地方性法规,也是土地法的表现形式。这类法规只在本行政区内发生法律效力。

(二)土地法的内容体系

土地法的渊源体系是土地法的表现形式体系,而土地法是形式和内容的有机统一,因此在研究土地法的渊源体系之后,还应研究土地法的内容体系,以明确土地法要规定哪些方面的问题。从内容来看,土地法包括以下几方面:

(1)总则。总则是关于土地法的指导思想、基本原则、适用范围等的规定,是土地法的最核心部分。土地法的各项具体制度和规定应以总则性规定为依据。

(2)土地所有权、使用权及其他权利。土地所有权和使用权制度是土地法中各项具体制度和规定的首要内容,包括土地所有权的主体和范围、土地使用权的具体内容以及土地所有权和土地使用权派生的土地上的其他权利。

(3)土地利用规划和计划。土地利用规划和计划在土地管理方面的法律法规中处于"龙头法"的地位。我国在经济建设中出现的"土地开发热"、建设用地总量失控等问题,主要是由于我们没有明确土地利用规划和计划在土地法中的地位。

(4)土地征收或征用。土地征收或征用是我国土地法的重要内容。它涉及土地所有权和土地使用权的转移问题,因此我们在土地法中应明确土地征收或征用的主体、征收或征用土地的条件、土地征收或征用补偿的范围、补偿的标准以及土地征收或征用的审批机关和权限。

(5)土地使用权交易。土地使用权交易是我国土地法的主要内容。详细规定了土地使用权交易的原则、形式、程序等问题。

(6)土地法律责任。规定各种违反土地法的行为及其应承担的法律责任和责任的追究程序,其中包括对各种土地犯罪行为的构成和刑事责任的规定。

(7)其他内容。规定土地法的溯及效力、生效日期等问题。

第三节 我国土地立法

一、土地立法的概念

在我国,立法通常是指法律的制定、修改和废止的活动。土地立法是国家立法体系中的一个重要组成部分。所谓土地立法,是指有权的国家机关依照法定权限和程序制定、修改和废止各种具有不同法律效力的调整土地关系的规范性文件的活动,这是土地立法的广义概念,其狭义概念仅指全国人民代表大会及其常务委员会的立法活动。本书采用广义概念,因此立法的主体包括全国人民代表大会及其常务委员会,国务院,省、自治区、直辖市人民代表大会及其常务委员会等享有立法权的国家机关;立法的内容是制定、修改和废止调整土地关系的规范性文件。

二、立法权限的划分

根据我国现行《宪法》和《中华人民共和国立法法》(简称《立法法》)规定,我国立法权限大致可以作如下划分。

(一)国家权力机关的立法权限

(1)全国人民代表大会的立法权限。全国人民代表大会是全国人民行使国家权力的最高机关,享有国家立法权,其立法权限为:修改宪法,制定和修改刑事、民事、国家机构的和其他的基本法律。

(2)全国人民代表大会常务委员会的立法权限。全国人民代表大会常务委员会也是国家的权力机关,享有国家立法权,立法权限为:制定除应由全国人民代表大会制定的基本法律以外的其他法律,也就是说制定除刑法、民法、国家机构等基本法律以外的法律;在全国人民代表大会闭会期间,对全国人民代表大会制定的基本法律有权进行部分的修改和补充;有权解释宪法和法律;有权撤销同宪法、法律相抵触的行政法规、地方性法规以及有关的决定、命令等。

(3)地方权力机关的立法权限。地方权力机关是指依照我国宪法和有关法律享有地方立法权的机关。其主要有三种情况:省一级人民代表大会及其常务委员会,省一级人民政府所在地的市和经国务院批准的较大的市的人民代表大会及其常务委员会,民族自治地方的人民代表大会。前两者有权在宪法、法律、行政法规相抵触的前提下制定地方性法规,但省级人民政府所在地的市和较大的市的人民代表大会及其常务委员会制定的地方性法规,须经省级人民代表大会批准后生效;民族自治地方的人民代表大会有权根据当地具体情况,制定自治条例和单行条例,按规定的程序经省级人民代表大会常务委员会批准后生效。

(二)国家行政机关的立法权限

国务院的立法权限。国务院是国家的最高行政机关,也是全国人民代表大会的执行机关。国务院在立法方面享有的权限主要是制定行政法规,由两部分构成:一是《宪法》规定享有的行政法规制定权。《宪法》规定,国务院有权"根据《宪法》和法律,规定行政措施,制定行政法规,发布决定和命令"。二是全国人民代表大会授予国务院的制定行政法规权。

国务院各部门的立法权限。我国现行《宪法》规定:各部各委员会根据法律和国务院的行政法规、决定、命令,在本部门的权限内,发布命令、指示和规章。根据这一规定,国务院各部委有权制定部门规章。制定部门规章的活动,也属于立法活动,因为部门规章是根据法律和行政法规制定的,在实施法律和行政法规方面发挥着重要作用。在实践中,部门规章的制定也包括国务院各直属机构,因为国务院各直属机构是国务院主管某一项专门业务的职能部门,在现实生活中的作用与各部委大致相同。

地方人民政府的立法权限。《立法法》第七十三条规定:"省、自治区、直辖市和较大的市的人民政府,可以根据法律、行政法规和本省、自治区、直辖市的地方性法规,制定规章。地方政府规章可以就下列事项做出规定:(一)为执行法律、行政法规、地方性法规的规定需要制定规章的事项;(二)属于本行政区域的具体行政管理事项。"根据这一规定,地方政府的立法权限是制定规章,而且享有立法权的机关只有省一级政府、省一级政府所在地的市的市政府以及较大的市的市政府,除此以外的地方政府没有规章制定权。

三、土地立法的程序

土地法的立法程序,应遵循《宪法》和《立法法》等法律中规定的适用于所有法律法规的方法程序。

(一)法律的立法程序

这里所指的法律立法程序,专指全国人民代表大会和全国人民代表大会常务委员会制定法律的程序。一般须经以下几个步骤:

(1)法律草案的提出。任何法律草案只有向立法机关提出,才能由立法机关审议、通过,成为法律并实施。所以,提出法律草案是所有法律立法的必经程序。按照我国宪法和有关法律规定,有权向全国人民代表大会提出法律草案的立法提案权主体有:全国人民代表大会主席团、全国人民代表大会常务委员会、全国人民代表大会各专门委员会、国务院、中央军委、最高人民法院、最高人民检察院、全国人民地方代表大会的一个代表团以及30名以上的全国人民代表大会的代表等。有权向全国人民代表大会常务委员会提出法律草案的立法提案权主体有:全国人民代表大会常务委员会委员长会议、全国人民代表大会各专门委员会、国务院、中央军事委员会、最高人民法院、最高人民检察院以及10人以上的全国人民代表大会常务委员会组成人员。

(2)法律草案的审议。法律草案提出后,进入审议阶段。该法律草案能否通过,成为法律,要根据审议的结果而定。全国人民代表大会审议一般的法律草案分四个步骤:①在全国人民代表大会第一次审查法律草案的会议上,听取起草说明。②代表团、全国人民代表大会有关的专门委员会和法律委员会审议。由法律委员会根据各方面的意见,再进行统一审议。③由法律委员会根据统一审议的结果,向主席团提出审议结果报告和法律草案修改稿。④主席团通过法律草案审议结果报告和修改稿。通过后,将法律草案修改稿分送大会代表。

全国人民代表大会常务委员会审议法律草案,大致要经历以下步骤:①全国人民代表大会常务委员会全体会议听取对法律草案的说明并进行初步审议。②全国人民代表大会各专门委员会审议和法律委员会统一审议。③法律委员会提出审议结果报告。实际工作中,法律委员会也要提出法律草案修改稿。

(3)法律的通过。全国人民代表大会和全国人民代表大会常务委员会通过法律,都以会议的形式进行。全国人民代表大会通过法律的会议是全国人民代表大会全体会议,全国人民代表大会常务委员会通过法律的会议是全国人民代表大会常务委员会全体会议。一般情况下,以全国人民代表大会和全国人民代表大会常务委员会在通过法律时,对法律草案有修正案的,先表决修正案,再表决法律草案。全国人民代表大会和全国人民代表大会常务委员会对法律草案进行表决后,会议主持人要当场宣布表决结果。

(4)法律的公布与实施。法律的公布是法律通过大众传播工具传播、让公众知晓的程序。根据我国《宪法》规定,全国人民代表大会和全国人民代表大会常务委员会通过的法律,由中华人民共和国主席公布,一般以主席令的形式公布,在报刊上全文登载。如果是全国人民代表大会常务委员会批准的法律,由提请批准的机关公布,如自治条例和单行条例,由提请全国人民代表大会常务委员会批准的自治机关公布。

法律公布后,从何时开始实施,也就是说从何时开始生效,主要有两种情况:一是从公布之日起生效,一是公布后经过一定期限后生效。通常法律生效的日期在其条文中明确规定,未规定的,应从公布之日起生效。

(二)土地行政法规的立法程序

这里所指的土地行政法规立法程序,是指国务院制定行政法规的程序经以下几个步骤:

(1)草案的提出。依照我国《宪法》和有关法律、行政法规规定,有权向国务院提出行政法规草案的立法提案权主体有:国务院各部门,包括国务院下属的各委、部、办、局,军队的总参、总政、总后机关等。在立法实践中,有关的社会团体,如全国总工会、全国妇联、中国科协、共青团等,也可以向国务院提出行政法规草案。

(2)草案的审议。国务院审议行政法规草案,就是国务院按照一定形式对行政法规草案审查的过程。大致分为两个阶段:一是国务院法制局审查。各部门或单位向国务院报送的行政法规草案,都由国务院法制局先行审查,并向国务院提出审查报告。二是国务院审议。其一般有两种方式:由国务院常务会议审议,常务会议组成人员发表意见;或由国务院总理审批。一般来说,内容重要的或者综合性的行政法规草案都必须经国务院常务会议讨论。

(3)草案的通过。国务院通过行政法规有两种方式:一是国务院以会议形式通过行政法规。国务院常务会议组成人员对行政法规意见不大,原则通过,有关问题进一步修改后,交总理审批。没有意见,则通过。如果会议组成人员有重大不同意见,则暂不通过,以后再审议。二是国务院以总理审批形式通过的行政法规,由总理审定。

(4)公布与实施。国务院通过的行政法规,由国务院发布。一般以国务院总理令的形式发布。国务院批准的行政法规,由报请批准的部门发布,其发布形式一般由部长令、局长令等。国务院审议通过和审议批准的行政法规,都由新华社统一发稿,《国务院公报》、《人民日报》全文刊载。行政法规的实施,即生效时间在行政法规条文中规定,有的是自发布之日起生效,有的是发布一定时间后生效,这需要根据实际情况确定。

思考与分析题

1. 如何理解“土地”这一法律概念?
2. 土地法的基本原则有哪些?
3. 试述土地法的体系。

第二章　土地法律关系

第一节　土地法律关系的概念和特征

一、法律关系的概念和特征

法律关系是在法律规范调整社会关系的过程中所形成的人们之间的权利和义务关系，具有如下特征：

(1)法律规范是法律关系产生的前提。如果没有相应的法律规范的存在，就不可能产生法律关系。比如婚姻关系，如果没有婚姻法，男女的婚姻关系就不可能得到法律的承认和保护，就不可能是一种法律关系。

(2)法律关系是一种特殊的社会关系。社会关系是一个庞大的体系，其中有些领域是法律所调整的，如政治关系、经济关系、行政管理关系；也有些是不属于法律调整或法律不宜调整的，如友谊关系、爱情关系、政党社团的内部关系。

即使是受法律法规调整的社会关系也不能完全视为法律关系，如民事关系（财产关系和身份关系）也只有经过民法的调整（即立法、执法和守法的运行机制）之后，才具备了法律的性质，成为一类法律关系，即民事法律关系。

(3)法律关系是合法的社会关系。实际上，法律关系是法律规范的内容（行为模式及其后果）在现实社会生活中得到的具体贯彻，是法律规范的实现形式。换言之，人们按照法律规范的要求行使权利、履行义务并由此而产生特定的法律上的联系，这既是一种法律关系，也是法律规范的实现状态。

(4)法律关系是特定法律主体之间的权利和义务关系。法律规范的主体一般是同一类不特定主体，属于可能性领域。而只有当特定法律主体依照法律规范进行法律活动，享有实际的法律权利或者履行特定的法律义务时，才存在法律关系。

二、土地法律关系的概念和特征

土地法律关系是法律关系的一种，是人们在规划、利用、保护和管理土地的过程中，依照土地法律规范而形成的一种权利和义务关系。可见，土地法律关系不仅是法律关系的一种，而且是一种特殊的法律关系，其特殊性表现在它是依照土地法律规范形成的。因此，它不仅具有上面所讲的法律关系的一般特征，还具有自身独有的一些特征。

(1)土地法律关系具有相对稳定性。土地及其定着物（房屋、林木等）为不动产，具有相对固定性和长期性，土地生产活动也具有连续性，这就要求土地法律关系具有相对稳定性。如农村的家庭联产承包责任制、土地承包期开始时比较短，具有随意性，产生了许多问题，现在国家明确规定为30年。

(2)国家对土地法律关系的产生、变更和消灭具有严格限制。这主要是由土地的稀缺性、珍贵性及其重要性所决定的。在土地的开发、利用过程中,土地法律关系主体意志的表示必须符合社会公共利益和国家长远利益。因此,土地法律关系的产生、变更和消灭,国家都要进行严格的控制或管制。世界各国的土地制度千差万别,但在这一点上都是相同的。

(3)土地法律关系的产生、变更和消灭属于要式法律行为。土地法律关系产生、变更和消灭的后果对当事人的生产和生活会产生很大的影响,法律为了维护其有效性和严肃性,要求其采取书面形式,如办领土地使用权证、签订土地使用权出让合同等,同时,还必须依法经国家机关的批准并登记。

第二节　土地法律关系的构成要素

法律关系的三要素为主体、客体和内容。法律关系主体是法律关系的参与者,也就是在法律关系中一定权利的享有者和一定义务的承担者。其中,权利的享有者称为权利人,义务的承担者称为义务人。法律关系客体是指法律关系主体之间权利和义务所指向的对象,包括物、人身、精神产品和行为结果。法律关系内容,即权利和义务。法律权利是国家通过法律规定对法律关系主体可以自主决定做出某种行为的许可和保障手段,包括三方面的内容:权利人可以自主决定做出一定行为的权利;权利人要求他人履行一定法定义务的权利;权利人在自己的权利受到侵犯时,请求国家机关予以保护的权利。法律义务是国家通过规定,对法律关系主体行为的一种约束手段,表现为:要求人们必须根据权利的内容做出一定的行为,称为作为义务或积极义务,如赡养父母、纳税、服兵役;要求人们不得做出一定的行为,称为不作为义务或消极义务,如不得破坏公共财产。

土地法律关系作为一种特殊的法律关系,也具有三要素:主体、客体和内容。

一、土地法律关系的主体

土地法律关系的主体是指土地法律关系的直接参与者,通过某种法律事实,取得一定权利并承担相应义务的当事人。土地法是调整土地关系的部门法,其土地法律关系主体既包括具有法人资格的社会组织,也包括非法人的组织和个人。

(1)国家。国家是国有土地所有权的唯一主体。国家是一个特殊的法律关系主体,可以直接以自己的名义参与法律关系,但在多数情况下由国家机关或授权的组织作为代表参加法律关系。

(2)国务院、国务院地政部门及各级人民政府地政部门。国务院代表国家行使国有土地所有权,国务院地政部门统一负责全国土地的管理和监督工作,各级人民政府地政部门由国家授权履行辖区内土地管理职责。因此,它们是土地行政法律关系主体。另外,它们都要有一定的活动场所,既是土地的使用者,又是土地使用权法律关系的主体。

(3)企事业单位、国家机关和其他社会组织。这些单位都是土地的直接占有者和使用者,既是土地使用权法律关系的权利主体,又是土地管理和土地所有权关系的义务主体。

(4)农民集体。根据《土地管理法》的规定,乡(镇)、村和村民小组范围内的农民集体均可作为土地所有者而成为土地法律关系的主体。根据《农村村民自治组织法》的规定,农民集体为农民自治组织,没有法人资格,其权力机构为村民大会和村民代表大会。

(5)个体工商户、农村承包户和其他公民个人。他们都可以依法使用土地,成为土地使用权法律关系的权利主体以及土地管理和土地所有权关系的义务主体。

二、土地法律关系的客体

土地法律关系的客体,是指土地法律关系主体的权利和义务所指向的对象,其范围包括物、行为和精神财富。

(1)物,主要是指土地。一般来说,物理意义上的物,要成为法律关系客体,必须具备以下条件:①应得到法律的认可。②应为人类所认识和控制。地球以外的天体不能成为法律关系客体。③能够给人们带来某种物质利益,具有经济价值。④须具有独立性。不可分离之物一般不能脱离主物,故不能单独作为法律关系客体。在一个具体的法律关系中,土地能否成为客体,也应看它是否满足这4个方面的条件。

(2)行为,主要指土地法律关系主体之间所发生的各种行为,如土地管理的行政行为、土地利用的行为。

(3)精神财富,指土地法律关系主体从事智力活动所取得的成果,如对土地进行规划、利用和保护方面取得的科技成果等。

三、土地法律关系的内容

土地法律关系的内容是指土地法律关系主体在具体的法律关系中,所享有的权利和承担的义务。土地法律关系的内容是土地法律关系最基本的要素,在不同的土地法律关系中,主体的权利和义务都是不同的。

(1)土地权利和义务。权利和义务是相互联系、相互依存的。不同类型的土地法律关系,其内容不同,同一类型的土地法律关系,因主体不同,其权利和义务的具体范围也不完全一样。

(2)土地所有权法律义务的内容。在土地所有权法律关系中,国家和集体作为土地所有权的主体,依法对自己所拥有的土地享有所有权,一切不特定的单位和个人都作为主体,负有尊重其土地所有权,且不妨碍其土地所有权行使的义务。由于土地所有权主体的性质和职能不同,国家和集体所享有的权利范围是不一致的,集体对自己所有的土地不能行使最终处分权。

(3)土地使用权法律关系的内容。在土地使用法律关系中,土地使用者作为主体的一方,依法或者在合同规定的范围、期限内,对一定面积的土地享有使用权的同时,也负有保护并按照法律和合同规定的用途合理使用土地的义务。土地所有者作为主体的另一方,负有在一定期限内向对方提供土地使用权的同时,也享有监督、检查对方的用地行为,并在土地使用期届满时将土地使用权收回的权利。

(4)土地征用法律关系的内容。在土地征用法律关系中,国家为了公共利益的需要,有依法征用集体所有的土地并将其变为国家所有的权利。被征地单位有服从国家建设需要的义务,使得征地行为得以顺利进行;同时也有要求国家按照法律的规定,向被征地单位支付土地补偿费、安置补助费或解决无地农民的就业问题等的义务。

第三节　土地法律关系的分类

土地法律关系是根据土地法规产生的，是围绕土地的归属、利用、流转和管理等发生的，是以主体间的权利和义务关系的形式表现出来的一种特殊而复杂的社会关系。根据标准和认识的角度不同，可以对土地法律关系作不同的分类。下面介绍两种主要的分类。

一、按土地法律关系的性质和内容划分

按土地法律关系的性质和内容划分，土地法律关系分为：

（1）土地所有权法律关系。国有土地所有权主体是国家，由国务院代表国家行使权利，国家以外的任何组织和个人都负有不侵犯国有土地所有权的义务。集体土地所有权的主体是农民集体，其他任何组织和个人都负有不侵犯农民集体土地所有权的义务。

（2）土地使用权法律关系。土地使用权法律关系是土地使用者使用土地而与土地所有者及其他土地使用者之间形成的一种权利义务关系。土地使用者具有依法使用土地的权利，同时，负有保护、管理和合理利用土地的义务。

（3）土地规划利用与保护法律关系。土地规划利用与保护法律关系主要是国家为合理利用和保护土地资源而实施土地利用规划和计划时所形成的权利义务关系。根据《土地管理法》等法律、法规的规定，国家、土地所有者与使用者之间就形成了实施规划、计划和服从规划、计划的权利义务关系。

（4）土地征用法律关系。土地征用法律关系是国家建设使用集体土地时，在国家、农民集体与用地单位之间形成的一种复合性的权利义务关系，包括国家与被征地单位之间的土地征用关系、建设用地单位与国家之间的土地使用关系、用地单位与被征地单位之间的土地补偿关系。

（5）土地管理法律关系。土地管理法律关系是国家实现土地管理职能过程中所产生的一种法律关系。各级地政部门行使土地管理职能时，便依法与一定的土地所有者、土地使用者形成权利义务关系。

（6）土地税收法律关系。土地税收法律关系是国家与土地使用者之间依税法的规定形成的一种权利义务关系。

二、按土地法律关系的主体所处地位划分

按土地法律关系的主体所处地位划分，土地法律关系分为：

（1）权利义务基本对等的土地法律关系一般为民事法律关系，是指主体双方处于平等地位、相互享有权利和负有义务的土地法律关系。主体双方都有按照自己的意志为一定行为或要求对方为一定行为或不为一定行为的权利。彼此间权利的实现都以付出相应的代价为前提。如土地使用权出让法律关系中，国家与受让者之间，权利和义务是对等的。

（2）权利义务不对等的土地法律关系一般为土地行政法律关系，主要是在国家依法管理土地的过程中所形成的权利义务关系。国家是以政权组织者的身份参加法律关系的，处于支配地位；相对的另一方主体处于从属地位。主体地位的不对等，决定了其权利义务的不对等，如土地征用法律关系中，被征用土地的一方即农民集体必须服从国家的安排。

学习土地法律关系的分类可以帮助我们理解和掌握土地法,还可以有效地指导法律实践,例如,对于不同的法律关系,一般应该适用不同的法律。作为地政部门的国家工作人员,往往愿意行使行政管理权,适用行政法,其实,地政部门既可以是土地行政管理的权利人,又可以是土地财产利益的当事人,在一个具体的法律关系中,地政部门是作为行政管理部门行使行政权力,还是作为财产利益的当事人行使民事权力,就应该首先分清这一法律关系是行政法律关系,还是民事法律关系。

第四节　土地法律关系的产生、变更和消灭

一般来说,法律关系处在不断地生成、变更和消灭的运动过程中,土地法律关系也不例外。对此,需要掌握三个方面的内容:土地法律关系的产生、变更和消灭的概念、条件和法律后果。

一、土地法律关系的产生、变更和消灭的概念

土地法律关系的产生是指由于一定的法律事实的出现,特定的土地关系主体之间形成一定的权利义务关系。如国家关于土地管理法规的发布和实施、土地承包经营合同的签订。

土地法律关系的变更是指由于某种法律事实的出现,使土地法律关系的构成要素发生变化,包括主体变更、内容变更和客体变更。如土地转包、土地承包合同的修改、土地数量和质量的变化。

土地法律关系的消灭是指由于某种法律事实的出现,土地法律关系主体间的权利、义务关系即行终止。如土地使用权有偿出让合同期限届满,该合同主体双方的权利义务关系即行终止。

二、土地法律关系的产生、变更和消灭的条件

土地法律关系的产生、变更和消灭,需要具备一定的条件。其中最主要的条件有二:一是法律规范,二是法律事实。法律规范是法律关系产生、变更和消灭的法律依据,没有一定的法律规范就不会有相应的法律关系。但法律规范的规定只是主体权利和义务关系的一般模式,还不是现实的法律关系本身。法律关系的产生、变更和消灭还必须具备直接的前提条件,这就是法律事实。

所谓的法律事实,是指法律规定的能引起土地法律关系的产生、变更和消灭的客观情况。作为一种客观情况,法律事实可以与人的意志有关,也可以与人的意志无关。一般分为行为和事件。

(一)行为

土地法律行为是指能够发生法律效力的人的意志行为。按其来源和性质可分为行政行为、当事人行为和司法行为。

(1)行政行为。各级地政部门根据其职能和权限,在法定范围内行使职权的行为。如用地申请的审批、土地权属的确认和变更的登记,对违法行为做出的行政处罚决定。

(2)当事人行为。当事人在法律规范允许的范围内所进行的各种活动。如用地申请的提出、土地承包合同的签订。

(3)司法行为。司法机关适用法律所进行的行为,包括公证、调解、裁定和判决等。

(二)事件

土地法律事件指不依土地法律关系主体的主观意志为转移而能够引起土地法律关系的产生、变更和消灭的客观情况,包括自然现象和社会现象,如地震、洪水等自然灾害或者战争引起的土地法律关系的变更或消灭。

三、土地法律关系的产生、变更和消灭的法律后果

土地法律关系的产生、变更和消灭都会产生一定的法律后果。对于产生和变更,是形成一种新的权利义务关系;对于消灭,是一种权利义务的终止,同时也可能导致新的权利义务关系的出现,如土地使用权期满后,土地使用权法律关系消灭,但在原土地所有权人和使用权人之间就可能形成新的补偿和被补偿的财产法律关系。不同的土地法律关系,其产生、变更和消灭的法律后果是不同的。

第五节　土地法律关系的保护

国家对土地法律关系保护的实质,是通过保证各种主体的权利和义务的实现,维护社会主义土地公有制,确保土地的合理利用。

一、土地法律关系保护的要求和特点

土地法律关系保护的基本要求:严格监督土地法律关系主体,使其正确行使权利和全面认真地履行义务。

土地法律关系保护的特点:属于积极行为,即不论是否发生争论,只要土地法律关系一经形成,自始至终都存在法律保护问题。

二、土地法律关系保护的机构

土地法律关系保护的机构是指保证土地法律关系的产生、变更和消灭符合有关法律规范的职能部门或国家机关主要有:

(1)中央和地方各级政府地政部门。我国专门从事土地管理的职能机构是国土资源部及地方各级政府地政部门,其主要职责是会同有关部门解决土地纠纷,查处土地违法行为,实行权属确认和变更登记,对土地违法行为进行监督检查,保证土地法的实施。

(2)乡级人民政府。我国的基层人民政府是解决土地权属争议等问题的基层组织。《土地管理法》规定:个人之间、个人与单位之间的土地权属争议由乡级人民政府或者县级以上人民政府处理。

(3)司法机关。司法机关是保证我国法律实施的专门机构。1997 年颁布的《中华人民共和国刑法》已规定了非法转让、倒卖土地使用权罪,破坏耕地罪,滥用职权非法批地罪等所应承担的刑事责任。《土地管理法》规定:当事人对行政决定和处罚不服的可以向人民法院起诉;公民、单位的土地财产权利发生纠纷,可以提请人民政府裁决,也可以向人民法院起诉。

三、土地法律关系保护的方法

土地法律关系是一种较为复杂的法律关系，具有综合性和多样性的特点，对其保护的方法也是多种多样的。我国主要采取行政、经济、司法等制裁方法，相互配合，综合运用。

思考与分析题

1. 论述土地法律关系的概念与特征及构成要素。
2. 试述我国土地法律关系产生、变更和消灭的条件。

第三章　我国土地制度概述

第一节　我国土地所有权和使用权制度

一、土地所有权制度

根据《宪法》,我国实行生产资料的社会主义公有制。土地是宝贵的自然资源,同时也是最基本的生产资料,是社会主义公有制财产的重要组成部分。因此,我国土地所有制形式为社会主义公有制,其法律表现形式为国家土地所有权和农民集体土地所有权。法律规定,我国城市市区的土地以及部分农村的土地属于国家所有;农村和城市郊区的土地,除法律规定属于国家所有的外,属于农民集体所有。国家和农民集体是我国土地所有权的主体,他们对自己所有的土地行使权利受法律保护。任何侵犯公有土地所有权的行为都应受到法律制裁。

我国的土地所有制具有高度的稳定性。除国家为了公共利益的需要可以依法征用农民集体所有的土地及政府和农村集体经济组织为整理土地而调整土地权属关系外,土地的所有权关系是不能改变的。任何买卖土地或变相买卖土地所有权的行为都是非法的,都必须依法禁止。

(一)土地所有权征用制度

宪法第十条规定,国家为了公共利益的需要,可以依照法律规定对土地实行征用。这就赋予了国家土地征用权,确立了土地征用制度。土地征用是指国家为社会公共或公益事业发展的需要,依法将农民集体所有的土地转为国家所有的制度,具有法律上的强制性和经济上的补偿性的特征。在我国,各项公共或公益事业发展所需要的土地,主要来源于对国有土地的分配调整,但由于国有土地不足或其他原因需要使用集体土地时,就需要有一种使集体所有的土地转为国有的特殊取得制度,并使其合法化。《土地管理法》对土地征用的程序、补偿的办法等具体问题作出了明确的规定。同时,为了维护集体土地所有权人的合法权益,国家的土地征用权不得滥用,必须依法定的条件和程序行使。

(二)土地所有权整理制度

在有些情况下,为了生产和生活的方便或社会公共利益的需要,在人民政府的管理和监督下,不同的土地所有权主体可以对土地所有权进行调整,调整必须本着协商一致、平等互利的原则。这种调整土地的制度,称为土地所有权整理制度。土地所有权整理,一般发生农民集体所有土地的所有权变更。是否可以发生国有土地转化为集体所有土地的权属变更,法律没有明确规定,但是,根据实际情况和法律精神,在具备一定条件时经县级以上人民政府批准,可以将少量的国有土地转为集体所有。这些条件有:①需要调整权属地界或插花地。②需要将少量国有荒山、荒地、草原等确定给农村集体单位所有,比如安置移民。③因其他原因需要依法对国有土地和集体所有的土地进行调换。

二、土地使用权制度

土地所有权属于国家和农民集体所有，但一般来说，土地不是直接由国家和农村集体经济组织使用的，而是依法确定给单位或个人使用的，即国家机关、事业单位、社会团体、各种经济组织和个人（自然人）等可以依法取得土地使用权，成为土地使用权的权利主体。同时，《土地管理法》第九条规定，使用土地的单位和个人，有保护、管理和合理利用土地的义务。

土地使用权可以分为多种。按所有权的不同，可分为国有土地使用权和集体土地使用权；按用途不同，可分为工业用地使用权、商业用地使用权、农用地使用权、宅基地使用权等；按取得方式不同，可分为划拨土地使用权、出让土地使用权、租赁土地使用权、土地承包经营权等。目前，我国正在进行土地使用权制度改革，改革的主要任务是建立和完善土地有偿使用制度和土地使用权合法流转制度。

（一）土地有偿使用制度

土地有偿使用制度是指土地所有者（国家和农民集体）将一定期限内的土地使用权提供给单位和个人使用，而土地使用者按照土地有偿使用合同的规定，一次或分年度向土地所有者支付土地有偿使用费的制度。改革实践已经证明，土地有偿使用，对于切实管好土地资产、合理配置土地资源、促进经济发展和对外开放等，都具有十分重大的意义。

土地有偿使用制度的形式主要有：

（1）土地使用权出让。目前，我国已经建立了国有土地使用权出让制度。所谓国有土地使用权出让，是指国家将一定期限内的土地使用权提供给单位和个人使用，而土地使用者一次性向国家支付土地使用权出让金和其他费用的行为。

（2）土地使用权租赁和作价入股。目前，国有土地使用权的租赁和作价入股正在试点和探索的过程中。所谓国有土地使用权租赁，是指国家将一定期限内的土地使用权让与土地使用者使用，而土地使用者按年度向国家缴纳租金的行为；所谓国有土地使用权作价入股，是指将一定时期的国有土地使用权出让金作价，作为国家的投资，计作国家的股份。

（3）土地承包经营。土地承包经营是指公民个人、农户、法人或者其他经济组织依照法律规定和合同约定对集体所有或国家所有的土地承包一定期限，使用土地并向土地所有者支付承包金的行为。这种形式多应用于农用地。

（二）土地使用权合法流转制度

土地使用权合法流转是指依据法律的规定，并经过一定的法定程序，土地使用权由一个使用者转移到另一个使用者的行为。《土地管理法》第二条规定，土地使用权可以依法转让。《中华人民共和国农村土地承包法》第十条规定，国家保护承包方依法、自愿、有偿地进行土地承包经营权流转；并在第二章第五节专门规定了土地承包经营权流转的方式、原则、程序以及对农民流转权利和利益的保护。可见，法律允许土地使用权的合法流转。土地使用权合法流转制度，可以促进土地使用权在土地使用者之间的合理流动，通过市场驱动力实现土地资源的有效配置，达到更好地利用土地的目的。但需要注意的是，我国处于社会主义发展的初级阶段，土地仍为许多人（特别是部分农民）不可缺少的生产和生活资料，因此为了维护社会的稳定，国家对土地使用权的流转实行比较严格的管理，只有符合一定的法定条件和法定程序，才能进行土地使用权流转。

目前，土地使用权合理流转的形式主要有转让（包括买卖、交换、赠与、继承）、租赁、入股等。

（三）国有土地使用权划拨制度

土地的划拨是指县级以上政府依照土地法的有关规定，在土地使用者缴纳有关补偿、安置等费用后，将一定数量的国有土地交付其使用，或者为了社会公共利益的需要，直接将一定数量的国有土地无偿、无期限交付给土地使用者使用的制度。

长期以来，我国对建设用地一直采用划拨的方式。这种方式直接采用行政行为调控土地，有利于维护社会公共利益，还在一定程度上有利于提高行政效率。但也存在明显的弊端，一是土地资源配置效益差，利用效率低。土地资源浪费严重，而国家对此缺乏调节机制。二是国有土地收益大量流失。国家凭借土地所有权应取得的收益，实际上相当一部分流入了用地者的口袋。三是企业间用地位置、数量缺乏平等竞争。

今后深化国有土地使用制度改革的主要目标就是要加大国有土地使用权有偿出让在建设用地供应总量中的比重，相应减少无偿划拨国有土地使用权的供应数量。但从我国的实际情况出发，国家建设用地还不宜都采用土地使用权出让的方式。因此，《土地管理法》将土地有偿使用规定为国有土地使用的基本制度，将划拨国有土地使用权作为一种补充，同时明确规定，划拨国有土地使用权必须限于法律规定的范围内。

第二节　我国土地用途管制制度

一、土地用途管制的含义

（一）土地用途管制的历史由来

据有关资料考证，土地用途管制手段最早是用来解决社会问题的。1573 年，西班牙国王菲利普颁布法律强制把在南美新开拓地的屠宰场迁移至城市的外围地区，这被认为可能是国外土地用途管制的最初形态，但一般认为，土地用途管制正式出现于 19 世纪末的德国和美国。1875 年，德国柏林市政府采用分区方法，把城市划为若干功能区，使工人居住的公寓分散布局其中，改变居住拥挤、环境恶劣、交通不便的状况。1885 年，美国加利福尼亚州地方政府认为洗衣店污水污染环境，制定区划条件，禁止在城市中心区开设洗衣店。1916 年，美国纽约市政府正式制定以土地和建筑物的综合开发调控为主要内容的区划条例，划定城市工业区、商业区、居住区，并规定综合调控建筑物的密度、用途、容积率、空地率等指标。

自 20 世纪以来，尤其是从四五十年代开始，土地用途管制制度日益成为大多数国家管理土地的主要手段，并发挥了积极的作用，土地资源丰富的国家（如美国、加拿大等）的土地用途管制更重视环境保护，而土地资源贫乏的国家（如日本、韩国等）的土地用途管制则突出农地保护。近年来，各国和地区为满足自身经济发展，社会制度、文化传统的需要，对土地用途管制制度不断进行改革和完善，主要是针对静态、僵化的管制制度与人口、产业、城市迅速发展变化的矛盾，增加了一些较具弹性的做法，如允许土地用途及规划图的修正，土地用途变更使用的许可、特别使用许可等。

（二）土地用途管制的基本内涵

土地用途管制是我国 1998 年修订《土地管理法》时新增的内容，是土地利用方式和管理制度的重大变革。该法第四条明确规定:国家实行土地用途管制制度,从而确立了我国土地用途管制制度的法律地位。

土地用途管制是指国家为了保证土地资源的合理利用,经济、社会和环境的协调发展,通过编制土地利用总体规划划定土地用途分区,确定土地使用限制条件,土地的所有者、使用者严格按照国家确定的用途利用土地的制度。这是世界上土地管理制度较为完善的国家和地区广泛采用的一种土地利用管理制度,在合理利用土地资源和保护耕地等方面取得了良好效果。

二、土地用途管制的依据

(一)我国土地基本国情

我国是一个人多地少,人均占有土地资源相对短缺的国家,在向工业化、城市化迈进和建立市场经济的过程中,对土地的需求日益增加,如果对土地使用用途不加以管制,生存和发展将受到严重的威胁。因此,可以说,土地本身的特性和人类生存与发展的本能要求对土地用途,尤其是特殊类型土地(如耕地等)特殊的产出功能(农产品)等自然属性使得人们对土地用途实施管制显得既迫切又必要。

首先,土地自身使用特点决定的特定土地用途改变的弱可逆性,例如,人类可以很简单地把高产农地改变为更高经济收益的非农建设用地,但若要把非农建设用地再恢复成高产农地除成本因素外,在技术上亦极为困难;土地后备资源的有限以及开发复垦农地,尤其是耕地所需花费成本的不经济等因素迫使人们客观地认识并严肃地对待土地问题。依靠当代的科学技术甚至可预见的未来,一方面粮食产量不可能得到无限的提高而彻底满足人类对粮食的需求。另一方面,人类自身尚无法直接进行“光合作用”而不食五谷杂粮,没有汽车、没有别墅,人类照样能够生存下去,倘若没有耕地,人类就失去了生存的基础。因此,面对当前我国耕地锐减的严峻形势,对土地实施用途管制就显得十分必要。

其次,不同用途土地或一块土地在不同用途状态下给使用者(所有者)所带来的土地收益差别很大,一般说来,商业、工业和住宅用地的经济价值要高于农业、林业用地,而裸岩、废弃地的经济价值最低。然而正是这种客观存在的不同用途下土地经济价值的较大反差使得目前农田转为住宅、工业、商业等非农建设用途的行为或企图与日俱增。现在我国市场经济发展的步伐不断加快,这种直接的比较经济效益的诱惑造成近年来农田锐减之势日趋严重,实现土地用途管制是当前规范市场行为和保护农地不得不采取的唯一良策。

(二)国家主体原则

土地用途管制的主体为国家,代表国家主体的是中央人民政府即国务院。国务院对全部国土有统一支配权和管理权,土地用途管制权衍生于这一支配权和管理权。在现行的土地制度中,地方政府常受实际利益的驱使而进行寻租活动或者当局部利益与土地用途管制发生冲突时,有些地方部门往往会以某种经济形式出台一些维护本地本部门利益的相应条文,这时通过国家行使的土地用途管制权来克服以上弊端,就显得尤为重要。

(三)中央1997年11号文件

中央1997年11号文件即“中共中央国务院关于进一步加强土地管理切实保护耕地的通知”,是以中共中央、国务院的名义共同发布的,它既体现了党的意志,又体现了国家的意志;它既用政策动员全体人民自觉共同遵守,又用法律加以强制执行。政策和法律两者结合作出的规定,在我国是一种特殊形式的法律,其效力高于一般法。这种形式在西方国家亦经常采用,如美国为使社会经济稳定、均衡增长,20 世纪 70 年代尼克松政府实行新社会政策,即通过税收硬性管制高收入的法律规定。土地是十分宝贵的资源和资产,我国耕地人均数量少,总体质量水平低,后备资源也不富裕,保护耕地就是保护我们的生命线,正如 11 号文件中指出的:对于土地管理特别是耕地保护这个事关全国大局和中华民族子孙后代的大问题,党中央、国务院高度重视,经过多次研究认为,从我国国情出发,我国的土地管理特别是耕地保护措施必须是十分严格的,必须认真贯彻“十分珍惜和合理利用每寸土地,切实保护土地”的基本国策,必须采取治本之策,对农地和非农地实行严格的用途管制。

(四)《宪法》和《土地管理法》等法律

《宪法》是国家的根本大法,它主要规定一个国家的社会制度和国家制度的基本原则,具有最高的法律效力。我国宪法对土地问题所作的规定,大多集中在土地的所有制等土地的基本问题上,现行《宪法》第九条规定:“矿藏、水流、森林、山岭、草原、荒地、滩涂等自然资源,都属于国家所有,即全民所有;由法律规范属于集体所有的森林和山岭、草原、荒地、滩涂除外。国家保障自然资源的合理利用,保护珍贵的动物和植物。禁止任何组织或者个人用任何手段侵占或者破坏自然资源。”第十条规定:“城市的土地属于国家所有。农村和城市郊区的土地,除由法律规定属于国家所有的以外,属于集体所有;宅基地和自留地、自留山,也属于集体所有。国家为了公共利益的需要,可以依照法律规定对土地实行征收或者征用并给予补偿。任何组织或者个人不得侵占、买卖或者以其他形式非法转让土地。土地的使用权可以依照法律的规定转让。一切使用土地的组织和个人必须合理利用土地。”我国《宪法》的上述规定为我国实施土地用途管制提供了十分重要的法律依据。我国实行的土地所有制是社会主义公有制,公有制要求国家必须维护全体人民的最大利益,对有限的土地按照公平、合理和可持续利用的原则进行分配与管理,以协调社会各部门以及不同的土地使用者对土地的需求。

《土地管理法》第四条明确规定:“国家实行土地用途管制制度。国家编制土地利用总体规划,规定土地用途,将土地分为农用地、建设用地和未利用地。严格限制农用地转为建设用地,控制建设用地总量,对耕地实行特殊保护。”这条规定为在中国全面实施土地用途管制提供了最直接的法律依据。

另外,《房地产法》第十八条“土地使用者需要改变土地使用权出让合同约定的土地用途的,必须取得出让方和市、县人民政府城市规划行政主管部门的同意…… ”的规定,已表明在城市土地的管理中已部分实施了土地用途管制。而《基本农田保护条例》的若干规定为农用地的土地用途管制提供了比较详尽的法律依据。

三、土地用途管制的特点

土地用途管制是一种十分严格的管理制度,这一管理制度与经济政策、投资等调控手段相比,具有如下重要的特点。

(一)整体性

土地用途管制对象是规划区域内的全部土地资源,要把规划区域内的土地资源作为一个整体来对待,在考虑整个土地利用系统的整体功能最佳的基础上,统筹兼顾社会各行业、各部门和各个土地使用者的要求,合理地配置土地资源,综合有效地安排土地资源的开发利用、整治和保护。无论是城市土地还是农村土地，无论是农地还是非农地，均应服从规划，受到用途管制，当事人对其规定应绝对服从和无保留地遵守。

（二）强制性

管制就是强制性的管理，土地用途管制就是国家根据国民经济发展战略和目标制定土地利用规划，作出对土地使用上的限制和对土地用途转变的许可、限制许可或不许可的规定，并通过经济、法律或行政手段实施的强制性措施。它对土地开发、土地利用等行为进行具有法律属性的干预，通常土地用途管制通过立法而生效，用途管制的内容一经通过审批，即具有法律效力，成为指导土地利用的强制性规定，任何政府部门或社会团体都有维护土地用途管制的义务，体现了用途管制的法律约束机制。

（三）行政性

实施土地用途管制的主体是各级人民政府。土地管制权衍生于国家对城乡地政的统一管理权和公共事务管理权，以及代表国家行使的土地所有权。政府对土地拥有征税、为社会公众利益征用、控制土地利用、无主归公等权利，实现土地用途管制是政府权利的一方面，具体代表政府行使用途管制权利的是各级人民政府的土地管理部门。

（四）稳定性

土地用途管制是鉴于我国当前人口剧增，耕地锐减，耕地和人口呈逆向发展的趋势，为坚持可持续发展战略，保护土地资源及其生态环境，确保耕地总量动态平衡，缓解人、地矛盾而采取的一项具有救助性质的法律制度，是由能够制裁的最高权力机关制定的。它不是一种抽象的概念，而是按不同地区、不同地貌、不同地理条件、不同气候条件、不同人口密度、不同产业结构、不同经济发展水平等情况而作出的土地使用条件和土地资源配置的明确而详尽的具体规定，是对动态行为的具体规范，它一方面为土地使用者提供行为规范，另一方面为土地管理者提供管理依据。土地用途管制的稳定性是实现其目标的前提条件。但是，土地用途管制因时因地而异，具有一定的时间段和空间段，地区之间、部门之间很不平衡。因此，它的稳定性也是相对的，随着社会经济条件的变化，土地的用途和使用条件等方面也适时做出相应的调整和变化。当然，即使由于客观情况变化而释放管制或变更管制，亦须依据一定的法律程序，经过土地用途管制主体的批准方可施行。

四、我国土地用途管制的内容

我国实行的土地用途管制制度，应该是围绕经济和社会可持续发展，保护耕地、实现耕地总量动态平衡目标来科学配置土地资源。在我国，土地用途管制的主体是国家，其表现形式为各级人民政府；土地用途管制的客体是土地，包括农用地、非农用地和未利用土地。以往在人们的认识中常常存在这样一个误区，一提到土地用途管制就认为是“农转非”的管制，即农用地转为非农建设用地的管制。其实，这仅仅是一个方面，只有对农用地、建设用地和未利用土地都实行严格的用途管制，才能形成系统全面的土地用途管制制度。土地用途管制的主要手段是通过编制各级土地利用规划，用科学方法规划土地用途类型，划定各类用地的规模和布局，形成土地用途分区，实行分区和分类型管制。同时，制订严格的土地利用年度计划，实行用途变更许可制及对土地用途管制行为实行动态监督。因此，土地用途管制制度通常有以下几个方面的内容。

(一)土地用途管制的规划管理

土地利用规划是土地用途管制目标的具体体现,土地利用规划是否科学合理,是否符合客观发展规律,是土地用途管制目标能否实现的关键。如何在土地用途管制下,运用更加科学的规划方法来加强土地管理,使土地利用系统向一个良性的方向发展,是一个亟须解决的问题。

土地利用规划体系是指由不同类型、不同层次和不同时序的土地利用规划所组成的既有区别又有联系的有机系统。我国自1987年国务院批准《国家土地管理局关于开展土地利用总体规划工作报告》的通知下发后,全国大部分地区都进行了土地利用规划的编制工作,基本形成了一个以各级土地利用总体规划为主体的覆盖全国的土地利用规划体系。这一体系主要由以下几类规划组成。

(1)土地利用总体规划。土地利用总体规划是在一定规划区域和时期内,根据当地自然和社会经济条件以及国民经济发展的需要,对土地资源的布局和利用结构进行的一种战略性计划,具有综合性、长期性、区域性和指导性特点。土地利用总体规划由各级人民政府组织编制,它的核心是确定、调整和优化土地利用结构及土地利用布局。土地利用结构是指国民经济各部门占地比重及其相互关系的总和,它实际上是人类在社会经济发展过程中开发利用土地的具体反映。土地利用结构反映了一定的产业结构。因此,在土地利用领域内,国民经济产业结构的调整,实质上就是土地利用结构的调整。随着社会经济的发展,经过一定的阶段、土地利用总体规划经常需作出一些修编和调整。因此,它又是动态的土地利用规划。由于我国地域辽阔、各地区经济发展不平衡,国家不可能对各市、县的土地利用做出具体安排,与此同时,在全国整体的共同利益下,地方也存在着相对独立的经济利益,客观上需要由地方自主作出计划政策。因此,土地利用总体规划的编制和实施要与我国现行的行政管理体制密切配合,以保证各级人民政府行使管理土地的职能,有利于按行政区划分级编制,贯彻执行规划的任务和目标。当前,根据土地利用总体规划所控制的区域范围及层次的不同,我国的土地利用总体规划包括全国、省(自治区、直辖市)级、地区、县(市)和乡(镇)五个层次的行政区域土地利用规划,以及各种自然区、经济区的土地利用规划。

(2)土地利用详细规划。土地利用详细规划是在土地利用总体规划的框架控制和指导下,详细规定各类用地的各项控制指标和规划管理要求,或直接对某一土地使用单位的土地利用做出具体的安排或规划设计,根据我国目前的土地使用情况,土地利用详细规划包括居民点用地规划、交通运输用地规划、水利工程用地规划、耕地规划、园地规划、林地规划、牧草地规划、水产用地规划等。

(3)土地利用专项规划。土地利用专项规划是在土地利用总体规划的控制和指导下,针对土地资源开发、利用、整治和保护过程中的某一问题而进行的规划。这类规划主要在于保护现有土地资源,开发提高土地的利用率和生产力。目前,在全国开展得最为普遍的是基本农田保护区规划、土地复垦规划、土地整治规划以及开发区用地规划等。

(二)土地利用规划内容的构思

土地用途管制的规划管理是通过各层次土地利用规划来实现的,我国的土地规划主要体现在宏观、中观和微观三个层次上,由于各级对土地管理的职权、范围不同。其规划的内容及重点也不尽相同。

(1)宏观规划。宏观规划可视为国家及省级规划。它是战略性、政策性、引导性的规划，为宏观经济环境调控提供依据。规划的效力主要体现在行政上，一方面它要求下一级规划必须在该规划的控制下进行。另一方面该规划的实施需要通过下一级规划的落实来反映。该规划的内容是从全省乃至全国范围人口的合理分布、资源的优化配置、生产的合理布局、经济的均衡发展、食物的安全供给，以及环境的良性循环出发，提高土地利用的战略目标，制定土地利用政策，保证耕地总量动态平衡，下达土地利用控制指标，协调跨区域重大项目用地布局，确定重点城市规模，规划各类自然保护区等。它实质上是土地利用的宏观控制规划，重点在于指标控制。就目前国情来说，指标控制主要在于三方面：耕地总量、建设用地总量和后备资源开发量，而对土地用途管制内容的规定则相对较少。

(2)中观层次规划。中观层次的规划可视为地(市)级和县级规划，它是宏观规划与微观规划之间的纽带，主要是一种布局性规划。它通过对土地利用的布局把上一级的控制指标分解到下一级，该层次规划的内容要具体体现定性、定量、定值的要求，重点是确定分区域的土地利用方向、土地利用原则，按照上一级的土地利用控制指标进行区域性的土地利用布局，包括工业区域布局、农用地区域安排、城镇体系布局、交通运输布局、规划控制区(如耕地控制区、城郊控制区、自然保护区、交通运输控制区等)。由于该规划的范围仍然比较大，比例尺又较小，难以满足土地用途管制的具体要求，因此在土地用途的定位控制上，仍应以土地利用大类的用途区域范围的控制为主。

(3)微观层次规划。微观层次规划可视为乡(镇)级规划，处于规划的最低层次，直观明了，属实施性规划，其内容达到控制性详细规划的要求，具有很强的操作性。规划的主要内容是将上一级规划确定的土地利用布局和下达的控制指标进行定位，确定地块的规划用途和限制用途，也就是说，把各类用地定量、定位落实到具体地块、地段，并确定每类土地使用的具体要求和限制条件，为土地用途管制提供最直接的依据。由于在技术上受图件比例的限制，给实际操作带来一定的难度，因此在土地用途编写时，往往通过土地用途分区管制的办法来解决这一问题。

(三)土地用途管制的实施管理

土地用途转变是指土地利用从一种现状用途转变为另一种用途。一般地，由于受到多种因素的影响，土地用途转变不太可能自然服从土地用途分区规划的目标，所以必须加以管制。对符合用途分区规划目标的给予引导，对不符合的则加以限制。因此，满足土地用途分区规划成为土地用途管制的关键，为实施土地用途分区规划的规划许可制度是土地用途管制的有效途径。

规划许可制度就是采用颁发规划许可证的办法，控制土地用途的方法。在具体操作时应把握以下几个原则：

(1)对现用途符合用途分区规划的用地向符合用途的方向进一步开发利用提高土地的利用率和生产率，应给予鼓励并颁发许可证给予许可。

(2)对现用途符合用途分区规划的用地向其他用途转变时，不予颁发许可证，限制其转变。

(3)对现用途不符合用途分区规划的用地向符合规定用途转变时，颁发许可证给予许可，并采取鼓励政策引导土地利用加快向规定的用途转变。

(4)对现用途不符合用途分区规划的用地向其他不符合规定的用途转变时，不予颁发许可证，限制其转变。

(5)对一些特殊项目用地，如线性工程和国家大型基础设施工程等，若不符合用途分区规划，可经过一定的程序来调整、修订土地利用规划、修改土地用途分区规划，体现出一定的灵活性，为社会经济建设服务。

值得注意的是，农用地转用许可是实现土地用途管制的关键。任何建设项目占用土地，首先都要依据土地利用总体规划进行审查，占用农用地必须获得农用地转用许可后，建设项目才能批准立项；占用农用地不符合土地利用总体规划和土地用途分区规划的，不予颁发许可证，建设项目不能立项。

规划许可证是各项土地用途实现转变的法律凭证，也就是说，规划许可证是行政许可机关赋予许可证持有人一定权力和权能的证明，同时许可证也为许可证持有人或单位使用许可证的活动设定了范围，使用许可证必须严格按照许可证上标明的范围、方式、期限和其他事项进行，不得超越和违背。

实际上，我国土地用途管制的根本目的在于盘活存量建设用地，控制建设对耕地资源的浪费性占用，确保耕地总量动态平衡目标的实现。因此，土地用途管制的核心是耕地总量控制制度，这是中国特色的土地用途管制制度。耕地总量的控制指的是在预测未来社会经济发展对用地需求和人口增长对农副产品的需求后，根据区域内耕地可持续补充的能力，确定本地区需要保持的耕地量和分阶段控制总量以及各阶段可转移(可供)耕地数量并通过编制详细规划，对耕地的保护、利用和转移实行分阶段的管制。要实现这样的目标，必须按照划定土地用途分区的土地利用规划，重点抓好农用地管制和非农用地用途管制。

1. 农用地管制

根据国际上通行的农用地管制的内容和需求，农用地管制实际上是农用地转移的管制，即对农用地利用现状的改变设定一定的限制条件。从国外的操作经验以及我国的实际情况来看，农用地管制可分为限制转移管制和许可转移管制两类。

限制转移管制是依据土地利用总体规划，划定一定数量的农用地主要是耕地作为特殊保护的区域严格加以管制。我国的基本农田保护区就属于这一类性质的用途区域。对于这一类区域，不得以任何形式转用，若要转用，必须履行严格而又特殊的审批程序，并必须缴纳高额补偿费用以再造同等数量、质量的农地，以保证农用地保有量的平衡和稳定。许可转移管制就是根据规划的布局，在一定条件限制下，允许一部分农地进行规定用途的转用。

2. 非农用地用途管制

非农用地用途管制的重点是非农建设用地的用途管制，主要包括增量非农业建设用地的用途管制和存量非农业建设用地的用途管制，其中增量非农业建设用地的用途管制与农用地许可转移管制密不可分。因此，非农用地用途管制的重点应是存量非农业建设用地的用途管制。

存量土地的用途管制是指存量建设用地土地利用结构调整和土地利用方向置换的管制，实际上就是盘活存量建设用地。存量建设用地主要是指非农业建设中闲置或低效利用，在现有经济技术条件下，可挖潜利用的土地，包括破产、停产、半停产企业用地，征而未用、占而未用闲置土地以及城镇内部因规划调整可挖潜改造、利用的土地等。加强对这类土地的管制，对控制和减少项目建设新占土地，特别是新占耕地，提高土地利用效率和效益，实现土地资源的优化配置具有十分重要的意义。

存量土地的用途管制同样是依据土地利用总体规划和城市规划，通过对存量土地用途变更的审核、效率评价、许可和限制以及处置等来实现。当前存量土地的用途管制的对象主要有:①土地使用用途因用地功能的改变而发生调整,如旧城改造、企业搬迁、退二进三等。②土地使用用途和方式因土地使用、经营方式的改变而发生调整,如原地翻建。③因土地资产处置方式发生变化的调整,如划拨土地入市、企业改制中土地资产处置等。④利用不充分或者闲置土地的再利用。

除此之外,对未利用的土地也要实行用途管制,但是需要说明的是,此处的未利用土地用途管制指的是未利用土地经开发成为何种用途的土地要科学合理,符合经济、生态、社会三效益的要求,而不是盲目开发。

思考与分析题

1. 如何理解土地用途管制制度的含义?
2. 试述土地用途管制的主要内容。

第四章　财产法与土地财产法

第一节　财产法概述

一、财产法的组成:物权法与债权法

在法治社会,特别是商品经济社会之中,平等主体的公民之间、法人之间、公民和法人之间的财产关系和人身关系是由法律来调整的,具体地说,是由民法来调整的。所谓民法,是指调整平等主体之间的财产关系和人身关系的法律规范的总称。其中,规范经济生活以保护财产秩序的法律,为财产法;规范伦理关系以保证身份秩序的法律,为身份法。

一般来说,财产法可分为两大类:物权法和债权法。物权是权利主体在法律规定的范围内,直接支配一定的物,并排除他人干涉的民事权利。如财产所有权、财产使用权、抵押权等。有关物权的法律,如所有权制度、使用权制度等,就构成了物权法。可见物权法是规范财产归属关系和保障财产归属秩序的法律规范的总称。

债是按照合同的约定或者法律的规定,在当事人之间产生的特定的权利和义务关系。其中,债之权利称为债权;债之义务称为债务。在合同概念和合同制度的基础上形成了债权和债权法。所谓债权法,是规范财产流转关系和保障财产流转秩序的法律规范的总称。

在市场经济条件下,只有物权法巩固财产之归属秩序,才能使基于信用的商品交换成为可能;只有债权法确保财产流转秩序,使财产流转畅通无阻,才能使财产之归属得以实现。可见,物权法和债权法相辅相成,不可或缺,为现代市场经济的两大法律基础。

二、物权法和债权法的特性比较

通常所称的物权法,是狭义的物权法,仅以有体物(动产和不动产)之归属秩序为其规范范围。物权法和债权法的特性及其比较主要表现在以下三个方面:

(1)物权法主要是强行性法规,债权法主要是任意性法规。基于物权的排他性、公示性,物权法实行物权法定主义,关于物权的种类和内容均由法律作出强行性规定,不容许当事人自由创设或者变更其内容。与之形成对比的是,债权法大部分属于任意性规范,实行契约自由原则,即关于契约种类、形式和内容原则上可由当事人自由约定,也即所谓的意思自治。不过,当事人的约定违反物权法的规定时,原则上应一律无效。

(2)物权法具有固有法性,债权法具有普遍性。世界各国的债权法往往大同小异,但物权法却大都具有本国的特色。因为物权制度与人类生存息息相关,与一国之传统文化和经济体制唇齿相依,不具有债权法那样的普遍性,特别是其中关于土地制度的规定,因国家、民族和历史传统的不同而具有特殊性。

我国在清末实行法制改革,参考欧洲法制起草民法典,其关于债权法的规定基本仿自德国民法,而关于物权法的规定则保留了较多的传统制度,最具有固有法的色彩。

我国的《中华人民共和国合同法》已经出台，与世界上其他国家的合同法的思想和内容都没有太大的差异，即所谓的“与世界接轨”。但我国的土地所有权制度，保留了自己的特色。

(3)物权法具有公共性，债权法具有私人性(纯私法)。物权法的公共性也主要表现在土地法上。由于土地为稀缺自然资源，又与国家、民族和社会利益密切相关，自进入20世纪以来，民法关于所有权绝对保护的原则受到修正，在承认并保障所有权不可侵犯性的前提下，以公法上的国家征收和适当的行政管理措施限制其不可侵犯性，以民法上的禁止权利滥用原则、诚实信用原则和公序良俗原则限制其自由性。如国家征用土地、国家规定土地用途、土地利用必须有益于社会利益和公共利益等。债权法原则上仅关系当事人双方的利益，为纯私法。

第二节　物权的本质、分类及物权与债权的区别

一、物权的本质

物权为直接支配特定物并享受其利益的权利。其本质为：

(1)物权为直接支配标的物的权利。所谓直接，指物权人对于标的物的支配，无须他人意思或行为介入，即可获得实现。物的所有权人可以进行使用、收益、处分其物，故属于直接支配。抵押权人虽未占有标的物，但当债权到了清偿期而没有得到清偿时，无须抵押人的介入，就可以申请法院拍卖抵押物，以取得其交换价值而受清偿，这也是直接支配。

(2)物权为支配特定物的权利。其包括两层含义：一是权利客体必须是法律意义上的物，而且主要指有体物，包括动产和不动产；二是权利客体必须是特定之物。例如：仅以种类和数量约定之物，如两辆奔驰牌轿车，可以出现在合同中作为债权的标的物，但要作为物权的标的物，必须指出是哪两辆奔驰牌轿车，最好给出其牌照号。

(3)物权为享受物的利益的权利。物权为权利的一种，权利的本质是法律赋予特定人得以享受利益的法律上的力。物权人当然享受标的物的利益。物的利益可分为使用价值和交换价值。所有权人所享受的利益，为物的全部利益，即使用价值和交换价值。

(4)物权为直接支配特定物而享受其利益的绝对性权利。物权作为一种权利人直接支配特定物而享受其利益的权利具有绝对性，对任何人均有其效力。绝对性是指任何人不经过物权人同意不得侵害；受他人侵害时，物权人可以主张物上请求权，排除他人侵害，以回复物权应有的圆满状态。因此，物权又称为绝对权或对世权。

(5)物权为排他性地享受特定物的利益的权利。物权的排他性，指同一标的物上不得同时存在性质或内容相同的两个物权。比如，某一房屋既然属于甲所有，就不可能再属于乙所有。

二、物权的种类

根据不同的分类标准，可以将物权进行不同的类型划分。下面是几种常见的划分。

(一)所有权和定限物权

所有权和定限物权是以对标的物的支配范围为标准所做的划分。所有权指在法律限制

范围内对所有物的全面支配的物权。这种全面的支配利益表现为两种利用形态:一是实物的利用形态,又称物资的利用形态,指所有人自己对物进行利用,或通过设定基地使用权、租赁权等供他人利用而自己收取对价。二是价值的利用形态,即以所有物提供担保获取信用,或者将所有物予以处分,而获取其价值。

定限物权指所有权以外的仅得以在一定界限内对物进行支配的物权,可分为用益物权和担保物权。所谓用益物权,指占有、利用他人之物而使自己获得收益的物权,是以支配标的物的使用价值为内容的物权。例如:传统民法上的地上权、永佃权、地役权以及目前我们常说的土地使用权、基地使用权等,就是用益物权。这些权利的权利人虽然不拥有土地的所有权,但可以在一定限度内直接占有、利用土地并获得一定的收益。

担保物权指以支配标的物的交换价值为内容的物权,如抵押权、质权等。权利人虽然不拥有标的物的所有权,也不直接占有、利用标的物,但在一定条件下,权利人可以通过直接变卖标的物而获得利益。

(二)动产物权和不动产物权

动产物权和不动产物权是以标的物的种类为标准所做的划分。在民法中,动产和不动产的分类方法是先确定不动产,不动产之外的物均属于动产。《中华人民共和国担保法》(简称《担保法》)第九十二条规定:“不动产是指土地以及房屋、林木等地上定着物。”以动产为标的物的物权为动产物权,如动产所有权、动产质权、动产抵押权等。以不动产为标的物的物权为不动产物权,如不动产所有权、不动产抵押权、地上权等。

(三)登记物权和非登记物权

登记物权和非登记物权是以物权的取得是否以登记为标准而做的划分。登记物权指物权的设定、变更及终止须经登记机关登记才能产生相应效力的物权。按照现代各国的法律,土地与房屋所有权、地上权、永佃权、地役权、采矿权、渔业权、抵押权等不动产物权都是登记物权。非登记物权指物权的得丧变更无须登记即可产生相应法律效力的物权。一般而言,动产物权属于非登记物权,只需交付即生效力。

不动产登记、动产交付都是物权变更的公示方法。根据物权变动的公示和公信原则,我国法律采取的是公示成立要件主义。对于不动产,登记是要件;对于动产,交付是要件。

如果你的朋友表示要赠送给你一块手表,在他把手表给你之前,手表还是他的,给你之后,手表就属于你了;如果你的朋友表示要赠送给你一套别墅,并把钥匙给你,你也住进去了,但这时别墅还不是你的,只有当你们去办理了别墅的产权变更登记手续,别墅才开始属于你。

(四)有期限物权和无期限物权

有期限物权和无期限物权是以物权之存续有无期限为标准而做的划分。有期限物权指仅能于一定期限内存续的物权,如我国的土地使用权、抵押权等定限物权,一般都为有期限物权。无期限物权指未定存续期间,得永久存续的物权,如所有权、传统民法上的永佃权。

(五)普通物权和特别物权

普通物权和特别物权是以物权所依据的法律的不同为标准而做的划分。普通物权指民法典(在我国为《民法通则》及《担保法》)规定的物权,又称为民法上的物权。特别物权指由特别法规定的具有物权性质的财产权。所谓特别法,指兼有民法规范和行政法规范的综合性法律,如我国的《土地管理法》、《中华人民共和国矿藏资源法》、《中华人民共和国森林法》等。

与民法典规定的物权比较,特别法规定的物权具有下列特殊性:一是它们一般依特别法规定的特许程序取得;二是它们的行使受较强的行政干预;三是在法律的适用上,它们优先适用特别法的规定,只有对特别法没有规定的问题,才适用民法典的有关规定。

物权和债权是两种性质完全不同的财产权利。其区别主要表现在以下几个方面。

1. 在权利性质上的区别

物权为支配权,债权为请求权。物权的客体是物,物权无须借助他人的行为,就能直接对标的物行使其权利,即可以直接支配标的物,并通过对标的物的直接支配以享受其利益。

债权的客体是给付,是一种行为,因此债权既不能直接支配债务人的人身以强制其给付,也不能直接支配所应给付的标的物,它只能请求债务人给付,且只有通过债务人的给付行为,债权人才能享受到债权的利益。

2. 物权关系与债权关系的主体不同

物权的权利主体为特定人,义务主体为除权利主体以外的不特定的任何人。如果王某拥有某一栋房屋的所有权,那么,除王某之外的任何其他人都负有不侵犯王某房屋所有权的义务。债权的权利主体和义务主体,均为特定之人。甲欠乙的钱,甲是债务人,乙是债权人,其他人不再与债权债务有权利义务关系。

3. 在权利发生上的区别

物权的发生一般实行法定主义,债权的发生一般实行任意主义。所谓物权之法定主义,是指物权的种类和内容由法律统一确定,不允许当事人创设新的物权,也不允许当事人变更物权的内容。这里所指的法律,严格意义上是指全国人民代表大会及其常务委员会制定的法律规范,不包括行政法规和地方法规。

债之发生有法定的,如不当得利、无因管理、侵权之债等,最常见和数量最多的债为合同之债,是当事人通过订立合同设立的以债权、债务为内容的民事关系。合同之债,属于任意性规范,实行契约自由原则,即关于契约种类、形式和内容原则上可由当事人自由约定。

4. 在权利效力所及范围上的区别

物权为绝对权,债权为相对权。物权是可以对抗世间一切人的权利,权利人之外的一切人均为义务主体,均负有不得侵害其权利和妨害其权利行使的义务,即所谓的绝对权或对世权。债权的权利效力所及只限于特定的债务人,债权人只能请求特定的债务人给付,即所谓的对人权。

5. 在权利效力上的区别

物权所具有的效力为支配力,债权所具有的效力为请求力。支配力表现为权利人可以按照自己的意志占有、处置或支配标的物的权力;请求力表现为债权人只能请求债务人给付的权力。物权所具有的支配力使其具有排他效力、优先效力和追及效力。因债权所具有的效力为请求力,于同一标的物上可以并存两个或两个以上的债权,各债权相互平等,皆不具有排他性和优先效力。同时,债权也无所谓追及效力,当债权的标的物被第三人占有时,无论该第三人对于标的物之占有是否合法,债权人通常均不能向该第三人请求返还。

了解物权与债权以及它们的区别,对于土地法的学习具有重要的现实意义。如对农用地承包经营权的认识。我国目前实行的家庭联产承包责任制,通过集体与农户签订承包合同使农户获得农地使用权,实现所有权与使用权的分离,在一定程度上调动了农民的积极性，促进了农村经济的发展。但是，承包合同属于债权关系，农民获得的农地使用权属于债权性质。由于债权的效力比物权弱，原则上不能对抗物权，因此经常发生发包方任意撕毁合同，严重侵害承包方合法利益的事件。如果将债权变成物权，即将农地所有权变成一种用益物权，基于物权的效力，不仅可以对抗一般人，并可以对抗所有权人，这样，就可以消灭任意侵害农户利益的现象。

第三节　物权的效力

物权的效力指合法行为发生物权法上之效果的保障力。从作用范围看，物权的效力可分为共同效力与特有效力。共同效力为一般物权所共有的效力，特有效力为各种物权独有的效力。这里只讲物权的共同效力。

一、物权的排他性效力

物权的排他性效力指在同一标的物上，依法律行为成立一物权时，不容许再成立与之有同一内容的物权。表现为：①同一标的物上，不得同时并立两个所有权。②同一标的物上，不得同时成立两个或两个以上的基地使用权或农地使用权。③用益物权（如基地使用权）与担保物权（如抵押权）则能同时并存于同一标的物上。④抵押权等担保物权可同时存在于同一标的物上，其效力依次序之先后而定。

二、物权的优先效力

物权的优先效力，又称物权的优先权，表现为物权相互间的优先效力和物权优先于债权的效力。

（一）物权相互间的优先效力

物权相互间的优先效力为物权的对内效力。

（1）同一标的物上存在两个或两个以上不同内容或性质的物权时，成立在先的物权优先于成立在后的物权（时间在先，权利在先）。表现为：①优先享受其权利。如同一土地上设定两个以上的抵押权，先成立的优先于后成立的。假设一块土地上先后设了3个分别为100万元、80万元和120万元的抵押权，由于债务人无法履行债务而需要拍卖土地还债，而土地使用权只卖了150万元，那么，第一个抵押权人可以得到100万元的赔偿，第二个抵押权人只能得到50万元，第三个抵押权人则得不到赔偿。设定抵押权时，要注意是否已有抵押权存在。②先成立的物权压制后成立的物权。后成立的物权害及于先成立的物权时，后成立的物权将因先成立物权的实行而被排斥或消灭。如在同一土地上设定抵押权后，于该土地上再设定基地使用权而害及先设定的抵押权时，抵押权人在实行抵押权之际，可请求除去后成立的基地使用权。在购买土地使用权时，要注意是否已经设有抵押权的问题。

（2）先成立的物权优先于后成立的物权的例外。表现为：①定限物权优先于所有权。定限物权为于一定范围内限制所有权的权利。同一标的物上，定限物权虽成立于所有权之后，但仍有优先于所有权的效力。②法律明定了特殊的顺位次序时，不适用“时间在先，权利在先”的原则。应依规定的次序决定各物权的效力。③基于公益或社会政策的理由，发生在后的某些物权有优先于发生在前的某些物权的效力。

(二)物权优先于债权的效力

同一标的物上既有物权,又有债权时,无论物权成立于债权之前还是之后,它均有优先于债权的效力。如一块土地为债权给付的内容,但该块土地上有抵押权存在,那么,无论抵押权是在债权成立之前还是之后,均有优先于债权的效力,债权人不得请求除去该抵押权。债务人财产上设定了抵押权,于实行该抵押权时,无论债务人财产是否清偿完毕债务,抵押权人就拍卖标的物所得价金均可优先于一般债权人受偿。债务人受破产宣告时,对于债务人财产上设定了担保物权的,担保物权人就该项财产享有别除权。

物权优先于债权的例外:①买卖不破租赁。承租人之租赁权优先于后设定的物权。我国最高人民法院《关于贯彻执行〈民法通则〉若干问题的意见(试行)》第一百一十九条规定:"私有房屋在租赁期内,因买卖、赠与或者继承发生房屋产权转移的,原租赁合同对承租人和新房主继续有效。"②基于公益或社会政策的理由,法律规定某些物权不得有优先次序,如土地增值税征收,优先于设定在先的抵押权等。

三、物权的追及效力

物权的追及效力指物权成立后,其标的物不论辗转于何人之手,物权的权利人均可得追及物之所在,而直接支配其物之效力。比如:甲的汽车被盗后,几经转手买卖到了乙的手中,甲可直接要求乙返还汽车,乙必须无条件同意,而且乙因购买汽车遭受的损失也与甲无关。又如:房屋所有人就其房屋设定抵押权后,复将房屋让与第三人,如抵押权人之债权届期未获清偿,其就可追及抵押物(房屋)并申请法院拍卖,以实现自己之债权。

第四节　我国的土地财产法

自古以来,土地始终是最重要的生产资料和财产,是财产法的主要调整对象。世界各国的财产法中土地财产法都占有重要的地位。新中国成立后,我国实行社会主义公有制,主要属于私法范畴的财产法没有受到应有的重视,但改革开放以来,特别是1986年《民法通则》颁布之后,财产法逐渐为人们所接受。对于土地来说,越来越多的人认识到它不仅是资源,也是资产或财产,并因此进行了相关的立法。除《民法通则》等法律对土地财产权给予确认外,还制定了一些专门的法律条文,如《土地管理法》和《出让和转让条例》。尽管这两个法律条文主要属于公法范畴,但其中的规定为我国土地财产法的初步形成打下了一定的基础。

一、土地财产制度的概念

要研究土地制度,首先必须明确土地制度的内涵,对于土地制度可以作出广义和狭义两种界定。广义的土地制度泛指与土地所有、使用、管理及利用技术等有关的一切制度,狭义的土地制度是指土地所有、使用、管理的土地经济制度及其相应的法权制度。本章重点研究有关狭义的土地制度即土地财产制度的若干基本问题。

二、土地财产制度的构成

土地财产制度就狭义而言,首先包括土地经济制度。土地经济制度是指人们在一定的社会制度下在土地利用中形成的土地经济关系的总和,是社会经济基础的重要组成部分。

其次,土地财产制度还包括相应的土地法权制度。完整的土地财产制度包括土地所有制、土地使用制和土地国家管理制度。

三、土地财产制度的特点

土地财产制度有以下特点。

(一)地位的基础性

土地是一个国家最基本的资源和资产。在资本主义大工业发展起来之前,社会处于农业社会发展阶段时,土地是最基本的生产要素,因而成为最主要的财富形式,土地的占有形式基本决定了社会财富的占有和分配形式,因而土地财产制度成为当时基础性的社会经济制度。

18 世纪产业革命后,人类社会逐渐进入大工业时代,国民财富大量增加,财产结构发生巨大变化,土地已经不再占据财产构成中的决定性地位。但是在现代社会发展中,由于人口膨胀和城市化的发展,使得城市土地日渐稀缺和昂贵,因而使得土地财产制度在决定国家财富的占有和分配中仍然占有相当重要的地位。

(二)国度的差异性

现代世界各主要的资本主义国家中,一般财产占有形式比较单一,基本都是私有制。而土地占有形式在各个国家之间仍然保留着明显的差异。因为土地制度除直接受一个国家生产方式及生产水平的决定性影响外,同时还受到各国土地资源的状况、民族经济文化发展的历史等多种因素影响,因而形成国与国之间明显的差异性。

(三)构成的差异性

相对于一般财产关系而言,土地财产关系要复杂得多。土地作为一种不动产,其所有、占有、使用、收益、处分及管理等构成一系列复杂的财产关系和产权体系。这首先是由土地作为一种不动产所具有的特性所决定的。同时,这种复杂性还随着社会经济的发展、人们土地关系的日益多元化而不断增强。

目前,我国土地财产法主要包括以下四个方面内容:

(1)土地所有权。我国的土地所有权只有两种,即国有土地所有权和集体土地所有权。

(2)土地用益物权。我国的土地用益物权主要包括农地使用权、基地使用权和地役权。目前,能够成为用益物权的农地使用权为农村土地承包经营权。基地使用权包括城镇国有土地使用权、集体建设用地使用权、农村宅基地使用权。地役权指以他人土地供自己土地便宜之用的权利,它与不动产相邻关系在性质上是有本质区别的,不动产相邻关系只是财产所有权的组成部分,而地役权是一种独立的用益物权,需要通过一定的法定程序产生。

(3)土地担保物权。土地担保物权主要包括土地抵押权和土地典权,其中土地典权并不多见。

(4)土地债权。土地债权主要包括土地用益物权的租赁权,如出让土地使用权的租赁权。

思考与分析题

1. 试述物权和债权的联系和区别。

2. 试述物权的主要效力。

第五章　所有权和土地所有权

第一节　所有权的法理学知识

一、所有权的概念和性质

所有权是指在法律规定和限制的范围内，所有人对于所有物为全面支配的物权。其具有如下性质。

（一）全面性

所有人对于所有物，在法律规定和限制的范围内，得为全面的占有、使用、收益和处分。我国《民法通则》第七十一条规定："财产所有权是指所有人依法对自己的财产享有占有、使用、收益和处分的权利。"

（二）整体性

整体性又称统一的支配力，指所有权系所有人对于标的物有统一的支配力，而非仅为占有、使用、收益及处分等各种权能的量的总和。换言之，所有权是一个整体性的权利，不能说集合使用、收益、处分各种权能即成为所有权。

所有权的整体性特征决定了所有权本身不得在内容或时间上加以分割。于所有权上设定用益物权或担保物权时，非属于让与所有权的一部分而是依创设行为创设一个新的独立的物权；于保留所有权买卖，双方约定价金全部清偿前，出卖人仍保留所有权时，买卖标的物的所有权并不随每期价金的支付而发生移转，买受人即使已支付99%的价金，标的物所有权此时仍旧归属出卖人，买受人所取价得者，仅为对于所有权的期待权。

（三）弹力性

弹力性又称归一性。所有权既然具有整体性，则其内容可自由伸缩。例如：所有人于其土地上设定土地使用权于他人后，即须受该土地使用权的束缚或一定程度的限制，但该土地使用权消灭，则土地所有权又恢复其圆满状态。合同内容如违反所有权的弹力性，其约定为无效。例如：房屋赠与合同约定永远禁止对于因受赠而取得所有权的房屋加以处分的，其禁止的约定为无效。

（四）恒久性

恒久性又称永久存续性，指所有权不因时效而消灭，也不得预定其存续期间。所有权除因标的物灭失、所有人抛弃等事由而消灭外，能永久存续。

二、所有权思想的历史变迁

所有权思想可以分为两大类型：个人主义和团体主义。所谓个人主义的财产所有权思想，是指所有权纯为一种私法上的权利，绝不受个人身份的影响，所有人对标的物为自由的占有、使用、收益和处分。所谓团体主义的财产所有权思想，是指所有权含有公法的性质，依财产利用的不同形态而承认各种权利,如财产权、利用权、身份权和人身支配权等,所有人对标的物的占有、使用、收益和处分都要受到社会和公共利益的影响。

考察对现代法律思想影响较大的人类历史上的财产所有权思想,财产所有权思想的历史变迁大概可分为两个时期:个人主义和团体主义轮回的时期(第二次世界大战之前);个人主义和团体主义调和的时期(第二次世界大战之后)。

(一)个人主义和团体主义轮回的时期

如果说现代文明发源于古希腊、古罗马,显然过于绝对,但说现代法律思想和法律文化发源于古希腊、古罗马,就不为过。从古希腊开始,财产所有权思想经历了个人主义和团体主义轮回的漫长时期。

罗马时代是古代商品经济比较发达的时代(有人称之为"古代资本主义"),为了保护个人财产及其安全流通,罗马法注重个人主义思想。罗马的私法非常发达,他们也很早(公元2世纪左右)提出公法的概念,但公法一直没有得到发展。罗马帝国衰亡后,日耳曼民族崛起,欧洲进入封闭的封建领主时代,团体主义色彩浓厚的日耳曼法占据主导地位。但是,随着资本主义商品经济的萌芽,这种制度就不能适应时代的需要了。

18世纪以来,受资本主义启蒙思想的影响,罗马法的个人主义思想又开始勃兴,天赋人权的思想甚嚣尘上,认为所有权与生俱来,天赋所有人对权利标的物有完全支配的绝对权。

1786年,以"自由、平等、博爱"为口号的法国资产阶级大革命取得胜利。1789年,法国《人权宣言》宣示所有权神圣不可侵犯。此观念成为近代民法三大原则中的所有权绝对原则。依此原则,个人对自己所有的财货可以自由使用、收益、处分乃至滥用,国家不得干涉。但这一思想发展到极致后,出现了一些问题,比如:个人为了自己的利益,不惜破坏社会公益或者毁坏社会的生存进化。环境污染、贫富分化造成的社会问题(如经济危机)等,都是个人的所有权思想的产物。

19世纪末,个人的所有权思想逐渐被社会的所有权思想所取代。认为所有权的行使应顾及社会公益,不容个人恣意妄为而损害他人利益。于是,所有权观念相对化,认为所有权为附有义务的权利,所有权应受限制的观念于是产生。1919年德国《魏玛宪法》规定,所有权附有义务,其行使应同时有益于社会公益。至此,法律思想关于所有权的观念发生了根本性变化,演化为排斥个人本位而代之以社会本位。私法上的所有权绝对原则遂修正为所有权限制原则。不过,社会的所有权思想给世界造成的灾害更大。比如:这种思想与法西斯思想相结合,产生了德国纳粹和日本军阀,给世界人民造成了无尽的苦难。

之所以出现这样的轮回现象,主要是因为个人主义和团体主义的所有权思想都存在很大的局限性。个人主义过分强调个人的所有权,有害公益,造成贫富两极分化等社会问题,社会动荡和经济危机不可避免;团体主义过分强调社会的所有权,又足以抹杀个人财产权,妨害个人自由及个人的创造性,阻碍社会的发展,尤其会造成公共权力的滥用,给人类造成巨大的灾难。

(二)个人主义和团体主义调和的时期

第二次世界大战后,鉴于团体主义和个人主义的局限性,人们倡导个人与社会调和的所有权思想,认为个人行使所有权时,应顾及社会公益;同时,也只有保持个人享有财产权的适当自由,才能促进社会全体的发展。这种个人与社会调和的所有权思想,不仅是现代所有权思想的主流,也必将成为21世纪所有权思想发展的主流。

团体主义和个人主义调和时期的基本内容和思想如下：

(1)公法的快速发展与健全。古罗马法学家在2世纪就提出了公法和私法的概念，但公法的发展却是在20世纪，特别是二战之后才得以兴旺。宪法和行政法等是典型的公法，虽然公法一般不直接包含财产法的内容，但对财产法具有决定性的影响。对财产法影响较大的是国家征用制度、所得税和增值税制度、反垄断法等，这些法律实际上是通过国家权力对财产权利进行干预和调节。

(2)用益物权的优越性。所谓的用益物权，是指在一定范围内占有、使用他人之物并获取收益的一种物权。其核心内容是，在法定范围内，用益物权可以对抗所有权。这在法律上保证了使用权人的财产权利，实际上也是对所有权绝对原则的修正。

(3)债权的优越性。出于债权只是一种请求权和对人权（物权是支配权和对世权），其法律效力要比物权弱。但近代随着合同法等债权法的完善，债权的法律效力和社会功能在一些方面得到了加强，表现出一定的优越性，如所有权的债权化和债权的物权化。债权物权化的一个重要表现是租赁权的物权化。许多国家的土地租赁权，特别是期限较长的，法律赋予其物权化的效力。

三、所有权的权能

所有权为所有人对标的物直接支配的物权。所有人对标的物的直接支配并不止于抽象的存在，而通常表现为若干具体形式，这些形式即所有权的权能。所有权的权能是指所有人对标的物直接支配的具体表现形式，分为积极权能和消极权能。

（一）所有权的积极权能

(1)占有权能。占有权能指特定的所有人对于标的物为管领的事实。在社会生活中，行使物的占有权能是行使物的支配权的基础与前提。但同时作为所有权的一项独立权能，占有权能在一定条件下又可与所有权分离。如国有土地的所有权是国家，但其占有权一般是具体的单位或组织。非所有人享有的占有权同样受法律的保护，所有人不能随意请求返还原物。

(2)使用权能。使用权能指依所有物的性能或用途，在不毁损所有物本体或变更其性质的情形下对物加以利用，以供生活的需要。依民法物权理论，作为他物权的使用权，如我国的土地使用权能，不仅包括对于物的使用权能，而且包括对于物的占有权能和收益权能。

(3)收益权能。收益权能指收取所有物之天然孳息和法定孳息的权能，如采摘果树的果实、收取出租所有物的租金。收益权也可以与所有权分离。

(4)处分权能。处分权能指依法对物进行处置，从而决定物的命运的权能，包括事实上的处分和法律上的处分。事实上的处分指对物进行实质上的变形、改造或毁损等物理上的事实行为，如拆除房屋，撕毁书籍。法律上的处分指使标的物所有权发生转移、限制或消灭，从而使所有权发生变动的法律行为，如买卖中的所有权转移、抵押权设定等。在市场经济条件下，对于商品生产者和经营者，处分权是一项极其重要的权能，因为它是发生商品交换的必要前提。

（二）所有权的消极权能

所有权的消极权能，民法理论上称为排除他人干涉的权能。排除的方法主要为法律所规定的所有人物上请求权。比如：兴建大厦遮掩了邻地阳光，那么所有人就可以依法要求停止建造或者获得补偿。

第二节　土地所有权的基础理论

一、土地所有权的特殊性

前面已经讲过，土地作为一种重要而特殊的物，具有自己的特性。那么，土地所有权作为一种物权，也具有自己的特殊性。

（一）私益性与公益性

土地所有权的私益性，包括生存利益和财产利益。土地是确保人们生活和生存的最重要和最基本的物质条件。任何人离开土地都无以为生。同时，土地所有人将土地作为资产加以保有或利用以获得利益和个人的发展。

土地所有权的公益性包括消极意义上的公益性与积极意义上的公益性。消极意义上的公益性指土地所有权的行使不得违反公共利益。积极意义上的公益性指土地所有权的行使不但不得违反公共利益，而且还要增进公共利益。有时，为了公益必须牺牲私益。

我国实行土地所有权公有制，注重土地所有权的公益性，需要发展的是土地所有权的私益性。需要说明的是，无论是实行公有的土地所有制的国家，还是实行私有的土地所有制的国家，法律所确认的所有权都具有私益性与公益性，土地所有权的私益性与公益性存在于一切类型的土地所有权制度中。

衡量一个土地制度好坏的标准，并不是看它是公或是私，而主要是看它能否调和土地所有权的私益性与公益性。

（二）土地所有权向土地用益权让步——土地用益权的优越性

19 世纪以前，土地所有权被认为是具有优越性、强大性和绝对性的权利，土地所有人可凭借其所有人的地位压迫无地或少地的社会经济生活中的弱者。土地利用人，也就是广大的农民，只能是任由土地所有人剥削和宰割的奴隶或农奴，地位十分低下。到了 19 世纪末期的近代欧洲资本主义社会，形成了三个基本的阶级：代表土地的地主阶级、代表资本的资本家阶级和代表劳动力的劳动者阶级。资本主义自由经济是以资本家阶级为轴心展开的，资本家是土地的主要使用者，为了保护土地的现实利用者，资本主义法律就对土地用益权予以保护，赋予用益权以对抗土地所有权的效力。这种为适应资本运动法则，促进土地有效利用而强化土地利用权的现象，史称土地所有权向土地用益权让步。

所谓土地所有权向土地用益权让步，是指在土地所有权与土地利用权相分离时，提高利用权人的法律地位，使之得以与土地所有人相抗衡。有时，也泛指强化土地现实利用者的法律地位的情形。不过，在大多数情况下，指土地所有权向土地租赁权和基地使用权让步。这一思想对我国的土地制度改革具有重大的指导意义。

二、土地的所有形态

依所有权主体为单数或复数，土地所有权可分为单独所有形态和共有形态。

（一）土地单独所有形态

土地单独所有形态，是指由单个的主体享有土地所有权的情形，分为土地的自然人单独所有与法人单独所有两种。这是一种单纯和简单的所有形态。我国因实行土地的社会主义公有制，由国家和农村集体分别拥有土地所有权，故无土地单独所有形态。

（二）土地共有形态

土地共有形态指由多个主体共同享有土地所有权的情形，可以分为土地共同共有、土地按份共有等形式。

（1）土地共同共有。土地共同共有又称合手的共有，指数人基于共同关系而享有同一土地所有权。共同关系可以是家族共同体、依契约组成的合伙共同体等。这种形态的特点是土地为共有财产，单个人不得自由处分，也不得请求分割，其管理和处分必须经过全体人的同意。

（2）土地按份共有。土地按份共有指数人按其应有部分对于同一土地享有所有权，而每一共有人得对其应有部分予以自由处分的法律制度。其特点是共有人既可终止共同所有而变更为单独所有，也可请求分割。

第三节　国有土地所有权和集体土地所有权

一、国有土地所有权

（一）国家土地所有权的取得

国家土地所有权的取得方式主要有承继、没收、征收、依宪法的规定直接取得和征用五种。

1. 承继

承继指新中国成立后对成立前国家所有土地的承继。以新中国成立前国家名义享有的土地所有权，自中华人民共和国成立之日起，就归新中国国家所有。国家承继的土地主要是国家机关的办公用地，也包括国家资本主义企业用地、大型交通设施用地等。

2. 没收

没收指新中国成立后，在没收官僚、买办资产阶级的资本时，将它们的土地一并收归国家所有。1949 年 9 月 29 日中国人民政治协商会议第一届全体会议上通过的《中国人民政治协商会议共同纲领》第三条宣告："中华人民共和国必须取消帝国主义国家在中国的一切特权，没收官僚资本归人民的国家所有。"1950 年通过的《中华人民共和国土地改革法》第二条规定：没收地主的土地。《城市郊区土地改革条例》第三条规定：地主在城市郊区的土地予以没收。该法第九条规定："城市郊区所有没收和征收得来的土地，一律归国家所有，由市人民政府管理。"1951 年 6 月 22 日中央人民政府政务院通过的《关于没收反革命罪犯财产的规定》第（一）条中规定："依法判刑的反革命罪犯，得按其罪行的轻重，酌情没收其财产的全部或一部。没收全部财产的范围，包括罪犯本人实际所有（只用本名、化名、堂名及假借他人名义所有）一切土地……及其他动产与不动产的全部。"

3. 征收

征收指国家依照法律规定的条例无偿地将土地收归国家所有的一种法律措施。依据

《中华人民共和国土地改革法》第十五条的规定:“分配土地时,县以上人民政府根据当地土地情况,酌量划出一部分土地收归国家所有,作为一县或数县范围内的农事试验场或国营示范农场之用。”因此,在对全国的土地进行分配时,国家分到了一部分土地。该法第三条规定:“征收祠堂、庙宇、寺院、教堂、学校和团体在农村中的土地及其他公地。”该法第四条规定:“工商业家在农村中的土地和原由农民居住的房屋,应予征收。”该法第六条规定:“富农所有之出租的小量土地,亦予保留不动;但在某些特殊地区,经省级以上人民政府的批准,得征收其出租土地的一部或全部,半地主式的富农出租大量土地,超过其自耕和雇人耕种的土地数量者,应征收其出租的土地。”《城市郊区土地改革条例》第四条规定:“祠堂、庙宇、寺院、教堂、学校和团体在城市郊区的农业土地和荒地,照土地改革法中第三条规定予以征收。”该条例第五条中规定:“工商业家在城市郊区的农业土地和荒地及原由农民居住的房屋,照土地改革法第四条规定予以征收。”

4. 依据宪法的规定直接取得

这主要是指依照我国 1982 年《宪法》,将城市中新中国成立初保留下来的私有土地(作为私有房屋的基地)规定为国家所有。这种规定,既不是没收,也不是征收,而是在国家严格城市规划并禁止土地所有权转移,从而使私人土地所有权失去其存在基础的情况下,国家依法取得其所有权。但是,对于城市区域内的农民集体经济组织所有的土地,则依法予以保留其所有权。

5. 征用

征用即国家为了公共利益需要,为了进行各种民用或国防工程建设项目及其他建设而将农村集体经济组织所有的土地转移为国家所有,国家支付一定的补偿费用。“被征用的土地属于国家所有”,这项原则最初确定于 1953 年中央人民政府政务院颁发的《关于国家建设用地征用土地办法》。此后,国家颁发的历次有关土地征用的法律、法规也都坚持了这一原则。当前,我国已进入了和平建设与发展的时期,国家获取新土地所有权最主要的办法就是征用农村集体土地。征地是土地所有权的移转,必须严格遵照法定的程序。

(二)国家土地所有权的特征

1. 国家土地所有权的完全性与绝对性

国家土地所有权的完全性是指国家土地具有所有权的各项权能。这个特征在与集体土地所有权进行比较时更为明显。它的绝对性是指国家土地的所有权在法律上受到绝对的保护,这个特征在与非国有所有权进行比较时更为明显。

在相关的法律规定中充分体现了国有土地所有权上述的两个特征。《宪法》第十二条规定:“社会主义的公共财产神圣不可侵犯”,在《民法通则》第五条已经规定“公民、法人的合法民事权益受法律保护,任何组织和个人不得侵犯”的情况下再次重申国家土地所有权的神圣不可侵犯,充分体现了我国通过立法对国家土地所有权的保护。

与集体土地所有权相比较,国家土地所有权的完全性和绝对性尤为突出,国家土地所有权具备了所有权的四项权能,尤其是在收益权能与处分权能方面。国家土地所有权的收益权能集中表现在国家土地使用权出让中的出让金收取,处分权能集中表现在以非农用地为目的时的土地使用权设定。集体土地所有权显然不具备这两点。当土地在市场中流通压力增大时,国家土地所有权的这两项权能的重要性就更加明显。

当然,依照《宪法》第二条、《民法通则》第八十条以及《土地管理法》第二条的规定,土地不得买卖、出租、抵押或以其他形式非法转让,这就使得国家土地所有权的处分权能受到了一定的限制,但是这种限制对于集体所有的土地同样存在。

2. 权能可分离性

国家土地所有权的权能可分离性,是指国家土地所有权的权能可以与国家土地所有权相分离而形成一项独立的民事权利。这种权能可分离性是所有权弹力性在国家土地所有权中的体现。这一特征是所有权特性的表现,而不是基于土地所有权的"国有"特质而存在的。集体土地所有权同样存在着权能可分离性。

国家土地所有权的分离可以采取不同的形态。也就是说,从国家土地所有权中分离出来的各种权能形态,其民事主体可以有不同的性质,既可以是物权性质的民事权利,也可以是债权性质的民事权利。《宪法修正案》第二条规定,将《宪法》第十条"任何组织或者个人不得侵占、买卖、出租或者以其他形式非法转让土地"修改为"任何组织或者个人不得侵占、买卖或以其他形式非法转让土地。土地使用权可以依照法律的规定转让"。出租土地已经被《宪法》所承认,国有土地使用权是国家土地所有权权能分离出的物权性质的民事权利,具有物权效力;国有土地租赁权则是国家土地所有权权能分离出的债权性质的民事权利,具有债权效力。

由于《宪法》所规定的土地公有制是不会发生改变的,所以对于国家土地所有权的这种权能的可分离性应该给予充分的重视。应将不同民事主体的不同利益以法律的形式加以规定,形成独立的民事权利。民事权利的明确有助于包括国家在内的民事主体之间纠纷的减少和处理,并在此基础上促进土地利用效率的提高。

3. 移转中的单向流入性

国家土地所有权移转中的单向流入性是指在土地所有权移转的过程中,只可能是集体所有的土地转归国家所有,不可能是国家所有的土地转归集体所有,国家土地所有权的客体只增不减。现实中存在的集体土地所有权与国家土地所有权之间的所有权移转,主要有三种方式:征用、准征用和兼并。根据《土地管理法》第二条第三款,国家为了公共利益的需要,可以依法对集体所有的土地实行征用,此即征用。依 1995 年 3 月原国家土地管理局发布的《确定土地所有权和使用权的若干规定》中的第十五条规定,乡(镇)企业依照国家建设征用土地的审批程序和补偿标准使用的非本乡(镇)村农民集体所有的土地,转为国有,此即准征用。同样,根据《确定土地所有权和使用权的若干规定》中的第十五条中的规定,全民所有制单位和城镇集体所有制单位兼并农民集体企业的,办理有关手续之后,被兼并的原农民集体企业使用的集体所有土地转为国家所有,此即兼并。

(三)国家土地所有权的行使

(1)国家土地所有权的授权行使。国家土地所有权的主体是国家,但这并不意味着国家要亲自行使国家土地所有权的各项权能。国家通过法律授权国务院和地方各级人民政府以及国土资源部和地方各级土地行政主管部门行使国有土地的所有权。各级人民政府及土地行政主管部门对国有土地的所有权通过以下方法行使:对已经被国家机关、企事业单位、社会团体和公民个人合法占用的土地,依照有关法律的规定确认使用者的土地使用权,由县级以上人民政府登记造册,核发土地使用权证,并依法收取土地使用金。在国家的授权之下,可以划拨、出让国有土地的使用权;依照相关法律的规定,可以依法收回国有土地的使用权。

(2)国有土地所有权的行使要遵循基本的法律,要求土地资源的特殊性决定了国有土地的所有权人必须合理利用和保护土地,在行使其所有权时,必须遵守《民法通则》、《土地管理法》等相关条文的规定,对土地使用者履行管理、保护和合理利用土地的义务。

(3)行使国家土地所有权的限制。我国实行社会主义土地公有制,国有土地的使用权可以依法出让、转让、出租、抵押,但是国有土地的所有权不得买卖,也不得以赠与、破产还债等形式非法转让。土地所有权人不能超出法律规定的权限范围滥用土地,以免损害公共利益和他人的合法权益。如擅自改变土地用途、未经合法手续允许他人使用国有土地、任意收回或剥夺他人的土地合法使用权和经营权等行为均属于滥用土地。

(四)国家土地所有权的保护

国家以立法形式确定国有土地的范围,同时制定了一系列相应的法律、法规对其进行保护,并成立了国家土地管理机构对其进行有效的管理,即对国有土地的利用实施规划、控制、调节、组织和监督,采取一系列法律、行政、经济、技术等方面的措施进行管理。根据我国《土地管理法》的规定,对下列侵犯国有土地所有权的行为作出如下处罚规定:

(1)对于非法占地者,全民所有制单位、城市集体所有制单位未经批准或者采取欺骗手段骗取批准而占用土地的,一律责令其退还非法占用的土地,限期拆除或者没收在非法占用的土地上新建的建筑物和其他设施,同时对全民所有制单位和城市集体所有制单位并处罚款。对违法占地单位的主管人员,由其所在单位或者上级机关给予行政处分。对全民所有制单位、城市集体所有制单位超过批准的用地数量占用土地的,其多占的土地,均应按照非法占用土地的规定处理。

(2)对于城镇非农业户口居民未经批准或采取欺骗手段骗取批准,非法占用城镇土地建住宅的,责令其退还非法占用的土地,限期拆除或者没收在非法占用的土地上新建的房屋。若是国家工作人员利用职权之便,未经批准或者采取欺骗手段骗取批准,非法占用土地建住宅的,除责令其退还非法占用的土地,限期拆除或者没收在非法占用的土地上新建的房屋外,还要由其所在的单位或者上级机关给予行政处分。

(3)对于买卖或者以其他形式非法转让国有土地的,除没收非法所得、限期拆除和没收在该非法所得的土地上新建的建筑物和其他设施外,还要对当事人处以罚款。对主管人员,由其所在单位或上级机关给予行政处分。

(4)对于有些单位和个人违法批准占用国有土地的,依照《土地管理法》规定,无权批准征用、使用土地的单位或者个人非法批准占用土地、越权非法批准占用土地的,其批准占用文件一律无效。已经占用的土地,应按非法占用土地的规定处理。对非法批准占用土地的单位主管人员或者个人,必须由其所在单位或上级机关给予行政处分。从中接受贿赂的,应依照《中华人民共和国刑法》的有关规定追究当事人的刑事责任。

(5)对临时使用城市国有土地,期满不归还的,由有关部门依法予以收回,拒不交出土地的,责令退还土地,并处以罚款。

(6)对侵犯城市国有土地所有权的,由县级以上人民政府土地管理部门责令停止侵犯,赔偿损失。

二、集体土地所有权

（一）集体土地所有权制度的演变

新中国成立以来，农村土地制度发展的历史表明，集体土地所有权是在农民私人土地所有权的基础上形成的。

新中国成立初期，我国于1950年颁布《中华人民共和国土地改革法》和《城市郊区土地改革条例》，使广大农民取得了土地所有权。1952年，在全国土地改革基本完成以后，开始了全国性的互助合作社运动。先是农民自愿组织互助组，这实际上是一种劳动协作关系，并没有改变原有的土地私人所有权和家庭经营形式。随后，在中国共产党的领导下，农民开始创办初级农业合作社，这实际上是一种类似于合伙的联合经营关系，即农民以土地入股，集体耕种，收益分红，但土地所有权仍然属于原所有人（合作社此时还不是土地所有权的主体）。

此后，随着农村集体化运动的兴起，经过初级农业合作社（1953年开始）、高级农业合作社（1956年开始）和人民公社（1958年开始）三个阶段，农村的土地私有制迅速转变为集体所有制。在人民公社化的初期，曾出现过“一平二调”的“共产风”，即打破集体组织之间的所有权界限，在全社乃至全县范围内任意调用土地等生产资料，造成了土地所有权关系的极大混乱，直到1962年中共中央发布《农村人民公社工作条例修正草案》（即《六十条》），才使“三级所有，队为基础”的土地权属关系确定下来。

1979年以后的农村经济体制改革，给我国农村的土地所有权制度带来了重大变化。首先，在绝大多数地区，废除了过去“政社合一”的人民公社体制，代之以单纯政权组织的乡（镇）和单纯社区自治组织的村（村以下分组）。其次，由原来的集体所有、集体共同使用的体制转变为集体所有、农户承包经营的体制。

实行土地承包经营制以后，土地所有权没有改变，但土地使用权移转到了农民手中，过去的集体经营变成了现在的农户私人经营。这一变化导致了在广大农村地区原有集体经济组织的解体。于是，过去的“政社合一”，既兼有行政单位又兼有经济组织双重性质的人民公社变成了单纯的行政单位——乡，而过去的生产大队变成了农民社区自治组织——村，而原来的生产队则变成了村的组织成分——村民小组。

20世纪70年代末以来，通过推行农村土地承包经营制，使集体土地使用权逐渐与所有权发生了分离，形成了一种相对稳定的财产权，这是一个非常重要的制度性变革。1986年颁布的《民法通则》明确承认了土地承包经营权的法律地位。今后一个时期，农村集体土地的财产权制度将会沿着“土地承包经营权物权化”和“强化土地使用权”的方向发展，这将使农民在土地上享受更充分更稳固的财产权地位，这对农业的发展和社会的安定都是必要和有益的。

根据以上事实可以看出，集体土地所有权是历史形成的，它不是国家土地所有权的派生物，也不隶属于国家土地所有权之下。现行立法的规定进一步表明，农民集体土地所有权是一项独立的民事权利，它与国家土地所有权在法律上处于平等的地位。

（二）集体土地所有权的特征

1. 集体土地所有权的不完全性

集体土地所有权的不完全性是指集体土地所有权所具有的权能并不完全。这个特征在于国家土地所有权进行比较时更为明显。

在使用权能方面,集体所有的土地只能用于农业生产或农民宅基地、乡(镇)企事业用地等与集体密切相关的建设中,而对于能够产生巨大经济效益的房地产开发等,集体土地显然没有这个使用目的。依《房地产法》第八条,城市规划区内集体所有的土地,经依法征用转为国有土地后,该国有土地的使用权才能有偿出让。农民集体所有的耕地,即便用于建筑房屋,也需要经过县级以上人民政府批准。而在1998年《土地管理法》的修正中,提出了土地用途管制。新的《土地管理法》正是以耕地保护等为目的强化了集体土地所有权的不完全性。这一立法必然会大大限制作为所有人的农民集体对其所有土地的使用权能,从而使其所有权公权能上的不完全性更为明显。

收益权能方面的不完全性是使用权能方面不完全性的表现。由于集体所有的土地不能用于房地产开发,而必须先由国家征用转变为国家所有后方可出让,这就使得本应属于集体土地所有权的收益权能受到限制,农民集体作为所有人却对其土地上房地产开发等使用的收益不享有收益权。

在处分权能方面,集体对其所有的土地不得买卖、抵押或以其他形式非法转让。对于违反法律规定,在耕地上挖土、挖砂、采石、采矿等,致使耕地丧失耕种条件,或者因开发土地造成土地沙化、盐渍化、水土流失的,除责令其限期治理,还可对其处以罚款。土地的法律处分本来属于土地所有权的一项权能,而集体土地所有权的处分权能由于受征用制度的限制,已经显得很不完全。农用地转用制度和土地用途管制使得集体对土地事实上的处分权也是受到限制的,呈现出不完全性。

2. 集体土地所有权的相对性

集体土地所有权的相对性是指集体土地所有权在法律上只受到相对的保护,这一特征在与国有土地所有权进行比较时,显得十分明显。

依照《宪法》第十二条:"社会主义的公有财产神圣不可侵犯,国家保护社会主义的公共财产,禁止任何组织或者个人用任何手段侵占或者破坏国家和集体财产。"虽然甲集体所有的土地不可能是乙集体所有的土地,但集体所有的土地仍然属于"社会主义的公共财产",因此我国法律给予保护。但是,由于国有土地所有权推定制度的存在,显示了国有土地所有权的绝对性与集体土地所有权的相对性之间的区别,国家所有权需要绝对的保护,只要不能证明为集体所有的土地,即为国家所有。

3. 权能可分离性

集体土地所有权的权能可分离性是指集体土地所有权的权能可与集体土地所有权相分离而形成的一项独立的民事权利。与国家土地所有权的这一特征一样,可分离性是所有权特性的表现,而不是土地"集体所有"的表现。

集体土地所有权权能的分离是随着包产到户的发生而产生的,权能分离的一种表现形式是农村土地承包经营权作为一项独立的民事权利已经为法律所承认,另一表现形式就是形成了宅基地使用权。宅基地使用权虽然不像农村土地承包经营权那样已经为法律所明确承认,却也受到司法的保护。

与国家土地所有权权能可分离性一样,集体土地所有权的权能可分离性反映了这样一种现实:土地所有人与实际利用人不一致时,双方的利益都需要保护,以维护一种正常的秩序。在土地公有制不改变的情况下,土地所有权的权能可分离性在立法中应予以相当重视。

4. 移转中的单向流出性

集体土地所有权移转中的单向流出性是指在土地所有权转移的过程中,只可能是集体所有的土地转归国家所有,不可能是国家所有的土地转归集体所有,集体土地所有权的客体只减不增。这一特征与国有土地所有权移转的单向流入性相反。

由于我国法律禁止土地所有权的买卖、赠与、互易和投资,因而发生集体土地所有权之间的移转的可能性几乎没有。虽然集体土地所有权与国家土地所有权之间的移转存在征用、准征用及兼并等形式,但是土地所有权只可能由集体流出并流入国家。因而,土地所有权移转只可能是一种单向移转。这种单向移转的后果必然是国有土地所有权客体的范围不断扩大,集体土地所有权客体的范围不断减少。

(三)集体土地所有权的主体范围及其行使

1. 集体土地所有权的主体范围

农民集体土地所有权是农村集体所有权的一种,根据我国现行立法的规定,集体土地的所有权的主体为农村集体经济组织。但在照顾既成事实的情况下,可以是乡(镇)集体组织或村内不同的集体组织。其具体的法律依据如下:

(1)《民法通则》第七十四条规定:"集体所有的土地依照法律属于村农民集体所有,由村农业生产合作社等农业集体经济组织或者村民委员会经营、管理。已经属于乡(镇)农民集体经济组织所有的,可以属于乡(镇)农民集体所有。"

(2)《中华人民共和国农业法》(简称《农业法》)第十一条规定:"集体所有的土地依照法律属于村农民集体所有,由村农业集体经济组织或者村民委员会经营、管理。已经属于乡(镇)农民集体经济组织所有的,可以属于乡(镇)农民集体所有。"

(3)对于农民集体所有的土地,《土地管理法》第十条规定:"已经分别属于村内两个以上农村集体经济组织的农民所有的,由村内各该村农村集体经济组织或者村民小组经营、管理;已经属于乡(镇)农民集体所有的、由乡(镇)农村集体经济组织经营、管理。"

以上规定的基本精神是:在存在集体经济组织的情况下,以该组织作为农民集体土地所有权的主体;在不存在集体经济组织的情况下,以村民委员会或村民小组为集体土地所有权的主体。但村民委员会和村民小组的性质,属于社区居民自治组织,似与集体经济组织不完全一样。需要指出的是,在有些地方存在着村党支部取代村委员会行使集体土地所有权的现象,这与有关法律的规定是相违背的,应当予以纠正。

2. 集体土地所有权的行使

行使集体土地所有权的内容主要有:

(1)要求县级人民政府颁发《集体土地所有权证》,行使法律上对土地的占有权。

(2)利用集体土地修建农用设施进行农业生产。如修建水库、水渠、农用公路、种植农作物等。

(3)可以将土地交给集体经济组织内的农民作为宅基地、自留地、自留山使用,或者通过承包经营合同发包给农民使用。

(4)可以依法使用土地兴建乡(镇)企业,或者以土地使用权作为出资和国有企业外商投资企业联营。

(5)在法律规定的范围内,有权依法收回集体土地的使用权。

(四)集体土地所有权的保护

集体土地所有权受到法律的保护,《宪法》和《民法通则》对此都作了原则性的规定。《土地管理法》第十三条明确规定:“土地的所有权和使用权受法律保护,任何单位和个人不得侵犯。”《土地管理法》第六章和《土地管理法实施条例》对集体土地所有权的保护作了更为具体的规定:

(1)任何单位、组织和个人未经批准或采取欺骗手段骗取批推,非法占用集体土地的,责令退还非法占有的土地,限期拆除或者没收在非法占用的土地上新建的建筑物及其他设施,并处罚款;对非法占地单位的主管人员,由其所在单位或者上级机关给予行政处分。处以罚款时,按非法占地每平方米15元以下的标准执行,超过批准的用地数量占用集体土地的,多占的土地按照非法占用土地处理。

(2)农村居民未经批准或者采取欺骗手段骗取批准,非法占用集体土地建住宅的,责令其退还非法占用的土地,限期拆除或者没收在非法占用的土地上新建的房屋。

(3)城镇非农业户口居民未经批准或者采取欺骗手段骗取批准,在集体所有的土地上非法建住宅的,责令其退还非法占有的土地,限期拆除或者没收在非法占用的土地上新建的房屋。国家工作人员利用职权,未经批准或采取欺骗手段骗取批准,非法占用集体土地建住宅的,除责令其退还非法占地、限期拆除或者没收在非法占用的土地上新建的房屋外,还要由其所在的单位或者上级机关给予处分。

(4)买卖或者以其他形式非法转让集体所有土地的,没收非法所得,限期拆除或者没收在买卖或以其他形式非法转让的土地上新建的建筑物和其他设施,并可以对当事人按非法所得50%以下的标准处以罚款;对主管人员由其所在单位或者上级机关给予行政处分。

国家在依法对集体土地所有者的所有权给予充分保护的同时,又对集体土地所有者行使其权利予以限制,法律要求所有人在行使土地所有权时要承担法律责任。如集体土地所有者行使土地所有权不得破坏环境、生态平衡、危害社会生产和人们的生活;不得无理阻挠国家为了建设需要而按照法律所规定的条件和程序对土地实行征用;行使土地所有权应当有利于发展生产、促进团结,不得损害相邻方的合法权益;国家建设和乡(镇)建设必须节约使用土地,尽量利用荒地、劣地,不得占用耕地、经济效益好的土地。

第四节　土地相邻关系

土地相邻关系指相邻近的土地所有人和利用人之间的权利义务关系。在相邻近的土地所有人或利用人间,如果各自对自己的土地均可自由地支配、使用,则不免发生利害冲突。法律为调和其利害冲突,遂设相邻近土地所有人或利用人间的权利义务关系的规定。

可见,土地相邻关系是土地所有权内容的当然扩张或限制,是因为法律的直接规定而发生的。因此,它不是一项独立的民事权利,更不是一项独立的物权,而只是土地所有权的内容。

我国法律对土地相邻关系还没有详尽的规定,只是在《民法通则》第八十三条规定了处理相邻关系的基本原则,即不动产的相邻各方,应当按照有利生产、方便生活、团结互助、公平合理的精神,正确处理截水、排水、通行等方面的相邻关系。

一、关于邻地地基动摇或其他危险之防免的相邻关系

土地所有人或利用人挖掘土地或修筑建筑物时，不得因此使邻地地基动摇，或发生危险，或使邻地上的工作物受到损害。对于土地所有人或利用人，在挖掘土地或修筑建筑物时，负有防免危险或损害的义务。对于邻地所有人或利用人，则享有请求土地所有人或利用人为该项防免的权利。例如：当事人违反上述防免义务，致邻地受到妨害或有被妨害之虞时，邻地所有人或利用人得基于物权请求权制度，请求停止施工、除去危险或采取必要的措施；如果造成损害，则得基于损害赔偿请求权制度，请求损害赔偿。

二、关于水的相邻关系

水的相邻关系，包括相邻流水关系和相邻排水关系。

（一）相邻流水关系

无论地上水还是地下水，水源地人可自由使用，也必须允许相邻各方利用，不得因自己利用水流而致使邻人用水利益遭受妨害。相邻各方利用同一自然水流时，应尊重其自然形成的流向，按照“由近至远、由高至低”的原则，共同使用，依次灌溉。任何一方不得为自身利益而任意改变水路、截阻水流、独占水流。一方擅自改变、堵截或独占自然水流而影响他方正常生产活动的，他方有权请求排除妨碍，造成损失者，有权请求赔偿。

（二）相邻排水关系

相邻排水关系包括相邻自然排水关系和相邻人工排水关系。对于自然流水，低地所有人或使用人负有容忍排水的义务，称为承受义务；高地所有人或使用人享有排水权。同时，低地所有人或使用人对自然流水没有疏通的义务，但高地所有人或使用人也有以自己的费用在低地做一定的疏通工作的权利。对于人工排水，土地所有人或使用人原则上并无利用邻地的权利。但有的国家的民法规定，在一定的条件下，高地所有人或使用人有使水流通过低地的权利。其条件为：①行使此权利的目的，在于使浸水之地干涸，或排除家用、农用、工业用废水等。②须有排水之河道或沟渠。③须两地有高低之分。排水时，本着民法诚实信用与对等正义原则，高地之人必须选择于低地之人损害最小的处所及方法进行排水，如因排水致使低地损害时，高地所有人或使用人应支付赔偿金。

三、关于邻地使用的相邻关系

（1）相邻管线安设关系。相邻管线安设关系在民法学说中从权利角度多称为“管线安设权”、“引导权”、“通过权”，指土地所有人或使用人非通过他人土地，不能安设电线、水管、煤气管、下水道、电线时，得通过他人土地之上、下安设的权利。本着民法诚实信用与对等正义原则，管线安设人应选择对邻人损害最小的线路和方法为之，并应支付赔偿金。

（2）相邻必要通行关系（必要通行权）。相邻必要通行关系，又称必要通行权。一块土地与公共道路不相通时，土地所有人或使用人有权通行周围土地以至公路，周围土地的所有人或利用人则负有忍受通行的义务。根据各国民法，相邻必要通行关系成立，须具备以下要件：①土地与公共道路无适宜之联络。②须土地通常之使用所必要。③须非土地所有人或使用人的任意行为所致。如原本有桥梁等，但土地所有人或使用人将其拆除，则不得请求通行权。

四、越界的相邻关系

(1)越界建筑。一般来说,相邻一方在地界一侧修筑建筑物时,应与地界线保持适当距离,不得越界侵占对方的土地。如果建筑物越界,受不利一方有下述权利:一是土地购买请求权。相邻一方提出相当的价格,请求越界建筑一方购买越界部分的土地时,越界建筑一方不得拒绝。二是损害赔偿请求权。如越界建筑造成相邻一方损害的,相邻一方有权请求赔偿。需要注意的是,邻地所有人或利用人如知其越界而不及时提出异议的,非但不得请求除去或变更建筑物,相反还负有容忍邻人利用其土地的义务。

(2)竹木根枝越界。相邻一方于地界一侧栽培竹木时,应与地界线保持适当距离,以预防竹木根枝越界侵入对方土地。邻地竹木的根枝越界侵入邻人土地时,邻人得向竹木所有人请求于适当期间内将其剪除或截取,竹木所有人逾期不予剪除的,邻人可以自行剪除或截取越界的根枝。

思考与分析题

1. 如何理解所有权的权能分离与整体性的关系?
2. 试述集体土地所有权的法律地位。

第六章　土地用益物权

第一节　用益物权的法理学知识

一、用益物权的概念

所谓用益物权，指对他人之物，于一定范围内，得为使用收益的定限物权。用益物权具有如下特征：

(1)用益物权为一种定限物权。所有权是完全物权，所有人可永续地在法令限制的范围内发挥其无量作用；但定限物权却没有这样的效力，其权利在时间上和内容上都有一定的限度，因而用益物权人也就只能在一定范围内，对标的物占有、使用和收益。

(2)用益物权是以使用收益为目的的定限物权。用益物权是就标的物的使用价值为单方面利用的物权，其目的在于对标的物为使用收益。

(3)用益物权原则上系就他人之物而成立的物权，故罗马法及现代民法理论称之为他物权。

(4)用益物权之享有和行使以物之占有为前提。只有用益物权人对标的物予以占有，才有对标的物为使用收益之可能。因此，用益物权同时包括占有、使用及收益三项权能。

(5)用益物权主要以不动产为标的物，一般是土地、建筑物等；而对于动产，一般采取借贷或租赁等债的方式利用他人之物。其主要原因是，不动产具有固定性和恒久性，法律关系也容易规范；相反，动产的物理性质和法律关系都具有易变的特性，用不牢固但具有很大灵活性的债权关系进行规范，效率更高。

(6)用益物权为独立物权。独立物权是指不以主体享有的其他民事权利为前提，能够独立存在的物权。用益物权人对权利之享有不以享有其他财产权为前提，故用益物权为独立物权。

二、用益物权与担保物权的不同

用益物权与担保物权是近代民法学就物权所作的最基本的学理分类。它们都属于定限物权范畴，具有支配权、绝对权之性质。但是，两者设立的目的是完全不同的，具有本质的差异。

(1)对标的物进行支配的方面有所不同。用益物权是以占有和利用标的物之实体为目的的权利，它主要就物的使用价值方面对标的物进行支配，因此又称为实体物权。担保物权不以取得对物的实体的利用为目的，而是以取得物所蕴含的交换价值为目的，因此它主要就物的交换价值方面对物进行支配，是一种价值权。

(2)用益物权为独立物权，担保物权为从属物权。担保物权之存在，以担保物权人对担保物的所有人或其关系人享有债权为前提。债权一旦消失，担保物权也随之消失。

(3)权利实现的时间不同。用益物权人取得用益物权时,即可实现其权利,即对标的物为使用收益。可见,用益物权之取得与实现同时,二者之间无时间间隔。担保物权人取得担保物权后,并不能当即实现其权利,而只有在担保物权所担保的债权已届满清偿期而未受清偿时,担保物权人始得行使变价受偿权。可见,权利之实现与权利之取得不能同时,有时间间隔。

(4)二者在物上代位性上的不同。担保物权具有物上代位性。担保物权标的物灭失、毁损,因而获得赔偿金时,该赔偿金即为担保物权标的物的代替物,担保物权人从而就该项赔偿金行使权利。对于用益物权,无论其标的物灭失原因如何,均将导致用益物权确定地、终局性地归于消灭,此时,用益物权人不得请求所有人以其他物替补。

三、用益物权的种类

从 1804 年法国民法典问世以来,欧陆各国、拉丁美洲各国和亚洲各国民法以及我国台湾地区民法均规定了相应的用益物权制度。不过,由于历史、文化、经济等原因,各国各地区的用益物权制度并不统一,存在一定的差异。法国民法典规定了四种用益物权类型:用益权、使用权、居住权及地役权。德国民法典规定了四种用益物权类型:地上权、先买权、土地负担及役权。台湾民法规定了四种用益物权类型:地上权、永佃权、典权及地役权。

我国现在还没有制定民法典,由《民法通则》及各种民事单行法构成实质民法体系。一般认为,我国《民法通则》、《土地管理法》、《房地产法》、《中华人民共和国水法》等,至今业已规定了以下用益物权类型:城镇国有土地使用权、农地使用权、宅基地使用权及水资源使用权(取水权)。

实际上,现在法学界有一种比较一致的观点,即认为我国制定物权法时,宜将作为用益物权的土地使用权以使用目的区分为基地使用权和农地使用权两种。基地使用权用于建筑房屋或其他工作物,包括城镇国有土地使用权、宅基地使用权。农地使用权包括国有和集体所有的耕地、林地、草原使用权。

另外,地役权为现代社会中一类重要的用益物权,制定物权法应确立此项制度,使地役权与基地使用权、农地使用权一起,组成三种主要的用益物权。这样,我国的用益物权体系主要包括三种:农地使用权、基地使用权和地役权。

第二节　农地使用权的基本理论

一、农地使用权的概念和特征

农地使用权指农业经营者在集体经济组织所有的或者国家所有的在农用土地上进行耕作、养殖或畜牧等农业活动的权利。具有以下法律特征:

(1)农地使用权的主体为一切农业经营者。任何个人或单位都可以依法成为农地使用权的主体。

(2)农地使用权的客体为农业用地,包括耕地、草地、林地、滩涂、水面及其他农业用地。

(3)农地使用权是一种以在他人土地上为农业性质的耕作、养殖或畜牧的用益物权,包含三层意思:其主体不拥有土地所有权;其用途限制为农业利用;它是一种物权,具有物权的性质。

(4)农地使用权是以支付地租而成立的物权。一般来说,农地使用权之成立必须有偿,或者说,地租是农地使用权成立的要件。至于农地使用权合法成立后,土地所有人免除地租义务,则为其抛弃收租权利的问题,与农地使用权之无偿成立不得混为一谈。

二、农地使用权的取得

基于物权理论,农地使用权得依以下两种方式而取得。

(一)基于法律行为而取得

(1)农地使用权之设定取得。农地使用权之设定指当事人双方经由设定契约创设农地使用权。当事人,一方为国有土地管理部门或农业集体经济组织,一方为从事农业活动的农业经营者。客体为集体所有或国家所有的农业用地。内容为当事人双方之权利和义务。一般来说,农地使用权之设定须采取书面形式,并经依法登记后,始生效力。口头协议无效。

(2)农地使用权之转让取得。农地使用权为用益物权的一种,具有财产价值,依其性质,可以成为转让关系的客体。也就是说,农地使用权可以转让,从而他人也就可因转让关系而取得农地使用权。一般来说,农地使用权之转让也须采取书面形式,并经依法登记后始生效力。

(二)于法律行为以外的原因而取得

基于法律行为以外的原因而取得农地使用权,有继承取得和时效取得两种,但我国现行法律对时效取得还未予确认。一般来说,在被继承人死亡,继承开始时,继承人即取得被继承人的农地使用权,并不以登记为必要。但是,如非经登记,继承人不得将取得的农地使用权予以转让、出租。

三、农地使用权的效力

(一)农地使用权人的权利

(1)土地的经营自主权。农地使用权人,包括单位和个人,都是独立的商品生产者,都是独立的市场主体,在取得农地使用权后,就拥有了土地的经营自主权。所谓土地的经营自主权,是指在生产经营过程中决定干什么、干多少、怎样干的权利。

(2)土地之使用收益权。农地使用权系在他人土地上为耕作、养殖或畜牧的权利,因此在耕作、养殖或畜牧的范围内,农地使用权人当然就土地为使用、收益。其包括天然孳息,如果实;法定孳息,如出租而收取租金。

(3)农地使用权的处分权。其主要包括出租、转让和抵押。转让是指农地使用权人将其拥有的使用权依法转让给他人。转让行为一经确认,原土地使用权人就失去土地使用权,受让人就成为新的农地使用权人。目前,我国土地法对农地使用权的处分权有严格的限制,只有法律规定范围内的农地使用权,才能出租、转让和抵押。

(二)农地使用权人的义务

(1)支付地租的义务。根据国际上通行的物权法理论,支付地租是农地使用权成立的要件。为期公允,如农地使用权人因不可抗力致其收益减少或全无时,农地使用权人可向土地所有人请求减免其地租。

(2)依法定方法和法定用途使用土地。农地使用权人负有依约定的使用方法及目的使用土地的义务,不能擅自改变,否则,土地所有人得终止其农地使用权。实践中,需要处理好这一义务与农地经营自主权的关系。

(3)保持土地之生产力。即农地使用权人以耕作、养殖或畜牧为目的使用土地时,负有保持土地生产力之义务。违反此项义务,致土地有不能依原约定方法使用收益之虞,并经土地所有人阻止或通知改善而无效时,土地所有人得终止其农地使用权。

四、农地使用权的消灭

农地使用权的消灭,包括消灭原因与消灭后果。

就消灭原因而言,农地使用权属于物权的一种,因此物权的一般消灭原因对其也适用,如标的物灭失、约定存续期间届满、混同(两个无并存必要的物权同归于一人的事实)及标的物被征收等,这里不再一一列述。下面仅说明农地使用权消灭的原因及农地使用权消灭的法律后果。

(一)农地使用权消灭的原因

(1)农地使用权的抛弃。农地使用权不得随时抛弃,而只有为一定行为后始得抛弃。一定行为指在一定期限以前向土地所有人为抛弃的意思表示。农地使用权的抛弃为物权变动的一种,因此非经登记一般不产生抛弃之效力。《土地管理法》第三十七条规定:禁止任何单位和个人闲置、荒芜耕地。

(2)农地使用权人违反法律规定,进行非法的转让、抵押时,土地所有人可终止农地使用权,此时农地使用权消灭。

(3)农地使用权人不依约定的方法和用途使用土地,或破坏土地而不能保持土地之生产力,并经土地所有人阻止或通知改变而无效时,土地所有人可终止其农地使用权,此时农地使用权消灭。

(二)农地使用权消灭的法律后果

(1)农地使用权消灭时,农地使用权人负有注销农地使用权登记、返还土地于所有人之义务。

(2)出产物及农用工作物之取回。农地使用权消灭时,土地上的出产物及农用工作物皆为农地使用权人花费劳力或资金之设置或所得,因而自宜由其取回,始为合理。

(3)土地所有人应偿还特别改良费用或其他有益费用。农地使用权人为增加土地之生产力或土地之使用上的便利,而支出特别改良费用或其他有益费用,土地所有人如知情而不立即为反对之表示者,农地使用权消灭时,应向农地使用权人予以返还。至于返还的数额,一般以现存的增加额为限。根据民法上的诚实信用原则、等价有偿原则,这是一个合情合理的法律后果,有利于保护土地使用权人的合法权益,也有利于激励土地使用者加大对土地的投资,但目前,我国法律还缺乏明确的规定。

(4)土地生产力被破坏的,农地使用权人应恢复土地的原状或者赔偿损失。

第三节　基地使用权的基本理论

一、基地使用权的概念和特征

基地使用权是以在他人土地上有建筑物或其他工作物为目的而使用他人土地的权利。

基地使用权具有以下法律特征：

(1)基地使用权是以他人土地为标的物而成立的物权。标的物为他人所有的土地,如宅基地使用权的标的物一般为农村集体组织所有的土地,城镇国有土地使用权的标的物为国家所有的土地。

(2)基地使用权是以在他人土地上有建筑物或其他工作物为目的的物权。其使用的目的是有建筑物或其他工作物,其他目的不行,如耕种、畜牧。

(3)基地使用权为基于上述目的而使用他人土地的定限物权。基地使用权是一种定限物权。基地使用权设定后,土地所有人的所有权即受限制,故基地使用权为一种限制所有权的一面的支配权,属于定限物权的范畴。

二、基地使用权的取得与存续期间

(一)基地使用权的取得

(1)基于法律行为而取得。基地使用权之设定取得即通过基地使用权设定契约而取得基地使用权。基地使用权设定契约是指土地所有人与基地使用权人订立的以直接使基地使用权发生为内容的契约,如城镇国有土地使用权出让合同。与农地使用权相似,基地使用权可因转让而取得,如城镇国有土地使用权转让。在具体实践操作中,城镇国有土地使用权划拨取得和农村宅基地使用权的分配取得,许多时候可能并没有签订正式的书面合同,但双方当事人之间也是有约定的,也可以看做是设定契约取得。基于法律行为而取得基地使用权,采登记要件主义,须订立书面契约,并经登记,始生效力。

(2)基于法律行为以外的原因而取得。与农地使用权一样,基地使用权可以继承取得。另外,还可以因时效取得(对此,我国法律没有明确规定)。

(二)基地使用权的存续期间

关于基地使用权的存续期间,各国立法一般既不规定其最长期间,也不规定其最短期间,而委由当事人自由订定。我国法律对于农村集体土地的基地使用权,包括建设用地使用权和宅基地使用权都没有规定期限,对于城镇国有土地划拨的土地使用权也没有规定期限,只是对以出让方式获得的土地使用权的最高年限作了规定。

《房地产法》第十四条规定,土地使用权出让最高年限由国务院规定。根据《出让和转让条例》(1990 年国务院第 55 号令)第十二条规定,土地使用权出让最高年限按下列用途规定:居住用地 70 年,工业用地 50 年,教育、科技、文化、卫生、体育用地 50 年,商业、旅游、娱乐用地 40 年,综合或者其他用地 50 年。

三、基地使用权人的权利和义务

(一)基地使用权人的土地使用权

(1)对土地的使用权。基地使用权人于设定契约所约定的目的范围内,有使用他人土地的权利。

(2)基于基地使用权的物上请求权。基地使用权为使用土地的物权,故基地使用权人使用土地的圆满状态受到妨害时,可依侵害形态之不同,行使基于基地使用权而生的物上请求权。例如:基地使用权人丧失对土地的占有时,基地使用权人对侵夺之人有返还请求权;基地使用权之行使受到妨害时,有妨害除去请求权;基地使用权之行使受到妨害之虞时,有妨害预防请求权。

(3)基地使用权的出租和使用借贷。一般来说,基地使用权属于物权,基地使用权人可以将其出租或借贷于他人。

(4)相邻关系之适用。相邻关系指相邻近的不动产各方在对各自所有或使用的不动产行使所有权或使用权时,因相互间应当依法给予方便或接受限制而发生的权利义务关系。基地使用权是对土地加以利用的权利,因此相邻的基地使用权人间、基地使用权人与土地所有人间、基地使用权人与土地租赁权人间以及基地使用权人与土地使用借贷人间,均有相邻关系之适用。

(二)基地使用权人的处分权

(1)基地使用权之让与(或转让)。除契约另有约定或另有习惯外,基地使用权人有权将其基地使用权让与他人。

(2)基地使用权转移时,建筑物或其他工作物原则上应同时转移。

(3)基地使用权之设定担保。基地使用权为不动产物权,可以作为抵押权的标的物。但契约另有约定或另有习惯的除外,比如:当事人在设定基地使用权时,可以约定不得将基地使用权供作债权之担保。

(三)基地使用权人支付地租的义务

地租是基地使用权成立的要件。如果在设定基地使用权当时,当事人约定不支付地租的,基地使用权人可免除支付地租的义务。

地租可以定期支付或者一次性支付。土地使用权出让金是地租的一种,一般要求一次性交清。但有时,为了减轻土地使用者的负担,也可规定分期交款。

(四)基地使用权人按设定契约约定的方法和用途使用土地的义务

基地使用权人如确实需要改变土地用途的,可向土地所有人申请,经其办理变更土地用途的手续后,方可使用土地。

四、基地使用权的消灭

(一)基地使用权消灭的原因

基地使用权除因物权的一般消灭原因而消灭外,还有下列特殊消灭原因:

(1)基地使用权之抛弃。基地使用权为财产权,无论定有期限还是未定期限,有支付地租之约定还是无支付地租之约定,基地使用权人均可抛弃基地使用权。

基地使用权之抛弃性质上属于有相对人之单独行为,故应向土地所有人以意思表示之。在采登记要件主义的法制下,不登记,就不产生抛弃之法律效力。同时,如果有支付地租的约定,基地使用权人还有支付地租的义务:对于未定有期限而分期支付地租的,基地使用权人应于一定期限前通知土地所有人,或支付未到支付期的一年份地租;对于有期限的,基地使用权人如欲抛弃其权利,须将未到期之全部地租支付后,始得为之。

(2)基地使用权之被撤销。与基地使用权之抛弃系由基地使用权人行使不同,基地使用权之撤销则得由土地所有人为之。一般认为,基地使用权之撤销,仅以土地所有人对基地使用权人为单独的意思表示即可,不以获得基地使用权人的承诺为必要。按照各国法律,基地使用权之被撤销,有下列两种情形:其一,基地使用权人积欠地租达一定期间,除另有习惯外,土地所有人得撤销基地使用权。其二,基地使用权人如对土地施加可致永久损害的变更,土地所有人有权请求停止此种变更。基地使用权人如置若罔闻,土地所有人得撤销基地使用权。

(3)约定事由发生。在基地使用权之设定契约中,当事人约定于一定事由发生时,基地使用权消灭。

(4)第三人因时效取得基地使用权(在我国,此方式不受法律保护)。基地使用权人如不使用其土地,而该土地由第三人以行使基地使用权之意思,和平、继续、公然以保有建筑物或其他工作物为目的而使用时,第三人因而取得该基地使用权。但因同一土地上不能存在两个基地使用权,故于第三人因时效而取得基地使用权后,原基地使用权即当然归于消灭。

(二)基地使用权消灭的法律后果

按照近代各国民法,基地使用权消灭时通常发生以下法律效果:

(1)基地使用权人取回工作物,恢复原状。如地上物之收取有另外的习惯,则依习惯。

(2)土地所有人之购买权。基地使用权消灭时,如土地所有人以市价购买其工作物的,基地使用权人通常不得拒绝,称为土地所有人之购买权。一般认为,土地所有人不行使此项购买权时,基地使用权人不得起诉请求购买;反之,若土地所有人行使此项购买权时,基地使用权人即不得拒绝。

(3)土地所有人之补偿义务。基地使用权人之工作物为建筑物时,如基地使用权因存续期间届满而消灭,土地所有人应按该建筑物之市价予以补偿。但基地使用权设定契约另有约定的,则不在此限。

(4)土地所有人延长基地使用权期间之请求权。土地所有人不欲履行补偿之义务或无力补偿时,多数国家和地区民法即采取调和之办法,即赋予土地所有人以延长基地使用权期间之请求权。当基地使用权人拒绝延长时,不得请求土地所有人为前述之补偿。

(5)有益费用偿还请求权。基地使用权人得请求土地所有人偿还其增加土地价值而支出的有益费用,称为有益费用偿还请求权。有益费用主要包括基地使用权人于土地上设置排水设备、进行工事改良而使土地的客观价值得以实际增加所支出的费用。

我国法律对大部分基地使用权消灭的法律后果都没有明确规定,只对土地使用权出让年限届满的法律后果作了原则性的规定。

《房地产法》第二十二条规定:“土地使用权出让合同约定的使用年限届满,土地使用者需要继续使用土地的,应当至迟于届满前一年申请续期,除根据社会公共利益需要收回该幅土地的,应当予以批准。经批准准予续期的,应当重新签订土地使用权出让合同,依照规定支付土地使用权出让金。土地使用权出让合同约定的使用年限届满,土地使用者未申请续期或者虽申请续期但依照前款规定未获批准,土地使用权由国家无偿收回。”

显然,土地所有人不负有上面所讲的补偿义务,基地使用权人也不享有有益费用偿还请求权。而且,根据《出让和转让条例》第四十条规定:“土地使用权期满,土地使用权及其地上建筑物、其他附着物所有权由国家无偿取得。”

这样的法律,有利于保护国家的利益,同时,也使法律后果的操作变得简单易行。其不利的一面是基地使用权人的利益没有得到彻底的保护。

第四节　地役权的基本理论

一、地役权的概念和法律特征

地役权指以他人土地供自己土地便宜之用的权利。在权利的分类上,地役权属于一种为增加自己土地之利用价值而使用他人土地的用益物权。例如:为了自己土地的通行便利,而于他人土地上修造道路的物权,即为地役权。其中,受便宜之地为需用地,又称需役地;供他人使用的土地为供用地,又称供役地。

前面已经讲了民法上调节相邻土地间利用的相邻关系制度。一般来说,相邻关系制度对不动产利用的调节,是一种依法律的直接规定而当然发生的调节,在调节范围上相当有限。当利用邻人土地之需要超过相邻关系制度所能调节的范围和限度时,也就无法再进行调节。于是,就有必要在相邻关系制度之外再规定地役权制度,以实现相邻不动产利用的最大限度调节。

例如:相邻关系制度规定,"袋地"的所有人或使用权人有在邻地上的通行权,但如何通过,法律没有明确的规定。如果"袋地"的所有人或使用权人想获得比较好的通行条件,如在邻地上修一条路,就需要与邻地的权利人共同设定修造道路的通行权,这一权利就是地役权。

可见,两者的区别为相邻关系是法律的直接规定人或利用人之间的约定。

地役权具有以下法律特征:

(1)地役权是以限制供用地所有权为内容的他物权。

(2)地役权是以他人土地供自己土地便宜之用的权利。地役权以需用地所提供之便宜为其内容。至于便宜的种类,多无限制,悉由当事人自由订定。根据现代各国地役权实务,地役权内容有下列几种情形:供用地之利用,如通行地役权;由供用地取得收益,如引水地役权;限制供用地所有人权利之行使,如禁止建筑高楼之眺望地役权;排除相邻关系任意规定之适用,如设定竹木根枝越界地役权。

(3)地役权是利用他人土地的物权。

(4)地役权之内容不得违反强行性规定或有悖于公序良俗。

(5)在采登记要件主义之法制下,邻地使用权的取得,需采取书面形式,经登记后才具有法律效力。

二、地役权的取得

(一)基于法律行为而取得

(1)地役权之设定。由当事人以契约行为设定地役权。契约一般规定地役权的具体内容,即双方的权利义务。

(2)连同需用地一并让与。地役权为一种从属性权利,不得由需用地分离而让与,但需用地所有人或使用人如将需用地连同地役权一并让与者,受让人即因而取得地役权。

(二)基于法律行为以外的原因而取得

地役权为财产权,故可以因时效而取得,也可以因继承而取得。

三、地役权的效力

(一)地役权人的权利义务

(1)供用地之利用。地役权因为于他人土地上存在的权利,故需用地人自有使用供用地之权利。一般认为,依民法诚实信用原则,地役权人于利用供用地时,应于自己土地便宜之用的范围内,择于供用地损害最少的处所及方法为之。这是地役权人行使权利、利用供用地时的一般原则。

(2)得为必要的附随行为与设置。地役权人因行使或维持其权利,既得为必要的行为,也得为必要的设置。例如:为达到排水之目的,得开凿沟渠;为达到放牧的目的,得修筑道路。

(3)得行使基于地役权而生的请求权。在地役权关系中,地役权人于地役权设定的目的范围内,对于供用地享有直接支配的权利。因此,地役权人对于妨害其邻地使用权者,自得请求除去;对于有妨害地役权之虞者,自得请求防止。

(4)维持设置之义务。地役权人既然享有必要的附随行为,并设置工作物的权利,则其对于因行使权利而建造的设置,自有维持之义务。例如:因行使通行地役权而筑路者,地役权人对所筑之路即应负维护、保养之义务。

(二)供用地人的权利义务

(1)容忍及不作为义务。供用地人在有地役权存在后,即负有容忍地役权人于自己土地上为一定行为及自己不为一定行为之义务。

(2)使用地役权人之设置及分担维持设置之费用。在地役权关系中,供用地人有时得与地役权人一同利用供用地。此时,供用地人于不妨碍地役权人行使地役权的范围内,有权使用地役权人因行使其权利而为的设置,以节省再行设置之费用。供用地人一般按其受益程度分担维持设置之费用,以示公平。

(3)供用地使用场所与方法的变更请求权。

(4)对价请求权。邻地使用权之设定,如为有偿的供用地人自有请求给付对价的权利。

四、地役权的消灭

地役权为物权之一种,因而一般认为,物权的共通消灭原因,地役权也适用,如标的物(供用地)消灭、约定存续期间届满、抛弃、混同等。同时,还有一些特殊的消灭原因。

(1)土地灭失。地役权不仅因作为标的物的供用地的灭失而消灭,而且也随需用地之灭失而消灭。另外,供用地虽非全部消灭,但事实上已不能再供原定之便宜(如引水地役权之水源已竭)时,地役权也因此消灭。

(2)法院宣告。世事多变,地役权的存续难免无必要之时。此时,若需用地人同意消灭其地役权,自无问题;当用地人不同意时,则供用地人可申请法院为地役权消灭之宣告,以维护自己之权益。

(3)约定事由发生。设定地役权时,如当事人已设定行为订有特定的消灭事由一旦发生,地役权即归消灭。例如:约定供用地上之建筑物一旦建成,通行地役权即归消灭。

思考与分析题

1. 试述用益物权的概念和特征。

2. 试述地役权人的权利义务。

第七章　土地使用权出让和土地使用权转让

第一节　土地使用权出让概述

一、土地使用权出让的概念、法律特征及法律性质

(一)土地使用权出让的概念

土地使用权出让,是指国家将国有土地使用权在一定年限内出让给土地使用者,由土地使用者向国家支付土地使用权出让金的行为。在土地使用权出让法律关系中,一方是出让土地的土地所有者,即国家,称之为出让方;另一方是土地使用者,称之为受让方。出让方一般是由土地所在地的人民政府土地管理部门代表国家具体行使的。

土地使用权出让是土地使用权转让的一种重要方式。《宪法》和《土地管理法》中把土地使用权发生转移的行为统称为“转让”,如我国《宪法》第十条第四款规定:“任何组织或者个人不得侵占、买卖或者以其他形式非法转让土地。土地使用权可以依照法律的规定转让。”我国《土地管理法》第二条规定:“任何单位和个人不得侵占、买卖或者以其他形式非法转让土地。土地使用权可以依法转让。”首次将土地使用权出让与土地使用权转让并列加以规定是出现在 1990 年 5 月国务院公布的《出让和转让条例》中,如此并列规定的目的是为了将土地使用权流转的一级市场和二级市场加以区别。因此,土地使用权出让是作为土地使用权转让的一种主要形式而存在的,它是我国土地有偿使用制度中将土地使用权作为商品进入流通领域的第一步。

土地使用权出让是特指对国有土地使用权的出让。在我国土地管理法中虽明确规定“国有土地和集体所有的土地使用权可以依法转让”,但目前我国对国有土地使用权的出让及转让问题在《房地产法》中已有明确规定,而对集体所有的土地使用权出让、转让问题尚未规范。因此,本章所谓土地使用权出让,是以《房地产法》的规定为依据的。土地使用权出让就是特指国有土地而言的,而不包括集体所有的土地使用权。根据我国《房地产法》第八条规定,对于城市规划区内的集体所有的土地,经依法征收转为国有土地以后,该幅国有土地的使用权才可以有偿出让;否则,未经征收而转化为国有土地的不能将其使用权有偿出让。

(二)土地使用权出让的法律特征

土地使用权出让的法律特征主要表现在以下几个方面:

(1)有偿性。土地使用权出让是由出让人将国有土地的使用权在一定期限内交由土地使用者使用,而受让人需要支付一定数额的出让金的行为。可见在土地使用权出让过程中,土地使用权完全被作为一种财产,受让方为了获得土地使用权必须支付一定数额的出让金,这就充分表明了土地使用权出让的有偿性。

(2)平等性。土地使用权出让法律关系中,双方当事人的法律地位是平等的。《房地产

法》第十四条规定："土地使用权出让，应当签订书面出让合同。"合同双方就土地使用权出让问题经过充分协商。达成一致意思，确立出让合同法律关系，必须以双方法律地位平等为前提。否则，就不可能在协商的基础上达成一致意见。因此，我国《出让和转让条例》第十一条规定："土地使用权出让合同应当按照平等、自愿、有偿的原则，由市、县人民政府土地管理部门与土地使用者签订。"

(3)期限性。我国《房地产法》第三条规定："国家依法实行国有土地有偿、有期限使用制度。"第十三条规定："土地使用权出让最高年限由国务院规定。"上述规定表明，在我国，出让土地使用权是有一定期限的。这是因为，土地使用权出让仅是国家将国有土地的使用权有偿让渡于土地使用者，国家并不因此而丧失土地所有者的身份，故而在一定条件下，国家即可恢复对该幅土地所有权的完整状态，这些条件中就包括一定期间的届满。因此，土地使用权出让具有期限性。

(4)出让方的单一性和受让方的广泛性。在土地使用权出让法律关系中，出让方只能是土地的所有者——国家，其他任何单位或个人均不能作为土地使用权出让的主体；而与出让方相对应的受让方则具有广泛性，可以是企业或其他单位，也可以是个人。我国《出让和转让条例》第三条规定："中华人民共和国境内外的公司、企业、其他组织和个人，除法律另行规定者外，均可依照本条例的规定取得土地使用权，进行土地开发、利用、经营。"

(三)土地使用权出让的法律性质

土地使用权出让是我国20世纪90年代初土地使用制度改革过程中产生的一个新的法律问题。关于土地使用权出让的法律性质问题，目前理论界认识尚不统一，概括起来主要有以下四种观点：

(1)土地经营权说。这种观点认为土地使用者取得的国有土地使用权是一种相对独立的财产权，具有物权效力。土地使用者不但可以对其所有的土地进行综合开发利用，而且可以享有转让、抵押、继承和排除妨害权。

(2)地上权说。这种观点认为出让土地使用权完全符合地上权的全部法律特征。土地使用人不仅可以继承、出租、转让和抵押土地使用权，而且享有排除任何人非法妨碍和侵害的权利。

(3)土地租赁权说。这种观点认为土地使用人取得的土地使用权，实则是租赁了土地用益权即土地租用权，用地者与国家之间是一种租赁关系。

(4)基地权说。这种观点认为城镇国有土地使用权出让后，土地使用者取得的国有土地使用权，是因建筑物或其他工作物基地的需要而取得的，它是一种新型的他物权。

二、土地使用权出让的概念

土地使用权出让是通过土地使用权出让所获得的一种土地用益物权，可以是基地使用权，也可以是农地使用权。其法律特征与基地使用权和农地使用权的法律特征相同。

三、出让土地使用权与划拨土地使用权的区别

划拨土地使用权是通过土地使用权划拨所取得的一种土地用益物权，也可以是基地使用权或农地使用权。所谓的土地使用权划拨，是指国家依法按照一定程序将土地使用权无偿地转移给土地使用者，它属于行政行为，而非民事行为。在划拨时，一般不设定土地使用

权的期限，但却设定了一定的限定条件，如除符合《出让和转让条例》第四条规定外，不得转让、出租和抵押。有时，对于土地所有权人和土地使用权人的权利义务没有明确的界定，在使用过程中可能因此而导致“行政干预”或“产权不清”的问题。

出让土地使用权与划拨土地使用权的区别主要表现为以下几方面：

(1)取得方式不同。出让土地使用权通过出让取得，有偿、有期限；划拨土地使用权通过划拨取得，无偿、无期限。

(2)权利义务关系不同。对于出让土地使用权来说，土地所有权人和土地使用权人的权利义务进行了明确的法律形式的界定，因此它是一种独立的物权，使用权人具有法定范围内任意的处置权，如转让、出租和抵押等；对于划拨土地使用权来说，土地所有权人和土地使用权人的权利义务没有明确的界定，使用权人在行使财产权利时要受所有权人的控制或干扰，还不能成为一种完全意义上的独立物权。

第二节　国有土地使用权出让的条件、程序和方式

一、国有土地使用权出让的条件

总体上看，由于我国实行土地用途管制制度，使用土地的单位和个人必须严格按照土地利用总体规划确定的用途使用土地，而土地使用权出让，必须符合土地利用总体规划、城市规划和年度建设用地计划。具体到不同的土地，出让条件又会有所不同。如已有的建设用地，除社会公益性用地或公共事业用地等土地外，原则上都是可以出让的土地。这类土地的出让，实际上大都属于划拨土地所有权补办出让手续。

新增建设用地用于出让的，国家对此有严格的限制条件，即除必须符合土地利用总体规划和城镇规划外，还必须符合年度建设用地计划和土地使用权出让计划，未纳入出让计划的土地使用权，不得出让。同时，在出让程序上，也有严格的规定。

二、国有土地使用权出让的程序

一般来说，土地使用权的出让程序应该是从政府制定土地使用权出让的计划开始，到实施具体出让行为完毕而结束。下面对具体到某块土地的使用权出让程序进行简单介绍。

(一)拟定方案和预报

(1)出让地块出让方案。由市、县人民政府地政部门，会同城市规划和建设、房产管理部门共同拟定出让地块出让方案。其直接依据是经政府部门批准的年度土地使用权出让计划。

出让方案的内容：基本情况说明，包括地块的位置、面积、用途、年限，出让方式，地价评估，使用条件等；编制的《土地使用规划》；起草的《土地使用权出让合同》(草案)。

如果是招标出让，还须起草《招标通知书》、《招标公告》、《招标须知》、《中标通知书》等；如果是拍卖出让，还须起草《拍卖公告》、《竞投须知》等。

(2)预报。出让国有土地使用权实行预报制度，出让方案初步确定后，由建设项目所在地的市、县地政部门向有批准权的上级人民政府的地政部门预报。其中，向省级以上(含省)地政部门预报的项目用地，须同时抄报市(地)和省级地政部门。

预报内容:根据拟采取的土地供应方式,按照《建设项目用地预报表》所列内容逐项填报。预报表的主要内容有:拟受单位,建设项目名称,拟用地面积(公顷),是否列入年度用地计划,拟出让方式,该地块规划用途,拟用土地来源,预报单位(地政部门)意见及盖章等。

有批准权的人民政府的地政部门接到《建设项目用地预报表》及有关材料后,及时组织现场勘察、审核用地方案,指导下级地政部门做好正式报批的准备工作。

(二)正式报批

出让土地使用权须经有批准权的人民政府批准。

(1)关于审批权限的规定。出让土地使用权有利于建立国有土地的有偿使用制度,因此对于现有建设用地,一般由市、县人民政府批准;对于需要通过农用地转为建设用地、征地后再出让的,需要进行严格的审批,但此审批权限实际上是农用地转用、征地的审批权限,对此,以后章节有专门介绍。

(2)正式报批程序。市、县地政部门根据出让计划会同有关部门拟定出让地块的征地、拆迁补偿安置方案、农用地转用方案、补充耕地方案和供地方案、土地使用条件、《出让国有土地使用权合同》(草案),报同级人民政府审核。按照出让国有土地使用权批准权限,经上级地政部门审查后,报有批准权的人民政府批准。

(3)须报送的材料。主要有:《出让国有土地使用权呈报表》,出让地块的地理位置图和规划设计,征地、拆迁补偿安置方案或有关协议,农用地转用方案、补充耕地方案,土地使用条件,《出让国有土地使用权合同》(草案),人民政府或有关部门的文件或意见,地政部门的审查意见等。

另外,如果出让国有土地使用权采用协议方式和用于吸收外商投资进行成片土地综合开发经营的,还需附经批准的建设项目设计任务书(可行性研究报告)和企业批准证书副本。

(三)组织实施和发证

土地使用权出让经政府批准后,由市、县地政部门组织实施向土地使用权受让人的出让活动。协议出让的,出让方与受让方就地价等进行协商一致后即达成协议,签订《出让国有土地使用权合同》;招标、拍卖出让的,要按照招标、拍卖的程序进行,签订出让合同。

受让方应当在签订合同后60日内,支付土地使用权出让金和其他有关费用,之后,按照规定到地政部门办理登记手续,领取《国有土地使用证》。

(四)备案

各级人民政府审批的各类建设项目,在用地正式批准后,市、县地政部门向上级地政部门填报《出让国有土地使用权备案表》,同时,向批准出让的人民政府地政部门增报正式签订的《出让国有土地使用权合同》副本和出让土地登记卡复印件。备案的目的是使上级政府和地政部门及时掌握土地出让情况,加强宏观控制。

三、国有土地使用权出让的方式及其具体程序

出让方式指国有土地的产权代表通过一定形式和程序将国有土地的使用权出让给土地使用者。根据《房地产法》、《出让和转让条例》和《招标拍卖挂牌出让国有土地使用权规定》(国土资源部令第11号,2002年4月3日国土资源部第四次部务会议通过,自2002年7月1日起施行)的规定,国有土地使用权出让的方式有:协议、招标、拍卖和挂牌。

（一）协议方式

协议方式指政府或政府委托地政部门作为出让方与选定的受让方协商用地价款和条件，达成协议，签订土地使用权出让合同的方式。协议方式的基本特点是由政府直接选定受让方，行政管理土地的效率相对较高，但缺点非常明显，没有引入市场竞争机制，容易造成地租的流失和政府部门的腐败。因此，这种方式一般适用于市政工程、公益事业用地，或者是政府扶持、优惠的项目用地，例如：安居工程、经济适用住房、高新技术产业基地。

协议方式的一般程序为：

（1）申请。用地者持用地申请报告和建设项目批准文件、建设用地规划许可证及资信证明等文件，向出让方提出申请。

（2）协商。出让方审查同意申请，在一定时间内通知申请者前来协商用地价款和条件，签订《土地使用权出让合同》（草案）。

（3）报批。出让方备齐下列材料后，逐级上报有批准权限的人民政府审查批准；用地申请报告；建设项目批准文件和建设用地规划许可证；用地者资信证明；《土地使用权出让合同》（草案）；出让地块范围红线地形图；土地开发建设平面布置图；地块区位地理位置图，地块的国有权属证明文件，或征地、拆迁补偿安置方案或有关协议；人民政府或有关部门的文件和意见；出让方要求提供的其他材料。

（4）登记。经有批准权的人民政府批准后，出让方和受让方正式签订土地使用权出让合同，受让方按合同规定支付全部出让金，办理土地使用权登记手续，领取《国有土地使用证》。

（二）招标方式

招标方式指在指定的期限内，由符合规定条件的单位或个人，以书面投标形式竞投某宗土地的使用权，由招标单位组成土地招标小组择优确定中标者。招标方式的基本特点为：①引入市场竞争机制，体现了土地使用权商品性竞争的原则。②从发布通告起，投标全过程（开标、标底、标价）都是秘密的，投标人之间不知道竞争对手的标底，招标人对标底严格保密。③投标人一般只有一次投标机会，一旦发出标书，就不能随意变更。④中标者不一定是投标标价的最高者，招标人经过全面、综合评价各方面条件后，确定中标者。

招标方式分为公开招标和定向（邀请）招标两种形式。公开招标是向社会发布公告且不限定投标人的竞争性投标。定向招标是由招标方选择符合条件的单位或个人，向他们发出招标通知，邀请其参加投标。

招标出让的一般程序：

（1）准备工作。招标方编制《投标须知》、《土地利用规划》、《土地使用权投标书》、《土地使用权出让合同》、《中标证明通知书》等文件，制作标箱等工具，对投标者进行初步资格审查，并为此发《投标邀请书》或向社会公开发布《招标公告》。

（2）投标。参加投标者在规定时间到指定地点领取招标文件，在投标规定的期限内将密封的投标书投入指定标箱或送达指定地点，向招标方交付投标保证金。投标文件包括：填写好的投标书，投标者身份有效证明和有效资信证明，地块开发建设规划方案、建设项目初步设计方案及必要说明。

（3）开标、验标、评标和决标。招标方会同有关部门及聘请专家和专业技术人员组成评标小组，在公证机关现场监证下，当众开标、验标、评标和决标，宣布不符合投标规定的标书无效。招标文件规定只出标价的，以价高者中标；规定既出标价又须提交规划设计方案的，采取综合评分法，总评得分最高者中标。决标后，由公证机关出具公证书，向中标人发出中标通知书。然后，招标方应如数退还未中标者交纳的投标保证金。

若评标小组认为所有标书都没有达到预期目的，如所有设计方案不符合要求或全部标价低于出让底价的有权废标，重新组织招标。

(4)签约、登记。中标人在接到中标通知书后，在规定的时间内与出让方签订土地使用权出让合同，按合同规定付清出让金，办理土地使用权登记手续，领取《国有土地使用证》。

中标人在规定时限内不签订出让合同的，视为放弃中标权；中标人已签订合同，但未经招标方同意，逾期未付清出让金，招标方有权解除出让合同。以上两种情况都属于中标人违约，投标保证金不予退还，造成招标方损失的，中标人应负赔偿责任。

(三)拍卖方式

拍卖方式是指土地使用权出让人在指定时间、地点，向符合规定条件的用地需要者公开叫价竞投，并以竞投的最高报价向该出价人出让国有土地使用权的活动。其主要特点为：①具有公开性，拍卖出让公开竞争报价，以价高者取得出让土地。②所有的应买人都有多次报价的机会。③引入市场竞争机制，体现了土地使用权商品性竞争的原则。拍卖方式一般适用于商业用地、娱乐用地。

拍卖出让的一般程序：

(1)公告。出让方印制好土地使用权拍卖须知、土地使用权出让合同样式等文件，在拍卖前不少于30日的时间内将土地使用权拍卖的有关事宜通过新闻媒体予以公告。

(2)领取入场证。竞买者在公开拍卖前几日，持有效证件、资信证明、授权委托书或其他法定文件到指定地点进行资格审查，合格者予以报名登记并交付保证金，领取有关文件，取得入场证。

(3)竞拍。出让方按公告规定的时间、地点，依下列顺序组织竞拍活动：①简介拍卖土地使用权地块的面积、位置、用途、使用年限、规划要求、拍卖规则和有关事宜。②拍卖叫价起点。③竞投者按规定方式竞相应价。④拍卖主持人连续三次宣布最后报价数额而没有竞投者再应价时，举槌敲下，最后应价者为竞得人，取得该幅土地使用权，公证人员现场予以公证。

(4)签约、登记。竞得者应及时与出让方签订土地使用权出让合同，交付定金；出让金余额按合同规定时间交付；办理土地使用权登记手续，领取《国有土地使用证》。逾期未付清地价款者，视为违约，出让方有权解除合同，保证金和定金不予退还。

(四)挂牌方式

挂牌出让国有土地使用权是指出让人发布挂牌公告，按公告规定的期限将拟出让宗地的交易条件在指定的土地交易场所挂牌公布，接受竞买人的报价申请并更新挂牌价格，根据挂牌期限截止时的出价结果确定土地使用者的行为。挂牌出让方式不仅具有招标、拍卖的公开、公平、公正的特点，而且具有招标、拍卖不具备的优势，是招标、拍卖方式出让国有土地使用权的重要补充。挂牌方式主要适用于竞争性不强的经营性土地。

国有土地使用权挂牌出让程序：

(1)拟定挂牌出让方案。由市、县国土资源局会同规划部门共同拟定拟挂牌出让国有土地使用权方案。

(2)报批。报市、县人民政府批准挂牌出让方案。

(3)编制挂牌出让文件。其包括:挂牌出让公告、竞买须知、宗地图、土地使用条件、报价单、成交确认书、国有土地使用权出让合同文本等。

(4)发布挂牌出让公告。挂牌开始前至少20日发布公告。公告内容包括:①出让人的名称和地址;②出让宗地的位置、现状、面积、使用年期、用途、规划设计要求;③竞买人的资格要求及申请取得竞买资格的办法;④索取挂牌出让文件的时间、地点、方式;⑤挂牌出让时间、地点、竞买方式;⑥确定竞得人的标准和方式;⑦履约保证金;⑧其他事项。

(5)申请竞买人索取挂牌出让文件,并提供以下资料:①竞买人有效的营业执照复印件;②房地产开发企业资质证书复印件;③股份公司董事会关于竞买事宜的决议(附全体董事签字)及董事会签署的委托代理人的授权文件(附委托代理人的身份证明);④其他需要提供的资料。

(6)对竞买人进行资格审查。市、县国土资源局对上述资料进行审查,确定竞买人资格。

(7)挂牌出让。挂牌时间不得少于10日。具体程序为:①在挂牌公告规定的挂牌起始日,出让人将挂牌宗地的位置、面积、用途、使用年期、规划要求、起始价、增价规则及增价幅度等,在地产交易市场挂牌公布;②符合条件的竞买人填写报价单;③出让人确认该报价后,更新挂牌价格;④出让人继续接受新的报价;⑤出让人在挂牌公告规定的挂牌截止时间确定竞得人;⑥出让人与竞得人签订《竞买成交确认书》。

(8)签订出让合同。在规定的期限内,市、县国土资源局与竞得人签订《国有土地使用权出让合同》。

(9)缴纳成交地价款和契税。竞得人按出让合同的规定缴纳成交地价款和契税。

(10)地块交付。出让人即市、县国土资源局与竞得人履行地块交付手续。

(11)依法申请办理土地登记,领取国有土地使用权证书。

第三节　国有土地使用权出让合同

一、国有土地使用权出让合同的概念

国有土地使用权出让合同是指国家以土地所有权人的身份(出让人)与土地使用权受让人之间,就土地使用权出让明确双方权利义务的协议。国有土地使用权出让合同可分为宗地出让合同、成片开发土地出让合同和划拨土地使用权补办出让合同等。

国有土地使用权出让合同具有以下特征:

(1)其为民事合同。《出让和转让条例》第十一条规定:“国有土地使用权出让合同应当按照平等、自愿、有偿的原则。”其适用《民法通则》和《合同法》有关民事合同的有关规定。作为民事合同,应当按照“平等、自愿、有偿”的原则签订,任何一方都不能把自己的意愿强加于对方。

(2)标的物具有一定的特殊性。标的物是有期限的土地使用权,作为一种用益物权,是一种特殊的财产权。

二、国有土地使用权出让合同的内容

国有土地使用权出让合同的内容是指合同中规定当事人双方权利义务的各项条款。一般具有以下主要内容:双方当事人的名称、地址;出让土地位置、宗地号、面积、界址;出让年限和起止时间;土地使用条件;出让金数额、付款方式及时间;转让、出租、抵押土地使用权的条件;违约责任;争议的解决和运用的法律;合同生效条件;合同终止条件;合同签订人身份,签订时间、地点;合同的解释和定义条款;合同担保方式;土地使用规则;双方认为应规定的其他条款。

另外,不同类型的合同在条款上是有差异的。宗地出让合同还包括出让国有土地建设项目、建设进度等方面的规定;成片开发土地出让合同还包括成片开发规划、总体规划、公共设施等方面的规定;划拨土地使用权补办出让合同包括原划拨土地的位置、面积、四至、界址、补办出让的面积等。

为了加强国有土地使用权出让的管理,促进合同文本规范化,原国家土地管理局和国家工商行政管理局联合印发了上述各种合同示范文本。

三、国有土地使用权出让合同中当事人的权利义务

国有土地使用权出让合同当事人是出让方和受让方。出让方是国家,由国家授权市、县人民政府在其权限内行使,具体由市、县地政部门组织施行。受让方是土地使用者。

通过出让取得的土地使用权是一种土地用益物权,根据物权法定主义的原则,应该通过法律条文来明确出让方和受让方的权利义务;同时,不同条件的土地,具体的权利义务又应该有所区别,因此出让时签订土地使用权出让合同来进一步明确权利义务也十分必要。法定的和约定的主要权利义务应该包括以下内容。

(一)出让方的权利义务

(1)出让方的主要权利:①继续拥有土地的所有权。②监督检查权。在土地的开发利用过程和合同履行过程中,出让方对受让方利用土地情况行使监督检查权。③请求行政处分权。受让方不按法定规定和合同规定期限和条件开发、利用土地的,出让方根据情节,给予警告、收取土地闲置费、罚款直至无偿收回土地使用权。④收回土地使用权。合同规定的出让年限届满,土地使用者未申请续期或申请续期未批准的,出让方无偿收回土地使用权,也可以在特殊情况下,根据社会公共利益的需要,依照法定程序和补偿办法提前收回土地使用权。⑤依法解除出让合同权。受让方在签订土地使用权出让合同后,未按约定支付土地出让金,出让方有权解除合同。⑥请求违约赔偿权。受让方未按合同规定履行法定义务和约定义务,出让方有权要求受让方支付违约赔偿金。⑦提请仲裁或起诉权。对因土地使用权等事项引起的争议享有提请仲裁机构仲裁或向人民法院起诉的权利。

(2)出让方的主要义务:①按合同规定提供土地使用权。出让方必须按照合同规定的面积和标准交付土地使用权。协助受让人依法登记土地使用权,并领取国有土地使用证。②向受让人提供相关资料和文件。其主要有土地的位置、四周环境、建筑密度、容积率、环境保护、园林绿化、交通条件、消防设施、供电、供水等资料和文件。③保证受让方取得应得权利。出让方应保证受让方依照合同所取得的权利不受他人干涉。

（二）受让方的权利义务

(1)受让方的主要权利:①依法享有土地使用权,包括占有、使用、收益、处分等财产权。这是受让方所获得的法定的用益物权。②依法享有对土地使用权的转让、出租、抵押等财产权。这是土地经营权的重要组成部分,也是法定的权利。受让人取得土地使用权后,经投资和综合开发,达到法律规定最低要求,即有权依法转让和出租。土地使用者有权依照法律规定对土地使用权进行抵押。③依法解除出让合同权。出让方未按法定义务和合同规定提供土地使用权,受让方有权解除合同。④请求违约赔偿。出让方未按法定义务和合同规定履行义务,受让方有权要求出让方支付违约赔偿金。⑤提请仲裁或起诉权。

(2)受让方的主要义务:①交纳土地使用权出让金并依法办理土地登记。《出让和转让条例》第十四条和第十六条规定:"土地使用者应当在签订土地使用权出让合同60日内,支付全部土地使用权出让金。""土地使用者在支付全部土地使用权出让金后,应当依照规定办理登记。"②按合同规定和城市规划要求对土地进行开发、利用、经营。《出让和转让条例》第十七条规定,土地使用者应当按照土地使用权出让合同的规定和城市规划要求,开发、利用、经营。③土地用途变更时,必须征得出让方同意,并经有关部门批准。④土地使用期限届满,返还土地。《出让和转让条例》第四十条规定,土地使用权期届满,土地使用权及其地上建筑物、其他附着物所有权由国家无偿取得。土地使用者应当交还土地使用证,并依照规定办理注销登记。⑤接受出让方对合同履行情况的监督、检查。⑥执行仲裁机构或人民法院对合同争议所做的裁决。

四、国有土地使用权出让合同的变更和终止

（一）国有土地使用权出让合同的变更

《出让和转让条例》第十八条规定:"土地使用者需要改变土地使用权出让合同规定的土地用途的,应当征得出让方的同意并经土地管理部门和城市规划部门批准,依照有关规定重新签订土地使用权出让合同,调整土地使用权出让金,并办理登记。"

这是有关土地用途的变更,其实,国有土地使用权出让合同和国有土地使用证的内容都有可能变更,这些内容的变更,我国相关法律没有作出明确规定,但从用益物权的法理讲,与土地用途的变更一样,都需要依法批准和登记才有效。

（二）国有土地使用权出让合同的终止及主要法律后果

国有土地使用权出让合同可以有多种终止的情形,其相应的法律后果也会有所差别。

(1)因社会公共利益需要,依照法律程序提前收回土地使用权而终止。主要法律后果,由政府部门给予土地使用者适当的补偿。

(2)因土地使用权出让合同规定的年限届满而终止。主要法律后果:其地上建筑物、其他附着物所有权由国家无偿取得,土地使用者无补偿之请求权。法律规定受让方可以申请续期,但是否具有优先权等一类的权利,法律没有进一步的规定。也就是说,合同规定的年限届满,其地上建筑物、其他附着物无论价值多大,土地使用者,即这些财产的所有者,将完全失去这些财产。

(3)因土地灭失使土地使用权出让合同无法履行而终止。主要法律后果:我国法律没有明确规定,但依法理,土地使用者无条件丧失土地使用权,出让方无补偿之义务,已交的剩余年限的地租(应是部分出让金)是否退还,没有明确规定。

(4)因土地使用者死亡且无合法继承人而终止。主要法律后果:无主财产收归国有。

(5)因人民法院或地政部门依法做出的没收土地使用权的判决、裁决或决定生效而终止。主要法律后果:其地上建筑物、其他附着物所有权由国家无偿取得,已交的剩余年限的地租(应是部分出让金)是否退还没有明确规定。

(6)因土地使用者某些原因要求提前终止合同,且地政部门同意提前终止土地使用权出让合同而终止。主要法律后果:土地使用者是否可以要求补偿或退还剩余年限的地租(应是部分出让金),法律没有明确规定。

第四节　划拨土地使用权出让法律规定

划拨土地使用权的主要特点是无期限、无地租,但缺乏经营权上的灵活性,如在转让、出租、担保等方面受限制。我国土地制度的改革方向是建立土地使用权的有偿使用制度,因此国家鼓励和欢迎划拨土地使用权补办出让手续,其条件比较宽泛:土地使用者为经济组织或个人;领有国有土地使用证;具有合法的地上建筑物、其他附着物产权证明;经济组织以外的其他组织需要补办出让手续,须经过其上级主管部门批准。

根据原国家土地管理局《关于划拨土地使用权补办出让手续及办理土地登记程序的通知》,划拨土地使用权补办出让手续程序为:

(1)申请。土地使用者持《申请审批表》、《国有土地使用证》、地上建筑物和其他附着物的产权证明等文件,向土地所在地市、县地政部门提出申请,填写《划拨土地使用权补办出让手续及办理土地登记申请审批表》。

(2)审查。市、县地政部门对土地使用者的申请审批表进行审查,签署审核意见,并在15日内以书面形式函告土地使用者。

(3)签订土地使用权出让合同。市、县地政部门审查同意补办出让手续后,与土地使用者签订土地使用权出让合同。

(4)缴纳土地使用权出让金。在土地使用权出让合同签订后60日内或在合同约定付款期限内,土地使用者向土地所在地市、县土地管理部门缴纳土地使用权出让金。

(5)办理土地登记。土地使用者缴纳全部出让金后,地政部门直接办理土地使用权出让登记;土地使用权在缴纳出让金前已签订土地使用权转让、租赁、抵押合同的,地政部门可同时办理土地使用权转让、出租和抵押登记。

第五节　国有土地使用权转让的概念、原则和条件

本节所说的土地使用权,是一种用益物权,主要通过土地使用权出让而创设的独立财产权。国有土地和集体土地都能通过出让设立土地使用权,但目前,以国有土地出让设立土地使用权为常见。

一、国有土地使用权转让的概念及其与出让的区别

国有土地使用权转让指国有土地使用权人依法将其土地使用权转移给他人的行为。就其本质而言,国有土地使用权转让属于财产权转移的一种,发生财产权之法律主体的变更,

而财产权的性质和内容不发生本质的变化，即转让之后，国有土地使用权仍为用益物权，保留与出让产生的土地使用权一样的性质。目前，国有土地使用权转让的法定形式有买卖、交换、赠与和继承四种。

国有土地使用权转让与出让的区别如下：

（1）国有土地使用权出让是创设财产权的行为，而国有土地使用权转让是转移财产权的行为。出让之前，作为独立物权的土地使用权并不存在，土地所有权所包含的占有、使用、收益权能归国家，通过出让才把这些权能分开，成为一项独立的财产权、用益物权，并让与土地使用者。因此，出让的行为是创设土地使用权的行为。但转让，只是土地使用权这种用益物权在公民和法人之间的转移。

（2）法律关系主体不同。国有土地使用权出让的法律关系主体，一方是土地所有者，一方是土地使用者。国有土地使用权转让的法律关系主体，双方都是土地使用者。

（3）出让金与转让费的构成及反映的关系不同。国有土地使用权出让金除土地所有者在土地上的投资外，主要是地租。地租是土地所有权特有的经济表现，是土地所有权借以实现的经济形式。国有土地使用权转让费除包括出让金、土地使用者的投资与孳息外，还包括经营利润。

（4）国有土地使用权转让不对国家的所有权产生任何影响。新的国有土地使用权受让人在享受权利的同时，也承担对土地所有者（出让方）的各项义务。

二、国有土地使用权转让的原则

国有土地使用权转让的原则是指在国有土地使用权转让的过程中，双方当事人应共同遵守的行为准则。国有土地使用权转让是平等主体间的一种民事活动，故其必须遵守平等、自愿、有偿、不得损害国家和社会公共利益等一般民事活动准则。但由于其客体的特殊性，还必须遵守下列原则：

（1）国有土地使用权转让时，国有土地使用权出让合同和登记文件中载明的权利义务随之转移，此即“认地不认人原则”。不管土地使用权转让多少次、转让到谁，其权利义务仍与原国有土地使用权出让合同中受让人享有的权利义务基本相当。

（2）国有土地使用权与其地上建筑物、其他附着物所有权随之转移原则。我国现行法律采用的是土地使用权与其地上建筑物所有权相一致的原则，这两种权利不分离。《房地产法》第三十一条规定：“房地产转移时，房屋的所有权和该房屋占用范围内的土地使用权同时转让、抵押。”

（3）国有土地使用权转让年限，不得超过出让合同约定的年限扣除已使用年限的剩余年限，并签订合同。

（4）国有土地使用权及其地上建筑物、其他附着物所有权转让，都要依法办理过户登记。采登记要件主义，只有登记后才有法律效力，受法律保护。

（5）国有土地使用权转让价格应由地产评估机构进行评估，同时转让人应向县级以上人民政府规定的部门申报成交价。转让国有土地使用权增值的，转让方应按照规定缴纳土地增值税；成交价明显低于市场价格的，市、县人民政府有优先购买权。

（6）国有土地使用权转让后，需要改变土地用途的，应按照《出让和转让条例》第十八条的规定办理：应当征得出让方同意，并经土地管理部门和城市规划部门批准，依照本条例的有关规定重新签订土地使用权出让合同,调整土地使用权出让金,并办理登记。

三、国有土地使用权转让的条件

(一)出让土地使用权整块转让(宗地转让)的条件

为了防止"炒地皮",《出让和转让条例》规定:通过出让而获得的宗地国有土地使用权转让时,受让人必须按照出让合同所规定的期限和条件进行投资、开发建设后,方可转让。即其具体条件由出让合同具体规定。

我国《房地产法》第三十八条规定:"出让土地使用权,转让其房地产时,应符合下列条件:按照出让合同约定,已经支付全部土地使用权出让金;取得国有土地使用证;按照出让合同进行投资开发,并完成投资总额的25%以上;对已建成的房屋,应持有房屋产权证书。"

关于以上两个法律条文衔接的问题。首先应该符合《房地产法》第三十八条的规定,这是法定条件;其次,根据《出让和转让条例》的规定,看出让合同中的具体约定。如果合同约定符合法定条件,依其约定;如果合同约定不符合法定条件,约定无效,依法定条件;如果合同无约定,依法定条件。

(二)成片开发土地转让的条件

《房地产法》和《外商投资开发经营成片土地暂行办法》对成片开发土地转让的条件都作了规定,可概括为:按合同约定,已支付全部土地使用权出让金;取得国有土地使用证;按照出让合同约定进行投资开发,形成工业用地和其他建设用地条件。

(三)出让土地分割转让的条件

分割转让是指一整块国有土地使用权的局部转让,即部分转让。由于分割转让破坏了国有土地使用权的整体性,涉及国家与出让土地使用权受让人之间的权利义务关系的变更,同时可能引起土地使用权权属的混合,影响国家和社会公共利益。所以,分割转让时,除符合出让土地转让的一般条件外,还必须经地政部门和房地产管理部门的批准。

《出让和转让条例》第二十五条规定:土地使用权和地上建筑物、附着物所有权分割转让的,应经市、县人民政府土地管理部门和房地产管理部门批准,并依照规定办理过户手续。

(四)划拨国有土地使用权转让的条件

根据《出让和转让条例》第二十五条及《划拨土地使用权管理办法》第六条的规定,符合下列条件,经县级以上人民政府地政部门批准,其划拨国有土地使用权可以转让:土地使用者为经济组织或个人;领有国有土地使用证;具有合法的地上建筑物、其他附着物产权证明;依法补办了土地使用权出让手续,并按规定缴纳了土地使用权出让金或以转让所获收益抵交土地使用权出让金;符合法律、法规规定的其他条件。

第六节　国有土地使用权买卖

一、国有土地使用权买卖的概念

国有土地使用权买卖是指国有土地使用权人把符合国家法律规定的国有土地使用权与地上建筑物、其他附着物的所有权转移给第三人,第三人给土地使用权人支付相应价款的行为。其基本特征为:

(1)买卖主体是具有平等民事权利的单位或个人。

(2)买卖客体是国有土地使用权与地上建筑物、其他附着物的所有权。

(3)必须遵循买卖原则,双方按平等、自愿、有偿的原则达成买卖协议,通过签订买卖合同确定双方的权利和义务。

国有土地使用权买卖必须符合《土地管理法》、《出让和转让条例》、《房地产法》等法律、法规;否则,视为非法买卖,不受法律保护。国有土地使用权买卖的方式有协议、招标和拍卖三种。

二、国有土地使用权买卖程序

国有土地使用权买卖程序是指国有土地使用权人转让其国有土地使用权时,必须经过的步骤。其程序一般为:

(1)提出申请。国有土地使用权出卖人向出让人提出申请,说明自己出卖的原因。只要符合法定的条件,申请一般能得到批准,因为买卖土地使用权是土地使用权人的权利之一。

(2)协议、招标、拍卖,从而确定买受人。

(3)签订买卖合同。出卖人和买受人签订买卖合同,明确双方的权利义务。

(4)办理变更登记。按照《土地登记规则》规定,国有土地使用权转让时,双方应签订转让合同后,持原出让合同、转让合同、《国有土地使用证》、缴纳土地增值税凭证,向当地市、县地政部门申请办理变更登记,更换《国有土地使用证》。

三、国有土地使用权买卖合同

(一)国有土地使用权买卖合同的概念和特点

国有土地使用权买卖合同是指国有土地使用权人在出售其使用权时与买受人签订的用以确立国有土地使用权买卖中双方权利义务关系的书面协议。它是出卖人以获取价款为目的而转让土地使用权,买受人获取土地使用权并支付价款的协议。

依法订立的国有土地使用权买卖合同对当事人具有法律效力。双方必须全面履行合同条款中规定的各自应承担的义务,任何一方不得擅自变更和解除合同。国有土地使用权买卖合同是一种买卖合同,具有买卖合同的一般特征,比如:①为双方和多方的法律行为。必须双方或多方当事人意思表示一致。强行交易,订立的合同不受法律保护。②当事人的法律地位对等。③是合法的民事行为。④应当遵循平等、自愿、公平互利和诚实信用原则。

同时,国有土地使用权买卖合同也具有自己的特点:①是一种权利买卖,其标的是国有土地使用权。②是一种要式合同,必须签订书面的合同。

(二)国有土地使用权买卖合同当事人的权利义务

国有土地使用权买卖合同当事人一方应尽的义务,就是他方享有的权利。

出卖人的主要义务:交付国有土地使用权,保证土地开发程度达到法律规定和出让合同规定的标准,协助买受人办理有关产权转移手续,保证买受人取得的权利不受第三人追索。

买受人的主要义务:按合同规定支付价款;按合同规定接受权利交付,并办理有关产权登记手续。

第七节　国有土地使用权交换、赠与与继承

一、国有土地使用权交换

（一）国有土地使用权交换的概念

交换的基本特征是以物易物。国有土地使用权交换，是国有土地使用权人以其土地使用权换取另一方当事人所有的物或土地使用权。交换时，当事人必须签订交换合同，约定交换双方的权利义务。

国有土地使用权交换，作为一种国有土地使用权转让的形式，必须符合有关法律、法规的规定，比如：国有土地使用权必须符合法定转让条件；否则，视为非法交换。

国有土地使用权交换的程序一般为协商、签合同、变更登记。

（二）国有土地使用权交换合同

国有土地使用权交换合同是指国有土地使用权人用其土地使用权交换他人所有的物或土地使用权而达成的协议。具有以下特征：合同的一方或双方以国有土地使用仅为给付内容；双方当事人的法律地位均相当于买卖关系中的出卖人和买受人；在以国有土地使用权互易时，合同双方当事人的权利义务基本一致。

由于双方当事人既是出卖人，又是买受人，合同双方当事人的权利义务基本一致，主要有：交付国有土地使用权或物；保证交换的国有土地使用权符合法律、法规的要求；在不对等交换中，得益的一方应向受损的一方支付商定的其他物品或补偿价款；保证对方取得的国有土地使用权不受第三方追索。

二、国有土地使用权赠与

（一）国有土地使用权赠与的概念

国有土地使用权赠与是指赠与人即国有土地使用权人自愿将其土地使用权无偿转移给他人的行为。国有土地使用权赠与，作为一种国有土地使用权转让的形式，必须符合有关法律、法规的规定；否则，赠与无效。

国有土地使用权赠与，当事人必须签订赠与合同，约定双方的权利义务。根据《中华人民共和国公证法》，不动产的赠与须经过公证部门的公证才具有法律效力。

国有土地使用权赠与的程序一般为：协商、签合同、公证、变更登记。

（二）国有土地使用权赠与合同

国有土地使用权赠与合同是指赠与人将其享有的国有土地使用权无偿给予受赠人，受赠人接受赠与的协议。其特征为：赠与人无偿地将国有土地使用权转让给受赠人；赠与合同双方当事人的法律地位是平等的；双方当事人的权利义务不是对等的。

赠与方的主要义务：无偿交付国有土地使用权；保证受赠方取得的国有土地使用权不受第三人追索；赠与的国有土地使用权符合法定转让条件。

受赠方的主要义务：按出让合同规定的用途使用土地，保证土地使用权出让合同规定的各项条件和要求的实现；及时办理有关产权变更登记手续，依法缴纳税金；赠与附义务的，受赠人应当按照约定履行其义务。

三、国有土地使用权继承

（一）国有土地使用权继承的概念

国有土地使用权继承是指国有土地使用权人死亡后，由其合法继承人继承其土地使用权的行为。

国有土地使用权继承作为土地使用权转让的一种形式，与出售转让、交换转让、赠与转让相比，具有一定的特殊性：

（1）转让的条件不同。继承转让的发生是以国有土地使用权人的死亡为唯一条件，它不受出让合同规定的开发程度以及投资额的限制。

（2）转让的范围不同。继承转让，仅指合法继承人；其他转让，可以是任何组织或者个人。

（3）转让的程序不同。继承转让，只需公证（与赠与一样，公证是继承转让的法定程序）、登记两个阶段；其他转让，则需协商、签合同、变更登记等阶段。

（二）国有土地使用权继承人的权利义务

继承人有义务按照有关规定办理国有土地使用权变更登记手续。之后，其权利义务与被继承人死亡前的权利义务相同。

第八节　划拨国有土地使用权转让

一、划拨国有土地使用权转让的程序

划拨国有土地使用权转让是指国有土地使用权人将其通过行政划拨获得的国有土地使用权单独或者随同地上建筑物、其他附着物依法转移给他人的行为。

划拨土地一般是无偿使用的土地，使用权人不能直接转让，须先补办出让手续后，再转让。因此，其程序为“补办出让＋转让”的程序，具体为：

（1）申请。持国有土地使用证、地上建筑物和其他附着物产权证明等合法证件，向所在地市、县人民政府地政部门提出欲转让划拨土地使用权的申请。

（2）审批。市、县人民政府地政部门在接到转让申请书之日起15日内进行审查、审批，并将结果予以回复。符合下列条件者，应予以批准：土地使用者为经济组织和个人；领有国有土地使用证；具有地上建筑物和其他附着物产权证明等合法证件。

（3）签订国有土地使用权出让合同。申请批准后，地政部门代表土地所有者与申请人签订国有土地使用权出让合同。合同签订后60日内，土地使用权人交付出让金，办理使用权出让登记手续。

（4）签订国有土地使用权转让合同。办理出让登记手续后，即可与土地使用权受让人签订转让合同。

（5）办理转让登记手续。办理出让登记手续后15日内，转让合同的双方当事人应到所在地市、县人民政府地政部门办理国有土地使用权转让登记手续。当事人须提交的文件和材料：国有土地使用证、国有土地使用权出让合同、国有土地使用权转让合同、市（县）人民政府地政部门认为必需的其他材料。

特别注意，转让后，受让人需要改变出让合同规定的内容的，应当征得所在地市、县人民政府地政部门同意，并按规定审批权限经地政部门和城市规划部门批准，重新签订国有土地使用权出让合同，调整使用权出让金，并办理国有土地使用权登记手续。

二、国有企业改革中划拨土地使用权的处置规定

中国的国有企业是计划经济的产物，其经营机制、管理体制非常落后，不能适应市场经济的发展，要进行改革。其改革方向是建立“产权清晰、管理科学、自主经营、自负盈亏”的现代企业。土地使用权制度改革就是其中的一个主要内容。大部分国有企业使用的土地都是行政划拨土地，虽然是无偿、无期限地使用土地，但存在两方面的弊端：其一，企业没有产权明确的土地使用权，不可避免地会受到行政干预，影响企业的经营自主权，不利于“政企分开”的改革方向；其二，无偿使用土地必然会导致土地资源的低效配置和闲置浪费。

因此，合理地处置国有企业的划拨土地使用权，是促进国有企业改革的需要，也是进一步推行土地有偿使用制度、提高土地管理水平的需要。1998 年，原国家土地管理局发布了《国有企业改革中划拨土地使用权管理暂行规定》（简称《划拨规定》）。该规定明确了国有企业改革中国有土地使用权处置的条件、方式及程序。

处置国有企业的划拨土地使用权，实际上包含了以下内容：划拨土地使用权补办出让、出让土地使用权转让及国有土地使用权租赁等。

（一）处置的条件

《划拨规定》第九条和第十二条规定的条件为：

（1）土地使用权必须权属合法，无争议，并已办理土地登记，企业持有土地使用权证书；尚未登记的，企业应向土地所在地的地政部门申请土地权属审核，取得地政部门出具的土地权属证明。

（2）必须进行地价评估（保留划拨用地方式除外）。

（3）其土地用途必须符合当地的土地利用总体规划，在城市规划区内的，还应符合城市规划。

（二）处置方式

处置方式有以下四种：

（1）国有土地使用权出让。《划拨规定》第五十六条规定，国有企业破产或出售的，企业原有划拨土地使用权以出让方式处置。企业改革中涉及的划拨土地使用权，有下列情形之一的，应当采取出让或租赁方式处置：国有企业改造或改组为有限责任公司、股份有限公司及组建企业集团的，国有企业改组为股份合作制的，国有企业租赁经营的，非国有企业兼并国有企业的。

（2）国有土地使用权作价出资（入股）。其指国家以一定年限的国有土地使用权作价，作为出资投入改组后的新企业，该土地使用权由新企业持有。新企业获得的土地使用权与出让土地使用权具有相同的法律地位，可以依法转让、出租、抵押。

土地使用权作价出资（入股）所形成的国家股权，由有批准权的人民政府地政部门委托给有资格的国有股持股单位统一持有，如国有资产管理委员会。

根据《划拨规定》第四条和第六条规定，国家控股公司、国有独资公司、集团公司以及由国家控股的关系国计民生、国民经济命脉的关键领域和基础性行业或大型骨干企业，改造或

改组为有限责任公司、股份有限公司以及组建企业集团的，可以采取国有土地使用权作价出资（入股）方式处置。

（3）国有土地使用权租赁。其指国有土地使用者与县级以上人民政府土地管理部门签订一定年限的国有土地租赁合同，并支付租金的行为。

（4）保留划拨用地。《划拨规定》第八条规定，企业改制涉及土地使用权，有下列情形之一的，经批准可以采取保留划拨方式处置：①继续作为城市基础设施用地、公益事业用地和国家重点扶持的能源、交通、水利等项目用地，原土地用途不发生改变，但改造或改组为公司制企业的除外。②国有企业兼并国有企业、非国有企业以及国有企业合并、兼并后的企业是国有工业生产企业的。③在国有企业兼并、合并中，被兼并的国有企业或合并的一方属于濒临破产企业的。④国有企业改组为国有独资公司的。其中，后三项保留划拨用地方式的期限不得超过5年。

（三）处置土地使用权的程序

根据《划拨规定》第十条规定，处置土地使用权的程序为：

（1）拟定土地使用权处置方案。由企业或企业隶属单位拟定土地使用权处置方案，主要内容包括企业改革的形式和内容、企业现使用土地的状况和拟处置土地的状况、拟处置方式和处置价格及理由等。

（2）地价评估结果确认和土地使用权处置方案的审批。由有批准权的人民政府地政部门审批。企业进行公司制改造、改组或者组建集团企业，属于国务院或由授权部门批准设立的公司和企业集团以及境外上市公司的，由企业隶属单位报国家地政部门确认、审批；属于省级人民政府或其授权部门批准设立的公司和企业集团，由企业隶属单位报省级人民政府地政部门确认、审批。企业实行股份合作制改组、租赁经营和出售、兼并、合并、破产的，由企业隶属单位报上一级人民政府地政部门确认、审批；属于中央企业的，报国土资源部确认、审批。

（3）签订合同与变更土地登记。土地使用权处置方案经批准后，就要依法办理土地使用权变更的有关手续和进行变更土地登记。比如：按出让方式处置的，就补办出让手续。

思考与分析题

1. 土地使用权出让与转让有何区别？
2. 土地使用权转让有哪些方式？
3. 划拨土地使用权如何办理出让手续？
4. 试述国有土地使用权买卖合同当事人的权利义务。

第八章 土地使用权出租与土地使用权抵押

第一节 国有土地使用权出租概述

一、土地使用权出租的含义

所谓出租(或称租赁),是指出租方将租赁财产交给承租方使用,承租方向出租方支付约定的租金,并在租赁关系终止时,将原租赁财产返还给出租方的法律行为。在租赁法律关系中,转移的只是租赁财产的占有权、使用权,并不转移财产的所有权。

土地使用权出租是指土地使用者作为出租人将土地使用权随同地上建筑物、其他附着物租赁给承租人使用,由承租人向出租人支付租金的行为。土地使用权出租与一般的财产出租不同。它具有以下法律特征:

(1)土地使用权出租关系中的出租方不是土地的所有人,而是土地的使用权人;既包括从所有人处通过订立出让合同取得土地使用权的受让人,也包括通过转让合同从他人手中获得土地使用权的受让人,只要是现实的土地使用权人均可作为出租人。

(2)土地使用权的出租是在土地使用权人(出租人)与土地使用权出让合同之外的第二人(承租人)之间确立权利义务关系。出租人作为土地使用权人的地位并不发生改变,土地使用权出租行为不影响或不改变出租人对国家应尽的义务。出租人与土地所有人签订的土地使用权出让合同,并不因出租行为而变更或终止,“出租人必须继续履行土地使用权出让合同”(《出让和转让条例》第三十条)所规定的各项义务。可见,我国现阶段的土地使用权出租是一种新型的、具有特定内容的租赁法律制度。

土地使用权出租理论是马克思的地租理论在中国的应用,是对马克思地租理论的新发展。新中国成立以来很长一段时间,我们误解了马克思和恩格斯创立的科学社会主义理论,认为土地私有制消灭后,土地与所有其他生产资料一样,都将实现全社会公有,没有土地所有权和经营权的垄断,从而,各种形式的地租也不复存在。与此认识相适应,我国实行的是国有土地无偿、无期限使用和管理制度,结果造成土地资源的严重浪费,甚至使国有土地变成了“部门所有”、“单位所有”。这是对马克思、恩格斯思想机械和教条地理解及运用的结果。马克思在《共产党宣言》中指出,无产阶级在革命过程中和革命胜利后,要剥夺地产,把地租用于国家支出。恩格斯则在《论住宅问题》中指出:消灭土地私有制并不要求消灭地租,而是要求把地租——虽然是用改变过的形式——转交给社会。马克思、恩格斯的观点告诉我们,从资本主义到共产主义的过渡阶段,土地所有权还有保留的必要,从而地租也有存在的必要性。党的十一届三中全会以来,我们充分认识到这一问题,实行了土地使用制度改革,1988 年我国对《宪法》第十条和《土地管理法》有关条款作了相应修改,从法律上肯定了这一改革的成果。随着社会主义市场经济体制的不断完善,我们还应以马克思、恩格斯地租理论为基础,结合新时期出现的新问题、新情况,不断发展土地使用权出租理论,完善土地使用权出租法律制度。

二、土地使用权出租与土地使用权出让的关系

(一)土地使用权出租与出让的联系

(1)土地使用权出租与出让转移的均是土地使用权,不转移土地所有权。土地使用权有偿出让的实质是实现土地所有权与使用权的分离,受让人通过协议、招标、公开拍卖等三种方式取得土地使用权;土地使用权出租法律关系中,受让人只能将从国家取得的土地使用权交给承租人,由承租人使用。

(2)土地使用权出租和出让都是双方当事人在平等、自愿的基础上实施的有偿法律行为。不论是在土地使用权出让法律关系中的土地所有者与土地使用者之间,还是在土地使用权出租法律关系中的出租人与承租人之间,双方当事人的法律地位都是平等的,只有经过充分协商,才能达成一致意见。有偿性是土地使用权出租与出让的一个共同特征。在土地使用权出让法律关系中,受让人必须向国家支付土地使用权出让金;而在土地使用权出租法律关系中,承租人则像在其他任何财产出租关系中一样向出租人交纳租金。

(3)土地使用权出租与出让都具有期限性,且土地使用权出租期限只能确定在出让期限之内。国有土地使用权的出让只是国家对土地使用权的有期限让渡,期限届满后,土地使用者须将土地使用权退还给国家或申请延期。土地使用权出租也是如此,土地使用者按出让合同规定进行开发建设后,让渡一定期限的土地使用权给承租人,但这个期限只能在出让合同规定的年限减去出租人已使用的年限内确定。

(4)土地使用权出租和出让是相互联系、相互作用的。一方面,土地使用权出让是土地使用权出租的前提条件。只有通过出让取得的土地使用权,才是一项独立的财产权利,具有其相对独立性,才可以出租。另一方面,只有允许土地使用权的合理流动,通过出租等经营方式,才能实现土地的最佳利用,建立和完善社会主义土地市场。

(二)土地使用权出租与出让的区别

(1)土地使用权出租与出让法律关系的主体不同。土地使用权出让法律关系的主体一方是土地所有者——国家,国家作为国有土地的唯一所有权主体垄断了整个一级土地市场,而另一方当事人为土地使用者。土地使用权出租法律关系的双方当事人都是土地使用者,出租方作为土地使用权出让中的受让人不再是单一的,而是由各种不同的利益主体组成的。

(2)土地使用权出租与出让法律关系的客体不同。土地使用权出让法律关系的客体仅指未开发土地的使用权,而不包含地上建筑物,出让的客体具有单一性。而土地使用权出租的客体具有复合性,出租的不仅是土地使用权,还有地上建筑物及其他附着物。

(3)土地使用权出租与出让法律关系中当事人的权利义务不同。在土地使用权出让法律关系中,受让方取得的土地使用权是一项独立的财产权利,可以出售、交换、赠与,还可以出租或被继承。而在土地使用权出租法律关系中,承租人取得的土地使用权,其内容包括对土地的占有、使用,而不包括对土地的一定程度的处分。因此,土地出租后的承租人只能使用土地,非经出租人同意,不得将土地使用权转租、抵押或进行其他经济活动。

(4)土地使用权出租和出让法律关系成立的法律事实不同。土地使用权出让法律关系的成立是以双方当事人签订土地使用权出让合同后,办理土地登记,受让人领取土地使用权证。而土地使用权出租中,出租人与承租人不需办理权属变更登记,承租人也不领取土地使

用证,只要在租赁合同的基础上由出租人分别向土地管理部门和房产管理部门办理土地使用权和地上建筑物及其他附着物的出租登记,法律关系即告成立。

三、土地使用权出租与土地使用权转让的关系

土地使用权转让是指土地使用者把通过出让方式取得的土地使用权转移给其他法人、社会组织或个人的行为,包括出售、交换和赠与三种转让形式。土地使用权出租与土地使用权转让既有联系又有区别。

(一)土地使用权出租与转让的联系

(1)土地使用权出租与转让都不转移土地所有权,只转移土地使用权。土地使用权出租和转让都是在保留国家对土地享有所有权的前提下,在土地使用者之间转移土地使用权。因此,不论是转让人或受让人,还是出租人或承租人都不享有土地所有权,转让或出租的均是土地使用权。

(2)土地使用权出租与转让均以土地使用权出让为前提条件。只有通过有偿出让取得的土地使用权,才是一项独立的财产权利,受让人才可以转让、出租。土地使用权的转让人或出租人都是土地使用权出让中的受让人。

(3)土地使用权出租和转让都必须在完成一定的土地投资开发后方可进行。土地使用者从国家取得土地使用权后,必须按照土地使用权出让合同规定的期限和条件对土地进行投资开发,并达到投资开发的标准。未达到土地投资开发标准的,土地使用权不得转让或出租。

(二)土地使用权出租与转让的区别

(1)土地使用权出租与转让的行为性质不同。土地使用权转让是权利的让渡,转让人通过转让行为而完全丧失了土地的使用权,由新土地使用权人取得土地使用权;而土地使用权出租则是将土地使用权有期限地租给别人使用,土地使用权人并不因出租行为而完全丧失土地使用权,到租赁期满后仍可以收回该使用权。

(2)对土地使用权出让合同的影响不同。在土地使用权转让中,转让人与国家(出让人)之间的权利义务,因转让行为而一次终结,转让人(土地使用权人)不再履行土地使用权出让合同,而由新的土地使用权受让人履行出让合同。在土地使用权出租中,土地使用权人与国家(出让人)之间的权利义务关系并不因出租而发生任何变化,仍需履行与国家订立的出让合同所规定的各项权利义务,不能由承租人履行出让合同。

(3)土地使用权出租与转让的地上建筑物权属不同。土地使用权的转让是连同地上建筑物所有权一起转让的,即地上建筑物归新的土地使用权人所有。而土地使用权出租中,出租的只是土地使用权及地上建筑物的使用权,地上建筑物的所有权并未转移于承租人。

(4)土地使用权出租必须是有偿的,而土地使用权转让可以是有偿的,也可以是无偿的。

四、土地使用权出租与土地出租的区别

土地出租是指土地所有者作为出租人,将自己所有的土地租赁给承租人使用,承租人向出租人支付租金的行为。土地出租是以土地私有制为基础的,它与我国土地社会主义公有制体制下的土地使用权出租是完全不同的,主要有以下区别:

（1）土地使用权出租与土地出租法律关系中的出租人不同。土地使用权出租人是指土地使用者，即指通过国家出让土地使用权的方式取得土地使用权，并按出让合同规定开发利用土地的公司、企业、其他经济组织或个人。土地出租人是指土地所有者。在土地私有的制度下，土地可以作为商品在市场上自由流通，因此土地出租人是指享有土地所有权的公司、企业、社会组织和个人。

（2）土地使用权出租与土地出租的客体不同。土地出租的客体仅指土地，出租人出租的土地是自己所有的财产，因此土地出租的客体是一种自物权。土地使用权出租的客体不仅指土地使用权，而且包括地上建筑物及其他附着物。土地使用权出租包括两种不同的物权，其中土地使用权是一种他物权，而地上建筑物及附着物是出租人自己所有的财产，属于自物权。

（3）土地使用权出租与土地出租的法律关系及其内容不同。土地出租法律关系是土地所有人与承租人之间形成的一种权利义务关系。土地所有者与承租人的权利和义务，是由双方当事人在法律法规允许的范围内，充分自由协商所确定的。而土地使用权出租存在两种不同的法律关系，一种是非土地所有人之间形成的法律关系，即出租人是作为土地使用者将土地使用权交给承租人，他们之间的权利义务关系，不仅要符合法律法规的规定，还要受到土地所有者意志的制约；另一种是所有人与非所有人形成的法律关系，即出租人作为建筑物及其附着物所有人将其建筑物及其附着物让渡给承租人使用，他们之间的权利义务关系，可以在符合法律法规规定的前提下，充分自由协商确定。

（4）土地使用权出租与土地出租法律关系中出租人获得的租金属性不同。土地使用权出租是一个商品经营过程，出租人所获得的租金是一种基于房地产经营活动而产生的经营收入。在土地出租中，出租人获得的租金即马克思所说的地租，是土地所有者凭借土地所有权而获得的收入。它产生的经济基础和原因是土地所有权的存在以及土地所有权的垄断性和有限性。除此之外，两种租金的构成也不同，土地使用权出租人所获得的租金作为一种经营收入，具有综合性。它包含有土地使用权出租人在取得土地使用权时所交付的出让金，在开发土地时所投入的资本及其利息、耗费劳动的价值，在经营过程中要得到的利润。其中，出让金是地租在我国的具体表现形式。而在土地出租中，出租人所获得的租金仅指地租，具有单一性。

第二节　国有土地使用权出租的条件和程序

一、出让土地使用权出租的条件

出让土地使用权出租的条件为以下几条：

（1）出租人必须是通过出让、转让依法取得土地使用权的受让人，持有国有土地使用证。

（2）出租人要有地上建筑物、其他附着物的所有权证，而且土地使用权人和房屋所有权人必须是一致的。

（3）出租时，土地使用权人必须已经按照出让合同的约定支付了全部出让金，并依照法定和合同规定的期限、条件进行了一定的投资开发。

(4)土地使用权出租不得违背土地使用权出让合同的规定。出租土地的期限、用途、条件受土地使用权出让合同的制约。例如:期限不得长于出让合同的剩余年限,用途不得改变。

(5)出租土地使用权必须在法律上是可以转移的。例如:无权属纠纷,未受到司法、行政机关任何形式的限制等。

(6)共有土地使用权出租的,必须征得其他共有人的书面同意。

二、划拨土地使用权出租的条件

《出让和转让条例》第四十四条规定:划拨土地使用权,除本条例另有规定外,不得转让、出租、抵押。所谓"另有规定"是指第四十五条的规定,如果符合补办出让条件并已依法补办出让手续的,可以出租。

三、不得出租的土地使用权

不得出租的土地使用权有:

(1)以出让方式取得土地使用权的受让人,未按出让合同约定支付全部出让金,未按合同规定的条件进行一定投资开发的。

(2)以划拨取得土地使用权未补办出让手续的。

(3)有权属争议或产权不明的。

(4)国家机关依法裁定、查封或以其他形式限制流通的。

(5)共有土地使用权未经其他共有人书面同意的。

(6)未依法取得土地使用权证书的,地上房屋已建成未领取房屋所有权证书的。

(7)法律、法规规定禁止出租的其他土地使用权。

四、国有土地使用权出租的程序

按现行法律规定,国有土地使用权出租的程序包括签约和登记。

(1)签约。签约是由出租人和承租人签订土地使用权出租合同的行为。《出让和转让条例》第二十九条规定,土地使用权出租,出租人和承租人应当签订租赁合同。可见,签约是出租土地使用权法律关系确定的要式行为。关于土地使用权租赁合同,将在以后章节中介绍。

(2)登记。土地使用权出租登记,由出租人分别向地政部门和房产管理部门办理土地使用权和地上建筑物、其他附着物出租登记。《出让和转让条例》第三十一条规定:"土地使用权和地上建筑物、其他附着物出租,出租人应当依照规定办理登记。"可见,不经登记的出租行为无法律效力。对登记的具体办法,法律没作具体规定,可根据登记主管部门的要求进行办理。

第三节　土地使用权出租合同

一、土地使用权出租合同的概念和法律特征

土地使用权出租合同是指土地使用权出租人与承租人签订的,在一定期间内将土地使

用权和地上建筑物及其附着物交给承租人使用，承租人向出租人支付一定租金的协议。它是一种新型的租赁合同，既有一般财产租赁合同的特点，又有其独有的法律特征。

土地使用权租赁合同与一般财产租赁合同的共同特征表现在以下几个方面：

(1)都是双务、有偿合同。合同双方当事人都要为自己所得到的财产或其他经济利益而向对方偿付一定的代价。土地使用权租赁合同的出租人有义务将出租的租赁物交给承租人使用，并有权取得租金收益；同样，承租人有义务支付租金，有权利使用租赁物。

(2)都是诺成合同。当事人只要就合同主要的内容达成一致意见，合同就成立，并不需要等到出租人实际交付标的物(租赁物)之后才成立。

(3)承租人取得的只是合同存续期间租赁物的使用权、收益权，并不取得租赁物的所有权。

土地使用权出租合同也有其独有特征，主要表现在以下几点：

(1)土地使用权出租合同具有从合同的属性。土地使用权出租合同以土地使用权出让合同的存在为前提，并随出让合同的变化而变化，即当国家因社会公共利益的需要变更或终止出让合同时，出租合同也随之变更或终止。

(2)土地使用权出租合同的主体具有特殊性。一般财产租赁合同的主体是财产的所有人或经营管理人。而土地使用权出租合同的出租人只能是对土地享有使用权的人，其取得土地使用权的方式必须是通过出让行为而取得，以行政划拨方式取得土地使用权的民事主体不得将土地使用权出租，否则属违法行为。

(3)土地使用权出租合同的标的物具有特殊性。首先，土地使用权出租合同的标的物是一种无形物——土地使用权，而一般财产租赁合同的标的是法律允许出租的财产，以有体物为限。其次，土地使用权出租合同的标的不需设定维修保养责任，而有体的财产租赁合同则必须设定维修保养条款。最后，土地使用权出租合同的标的具有综合性。土地使用者出租土地的同时，连同地上建筑物及其附着物一起租赁给承租人使用，这样，就在一个租赁合同里出现了两种不同的标的，一种是无体的财产权利，另一种则是地上建筑物及其附着物，这也是一般财产租赁合同所没有的特征。

(4)土地使用权出租合同是要式合同。土地使用权出租合同不仅要采取书面形式，而且要到国家有关部门进行登记。《出让和转让条例》第三十一条规定："土地使用权和地上建筑物、其他附着物出租，出租人应当依照规定办理登记。"而一般的财产租赁合同都不需要办理登记手续。

二、土地使用权出租合同的主要内容

(一)标的

土地使用权出租合同的标的是出租的土地使用权和地上建筑物及其附着物，体现为一块土地，因此在合同中要指明出租使用权的土地的面积、位置、四至和其他自然状况等。对地上建筑物及其附着物的数量、质量、规格等情况也应作出具体规定。

(二)租金

租金是土地使用者出租土地使用权的目的，因此在土地使用权出租合同中，必须对此作出规定，租金可因地块的不同而有差别。在确定土地使用权租金时，若国家有统一标准，应按国家规定执行；国家没有统一规定的，当事人可以根据市场供需情况，本着公平合理的原则协议商定。对于租金的支付方式,由出租人和承租人自由商定,可以一次支付,也可以分期支付。

(三)建筑物的维修与管理和土地的维护责任

在土地使用权租赁合同中,当事人双方必须对建筑物的检查、维修与管理问题作出明确规定,例如:对由谁来维修,维修费怎样支付等问题加以规定,以保证承租人能够安全有效地使用建筑物。在租赁期间,合同双方当事人都必须本着合理利用土地的原则,对土地进行必要的维护,承租人不得随意改变土地使用权出让合同规定的土地用途。

(四)租赁期限

租赁期限由双方当事人约定,可以是定期的,也可以是不定期的,但土地使用权出租期限必须在出让期限或转让期限范围内确定。《出让和转让条例》按土地用途规定了土地使用权出让的最高年限。因此,当事人双方约定租赁期限,不得超过土地使用权出让合同规定的出让期限减去出让合同生效后已经经过的年限后所剩下的期限,超出这一期限的,超出部分无效。地上建筑物及其附着物的出租期限与土地使用权的出租期限相同。如果出租合同未约定具体的租赁期限,在这种情况下,只要没有法定的事由,出租方不得随意收回土地使用权,直至土地使用权期限届满,租赁合同自然终止。

(五)违约责任

土地使用权租赁合同双方当事人应在合同中明确规定不履行合同规定的义务时必须承担的法律责任。

三、土地使用权出租合同的变更

(一)土地使用权出租合同变更的含义

土地使用权出租合同的变更是指由于某种法律事实的出现,导致原有的土地使用权出租法律关系的主体、客体和内容发生部分的变化,从而在土地使用权出租人与承租人之间形成新的土地使用权出租法律关系。

(二)土地使用权出租合同变更的条件

(1)双方当事人协商变更。土地使用权出租法律关系的产生是双方当事人意思表示一致,在平等自愿的基础上共同协商达成一致的协议,因此法律关系的变更,也应当由双方当事人协商解决。但变更的协议不能损害国家和社会的公共利益;否则,变更的协议不具有法律效力。

(2)由于不可抗力导致部分义务不能履行。

(三)土地使用权出租合同变更的表现

土地使用权出租合同变更主要表现在两个方面:一方面,是合同内容的变更,如租金的增减、租期的缩短或延长等;另一方面,是合同主体的变更,即当事人一方的权利和义务转让给第三人,又称合同的转让。具体来讲,土地使用权出租合同的转让有以下两种情况:

(1)出租方在租赁关系存续期间,将土地使用权转让给第三方时,出租方与承租方之间签订的租赁合同并不因此终止,原租赁合同对新的土地使用权人仍然有效。新的土地使用权人仍应按原租赁合同规定履行自己的义务。

(2)承租人在符合法定条件的前提下,可以将租赁的土地使用权转让给第三方承租使用。这种法定条件是出租人转租时,必须事先征得出租方的同意。土地使用权属于出租方,出租方有权决定是否同意给第三方承租使用。如果出租方不同意由第三方承租使用,承租方就不得转租,否则要承担违约责任。

四、土地使用权出租合同的解除

(一)土地使用权出租合同解除的含义

土地使用权出租法律关系的解除是指由于一定的法律事实的出现,使土地使用权出租法律关系的主体之间的权利与义务归于终止。

(二)土地使用权出租合同解除的条件

(1)出租合同期限届满。

(2)一方当事人违约。根据我国法律的规定,由于一方当事人违约,使土地使用权出租合同的履行成为不必要的,另一方当事人可以解除合同。在租赁期限内,如果承租人不按规定的方法使用租赁物,或擅自将租赁物转租,或逾期不交纳租金,经催交仍不交纳的,出租人可以依法解除合同。如出租人不按合同规定将租赁物交付承租人使用,或不按合同规定履行对租赁物的修缮义务,致使承租人无法继续使用租赁物时,承租人也可依法解除合同。

(3)国家提前收回土地使用权。《出让和转让条例》第四十二条规定,在特殊情况下,根据社会公共利益的需要,国家可以依照法律程序提前收回土地使用权。而土地使用权出让是土地使用权出租的前提条件,国家提前收回土地使用权,出租的前提条件已不存在,则出租法律关系也就归于消灭。

(4)租赁物灭失。由于自然原因造成土地性质彻底改变或原土地面貌彻底改变,地上建筑物及其附着物灭失,使土地使用权出租丧失客体,则土地使用权出租法律关系消灭。

第四节　土地使用权抵押概述

一、抵押的概念和特点

根据《担保法》第三十三条的规定,抵押是指债务人或者第三人不转移对法律允许的抵押财产的占有,而将该财产作为债权的担保;当债务人不履行债务时,债权人有权依照法律规定以该财产折价或者以拍卖、变卖该财产的价款优先受偿。在这一关系中,提供担保财产的债务人或第三人称为抵押人,债权人为抵押权人。提供担保的财产为抵押物。根据此概念表述,抵押作为一项法律制度具有如下特点:

(1)抵押是一种担保债权实现的法律关系。根据法律规定,在抵押法律关系中,抵押权人享有抵押权,是指当债务人不履行债务时,抵押权人依照担保法的规定直接以抵押物折价或以抵押物拍卖、变卖价款优先受偿的权利。这表明抵押权的设定以确保债权受清偿为目的,具有担保物权的性质。抵押是以物权担保债权实现的法律关系。

(2)抵押物是由债务人或第三人提供的法律允许抵押的财产。这表明作为抵押物的财产必须是债务人或第三人独立拥有的或有权独立支配的财产,即享有所有权和依法有权处分的财产;同时抵押财产的范围是法律规定的而不是任意的。许多国家或地区的民法规定作为抵押物的财产必须是不动产,即土地及其定着物。我国《担保法》虽未把抵押财产的范围限定于不动产范围,但从其第三十四条关于抵押财产范围的规定看,可以作为抵押物的财产主要是不动产和不动产权利，以及一些具有重大价值的财产，如房屋、土地使用权、机器、交通运输工具等。

(3)抵押物不移转占有。在抵押关系中，抵押物以其交换价值担保债权的清偿，因而无须将抵押物的占有移转于抵押权人，债务人或第三人(抵押人)将其财产提供抵押后仍可继续占有其财产并使用、收益，从而最大限度地发挥抵押物的经济效用。抵押制度因此也就成为最理想的债的担保制度。

二、抵押的种类

抵押以不同的标准可以分为不同的种类。

(一)以抵押物的不同分类

以抵押物的不同，抵押可分为不动产抵押、动产抵押、权利抵押、财团抵押等。

(1)不动产抵押。不动产抵押是指以不动产作为抵押物而设定的抵押。不动产抵押是最为常见的抵押形式。有的国家或地区的民法规定抵押仅限于不动产抵押。不动产因其不可移动位置，最能为债权的实现提供充分、安全的保障，而被广泛运用。我国《担保法》规定土地的所有权不能作为抵押物，但房屋和土地上的其他定着物均可为抵押权之客体。

(2)动产抵押。动产抵押是指以动产为抵押物的抵押。在传统民法中多以不动产为抵押的标的，而以动产为质权的标的，但随着社会经济的发展，抵押担保的形式越来越受到人们的重视，人们不仅以不动产作抵押，而且以动产不移转占有作为债务履行的担保，同时又能对其占有、使用或收益，以充分发挥财产的效用。因而动产抵押也开始为各国法律所确认。我国《担保法》第三十四条规定，抵押人所有的机器、交通运输工具和其他财产可以抵押。

(3)权利抵押。权利抵押是指以法律规定的各种财产权利作为抵押权客体的抵押。权利是一种无形财产，它本身具有价值，可以通过市场转让来实现其价值，因而它可以作为抵押权的客体。我国《担保法》规定国有土地使用权、依法经发包方同意抵押的承包经营的荒山、荒沟、荒丘、荒滩等荒地的使用权都可以抵押。

(4)财团抵押。财团抵押又称企业抵押，是指抵押人以其所有的动产、不动产及权利的集合体作为抵押权客体。即企业以其财产组成一个整体，设置一个抵押权。它一般是为担保企业的巨额债务而设定的。由于债务数额巨大，所以就需要价值相当的担保物，某个财产往往难以具有如此巨大的价值，只有把企业的各种财产作为一个整体设定抵押才能起到担保的作用。我国《担保法》未明确规定财团抵押制度，但在第三十四条第二款规定，抵押人可以用前款所列的财产一并抵押，这说明财团抵押也为我国法律所允许。

(二)以债权受担保的抵押权个数的不同分类

以债权受担保的抵押权个数的不同，抵押可以分为单独抵押和共同抵押。

单独抵押是指某个债权受一个抵押权的担保。共同抵押是为了担保同一债权，而在数个不同财产上设定了数个抵押权共同担保债权的实现。无论因其中哪一个抵押权的实行而使债务得以清偿时，其他财产上设定的抵押权都全部解除。我国《担保法》未明文规定共同抵押。

(三)以抵押权所担保的债权额是否确定分类

以抵押权所担保的债权额是否确定，抵押可分为普通抵押和最高限额抵押。

最高限额抵押是指抵押人与抵押权人协议以抵押物对将来一定期间内连续发生的不特定债权,在预定的最高债权额限度内作担保的一种特殊的抵押形式。它有如下特征:

(1)担保的主债权为将来一定期间内连续发生的债权,并非现在已经发生的债权。

(2)所担保债权为将来发生的不确定债权。

(3)担保的主债权范围以预定的最高额为限度,即债权人只能在协议约定的将来发生的最高债权额度内对抵押财产优先受偿。

如果将来发生的债权额实际超过了最高额,超过部分为无担保债权不得优先受偿。我国《担保法》第三章第五节对最高限额抵押作了专节规定。《担保法》第六十条规定:"借款合同可以附设最高额抵押合同。债权人与债务人就某项商品在一定期间内连续发生交易而签订的合同,可以附设最高额抵押合同。"可见,在我国最高额抵押适用于借款合同和连续发生的商品交易合同。这两种合同是最高额抵押发生的基础关系或称原因契约交往关系。《担保法》第六十一条规定:"最高额抵押的主合同债权不得转让。"这是对最高额抵押权人的特别限制。因为作为最高额抵押基础关系的借款合同或商品连续交易合同都是将来连续发生的,要存在一定的期间,抵押人之所以在其提供抵押财产上设定最高额抵押,就是要担保债务人同抵押权人多次发生借款或商品交易,如果允许抵押权人将其主债权转让,就会引起这种基础关系的变化,对债务人或抵押人会极为不利。因此,法律对主合同债权转让予以限制,以保证这种基础交往关系的稳定发展,维护交易安全。

除最高限额抵押权外,针对特定债权设定抵押担保就是普遍抵押担保或一般抵押担保。在法律适用上根据特别法优于普通法的原则,对最高额抵押应优先适用《担保法》。

土地使用权抵押是指债务人或者第三人不转移对土地使用权财产的占有,将其拥有的土地使用权作为债权的担保;债务人不履行债务时,债权人有权依照法律规定以该土地使用权折价或者以拍卖、变卖该土地使用权的价款优先受偿。

可见,土地使用权抵押与一股财产抵押的唯一不同就在于土地使用权抵押的标的是土地使用权,它是一种权利性的财产,而不是土地实物性的财产。

三、土地使用权抵押的意义

(1)加速资金融通。土地使用权的有偿获取和进一步的开发经营都需要巨额的资金,开发商往往需要通过银行信贷资金的帮助才有可能完成开发事业。银行在出借这笔巨额贷款资金时,为了避免贷款不能收回的风险,要求开发商提供担保。而这样巨额的资金,开发商只有以其已经取得的土地使用权提供担保,才能使银行获得最有效、最充分的担保,从而能够及时获得贷款。在开发商不能按时归还贷款时,银行有权就其享有抵押权的土地使用权作价或者拍卖、变卖的价格中优先受偿,从而能够及时收回贷款。

(2)加快土地开发利用,实现土地保值和增值。土地使用权抵押关系中,土地使用权人无须移转土地使用权于债权人占有,他仍可对土地开发和利用,既能以土地使用权作抵押担保获取巨额开发资金,又能及时将资金运用于土地开发、利用,从而实现土地保值和增值的目的。

四、土地使用权抵押法律关系

土地使用权抵押法律关系是指土地使用权抵押双方当事人在抵押过程中依法形成的权

利义务关系。

法律关系一般由主体、客体和内容三要素构成。关于土地使用权抵押法律关系的主体、客体,前面已有所介绍,下面主要介绍其内容,也就是土地使用权法律关系当事人的权利义务。

(一)抵押人的权利义务

抵押人的权利有:

(1)继续享有出让合同中规定和约定的占有、使用和收益的权利。

(2)就同一土地使用权担保价值剩余部分,再设定抵押权的权利。抵押人可以就同一土地使用权设数个不同抵押权,但抵押人不得就同一土地的同一价值再作抵押,即不能重复抵押。比如:就土地使用权价值100万元的一块土地,设定了一次100万元贷款抵押后,就不能再用于抵押;如果第一次抵押贷款的数额为50万元,那么,就还可以进行50万元以内的抵押。

(3)处分土地使用权的权利。其主要包括转让、出租土地使用权。抵押设定后,抵押人并不因此丧失土地使用权,所以可以转让、出租土地使用权,但为保证抵押权人行使权利,转让和出租时,需事先通知抵押权人并应征得其同意。而且,对于转让所得价款的处理,应该遵循《担保法》的有关规定。《担保法》规定:"抵押人转让抵押物所得的价款,应当向抵押权人提前清偿所担保的债权或者向与抵押权人约定的第三人提存。超过债权数额的部分,归抵押人所有,不足部分由债务人清偿。"

抵押人的义务有:

(1)保证土地完整性的义务。由于抵押人保留对土地的占有、使用,在占有、使用过程中不得违背出让合同的规定和抵押合同的约定。

(2)抵押人有保证抵押权人实现抵押权的义务。

(二)抵押权人的权利义务

抵押权人的权利有:

(1)优先受偿的权利。其为最基本的权利。

(2)保全抵押权。在抵押人或第三人的行为有可能造成抵押土地价值减少时,抵押权人可以要求侵害人停止侵害,或申请法院限制侵害行为;已造成损害的,抵押权人有权要求恢复原状,赔偿损失。

(3)物上代位权。标的物灭失、毁损,因而得受赔偿金时,该赔偿金成为抵押权标的物的代替物。甚至抵押权人可以根据抵押人让与的赔偿请求权,代替抵押人直接向第三人请求损害赔偿。获得赔偿请求权对抵押权人保护自己的合法权益具有重要意义,因为在毁损发生后,当请求赔偿难度很大时,抵押人可能就不积极请求赔偿。

(4)处分抵押权。即让与抵押权,但必须连同债务一起让与,且须通知抵押人。

抵押权人的义务主要有:抵押权人变卖抵押物价款优先受偿后的剩余部分返还抵押人。

(三)土地使用权抵押法律关系的产生、变更和消灭

(1)产生。通过抵押合同的签订和登记而产生。

(2)变更。主体、客体和内容都可能发生变更。比如:抵押权人把抵押权让与他人,发生主体变更。

(3)消灭。抵押法律关系消灭有以下几种情况:①债务清偿,抵押权实现,抵押法律关系消灭。②抵押权人要求中止抵押权引起抵押法律关系消灭。③作为抵押物的土地灭失的,抵押物灭失,抵押物中止,抵押法律关系消灭。④抵押权人放弃抵押权引起抵押法律关系消灭。

说明:土地灭失,土地使用权自然灭失。如果不能获得赔偿,那么,物上代位权无法实现,抵押法律关系也就消灭。此时,债权法律关系应该继续存在,但由担保之债变为普通之债。

第五节　国有土地使用权抵押的条件和程序

一、国有土地使用权抵押的条件

根据《担保法》、《房地产法》、《城市房地产抵押管理办法》等有关规定,土地使用权抵押应符合下列条件。

(一)土地使用权抵押的主体条件

(1)土地使用权抵押人必须依法具有对抵押土地的处分权,即抵押人必须是土地使用权人。

(2)土地使用权抵押人必须是通过出让或转让取得土地使用权的受让人。

(3)房地同时抵押的抵押人,必须既是房屋所有权人又是土地使用权人。对此,《担保法》第三十六条作了明确规定。

(4)抵押人可以是债务人,也可以是第三人。土地使用权人可以作为第三人,以自己享有的土地使用权为他人担保债务。

(5)土地使用权抵押人可以是土地使用权出租人。《担保法》第四十八条规定:"抵押人将已出租的财产抵押的,应当书面告知承租人,原租赁合同继续有效。"

(二)土地使用权抵押的客体条件

(1)抵押的土地使用权必须是抵押人的合法权利。

(2)《担保法》第三十七条规定,土地所有权不得抵押。

(3)抵押土地使用权时,其地上建筑物、附着物随同抵押;抵押地上建筑物、附着物时,其土地使用权随同抵押。《出让和转让条例》第三十三条规定,地上建筑物、其他附着物抵押时,其使用范围内的土地使用权随之抵押。此规定说明,抵押人抵押具有处分权的地上定着物时,占用范围内的不论是出让还是划拨取得的土地使用权都能抵押。另外,《担保法》规定:"城市房地产抵押合同签订后,土地上新增的房屋不属于抵押物。需要拍卖该抵押的房地产时,可以依法将该土地上新增的房屋与抵押物一同拍卖,但对拍卖新增房屋所得,抵押权人无权优先受偿。"

(4)抵押物的价值应与其担保的债权相适应。《担保法》第三十七条规定:"抵押人所担保的债权,不得超出其抵押物的价值。"这是因为,抵押担保的范围包括主债权及其利息、违约金和实现抵押权所需支付的有关费用,只有债权不超出其抵押物的价值,债权人充分实现其利益才有保证。

(5)抵押共有土地使用权,应取得其他共有人书面同意。

(6)抵押已出租的土地使用权,应将租赁情况告知抵押权人,同时,将抵押情况告知承租人。

二、土地使用权抵押的程序

根据物权的公示原则，登记是土地使用权抵押的形式要件。下面以如何办理抵押登记手续介绍土地使用权抵押的程序。

（一）土地使用权抵押设立登记手续

（1）申请。抵押人持土地使用权证到当地地政部门提出抵押申请。如涉及建筑物、附着物抵押的，抵押人还应到房地产管理部门提出地上物的抵押申请，并依法出示有关证件。

（2）审批。以出让方式取得的土地使用权抵押，是否必须办理审批，法律没有明确规定；但划拨土地使用权抵押必须进行审批，《划拨土地使用权管理暂行办法》第六条规定："符合划拨土地使用权抵押条件的，经市、县人民政府土地管理部门批准，其土地使用权可以抵押。"

（3）签约。签约是抵押双方就土地使用权抵押达成的协议。签约抵押合同是法律规定的必经程序。

（4）登记。抵押合同签订之后，应到当地地政部门进行登记，涉及地上建筑物和其他附着物的，还应到房产管理部门登记。只有经过登记的合同方为有效。

（5）公证。公证不是土地使用权抵押合同的法定必经条件，但一些地方性法规要求公证为抵押生效的必备条件。将公证作为办理土地使用权抵押的一个程序，有利于避免由于合同规定的不完善而引起的纠纷，有利于依法保护当事人的权利。

（二）抵押权实现后的登记

由于抵押权设立时有过登记，因而，当抵押消灭时，应当办理相应的注销抵押登记。因处分土地使用权和地上建筑物、其他附着物所有权而发生产权变动的，应办理相应的变更登记。

第六节　土地使用权抵押合同

一、土地使用权抵押合同

（一）土地使用权抵押合同的概念

土地使用权抵押合同是指债务人或者第三人不移转对土地使用权的占有，将土地使用权作为债权的担保而与债权人达成的明确相互权利义务关系的协议。依据此协议，在债务人或第三人提供抵押的土地使用权上为债权人设定了抵押权，债务人或第三人对债权人之债权承受土地使用权物上担保义务。当债务人不履行债务时，债权人有权依照法律规定以该土地使用权折价或者以拍卖、变卖土地使用权之价款优先受偿。我国《出让和转让条例》第三十四条规定："土地使用权抵押，抵押人与抵押权人应当签订抵押合同。"

（二）土地使用权抵押合同的内容

订立土地使用权抵押合同要做到条款齐全、内容完备，首先要明确土地使用权抵押合同应当包括哪些内容，从而使合同的订立能够达到明确当事人抵押权利义务关系的目的。我国《担保法》第三十九条规定了抵押合同应当具备的内容。根据本条规定，土地使用权抵押

合同应当具备下列内容:

(1)被担保的主债权种类、数额。土地使用权抵押合同的订立就是为了担保主债权的实现,因而抵押合同中应当首先明确土地使用权所担保的主债权的种类和范围。主债权种类是指受担保的债权所属的类别。因为抵押权是在债务人不履行债务时,抵押权人以抵押物的交换价值优先受偿的权利,因而一般认为抵押权所担保的债权应当是金钱债权,例如:金钱借贷的本息支付、财产买卖的贷款支付、财产租赁的租金支付、加工承揽的价金支付等。在土地使用权中,主要用于土地使用权人与银行的信贷借款债权,也用于其他金钱货币债权的担保。主债权的数额就是指抵押权所担保的债权金额。订立土地使用权抵押合同应写明主债权种类、数额。这是由抵押合同的从属性所决定的,只有确定了主债权的种类、数额,才能明确担保对象,并确定抵押的土地使用权的价值可否为债权实现提供充分担保。

(2)债务人履行债务的期限。债务人履行债务的期限是指主债关系的债务人向债权人履行债务的时间界限。抵押权只有当主债务人不履行到期债务时才能实行。因此,写明债务人履行债务的期限是判明债务人是否履行到期债务的时间标准,也是确定抵押权得以实现的时间标准。主债权合同的履行期限可以是一次性履行的期限,也可以是分期履行的期限。对分期履行的债务应写明每一分期的履行期限,债务人就任何一期债务不履行,都会引起抵押人行使抵押权。

(3)抵押物的名称、数量、质量、状况、所在地、所有权权属或者使用权权属。土地使用权抵押法律关系中的抵押物是可用于抵押的土地使用权,以及连同土地使用权一起抵押的房屋等。土地使用权抵押合同应写明是单纯的土地使用权抵押,还是土地使用权连同地上建筑物及其附着物抵押。应写明抵押的土地使用权及其建筑物的权利归属,写明地块面积、地点、等级、使用权年限,建筑物的名称、面积、结构、质量等。这些事项对于将来判定抵押物的价值具有重要意义。

(4)抵押担保的范围。在债务人不履行债务的情况下,债务人不仅不能满足主债权益,而且会因此遭受更大的损失或由此产生新的债权。例如:不能按期履行金钱给付,要遭受利息损失,因违约要支付违约金、赔偿金等。这就涉及土地使用权抵押所担保的范围究竟是主债权本身,还是包括主债权之外因债务人不履行债务而发生的债权。对此,我国《担保法》允许当事人在抵押合同中予以约定。《担保法》第四十六条规定抵押担保的范围包括主债权及利息、违约金、损害赔偿金或实现抵押权的费用。抵押合同另有约定的,依约定。

(5)当事人认为需要约定的其他事项。上述四项内容是法律明确规定抵押合同应当具备的内容,即合同的重要条款。除这些条款外,当事人还可以根据各自利益需要对有关事项予以约定,例如:抵押物的折价方式,抵押权人实施抵押权是否应予催告,抵押人转让抵押物的价款必须提前清偿债务还是向第三人提存,土地使用权抵押合同是否经过公证等。

我国《担保法》第三十八条规定抵押人和抵押权人应当以书面形式订立抵押合同,可见抵押合同为要式合同。抵押合同之所以应当采用书面形式,这是因为抵押权是以抵押物的价值于将来债务人不履行债务时的优先受偿权。抵押合同是担保主债权的从合同,是不移转标的物占有的合同,是于将来实现权利的合同,因此抵押合同不能采用口头形式。如果采取口头形式,发生纠纷,口说无凭,抵押权就难以实现。抵押权的实现是处分抵押物的重大行为,因此抵押合同应当采用书面形式。书面形式既可以是当事人在主合同中达成的关于抵押担保的条款,也可以是主合同之外由抵押人和抵押权人达成的抵押担保协议,以及当事人之间有关抵押担保设立的信函等书面资料。

(三)订立土地使用权抵押合同应注意的事项

(1)订立土地使用权抵押合同必须遵守法律、法规和地方性法规的规定。订立土地使用权抵押合同应当遵守担保法关于抵押担保的一般规定和关于土地使用权抵押的特殊规定,特别是不得违反其禁止性规定。如《担保法》第四十条规定:"订立抵押合同时,抵押权人和抵押人在合同中不得约定在债务履行期间届满抵押权人未受清偿时,抵押物的所有权转移为债权人所有。"本条是关于禁止流押的规定,当事人必须遵守。又如:《担保法》第三十七条规定,土地所有权和耕地、宅基地、自留地、自留山等集体所有的土地使用权(除法律规定者外)不得抵押;第三十六条规定,乡(镇)村企业土地使用权不得单独抵押等。当事人在订立土地使用权抵押合同时都不得违反,否则所订立的抵押合同无效。《出让和转让条例》等行政法规和有些地方制定的有关土地使用权管理的地方性法规中有关土地使用权抵押的规定,当事人都应遵守。

(2)订立土地使用权抵押合同应当注意该宗国有土地使用权出让合同中的有关规定。土地使用权出让合同是土地使用权原始产生的法律事实。出让合同中关于土地的界桩定点、土地使用条件、土地出让年限、土地使用权期满的回收事项,以及关于土地使用权抵押的条款都关系到用于抵押的土地使用权的价值和担保权的将来实现。对土地使用权抵押人来讲,如果是出让合同的一方当事人,自应遵守出让合同的有关规定。对于非出让合同受让方的抵押权人或抵押人来讲,虽不是合同当事人,但出让合同设定的土地使用权是一种物权,针对待定的土地使用权所设定的物上权利和义务具有物权意义,能够对其他任何人发生效力。在出让合同基础上发生的土地使用权转让或抵押行为都应遵守出让合同关于土地使用权的规定,即在取得土地使用权、物权时也要承受其物上义务。《出让和转让条例》第三十四条规定:"土地使用权抵押,抵押人与抵押权人应当签订抵押合同。抵押合同不得违背国家法律、法规和土地使用权出让合同的规定。"

二、土地使用权抵押登记

抵押权是物权,应经登记取得公示效力。我国《担保法》对抵押权登记采取登记要件主义和登记公示主义相结合的原则。根据《担保法》第四十二条的规定,以无地上定着物的土地使用权,城市房地产或乡(镇)村企业的厂房等建筑物,林木、航空器、船舶、车辆,企业设备和其他动产等抵押的,应当办理抵押权登记。由此可见,办理抵押登记是土地使用权抵押法律关系成立的重要法律事实。

(1)土地使用权抵押登记的机关。我国《担保法》第四十二条规定,以无地上定着物的土地使用权抵押的,办理登记的部门为核发土地使用权证书的国土资源管理部门;以城市房地产或者乡(镇)、村企业的厂房建筑物抵押的,办理登记的部门为县级以上地方人民政府规定的部门。可见,土地使用权抵押登记的部门以其土地上有无定着物而由不同的部门办理抵押登记。无地上定着物的土地,即没有房屋等建筑物以及林木及其他附着于土地且不能与土地分离的物的土地,这种土地的使用权抵押为单纯的土地使用权抵押,应当由核发土地使用权证书的土地管理部门办理抵押登记。如果土地使用权连同地上定着物林木抵押的,应由县级以上的林木主管部门办理抵押登记。

(2)土地使用权抵押设定登记的程序。土地使用权抵押设定登记一般应经过申请、审查、核准登记、公告程序。申请应当由抵押当事人向法律规定的土地使用权抵押登记机关填写并递交土地使用权抵押登记表,同时提交法律规定的应当提交的登记文件。其主要包括主合同和抵押合同以及抵押的土地使用权证书;房地产抵押的还应提交房屋所有权证书;以承包经营的荒地的土地使用权抵押的,还应提供承包经营合同,以及发包方同意抵押的证明。审查阶段即由负责审查、监督职责的抵押登记部门对当事人提交的抵押登记文件的真实性、合法性予以审查。核准登记是指土地使用权抵押登记的机关对当事人提交的抵押登记文件的真实性、合法性审核确定以后,对抵押权设定的必要事项予以记载。公告是指对抵押登记的资料应当向社会公开,登记部门应当允许当事人和其他人对登记资料查阅、抄录或者复印,从而使土地使用权上的抵押权取得公信力,以避免与抵押的土地使用权有利害关系的人因不知晓而蒙受损失。

(3)土地使用权抵押设定登记的效力。土地使用权抵押设定登记是土地登记中土地各项权利设定登记。其最直接的效力就是使土地使用权抵押合同自登记之日生效,从而在抵押当事人之间发生抵押权利义务关系,同时使经登记的抵押权受到法律的保护并取得物权公示效力,能够对抗第三人,即第三人即使善意取得抵押财产,也不得影响抵押权人对抵押财产行使优先受偿权。

三、土地使用权抵押合同的变更

土地使用权抵押合同的变更是指土地使用权抵押订立后,因某种法律事实的出现使当事人之间既存的土地使用权抵押法律关系的构成要素发生变化,如主体、客体或内容上的变化。引起土地使用权抵押合同变更的法律事实主要有以下几点。

(一)当事人之间的协议修改并经登记

土地使用权抵押法律关系是因当事人之间订立土地使用权抵押合同的合意并经抵押设立登记行为而建立的。抵押法律关系产生后,当事人之间可以通过协议对抵押合同的条款进行修改,并办理变更登记手续,确立新的抵押法律关系。抵押合同变更后,以变更后的内容确定当事人之间的权利义务关系。

(二)抵押权随同主债权一起转让

权利的转让是权利享有人将自己享有的权利依法让与他人。即由权利受让人依法承受原权利人享有的权利,法律关系在新的当事人之间继续有效。它是法律关系主体的变更。主债权和抵押权作为一种权利,权利主体都可以对其加以处分,可以依法转让给他人。只要权利转让合法就会引起法律关系主体的变更。抵押权和主债权的主从关系决定了抵押权的转让必须与主债权一起转让,不得与主债权分离而单独转让。因此,土地使用权抵押权随同其担保的主债权一起转让的,引起土地使用权抵押合同主体的变更。

根据我国《担保法》的规定,抵押权设定后,抵押人对抵押标的物仍有处分权,可以依法转让。因此,土地使用权设定抵押后,抵押人仍可以转让其土地使用权。但《担保法》在允许抵押人对抵押物有权转让的同时,也对其转让行为作了限定。抵押期间,抵押人转让已办理登记的抵押物的,应当通知抵押权人并告知受让人转让物已经抵押的情况,否则转让行为无效。转让抵押物的价款明显低于其价值的,抵押权人可以要求抵押人提供相应的担保;抵押人不提供的,不得转让抵押物;转让抵押物所得的价款应向抵押权人提前清偿所担保的债权或者向与抵押人约定的第三人提存。由此可见,抵押标的物的转让可以引起抵押法律关系在内容上的一系列变化，如抵押权人的知情权和抵押人的告知义务，抵押权人的担保请求权和抵押人的提供担保义务；抵押权实行期限的提前和方式的改变（提存形式的运用）等。土地使用权抵押设立登记后，抵押人转让土地使用权的也可引起土地使用权抵押合同的上述变化。

（三）抵押的土地使用权价值的减少

作为土地使用权抵押法律关系客体的土地使用权价值变化也会引起该法律关系的变化。这种变化根据我国《担保法》第五十一条的规定可分为两种情况：一种是可归责于抵押人的土地使用权价值的减少，另一种是不可归责于抵押人的土地使用权价值的减少。因抵押人的过错致使土地使用权价值减少的，抵押权人有权要求抵押人停止侵害、恢复价值或者提供与减少的价值相当的担保。抵押人对抵押的土地使用权价值减少没有过错是指因不可抗力的原因或者因他人行为致使抵押的土地使用权价值的减少。在这种情况下，抵押人一般无从获得赔偿，因此抵押权人行使抵押权只能就土地使用权受损害剩余的价值优先受偿。但是，抵押人能够获得赔偿的（如保险赔偿）或者因他人的过错行为致使土地使用权价值减少的，抵押权人只能在抵押人因损害而得到的赔偿范围内要求提供担保。土地使用权价值未减少的部分，仍作为债权担保。

四、土地使用权抵押合同的解除

土地使用权抵押法律关系的消灭是因已定法律事实的出现使当事人之间既存的土地使用权抵押法律关系归于终止。引起土地使用权抵押法律关系消灭的法律事实主要有：主债务的履行、抵押权的实现、土地使用权的灭失等。

（一）主债务的履行

土地使用权抵押权的设定是为了担保主债权的实现，通常依主债权的存在而存在，因主债权的消灭而消灭。如果主债务人到期履行了债务实现了债权人的债权，那么抵押权就没有存在的必要，就要随着主债权的消灭而消灭。当然除债务人履行债务外，主债权因抵销、提存等原因消灭的，抵押权均应消灭。

（二）抵押权的实现

抵押权的实现是指债务履行期间届满，债务人不履行债务时，抵押权人依照法律规定的程序直接处分抵押财产以抵押财产作价或拍卖、变卖的价款使其债权优先受偿。抵押权实现即抵押权设立的目的达到，抵押合同均应解除。

1. 实现抵押权的条件

实现抵押权的条件也就是行使抵押权的条件。抵押权是为将来行使而设定的权利，非即时行使的权利。只有符合法律规定的条件，即一定的法律事实出现，抵押权人才能行使。这个条件就是债务履行期限届满抵押权人的债权未受清偿。如果债务履行期限未满或债务人已按期清偿了债务，抵押合同随之解除。

2. 实现抵押权的方式

实现抵押权一般有三种方式，即以抵押物折价或者拍卖、变卖抵押物的价款优先受偿。折价就是指把抵押物折合成货币金钱，直接优先清偿债权，抵押物折价超过债权数额的部分由抵押权人退还抵押人，不足部分由债务人清偿；变卖就是指将抵押物出卖，以出卖的价款优先受偿债权。抵押物的折价、变卖都应参照市场价格。拍卖是指依照拍卖程序，在公开场合就抵押物公开叫价竞投，以“价高得”的原则确定买受人。拍卖必须严格按照法律规定的程序进行，必须公开、公正、公平。土地使用权抵押权只能以拍卖方式实现。土地使用权拍卖时应遵守国家土地、房地产价格评估制度和成交价格申报制度。

3. 划拨的国有土地使用权抵押权实现的特殊程序

我国《房地产法》第二十三条规定：“土地使用权划拨是指县级以上人民政府依法批准。在土地使用者依法缴纳补偿、安置等费用后将该幅土地交付其使用，或者将土地使用权无偿交付给土地使用者使用的行为。”该法第四十条规定：“以划拨方式取得土地使用权的，转让房地产时，应当按照国务院规定，报有批准权的人民政府审批。有批准权的人民政府准予转让的，应当由受让人办理土地使用权出让手续，并依照国家有关规定缴纳土地使用权出让金。”该法第五十一条规定：“设定房地产抵押权的土地使用权是以划拨方式取得的，依法拍卖该房地产后，应当从拍卖所得的价款中缴纳相当于应缴纳的土地使用权出让金的款额后，抵押权人方可优先受偿。”我国《担保法》第五十六条规定：“拍卖划拨的国有土地使用权所得的价款，在依法缴纳相当于应缴纳的土地使用权出让金的款额后，抵押权人有优先受偿权。”由这些法律规定可以看出，在划拨的国有土地使用权上设定抵押，实现抵押权时，必须经过两个特殊程序：一是拍卖该土地使用权，必须报经有批准权的人民政府审批；二是拍卖所得价款必须首先依法缴纳应缴的土地使用权出让金，然后抵押权人才能优先受偿。这是因为划拨土地使用权是无偿取得的，因此能否转让应由政府批准，而且转让所得必须优先缴纳土地使用权出让金，实现国家利益。这是对国家土地所有者利益的特别保护，即国家享有法定的特殊优先受偿权。

4. 土地使用权抵押权实现的顺序

抵押权实现的顺序是指在同一财产上设定了两个以上的抵押权时，各抵押权人受偿的先后次序。同一块土地使用权向两个以上的债权人抵押的，拍卖、变卖该土地使用权所得的价款就应按照法律规定的顺序和原则清偿各个债权人的债权。按照我国《担保法》第五十四条规定，抵押合同已登记生效的，按照抵押物登记的先后顺序清偿，顺序相同的，按照债权比例清偿。根据《担保法》第四十一条、第四十二条的规定，土地使用权抵押合同以登记为生效要件，因此应当以其登记的先后顺序来确定抵押的受偿顺序，即先办理土地使用权抵押登记者，其受偿顺序在先，顺序在先的抵押权人充分受偿之后，顺序在后的抵押权人始得受偿。而且后一顺序的抵押权人只能就前一顺序抵押权人受偿后的抵押物价值的剩余部分受偿，如果无剩余则不能受偿。登记的先后顺序，一般是依照登记机关办理土地使用权抵押登记时登记册上登载的时间先后来确定。如果是同时申请登记的，则处在相同的登记顺序的，其受偿顺序相同，各个抵押权人应按照各自债权比例受偿。

5. 土地使用权抵押的实现对相关法律关系的影响

(1)土地使用权抵押权的实现对主债权关系的影响。随着土地使用权抵押权的实现，主债权关系可能发生两种变化：一种变化是抵押权人处分抵押物所得价款使主债权全部得到清偿，从而引起主债权关系消灭；另一种情况是抵押权的行使，抵押物价款使主债权的一部分得到清偿，从而使已受偿部分的主债权消灭，其余未受消偿的债权关系仍然存在，债务人应当继续向债权人履行债务。

(2)土地使用权抵押的实现对地上建筑物所有权法律关系的影响。以土地使用权设定抵押权时，土地上有房屋等建筑物存在的，应当将土地上的房屋等建筑物连同土地使用权同时抵押。抵押权人行使抵押权范围就包括土地使用权及土地上的房屋等建筑物。抵押权人有权就土地使用权及其地上房屋等建筑物拍卖,并从拍卖所得价款中优先受偿。如果土地使用权设定抵押时,土地上没有房屋,土地使用权抵押权设定后,土地上新增的房屋等建筑物就不属于抵押财产范围。抵押权人实现抵押权时可以依法将该土地上的新增房屋与土地使用权一同拍卖,但对拍卖新增房屋所得,抵押权人无权优先受偿。就是说抵押权人行使抵押权时,拍卖的范围可以包括土地上的新增房屋,但优先受偿的范围不包括新增房屋。由此可见,土地使用权抵押权的行使必然会引起地上房屋等建筑物所有权法律关系的消灭。不同的是对同时抵押的房屋价款,抵押权人有优先受偿权;对新增房屋拍卖价款,抵押权人无权优先受偿,价款归房屋所有人所有。

(3)抵押权的实现对土地所有权关系的影响。土地使用权抵押权的行使,拍卖的仅仅是作为抵押财产的土地使用权,它只引起土地使用权归属关系的变化,并不涉及土地所有权关系的变化。依照《担保法》的规定,以承包的荒地的土地使用权抵押的,或者以乡(镇)、村企业的厂房等建筑物占用范围内的土地使用权抵押的,在实现抵押权后,未经法定程序不得改变土地集体所有和土地用途。这里的法定程序就是指必须依法办理土地征收,而且经县级以上地方人民政府土地管理部门办理土地所有权变更登记,并由县级以上地方人民政府更换土地证书。

(4)抵押权的实现引起第三人向债务人的追偿法律关系。当债务履行期满,债务人不履行债务,抵押权人对抵押的土地使用权行使变价优先受偿权,该土地使用权是第三人为债权人抵押担保时,就等于第三人用自己的财产为债务人清偿了债务。从而他就取得了债权人的地位。他有权就其以抵押物价值清偿的债务向债务人追偿,债务人则负有偿还的义务。这是因抵押权实现的法律事实而在第三人与债务之间引起的一个新的债权债务关系。第三人的追偿权自以其财产为债务人清偿债务之日起开始。债务人不履行偿还义务的,第三人应在诉讼时效期间内向人民法院起诉,由人民法院强制其偿还。

(三)土地使用权的灭失

我国《担保法》第五十八条规定:"抵押权因抵押物灭失而消灭。因灭失所得的赔偿金,应当作为抵押财产。"因此,在土地使用权抵押中,随着土地使用权的灭失,在该土地使用权上设定的抵押权也随之消灭。土地使用权的消灭主要由以下法律事实引起:①土地的灭失,如地震、洪水使土地及其建筑物毁损、灭失。我国《房地产法》第二十条规定:"土地使用权因土地灭失而终止。"②土地使用权出让合同规定的使用年限届满。③依法收回土地使用权。我国《出让和转让条例》第四十二条和《房地产法》第十九条都规定国家对土地使用者依法取得的土地使用权,在出让合同规定的年限内不得提前收回,但在特殊情况下,根据社会公共利益的需要,可以依照法律程序提前收回。例如:国家因城市规划的需要或因修建铁路、公路及其他公共设施而收回土地使用权。我国《土地管理法》第十九条规定,使用国有土地,未经原批准机关同意,连续 2 年未使用的或不按规定用途使用的,由土地管理部门报经县级以上人民政府批准,收回用地单位的使用权。④土地被依法征收。例如:因城市规划需要,或因修建铁路、公路及其他公共设施而征收集体所有的荒地,以该块土地使用权设定的抵押权就会消灭。

无论是上述哪种原因引起土地使用权消灭的,如果土地使用权人获得了相应的补偿或赔偿,所得财产应当成为抵押财产,抵押权人享有优先受偿权。

综上所述,土地使用权抵押合同可以因主债务的履行、抵押权的实现、土地使用权的消灭等原因而解除。无论哪种情况引起土地使用权抵押权解除的,当事人都应到原登记的机关办理抵押权注销登记。

五、土地抵押权的效力

土地抵押权的效力是指土地抵押权设定后,对于抵押当事人担保的债权范围等产生的法律约束力。根据《担保法》的有关规定,土地抵押权的效力有以下几种情况:

(1)土地抵押权所担保的债权范围。《担保法》第四十六条规定,抵押担保的范围包括主债权及其利息、违约金和实现抵押权所需支付的有关费用。抵押合同另有约定的,按照约定。

(2)对土地抵押权人抵押权的限制。抵押设定后,抵押权人不占有抵押物,不享有使用权和收益权,只有债务到期未清偿时抵押权人才能依法对抵押的土地行使权利。

(3)对抵押人抵押物所有权的限制。《担保法》第四十九条规定,抵押人转让已办理登记的抵押物的,应当通知抵押权人,并告知受让人转让物已经抵押的情况;抵押人未通知抵押权人或者未告知受让人的,转让行为无效。转让抵押物的价款明显低于其价值的,抵押权人可以要求抵押人提供相应的担保,抵押人不提供的,不得转让抵押物。

(4)抵押权的优先效力。抵押权优先于一般的债权及后设定的抵押权。但应注意的是,它不得优先于支付工资、抚恤金、征纳税款以及划拨土地使用权的补交出让金。

(5)土地抵押权的从属效力。抵押权必须随同债权转移,且必须办理转让登记。

(6)土地抵押权具有排他效力和追及效力。

思考与分析题

1. 试述土地使用权出租的概念及特征。
2. 分析土地使用权承租人租赁权的法律属性。
3. 试述土地使用权抵押的程序。
4. 试述土地抵押权的效力。

第九章　土地承包经营权

1956 年后,我国农村进入人民公社时期,土地为农民集体或国家所有,实行“三级所有,队为基础”的经营管理模式。农民作为社员,参加集体劳动,年终按“工分”参与集体红利分配。在这个时期,农民的心中,只有集体的概念,几乎没有土地的所有权和使用权等财产权利的概念和意识,农民与土地的关系实际上被割裂,导致土地利用效率很低,农村普遍很贫穷。1978 年冬,安徽省风阳县小岗村的农民,在贫穷和饥饿的逼迫下,鼓起勇气,冒着“坐牢杀头”的危险,将集体的土地“包产到户”,当年就获得了粮食丰收,解决了吃饭问题。后来,这一土地经营方式被中央政府发现并给予肯定,在全国推广,称之为家庭联产承包责任制。1981 年 12 月中央召开的改革后的第一次全国农村工作会议是对包产到户的社会主义性质的充分肯定。1982 年 12 月 31 日,中共中央政治局讨论通过了《当前农村经济政策的若干问题》(即中共中央 1983 年“1 号文件”)包产到户全面推广,到 1983 年底,全国 94.5% 的农户已经实行了包产到户,家庭联产承包责任制的统分结合双层经营体制在我国农村普及,并导致了人民公社体制的结束。

家庭联产承包责任制实行后,土地所有权中的占有和处分两项权能归集体,农民掌握了土地的使用和收益两项权能,形成了“集体公有,农户经营”的产权制度新格局。

第一节　土地承包经营权概述

一、土地承包经营权的概念

土地承包经营权是指农户或其他个人、经济组织通过土地承包,依法和依合同约定取得的一定期限内使用集体所有或国家所有的土地,进行农业生产经营的权利。农村土地制度改革以来,土地承包经营权的性质已经发生了很大的变化。最开始的“包产到户”只是一年一包,农民所获得的这种权利很不稳定;1988 年修订的《土地管理法》明确给予土地承包经营权法律地位,那时的承包期一般为 5 ~ 12 年;1998 年修订的《土地管理法》非常强调土地承包经营权的稳定性,明确规定承包期为 30 年不变;2002 年颁布、2003 年实施的《中华人民共和国农村土地承包法》(简称《农地承包法》)不仅将草地和林地的承包期进一步延长,还特别规定了有关部门应该给农民颁发《农村土地承包经营权证》,使土地承包经营权成为一种物权。

二、土地承包经营权的法律特征

作为一种物权的土地承包经营权具有以下法律特征:

(1)土地承包经营权的主体是发包方和承包方。发包方是指行使土地所有权,决定土地使用权让渡的当事人,一般为土地所有权人或其代表,如国有土地管理部门、农村集体经济组织、村民委员会或村民小组。承包方是指有权签订土地承包经营合同的农户、单位和个人。

(2)土地承包经营权的客体是指承包方承包经营的国有土地或集体所有的土地。

(3)土地承包经营是一种民事法律行为。双方当事人法律地位平等,应遵循平等、自愿、等价、有偿、诚实、信用的民事法律原则。

(4)土地承包经营是土地所有权实现的一种形式。发包方,即土地所有权人,将土地随同地上建筑物、其他附着物提供给承包方使用、收益;发包方向承包方收取承包金等。

(5)土地承包经营时,地上建筑物、其他附着物一起承包。

(6)土地承包经营关系属于物权法律关系,是一种用益物权。

(7)土地承包经营权是有期限的物权。《农地承包法》第二十条规定,耕地的承包期为30年,草地的承包期为30~50年,林地的承包期为30~70年,特殊林木的林地承包期经国务院林业行政主管部门批准可以延长。

三、土地承包经营权的类型

根据《农地承包法》第三条的规定,农村土地承包采取农村集体经济组织内部的家庭承包方式,不宜采取家庭承包方式的荒山、荒沟、荒丘、荒滩等农村土地,可以采取招标、拍卖、公开协商等方式承包。可见,土地承包经营权可以分为两种类型:村内家庭承包取得的土地承包经营权和其他方式的承包取得的土地承包经营权。目前,比较多的是村内家庭承包取得的土地承包经营权,《农地承包法》主要是对这一权利的规定;其他方式的承包是对村内家庭承包的重要补充。

土地承包经营法律关系是指土地的承包方与发包方为土地承包经营依法律和合同约定而形成的权利义务关系。土地承包经营作为一种法律关系,也是由主体、客体和内容三个要素构成的。其中,主体和客体上面已有介绍,下面介绍土地承包经营法律关系的内容。土地承包经营法律关系的内容是指土地承包经营法律关系主体依法定和依约定所享有的权利和承担的义务。

第二节　土地承包经营法律关系

土地承包经营法律关系是指土地的承包方与发包方为土地承包经营以法律和合同约定而形成的权利义务关系。土地承包经营作为一种法律关系,也是由主体、客体和内容三要素构成的。

一、发包方的权利义务

(一)发包方的权利

(1)发包权。发包方有权在法律、法规规定的范围内,决定发包属于其经营管理的土地,决定发包的方式和范围等有关承包内容。

(2)监督管理权。发包方有权依照法律、政策的规定和合同约定对承包方的经营活动进行监督、管理和协调,有权制止承包方损害承包地和农业资源的行为。

(3)收益权。发包方有权向承包方收取合同规定的承包金或提留金,如公积金、公益金和管理费等。

(二)发包方的义务

(1)维护承包方的经营自主权,不得非法变更、解除承包合同,尊重承包方的生产经营自主权,不得干涉承包方依法进行正常的生产经营活动。

(2)向承包方提供生产经营所需的物质技术条件,做好必要的管理、协调和服务工作,支持农户开展农业生产。

(3)为承包方创造良好的经营环境和生产秩序,组织好公共设施的合理利用,保护和维修水利、排灌渠、道路,开展防灾抗险、保证安全生产等工作。

(4)执行县、乡(镇)土地利用总体规划,组织本集体经济组织内的农业基础设施建设。

二、承包方的权利义务

(一)承包方的权利

承包方的具体权利由发包方和承包方在承包合同中约定。除承包合同另有约定外,承包方依法享有以下权利:

(1)承包决策权或经营自主权。依法享有承包地使用、收益和土地承包经营权流转的权利,有权自主组织生产经营和处置产品。有权在生产经营过程中决定干什么、干多少、怎样干的权利。承包决策权是土地承包经营责任制的核心内容,它使承包者成为真正独立的商品生产者。

(2)收益权。指承包方通过承包经营活动获取利益的权利。承包方在完成有关税费后,有权就剩余的农业收益自行处置。

(3)产品处分权。指处置生产产品的权利。随着农产品流通体制的改革和价格的放开,国家订购任务会逐渐缩减并转由市场调节。

(4)转包、转让权。转包权指承包方在承包期内,征得发包方书面同意,将所承包的土地部分或全部让渡给第三方,由第三方进行生产经营。承包方和发包方原本签订的承包合同依然有效。转让权指承包方在承包期内,征得发包方书面同意,将承包合同让渡给第三方,由第三方向发包方履行承包合同规定的义务,并享有合同规定的权利。承包合同一经转让,原承包方和发包方依据合同规定的权利义务关系即行终止。

(5)优先承包权。优先承包权指在同等条件下,承包人所具有的优先承包集体土地的权利,其有两种情况:本组织成员比外部组织成员优先;承包期满,原承包人比其他承包人优先。

(6)继承权。根据《农业法》,承包人在承包期内死亡的,其继承人依法享有继续承包的权利。国务院批转农业部《关于稳定和完善土地承包关系的意见》(1995 年 5 月 6 日)第六条指出:"保护继承人的合法权益。承包人以个人名义承包的土地(包括耕地、荒地、果园、茶园、桑园等)、山岭、草原、滩涂、水面及集体所有的畜禽、水利设施、农机具等,如承包人在承包期内死亡,该承包人的继承人可以继续承包,承包合同由继承人继续履行,直至承包合同到期。"

(7)承包地被依法征用、占用的,有权依法获得相应的补偿。

(二)承包方的主要义务

(1)维持土地的农业用途,不得用于非农建设。

(2)依法保护和合理利用土地,不得给土地造成永久性损害。

(3)遵守本组织章程和村民大会决议,爱护集体财产,自觉维护本组织的合法权益。

第三节　土地承包经营合同

一、土地承包经营合同

土地承包经营合同是指土地的发包者和承包者之间为承包经营土地而明确双方权利义务的协议。其特征为:

(1)为民事合同。双方当事人的法律地位是平等的,签订合同时,必须遵守诚实、信用、自愿、平等、有偿等原则。不能以上压下,采取强迫命令的方式来签订合同。

(2)土地承包经营合同是为确立和保障土地经营权而达成的协议。

(3)土地承包经营合同为要式合同。必须签订书面协议,才有法律效力。

二、土地承包经营合同的订立

土地承包经营合同的订立是指承包方和发包方就土地承包经营合同的主要条款进行协商,达成一致协议的法律行为。

(一)承包原则

土地承包应当遵循以下原则:

(1)按照规定统一组织承包时,本集体经济组织成员依法平等地行使承包土地的权利,也可以自愿放弃承包土地的权利。

(2)民主协商,公平合理。

(3)承包方案应当按照《农地承包法》第十二条的规定,依法经本集体经济组织成员的村民会议 2/3 以上成员或者 2/3 以上村民代表的同意。

(4)承包程序合法。

(二)承包程序

土地承包应当按照以下程序进行:

(1)本集体经济组织成员的村民会议选举产生承包工作小组。

(2)承包工作小组依照法律、法规的规定拟定并公布承包方案。

(3)依法召开本集体经济组织成员的村民会议,讨论通过承包方案。

(4)公开组织实施承包方案。

(5)签订承包合同。

(三)土地承包经营合同的内容

承包合同一般包括以下条款:

(1)发包方、承包方的名称,发包方负责人和承包方代表的姓名、住所。

(2)承包土地的名称、坐落、面积、质量等级。

(3)承包期限和起止日期。

(4)承包土地的用途。

(5)发包方和承包方的权利义务。

(6)违约责任,即当事人一方没有按照合同规定完成自己的义务而必须承担的法律责任。

三、土地承包经营合同的变更和解除

(一)土地承包经营合同变更的形式

(1)内容的变更。指双方权利义务的变化,如承包期限的变更,承包指标的变更。

(2)客体的变更。即承包的土地发生了变化,如因国家征用土地而使土地减少。

(3)主体的变更。如承包户分户,由一个承包者变为两个承包者。

(4)转让和转包。必须征得发包方的同意,并以书面形式反映。

(二)土地承包经营合同解除的原因

(1)双方协商自愿解除。在不损害国家和集体利益的情况下,双方当事人可以协商解除合同。

(2)由于不可抗力,导致标的丧失。如因环境污染而使鱼塘无法养鱼。

(3)国家依法征用了承包经营的土地。

(4)承包方主体资格消灭,即承包人丧失了承包能力和条件。如承包人死亡或丧失行为能力、转为非农业户、迁离原居住地等。

(三)土地承包经营合同变更或解除的法律责任

变更或解除土地承包经营合同是一种法律行为,对其引起的法律责任应根据具体情况妥善处理:

(1)双方协商同意,变更或解除土地承包经营合同,由此所造成的损失由责任方承担。

(2)凡因承包土地被依法征用而变更或解除合同时,应按照法律规定,解决承包户因此所造成损失的补偿和安置问题。

(3)因承包方丧失承包能力而变更或解除合同时,承包方应退回自己所使用的土地。承包方有权要求发包方对土地的投资进行合理的补偿。

(4)发包方收回土地,承包人有权依法要求收回或变卖属于自己所有的地上附着物、定着物。

四、无效土地承包经营合同

订立土地承包经营合同是一种法律行为,只有在符合国家法律、法规和政策要求的前提下,才受国家法律保护,产生当事人预期的目的。如果不依法订立,合同无效,不但达不到目的,还要承担由此产生的法律责任,受国家法律的制裁。

无效土地承包经营合同主要有以下几种:

(1)违反国家法律、法规和政策的土地承包经营合同。

(2)采取欺诈、胁迫或利用职权强行签订的土地承包经营合同。

(3)未经发包方同意,承包方擅自转包或分包的土地承包经营合同。

(4)损害集体利益或社会公共利益的土地承包经营合同。

(5)违背合作社章程或村民大会决议的土地承包经营合同。

土地承包经营合同依法确认无效后,发包方和承包方的权利义务自动无效。尚未履行的,不得履行;正在履行的,终止履行。因土地承包经营合同无效引起的财产争议,应由有关机关依法处理。

五、对土地承包经营合同的保护

为了有效地保护农民的土地承包经营权,《农地承包法》专门规定了对土地承包经营合同的保护措施,主要包括:

(1)承包合同自成立之日起生效,承包方自承包合同生效时取得土地承包经营权。不是以土地承包经营权证的登记日期为生效日期,意味着不管土地承包经营权证登记与否,只要承包合同成立,土地承包经营权就受法律保护。

(2)县级以上地方人民政府应当向承包方颁发土地承包经营权证或者林权证等证书并登记造册,确认土地承包经营权。土地承包经营权证或者林权证等证书实际上就是产权证书,凭此证书,权利人可以独立地支配自己所拥有的用益物权,在一定条件下,甚至可以对抗所有权。

(3)承包合同生效后,发包方不得因承办人或者负责人的变动而变更或者解除,也不得因集体经济组织的分立或者合并而变更或者解除。国家机关及其工作人员不得利用职权干涉农村土地承包或者变更、解除承包合同。

第四节　土地承包经营权的保护和流转

一、土地承包经营权的保护

(1)承包期内发包方不得收回承包地。承包期内,承包方全家迁入小城镇落户的,应当按照承包方的意愿,保留其土地承包经营权或者允许其依法进行土地承包经营权流转。承包期内,承包方全家迁入设区的市,转为非农业户口的,应当将承包的耕地和草地交回发包方。承包方不交回的,发包方可以收回承包的耕地和草地。承包期内,承包方交回承包地或者发包方依法收回承包地时,承包方对其在承包地上投入而提高土地生产能力的,有权获得相应的补偿。

(2)承包期内发包方不得调整承包地。承包期内,因自然灾害严重毁损承包地等特殊情形对个别农户之间承包的耕地和草地需要适当调整的,必须经本集体经济组织成员的村民会议 2/3 以上成员或者 2/3 以上村民代表的同意,并报乡(镇)人民政府和县级人民政府农业等行政主管部门批准。承包合同中约定不得调整的,按照其约定。

(3)承包地的交回与调整。承包期内,承包方可以自愿将承包地交回发包方。承包方自愿交回承包地的,应当提前半年以书面形式通知发包方。承包方在承包期内交回承包地的,在承包期内不得再要求承包土地。

承包期内,妇女结婚,在新居住地未取得承包地的,发包方不得收回其原承包地;妇女离婚或者丧偶,仍在原居住地生活或者不在原居住地生活但在新居住地未取得承包地的,发包方不得收回其原承包地。

下列土地应当用于调整承包土地或者承包给新增人口:①集体经济组织依法预留的机动地。《农地承包法》第六十三条规定,该法实施前已经预留机动地的,机动地面积不得超过本集体经济组织耕地总面积的 5%,不足 5% 的,不得再增加机动地,而对于该法实施前未留机动地的,不得再留机动地。②通过依法开垦等方式增加的。③承包方依法、自愿交回的。

二、土地承包经营权的流转

通过家庭承包取得的土地承包经营权可以依法采取转包、出租、互换、转让或者其他方式流转。

(一)土地承包经营权流转的原则

(1)平等协商、自愿、有偿,任何组织和个人不得强迫或者阻碍承包方进行土地承包经营权流转。

(2)不得改变土地所有权的性质和土地的农业用途。

(3)流转的期限不得超过承包期的剩余期限。

(4)受让方须有农业经营能力。

(5)在同等条件下,本集体经济组织成员享有优先权。

(二)土地承包经营权流转合同

土地承包经营权采取转包、出租、互换、转让或者其他方式流转,当事人双方应当签订书面合同。采取转让方式流转的,应当经发包方同意;采取转包、出租、互换或者其他方式流转的,应当报发包方备案。

土地承包经营权流转合同一般包括以下条款:双方当事人的姓名、住所,流转土地的名称、坐落、面积、质量等级,流转的期限和起止日期,流转土地的用途,双方当事人的权利和义务,流转价款及支付方式,违约责任。

(三)对土地承包经营权流转的管理

土地承包经营权流转的主体是承包方。承包方有权依法自主决定土地承包经营权是否流转和流转的方式。

承包期内,发包方不得单方面解除承包合同,不得假借少数服从多数强迫承包方放弃或者变更土地承包经营权,不得以划分"口粮田"和"责任田"等为由收回承包地搞招标承包,不得将承包地收回抵顶欠款。

土地承包经营权流转的转包费、租金、转让费等,应当由当事人双方协商确定。流转的收益归承包方所有,任何组织和个人不得擅自截留、扣缴。

土地承包经营权采取互换、转让方式流转,当事人要求登记的,应当向县级以上地方人民政府申请登记。未经登记,不得对抗善意第三人。

承包方可以在一定期限内将部分或者全部土地承包经营权转包或者出租给第三方,承包方与发包方的承包关系不变。承包方将土地交由他人代耕不超过 1 年的,可以不签订书面合同。

承包方之间为方便耕种或者各自需要,可以对属于同一集体经济组织的土地承包经营权进行互换。

承包方有稳定的非农职业或者有稳定的收入来源的,经发包方同意,可以将全部或者部分土地承包经营权转让给其他从事农业生产经营的农户,由该农户向发包方确立新的承包关系,原承包方与发包方在该土地上的承包关系即行终止。

承包方之间为发展农业经济,可以自愿联合将土地承包经营权入股,从事农业合作生产。承包方对其在承包地上投入而提高土地生产能力的,土地承包经营权依法流转时有权获得相应的补偿。

第五节　其他方式的土地承包经营权

不宜采取家庭承包方式的荒山、荒沟、荒丘、荒滩等农村土地,可以通过招标、拍卖、公开协商等其他的方式进行承包而取得土地承包经营权。

一、承包方式

荒山、荒沟、荒丘、荒滩等可以直接通过招标、拍卖、公开协商等方式实行承包经营,也可以将土地承包经营权折股分给本集体经济组织成员后,再实行承包经营或者股份合作经营。

以其他方式承包农村土地,在同等条件下,本集体经济组织成员享有优先承包权。

发包方将农村土地发包给本集体经济组织以外的单位或者个人承包,应当事先经本集体经济组织成员的村民会议 2/3 以上成员或者 2/3 以上村民代表的同意,并报乡(镇)人民政府批准。

以其他方式承包农村土地的,应当签订承包合同。当事人的权利和义务、承包期限等,由双方协商确定。由本集体经济组织以外的单位或者个人承包的,应当对承包方的资信情况和经营能力进行审查后,再签订承包合同。承包荒山、荒沟、荒丘、荒滩的,应当遵守有关法律、行政法规的规定。防止水土流失,保护生态环境。

以招标、拍卖方式承包的,承包费通过公开竞标、竞价确定;以公开协商等方式承包的,承包费由双方认定。

二、土地承包经营权的流转与继承

通过招标、拍卖、公开协商等方式承包农村土地,经依法登记取得土地承包经营权证或者林权证等证书的,其土地承包经营权可以依法采取转让、出租、入股、抵押或者其他方式流转。

土地承包经营权通过招标、拍卖、公开协商等方式取得的,该承包人死亡,其应得的承包收益依照继承法的规定继承;在承包期内,其继承人可以继续承包。

思考与分析题

1. 试述土地承包经营的概念和法律特征。
2. 农村承包合同的主要条款有哪些?
3. 土地承包经营权的流转方式有哪些?

第十章　地籍管理法律制度

第一节　地籍管理概述

一、地籍管理的概念

地籍是记载土地的位置、面积、质量、权属和用途等基本情况的簿册。地籍管理是国家为取得有关地籍资料和全面研究土地的权属、自然和经济状况而采取的以地籍调查、土地登记、土地分等定级、土地统计为主要内容的管理活动。简言之，地籍管理是以地籍簿为核心对土地基本情况进行记载和管理的一种管理活动。

国家为了全面掌握土地的基本状况，需要采取一系列行政、法律、经济和技术措施，收集和系统整理土地资料，建立地籍簿册，因而产生了地籍管理。地籍管理的对象是土地，包括国有和集体所有的土地。在管理层次上可分为国家地籍、基层地籍管理体系。

地籍管理是我国土地管理制度中的重要组成部分。加强地籍管理，实行土地登记制度，能有效地保护土地所有权人和使用权人的合法权益，有助于从根本上制止违法占地、滥用耕地的行为，对巩固社会主义土地公有制、合理组织土地利用具有重要意义；加强地籍管理，开展土地调查、土地统计和土地评价工作，可以为编制土地利用规划、计划，合理地确定土地征用补偿标准和开征城镇国有土地使用税、土地增值税、耕地占用税，实行土地有偿使用制度，开辟土地使用权出让、转让市场提供科学的依据；只有加强地籍管理，才能将各项土地数据、图件资料和信息收集、整理和储存起来，才能有效地强化土地管理，为现代化建设服务。

地籍管理作为一项国家地政管理措施，有特定的内容体系。我国现阶段地籍管理内容主要包括土地调查、土地分等定级、土地统计、土地登记和地籍档案管理。组成地籍工作的五个部分既有各自独立的工作内容，又相互联系。其中，土地调查和土地分等定级是基础；土地统计、登记是土地调查的后续工作，是巩固土地调查成果的必要措施；地籍档案是地籍管理各项工作成果的归宿，并为开展地籍管理各项工作提供依据。各个组成部分相互联系、相互衔接，共同构成了完整的地籍管理体系。

二、地籍管理的原则

地籍管理是一项政策性、技术性很强的工作。因此，地籍管理法规对地籍工作所应遵循的原则作了规定。

(一)统一地籍管理制度原则

地籍管理对象是全国的土地资源，国家必须对地籍管理的各项工作制定统一的制度，保证地籍工作取得预期的效果。所谓统一制度，是指地籍管理的内容和方法由国家统一制定。具体地讲，就是要对地籍的簿册、图件等的格式、项目、填写内容及详略程度，统计和登记的分类体系、填报程序和日期，地籍资料中有关土地分类系统及标准等作出统一规定。

（二）地籍资料连贯性和系统性原则

地籍是有关土地数量、质量、权属和用途等基本状况的簿册。由于土地基本状况经常发生变化，因此地籍资料必须是土地基本状况的连续记载。为保证地籍资料的连贯性和系统性，必须建立起初始地籍和变更地籍（日常地籍）。初始地籍和日常地籍之间，各种簿册和年度报表中的各项内容和数字应互相联系，构成承上启下和不间断的完整体系。

地籍资料是国家制定土地利用总体规划、农业区划和城市规划的基础资料，特别是土地权属登记是得到国家确认的，具有法律效力的。因此，通过地籍管理收集和整理的有关资料必须可靠精确，只有这样才能发挥地籍资料的作用。所以，地籍资料的收集和整理必须尊重客观规律，依照法定程序，并采取科学的方法进行。

（三）地籍资料的概括性和完整性原则

地籍资料的可靠性和精确性，必须以概括性和完整性为前提。地籍资料的概括性、完整性要求地籍内容的各项指标既要简明扼要，具有概括性，又要做到具体完备，地区间和地块间的地籍资料不出现间断、重复和遗漏现象。

三、地籍管理立法回顾

我国地籍管理法在土地管理法中的地位，是随着土地制度的变革而逐步形成和确立，并随着社会经济发展而不断完善的。新中国成立初期，地籍管理由各级政府地政部门负责，其主要服务于废除封建土地所有制，建立新型的社会主义土地制度和土地使用方式，处理城镇房地产权和无主土地，以及为农村土地改革等提供基础资料和法律依据。在社会主义改造和建设时期，地籍管理的任务转为合理利用土地资源，为建设用地提供有关土地的自然、经济和权属状况的基础资料，以及为合理征收农业税、制定征地补偿费标准等提供依据。

在社会主义现代化建设时期，随着以经济建设为中心的基本国策的确立，迫切要求进一步查清全国范围的各类土地资源的数量、质量及其分布状况，掌握其变化规律，为此，全面开展地籍工作被提到议事日程。1984 年国务院批转农牧渔业部、国家计委等部门《关于进一步开展土地资源调查工作的报告的通知》，全国农业区划委员会制定的《土地利用现状调查技术规程》等，对开展土地利用现状调查的任务、内容、程序和方法等作了具体的规定，并提出在土地调查的基础上开展土地登记、土地统计等地籍管理试点工作。1986 年 3 月中共中央、国务院发布的《关于进一步加强土地管理、制止乱占耕地的通知》中，明确要求“建立健全地籍管理制度”，决定设立国家土地管理局，其主要职责的第二项就是主管全国的土地调查、登记和统计工作。1986 年颁布的《土地管理法》，对我国的土地所有权、使用权及土地登记、发证和土地调查、统计工作等作了原则规定。1987 年 8 月国家土地管理局和国家统计局联合制定和发行了《土地统计报表制度实施办法》，1987 年 9 月国家土地管理局制定了《城镇村庄地籍调查规程》和《全国土地登记规则》，1987 年 10 月国家土地管理局依据土地管理法，发布了《关于加强地籍管理工作的通知》。这些规范性文件都反映了这一时期国家对全国开展地籍管理的基本方针、政策和立法的基本内容。

随着经济改革的深化，原土地管理法中的一些规定不能适应加强土地管理，切实保护耕地的需要。为此，1998 年国家对相关内容作了全面修订，现行《土地管理法》和《土地管理法实施条例》对土地调查、登记、统计和土地分等定级等有了更明确的规定，也为地籍管理单行法规的制定奠定了基础。

第二节　土地调查和土地分等定级

土地调查是以查清土地数量、质量、权属、分布和利用现状而采取的一项技术的、行政的和法律的措施。土地分等定级是指根据特定的目的，对土地自然和经济属性进行综合鉴定，并使鉴定结果定量化、等级化，即将土地分为一定的等和级的过程。土地分等定级是土地调查工作的重要组成部分，也可以成为一项独立的工作而专门进行。

《土地管理法》第二十七条和第二十八条规定："国家建立土地调查制度。县级以上人民政府土地行政主管部门会同同级有关部门进行土地调查。""县级以上人民政府土地行政主管部门会同同级有关部门根据土地调查成果、规划土地用途和国家制定的统一标准，评定土地等级。"这为土地调查和土地分等定级提供了法律依据。同时，国家地政部门对土地调查、土地分等定级制定的办法和规程等，为进一步搞好这方面工作奠定了基础。

根据调查内容不同，土地调查可分为：土地利用现状调查、地籍调查（土地权属调查）、土地分等定级。

一、土地利用现状调查

（一）土地利用现状调查的含义及土地分类

土地利用现状调查是按照土地利用方式进行分类后，为查清各类用地数量（面积）、分布及利用状况而进行的调查。由于地籍管理和土地整理的需要，土地利用现状调查还要对行政界线和农民集体土地的所有权界线进行调查。

土地分类是土地利用现状调查的基础。土地分类的任务是划分土地的类型，客观反映土地利用现状，为制定土地政策和土地利用总体规划提供依据。

土地利用分类，主要是按照土地的用途、生产特点、使用方式和地表特征等因素对土地进行分类。全国第二次土地调查将土地分为 3 个一级类，10 个二级类。3 个一级类分别为农用地、建设用地和其他用地。《土地管理法》规定：土地分为 3 种类别，即农用地、建设用地和未利用土地。

（二）土地利用现状调查的内容

《土地利用现状调查技术规程》规定的调查内容如下：

（1）查清农村和农、林、牧、渔场以及居民点以外的厂矿、机关、团体、部队等企事业单位之间的土地权属界线和村以上各级行政辖区范围的界线。

（2）查清土地利用类型及分布，并量算各类土地面积。

（3）按土地权属及行政辖区范围汇总出土地面积和地类面积。

（4）编制分幅土地权属界线图和县、乡两级土地利用现状图。

（5）调查、总结土地权属及土地利用的经验和教训，提出确权意见和合理利用土地的建议。

（三）土地利用现状调查的程序及提交的成果

按照县级土地利用现状详查工作的特点和规律，将土地利用现状调查分为以下 4 个阶段进行：

（1）准备工作阶段。由县级土地管理部门编写《土地利用现状调查申请书》，经县级人民政府同意后报上级土地管理部门审批;审批之后,建立领导班子,组织专业队伍,建立工作责任制和进行技术培训。

(2)外业工作阶段。分室内预备和野外调绘。室内预备包括编制调查区航片接片图、刺点描绘航片的作业范围、进行地类及地物等的室内预判、拟定调查路线等;野外调绘包括利用航片在野外对照实地判别地类及分布,查清行政界线和土地使用单位界线,在航片上进行境界、权属界线、地类、线状地物等调绘。

(3)内业工作阶段。其包括航片转绘、土地面积量算和统计汇总。

(4)成果整理与验收阶段。其包括编制土地利用现状图、编制土地权属界线图、编写土地利用现状调查报告、验收。土地利用现状调查成果实行省、县、作业组三级检查和省、县二级验收制度。

土地利用现状调查工作结束后,应提交的调查成果主要有:①县、乡、村各类土地面积统计表和各土地权属单位土地面积统计表。②县、乡土地利用现状图和分幅的土地权属界线图。③县土地利用现状调查报告、乡土地利用现状调查说明书。④县、乡土地边界接合图表。⑤土地权属输送线协议书和争议原由书。

二、地籍调查(土地权属调查)

地籍调查的目的是查清每一宗土地的权属、界址、数量、用途、等级等内容,为土地登记、统计和利用管理提供原始资料。

地籍调查一般在城市和村镇范围内进行。城镇、村土地属于建设用地,权属复杂、用途多变、等级差异大且价值高于农用地。为了使地籍调查顺利进行,必须做到:①按照国家土地管理部门制定的《城镇地籍调查规程》和《土地登记规则》的技术规程要求进行。②成果和文件要合法。在地籍调查中,涉及土地来源、权属地界的调查,必须以政府确认的权属文件为依据,在地界相邻双方的土地所有者或使用者参与下进行,并确认权属地界或签订地界协议书,从而使调查成果或文件具有法律效力。

地籍调查的基本步骤为:

(1)准备工作。其包括组织准备、资料准备、物资准备和必要的宣传教育。

(2)权属调查。权属调查是对宗地位置、界址等使用情况进行实地核定、调查、记录,为地籍测量和权属审核发证提供法律依据的工作。权属调查必须有本宗地和邻宗地的土地使用者或所有者亲自到场共同指界。对无争议的界址线,指界人在地籍调查表上签字盖章。对争议界址线,按《土地管理法》第十六条关于土地权属争议处理办法的规定处理。经双方定界后无任何争议时,在界址点上作标志或埋设标桩。权属调查应将调查成果现场填写于地籍调查表中,同时绘制宗地草图。

(3)地籍测量。将权属调查确定的土地权属界线、界址点、地类界线及其他地籍要素测绘成图,并准确确定其位置和面积。地籍测量的结果,经办理登记后,具有法律效力。

三、土地分等定级

土地等级是土地质量和价值状况差异的反映,是科学确定土地税费、土地价格、征地补偿费、划定土地利用区的重要依据。

《土地管理法》和《土地管理法实施条例》分别规定,县级以上人民政府土地行政主管部门会同同级有关部门根据土地调查成果、规划土地用途和国家制定的统一标准,评定土地等级。国务院土地行政主管部门会同国务院有关部门制定土地等级评定标准。县级以上人民政府土地行政主管部门应当会同同级有关部门根据土地评定标准,对土地等级进行评定。地方土地等级评定结果,经本级人民政府审核,报上一级人民政府土地行政主管部门批准后,应当向社会公布。根据国民经济和社会发展状况,土地等级每6年调整一次。

(一)土地分等定级的类型

土地分等定级可按土地评定对象的不同分为城镇土地分等定级和农用土地分等定级两种类型。城镇土地分等定级是在对城镇土地的自然和经济属性及其在社会活动中的地位、作用综合分析的基础上,划分土地等级。其等级揭示了城镇不同区位条件下土地价值的差异规律。农用土地分等定级则是对农用土地质量或对其生产力高低的评定,也是通过农业生产条件的综合分析,对农用土地生产潜力及其差异程度的评估。

(二)土地等和级的划分

为正确反映土地在质量上的差异,土地分等定级采用了"等"和"级"两个层次的划分体系。城镇土地等反映城镇之间土地的地域差异。它是将各城镇看做一个点,研究整个城镇在社会、自然、经济条件影响下,从整体上表现出的土地差异。土地等的顺序是在各城镇间进行排列。城镇土地级反映了城镇内部土地的区位条件和利用效益的差异。通过分析土地的自然条件、经济活动程度和投资于土地上的资本,揭示城镇内部各具体地块收益的差异,并据此划分出土地的级别。土地级的顺序是在各城镇内部统一排列的。城镇土地共分为10个"等"、10个"级"。不同城市的土地可有不同的几个等,每一个等下又可分为若干个级,一般大城市可划分为7~10级,中等城市可划分为4~7级,小城市可划分为3~5级。

农用土地"等"反映不同质量农用地在不同利用水平、不同利用效益条件下收益的差异。土地等的划分以构成土地质量的中长期稳定的自然特性的差别以及土地潜力的现实平均利用水平和土地利用平均经济效益上的差异为依据,对全国范围内农用地按相对差异排列。农村土地级反映土地等影响下的土地差异。土地级的划分依据是影响土地质量、易变的自然条件的差别以及利用水平、利用效益的细小差别。土地级在县级行政区域内按相对差异评定。

(三)土地分等定级的程序

(1)准备工作阶段。其主要包括制定工作方案、确定定级因素体系、资料收集、实地调查、资料分析整理汇总等工作。目前,我国土地定级因素体系主要从商业繁华影响度、交通条件、基础设施状况、环境状况、人口状况等5个方面选取。

(2)土地级别划分及确定过程。其主要包括定级因素作用分值计算、定级单元划分、单元各因素分值计算、单元总分值计算、土地级别初步划分、级差收益测算、土地级别确定等步骤。

(3)定级报告编写及成果验收阶段。土地定级成果包括土地定级技术报告、土地定级成果图、土地定级工作报告等。

(4)成果应用与更新阶段。

第三节　土地登记

一、土地登记的概念和特征

土地登记是国家依照法定程序将土地的权属关系、用途、面积、质量等情况记录于专门的簿册，并向土地所有者和土地使用者颁发土地证书，以确认土地所有权或者使用权的法律制度。凡依法进行土地登记的文件、资料都具有法律效力，土地所有者和使用者根据土地登记的文件对土地享有权利和义务。因此，土地登记制度有助于维护土地所有者和土地使用者的合法权益，稳定社会主义土地使用制度。

土地登记有以下几个特征：

(1)登记规则的统一性。土地登记是一种法律行为，要求有严格的操作程序和技术规范，对土地的权属、面积、界址、用途、等级、价格的认定必须有统一的标准，就是在全国范围内每一宗地之间登记的程序、方法、内容、格式必须统一。

(2)登记机关的唯一性或称登记区域(空间上)的完整性。土地登记的法律特性要求在一个区域内只能有一个土地登记机关，只有这样，才能保证该区域内的土地不重不漏，资料统一完整，每一宗土地界线清楚、面积准确。

(3)登记时间上的连续性。土地权属不是一成不变的，因此土地登记也相应不断地随着发生变化，以保持资料的现势性，否则就将成为死档案，失去土地登记的法律意义。

(4)登记效力的一致性。土地登记的内容具有法律效力，就是要求已经登记的每一宗土地，在社会的任何范围内都具有统一的效力。凡进行登记的每一宗土地，都平等地受法律保护，不存在某一类或某一宗土地的效力高于其他土地的问题。无论是所有权登记还是使用权登记，也不论是高一级政府还是低一级政府进行的登记，登记效力都应当是相同的，其结果具有公信力。

二、土地登记的法律依据

(一)一般规定

国家依法实行土地登记发证制度。国有土地使用者、集体土地使用者、集体土地所有者和土地他项权利者，都必须依照申请登记。依法登记的土地所有权和土地使用权受法律保护，任何单位和个人不得侵犯。

确认林地、草原的所有权或者使用权，确认水面、滩涂的养殖使用权，分别依照《中华人民共和国森林法》、《中华人民共和国草原法》和《中华人民共和国渔业法》的有关规定办理。

《土地登记规则》对土地登记的法律程序及土地登记文件的内容和格式作出统一规定。土地登记资料可以公开查询。

(二)对农村集体土地登记的规定

农民集体所有的土地，由土地所有者向土地所在地的县级人民政府土地管理部门提出土地登记申请，由县级人民政府登记造册，核发集体土地所有权证书，确认所有权。

农民集体所有的土地依法用于非农业建设的，由土地使用者向土地所在地的县级人民政府地政部门提出土地登记申请，由县级人民政府登记造册，核发集体土地使用权证书，确认建设用地使用权。设区的市人民政府可以对市辖区内的农民集体所有的土地实行统一登记。

(三)对国有土地使用权登记的规定

单位和个人依法使用的国有土地,由土地使用者向土地所在地的县级以上人民政府土地管理部门提出土地登记申请,由县级以上人民政府登记造册,核发国有土地使用权证书,确认使用权。其中,中央国家机关使用的国有土地的登记发证,由国务院土地管理部门负责,具体登记发证办法由国务院土地管理部门会同国务院机关事务管理局等有关部门制定。

未确定使用权的国有土地,由县级以上政府登记造册管理。

(四)对土地权属变更登记的规定

依法改变土地所有权、使用权的,因依法转让地上建筑物、构筑物等附着物导致土地使用权转移的,必须向土地所在地的县级以上人民政府地政部门提出土地变更登记申请,由原土地登记机关依法进行土地所有权、使用权变更登记。土地所有权、使用权的变更,自变更登记之日起生效。

依法改变土地用途的,必须持批准文件,向土地所在地的县级以上人民政府土地行政主管部门提出土地变更登记申请,由原土地登记机关依法进行变更登记。

(五)对土地使用权注销登记的规定

依照《土地管理法》的有关规定收回用地单位的土地使用权的,由原土地登记机关注销土地登记。土地使用权有偿使用合同约定的使用期限届满,土地使用者未申请续期或者虽申请续期未获批准的,由原土地登记机关注销土地登记。

(六)对土地登记违法行为处理的法律规定

对不依照《土地管理法》规定办理土地登记或变更登记的,由地政部门责令其限期办理。土地使用者、所有者凡不按规定如期申请初始土地登记的,按照非法占地的处理办法论处;对凡不按规定如期申请变更土地登记的,除按违法占地处理外,视情节轻重报经县级以上人民政府批推,注销土地登记,注销土地证书。

三、土地登记的主要内容

土地登记的主要内容为:

(1)土地权属性质。依据现行法规,土地权属性质有集体土地所有权、国有土地使用权、集体土地建设用地使用权和土地他项权利。所谓的他项权利,是在已经确定了所有权和使用权的土地上保留的其他利用土地方面的权利,包括抵押权、承租权,以及法律、行政法规规定需要登记的其他权利。

(2)土地权属来源。判断某一宗地是国家所有还是集体所有,是国有土地使用权还是集体土地建设用地使用权,必须查清土地权属来源。土地权属来源是指土地所有者最初取得土地的方式。

(3)土地权属界址。土地权属界址指某一产权单位土地的位置和范围,或者说某一单位所有或使用土地的权属界线。土地权属界址通过实地的权属调查和地籍测量取得。

(4)土地产权面积。土地产权面积是指一宗土地权属界址线范围内的土地面积。土地权属界址一经确定,宗地面积随之确定。土地产权面积可以根据土地权利人对宗地的利用情况分为独自使用面积、共有使用面积、共有使用权分摊面积。

(5)土地用途(地类)。依据《土地管理法》,我国土地分为三大类,即农用地、建设用地和未利用土地。在此基础上,可根据需要细分。在土地登记中,建设用地的用途细化以城镇土地分类中的二级类型为准。农用土地的用途以土地利用现状调查中土地分类的一级类为准。申请土地登记的土地用途必须符合土地利用总体规划的规定,土地权利人任意改变土地用途和闲置土地都是违法行为。

(6)土地等级和价格。土地等级作为土地登记内容较为简单且稳定,土地价格则较为复杂且变动较快。目前,土地的标定价、出让价、转让价、申报价、抵押价、入股价格不属于应当登记的内容。

四、土地登记类型

土地登记按其不同特点分为初始土地登记和变更土地登记。初始土地登记是指土地登记机关在规定的期限内对某一宗地的土地所有权、使用权或他项权利进行初始的登记。变更登记是在初始登记完成之后,对发生变化或者新产生的土地权利及内容进行的改正或新设登记。

《土地管理法》第十二条规定:"依法改变土地权属和用途的,应当办理土地变更登记手续。"目前,我国变更登记主要有土地权属变更登记,土地使用权出租、抵押登记,更名更址登记,土地用途变更登记和注销登记几种类型。

五、土地登记程序

初始土地登记的程序为:

(1)土地登记申请。土地权利人按规定向土地登记机关申报其土地产权状况,并提交有关的证明材料,请求予以登记的行为。在申请阶段,还包括土地登记机关发布要求权利人在何时、何地进行申报的通知或公告,以及受理申请后对申请人提供的有关文件、材料进行初步审查等内容。

(2)地籍调查。土地登记机关对登记申请书初次审查后,组织实地权属调查和地籍测量。地籍调查后,认定权属界线,设定权属界址点,并测绘界址线,为注册登记提供准确的基础资料。

(3)权属审核。地政部门对土地登记申请和地籍调查结果进行审核,再由县级以上人民政府根据地政部门的调查结果和审核意见决定对申请登记的土地权属是否准予登记。需要审核的内容主要有:权属来源是否合法、界址是否清楚、面积是否准确、利用是否合理、地价是否合理、资料是否齐全等。当登记机关确认申请登记的土地权属合法、界址清楚、面积准确,即发布公告,以明示申请人的姓名、名称,申请登记的土地权属性质、面积和土地位置等,接受公众的监督。

(4)注册登记。公告期满无异议的,报经人民政府批准后,由地政部门办理注册登记手续。以一宗地为单位,将土地权属及其有关内容正式填写在土地登记卡上,使之在法律上得到确认。同时,填写土地归户卡和土地证书。

(5)颁发土地证书。土地证书由地政部门根据土地登记卡填写,县级以上人民政府颁发。土地证书主要有三种:国有土地使用证、集体土地建设用地使用证和集体土地所有证。

土地他项权利登记在其所属的土地所有权或使用权登记卡和土地证上向土地他项权利

人颁发《他项权利证明书》。

变更土地登记的程序与初始土地登记程序基本相同。

第四节　土地统计

一、土地统计的概念、类型及法律依据

土地统计是国家对土地数量、质量、分布、利用和权属状况进行的调查、汇总、统计分析和提供土地统计资料的制度。它是社会经济统计的一个重要组成部分。

按内容和进行统计的时间不同，可分为初始土地统计和年度土地统计；按其组织形式和进行统计的范围不同，可分为国家土地统计和基层土地统计。

我国现行土地统计制度是依据《中华人民共和国统计法》（简称《统计法》）和《土地管理法》以及其他有关行政法规的规定制定的。各级地政部门的统计机构和统计人员依法行使土地统计的调查、报告、监督的职权。1987 年 8 月，原国家土地管理局和国家统计局依法制定了《土地统计报表制度》，它对我国现行土地统计的对象、任务、内容和报表制度、指标体系以及土地统计的体制等，都作了具体的规定。全国各级地方人民政府地政部门必须依据该制度建立和健全地方各级土地统计制度。

二、土地统计管理体制

根据《统计法》的有关规定，我国现行的土地统计制度实行统一领导和分级负责相结合的管理体制。

国务院土地管理部门依法主管全国土地统计工作，会同国家统计局共同制定、发布土地统计报表制度及其有关规定。每年定期汇总省级人民政府地政部门上报报表的土地数据，并进行土地统计整理、分析，为国家提供准确的土地数据资料，对全国土地利用情况进行检查和监督。

省级人民政府地政部门主管本辖区的土地统计工作，按期完成各年度土地统计报表的汇总和上报工作，并进行土地统计整理、分析，为地方政府各部门提供准确的土地数据及其分析资料，对本辖区的土地利用进行检查和监督。同时，在完成国家土地统计制度规定的任务的前提下，编制地方相应的报表制度和办法，但不得与国家土地统计报表制度的要求和规定相矛盾。

县级人民政府地政部门负责本县的土地统计报表的汇总和上报工作，进行本级土地统计成果的整理、分析和提供利用等工作。县级以下的基层土地统计工作由县级地政部门组织乡（镇）土地管理员负责进行。

为了及时准确地完成各级土地统计工作，县级以上地政部门应设专门的土地统计机构，配备专职人员。

三、土地统计报表制度

根据《土地统计报表制度》规定，我国现行报表由两部分组成：

（1）“土地利用现状分类面积”（国土年综 1 表）和“耕地面积变化情况”（国土年综 2 表）

统计表。根据《土地统计报表制度实施办法》的规定:国土年综1表只要求已完成土地利用现状详查的县下达到乡(镇)按详查数填报,由县级地政部门负责汇总,主要数字与统计部门共同审查核定后,逐级上报;对国土年综2表,凡是已完成土地利用现状详查的县,可下发到乡(镇)按详查数填报,未完成土地利用现状详查的县,由县级地政部门以概查数为基础,并根据已掌握的资料填报,资料均由县级地政部门负责汇总,主要数字与统计部门共同审查核定后,逐级上报,同时抄报同级统计部门。

(2)“各类建设用地当年增加面积”(国土年综3表)、“城镇建设当年增加面积”(国土年综4表)、“土地利用现状(概查)面积”(国土年综5表)统计表。为统一管理城乡地政的需要,由国土资源部制订这3套统计表,经国家统计局批准下发到各县级地政部门填报。其中,国土年综3表、4表,下发到全国所有县级地政部门填报;国土年综5表,只下发到未完成(含正在进行的)土地详查的县级地政部门,以概查数为基础,并根据已掌握的资料填报。以上3表经审查核定无误后逐级汇总上报,同时抄报同级统计部门。

以上土地统计报表均为年报表,统计截止日期为当年的12月31日,各省、自治区、直辖市应在次年2月底以前汇总数据审核后,分县上报。

思考与分析题

1. 什么是地籍调查?其有哪些内容?
2. 试述土地分等定级的概念、类型及其划分形式。
3. 试述初始土地登记程序。

第十一章　土地利用总体规划保护制度与耕地保护制度

第一节　土地利用总体规划概述

一、土地利用总体规划的概念

(一)土地利用总体规划的概念及法律地位

土地利用总体规划是在一定规划区域内,根据国家社会经济可持续发展的要求和当地自然、经济、社会条件,对土地的开发、利用、治理、保护在空间上、时间上所做的总体安排和布局,是国家实行土地用途管制的基础。

土地利用总体规划的编制是政府行为,是土地用途管制的依据。通过土地利用总体规划,国家将土地资源在各产业部门间进行合理配置,确定了每块土地的农用地使用权和建设用地使用权。单位和个人只能在规划的建设用地区内进行非农业建设,而不能在耕地、林地、草地等农业用地内进行非农业建设。

(二)土地利用总体规划的特点

土地利用总体规划具有以下特点:

(1)综合性。土地利用总体规划是对规划区域内全部土地的综合规划设计。其综合性表现在:土地利用总体规划解决整个地域内各部门之间以及农业用地内部用地的综合布局配置;土地利用总体规划全面考虑规划区域内全部土地的开发、利用、保护和整治等各个方面,并非局限于其中的利用部分;土地利用总体规划追求的是土地利用的社会效益、生态效益、经济效益等的一致性。

(2)长期性。土地利用总体规划是对土地利用在较长时间内的宏观控制。土地利用总体规划的期限一般为15年。土地利用总体规划的长期性是规划本身的要求,一方面,土地利用需要有相对稳定的长期利用方式和目标,并且要有与之相结合的土地利用长期稳定的政策;另一方面,由于影响土地利用的因素很多,对这些因素的调整不是短时间内就能见效的,这需要很长的时间。因此,土地利用总体规划要着眼于长远利益。

(3)战略性。土地利用总体规划所要解决的都是与国民经济、社会发展规划相联系并带有全局性、长远性的重大土地利用问题,规划所提出的土地利用目标、方针、政策、措施都具有战略性,总体规划所涉及的内容本身就是具有战略性的规划措施。

(4)指导性。土地利用总体规划对区域土地利用及区域内的各专项规划、规划设计、下级土地利用规划、土地利用计划具有控制和指导意义。土地利用总体规划作为一个指导性规划,所提出的用地指标和土地利用分区等均有一定的弹性,并允许在实施过程中根据实际情况的变化加以修正。

(5)动态性。土地利用总体规划是一个动态规划,它不仅需要提供规划方案,而且要对土地利用总体规划方案的实施进行动态监测,并进行及时的调控和方案修改。

(6)控制性。土地利用总体规划的控制性主要表现在两个方面:从纵向来讲,下一级的土地利用总体规划受上一级土地利用总体规划的指导和控制,在全国范围内形成一个有机联系的土地利用总体规划体系;从横向来讲,一个区域的土地利用总体规划,对本区域内国民经济各部门的土地利用起到宏观控制作用。

二、土地利用总体规划的体系及各级土地利用总体规划之间的关系

(一)土地利用总体规划的体系

我国的土地利用总体规划由国家、省、地(市)、县、乡(镇)五级组成,形成了完整的土地利用总体规划体系。土地利用总体规划由各级人民政府组织编制,报有批准权的人民政府批准实施。

全国、省级、市(州、地)级的土地利用总体规划属宏观控制性规划,主要的任务是在确保耕地总量动态平衡和严格控制城市、集镇和村庄用地规模的前提下,统筹安排各类用地。上级土地利用总体规划通过规划指标和规划分区对下级土地利用总体规划和专项用地规划进行指导和控制。

县、乡级土地利用总体规划属实施性规划,其主要任务是按照上级土地利用总体规划的指标和布局要求,划分土地利用区,明确各土地利用区的土地主要用途和区内土地作业条件,为单位和个人合理使用土地,进行土地开发、整理提供依据,为政府审批农地转用、划定基本农田保护区提供依据。

在各层次之间,还可根据需要按自然区划或经济区进行跨省的、跨市县的、跨乡(镇)的土地利用总体规划。

(二)各级土地利用总体规划之间的关系

《土地管理法》第十八条规定:“下级土地利用总体规划应当依据上一级土地利用总体规划编制”。“地方各级人民政府编制的土地利用总体规划中的建设用地总量不得超过上一级土地利用总体规划确定的控制指标,耕地保有量不得低于上一级土地利用总体规划确定的控制指标”。根据《土地管理法》的要求,在编制土地利用总体规划时,应按照下级服从上级、局部服从整体的原则,自上而下逐级进行。首先编制全国土地利用总体规划,明确规划目标,在保证全国耕地总量不减少的前提下,确保全国土地利用的总体布局和主要控制指标,并逐级分解下达。各级地方土地利用总体规划要严格依据上级土地利用总体规划的布局要求和控制指标并结合当地实际进行编制。这样才能保证全国土地利用总体规划通过地方各级土地利用总体规划落实到乡,落实到地块。

土地利用总体规划控制指标应当包括耕地保有量、建设占用耕地数量、土地开发、整理增加耕地数量等。

《土地管理法》第十八条第三款明确了省级人民政府确保本行政辖区内耕地总量不减少的责任。省级以下地方人民政府的耕地保有量由省级土地利用总体规划确定。人均耕地面积大、耕地质量高的地方,应当多承担保护耕地的任务;人均耕地少的地方,应做到耕地不再减少,力争耕地面积有所增加。

三、土地利用总体规划与城市规划的关系

根据《土地管理法》规定，城市规划、村庄和集镇规划中建设用地规模不得突破土地利用总体规划确定的城市和村庄、集镇建设用地规模。因此，土地利用总体规划一经批准，城市规划在用地规模上就应当服从土地利用总体规划。原批准的城市规划的建设用地规模超过了土地利用总体规划划定的建设用地范围的，应当及时按土地利用总体规划划定的建设用地的范围修订城市规划。

四、土地利用总体规划的目标

土地利用总体规划的目标，简单地说，就是在规划期内要实现的土地利用结构和各类用地的布局。具体来讲，土地利用总体规划的目标是在土地利用结构研究的基础上，根据国民经济发展的长期规划对土地资源的需求、土地资源的供给状况、土地的人口承载力和土地利用战略的研究成果，提出规划区域所应实现的土地利用目标。我国规定的土地利用总体规划的目标是：实施耕地总量动态平衡的战略思想；逐级落实指令性指标，实现土地资源的可持续利用和管理；保证重点项目的用地需求，严格控制城市用地外延扩展，优先安排农用地，因地制宜地发展园、林地，防止水土流失，改善生态环境，合理调整土地利用结构和布局，提高土地利用效率。

五、土地利用总体规划的作用

实践表明，各级土地利用总体规划的编制与实施，在一定程度上增强了各级政府对土地利用的宏观调控能力，促进了我国有限土地资源的开发、利用、治理和保护。

一是在协调的基础上，通过土地利用总体规划确定了重点能源、交通、水利等基础设施用地，确定了城市、集镇、村庄及各类开发区等建设用地的规模和布局，确定了种植业、林业、牧业以及基本农田保护区等农用地的规模和布局，为 13 亿人口的“吃饭”和“建设”提供了土地保障。

二是各级土地利用总体规划的编制，为制定和实施土地利用年度计划提供了依据，为各级政府审批建设项目和开发复垦项目提供了依据。

三是为土地利用的监督检查提供了依据。各级政府依据土地利用总体规划规定的土地用途监督检查土地的使用，不符合土地利用总体规划的，责令其限期改正。

六、土地利用总体规划的内容

根据土地利用总体规划的任务和目的，其主要内容可归纳为：第一，进行土地利用现状分析和评价，然后确定土地利用目标和方针，或是战略思想和对策；第二，进行土地需求量预测和土地适宜性评价；第三，确定各部门、各地区的用地规模，协调用地关系；第四，提出各级土地利用结构的指导性规划指标和调整方向，确定各类用地的控制性指标；第五，进行土地利用分区，按地域或用地类型指导土地利用；第六，确定骨干工程与设施的布局；第七，制定实施规划的政策和措施。

第二节　土地利用总体规划的编制和审批

一、土地利用总体规划的编制

（一）土地利用总体规划编制的原则

根据《土地管理法》第十九条的规定，土地利用总体规划的编制必须遵循以下原则：①严格保护基本农田，控制非农业建设占用农用地；②提高土地利用率；③统筹安排各类、各区域用地；④保护和改善生态环境，保障土地的可持续利用；⑤占用耕地和开发复垦耕地相平衡。

省、自治区、直辖市人民政府在编制土地利用总体规划的过程中，还应当确保本行政区域内耕地总量不减少。

（二）土地利用总体规划的编制程序

按照土地利用总体规划编制的特点，其工作内容和程序可以分为四个阶段和若干步骤。各个阶段的工作如下。

1. 准备阶段

编制土地利用总体规划的准备工作必须包括：制订工作计划和工作方案，落实经费，组织规划领导小组和规划工作组，选择专题项目和研究课题，进行人员业务培训等。工作计划和方案关系到整个编制规划工作的方向和进度，制订工作计划要因地制宜，从本区域或规划工作范围内的实际情况出发。工作计划要留有余地，要有合理的人员和经费安排。能切实保证规划工作的顺利展开。

土地利用总体规划要在政府组织领导下编制，各级规划编制时应由相应的各级政府组织有关部门成立规划领导小组，同时在各级土地管理部门设立规划办公室或规划工作组，负责规划的具体编制工作。各有关部门派人员参加规划的编制，提供资料，参与规划的研究与审议。

规划的编制工作开展之前要落实各级财政提供的经费数额、拨款时间，并做好经费使用制度和会计制度，保证土地利用总体规划经费的正常支出。

除此之外，还要按照工作的要求对参加规划的工作人员进行技术培训。掌握土地利用总体规划的内容、方法和操作步骤，并按规划工作中的技术步骤和分工将工作人员分成一定的作业小组，负责规划各项或各阶段的工作。

2. 调查和研究阶段

调查和研究阶段是制定正确的土地利用总体规划方案的基础。这一阶段的工作主要包括收集各种资料、分析土地利用现状、对土地资源进行分析讲究、预测各部门的土地需求、研究土地利用战略、确定总体规划的目标和任务等。

编制土地利用总体规划涉及多方面的内容，因此要做广泛的资料收集工作，一般需要收集土地利用现状面积数据及图件、各类用地分布状况、土地利用的历史和变化趋势的资料，土地资源的评价资料，国民经济和社会发展计划及统计资料，城市规划和保护区资料，以及与土地利用总体规划有关的其他资料。如果资料收集不全，须督促工作人员补充调查。

土地利用现状分析是在规划区域的自然、社会、经济条件下，对各类土地的不同利用方式及其组合所做的分析。分析包括对土地利用的经济效益、社会效益和生态效益的分析，这种研究分析是从了解土地资源评价结果和规划区域的土地资源特点入手，对各类后备土地资源的数量、质量和开发利用中存在的问题进行研究，为估算土地利用潜力、确定规划目标、调整用地结构、协调各部门用地矛盾、平衡土地供需及土地开发提供依据。在研究中要注意保证两个平衡：一是农业用地与建设用地的平衡，按照“一要吃饭，二要建设”的原则，妥善解决农业用地与建设用地的矛盾；二是各部门用地数量和布局的平衡，政府应根据各部门对土地的需求量、依照规划目标确定土地使用顺序，优先保证重点项目用地。

在对土地利用战略进行研究的基础之上，可以确定土地利用总体规划的目标和任务。土地利用总体规划必须依据国民经济和社会发展的规划、国土整治和资源环境保护的要求、土地供给能力以及各项建设对用地的要求，对国民经济各部门的用地需求做出科学、合理的计划和规划。土地利用规划目标和上一级的目标应该一致，在整个规划过程中要经上下级多次反馈，各用地部门反复协调，最后才能确定。

3. 编制规划方案阶段

编制方案是在土地利用现状分析、资源分析、土地利用战略分析研究的基础之上，根据规划目标和任务而进行的。编制方案的工作主要由用地需求综合平衡、编制规划方案、编绘土地利用总体规划图、编写土地利用总体规划报告等部分组成。

编制规划方案要从用地数量和用地形态分布两个方面进行，编制时可以以不同的条件为前提编制 2 ~ 3 个方案，并对各个方案做出效果评价以供领导小组审批和决策。土地利用总体规划图的编绘应与报告的撰写同时进行，规划图的一个重要内容就是土地利用分区。依《土地管理法》第二十条的规定，县级土地利用总体规划应当划分土地利用区，明确土地用途。乡(镇)土地利用总体规划应当划分土地利用区，根据土地使用条件，确定每一块土地的用途，并予以公告。土地利用总体规划报告是土地利用总体规划的重要成果之一，也是对总体规划的系统总结和说明。它所包括的主要内容有导言(或称之为规划区概述)、规划目标和任务、土地利用现状和存在的问题、规划地域分区或用地分区、土地利用基本方针、土地利用调整指标、实现规划的措施和有关建议等。

4. 规划审批和实施阶段

土地利用总体规划按法定程序和批准权限审批后，报送上一级土地管理部门备案，最后由地方人民政府正式公布实施。经过批准的土地利用总体规划具有法律效力，它既是各个部门利用土地的准则，又是各地土地管理部门编制中期和年度土地利用计划，审批、监督土地使用的依据。经过批准的土地利用总体规划应向群众公布并广为宣传，以利于规划的监督实施，土地利用总体规划的期限一般为 15 年。

二、土地利用总体规划的审批与修改

(一)土地利用总体规划的审批

根据《土地管理法》第二十一条的规定，土地利用总体规划实行分级审批。省、自治区、直辖市的土地利用总体规划，报国务院批准。省、自治区政府所在地的市、人口在 100 万以上的城市以及国务院指定的城市的土地利用总体规划，经省、自治区人民政府审查同意后，报国务院批准。除此以外的土地利用总体规划逐级上报省、自治区、直辖市人民政府批准。其中，乡(镇)土地利用总体规划可以由省级人民政府授权设区的市、自治州人民政府批准。

(二)土地利用总体规划的修改

依《土地管理法》第二十六条的规定和《土地管理法实施条例》第十二条的规定,土地利用总体规划的修改应遵循以下原则:

(1)经批准的土地利用总体规则的修改,须经原批准机关批准;未经批准,不得改变土地利用总体规划确定的土地用途。

(2)经国务院批准的大型能源、交通、水利等基础设施建设用地及需要改变土地利用总体规划的,根据国务院的批复文件修改土地利用总体规划。

(3)经省、自治区、直辖市人民政府批准的能源、交通、水利等基础设施建设用地及需要改变土地利用总体规划的,属于省级人民政府土地利用总体规划批准权限内的,根据省级人民政府批准文件修改土地利用总体规划。

(4)修改后的土地利用总体规划应当报原批准机关批准。上一级土地利用总体规划批准后,涉及下一级土地利用总体规划的,由上一级人民政府通知下一级人民政府做出相应的修改,并报原批准机关备案。

第三节　耕地保护

我国是一个人口众多而耕地严重稀缺的发展中国家。根据人口增长及人民生活水平提高的要求,我国政府提出的耕地保护目标是实现耕地总量动态平衡,确保耕地总量只能增加,不能减少,并逐步提高耕地质量,扭转在人口继续增加情况下耕地大量减少的失衡趋势。

一、耕地总量动态平衡制度

耕地总量动态平衡制度是《土地管理法》确定的一项重要制度,包括以下内容。

(一)严格控制耕地转为非耕地

我国耕地数量有限,而且可以开垦为耕地的后备资源有限,因此耕地的数量保护除实行开垦未利用土地、进行土地整理和复垦补充耕地的方法外,更重要的是严格控制非农业建设占用耕地。

控制各项建设占用耕地的措施包括:实行严格的用途管制制度,通过制定土地利用总体规划,划定建设用地区,限定建设可以占用土地的区域;对各项建设用地下达土地利用年度计划,控制建设占用土地(包括占用耕地)的计划;严格控制农用地转用,须报省级以上人民政府批准。通过这些措施,使各项建设占用耕地的总量降到最低限度。

(二)占用耕地补偿

非农业建设项目经批准占用耕地的,按照"占多少、垦多少"的原则,由占用耕地的单位负责开垦与所占耕地的数量和质量相当的耕地;没有条件开垦或者开垦的耕地不符合要求的,应当按照省、自治区、直辖市的规定缴纳耕地开垦费,专款用于开垦新的耕地。具体法律规定如下:

(1)任何建设占用耕地都必须履行开垦耕地的义务。无论是国家重点工程、城市建设,还是企业、农村村民建住宅,占用耕地的都必须履行开垦耕地的义务。

(2)开垦耕地的责任者是占用耕地的单位。根据目前建设用地情况,责任人分为三种情形:①城市建设用地区统一征地后供地的,承担造地义务的责任人为市、县人民政府,造地的费用计入建设用地成本,但责任必须由县、市人民政府承担。②对于城市建设用地区外建设项目用地,承担开垦耕地义务的责任人是建设单位,县、市人民政府地政部门负责监督和验收。③对于村庄、集镇建设占用耕地,承担开垦耕地义务的责任人是农村集体经济组织或村民委员会,县、市人民政府地政部门负责监督和验收。

(3)建设单位和地方人民政府都必须根据需要落实开垦耕地的资金。

(4)各地制定土地利用总体规划时,应当根据当地土地资源的状况制定耕地后备资源开发的区域,使建设单位有地可开。开垦耕地还应与保护生态环境相结合,防止乱开滥伐。

(5)没有条件开垦或开垦耕地不符合要求的,建设单位可以缴纳耕地开垦费,由地方政府地政部门履行造地义务。开垦耕地不符合要求是指数量和质量没有达到规定的指标。没有条件开垦是指建设单位没有开垦的人力和机械而无法从事土地开垦工作。

(6)省级人民政府在实行占用耕地补偿制度中的职责有:①制订开垦耕地的计划。省级人民政府是耕地总量动态平衡的责任者,也是耕地开垦的组织者和监督者,因此省级人民政府应根据土地利用总体规划、土地利用计划和建设占用土地的实际情况,制订开垦耕地的计划,分解下达。②对建设单位和县、市人民政府开垦耕地进行监督。为保证开垦耕地真正落实,省级人民政府要切实履行监督职责,其监督对象是县、市人民政府和大中型建设项目的建设单位。监督的内容是计划是否落实,开垦耕地是否达到规定的标准。③组织开垦耕地。省级人民政府主要是组织一些建设单位和地方人民政府对一些重点地区进行开垦,特别是解决一些跨县、市行政区的耕地开垦问题,协调地方人民政府、土地所有者和开垦者之间的关系,保障耕地开垦工作的进行,并对开垦耕地进行验收。

(三)建设占用耕地的耕作层利用

耕地耕作层是经过多年耕种形成的,是农业生产宝贵的资源。而在工程建设中,耕作层的土壤好坏与建设要求无关紧要,有的工程还必须将耕作层挖掉来加固基础。因此,将耕作层土壤用来开垦耕地和其他耕地的土壤改良是必要的,可改良土壤或加快耕地熟化的过程。国内外都有许多工程建设将耕作层剥离用于开垦耕地的成功经验。因而《土地管理法》规定:“县级以上地方人民政府可以要求占用耕地的单位将所占用耕地耕作层的土壤,用于新开垦耕地、劣质地或者其他耕地的土壤改良。”

当然,将耕地耕作层用于开垦耕地,受当地的自然条件和开垦耕地成本的影响。如当地土壤条件较好,开垦耕地不需要另加耕作层,或者运距太远造成成本太高等原因使其难以实现。因此,法律规定县级以上地方政府可以要求这样做,政府将根据当地的实际情况,实事求是地对具备条件的、提出将耕地耕作层土壤用于造地的要求。

(四)省级人民政府在实现耕地总量动态平衡目标中的责任

《土地管理法》第十八条规定:“省、自治区、直辖市人民政府编制的土地利用总体规划,应当确保本行政区域内耕地总量不减少。”第三十三条规定:“省、自治区、直辖市人民政府应当严格执行土地利用总体规划和土地利用年度计划,采取措施,确保本行政区域内耕地总量不减少;耕地总量减少的,由国务院责令在规定期限内组织开垦与所减少耕地的数量与质量相当的耕地,并由国务院土地行政主管部门会同农业行政主管部门验收。个别省、自治区、直辖市确因土地后备资源匮乏,新增建设用地后,新开垦耕地的数量不足以补偿所占用耕地的数量的，必须报经国务院批准减免本行政区域内开垦耕地的数量，进行易地开垦。”

二、基本农田保护

我国实行基本农田保护制度，《土地管理法》及《基本农田保护条例》等法律条文对此进行了具体规定。

（一）基本农田保护制度及其主要内容

所谓基本农田，是指按照一定时期人口和社会经济发展对农产品的需求以及对建设用地的预测，依据土地利用总体规划确定的长期不得占用的耕地。对基本农田实行特殊保护，而依据土地利用总体现划和依据法定程序确定的特定保护区域，称为基本农田保护区。

划定基本农田保护区的任务是在县级土地利用总体规划确定的目标、方针和耕地指标控制下，确定必保基本农田的面积，划定保护区的范围，并落实到地块，建立起相应的保护措施。

对划入基本农田保护区的耕地实行特殊保护的措施，是党中央、国务院根据我国耕地资源和建设占用耕地的状况提出的保护耕地的重大措施。实践证明，基本农田保护制度是实行耕地保护的有效办法。一是制止了乱批乱占耕地，保住了高产稳产农田和人口增长所需耕地；二是稳定了耕地承包者的思想，调动了农民对耕地增加投入的积极性，提高了农作物的产量；三是通过划定保护区，协调安排了今后若干年的各类建设用地。

建立基本农田保护区耕地地力保养和环境保护制度，有效地保护好基本农田。基本农田保护制度的主要内容包括基本农田的规划、划定、保护、监督管理等内容。

（二）基本农田保护区的划定

（1）划定基本农田的依据和范围。划定基本农田的依据是土地利用总体规划。土地利用总体规划是协调各业用地的最高规划，特别是县、乡级土地利用总体规划，将明确划出各种土地利用区，其中包括确定基本农田保护区，并考虑各行业的用地需要、耕地的保有量和基本农田保护的需要，因此基本农田划定应以土地利用总体现划为依据。

下列耕地为划入基本农田的范围：①经国务院有关主管部门或者县级以上地方人民政府批准确定的粮、棉、油生产基地内的耕地。②有良好的水利与水土保持设施的耕地，正在实施改造计划以及可以改造的中、低产田。③城市蔬菜生产基地。④农业科研、教学试验田。另外，国务院还将根据具体情况的需要，规定应当划入基本农田区范围的其他耕地。

（2）划定基本农田保护区的数量要求。《土地管理法》规定，各省、自治区、直辖市划定基本农田的数量应当占本行政区域耕地的80%以上。确定这个目标是根据国民经济发展和今后人们对粮、棉、油的需要来确定的。

（3）基本农田保护区的确定和基本农田划定的方法。基本农田保护区划区定界后，由省级人民政府组织地政部门和农业行政主管部门验收确认，或由省级政府授权设区的市、自治州人民政府组织相应部门验收确认。基本农田保护区以乡（镇）为单位划区定界，由县级人民政府地政部门会同同级农业行政主管部门组织实施。

划定的基本农田保护区，由县级人民政府设立保护标志，予以公告，由县级人民政府地政部门建立档案，并抄送同级农业行政主管部门。任何单位和个人不得破坏或者擅自改变基本农田保护区的保护标志。

(三)保护基本农田的有关规定

1. 基本农田的数量保护

基本农田保护区依法划定后,任何单位和个人不得改变或占用,禁止在基本农田保护区内建窑、建房、建坟或者擅自挖沙、采矿、取土、燃放固体废弃物,禁止任何单位和个人闲置、荒芜基本农田。

国家能源、交通、水利、军事设施等重点建设项目选址确实无法避开基本农田保护区,需要占用的,必须经国务院批准。经国务院批准占用基本农田的,当地人民政府应当依法修改土地利用总体规划,并补充划入数量和质量相当的基本农田。占用单位应当按占多少垦多少的原则,负责开垦与所占耕地数量与质量相当的耕地;没条件开垦或开垦耕地不符合要求的,应按省级人民政府的规定缴纳耕地开垦费,专款用于开垦新耕地。

2. 基本农田的质量保护

利用基本农田从事农业生产的单位和个人应当保持和培肥地力。国家提倡和鼓励农业生产者对其经营的基本农田施用有机肥料,合理施用化肥和农药。

县级人民政府应当根据当地实际情况制定基本农田地力分等定级办法,由农业行政主管部门会同地政部门组织实施,对基本农田地力分等定级,并建立档案。农村集体经济组织或者村民委员会应当定期评定基本农田地力等级。县级以上地方各级人民政府农业行政主管部门应逐步建立基本农田地力与施肥效益长期定位监测网点,定期向本级政府提交基本农田地力变化状况报告及地力保护措施。

凡是向基本农田保护区提供肥料和作为肥料的城市垃圾、污泥的,应符合国家标准;因发生事故或其他突然事件造成或者可能造成基本农田环境污染事故的,当事人必须立即采取措施处理,并向当地环境和农业行政主管部门报告,接受调查处理。

3. 基本农田保护的监督管理

在建立基本农田保护区的地方建立层层责任制。县级以上地方人民政府应当与下一级人民政府签订基本农田保护责任书,乡(镇)人民政府与农村集体经济组织或村民委员会签订基本农田保护责任书。

县级以上地方人民政府应当建立基本农田保护监督检查制度,定期组织地政部门、农业行政主管部门及其他有关部门对基本农田保护情况进行检查,并向上一级人民政府汇报。被检查单位应如实提供有关情况和资料,不得拒绝。

县级以上地方人民政府地政部门、农业行政主管部门有权责令纠正发生在本行政区内的破坏基本农田的行为。

第四节　土地综合整治

一、土地开发

广义上讲,土地开发指因人类生产建设和生活不断发展的需要,采用一定的现代科学技术和经济手段,扩大对土地的有效利用范围或提高对土地的利用深度所进行的活动,包括对尚未利用的土地进行开垦和利用,以扩大土地利用范围,也包括对已利用的土地进行整治,以提高土地利用率和集约经营程度。狭义上讲，土地开发主要是指对未利用土地的开发利用，要实现耕地总量动态平衡，未利用土地开发是补充耕地的一种有效途径。

一般来说，土地开发应遵循三个基本原则：农用土地开发优先的原则、生态平衡原则及综合性开发的原则。

开发未利用土地的法律规定有：

(1)禁止单位和个人在土地利用总体规划确定的禁止开垦区内从事土地开发活动。在土地利用总体规划确定的土地开垦区内，开发未确定土地使用权的国有荒山、荒地、荒滩从事种植业、林业、畜牧业、渔业生产的，应当向土地所在地的县级以上人民政府地政部门提出申请，报有批准权的人民政府批准。

一次性开发未确定土地使用权的国有荒山、荒地、荒滩600 hm^2 以下的，按照省、自治区、直辖市规定的权限，由县级以上地方人民政府批准；开发500 hm^2 以上的，报国务院批准。

(2)国家鼓励单位和个人按照土地利用总体规划进行未利用地开发。保护开发者的合法权益不受侵害，对侵害开发者合法权益的单位和个人将依法做出处理。开发未确定土地使用权的国有荒山、荒地、荒滩从事种植业、林业、畜牧业、渔业生产的，经县级以上人民政府批准，可以确定给开发单位和个人使用，也可以依法将土地的使用权或承包经营权确定给土地开发者，明确土地使用权或承包经营权的年限，使用期或承包期内不得收回土地使用权或承包经营权。土地使用权或承包经营权可以继承，但不得用于非农业建设。

(3)未利用土地开发要以保护和改善生态环境，防止水土流失和土地沙化为前提。

二、土地整理

土地整理是指通过采取各种措施，对田、水、路、林、村综合整治，调整土地关系，提高耕地质量，增加有效耕地面积，改善农业生态条件和生态环境的行为。在我国大部分地区，农田中不同程度地分散着一些闲散地、废沟渠、取土坑等。农村居民点内也有许多闲散地、“空心村”，通过整理既可提高耕地质量，也可增加耕地有效面积。据测算，通过土地整理，全国可增加耕地约1333万 hm^2，因此土地整理是补充耕地的有效途径。

(1)国家鼓励土地整理。土地整理新增耕地面积的60%可以用做折抵建设占用耕地的补偿指标。土地整理所需费用，按照“谁受益、谁负担”的原则，由农村集体经济组织和土地使用者共同负担。各级人民政府应协助解决好土地整理中的产权关系、利益分配等问题，保证土地整理的有效实现。

(2)应当对土地整理做出规划，依据土地利用总体规划，与村镇建设、农田水利基本建设相结合，进行土地整理项目设计，使土地整理达到增加有效耕地面积，改善耕地生产条件和生态环境的目的。

(3)土地整理应当由县、乡级人民政府按照土地利用总体现划，组织农村集体经济组织制订土地整理方案，并组织实施。因为土地整理往往涉及几个村或几个村民小组，几十个承包经营者，没有统一的组织是很难进行的。同时，土地整理后，土地重划工作也要县、乡级人民政府统一协调安排，防止借土地整理侵害农民的合法权益。

三、土地复垦

土地复垦是指对在生产建设过程中，因挖损、塌陷、压占等造成破坏的土地，采取整治措施，使其恢复到可供利用状态的活动。据调查分析，我国现有工矿废弃地等待复垦的土地资源约400万hm^2，按50%比例复垦为耕地，全国可以增加耕地200万hm^2左右，其他还可复垦为鱼塘、建设用地等。因此，土地复垦不仅可以补充耕地，同时，对改造生态环境具有深远意义。

土地复垦的有关法律规定如下。

(一)土地复垦企业或个人对生产建设中破坏的土地所应尽的义务

(1)土地复垦实行"谁破坏、谁复垦"的原则。土地复垦费用可列入基本建设投资或生产成本。复垦后的土地由当地人民政府地政部门验收，要达到规定标准。同时，土地复垦中采取"谁复垦、谁受益"的政策，复垦土地者可优先取得土地使用权。没有条件复垦或者复垦不符合要求的应当缴纳土地复垦费，专项用于复垦，由当地地政部门统一组织复垦。对不履行土地复垦义务的要给予处罚。

(2)企业和个人对其破坏的其他单位使用的国有土地或者集体所有土地，除负责复垦外，还应向遭受损失的单位支付土地损失补偿费。土地损失补偿费分为耕地、林地和其他土地的损失补偿费。耕地损失补偿费是以实际造成减产前三年的年均产量为计算标准，由企业和个人按照各年造成的实际损失逐年支付相应的损失补偿费。如果由集体经济组织承包复垦其原有的土地，补偿年限应当按照合同规定的工期确定。其他土地的损失补偿费，可参照此原则确定。对地上附着物的损失补偿标准，则按照省级政府有关规定办理。

(二)土地复垦的管理

土地复垦工作由各级人民政府地政部门负责管理，并监督检查本行政区域的土地复垦工作。土地复垦实行计划管理，土地复垦规划应与土地利用总体规划相协调。土地复垦应当与生产建设统一规划，将土地复垦指标纳入生产建设计划，在征求当地地政部门意见后，经行业管理部门批准后实施。在建设项目中，如有土地复垦任务，其可行性研究报告和设计任务书应当包括土地复垦的内容，设计文件应当有土地复垦的章节，工艺设计应兼顾土地复垦的要求；否则，在审批建设用地时，不予批准。

(三)对不履行土地复垦义务的单位和个人的处罚

按照《土地复垦规定》第二十条的规定，负有土地复垦义务的企业和个人，若不履行或者不按照规定要求履行土地复垦义务的，应由地政部门责令限期改正；逾期不改正的，地政部门根据情节，处以每亩每年200~1000元的罚款。在其提出新的生产建设用地申请时，不予受理。而罚款从企业税后利润中支付，依照国家规定上交国库。

思考与分析题

1. 试述土地利用总体规划的审批权限。

2. 基本农田保护制度的主要内容有哪些？

第十二章　建设用地法律制度

第一节　建设用地概述

一、建设用地的概念

建设用地是指建造建筑物、构筑物的土地,包括城乡住宅和公共设施用地、工矿用地、交通水利设施用地、旅游用地、军事设施用地等。建筑物一般指人们进行生产生活或其他活动的房屋或场所,如农业建筑、工业建筑、民用建筑和园林建筑等。而构筑物指人们一般不直接在内进行生产和生活活动的建筑,如堤坝、栈桥、囤仓、水培、蓄水池等。

建设用地按其性质可分为农业建设用地和非农业建设用地两大类。

建设用地按土地的所有权又可划分为国有建设用地和农业集体所有建设用地。其中,国有建设用地包括城市市区的土地、铁路、公路、机场、国有企业、港口等国家所有土地中的建设用地,也包括原属于集体所有已征为国有的建设用地。农业集体所有建设用地包括农民宅基地、乡(镇)村公共设施、公益事业、乡村办企业使用农民集体所有土地中的建设用地部分。

二、建设用地的特点

建设用地利用的是土地的承载力、操作场地和空间,把土地作为生产、生活场所,土地不是直接参与生产的要素,其利用的结果是非生态性的附着物。与其他类型的土地相比,建设用地有以下几个特点:

(1)建设用地有非生态利用的特性。土地对于工程营造活动来说,发挥了地基和场所的作用。这一特点决定了在建设项目选址时,要考虑土地的非生态因素,土壤的肥沃度与建设用地选择没有关系。

(2)建设用地的可逆性差。一般来讲,将农用地变为建设用地较为容易,而一旦变成建设用地要再复垦变回农用地则较为困难。因此,将农用地转变为建设用地时要十分谨慎,充分论证,从严控制。

(3)建设用地对区位的选择性强。与农用地不一样,建设用地的区位选择性强,不是任何一块土地都可以作为建设用地的,除地质条件外,地理位置、交通条件、水源条件、矿产资源的分布等因素对建设用地的选择具有重要的影响作用。

(4)建设用地的土地利用价值高。一方面,一旦农用地或未利用土地变为建设用地,其地价往往会上涨很多,产生更高的经济效益;另一方面,建设用地能够通过不断的开发和再开发,能够不断地提高土地利用率和产出率。

三、建设用地取得的基本原则

(1)任何单位和个人进行建设,需要使用土地的,必须依法申请使用国有土地。

我国实行的是土地的社会主义公有制,即国家所有和农民集体所有两种所有制。按照宪法和法律的规定,城市市区的土地属于国家所有,同时,随着城市建设的需要,可以将原农民集体所有的土地,由县、市人民政府报省级以上人民政府批准后征为国家所有;农村和城市郊区的土地,除法律规定属于国家所有的以外,属于农民集体所有。要求任何单位和个人进行建设必须依法申请使用国有土地,实际上是要求单位和个人申请使用土地利用总体规划确定的城市建设用地规模范围内的土地。如果这些土地原是农民集体所有土地,可由县、市人民政府报经省级以上人民政府批准后,统一征用为国家所有。

(2)农村集体经济组织使用本集体农民所有的土地兴办乡(镇)企业、安排村民的宅基地,可批准后直接使用,不需要将集体所有的土地由国家征用后再使用。

这些包括乡(镇)办企业使用本乡(镇)农民集体所有的土地,村办企业使用本村农民集体所有的土地,村民小组办企业使用本村民小组农民集体所有的土地,村民建住宅使用本乡、本村或者本村小组所有的土地等。但是,村民不能申请使用其他乡或村、村民小组所有的土地,城市居民也不能到农村申请使用农民集体所有土地建住宅。这些规定既保证了农民集体的土地所有权益,又有利于防止农民集体土地自发进入市场流动。

(3)乡(镇)村办公共设施和公益事业建设用地,如果是经依法批准使用农民集体所有的土地,也不要求由国家征用后再使用。

乡(镇)村公共设施包括乡村级道路、乡村级行政办公、农技推广、供水排水、电信、电力、邮电、公安等行政办公、文化科学、生产服务和公用事业设施;公益事业包括学校、幼儿园、托儿所、医院、敬老院等教育、医疗卫生设施。这些设施无论是使用本农民集体所有,还是其他农民所有的土地,经过批准都是允许的,即乡(镇)公共设施和公益事业的建设可以使用村或村民小组农民集体所有的土地,村公共设施和公益事业建设可以使用村民小组或者其他村农民集体所有的土地。

四、建设用地管理的基本任务

(一)贯彻执行土地基本国策

通过村建设用地的科学管理,使“十分珍惜和合理利用每寸土地,切实保护耕地”的基本国策得到全面的贯彻执行,最大限度地节约用地,切实保护13亿多人口和子孙后代生存必需的耕地,缓解当前我国存在的尖锐的人地矛盾。

(二)科学合理地在国民经济各部门、各行业配置土地资源

以“一要吃饭,二要建设”为指针,在技术可靠、经济合理的条件下,找出一条使国民经济各部门、各行业都能得到正常协调发展的用地途径。在确保耕地总量动态平衡的基础上,保证工业发展、城市建设以及其他一切建设事业所必需的建设用地。

(三)深化土地使用制度改革,有计划、有步骤地推行建设用地有偿使用制度

除国家机关用地和军事用地、城市基础设施用地和公益事业用地,国家重点扶持的能源、交通、水利等基础设施用地及法律、行政法规规定的其他经县级以上人民政府批准,可以以划拨方式取得外,其他建设用地均应实行有偿使用,逐步建立和完善土地有偿使用制度。

为城镇建设提供用地应尽量减少行政划拨，扩大有偿出让，同时要加强划拨土地使用权的流转管理，建立公平、公正、公开、依法管理的土地市场。逐步有计划地推行农村宅基地有偿使用和乡（镇）企业用地的有偿使用。通过有偿使用为经济建设积累资金，并促使土地使用者自觉地节约和合理利用土地。

（四）为依法用地做好服务工作

根据国家下达的用地计划指标、认真负责地依法办理国家建设、乡（镇）村建设用地的征用、拨用土地的审查、报批工作，并根据国家规定的方针政策和具体标准，组织有关部门共同做好被征地单位、群众的补偿和安置工作，协调有关部门，切实做好建设项目的用地管理和服务工作。

第二节　征用土地的程序

一、征用土地的概念

一般来说，一个国家的土地所有制都处于已确定的状态，而且比较稳定，要想改变这种关系，相当困难。有时，如果仅仅凭借市场经济的手段（如买卖），改变一个特定地块的土地所有权关系，可能难以实现。如果这一地块刚好是发展公共或公益事业所需的土地，这一困难的存在，会极大地妨碍公共或公益事业的发展。为了有效地避免这一情形的出现，建立土地转为公用的特殊取得制度并使其合法化即成为一种客观的需要。这种特殊的土地取得制度表现在法律上，就是土地征用制度。

在当今世界上，几乎所有国家的土地立法中，土地征用制度都是不可缺少的重要内容。但在不同的国家、不同的社会制度下，征用土地的概念及其法定含义是有区别的。在土地私有制国家，征用土地表现为一种强制购买权，只有在正常收买无法取得土地时才动用征用权。其特点为：①只有为了公共目的才可以征用，非公共目的不得动用征地权。②必须经过一定的程序，有的还需议会批准。③必须是政府投资或以政府投资为主，也有一些教会学校等建设可以征用土地。④按市场价予以补偿。

在我国，土地征用是指国家依照法律规定的程序和条件，将集体所有的土地强制性转为国家所有的行为。要实行征用土地，必须具备以下几个条件：①征地是一种政府行为，是政府的专有权力，征用土地的主体必须是国家，其他任何单位和个人都没有征地权。②征用的土地只能是农民集体所有的土地。③征用土地必须依照法律规定的条件和程序获得批准。④征用土地必须依法对被征地单位进行补偿。造成劳动力剩余的应予以安置。⑤被征地单位必须服从，不得阻挠征地，被征用的土地所有权实现转移。⑥征地行为必须向社会公开，接受社会公众监督，增大征地的透明度。

二、我国征用土地的类型

按现行法律的规定，征用土地情况可以分为以下两类：

（1）城市建设用地区内建设用地的成批征用土地。城市建设用地区内建设用地是指按照土地利用总体规划划定的城市建设用地区的建设用地，这些土地由县、市人民政府按土地利用总体规划、土地利用年度计划确定的方案和指标批准征用和农地转用，而且必须实行由县、市人民政府统一征用、统一开发、统一供地的办法。

(2)城市建设区外建设项目用地的单独征用土地。这是指必须在城市建设用地区外使用国有建设用地的建设项目需要征用土地的情况。只有能源、交通、水利、矿山、军事设施等方面的获得有关部门批准的建设项目,才可以在城市建设用地区外单独选址,单独征用土地。

三、征用土地的审批权限

根据《土地管理法》第四十五条规定,征用土地实行国务院和省级人民政府两级审批,取消以前市、县人民政府征用土地的审批权。

国务院批准征用土地的权限:①征用基本农田。除国家能源、交通、水利、军事设施等重点建设项目选址确实无法避开基本农田保护区,需要占用基本农田外,其他建设都不得占用基本农田,因此规定征用基本农田需报国务院批准。②征用基本农田以外的耕地超过 35 hm^2。③征用其他土地 70 hm^2 以上。其他土地指耕地以外的土地,包括林地,草地,养殖水面,城乡住宅和公共设施用地,工矿、交通、水利设施用地,旅游用地和未利用土地等。

省、自治区、直辖市人民政府批准征用土地的权限:①征用基本农田以外的耕地低于 35 hm^2。②征用其他土地低于 70 hm^2。

四、征用土地的报批程序

征用集体所有土地不是一个简单的行政行为,任何建设项目征用土地都必须严格按照法定程序进行。根据《土地管理法》和《建设用地审查报批管理办法》的规定,国家建设征用土地的审批,按以下程序进行。

(一)建设项目用地的预申请和申请

(1)预申请。建设项目可行性研究论证时,建设单位应当向建设项目批准机关的同级地政部门提出建设用地预申请。受理预申请的地政部门预审后,应出具建设项目用地预审报告,该报告为建设项目能否立项的法定依据之一。

(2)申请。在城市建设区外单独选址的建设项目立项后,需要使用土地的,建设单位应当持法律、法规规定的有关文件,向土地所在地的市、县人民政府地政部门提出用地申请。

(二)拟定方案并上报

市、县人民政府地政部门受理申请后,对单独选址的项目和为实施城市规划占用土地的,均拟定农用地转用方案、补充耕地方案和征用土地方案,单独选址的还应拟定供地方案。同时,按要求编制建设项目用地呈报说明书,附具有关材料,经同级人民政府审核同意后,报上一级地政部门审查。

征地方案应当包括征用土地的范围、种类、面积、权属,土地补偿费和安置补助费标准,需要安置人员的安置途径等。征地方案应符合下列条件:①被征用土地界址、类型、面积清楚,权属无争议。②被征用土地的补偿标准符合法律、法规规定。③被征用土地上需要安置人员的安置途径切实可行。

供地方案,应当包括供地方式、面积、用途、土地有偿使用费的标准、数额等,供地方案应符合下列条件:①符合国家的土地供应政策。②申请用地面积符合建设用地标准和集约用地的要求。③划拨方式供地的,符合法定的划拨用地条件。④以有偿使用方式供地的,供地的方式、年限、有偿使用费的标准、数额符合规定。

（三）审批

有关地政部门收到上报材料，对符合要求和条件的，报同级人民政府审核同意后，逐级上报有批准权的人民政府，并将审查所需材料一并送审。

对应由国务院批准的项目呈报说明和有关方案，省级人民政府必须提出明确审查意见，并对其真实、合法性负责。

省级人民政府批准农地转用，国务院批准征用土地的，省级人民政府批准农地转用方案后，应当将批准文件和下级地政部门上报的材料一并上报。

有批准权的人民政府地政部门应实行内部会审制度。对符合用地条件的由有批准权的人民政府予以批准。

（四）组织实施并公告

对为实施城市规划占用土地的，经依法批准后，市、县人民政府地政部门应公布规划要求，设定使用条件，确定使用方式，并组织实施。

经批准的农用地转用方案、补充耕地方案、征用土地方案和供地方案，由土地所在地的市、县人民政府组织实施。

补充耕地方案批准下达后，在土地利用总体规划确定的城市建设用地范围外单独选址的建设项目，由市、县人民政府地政部门负责监督落实；在土地利用总体规划确定的城市建设用地范围内，为实施城市规划的，由省级政府地政部门负责监督落实。

征用土地方案经批准后，市、县人民政府应当在被征用土地所在地的乡（镇）范围内予以公告。公告内容应包括批准征地机关，批准文号，征用土地用途、范围、面积以及征地补偿标准，人员安置办法和办理征地补偿的期限等。

被征用土地的所有权人、使用权人应当在公告规定的期限内，持土地权属证书到公告指定的政府地政部门办理征地补偿登记。

（五）征地补偿、安置方案的拟定、报批和实施

公告期满，市、县人民政府地政部门根据征用土地方案和征地补偿登记情况，拟定征地补偿、安置方案并在被征用土地所在地的乡（镇）村范围内公告，听取被征用土地的农村集体经济组织和农民的意见。征地补偿、安置方案报市、县人民政府批准后，由市、县人民政府地政部门组织实施。

（六）颁发证书，办理土地登记

以有偿使用方式提供国有土地使用权的，由市、县人民政府地政部门与土地使用者签订土地有偿使用合同，并向建设单位颁发《建设用地批准书》。土地使用者缴纳土地有偿使用费用，依照规定办理土地登记。

以划拨方式提供国有土地使用权的，由市、县人民政府地政部门向建设单位颁发《国有土地划拨决定书》和《建设用地批准书》，依照规定办理土地登记。

市、县政府地政部门应将划拨国有土地的情况定期公布。

五、农用地转用审批与征用土地审批之间的关系

由于《土地管理法》规定的农用地转用和土地征用的审批权限的内容和形式不同，因而存在着两个审批权限的衔接问题。征用农用地的，应当首先依照《土地管理法》规定办理农

用地转用审批,有两种情况:经国务院批准农用地转用的,同时办理征地审批手续,不再另行办理征地审批;经省、自治区、直辖市人民政府在征地批准权限内批准农用地转用的,同时办理征地审批手续。但是,如果超过了省级人民政府的征地批准权限的,即属于国务院征地批准权限范围内的,则应依照《土地管理法》规定向国务院申请办理征地审批。

农用地转用审批与征地审批之间的衔接关系具体可以这样理解:

(1)农用地转用和征用土地审批权同属于国务院的,由国务院同时审批。

(2)农用地转用审批权属于国务院,而征用土地审批权属于省政府的,一并由国务院审批农用地转用和土地征用。

(3)农用地转用和征用土地的审批权同属于省政府的,由省政府同时审批。

(4)农用地转用审批权属于省政府,而征用土地审批权属于国务院的,先由省政府审批农用地转用后,再报国务院审批土地征用。

第三节　征用土地的补偿和安置

一、征用土地补偿的范围

国家建设征用土地时,需要对被征用土地而遭受损失的相关单位和个人进行补偿。对被征用土地的补偿费用包括:

(1)土地补偿费。这是指由用地单位依法对被征地的农村集体经济组织因其土地被占用造成经济损失而支付的一种经济补偿。它包括两种:耕地补偿费和其他土地补偿费。

(2)青苗补偿费。这是指由用地单位对被征用土地上的青苗因征地受到毁损,向种植该青苗的单位和个人支付的一种补偿费用。

(3)地上附着物补偿费。这是对被征用土地上的附着物因征地被毁损而向该物的所有人支付的一种补偿费用。地上附着物是指除青苗以外依附于被征用土地上附着物品,这些物品不能移动,或者一经移动而失去其原有效用。例如:被征用土地上的房屋、其他设施、一般林木等。

(4)安置补助费。所谓安置补助费,是指用地单位对被征地单位安置因征地所造成的富余劳动力而支付的补助金额。

二、征用土地补偿的原则

(1)征地支付的费用是补偿或补助性质的,而不是地价,不能根据土地使用权出让价格核定征地补偿标准。

(2)征地补偿和安置补助的原则是保证被征地农民的生活水平不因征用土地而降低。依照规定支付土地补偿费和安置补助费,尚不能使需要安置的农民保持原有生活水平的,经省级人民政府批准,可以增加安置补助费。

(3)按照被征用土地的原有用途予以补偿。被征用土地的原有用途不同,确定的土地补偿费用额也不同。

(4)依照法定标准进行补偿。国务院根据社会、经济发展水平,可以调整征用耕地的土地补偿费和安置补助费标准。

三、征用土地的补偿费标准

（一）土地补偿费的标准

（1）耕地补偿费的标准。根据《土地管理法》第十七条的规定，征用耕地（包括菜地）的补偿标准为该耕地被征用前3年平均年产值的6～10倍。

耕地年产值的计算办法为：根据统计年报表算出征地前3年年均产量，再以平均年产量乘以国家牌价或议价得出年产值。耕地的年产量包括各类作物的主、副产品的产量（如农作物秸秆等）。

（2）其他土地补偿费的标准。《土地管理法》对耕地的补偿费标准作了具体规定，但对耕地以外其他土地的补偿费标准没有进一步具体规定。根据该法第四十七条规定，征用难以用统一的年产值法计算的其他土地的补偿费标准，省、自治区、直辖市参照征用耕地的补偿费的标准，结合当地实际情况具体规定。

一般情况下，对征用的园地、鱼塘、藕塘、宅基地、林地、牧地、草场等其他非农田土地的补偿费标准可分以下情况处理：①征用柴山、滩涂、水塘、苇塘、经济林地、草场、牧场等有收益的非耕地的土地补偿费标准，为该土地被征用前3年平均年产值的6～10倍。②征用无收益的非耕地，可不予补偿。③征用人工鱼塘、养殖场、宅基地、茶园及其他多年经济作物的土地，按邻近耕地补偿标准计算。④征用宅基地，原房屋需要异地重建并另行占用耕地的，原宅基地不再给予补偿（但对另行占用的耕地要补偿）。⑤征用集体打谷场、晒场等生产用地，按原土地类别的补偿标准和建场的工本费补偿。

（二）青苗和地上附着物的补偿标准

被征用土地的在拟定征地协议以前已种植的青苗和已有的地上附着物也应当酌情给予补偿。但是，在征地方案协商签订以后抢种的青苗、抢建的地上附着物，一律不予补偿。至于青苗补偿费和地上附着物补偿费的标准，《土地管理法》授权省、自治区、直辖市制定。实践中，可按下列办法执行：

（1）青苗补偿费标准。在征用前土地上长有的青苗，因征地施工被毁掉的，应由用地单位按照在田作物一季产量、产值计算，给予补偿。具体补偿标准，应根据当地实际情况而定。一般来说，对于刚刚播种的农作物，按其一季产值的1/3补偿工本费，对于成长期的农作物，最高按一季产值补偿；对于粮食、油料和蔬菜青苗，能够得到收获的，不予补偿，不能收获的，按一季产值补偿；对于多年生长的经济林木，要尽量移植，由用地单位支付移植费，如必须砍伐，由用地单位按实际价值补偿，对于成材林木，由林权所有者自行砍伐，用地单位只付伐工工时费，不予补偿。

（2）地上附着物补偿费标准。根据“拆什么，补什么；拆多少，补多少；不低于原来水平”的原则补偿。在地上附着物补偿中，最常见且难办的是对房屋拆迁的补偿。对所拆迁的房屋，按房屋原有建筑物的结构类型和建筑面积的大小给予合理的补偿。补偿标准按当地现行价格分别制定。农村集体经济组织财产被拆迁的，由用地单位按原标准支付适当的拆迁补偿费，需要拆除的，按其使用年限折旧后的余值，由用地单位支付补偿费。但是，拆除违法占地建筑和超出批准使用期限的临时建筑，不予补偿。

（三）安置补助费的标准

（1）征用耕地的安置补助费标准。安置补助费的标准，以耕地年产值为基础，按人口补助。根据我国《土地管理法》第四十七条规定，征用耕地的安置补助费，按照需要安置的农业人口数计算，需要安置的人数，按照被征用的耕地数量除以征地前被征用单位平均每人占有耕地的数量计算；每一个需要安置的农业人口的安置补助费标准，为耕地被征用前3年平均年产值的4～6倍。但是，每亩被征用耕地的安置补助费，最高不得超过被征用前3年平均年产值的15倍。

（2）征用其他土地的安置补助费标准。征用园地、鱼塘、藕塘、林地、牧场、草原等耕地以外的其他土地，其安置补助费标准，根据《土地管理法》第四十七条的规定，由省、自治区、直辖市参照征用耕地的安置补助费的标准，并结合当地情况统一规定具体标准。对于征用房屋及其他建筑物的宅基地，在给付拆迁费后，不另给付安置补助费。

在确定安置补助费时，被征地单位要有准确的应该享受安置补助费的人口数字。为此，我国土地法规规定，人口数必须按农业人口计算，非农业人口不在计算之中；必须是拟议征地前居住的人口，拟议征地后迁入的户口不包括在内。这是针对在确定安置补助费过程中，时常发生被征地单位虚报、多报人口和在征地过程中临时迁入户口的非正常现象而制定的。

根据《土地管理法》第四十七条规定：在个别情况下按照上述规定支付土地补偿费和安置补助费，尚不能保持需要安置的农民原有生活水平的，经省级人民政府批准，可以增加安置补助费。但是，土地补偿费和安置补助费的总和不得超过土地被征用的3年平均年产值的30倍。此项规定是对土地补偿费和安置补助费之和的最高限额。这就意味着不允许不经过计算和批准，任意要求或决定提高土地补偿费和安置补助费的标准，更不得笼统地按年产值30倍进行补偿和补助。被征地单位无权在法定标准外提出额外的要求和附加条件。

四、土地补偿费、安置补助费的使用与管理

（1）土地补偿费归农村集体经济组织所有。交付给被征用的农村集体经济组织统一使用，用于恢复生产，形成新的生产能力，不能分给农民个人消费。

（2）地上附着物及青苗补偿费归地上附着物及青苗的所有者所有。征用土地地上附着物中产权确属个人（家庭）的，其补偿费应付给本人（家庭）；属于集体的，其补偿费交给集体使用。被征用土地上由集体种植的青苗，其补偿费可以纳入当年集体收益分配；青苗属于农民或其他人（单位）承包土地种植的，其补偿费应当交给承包者。

（3）征用土地的安置补助费必须专款专用，不得挪作他用。需要安置的人员由农村集体经济组织安置的，安置补助费支付给农村集体经济组织，由农村集体经济组织管理和使用；由其他单位安置的，安置补助费支付给安置单位；不需要统一安置的，安置补助费发放给被安置人员个人或者征得被安置人员同意后用于支付被安置人员的保险费用。

市、县和乡（镇）人民政府应当加强对安置补助费使用情况的监督。另外，根据《土地管理法》第四十四条规定，被征地的农村集体组织应当将征用土地的补偿费用的收支状况向本组织成员公布，接受监督。

第四节　国家建设用地土地使用权划拨

一、划拨建设用地的概念

划拨建设用地，是指国家依法按照一定程序将国有建设用地的使用权无偿地转移给建设用地者。建设用地者取得土地使用权，而不必向国家交付转移费。在计划体制下，我国一直沿袭使用这种做法。目前，对国家建设而言，我们虽然已经实行了城镇国有土地的使用权出让与转让，但是划拨仍然是取得国有建设用地的重要方式之一。

划拨的土地必须是已经转为建设用地的国有土地，而不是国有农用地或未利用土地，更不是农民集体所有的土地。当然，国有其他土地或者集体所有土地，可以依法转为国有建设用地。土地使用者以无偿的方式取得土地使用权，但需要支付给原土地使用者拆迁安置及各项补偿费用。并不是所有国家建设项目都可以划拨方式取得土地使用权，以划拨方式取得土地使用权的单位必须符合法律规定的条件。以划拨方式取得的国有土地使用权，对其使用没有期限限制，除非国家为了公共利益和实施城市规划进行旧城区改造的需要而依法收回。

划拨国有土地使用权虽有不少弊病或者局限性，但在目前情况下完全以出让等有偿方式代替行政划拨，条件尚不具备。即使今后具备了有偿出让条件，但对依靠国家财政拨款的行政机关和事业单位以及国家重点建设项目的用地，也还需要采用行政划拨取得土地使用权。

二、土地使用权划拨的法律特征

土地使用权划拨作为一种特殊的土地资源配置方式，具有以下法律特征：

(1)土地使用权划拨，即国家以法定程序和条件将土地确定给申请用地者使用的一种法律行为。土地划拨后，土地使用权由用地者行使，但土地所有权仍属于国家。

(2)土地使用权划拨是一种政府行政行为，非民事行为。土地使用权划拨无须划拨双方协商，土地使用者只要经过法定的程序，即可获得土地使用权。

(3)土地使用权划拨具有无偿性。由于土地使用权划拨是一种行政行为，不是平等的主体之间进行的商品交换行为，土地使用者无须向国家交纳使用费。

(4)土地使用权划拨是一种限定条件的资源分配，一般不得转让、出租和抵押，在土地使用者因客观原因不需要使用土地或不按批准用途使用土地时，国家有权注销土地使用证，收回土地使用证。

三、土地使用权划拨的形式和使用的范围

(一)土地使用权划拨的两种形式

(1)国家建设使用国有荒山、荒地及其他单位或个人使用的国有土地的划拨。根据《房地产法》规定，国家建设使用国有荒山、荒地以及其他单位使用的国有土地的，按照国家建设征用土地的程序和批准权限批准后划拨。经过划拨使用国有荒山、荒地的，土地使用者不必付出任何代价便可取得土地使用权；经划拨使用其他单位或个人已经使用的国有土地的，

原土地使用者因此而受到损失的,由建设单位依法给予适当的补偿。原用地者需要搬迁的,建设单位负责搬迁。属公民个人拆迁的,建设单位应依照国家有关规定给予房价补偿或房屋安置。

(2)国家建设使用农民集体所有的土地的由国家依法征用,将集体土地变为国有土地后再划拨给建设用地单位使用。

(二)土地使用权划拨的范围

(1)国家机关用地。包括国家权力机关、国家行政机关、国家审判机关、国家军事机关。

(2)军事用地。是指军事设施用地,包括指挥机关、地面和地下的指挥工程,作战工程;军用机场、港口、码头、营区、训练场、试验场;军用洞库、仓库;军用通信、侦察、导航、观测台站和测量、导航标志;军用公路、铁路专用线、军用通信线路等输电、输油、输气管线;其他军事设施。

(3)城市基础设施用地。是指城市给水、排水、污水处理、供电、通信、煤气、热力、道路、桥涵、市内公共交通、园林绿化、环境卫生、消防、路标、路灯等设施用地。

(4)公益事业用地。是指各类学校、医院、体育场馆、图书馆、文化馆、幼儿园、托儿所、敬老院、防疫站等文体、卫生、教育、福利事业用地。

(5)国家重点扶持的能源、交通、水利等项目用地。是指中央投资、中央和地方共同投资,以及国家采取各种优惠政策重点扶持的煤炭、石油、天然气、电力等能源项目,铁路、公路、港口、机场等交通项目,水库、防洪、江河治理等水利项目用地。

(6)其他项目用地。是指法律和法规明确规定可以采用划拨方式供地的其他项目用地。

需要说明的是,不是所有上述项目都一律采用划拨方式供地,而只是这些项目中政府认为应当予以扶持,并给予政策上优惠的经过批准后可以采用划拨方式提供土地使用权的建设项目。

四、划拨建设用地用途的改变

划拨建设用地用途的改变,是指建设单位以划拨方式取得国有建设用地的使用权后,在使用土地的过程中,经原批准用地的人民政府批准改变原批准的土地用途。

根据《土地管理法》有关规定,建设单位使用划拨的国有土地的,应当按照土地使用权划拨批准文件规定的用途使用土地。这是土地使用者必须履行的法定义务。擅自改变批准的用途,地政部门应依法责令建设单位交还土地,并处以罚款。

在使用土地的过程中,确需改变原批准的土地用途的,应当依照法定程序办理审批手续。根据《土地管理法》第五十六条规定,确需改变土地用途的,应当经原批准用地的人民政府土地行政主管部门同意,报本级人民政府批准;其中在城市规划区内改变土地用途的,在报批前,应当先经城市规划行政主管部门同意。据此规定,结合实践,建设单位改变原批准的土地用途的程序如下。

(一)申请

建设单位需要改变土地用途的,应当向该土地所在地的县级以上人民政府土地行政主管提出申请。申请书内容包括:

(1)申请单位的名称、地址及其法定代表人姓名、职务;

(2)需要改变的用途；

(3)需要改变用途的土地面积；

(4)改变用途的理由或者原因；

(5)原批准文件所确定的土地用途和该文件文号；

(6)其他规定的事项。如改变土地用途的可行性报告，建设项目环境影响报告书，原批准文件(复印件)等。其中，在城市规划区内改变土地用途的，还应当提供城市规划行政主管部门的批准文件。

(二)审核

受理申请的土地行政主管部门不是原批准用地的人民政府地政部门的，再依照规定提出初步意见后，应当将申请书及有关材料逐级上报原批准用地的人民政府地政部门。原批准用地的人民政府土地行政主管部门接到转报的申请后，应当及时进行审查，提出审核意见。经审查同意的，报本级(即原批准)政府批准。

(三)批准

原批准用地的人民政府应当根据土地利用总体规划、用地规划和计划及有关政策等，进行审查。经审查符合规定条件的，予以批准，核发批准文件。否则，不予批准。

通过上述审批程序后，建设单位可按照新批准的土地用途使用土地，并应办理相应的变更登记手续。

第五节　国有土地使用权的收回及闲置土地的处理

一、国有土地使用权收回的含义及特征

国有土地使用权的收回是指当出现某种法律事实时，原批准用地的人民政府地政部门经批准后依法收回用地单位或者个人使用的国有土地使用权。国有土地使用权的收回具有以下特征：

(1)它既是国有土地所有者行使土地所有权的一种行为，也是国家行使社会管理职能的行政行为。收回国有土地使用权的权利由县级以上人民政府及其地政部门代表国家具体行使。在收回土地使用权过程中，人民政府及其地政部门与被收回的用地者之间是以命令和服从为主要特征的行政关系。国家依法收回土地使用权无须征得用地者的同意，用地者必须交回土地使用权。拒不交回土地使用权的，有关人民政府及其地政部门有权依法强制执行。

(2)其适用的对象是国有土地使用权，而不是农村集体所有土地使用权。土地使用者不管是以划拨还是以出让等方式取得国有土地使用权，只要符合收回的条件，国家都可以依法收回。

(3)其适用的条件是出现特定的法律事实或者原因。如果没有出现法律规定的某种事实或原因，不能收回土地使用权；否则，违法收回应承担其法律责任。

(4)在程序上必须经过法定的人民政府批推。只有经过法律规定的原批准用地的人民政府批准，才能收回土地使用权；未经批准的，不得收回土地使用权。

(5)收回产生的法律后果是终止国有土地使用权。通过收回行为，国有土地使用权发

生了转移,即由原用地者重新转归为国家享有。收回时,原土地使用者不仅对该土地不再享有使用权,而且其地上建筑物、构筑物和其他附着物也随着土地使用权终止而由国家取得,但在某些情况下应予以必要补偿。

二、收回国有土地使用权的条件

根据《土地管理法》第五十八条规定,有下列情形之一的,经依法批准,可以收回国有土地使用权:

(1)为公共利益需要使用土地的。其包括城市基础设施、公益事业建设,国家重点扶持的能源、交通、水利、矿山、军事设施等建设需要使用土地的。为公共利益需要使用土地的,无论是划拨土地还是出让未到期的土地,经过政府批准都可以行使国有土地收回权。

(2)为实施城市规划进行旧城区改建,需要调整用地的。城市国有土地使用权是城市旧城改造中遇到的难题。实际上,旧城改造中不是将土地使用权收回,而是要对土地使用权进行重新调整。当然,由于旧城改造后公共设施的面积增加,而相对原土地使用者使用土地的数量就要减少,甚至有一些还需外迁。

(3)通过出让等有偿使用合同约定的使用期限届满,土地使用者未申请续期或者申请续期未获批准的。《房地产法》规定:土地使用权出让合同约定的使用年限届满,土地使用者需要继续使用土地的,应当至迟于届满前一年申请续期,除根据社会公共的利益需要收回该幅土地的,应当予以批准。经批准后,重新签订土地使用权出让合同,交付出让价款,并办理登记手续。

(4)因单位撤销、迁移等原因,停止使用原划拨的国有土地。根据法律规定,国有划拨土地不得出租、转让等,只能供批准的用地单位按批准的用途使用,如果单位撤销或迁移不再需要使用,则应交回国家。此外,如果单位规模缩小,不需要使用原有部分面积的土地,对于不需要使用的那部分国有土地,国家也可以收回。

(5)公路、铁路、机场、矿场等经核准报废的,国家应当收回这部分土地,改作他用。

除此之外,法律还规定了一些处罚性收回土地使用权的情况:①以出让方式取得房地产开发用地以及已办理审批手续的非农建设占用耕地,对满1年未动工开发建设的,应按规定收取一定的土地闲置费;满2年未动工开发和使用的,可以无偿收回土地使用权。由市、县人民政府地政部门报经原批准用地的人民政府批准后予以公告,下达《收回国有土地使用权决定书》,终止土地有偿使用合同或者撤销建设用地批准书,注销土地登记和土地证书。②国有土地使用者不按照批准的用途使用土地的,由县级以上地方人民政府地政部门按土地违法行为处罚程序责令交还国有土地。

三、收回国有土地使用权的程序

土地出让等有偿使用合同约定的使用期限届满,直接按合同规定收回。除此之外,其他都应由负责收回的部门提出收回国有土地使用权的具体方案,经审批同意后收回。

(一)审批

收回国有土地使用权,由原批准用地的人民政府地政部门报经本级人民政府批准。由于原土地的用途、性质和原批准用地的途径、方式不同,收回不同情况的国有土地使用权的批准权限也不相同,应根据《土地管理法》建设用地审批权限的有关规定执行。例如:单独批准收回土地使用权的，由地政部门提出收回方案，报原批准用地的机关批准；为公共利益等建设项目用地收回的，应当在报批建设项目用地的同时，报送收回国有土地使用权的方案，有批准权的人民政府地政部门接到上报的收回用地意见和方案后，应进行审核，提出审查意见，报该级人民政府审批。

（二）实施

经依法批准后，土地所在地县、市人民政府地政部门应当组织实施收回工作，落实收回实施方案，并收回国有土地使用证，予以登记注销。在实施过程中，对于需要给予安置、补偿的，应当按照规定对原土地使用者进行适当的安置、补偿。

四、收回国有土地使用权的补偿

根据《土地管理法》第五十八条规定，收回国有土地使用权时，对于为了公共利益和旧城区改建而收回国有土地使用权，对使用权人造成损失的，应当予以补偿。

收回国有土地使用权的补偿数额，因原土地使用者取得使用权的方式和遭受的损失大小不同而异。对于以划拨方式取得土地使用权的，国家在收回使用权时，按照《土地管理法》和有关城市建设房屋拆迁规定，一般对原使用者在该土地上的建筑物、构筑物及地上附着物按一定标准计算补偿，并妥善安置。对于以出让等方式取得土地使用权的，国家在合同期未满收回给予的补偿，是根据土地使用者已经使用的年限和开发、利用的实际情况确定的，所以这种补偿额往往要比收回划拨土地的补偿额高。

收回补偿费和有关安置事宜，则由后续建设单位负责承担。

五、闲置土地的处理

（一）闲置土地的范围

闲置土地是指土地使用者依法取得土地使用权后，未经原批准用地的人民政府同意，超过规定的期限未动工开发建设的建设用地。

下列情形也可认定为闲置土地：

（1）国有土地有偿使用合同或者建设用地批准书未规定动工开发建设日期，自国有土地有偿使用合同生效或者地政部门建设用地批准书颁发之日起满 1 年未动工开发建设的。

（2）已动工开发建设但开发建设的面积占应动工开发建设总面积不足 1/3 或者已投资额占总投资额不足 25%，且未经批准终止开发建设连续满 1 年的。

（3）法律、行政法规规定的其他情形。

（二）闲置土地的处置程序

市、县人民政府地政部门对其认定的闲置土地，应通知土地使用者拟定该宗土地的处置方案，闲置土地已依法设立抵押权的，还应通知抵押权人参与处置方案的拟定工作。处置方案经原批准用地的人民政府批准后，由市、县人民政府地政部门组织实施。

市、县人民政府地政部门对依法收回的闲置土地，应当重新明确用途、设定使用条件、确定供地方式，并向社会公告。

闲置土地依法处置后土地权属和土地用途发生变化的，应当依照有关规定办理土地变更登记，重新核发土地证书。

(三)闲置土地的处置方式

处置时,要本着维护国家、社会利益以及提高土地利用效率的原则,也要尊重和考虑土地使用权人的实际情况,选择适当的处置方式。实践中,可依法采取以下处置方式:

(1)延长开发建设时间,但最长不得超过1年。

(2)改变土地用途,办理有关手续后继续开发建设。

(3)安排临时使用,等原项目开发建设条件具备后,重新批准开发。土地增值的,由政府收取增值地价。

(4)政府为土地使用者置换其他等价闲置土地或者对现有建设用地进行开发建设。

(5)政府采取招标、拍卖等方式确定新的土地使用者,对原建设项目继续开发建设,并对原土地使用者给予补偿。

(6)土地使用者与政府签订土地使用权交还协议等文书,将土地使用权交还给政府。原土地使用者需要使用土地时,政府应当依照土地使用权交还协议等文书的约定供应与其交还土地等价的土地。

对因政府、政府有关部门行为造成的闲置土地,土地使用者支付部分土地有偿使用费或者征地费的,除选择以上规定的方式以外,可以按照实际交款额占应交款额的比例折算,确定相应土地给原土地使用者使用,其余部分由政府收回。

(四)收回的国有闲置土地的利用

市、县人民政府地政部门应当根据本行政区域内闲置土地的状况,依据土地利用总体规划、土地利用年度计划及各项建设对土地的需求,优先使用闲置土地。

建设用地能使用闲置土地的,必须使用闲置土地,不得批准占用农用地。对闲置土地利用达到规定标准的地区,应当核减其下一年度农用地转用计划指标。

收回的国有闲置土地,应当采取以下方式利用:

(1)在土地利用总体规划确定的城市建设用地区内,应按照土地利用总体规划和城市规划确定的用途安排建设项目或者其他临时用途;近期无法安排建设项目,耕种条件未被破坏的,可组织耕种,不适宜耕种的,可采取绿地等方式作为政府土地储备。

(2)规划用途为农用地,耕种条件未被破坏的,应当恢复耕种;不适宜耕种的,应当改为其他农用地。

第六节　农村集体建设用地管理概述

一、农村集体建设用地的概念

所谓农村集体建设用地,是指农民集体所有的用于建造建筑物、构筑物的土地,包括原有的建设用地和经批准办理农用地转用手续的农用地。从地域范围来讲,农村集体建设用地是城镇以外广大农村和集镇范围的建设占用土地的总和。通常所说的农村集体建设用地是指农村非农业建设用地。《土地管理法》"建设用地"中所称乡(镇)村建设也指非农业建设。其特征为:

(1)乡(镇)村建设所占有的土地为农民集体所有。乡(镇)村建设用地属于农民集体所有,在一般情况下,其所有权和使用权是相分离的。乡(镇)村企业对其建设用地只有使用权,没有所有权;农村居民的住宅用地的所有权,归农民集体所有,各农村的居民只有使用权,没有所有权。

(2)乡(镇)村建设用地的所有权与地上建筑物和其他设施的所有权一般也是分离的。

(3)用地规模一般较小,但分布广、总数大。

二、农村集体建设用地的使用范围

按照《土地管理法》第四十三条规定,有三种情况均可以使用农民集体所有的建设用地。

(1)兴办乡(镇)、村企业使用本集体的土地。乡(镇)办企业、村办企业、村民组办企业、个人办企业均可使用所在农民集体组织的土地,而不允许使用其他集体所有的土地。但是农民集体组织用本集体所有土地与其他单位或个人以土地使用权入股、联营等形式共同举办企业的,视为使用本农民集体所有土地,是允许的。

(2)村民建住宅使用集体的土地。一般情况下,城镇居民使用农民集体土地或农民建住宅使用其他集体所有的土地是不被允许的。

(3)乡(镇)村公共设施和公益事业建设使用农民集体的土地。其包括农村道路、水利设施、学校、通信、医疗卫生、敬老院、幼儿园、村委会办公室,不管是使用本集体所有的土地,还是其他集体的土地都是允许的。主要考虑一些道路、水利设施及学校等,在本集体土地内无法安排,需要使用其他村民小组土地的实际情况。因此,法律不能限制此类项目使用非本集体的土地。

如果乡(镇)企业建设因本集体经济组织内无法安排,可以申请使用国有建设用地;按国有建设用地的规定办理。

三、农村集体建设用地的使用原则

乡(镇)企业、乡(镇)村公共设施、公益事业和农村村民建住宅,使用农民集体所有的建设用地都必须遵循以下原则:

(1)必须是乡(镇)企业、乡(镇)村公共设施、公益事业、农村村民住宅等乡(镇)村建设项目,方可使用农村集体建设用地。

(2)必须符合乡(镇)土地利用总体规划和土地利用年度计划。乡(镇)土地利用规划是集镇、村庄建设用地的最高原则,一切建设都必须服从,对没有农用地计划指标或超过农用地转用计划指标的,不得批准新增建设用地。

(3)必须依法取得县级以上人民政府批准。不论是乡(镇)企业、公共设施、公益事业还是农民宅基地都必须依法取得批准;否则都被视为非法占地,必须依法处理。如果涉及占用农用地,必须依法办理农用地转用审批手续。

(4)建设占地与农村土地整理挂钩,严格控制占用耕地。原则上,农村建设用地的规模不得再扩大,如需扩大规模或占用耕地,必须对农村土地进行整理,增加耕地有效面积。

(5)农民集体所有的土地的使用权不得出让、转让或者出租用于非农业建设,但是,符合土地利用总体规划并依法取得建设用地的企业,因破产、兼并等情形致使土地使用权必须转移的,应当严格依法办理审批手续。

四、农村集体建设用地管理

农村集体建设用地管理是指国家依法对乡(镇)村建设使用土地实施的规划、审批、监督等行政行为。其主要特征为:

(1)农村集体建设用地管理是一种行政行为,其形成的法律关系属于土地行政法律关系,而不属于土地民事法律关系。农村集体建设用地管理中,各级政府及其地政部门同农村集体经济组织及集体土地使用者的权利义务是不对等的,两者之间是管理者与被管理者、命令与服从的关系。集体土地的所有者和使用者应当执行各级政府及其地政部门做出的土地行政行为,不得无故拒绝;对于拒不执行的,做出具体行政行为的部门可以依法强制执行,迫使义务人履行土地行政行为所确定的义务。

(2)农村集体建设用地依法实行分级管理。县级人民政府及其地政部门是行使管理职能的最重要的责任者。乡(镇)村各级集体经济组织仅作为集体土地所有权主体的代表,行使经营管理权,它不能代行行政管理的职能。

(3)农村集体建设用地管理的对象是乡(镇)村建设用地。农村集体建设用地管理,既不是对国家建设用地的管理,也不是对农村集体土地所有权的管理,而是对农村集体土地的用途管制。这是农村集体建设用地管理同国家建设用地管理的主要区别所在。

(4)农村集体建设用地管理的核心内容是集体土地建设用地使用权的管理,主要包括农村集体建设用地使用权的权属管理、用地规划和布局、用地标准及审批以及土地违法查处等。

第七节　农村集体建设用地的审批

农村集体建设用地审批,是土地管理法规定必须履行的工作,是确保农村集体建设用地依法、合理利用的重要环节。它是指用地单位或个人提出用地申请后,土地行政主管部门按一定的程序和要求,对农村集体建设用地的地址、面积、地类、补偿及用地依据等进行审核把关,并报请有权对农村建设用地审批的人民政府批准。依法批准后,用地是合法的,受法律保护;未经批准用地或擅自审批用地都是违法的,而且对其违法行为者还将追究责任。

一、乡(镇)村企业建设用地的审批程序

(一)预申请

申请人持县级以上人民政府批准的设计任务书或其他文件,向土地所在地的县级以上人民政府土地管理部门提出用地申请。土地管理部门根据有关用地计划控制指标,会同城建、规划、环保等部门,依据经批准的乡(镇)村建设规划确定适宜用地。

(二)正式申请

用地单位向土地管理部门提出正式申请,填写《建设用地申请表》。表中应写明:①申请者的名称、地址和所属单位;②建设项目的种类;③申请用地的面积、种类(原宅基地、荒地、空闲地、耕地或者农用地等)及选址意向;④其他有关事项。

在申请的同时,申请者还应向土地管理部门提交下列文件:①经批准的建设项目设计任务书或其他批准文件;②县级建设行政主管部门出具的选址意见书;③建设项目总平面布置图和地理位置图;④建设项目资金来源的证明材料及投资计划;⑤必要时,应当提交建设项目可行性研究报告;⑥环保等有关部门签署的意见;⑦法律规定或者土地管理部门要求提供的其他资料。建设项目使用其他农业集体经济组织土地的,还必须附有与该组织签订的用地协议书。以集体所有土地使用权作价入股、联营等形式与其他单位或者个人共同兴办企业的,该土地使用权应当经过评估。申请时,应当提交依法成立的评估机构出具的评估证明书。

建设项目用地申请文件、资料报送齐备,土地管理部门应立即承办审查报批工作。凡未按规定报送或文件、资料不全的,土地管理部门通知限期补报,逾期不补,原件退回。

(三)审核

县级以上人民政府土地管理部门接到用地申请后,应当依法对该申请及提交的有关资料进行审查、核实,并提出自己的审查意见。

土地管理部门在审核上报文件、材料时,应特别注意以下几个问题:①项目的批准文件是否有效,是否存在弄虚作假或越权审批;②查看选址是否合理;③查看用地数量和生产规模是否相当;④查看总平面图布置是否合理,车间组织是否恰当,厂区道路是否过宽,建筑密度是否太低等;⑤审查、核实要求上报的文件是否齐备。

土地管理部门核实后,应分下列情况上报:①涉及占用农用地的,逐级上报省级人民政府批准;②占用其他土地的,按照省、自治区、直辖市规定的批准权限,上报有批准权限的县级或者县级以上地方人民政府批准。

(四)批准

对占用农用地的,由有批准权限的人民政府依法根据土地利用规划和有关政策进行审批;对占用其他土地的,由县级以上地方人民政府按照法律规定,依据乡(镇)土地利用规划和有关政策进行审批。经审查符合条件的,予以批准;经审查不符合条件的,不予批准,并说明原因。

(五)拨付土地

经有批准权限的人民政府批准后,按照批准文件发给建设单位或个人建设用地批准书。建设项目所在地的县级以上地方人民政府土地管理部门据此拨付土地,并组织现场放线,准许施工。

(六)发证

项目竣工后,县级以上地方人民政府土地管理部门要组织验收。经验收,符合批复用地要求的,依法办理登记手续,发给集体土地建设用地使用证。

二、乡(镇)村公共设施、公益事业建设用地的审批程序

(一)申请

乡(镇)村公共设施、公益事业建设,需要使用土地的建设单位应首先向其所在地的乡级人民政府提出用地申请。经乡(镇)人民政府审核,向县级以上地方人民政府土地管理部门正式提出用地申请。用地单位应按规定填写用地申请表,写明下列主要内容:①申请单位的名称、地址;②建设项目的种类;③申请用地的种类、面积及选址意向;④其他有关事项。

在申请的同时,申请者应当向土地管理部门提交下列文件:①县级建设行政主管部门出具的选址意向书;②建设项目资金来源的证明材料及投资计划;③必要时,应当提交建设项

目设计任务书或者其他批准文件;④法律规定或者土地管理部门要求提供的其他材料。

建设项目用地申请文件、资料报送齐备,土地管理部门应立即承办审查报批工作。凡未按本规定报送或文件、资料不全的,土地管理部门通知限期补报;预期不补,原件退回。

(二)审核

经乡级人民政府初步审核,县级以上人民政府土地管理部门接到正式用地申请后,应当依法对该申请及提交的有关资料进行审查、核实,并提出自己的审查意见。土地管理部门审核后,应分下列情况上报:①涉及占用农用地的,逐级上报省级人民政府批准;②占用其他土地的,按照省、自治区、直辖市规定的批准权限,逐级上报有批准权限的县级或者县级以上地方人民政府批准。

(三)批准、拨付土地及发证

批准、拨付土地及发证的具体程序与乡(镇)企业用地的相应程序相同。

三、农村村民宅基地的审批程序

(一)申请宅基地的条件

农村村民建房必须符合有关规定。只有符合下列条件之一的才可按规定的限额指标申请宅基地:①由于实施乡(镇)村规划而需要安排的建房户;②原宅基地面积低于规定标准限额,现居住又确实拥挤的建房户;③一些需要分居、分家,在现有宅基地上又无法解决的建房户;④经批准由于工作需要等原因确需在集体土地上进行建房的非农业居民(如干部、城市居民等)建房;⑤已有正式批准手续回乡落户而无宅基地的离休、退休、退职职工、复转军人以及回乡定居的华侨、侨眷、港澳台同胞等非农业建房户;⑥法律、法规规定的其他人员。

(二)审批宅基地的程序

(1)申请。凡是要建房的用户必须按规定的建房用地限额,提出建设设想,向建房所在地的村民小组、村委会或其他农村集体经济组织提出用地申请,填写农村宅基地申请表。申请表由用户负责填写,内容应包括:①申请者的姓名、家庭人口数、原住址和所属单位;②申请建造房屋的种类(平房、楼房等)、间数;③申请用地的种类、面积及选址意向;④申请建房的理由;⑤其他有关事项。向村民组织提出申请只是初步,还需依照有关规定分不同情况向乡级人民政府或者县级人民政府土地管理部门正式提出申请。根据上报申请的需要,用户在申请时应按要求提供有关身份证明或者居住证件的复印件;回乡落户或者其他非农业户口申请的,应当提供有关落户、定居本地的证明或者批准证明。

(2)村民会议讨论。根据《村庄和集镇建设规划管理条例》的规定,农村村民在村庄、集镇规划区内建住宅的,应当先向村集体经济组织或者村民委员会提出建房申请,经村民会议讨论通过后,方可审批。村民小组或村民委员会,在不突破上级下达的建房占地的控制指标的前提下,对用地面积按指标进行核算,根据村镇规划拟定建房地点,并对用户的申请提出处理意见。村民会议讨论后,用户应将申请表递交乡级人民政府。

(3)审核。①使用非农用地的,即原有宅基地、村内空闲地和其他土地的,由乡级人民政府根据村庄、集镇规划和土地利用规划进行审核。审核后乡级人民政府应当提出意见,并上报县级人民政府批准。②需要使用农用地的,经乡级人民政府初步审查、县级人民政府建设行政主管部门审查同意并出具选址意见书后,方可向县级人民政府土地管理部门申请用地,由县级人民政府审核,提出审核意见,逐级上报省级人民政府批准。

(4)批准。接到上报的建房用地申请后，有批准权限的人民政府依法依据土地利用规划和有关政策，对占用农用地的申请进行审批；或者县级人民政府依法依据乡（镇）土地利用规划和有关政策，对占用非农用地的申请进行审批。经审查符合条件的，予以批准；经审查不符合条件的，不予批准，并说明原因。经批准的宅基地，申请人缴清有关税费后，可取得建设用地许可证或者其他建设用地批准证书。

(5)拨付土地。核发建设用地批准证明后，土地管理机关按批准范围打桩放线和交地，乡（镇）土地管理人员配合有关人员拨付土地。

(6)核发土地使用证。住宅建设竣工后，土地管理机关应负责组织验收，核查实际用地。符合批准的用地位置、范围、面积和用途的，由县级人民政府发给集体土地建设用地使用证。

（三）宅基地审批中应注意的事项

(1)建房户申请时是否已有宅基地。根据《土地管理法》的规定，农村村民一户只能拥有一处宅基地，而不得有两处及其以上宅基地。对于已有宅基地的，原则上不予批准（除非分户）；对现有住宅出租、出卖后，再审请宅基地的，一般不予批准，并应按其实际占用土地的面积，从出租、出卖之日起，核收土地使用费。

(2)建房选址是否符合土地利用规划和村镇规划的要求。建房选址一定要先村内后村外，先荒地后耕地，要充分利用村内空地、旱地、坑塘、洼地、丘岗闲置地等。对于不符合乡（镇）土地利用规划的，一般不予批准；确需批准的，应当依法先经原批准机关修订规划。

(3)对于符合分户条件而原宅基地可以解决的，不再批给新宅基地。

(4)对不符合法定结婚年龄和非农业户的，不批准宅基用地；对已经“农转非”的人员，要适时核减宅基地面积。

(5)干部建房用地的审批问题。根据1990年《国务院批转国家土地管理局关于加强农村宅基地管理工作请示的通知》规定，干部的直系亲属是农村户口，且本人长期与其一起居住的，干部可随其直系亲属申请宅基地建房；其他干部申请使用农村集体土地兴建私房的，一般不予批准。少数有特殊情况，需要使用集体土地建房的，要实行“双宅审批”，即先由个人提出书面申请，说明建房理由、拟建房屋规模、占地面积、资金、建材来源以及用工办法等，经所在单位审查，张榜公布，按干部管理权限报送主管部门或县级以上人民政府批准后，再向土地管理部门申请办理建房用地手续。

四、“两户一体”用地的审批程序

“两户一体”是农村生产专业户、个体工商户和村民合伙成立的经济联合体的简称，是发展农村商品经济的骨干力量，应当根据有关法律规定，在符合非农业建设用地占用耕地或者农用地控制指标的前提下，拨给其发展生产所需要的土地。这类用地申请，可按乡（镇）企业用地审批程序进行，其用地应当符合土地利用规划和村镇规划的要求，尽量利用空地、荒地，原则上不能占用耕地。一般不允许修建永久性建筑。若确属发展生产需要，必须占用一部分土地建造永久性建筑物的，须按以下程序履行使用土地的报批手续。

(1)用地户向用地所在地的村民小组或村民委员会提出用地申请，说明用地理由、用地规模等，交村民会议讨论通过。

(2)村民委员会按村镇用地规划的文件，结合用地特点，在年度用地指标范围内，进行定点定位工作。

(3)不另外占用农用地,在现有村镇范围内调整土地的,经乡(镇)人民政府审查同意,并依照规定报县级或者县级以上地方人民政府批准,拨付所需的土地。

(4)需要另外占用农用地的,必须按审批权限报省级人民政府审批,并且要妥善解决和落实各项土地补偿及其他费用,或由专业户与村组签订经济合同,明确集体提留数或利润分成比例事宜后,拨付所需的土地。

(5)竣工后经县级以上地方人民政府土地管理部门组织验收核实无误后,办理土地登记手续,发给集体土地使用证。

思考与分析题

1. 试述农用地转用的概念和特征。
2. 试述征用土地的审批权限。
3. 什么是闲置土地?
4. 试述乡(镇)企业用地的审批程序。

第十三章　土地税费管理法律制度

第一节　耕地占用税

一、耕地占用税的含义

为了保护耕地,国务院于 1987 年 4 月颁布了《中华人民共和国耕地占用税暂行条例》(简称《耕地占用税暂行条例》),决定开征耕地占用税,同年 6 月,财政部发布了《关于耕地占用税具体政策的规定》,对耕地占用税的有关事项具体作了规定。为了合理利用土地资源,加强土地管理,保护耕地,2008 年 1 月 1 日起实施新的《中华人民共和国耕地占用税暂行条例》。

耕地占用税是指对占用耕地建房的非农业建设单位和个人按照规定一次性征收的一个税种。耕地占用税主要有以下基本特征:

(1)征收对象是非农业建设占用的耕地,农业生产占用耕地不是耕地占用税的纳税对象。

(2)其纳税义务人是占用耕地从事非农业建设的单位和个人。

(3)它是向纳税人一次性征收的税。即纳税人占用耕地进行非农业建设时,按照规定一次缴纳耕地占用税以后,在其使用土地过程中不再缴纳这种税。

(4)其征收机关为耕地所在地的财政部门。

二、征收范围

耕地占用税的征收范围包括国家和集体所有的从事建房和从事非农业建设的耕地。这种耕地是指种植农作物的土地,被征用前 3 年曾用于种植农作物的土地亦视为耕地。列入《中华人民共和国耕地占用税暂行条例》征税范围内的耕地包括种植粮食作物、经济作物的土地以及菜地、园地、鱼塘、其他农用土地。

三、税率和税额计算

我国耕地占用税采用的是地区差别定额税率,即不同地区按征税对象的人均占有耕地的水平直接确定征税数额。这是鉴于我国地域辽阔、地区差异大、人均占用耕地的数量及经济发展水平不平衡的原因,对耕地占用税的征税对象分类规定了不同的税率。同时,为了便于各地根据其具体情况确定和调节税率,国家对不同地区每平方米的纳税税额规定了一定的幅度。这样,我国耕地占用税的税率分为以下几种:

(1)以县为单位(以下同),人均耕地在 1 亩以下(含 1 亩)的地区,占用每平方米耕地的纳税额为 10 ~ 50 元。

(2)人均耕地在 1 ~ 2 亩(含 2 亩)的地区,占用每平方米耕地的纳税额为 8 ~ 40 元。

(3)人均耕地在2~3亩(含3亩)的地区,占用耕地的纳税额为6~30元。

(4)人均耕地在3亩以上的地区,占用每平方米耕地的纳税额为5~25元。

国务院财政、税务主管部门根据人均耕地面积和经济发展情况确定各省、自治区、直辖市的平均税额。

各地适用税额,由省、自治区、直辖市人民政府在上述规定的税额幅度内,根据本地区情况核定。各省、自治区、直辖市人民政府核定的适用税额的平均水平,不得低于国务院财政、税务主管部门根据人均耕地面积和经济发展情况确定各省、自治区、直辖市的平均税额。

经济作物区、经济开发区和经济发达、人均耕地特别少的地区,适用税额可适当提高,但是最高不得超过上述规定的50%。各地适用税额由各省级人民政府在上述规定税额范围内根据本地情况具体核定。

应纳税额的计算公式为

$$\text{应纳税额} = \text{实际占用耕地面积}(m^2) \times \text{适用税率} \tag{13-1}$$

四、耕地占用税的减免和征收管理

为了国防和公益事业的发展,国家对下列经批准征用的土地免征耕地占用税:军事设施占用的耕地,学校、幼儿园、敬老院和医院占用的耕地。

农村居民经批准占用耕地新建住宅的,按照规定税率减半征收耕地占用税。

另外,对农村革命烈士家属、革命残废军人、鳏寡孤独以及老革命根据地、少数民族聚居地区和边远贫困地区生活困难的农户,在规定用地标准以内新建住宅纳税确实有困难的,由纳税人提出申请,经所在地乡(镇)人民政府审核,报经县级人民政府批准以后,可以减税或者免税。

耕地占用税由国家税务机关负责征收。获准征用或者占用耕地的单位和个人,应持县以上地政部门的批准文件向国家税务机关申报纳税。纳税人必须在批准之日起30日内缴纳耕地占用税。土地管理部门凭耕地占用税完税凭证或者免税凭证和其他有关文件发放建设用地批准书。

纳税人临时占用耕地,应当依照本条例的规定缴纳耕地占用税。纳税人在批准临时占用耕地的期限内恢复所占用耕地原状的,全额退还已经缴纳的耕地占用税。

第二节　城镇土地使用税

一、城镇土地使用税的概念和意义

为了合理利用城镇土地,调节土地级差收入,提高土地使用效益,加强土地管理,国务院于1988年9月27日发布了《中华人民共和国城镇土地使用税暂行条例》。

所谓城镇土地使用税,是指国家按使用土地的等级和数量,对城镇、独立工矿区范围内的土地使用者征收的一种税。就其性质来讲,它属于财产税。其具有以下主要特征:

(1)征收机关是国家税务部门。土地行政主管部门应当向税务部门提供与征税有关的详细资料,但不能替代税务部门征税。

(2)征税对象是城镇、工矿区范围内的用地。这里所说的城镇,包括城市、县城和建制镇。另外,位于城镇之外的独立的大中型工矿区使用的土地也属于城镇土地使用税的征收对象。

(3)纳税义务人是城镇、工矿区土地的使用者。

(4)征收办法是按土地使用者使用的土地等级和数量计算税额。不同等级、不同面积的土地,征收的具体税额也不同。

(5)土地使用税按年计算,分期缴纳,缴纳期限由省、自治区、直辖市人民政府规定。

(6)城镇土地使用税属于地方税种,由地方税务部门征收,是地方财政收入的一个重要补充。

征收该税的主要目的是:用经济手段加强土地宏观调控和管理,促进土地使用者节约用地,提高土地的使用效益,并适当调节不同地区之间土地的级差收益,同时增加国家的财政收入。

二、城镇土地使用税的征收对象和征收范围

城镇土地使用税的征收对象是城镇范围内的土地使用者使用的土地。凡是在城镇范围内使用土地的单位和个人,都是城镇土地使用税的纳税义务人。

从城镇土地使用税的征收范围来看,只要在城市、县城、建制镇和工矿区范围内使用土地的都是城镇土地使用税的征收对象,此范围以外的土地一律不征收城镇土地使用税。

三、计税的依据和税率

城镇土地使用税的计税依据,以纳税人实际占用面积为准。《中华人民共和国城镇土地使用税暂行条例》第三条规定:"土地占用面积的组织测量工作,由省、自治区、直辖市人民政府根据实际情况确定。"在实施中,对未组织测量的,可以纳税人所持政府部门核发的土地使用证确认的土地使用面积为准。

税率是计算税额的尺度,税率的高低直接关系到征税目的实现的程度和纳税人的负担。城镇土地使用税的确定根据各地的经济情况、土地的等级差异,确定不同的税率;就是在同一城市内部,也根据土地位置、市政建设、经济繁荣程度等条件的不同,采用不同的税率。为此,城镇土地使用税实行定额税率法,其税额按城市大小分为:

(1)大城市:使用每平方米土地的纳税额为0.50~10.00元。

(2)中等城市:使用每平方米土地的纳税额为0.40~8.00元。

(3)小城市:使用每平方米土地的纳税额为0.30~6.00元。

(4)县城、建制镇、工矿区使用每平方米土地的纳税额为0.20~4.00元。

上述大、中、小城市是以公安部门登记在册的城市非农业正式户口人数为依据。具体标准为:市区与郊区非农业人口总计在50万以上的为大城市,在20万~50万之间的为中等城市,20万以下的为小城市。

各省级人民政府应当在所列税额的幅度内,确定所辖地区的适用税额幅度。市、县人民政府也应当根据实际情况,将本地区土地划分为若干等级,在省级人民政府确定的税额幅度内,制定相应的使用标准,报省级人民政府批准执行。

考虑到全国各地经济发展的不平衡和促进经济落后地区发展的需要,《中华人民共和国城镇土地使用税暂行条例》第五条规定:"经省、自治区、直辖市人民政府批准,经济落后

的地区土地使用税的适用税额标准可以适当降低，但降低额不得超过本条例第四条规定最低税额的 30%，经济发达地区使用税的适用税额标准可以适当提高，但须报经财政部批准。”

四、城镇土地使用税的减免

本着规范税制和严格控制减免税的原则，《中华人民共和国城镇土地使用税暂行条例》规定对下列特殊用地实行减免税：

(1)国家机关、人民团体、军队使用的土地；

(2)由国家财政拨付事业经费的单位自用的土地；

(3)宗教寺庙、公园、名胜古迹自用的土地；

(4)市政街道、广场、绿化地等公共用地；

(5)直接用于农、林、牧、渔业的生产用地；

(6)经批准开山填海整治的土地和改造的废弃地，从使用的月份起免缴土地使用税 5～10年；

(7)由财政部另行规定免税的能源、交通、水利设施用地和其他用地。

除上述享受减免待遇者外，纳税人缴纳土地使用税确有困难，需要定期减免的，经省、自治区、直辖市税务机关审批，报国家税务局批准后，也可以给予适当减免照顾。

新征用土地为耕地的，使用者征地时要缴纳耕地占用税。应缴纳的土地使用税自批准征用之日起，满 1 年时开始征收。新征用土地是非耕地的，土地使用税自批准的次日起开始征收。

第三节　土地增值税

一、土地增值税的概念和作用

(一)土地增值税的概念

土地增值税是对转让国有土地使用权、地上建筑物及其附着物并取得收入的单位和个人，就其转让房地产所取得的增值额征收的一种税。就其性质来讲，属于财产税。其主要特征为：

(1)其征收对象是有偿转让的房地产，即国有土地使用权和地上建筑物及其附着物。没有转让的房地产和无偿转让(如继承、赠与)的房地产，都不为土地增值税征收的对象。

(2)其纳税人是有偿转让房地产的原房地产权利人，包括单位和个人，而不是房地产受让人和其他房地产权利人。

(3)其征收机关是国家各级税务机关。在税务机关征收土地增值税过程中，地政部门或者房地产管理部门及其他有关部门应当积极配合，但不能行使征税的职权。

(4)其税收是按照转让房地产所取得的土地价格增值额和规定的税率计算征收的。

(二)土地增值税的作用

(1)征收土地增值税，是适应改革开放的新形势，进一步改革和完善税制，增强国家对房地产开发和房地产市场调控力度的客观需要。在这种情况下，国家为了兴利抑弊，需要发挥税收分配的杠杆作用进行调控,以促进其健康发展。

(2)征收土地增值税,主要是为了抑制炒买炒卖土地投机获取暴利的行为。近几年来,出现房地产开发过热的现象,从根本上讲是利益驱使所致。从事房地产开发固然风险很大,但能获得高额收入。一些投机者钻管理上的空子,搞炒买炒卖获取暴利。土地收益主要来源于土地的增值收益,包括自然增值和投资增值,特别是土地的自然增值,随着经济的发展和土地资源的相对短缺,将会越来越大。土地资源属于国家所有,国家为整治和开发国土投入了巨额资金,应当在土地增值收益的分配中取得较多份额。征收土地增值税,通过对转让房地产的过高增值收益进行合理调节分配:一方面维护了国家权益,也对房地产正当开发者的合法权益给予保护;另一方面使投机者不能再获取暴利,从根本上抑制炒买炒卖房地产的现象。

(3)开征土地增值税,是为了规范国家参与土地增值收益的分配方式,增加国家财政收入。目前,我国涉及房地产交易市场的税收主要有营业税、企业所得税、个人所得税、契税等。这些税对转让房地产收益可以起一般的调节作用,对土地增值所获得的过高收入起不到特殊调节作用。在土地增值税未开征前,有些地区已通过征收土地增值费的办法,对土地增值过高收益进行调控,既增加了财政收入,也抑制了炒买炒卖房地产的投机行为。但各地办法不统一,收取标准差别也比较大,国家通过开征土地增值税来统一和规范国家参与土地增值收益分配的方式。

为此,国务院于1993年12月13日颁布了《中华人民共和国土地增值税暂行条例》,并于1994年1月1日起施行。财政部于1995年1月27日发布了《中华人民共和国土地增值税暂行条例实施细则》。

二、征收土地增值税的原则

(1)普遍征收的原则。开征土地增值税是为了抑制土地投机,保证国有土地的增值收入大部分归国家所有。因此,所有从事房地产经营的单位和个人都是土地增值税的纳税人,应按规定缴纳增值税。

(2)加大调节力度的原则。土地增值税是对超过平均利润以上的超额部分征税,这便决定了政府可以加强对这部分利润的调节力度,对增值多的多征税,增值少的少征税,不增值的不征税,从而有效地调节土地的增值收入,促进增值收入的合理分配。

(3)优惠原则。考虑我国的现实情况,为改善人民的居住条件,对从事某些地产开发的单位和个人给予一定的税收优惠。

三、土地增值税的征收对象和纳税义务人

土地增值税的征收对象是纳税人转让房地产所取得的增值额。土地增值额即纳税人转让房地产所取得的收入减去法定扣除项目金额后的余额部分。纳税人所得的收入包括货币收入、实物收入和其他收入。

土地增值税的纳税义务人是指转让国有土地使用权、地上建筑物及其他附属物,并取得收入的一切单位和个人。

根据《中华人民共和国土地增值税暂行条例》第六条规定,法定扣除项目金额包括:①纳税人取得土地使用权所支付的金额;②开发土地和新建房屋及配套设施的成本,指土地

征用拆迁补偿费、前期工程费、建筑安装工程费、基础设施费、公共配套设施费、开发间接费用;③开发土地和新建房屋及配套设施的费用,指与房地产开发项目有关的销售费用、管理费用、财务费用;④旧房及建筑物的评估价格,指在转让已使用的房屋及建筑物时,由政府批准设立的房产估价机构评定的重置成本价乘以成新度折扣率后的价格;⑤转让房地产有关的税金,包括转让房地产时缴纳的工农业税、城市维护建设税、印花税,以及因转让房地产缴纳的教育费附加,也可视同税金予以扣除;⑥财政部规定的其他扣除项目。

四、征税范围的界定和对若干具体情况的判定

准确界定土地增值税的征税范围十分重要。在实际工作中,我们可以通过以下两个标准来判定:一是是否发生了国有土地使用权或地上建筑物及附着物的转让行为,二是是否从转让行为中获得了收入。

根据以上两个判定标准,可以对以下具体情况是否属于土地增值税的征税范围进行判定:

(1)以出售方式转让国有土地使用权、地上的建筑物及附着物的。这里又分为3种情况:①出售国有土地使用权的。这种情况是指土地使用者通过出让方式,向政府交纳了土地出让金,有偿受让土地使用权后,仅对土地进行通水、通电、通路和平整地面等土地开发,不进行房产开发,即所谓“将生地变熟地”,然后直接将空地出售出去。这属于国有土地使用权的有偿转让,符合以上两个判定标准,应纳入土地增值税的征税范围。②取得国有土地使用权后进行房屋开发建造后出售的。这种情况即是一般所说的房地产开发。虽然这种行为通常被称为卖房,但按照国家有关房地产法律和法规的规定,卖房的同时,土地使用权也随之发生转让。由于这种情况既发生了产权的转让又取得了收入,所以应纳入土地增值税的征税范围。③存量房地产的买卖。这种情况是指已经建成并已投入使用的房地产,其房屋所有人将房屋产权和土地使用权一并转让给其他单位和个人。这种行为按照国家有关的房地产法律和法规,应当到有关部门办理房产产权和土地使用权的转移变更手续;原土地使用权属于无偿划拨的,还应到土地管理部门补交土地出让金。这种情况既发生了产权的转让又取得了收入,应纳入土地增值税的征税范围。

(2)以继承、赠与方式转让房地产的。房地产的继承是指房产的原产权所有人、依照法律规定取得土地使用权的土地使用人死亡以后,由其继承人依法继承死者房产产权和土地使用权的民事法律行为。这种行为虽然发生了房地产的权属变更,但作为房产产权、土地使用权的原所有人(即被继承人)并没有因为权属的转让而取得任何收入。因此,这种房地产的继承不属于土地增值税的征税范围。房地产的赠与是指房产所有人、土地使用权所有人将自己所拥有的房地产无偿地交给其他人的民事法律行为。房地产的赠与虽发生了房地产的权属变更,但作为房产所有人、土地使用权的所有人并没有因为权属的转让而取得任何收入。因此,房地产的赠与不属于土地增值税的征税范围。

(3)房地产的出租。房地产的出租人员取得了收入,但没有发生房产产权、土地使用权的转让,因此不属于土地增值税的征税范围。

(4)房地产的抵押。由于房产产权、土地使用权在抵押期间产权并没有发生权属的变更,房产的产权所有人、土地使用权人虽然在抵押期间取得了一定的抵押贷款,但实际上这些贷款在抵押期满后是要连本带息偿还给债权人的。因此,对房地产的抵押,在抵押期间不

征收土地增值税。待抵押期满后,视该房地产是否转移占有而确定是否征收土地增值税。对于以房地产抵债而发生房地产权属转让的,应列入土地增值税的征税范围。

(5)房地产的交换。由于这种行为既发生了房产产权、土地使用权的转移,交换双方又取得了实物形态的收入,按《中华人民共和国土地增值税暂行条例》的规定,其属于土地增值税的征税范围。但对个人之间互换自有居住用房地产的,经当地税务机关核实,可以免征土地增值税。

(6)以房地产进行投资、联营。对于以房地产进行投资、联营的,投资、联营的一方以土地(房地产)作价入股进行投资或作为联营条件,将房地产转让到所投资、联营的企业中时,暂免征收土地增值税。对投资、联营企业将上述房地产再转让的,应征收土地增值税。

(7)合作建房。对于一方出地,一方出资金,双方合作建房,建成后按比例分房自用的,暂免征收土地增值税;建成后转让的,应征收土地增值税。

(8)企业兼并转让房地产。在企业兼并中,对被兼并企业将房地产转让到兼并企业中的,暂免征收土地增值税。

(9)房地产的代建房行为。这种情况是指房地产开发公司代客户进行房地产的开发,开发完成后向客户收取代建收入的行为。对于房地产开发公司而言,虽然取得了收入,但没有发生房地产权属的转移,其收入属于劳务收入性质,故不属于土地增值税的征税范围。

(10)房地产的重新评估。这主要是指国有企业在清产核资时对房地产进行重新评估而使其升值的情况。这种情况的房地产虽然有增值,但其既没有发生房地产权属的转移,房产产权、土地使用权人也未取得收入,所以不属于土地增值税的征税范围。

(11)因国家收回国有土地使用权、征用地上的建筑物及其附着物而使房地产权属发生转让的行为。这种情况发生了房地产权属的变更,原房产所有人、土地使用权人也取得了一定的收入(补偿金),但根据《中华人民共和国土地增值税暂行条例》的有关规定,可以免征土地增值税。

五、土地增值税的税率

我国土地增值税实行的是四级超额累进税率,其合理性表现在纳税人只要超过各级段的收入部分依确定的税率纳税,它充分考虑了不同地段土地增值收入的差别,体现了合理负税的原则。

我国土地增值税的税率规定如下:

(1)增值额未超过扣除项目金额50%的部分,税率为30%。

(2)增值额超过扣除项目50%,未超过扣除项目金额100%的部分,税率为40%。

(3)增值额超过扣除项目金额100%,未超过扣除项目金额200%的部分,税率为50%。

(4)增值额超过扣除项目金额200%的部分,税率为60%。

六、税款缴纳的程序和时间

(一)纳税的程序

(1)纳税人应在签订转让房地产合同后,到房地产所在地税务机关办理纳税申报。同时,向税务机关提交房屋及建筑物产权、土地使用权证书,土地转让、房屋买卖契约,交易标的物的有关资料,会计报表及有关资料。

(2)纳税人按照税务机关核定的税额及规定的期限,到指定银行缴纳土地增值税。

(3)纳税人按规定办理纳税手续后,持纳税凭证到房地产管理部门办理产权变更手续。

(二)纳税时间

根据《中华人民共和国土地增值税暂行条例》第十条的规定,纳税人应当自转让房地产合同签订之日起7日内向房地产所在地主管税务机关办理申报,并在税务机关规定的期限内缴纳土地增值税。

第四节　新菜地开发基金

1985年4月,农牧渔业部、国家计委、商业部联合印发了《国家建设征用菜地缴纳新菜地开发建设基金暂行管理办法》。《土地管理法》第四十七条对国家建设征用城市郊区的菜地,用地单位应当缴纳新菜地开发建设基金作了规定。

一、新菜地开发基金的概念

新菜地开发基金是指国家为保证城市人民生活需要,向被批准使用城市郊区菜地的用地单位征收的一种建设基金,是在征地单位向原土地所有者除缴纳征地补偿费、安置补助费、地上建筑物和青苗补偿费等费用外,用地单位按规定向国家缴纳的一项特殊用地费用。其具有以下几个特征:

(1)新菜地开发基金是一项特殊用地费用。菜地从质量上讲一般都是优质土地,其投资大,水肥条件好,经济效益高。从服务对象讲,菜地是城市人民蔬菜供应基地。因此,若占用了菜地,就必须另开辟新菜地以保障城市蔬菜供应。为此,应缴纳新菜地建设开发基金,以保证新的优质菜地开发的费用需求。

(2)新菜地开发建设基金征费对象是建设征用的城市郊区菜地,即城市郊区为供应城市居民吃菜,连续3年以上常年种植蔬菜、养殖鱼虾的商品菜地和精养鱼塘。

(3)新菜地开发建设基金的缴纳人是使用城郊菜地的国家建设单位、城镇集体所有制单位、乡(镇)企业。

(4)新菜地开发建设基金的征收机关是市财政局,代征单位为地政部门,由市政府委托市地政部门代征后上交市财政局。

二、征收标准和办法

根据《国家建设征用菜地缴纳新菜地开发建设基金暂行管理办法》第四条规定的征收标准,新菜地开发建设基金的征收标准,按城市市区和郊区非农业人口数的多少,分为以下三种:

(1)城市人口在100万以上的城市每征用一亩菜地,建设单位应缴纳7000~10000元人民币;

(2)城市人口在50万以上不足100万的城市每征用一亩菜地,建设单位应缴纳5000~7000元人民币;

(3)城市人口不足50万的城市每征用一亩菜地,建设单位应缴纳3000~5000元人民币。

新菜地开发建设基金应缴款额确定办法:以建设征用的菜地亩数乘以规定的纳费标准。根据《国家建设征用菜地缴纳新菜地开发建设基金暂行管理办法》规定,缴纳人在取得建设用地之前,必须根据地政部门确定的缴纳数额和期限,持缴款通知单,向所在地的中国农业银行缴纳,统一由中国农业银行根据地政部门核定的缴款数额和开具的缴款通知单收款。地政部门凭银行的收款证明拨付菜地。

三、新菜地开发建设基金的使用和管理

根据《土地管理法》第四十七条规定,新菜地开发建设基金主要用于以下方面:

(1)为开发建设新菜地必须用于开沟、挖渠、埋管、打井、修路等基础工程及设备购置;

(2)新菜地的平整、加工、改良、培肥;

(3)为弥补新菜地不足,需要对老菜地进行节能型改造、挖潜所必需的基础设施和必要设备添置;

(4)为开发建设新菜地所必需的勘测规划、技术培训、科学试验等。

新菜地开发建设基金的使用管理,由市人民政府的农业和蔬菜主管部门会同商业等有关部门对本辖区城郊菜地的开发建设作出规划,并编制资金使用计划,报同级人民政府批准。资金使用计划批准后,由政府责成有关部门根据批准的资金使用计划,与有条件承担新菜地开发建设的单位或个人签订新菜地开发建设合同,然后由农业银行根据市人民政府批准的新菜地开发建设计划、资金使用计划和新菜地开发建设合同,拨付所需款项。对不符合新菜地开发建设基金使用规定的,银行有权拒付。

第五节　外商投资企业场地使用费

一、外商投资企业场地使用费的概念

《中华人民共和国中外合资经营企业法实施细则》第四十七条规定:“合营企业使用场地,必须贯彻执行节约用地的原则。所需场地应由合营企业向所在地的市(县)级土地主管部门提出申请,经审查批准后,通过签订合同取得场地使用权。合同应明确场地面积、地点、用途、合同期限、场地使用权的费用(以下简称场地使用费)、双方权利与义务、违反合同的罚则等。”在此,外商投资企业场地使用费是指外商投资、合资、合作企业用地,无论是新征土地,还是利用中国合资者或合作者原使用的土地所缴纳的土地使用费。它是由场地开发费和土地使用费两部分组成的。场地开发费主要包括征用土地的补偿费、原有建筑物拆迁费、人员安置费以及外商企业直接配套的场外通路、管线等基础设施应分摊的投资等费用。土地使用费是指外商投资企业在投资经营期限内,按照所使用土地的等级和定额标准按年向地方政府缴纳的用地费用。

外商投资企业以出让方式取得土地使用权的,缴纳出让金的不宜再缴纳场地使用费中的场地开发费。

二、征收对象和纳费人

场地使用费的征收对象是外商投资企业的用地,包括:①中外合资合作经营的工业、旅

游业、商业、服务业、农牧业及房地产业等所需的建设用地;②与国外华侨、港澳台同胞合资或合作经营的企业所需的建设用地和工程用地;③外商、国外华侨、港澳台同胞在中国境内单独投资建立企业的建设用地和工程用地。

纳费义务人为依据我国法律、法规规定使用我国土地的外商投资企业、中外合资企业、中外合作企业等。

三、征费标准和征收办法

(一)征费标准

根据国务院1980年内部下发的《关于中外合资企业建设用地暂行规定》的规定,征费标准如下:①一般地区每年每平方米为5~300元;②大中城市市区和近郊区每年每平方米最低不得少于10元,并可随经济发展逐步调整;③资金利用率过低,而产品又确实急需的中外合营企业应缴纳的场地使用费,经批准,可以在总水平内降低;④对在经济不发达地区从事开发性项目的中外合营企业收取的场地使用费,经过所在地同意,可特别优惠;⑤对从事农业、畜牧业的合营企业收取的场地使用费,经所在省、自治区、直辖市人民政府同意,可按中外合营企业收入的一定比例计收。

(二)征收办法

1.缴纳方式

国务院《关于中外合营企业建设用地的暂行规定》第四条规定,场地使用费的缴纳方式有两种:一是将场地使用费作为中国合营者投资的股份,二是由中外合营企业按年向当地政府缴纳。这两种方式的选择由合营双方根据实际情况协商确定。

2.征收部门和程序

征收部门有关法律法规没有明确规定,地方实践大多是直接由人民政府征收或土地管理部门代征再上交人民政府的,缴纳程序依法规定场地使用费由外商投资企业缴纳。但土地使用权作为中国合营者、中国合作者投资合作条件的,除企业另有约定的外,由中国合营者、中国合作者以土地使用权作价缴纳;依法租赁土地和租赁房屋兴办的外商投资企业,由承租方或由租赁合同规定的一方缴纳土地使用费,费用缴纳之后,负责征收部门出具缴纳凭证,办理有关登记手续。

3.征收时限

场地使用费作为中外合营企业中国合营者投资的。凡合同规定经营期限的,按合同规定的合营期限一次税收计算;凡合同未规定经营期限的,按15年一次验收计算分年向当地政府缴纳使用费的,计算方法也可以采用多种形式,如按规定的标准缴纳,按营业收入的比例提取等。

四、场地使用费的使用和管理

《关于中外合营企业建设用地暂行规定》第五条规定:“场地使用费收入应作为中外合资企业征用土地的补偿、拆迁、安置费用和建设厂外公共设施投资的专项资金,交当地建设银行专门储存”。1996年,财政部、原国家土地管理局在《关于做好中央部门所属外商投资企业场地使用费入库管理有关问题的通知》中规定,必须严格按照规定确定中央所属外商投资企业使用费的入库级次:①中央部门所属企业(含事业单位,下同)单独与外商合营举办的中外合资、中外合作经营企业缴纳的场地使用费作为中央预算收入上缴中央金库；②中央部门所属企业和地方企业共同与外商合营举办的中外合资、合作经营企业缴纳的场地使用费，先行上缴中央金库，地方应分成的部分年终通过结算，按出资比例由中央财政返还。

外商投资企业除依法缴纳场地使用费外，国家税务局在1990年制定的《关于对外商投资企业从事土地开发和使用权有偿转让征收工商统一税和企业所得税问题的通知》和1995年《关于外商投资企业从事房地产开发经营征收所得税有关问题的通知》规定，还应征工商统一税和企业所得税。

(一)工商统一税

(1)外商企业受让土地使用权再转让所取得的转让金，包括了场地使用费、土地处置费等，应按5%税率缴纳工商统一税。

(2)外商投资企业承包开发经营出让土地使用权取得的出让金和土地使用费，在扣除实际上缴给政府主管部门的部分后，应计算缴纳工商统一税。

(3)外商投资企业代理土地使用权出让所取得的手续费和价差收入，应列为代理业务收入，按照7%的税率缴纳工商统一税。

(4)外商投资企业建造商品房(包括工业厂房和建筑物如台、场、码头、墓穴)连同土地使用权一并转让的价款，应划分计算缴纳工商统一税，转让土地使用权取得的转让金，按照5%的税率缴纳工商统一税；出让房屋建筑物取得的价款，可以暂减按3%的税率缴纳工商统一税。

(二)企业所得税

(1)外国公司企业和其他经济组织在中国境内没有设立营业机构取得土地使用权再转让收入或取得土地使用权再转让收入与所设营业机构没有实际联约的，准予从转让收入总额中减除原受让价款，以其余额按照《中华人民共和国企业所得税法》第四条的规定，适用20%税率缴纳。

(2)专业从事房地产开发经营的外商投资，不属于税法所规定的生产性外商投资企业，不得享受生产性外商投资企业的税收待遇。

(3)外商投资企业将受让的土地使用权再转让所取得的收入，减除原受让价款和开发费用后的差额，列为当年度损益，依照税法规定计算缴纳企业所得税。

思考与分析题

1. 什么是耕地占用税？如何计算其税额？
2. 什么是土地增值税？其征收对象是什么？

第十四章　土地行政执法与诉讼

第一节　土地行政执法概述

一、土地行政执法的概念

土地行政执法是指国家行政机关依照土地法律、法规采取的具体的直接影响相对一方权利义务的行为，或者对相对人的权利义务的行使和履行情况进行监督检查的行为。其具有以下法律特征：

（1）土地行政执法属于行政执法的一种，是行政机关的一种具体行政行为，其行为后果具有法律效力。

（2）执法主体是法定的行政机关，在多数情况下，由各级人民政府土地管理机关行使执法权。

（3）土地行政执法的对象，即土地行政管理相对人，一般为土地所有者、使用者，在特定情况下也包括土地管理者。

（4）土地行政执法的客体是土地管理相对人从事的与土地这一特定物有关的活动或者行为，如地政部门对相对人非法占地的行为进行查处。

（5）土地行政执法的主要内容是地政部门依法办事，直接影响或直接涉及相对人的权利义务。大致有两类情况：一是地政部门依法作出决定、采取措施，直接影响相对人的权利义务；二是通过各种形式，对相对人是否依法正当行使权利和履行义务的情况进行监督检查。

（6）土地行政执法是地政部门与相对人之间发生的法律关系，一般以地政部门单方意思表示为特征。

二、土地行政执法的原则

（一）合法性原则

合法性原则又称行政合法原则，要求土地管理机关实施行政管理时，不仅应遵循《中华人民共和国宪法》、法律，还要遵循行政法规、地方性法规、行政规章、自治条例和单行条例等。即行政执法主体只能在其法定的权限内行使职权，行使职权既要符合行政实体规范，也要符合行政程序规范。

（二）合理性原则

合理性原则是建立在合法性原则基础之上的，在合法执法条件下，尽量做到执法合理。所谓合理，包括符合立法目的、符合社会道德、符合自然规律及平等适用法律规范。行政法一般都赋予行政主体一定的行政自由裁量权，特别是当前我国土地管理法律、法规很不完善，在许多方面规定比较原则，因此正确掌握合理性原则具有重要意义。例如：对非法占地的罚款处罚标准，就有较大的幅度范围，在这种情况下，土地管理机关就应当根据违法事实、情节和后果等多种因素，正确使用法律，合理处罚，防止畸轻畸重现象。

（三）高效原则

土地行政执法活动不仅要合法、合理，还要做到高效。例如：对各种违法行为要及时制止或者查处；对行政管理相对人的各种合法请示要及时做出反应，尽快办理或者解决，依法保障相对人的合法权益。

（四）违法必究原则

对违反国家土地管理法律、法规的行政管理相对人，必须依法追究法律责任，绝不姑息迁就。违法必究是我国社会主义法制的基本要求，有利于维护法律的尊严，树立土地管理机关的执法权威。

三、土地行政执法的生效要件

土地行政执法的生效要件是指具体的执法行为产生法律效力的必备条件。缺少其中任何一项要件，这项土地执法行为就是无效的、可撤销的。这些要件有以下几个方面。

（一）主体要件

土地行政执法的主体合法，即土地行政执法的主体必须是县级以上人民政府地政部门及其授权或委托的其他执法部门。

（二）内容要件

土地行政执法的内容合法，所谓内容合法，是指在法律赋予或确定的相对人的权利和义务范围内行使执法权，如《土地管理法》第七十七条规定："农村村民未经批准或者采取欺骗手段骗取批准，非法占用土地建住宅的，由县级以上人民政府土地行政主管部门责令退还非法占用的土地，限期拆除在非法占用的土地上新建的房屋。"如果对上述非法占用土地行为处以履行罚款义务的处罚，就构成因执法内容不合法而无效。

（三）程序要件

土地行政执法必须符合法定的程序。例如：地政部门在行使土地监察职责时，必须依法出示国家统一制发的土地监察证件；否则，监察对象有权拒绝接受检查。又如，建设占用土地，涉及农用地转为建设用地的，应当办理农用地转用审批手续。如果程序上违法，同样将导致行政执法行为无效。

四、土地行政执法的效力

（一）有效的土地行政执法行为的效力

（1）确定力，即不可变更力，指土地行政执法行为一经有效成立，非依法不得变更或撤销。确定力是行政法制稳定的基本要素。

要改变土地行政执法的效力，对于公民而言，只有依法经过行政复议或提起行政诉讼，才有可能予以撤销或改变；对于地政部门而言，除非因形势变化，经法定程序才能予以撤销或变更。

（2）拘束力，即约束的效力。有效的行政执法，对个人、组织及执法机关具有相同的拘束力，个人、组织必须按照行政决定的要求充分履行义务。同样，执法机关也有履行或者维护原决定的义务，除非经法定程序予以废止或撤销。

(3)执行力,指地政部门依法采取一定的手段,使土地行政执法行为得以完全实现的权力。例如:土地行政执法部门依法作出行政处罚决定后,相对人不履行时,作出决定的地政部门有权依法申请人民法院强制执行。

(二)土地行政执法行为的无效、撤销与废止

1. 无效

具备下述情形的土地行政执法行为,行政相对方可视之为无效行政行为,有权国家机关可宣布该行为无效:具有违法情形的,行政主体不明确或超越行政主体职权的以及行政主体受胁迫作出的行政行为等。

土地行政执法行为无效的法律结果有:①行政相对方可在任何时候请求有权国家机关,如行为机关、行为机关的上级机关、人民法院宣布该行为无效(行政相对方要求撤销行政行为通常只能在法定期限内通过申请复议或提起行政诉讼请求)。②有权国家机关可在任何时候宣布相应行政行为无效。③行政行为被宣布无效后,行政主体通过该行为从行政相对方处所获取的一切(如罚没款物等)均应返还相对方,所加予相对方的一切义务均应取消,对相对方所造成的一切实际损失均应赔偿。同时,行政主体通过相应无效行政行为所给予相对方的一切权益,均应收回(如此种收回给善意的相对方的合法权益造成了损害,行政主体应对之予以赔偿)。总之,行政行为被宣布无效后,被行政行为改变的状态应尽可能恢复到行为以前的状态。

2. 撤销

撤销是在其具备可撤销的情形下,由有权国家机关作出撤销决定后而使之失去法律效力。行政行为撤销不同于行政行为的无效,无效的行政行为自始至终无效,而可撤销的行政行为只有在被撤销之后才失去效力。尽管这种失效可以一直追溯到行为作出之日,但行政相对方在撤销决定作出之前一直要受该行为约束,而且可撤销的行为不一定必然被撤销,行政相对方申请行政复议或提起行政诉讼均有一定时限,超过此时限即不能申请撤销相应行为,除非行为机关主动撤销或有权机关通过法定监督途径撤销。

土地行政执法行为撤销的条件:①行政行为合法要件缺损。合法的行政行为必须具备3个要件:主体合法、内容合法及程序合法。某种行政行为如果缺损其中1个或1个以上要件,该行政行为就是可被撤销的行政行为。②行政行为不适当。不适当的行政行为也是可撤销的行政行为。所谓不适当,是指相应行为具有不合理、不公正、不符合现行政策、不合时宜、不合乎有关善良风俗习惯等情形。不适当的行政行为在很多情形下同时是不合法的行为,从而可以以违法为由予以撤销。在有些情况下,不适当的行政行为并不违法,不适当亦可成为撤销行政行为的条件之一。

土地行政执法行为撤销的法律后果为:①行政行为自撤销之日起失去法律效力,撤销的效力可一直追溯到行政行为作出之日。②如果行政行为被撤销,那么由此造成相对方的一切实际损失应由行政主体予以赔偿。例如:行政主体违法批地给某农民盖私房,后违法批准行为被有权机关撤销,已盖好的私房因不符合村镇建设规划而必须拆除。为此,在一般情况下违法批地的行政机关应适当赔偿拆房户因此造成的损失。③如果行政行为的撤销是因行政相对方的过错(如其通过虚报、瞒报有关材料而获取行政主体的某种批准、许可行为等),或行政主体与相对方的共同过错(如行政行为是在相对方行贿,行政机关工作人员受贿的情况下作出的)所引起的,行政行为撤销,行政主体通过相应行为已给予相对方的利益均要收回;行政相对方因行政行为撤销而遭受到的损失均由其本身负责;国家或社会公众因已撤销的行政行为所受到的损失,应由行政相对方依其过错程度予以适当赔偿;行政主体或其工作人员对导致行政行为撤销的本身的过错则应承担内部行政法律责任。

3. 废止

土地行政执法行为具有确定力,一经做出即不得随意废止,只在具有某些法定情形的条件下,才能依法定程序废止。行政行为废止的条件通常有:①行政行为所依据的法律、法规、规章、政策经有权机关依法修改、废止或撤销,相应行为如继续实施,则与新的法律、法规、规章、政策相抵触。②国际国内或行政主体所在地区的形势发生重大变化,原行政行为的继续存在将有碍社会政治、经济、文化的发展,甚至给国家和社会利益造成重大损失。③行政行为已完成原定目标、任务,实现了国家的行政管理目的,从而没有继续存在的必要。

土地行政执法行为废止的法律后果为:①行政行为废止后,其效力自行为废止之日起失效,行政主体在行为废止之前通过相应行为已给予行政相对方的利益、好处不再收回,行政相对方依原行为已履行的义务亦不能要求行政主体予以任何补偿。②行政行为的废止如果是因法律、法规、规章、政策的废除、修改、撤销或形势变化而引起的,且此种废止给行政相对方的利益造成了损失,行政主体不负赔偿责任。

五、土地行政执法行为的类型

一般来说,行政行为可分为抽象行政行为和具体行政行为。

所谓抽象行政行为,是指以特定的人或事为管理对象,制定具有普遍约束力的规范性文件的行为,如制定行政法规和行政规章的行为。抽象行政行为包括两类:一类是行政立法行为,即有权行政机关制定行政法规和行政规章的行为;另一类是制定不具有法源性的规范文件的行为,即有权行政机关制定或规定除行政法规和规章外的具有普遍约束力的其他规范性文件的行为,如县级人民政府所制定的在其全县境内普遍有效的某些规定或办法等。

所谓具体行政行为,是指在行政管理过程中,针对特定的人或事所采取具体措施的行为,其行为的内容和结果将直接影响某一个人或组织的权益。具体行政行为最突出的特点就是行为对象的特定性和具体化,属于某个个人或组织,或者某一具体社会事项。

显然,土地行政执法行为主要属于具体行政行为,包括土地行政许可和确认行为、土地行政处罚行为、土地行政强制行为、土地行政监督行为、土地行政裁决行为等。

第二节　土地行政许可和确认

一、行政许可

(一)行政许可的概念和特征

行政许可是指行政机关根据相对人的申请,依法准许其从事某种活动的行为。一般是通过授予证书、执照等形式赋予相对人某种权力,或确认其具备某种资格。其主要特点如下:

(1)行政许可是一种依法申请的具体行政行为。它不同于行政主体依职权主动赋予相对方权利和免除义务的行为,没有相对方的申请,行政主体不能主动予以许可。

(2)行政许可是行政主体赋予相对方某种法律资格或法律权利的行政行为。例如:土地估价师证书的颁发,使相对方获得了从事土地估价职业的资格。

(3)行政许可是一种采用颁发许可证、执照等形式的要式行政行为。

(二)行政许可的程序

1. 受理申请

申请是行政主体实施行政许可的前提程序。作为相对方的个人、组织要取得某项许可证明,首先要向行政主体提出申请。申请书应载明申请人的姓名(或组织名称)、住所及有关基本情况,申请的事项理由及有关条件等。同时,提交有关文件材料。

2. 审查

行政主体收到相对方的行政许可申请后,应在法律法规、规章规定的期限内对申请人的申请及所附材料进行审查,确定其是否具备取得相应行政许可证明的法定条件。

3. 作出是否颁发有关证照的决定

行政主体经过对行政许可申请人的申请及有关材料进行审查后,若确认其符合法定条件,即应在规定期限内作出向申请人颁发有关证照的决定。若经审查认为不符合法定条件,则应作出不予许可的决定,并向申请人说明理由。申请人不服的,可依法申请复议或提起行政诉讼。若行政主体在法定期限届满时尚未予以明确答复的,申请人可依法申请复议或提起行政诉讼,请求复议机关或人民法院责令行政许可机关依法履行法定职责,作出明确的答复。

(三)我国的土地行政许可制度

我国的土地行政许可制度主要在建设用地管理中使用,以政府或者土地管理机关核发建设用地批准书或建设用地许可证的形式出现。根据有关法律、法规规定,申请人只有获得了建设用地批准书或者建设用地许可证以后才有权使用土地从事建设活动;否则,就属违法用地行为,将受到依法查处。所以,土地行政许可是土地行政执法的一种有效手段。

二、行政确认

(一)行政确认的概念和特征

确认是行政机关依法对相对人的法律地位、法律关系和法律事实进行甄别,给予确定、认可和证明并予以宣告的具体行政行为。其主要特征为:

(1)确认的主体是行政机关及法律、法规授权的组织。

(2)确认的内容是确定或否认相对方的法律地位或权利义务。

(3)确认为要式的行政行为需要有书面的证书、文件等。

(二)行政确认与行政许可的关系

行政确认与行政许可既有联系又有区别。

两者的联系主要表现在:①确认与许可常常是同一行政行为的两个步骤,一般是确认在前,许可在后。确认是许可的前提,许可是确认的后果。②确认与许可有时是一个行为的两个方面。例如:发放建筑企业营业执照既是对该企业具有相应等级建筑技术、能力和资格的确认,又是对申请人可以从事建筑经营活动的许可。

两者的区别主要表现在:①对象不同。行政确认是指确认相对方的法律地位、权利义务关系和法律事实等。行政许可是指使相对方获得进行某种行为的权利,主要是指作为性的行为。②法律效果不同。行政确认是对既有的身份、能力、权利、事实的确定和认可,其法律效果具有前溯性。行政许可是允许被许可人今后可以进行某种对一般人禁止的行为,其法律效果具有后及性,没有前溯性。

(三)确认的形式及我国土地行政确认的主要形式

确认的形式主要有:①确定,如对土地使用权的确定关系的认可。②认可,如对收养关系的认可。③证明,如宅基地使用证明、居民身份证等。④登记,如工商企业登记、房地产权属登记等。

土地管理活动中的行政确认行为,主要表现在土地权属关系的确认和登记方面。《土地管理法》第十一条规定:"农民集体所有的土地,由县级人民政府登记造册,核发证书,确认所有权。农民集体所有的土地依法用于非农业建设的,由县级人民政府登记造册,核发证书,确认建设用地使用权。单位和个人依法使用的国有土地,由县级以上人民政府登记造册,核发证书,确认使用权。"法律还规定,依法登记的土地所有权和使用权受法律保护,任何单位和个人不得侵犯。可见,土地权属的确认是一种产生法律效力的行政执法行为。

行政确认在现代行政管理中正发挥着越来越重要的作用,这是因为确认的本质在于使相对人的法律地位和权利义务取得法律上的承认。有了这种承认,当事人才能申请某些需要取得但尚未取得的权利,才能保护各种已往存在或已往取得的权利,并且通过证明等方式使其权利为社会所公认,既有利于国家维护社会经济秩序,也有利于预防各种纠纷,保护当事人的合法权益。

第三节　土地行政处罚

一、行政处罚的概念和特征

行政处罚是国家特定行政机关或法定的其他组织依照法定权限和程序对违反行政法规尚未构成犯罪的相对方给予行政制裁的具体行政行为。其特征为:

(1)行政处罚的主体是特定行政机关或法定的其他组织。哪一种违法行为该由哪一类行政机关处罚,必须由法律明确规定或授权。

(2)行政处罚的对象是作为相对方的公民、法人或其他组织。任何人只要违反了行政法所规定的义务,都应受到相应的处罚。

(3)行政处罚是适用于违反行政法律、法规的行为,它与违反《中华人民共和国刑法》由法院处以刑罚不同。

(4)行政处罚的性质是以惩戒违法为目的的具有制裁性的具体行政行为。这种惩罚措施是不能协商和调解的,如对罚款数额不能因违法行为人的辩解或求情而随意增减。

二、行政处罚应遵循的原则

(一)处罚法定原则

这是我国行政法治化的基本原则之一。其主要内容有:①处罚的依据法定,即行政处罚只能由法律、行政法规、地方性法规或者规章设定,其他文件一律不得设定。②处罚设定权法定,即法律(专指全国人民代表大会及其常务委员会制定的规范性文件)可以设定各种行政处罚;行政法规(含地方性法规)不得设定人身罚和吊销营业执照罚,必要时,可以在法律现有的行政处罚规定的行为、种类和幅度范围内作细则性规定;规章(含地方性规章)只能在尚无法律、法规规定时可设定警告或一定数额的罚款,其限额由国务院(或省级人大)规定。③实施行政处罚的主体及其职权法定。④处罚的程序法定。

(二)处罚与教育相结合原则

处罚的直接目的是要通过处罚纠正违法者的违法行为给予教育,提高其法制观念,促使受罚者及社会公众都自觉守法。

(三)公正、公开原则

公正是指行政机关在行政处罚中对被处罚者应采用同一尺度,客观平等对待,对同样性质和情节的违法行为应同样处理,不能当罚的不罚或者轻罚,不当罚的滥罚或者重罚。公开首先是指有关处罚的规定要公开,使公民事先了解其内容以便遵守,未经公布的规定,不得作为处罚的依据;其次是指执法人员对违法者的行政处罚的过程及结果要公开,使受罚者及社会公众对处罚的公正性进行监督并接受教育。同时,执法程序要公开。

(四)一事不再罚原则

其含义是行为人的某一违法行为,只能依法给予一次行政处罚,不能以同一事实和理由处罚两次或多次,目的在于防止重复处罚和多头处罚。

(五)处罚救济原则

其含义是行政主体对相对方实施行政处罚时,必须保证相对方取得救济途径,否则不能实施行政处罚,它是保证行政处罚合法、公正行使的事后补救措施。《中华人民共和国行政处罚法》第六条规定:公民、法人或其他组织对行政机关给予的行政处罚,依法享有陈述权、申辩权,对行政处罚不服的,有权依法申请行政复议或者提起行政诉讼。"

三、我国土地行政处罚的种类及适用范围

我国《中华人民共和国行政处罚法》将行政处罚确定为 7 类:警告,罚款,没收违法所得、没收非法财物,责令停产停业,暂扣或吊销许可证、执照,行政拘留,法律、法规规定的其他行政处罚。与土地行政处罚有关的种类及适用范围如下所述。

(一)罚款

罚款是土地行政处罚中适用最普遍、最广泛的一种限制和剥夺违法者财产权利的处罚形式。根据《土地管理法》及《土地管理法实施条例》规定,可处以罚款的违法行为有:①买卖或者以其他形式非法转让土地的。例如:私自买卖或者交换土地、以地换物、以买卖房产为名转让土地,私自买卖或交换土地使用证,未经批准以土地作为抵押物或留置物等,可处以非法所得的 50% 以下罚款。②破坏土地资源。例如:占用耕地建窑、建坟或者擅自在耕地上建房、挖石、采矿、取土等,或者因开发土地造成土地沙化、盐渍化、水土流失,严重破坏种植条件,可处以耕地开发费 2 倍以下的罚款。③不履行土地复垦义务并且逾期不改正的,可处以土地复垦费 2 倍以下的罚款。④未批准或采取欺骗手段骗取批准,非法占用土地的,可处以非法占用土地每平方米 30 元以下的罚款(农村村民除外)。⑤国有土地使用权应被收回而拒绝交回的,可处以非法占用土地每平方米 10 元以上 30 元以下的罚款。⑥临时占用耕地,逾期不恢复种植条件的,可处以耕地复垦费 2 倍以下的罚款。

(二)没收违法所得、没收非法财物

《土地管理法》规定了适用于这一处罚措施的违法行为,具体有:①买卖或者以其他形式非法转让土地的。②擅自将集体土地使用权出让、转让或者出租用于非农业建设的。③未经批准或者采取欺骗手段骗取批准。④经非法批准征用、使用土地的。其中,前两种情形可处以没收违法所得的处罚;所有4种情形都既可处以限期拆除,也可处以没收非法占用土地上新建的建筑物和其他设施的处罚。

(三)法律规定的其他行政处罚

法律规定的其他行政处罚主要有:限期拆除,责令返还非法占用的土地,责令限期改正、治理等3种处罚措施。《土地管理法》对适用于这3种措施的违法行为作了具体规定,限期拆除适用于上述"没收违法所得、没收非法财物"中所列的4种行为。责令退还非法占用的土地适用于下列土地违法行为:①未经批准或者采取欺骗手段骗取批准,非法占用土地;②农村村民非法占用土地建住宅;③经非法批准征用、使用土地;④依法收回国有土地使用权,当事人拒不交出;⑤临时使用土地期满拒不归还;⑥不按照批准的用途使用土地。责令限期改正、治理适用于下列土地违法行为:①破坏耕地种植条件;②拒不履行土地复垦义务;③擅自将集体土地使用权出让、转让或者出租用于非农业建设;④不依法办理土地变更登记。应该说,责令限期改正、治理是一种补救性措施,实践中往往与罚款并用,故而构成行政处罚行为。

四、土地行政处罚的管辖

土地行政处罚的管辖是指对具体的土地违法行为确定由哪一级或者哪一个地政部门实施处罚权的法律制度。土地行政处罚权是通过明确的管辖权来行使和体现的。根据《土地违法案件查处办法》,我国土地行政处罚管辖的形式有以下几种。

(一)地域管辖

地域管辖即地政部门之间在实施土地行政处罚权方面的地域分工。《土地违法案件查处办法》第五条规定:"土地违法案件由土地所在地土地管理部门管辖。"《土地违法案件查处办法》第六条规定:"县级以上人民政府土地管理部门管辖本行政区内发生的土地违法案件。"此规定体现了行政处罚遵循行为发生地行政机关管辖的原则。其特点一是适用范围较广,既包括实施违法行为地,也包括危害结果发生地,囊括了行为人实施土地违法行为的全过程,无论行为人实施其违法行为在哪个阶段被发现,均可以较迅速地依法就地给予处罚;二是有利于调查、取证,可以节省人力、物力和财力,提高行政效率。

(二)级别管辖及其管辖权的转移

级别管辖是指划分上下级行政机关之间实施行政处罚权的分工。它对于合理划分上下级机关在处罚活动中的权限,提高处罚质量和效率具有不可替代的作用。根据《土地违法案件查处办法》第八条的规定:"政府非法批地的土地违法案件,由上级人民政府土地管理部门管辖。"《土地违法案件查处办法》第九条又特别规定,下列土地违法案件由国家地政部门管辖:国务院交办的省级人民政府非法批地案件或者其他案件,在全国范围内有重大影响的案件,法律、法规规定由其管辖的案件。

管辖权的转移是级别管辖中的特殊情况。《土地违法案件查处办法》第十一条规定:"上级人民政府地政部门在必要时,可以查处下级人民政府地政部门管辖的土地违法案件,也可以将自己管辖的土地违法案件交下级人民政府土地管理部门查处。”

（三）指定管辖

指定管辖即上级地政部门以决定的方式指定下一级地政部门对某件土地违法行为行使处罚管辖权。《土地违法案件查处办法》第十条规定：“有管辖权的地政部门因特殊原因不能行使管辖权的，由上级人民政府土地管理部门指定管辖，管辖权有争议的，争议双方应当协商解决；协商不成的，报共同的上级人民政府地政部门指定管辖。”

五、土地行政处罚的程序和时效

根据《土地违法案件查处办法》的规定，实施土地行政处罚须经下列程序。

（一）受理和立案

地政部门对上级交办、其他部门移送或群众举报的土地违法案件，应予受理。凡符合下列条件的应当立案：有明确的行为人，有违反土地法律、法规的事实，依法应当追究其法律责任的，自己有管辖权的。

地政部门经审查，认为不符合条件的，须告知交办、移送案件的单位或举报人。对符合立案条件的，须填写土地违法案件呈报表，经地政部门领导批准后立案。

（二）调查、取证

经批准立案的案件，应及时指派承办人承办。承办人在调查案件时，可以采用《土地管理法》第六十七条规定的措施，认真调取各种证据。经查证属实后，作为认定事实的依据。调查、取证应坚持迅速、及时、客观全面、合法、回避等原则。

（三）陈述和申辩

根据《行政处罚法》的规定，行政机关作出处罚决定前，应当告知当事人作出行政处罚决定的事实、理由及依据，并告知当事人依法享有的权利，即当事人有陈述和申辩的权利。土地行政执法人员应认真听取当事人的陈述和辩解，并做好相应笔录，由执法人员和当事人在笔录上共同签名或盖章，有效的笔录是土地行政处罚决定的依据之一。如果因为执法人员没有告知或者虽然告知却拒绝听取当事人的陈述和辩解，造成当事人没有行使陈述和申辩权的土地行政处罚决定应被认定为无效。

对于罚款数额较大的土地违法案件，当事人可以要求听证，并于地政部门告知将作出行政处罚后3日内提出申请。地政部门应在听证的7日前，通知当事人听证的时间和地点。此类听证一般应公开举行，并作笔录。

（四）处理

承办人处理土地违法案件，一般应在30日内办理完毕，因特殊情况经主管领导批准，可适当延长办案期限。承办人在案件调查结束后，认定有违法事实的，由地政部门及时发出责令停止土地违法行为通知书，并送达当事人。同时，应根据事实和法律、法规，提出土地违法案件调查报告，经领导集体审议后，对认定违法事实清楚、证据确凿的，依法作出行政处罚决定，发出土地违法案行政处罚决定书并送达当事人；认定应当给予当事人治安管理处罚的，应提请公安机关按治安法规处罚；认定应当给予行政处分的，应向有关单位或机关提出行政处分建议书；认定违法行为构成犯罪的，应将案件及时移送司法机关依法追究刑事责任。

（五）送达与执行

土地违法案件行政处罚决定书应当在宣布后当场交付当事人；当事人不在场的，应依照

《中华人民共和国民事诉讼法》(简称《民事诉讼法》)的有关规定,在7日内将决定书送达当事人签收或者邮寄送达,无法送交或者邮寄的,可予以公告。

行政处罚一经作出即产生法律效力,当事人必须认真、及时、主动地执行。当事人对行政处罚决定不服的,应当在收到处罚决定书之日起60日内向作出处罚决定的行政机关的上一级机关申请复议,也可以在处罚决定书送达后3个月内、复议决定书送达后15日内或者在复议期满向人民法院提起行政诉讼。期满不起诉又不履行的,作出处罚决定的机关必须提出土地违法案件行政处罚强制执行申请书,连同案卷副本送交人民法院,申请强制执行。

(六)结案

承办人在案件处理完毕后,应当填写土地违法案件结案报告,经主管领导批准结案,并将行政处罚决定书和结案报告等文书报上一级地政部门备案。罚没的财物按财政部罚没物和追回赃款物管理办法的规定办理。

以上是行政处罚的一般程序,又称普通程序。行政处罚还有一种简易程序,又称当场处罚程序,即在具备某些条件的情况下,由执法人员当场作出行政处罚的决定,并当场执行的程序。它一般包括表明身份、说明处罚理由、给予当事人陈述和申辩的机会、制作笔录、制作当场处罚决定书、备案和执行等步骤。简易程序能够节省时间,提高行政管理效率。

第四节　土地行政强制执行

一、土地行政强制执行的概念和特征

土地行政强制执行是指地政部门为保障土地行政执法活动正常进行,对拒不履行法定义务的个人或组织,申请人民法院采取强制性措施,迫使其履行义务的行为。其主要特点有:

(1)实施土地强制执行的主体是地政部门和人民法院。对拒不履行法定义务的个人或组织,采取强制性措施来保障土地行政执法活动正常进行,是地政部门的本职工作,但是,我国的地政部门没有直接采取行政强制措施的权利。因此,《土地管理法》第八十三条规定:"……期满不起诉又不自行拆除的,由作出处罚决定的机关依法申请人民法院强制执行。"由此可见,当负有义务的当事人拒不履行已经生效的土地行政处罚决定时,地政部门可以向人民法院申请执行,依靠法院的强制力量迫使当事人履行义务。

(2)土地行政强制执行以个人或组织拒不履行地政部门依法所课义务为前提。土地行政强制执行针对的是本身具有履行义务的能力,但故意不履行其法定义务的当事人。对于地政部门来讲,申请强制执行是一种执法手段,而不是目的,只是在当事人拒不履行其法定义务,使土地管理活动无法正常进行时,不得已而采取的补救措施。值得注意的是,当事人不履行义务,必须是一种客观存在,而不是主观臆测,必须超过了法定的时限,否则就不能申请采取行政强制执行措施。

(3)土地行政强制执行的对象主要是物,即对财产的强制执行,如强行拆除、强行没收等。

(4)在土地行政强制执行过程中,不得进行执行和解。这是因为,申请人民法院强制执行的地政部门是受国家委托依法履行职责的行政部门,责令当事人履行法定义务既是地政

部门的职权，也是其必须对国家履行的职责，如果允许当事人不履行或不完全履行其法定的义务就是滥用职权，这是法律所不允许的。因此，地政部门无权擅自处分国家所赋予其职权的性质，就决定了在土地行政强制执行中不允许有执行和解的事件发生。这和民事强制执行有本质性的区别。

土地行政强制执行的条件为：

(1)当事人因土地行政处罚决定承担了某项义务。

(2)当事人有不履行义务的故意，而非客观上不能履行。

(3)作出土地强制执行决定的必须是有权作出强制执行决定的地政部门申请人民法院实施。

二、土地行政强制执行的内容

根据《土地管理法》的规定，如果当事人在法定期限内不履行地政部门的处罚决定又不起诉，则作出决定的地政部门有权就下述行为申请人民法院强制执行：

(1)责令限期拆除在非法占用的土地上新建的建筑物和其他设施，当事人拒不履行的，凡有下列情形之一的，地政部门应当申请强制执行：①当事人买卖或者以其他形式非法转让土地，被责令限期拆除在非法转让的土地上新建的建筑物和其他设施，拒不履行的；②当事人（或农村村民）未经批准或者采取欺骗手段骗取批准，非法占用土地（或建住宅），被责令限期拆除在非法占用的土地上新建的建筑物和其他设施（或房屋），拒不履行的。

(2)责令退还非法占用的土地，当事人拒不退还的。

(3)决定没收买卖或非法转让土地的违法所得，拒绝交出的。

(4)决定没收在非法转让的土地上新建的建筑物和其他设施，当事人拒绝交出的。

(5)对非法占用土地处以罚款处罚，当事人拒绝交付的。

(6)责令限期治理、恢复耕种条件，或者对该种行为处以罚款行为的。

(7)对不履行复垦义务，责令缴纳复垦费或处以罚款，当事人拒不缴纳的。

(8)责令交还依法收回的土地使用权并处以罚款，当事人拒绝履行的。

(9)对擅自将集体土地使用权出让、转让或者出租用于非农业建设，责令限期改正、没收非法所得并处罚款，或者对逾期不改正，决定没收该幅土地及地上建筑物和其他设施，拒不交出的。

(10)依法应向人民法院申请执行的其他土地行政处罚决定。

当事人只要因实施了上述土地违法行为中的任何一项，而受到地政部门的行政处罚，却拒绝履行法定义务，并属主观故意，且在法定期限内又不向人民法院起诉，那么，地政部门就可以申请人民法院强制执行。

三、土地行政强制执行的措施

根据《中华人民共和国民事诉讼法》、《中华人民共和国行政诉讼法》（简称《行政诉讼法》）的有关规定，人民法院对土地行政强制执行可分情况采取以下几种措施：

(1)扣留、提取被执行人的储蓄存款或者劳动收入，转交申请执行人，以偿付被执行人所欠的罚款等款额。

(2)查封、扣押、冻结、变卖被执行人的财产。这几项措施可以用于当事人拒交罚款，拒绝交出违法所得以及拒绝交出违法占用被征地单位的土地补偿费和安置补助费等行为。

(3)划拨或转交有关被执行人的存款。即通过金融机构将作为被执行的法人或其他组织的存款,按照人民法院协助执行通知书规定的数额划入(或转交)权利人的账户内。这项措施主要适用于拒绝退赔非法占用被征地单位的土地补偿费和安置补助费的有关组织的行为。

(4)强制迁出房屋、拆除违章建筑物和强制退出土地。其主要适用于当事人拒绝在法定期限内交出或拆除在非法占用的土地上新建的住房或其他设施,拒绝退还或交出非法占用的土地,拒绝交回已经期满的临时使用的土地的行为。

(5)强制执行指定的行为。所谓指定的行为,是指地政部门依法所课土地违法者必须为的行为,如果当事人拒不履行,则申请人民法院强制其履行或者由人民法院委托有关单位或他人代为履行,其费用由被执行人承担。被执行人拒不承担费用的,由人民法院依法强制执行。这种措施主要适用于违法者拒绝在法定期限内治理依法应治理的土地的行为以及拒绝搬迁房屋、拆除违法占地上的建筑物等行为。

(6)法律规定的其他执行措施。

四、土地行政强制执行的程序

(一)申请执行

根据《最高人民法院关于贯彻执行 < 中华人民共和国行政诉讼法 > 若干问题的意见(试行)》的规定,申请人民法院强制执行其具体行政行为的,由被执行人所在地基层人民法院执行。因此,当作出处罚决定的地政部门认为需要采取强制执行时,应在法定期限内(具体行政行为生效之日起3个月)向被执行人所在地的基层人民法院提交申请执行书,逾期申请的,人民法院不予受理。

(二)审查立案

对地政部门申请人民法院强制执行其具体行政行为的,由人民法院执行庭负责审查和执行。人民法院在接到申请执行书后,应审查以下内容:行政处罚决定是否合法,当事人不履行义务是否属于故意,申请执行的事项是否明确适当,申请人提交的文书依据是否齐备,是否符合法定管辖范围,是否在法定的期限内提出申请等。

经审查后,认为行政处罚决定正确、执行申请合法的,人民法院应立案并作出强制执行的决定,然后将决定通知申请机关。如果认为执行申请确有错误或违法,经人民法院院长批准,做出不予立案的决定,并将执行申请退回申请机关。

(三)通知履行

人民法院作出强制执行决定后,应向被执行人发出强制执行通知书,命令被执行人限期履行义务。对于确有履行能力而到期拒不履行义务的当事人,应会同有关组织或当事人的亲朋好友对其进行法制教育,讲明不履行法定义务以及抗拒或妨碍执行的法律后果。如果被执行人经人民法院告诫仍不履行,则进入强制执行程序。

(四)强制执行

强制执行决定通知被执行人后,被执行人如不在通知限定期限内自动履行,人民法院即可实施强制执行措施。

人民法院在查封、扣押被执行人的财产,强制迁出房屋、拆除违法占地上的建筑物或强制退出土地时,应通知被执行人到场,拒不到场,不影响执行。强制执行时,被执行人的所在单位或主管部门和财产所在地的基层组织应当派人参加。对查封、扣押的财产必须制作清单,由在场人签名或盖章后,交被执行人或其他成年人家属。执行员应当将强制执行情况记入笔录,由在场人签名或者盖章。

被执行的款物交申请执行的地政部门,人民法院依法收取执行费。执行结束后,应将执行情况书面通知申请机关。

第五节　土地行政监督行为

一、土地行政监督的概念、特征和作用

土地行政监督是指县级以上人民政府地政部门按照法定程序和方式,依法对相对方遵守土地法律、法规、规章,执行与土地有关的行政命令、决定的情况进行检查、了解、监督的行政行为。其特征为:

(1)土地行政监督的主体必须是县级以上人民政府地政部门,其他主体如乡(镇)人民政府无权行使土地行政监督。

(2)土地行政监督的对象是作为行政相对方的公民、法人或其他组织,有关的行政机关和组织,在一定条件下也可以成为行政监督的对象。

(3)土地行政监督的内容是相对方遵守土地法律、法规、规章,执行与土地有关的行政命令、决定的情况。

(4)土地行政监督的目的是防止和纠正相对方的违法行为,保障法律、法规、规章的执行和土地行政目标的实现。

(5)土地行政监督的性质是一种依职权的单方具体行政行为,是一种独立的法律行为。其法律意义在于它虽然不直接改变相对方的实体权利与义务,但可以对相对方设定某些程序性义务(如命令其接受检查等)和对其行为或权利进行一定的限制(如制止其违法行为或责令违法嫌疑人在调查期间不得变卖、转移与案件有关的财物)。所以,它与行政立法、行政许可、行政处罚、行政强制措施等行为既有区别又密切相关,成为行政管理过程中不可或缺的环节。

土地行政监督的作用为:国家建立土地行政监督制度,通过有效的行政监督活动及时发现、揭露和制止土地所有者、土地使用者、土地管理者的土地违法行为,强化土地管理职能,保证国家土地法律、法规、规章的正确执行,维护正常的土地管理秩序,保护国家和社会公共利益及其他当事人的合法权益。

二、土地行政监督的种类

(一)以行政监督对象划分

以行政监督对象划分,土地行政监督可分为一般行政监督和特定行政监督。一般行政监督即普遍行政监督,是指地政部门对不特定的当事人所实施的行为是否遵守、执行某项法律、法规、规章的监督检查,如执法大检查活动;特定行政监督是指地政部门针对某个特定的当事人或特定事项所实施的检查。对某单位的土地使用情况的监督检查、对开发区建设用地情况的专项检查均属特定行政监督。专项检查具有针对性强、重点突出、发现与掌握问题

较为准确等特点。

(二)以行政监督目的划分

以行政监督目的划分,土地行政监督可分为守法行政监督和执行行政监督。守法行政监督是指地政部门对国民遵守法律、法规情况所实施的检查,如对土地使用者是否依法使用土地的检查。执行行政监督是指地政部门对当事人是否执行具有法律效力的行政决定、命令或是否履行特定义务所实施的检查。一般来说,守法行政监督有可能引起查处行为的产生,而执行行政监督有可能引起强制执行结果的发生。

(三)以行政监督对象行为发生的顺序划分

以行政监督对象行为发生的顺序划分,可分为事前行政监督、事中行政监督和事后行政监督。事前行政监督、事中行政监督的作用在于对行政监督对象不符合土地法律、法规要求的行为,一旦发现能够立即制止,以防造成违法事实或危害结果;事后行政监督的作用在于对行政监督对象已经发生的违法行为,能够责令其采取补救措施或追究其法律责任。

(四)以行政监督主体是否单独行使监督划分

以行政监督主体是否单独行使监督划分,可分为单独行政监督和联合行政监督。单独行政监督是指地政部门依靠自己的力量,单独开展行政监督活动;联合行政监督是指地政部门与其他有关部门(如城建、行政监督、公安等)联合进行的土地行政监督活动。在实践中,有些情况,特别是查处有关土地违法行为时,就需要地政部门与有关部门联合行为,紧密配合方能有效地实施行政监督。

三、土地行政监督的内容

根据现行法律、法规规定,地政部门依法对当事人下列行为的合法性实施行政监督:

(1)土地权属取得、变更和登记发证行为,既要对有关当事人取得、变更土地权属的行为是否合法进行监督,也要对有关地政部门是否依法履行登记发证职责进行监督。

(2)土地规划行为,包括以土地利用总体规划为主的各种类型的规划行为。对土地规划行为的行政监督,主要从规划编制的主体资格、程序等方面是否合法进行监督。

(3)对土地开发利用的主体资格、土地用途等方面是否合法进行监督。

(4)耕地保护特别是基本农田保护行为,主要从当事人是否采取保护耕地的措施及措施是否合法等方面进行监督。

(5)对土地整理与土地复垦行为是否合法进行监督。

(6)对农用地转建设用地行为,包括对农用地转为建设用地是否符合土地利用总体规划、程序是否合法进行监督。

(7)对建设用地行为,包括对建设用地者的资格、申请、范围、审批以及取得建设用地的程序是否合法进行监督。

(8)对土地征用行为,主要从征用土地是否符合土地利用总体规划,用地者的资格条件,征地补偿安置费标准,征地审批程序等方面是否合法进行监督。

(9)对土地使用权出让行为,主要从出让程序、出让方式、出让合同内容(特别是合同约定的土地用途、土地出让价格、土地使用条件和出让年限)等方面是否合法进行监督。

(10)土地使用权交易行为,主要对土地使用权转让、出租、抵押、作价出资入股等行为是否合法进行监督,特别是对土地使用权的流转条件、价格等是否合法进行监督。

(11)土地资产处置行为,主要是对以划拨方式取得国有土地使用权的国有单位和其他使用国有土地的单位处置土地使用权的方式(国有土地租赁、土地使用权出让、土地使用权作价出资入股等)、处置程序等方面是否合法进行监督。

(12)其他土地行为,如对土地权属争议的处理行为、下级人民政府及其地政部门发布的有关土地方面的规范性文件等是否合法进行督查,对上级地政部门下达的查处令执行情况进行监督。

四、土地行政监督的程序

(一)准备

土地行政监督是一项政策性、原则性很强的工作,事先必须做好充分的准备,主要包括思想和业务准备、制定检查方案、组织落实和物质准备、通知行政监督对象等。通知行政监督对象时,一般要求以书面的形式通知被检查的单位和个人,说明检查的目的、时间、方式和要求等有关事项。

(二)实施

检查的实施是开展行政监督工作的实质性阶段,主要包括:①向行政监督对象出示土地行政监督证件,说明检查的目的、内容和工作步骤,提出检查要求,使其做好准备工作并提供检查所必需的条件,积极支持、配合行政监督机构依法开展工作。根据实际需要,依法采取一切必要的行政监督措施。②采取多种方法和各种途径调查了解情况,广泛收集一切与行政监督事项有关的情况、信息。③对获取的情况和各种资料进行分析研究,去粗取精、去伪存真,查清事实真相。④依法处理,即对检查中发现的违反土地法律法规的行为,地政部门应区分问题的性质,作出不同的处理。属于地政部门职权范围内的案件,应依法作出处理;对不属于本部门职权范围内的案件,应当建议或者提请人民政府或有关部门处理。

(三)总结

(1)写出行政监督的总结报告。其主要内容包括:土地行政监督的基本情况,检查所采取的主要措施和形式;检查中发现的主要问题;对当事人土地违法行为的处理结果(行政监督决定或行政监督建议)和防止土地违法行为发生的建议等。

(2)对在土地行政监督工作中做出显著成绩的单位和个人予以表彰或建议表彰,对行政监督工作中好的经验应及时总结并推广。

五、地政部门对土地违法行为的处理程序和方式

根据《土地管理法》等有关规定,地政部门在实施土地行政监督过程中发现的土地违法问题应分别按下列程序、方式处理:

(1)对下级人民政府或地政部门制定的与现行法律、法规相抵触的规范性文件,应分别按照下列要求处理:一是可以责令其修改或者向下级人民政府提出撤销的建议;二是可以向制定机关提出修改建议,必要时,可以向同级人民政府提出责令修改或者撤销的建议。

(2)对下级人民政府违法批地行为的处理。地政部门报经同级人民政府批准,可以对下级人民政府的违法批地行为予以公告,宣布批准文件无效,注销土地使用证,对有关责任人由其所在单位或者上级机关给予行政处分;构成犯罪的,依法追究刑事责任。

(3)对下级地政部门不履行法定职责的处理。依法应当给予行政处罚,而有关地政部

门不给予行政处罚的，上级人民政府地政部门有权责令有关地政部门作出行政处罚决定或者直接给予行政处罚，并给予有关地政部门的负责人行政处分（对于警告、记过、记大过的行政处分决定，上级地政部门可以直接作出；对于降级、撤职、开除的行政处分决定，应当按照国家有关人事管理权限和处理程序的规定，向有关机关提出行政处分建议，由有关机关依法处理）。

（4）对下级地政部门行政处罚错误的处理。地政部门发现下级人民政府地政部门的未经行政诉讼或者行政复议程序，但已发生法律效力的行政处罚决定确有错误的，可以责令下级人民政府地政部门重新处理，也可以自己依法处理。

（5）对土地违法案件当事人的行政处罚。地政部门在行政监督工作中发现土地违法案件，违法事实清楚，证据确凿，应当按照行政处罚的有关规定对当事人予以行政处罚。

（6）对国家工作人员的行政处分。地政部门在土地行政监督工作中发现国家工作人员的违法行为，依法应当给予行政处分的，应向同级或上级人民政府行政监督机关提出行政处分建议，由有关行政监督机关依法予以处理。

（7）对构成犯罪行为的处理。地政部门在土地行政监督工作中发现土地违法者的行为已经构成犯罪的，应当将案件移送有关司法机关，依法追究其刑事责任。

（8）对拒绝、阻碍执行公务或者打击报复执法人员的处理。对拒绝、阻碍地政部门依法履行土地行政监督职责，或者对土地行政监督人员进行打击报复的，由地政部门提请公安机关依照治安管理处罚条例的有关规定进行处罚；构成犯罪的，依法追究刑事责任。

需要指出的是，地政部门不得对违法者采取职权范围外的处理措施，否则应承担因越权而产生的法律责任。

第六节　土地行政裁决行为

一、行政裁决的概念与特征

行政裁决是指行政主体依照法律授权，对平等主体之间发生的、与行政管理活动密切相关的、特定的民事纠纷（争议）进行审查并作出裁决的具体行政行为。其特征为：

（1）行政裁决的主体（即裁决者）是法律授权的特定的行政机关。

（2）行政裁决的对象是特定的民事纠纷。传统上，民事纠纷是由法院裁判的，行政机关一般只行使行政权，通常情况下不能裁决属于司法权范畴的民事争议案件。但为适应客观现实的需要，在特定情况下，为实现行政管理的目标，法律特别规定个别种类的民事案件授权行政主体先予裁决并保留法院对之进行司法审查的权力。

（3）行政裁决是行政主体行使行政裁判权的活动，具有法律权威性。在现代社会，行政裁判权已成为国家行政权的一个重要组成部分，因此行政裁判权的行使也是国家行政权的一种行使方式，行政裁决活动具有行政权行使的特征。无论民事纠纷的双方当事人是否接受或同意，都不影响行政裁决的进行和成立，也不影响行政裁决应有的法律效力。

（4）行政裁决是一种特殊的具体行政行为。所谓特殊：一是因为行政机关是居间裁决的公断人而非以管理者的身份出现；二是因为行政裁决依照的是一种准司法程序，不同于一般具体行政行为程序，它要求行政主体客观公正地审查证据、调查事实，然后依法作出公正的裁决。尽管行政裁决具有以上特性,但它仍是一种具体行政行为。因为行政裁决对已发生的特定民事纠纷在行政上予以法律确认,使处于不确定状态的法律关系被确认下来,其行为具有具体行政行为的性质和特征。所以,对行政裁决不服而产生的纠纷应属行政纠纷范畴。我国的有关法律、法规和司法解释也已明确规定,对行政裁决不服的可依法申请行政复议或提起行政诉讼。

二、行政裁决与行政仲裁的区别

行政仲裁是指行政机关设立的特定行政仲裁机构以第三者的身份,对双方当事人之间的纠纷依法予以公断的制度。就其特征而言,行政裁决与行政仲裁有相似之处,它们都是行政机关以第三者的身份居间裁断,所处理的对象都是民事争议等。但是,行政裁决与行政仲裁又有以下较大的区别:

(1)从起源上看,行政裁决作为行政行为的一种方式出现,即行政机关以第三者的身份居间对双方当事人的纠纷予以裁决。而行政仲裁则作为一种民间的活动出现。正因为如此,通过近年来的改革,仲裁逐步在淡化行政色彩而向民间性质过渡,特别是《中华人民共和国仲裁法》颁布与实施以来,曾作为典型的行政仲裁之一的经济合同的仲裁性质已经完全改变。

(2)从法律后果上看,行政裁决是行政机关运用行政权力的过程,对之作出的裁决不服可申请行政复议或起诉。而行政仲裁则基于双方当事人的自愿,并非行政机关运用行政权的过程。双方当事人对仲裁决定不服,仍可作为民事纠纷向法院提起民事诉讼。

三、我国土地行政裁决的种类

我国的土地行政裁决可以归纳为权属纠纷裁决、损害赔偿裁决和侵权纠纷裁决。

(一)权属纠纷裁决

权属纠纷裁决是指行政主体对平等主体之间,因涉及与行政管理相关的土地及相关财物的所有权、使用权的归属而发生的争议所作出的确定性裁决。在土地管理实践中,由于地界不清,土地权属紊乱,政策和体制的变更以及其他历史原因遗留问题等,造成了较多较复杂的土地权属纠纷,对这些纠纷进行裁决,是土地管理部门的一项重要工作。

(二)损害赔偿裁决

损害赔偿裁决是指行政机关对平等主体之间发生的因涉及与行政管理相关的土地合法权益受到侵害而引起的赔偿争议所作的裁决。如化工厂排出的污水污染了农田、损害了农作物,权益受损方可依法要求有关行政机关进行裁决,确认赔偿责任和赔偿金额,使其受到损害的权益得到恢复和赔偿。

(三)侵权纠纷裁决

侵权纠纷裁决是指由于作为平等主体一方当事人的涉及行政管理的土地合法权益受到另一方侵犯时,当事人依法申请行政机关进行制止,行政机关就此争议作出的制止侵权行为的裁决。如甲在乙的土地上盖房居住,甲就侵犯了乙的土地使用权,乙可以依法申请土地管理部门进行裁决,制止甲的侵权行为。

四、行政裁决的程序

根据我国相关法律、法规和行政管理实践,将行政裁决的程序规则概括如下。

（一）申请

当事人应当首先提出请求行政机关保护自己合法民事权益的申请书。申请必须符合下列条件：①申请人合格，即申请人必须是民事权益发生争议的当事人或其法定代理人、监护人。②申请必须向有管辖权的行政机关提出。③申请必须在法定期限内提出。④申请一般必须提交申请书，口头申请作为例外。

（二）受理

行政机关收到当事人的申请书后，应当对申请书进行初步审查，如果符合条件，行政机关应当受理；如果不符合条件，行政机关应及时通知当事人并说明理由。

（三）调查、审理

受理的行政机关将申请书副本送交对方当事人，对方当事人必须在法定期限内作出答复。行政机关对纠纷的事实和证据进行查证核实，看事实是否清楚，证据是否充分确凿。如果事实不清，行政机关可召集当事人进行调查、询问和辩论，也可以向有关证人了解情况；如果证据不足，行政机关有权责令当事人举证，也可以自行依法调查或向有关组织调取证据。

（四）裁决

行政机关通过审查，认为事实清楚、证据确凿的应及时裁决。裁决书应载明双方当事人及法定代理人或委托代理人的姓名、住址、身份、纠纷争议的内容、对争议的裁决以及裁决的依据和理由。另外，还要告知当事人能否起诉以及起诉期限和管辖法院。

第七节　土地行政诉讼概述

一、土地行政诉讼的概念及原则

土地行政诉讼是指公民、法人或其他组织认为土地行政主管部门的具体行政行为（包括作为和不作为）侵犯其合法权益，在法定期限内，依法向人民法院起诉，由人民法院依法审理判决的活动。

《中华人民共和国行政诉讼法》对行政诉讼规定了以下六项原则：

（1）人民法院依法对行政案件独立行使审判权，不受行政机关、社会团体和个人的干涉。

（2）人民法院审理行政案件，以事实为依据，以法律为准绳。

（3）人民法院审理行政案件，只对具体行政行为是否合法进行审查。对于行政机关在法律、法规规定范围内作出的具体行政行为是否适当，原则上通过行政复议处理，人民法院不能代替行政机关作出决定。

（4）人民法院审理行政案件，依法实行合议、回避、公开审判和两审终审制度。由于行政案件审理难度较大，人民法院审理行政案件，由审判员组成合议庭，或者由审判员、陪审员组成合议庭而不是由审判员一人单独审判。

（5）当事人双方在行政诉讼中的法律地位平等，均有权辩论。

（6）人民检察院有权对行政诉讼实行法律监督。人民检察院对人民法院已经发生法律效力的判决、裁定，如果发现有违反法律规定的，则有权依照审判监督程序提出抗诉。

二、土地行政诉讼与土地行政复议的关系

根据法律的规定，土地行政复议和土地行政诉讼的关系，有以下四种情况：

(1)行政相对人不服具体行政行为，依法必须经过行政复议。如对复议决定仍不服的，才可以向人民法院起诉，如对关于土地权属关系争议的行政行为不服，必须先申请复议。这就是通常所说的复议前置原则。

(2)行政相对人不服具体行政行为，依法可以在行政复议和向人民法院起诉之间自由选择。如选择行政复议，对复议决定仍不服的，还可向人民法院起诉；也可以不经过行政复议，直接向人民法院起诉。这就是所谓的选择复议原则。

(3)行政相对人不服具体行政行为，依法可以直接向人民法院起诉。法律、法规没有规定必须经过行政复议的，就是不适用复议前置原则。《中华人民共和国行政诉讼法》关于选择复议的规定，可以适用于这种情况。

(4)行政相对人不服具体行政行为，依法可以在行政复议和向人民法院起诉之间自由选择，但是，如选择行政复议后，复议机关的复议决定就是最终裁决。行政相对人如不服复议决定，也不能再向人民法院起诉。

土地行政复议和土地行政诉讼的关系表现为以下几个方面：

(1)以复议前置原则为主。如《中华人民共和国行政复议法》第三十条规定："公民、法人或者其他组织认为行政机关的具体行政行为侵犯其已经依法取得的土地……等自然资源的所有权或者使用权的，应当先申请行政复议；对行政复议决定不服的，可以依法向人民法院起诉。"

(2)对土地权属关系以外的具体行政行为不服适用选择复议原则。例如：当事人对地政部门作出的罚款决定不服的，可以在接到罚款通知之日起60日内，向作出罚款决定的土地管理部门的上一级机关申请复议；对复议决定不服的，可以在接到复议决定之日起15日内，向人民法院起诉。当事人也可以在接到罚款通知之日起15日内，直接向人民法院起诉。

(3)法律法规的规定相对人可以直接向人民法院起诉。如《土地管理法》第八十三条规定，当事人对责令限期拆除的行政处罚决定不服的，可以在接到处罚决定通知之日起15日内向人民法院起诉。

三、土地行政诉讼的范围和管辖

(一)土地行政诉讼的范围

土地行政诉讼的范围就是人民法院审判土地行政案件的范围。根据《中华人民共和国行政诉讼法》的规定，可以提起土地行政诉讼的案件，主要有：

(1)不服土地行政处罚的具体行政行为。土地行政处罚决定主要有罚款、责令返还土地、限期拆除、没收在非法占用土地上新建房屋、没收买卖或者其他形式非法转让土地的非法所得、责令退赔、责令限期治理等。

(2)不服土地行政主管部门拒绝颁发许可证或者不予答复的具体行政行为。如果个人或者组织认为自己符合法定条件，申请地政机关或人民政府批准颁发使用土地许可证，而地政机关或人民政府拒绝批准、颁发或者不予答复的，相对人则可以依法提起行政诉讼。

(3)不服土地行政主管部门对土地所有权、使用权归属所作的具体行政行为。根据当

事人对行政机关就土地所有权、使用权归属所作的处理决定不服的,依法先进行行政复议后,对行政复议决定仍然不服的,可以提起行政诉讼。

(4)不服土地行政主管部门对侵犯土地的所有权、使用权所作的赔偿损失的具体行政行为。根据《最高人民法院关于贯彻执行〈中华人民共和国行政诉讼法〉若干问题的意见(试行)》第四条规定,个人或者组织就赔偿问题所作的裁决不服的,可以向人民法院提起行政诉讼。

(5)不服土地行政主管部门所作的行政侵权赔偿或者补偿的具体行政行为。《中华人民共和国行政诉讼法》第六十七条规定,如果个人或者组织的合法权益受到行政机关或者其工作人员作出的具体行政行为侵犯造成损害的,有权请求赔偿。对行政机关的行政侵权处理不服的,可以向人民法院提起诉讼。

(6)认为土地行政主管部门违法要求履行义务的具体行政行为,如非法摊派、滥收费用等。

(7)不服土地管理机关所作的其他土地纠纷的具体行政行为。

在实践中,土地行政复议的范围和土地行政纠纷的范围是基本相同的,不服土地行政复议的案例,都可以依法向人民法院提起行政诉讼。但是,所有提起行政诉讼的案件,不一定都必须进入土地行政复议。

(二)土地行政诉讼的管辖

行政诉讼的管辖是指人民法院之间受理第一审行政案件的分工和权限。行政诉讼的管辖可以分为级别管辖、地域管辖和裁定管辖。《中华人民共和国行政诉讼法》第十七条规定:“行政案件由最初作出具体行政行为的行政机关所在地人民法院管辖。经复议的案件,复议机关改变原具体行政行为的,也可以由复议机关所在地人民法院管辖。”《中华人民共和国行政诉讼法》第十九条规定:“因不动产提起的行政诉讼,由不动产所在地人民法院管辖。”土地行政案件主要属于因不动产提起的行政诉讼,因此土地行政诉讼管辖存在下列两种情形:

(1)当事人不服土地行政主管部门的具体行政行为,直接向人民法院起诉的案件,或者申请行政复议,对复议决定维持原具体行政行为不服而向人民法院起诉的案件,应由最初作出具体行政行为的土地行政主管部门所在地人民法院管辖。

(2)当事人对原具体行政行为不服,申请复议,又对土地复议机关改变原具体行政行为的决定不服而向人民法院起诉的案件,最初作出具体行政行为的土地行政主管部门所在地法院和复议机关所在地的法院都有管辖权。当事人可向任一法院起诉。

属于受诉人民法院管辖是法定起诉条件之一。人民法院对不符合管辖规定的起诉,不予受理;已经受理的,应依法移送至有管辖权的人民法院。

第八节　土地行政诉讼的程序

一、起诉

土地行政诉讼的起诉是指公民、法人或其他组织认为土地行政主管部门及其工作人员的具体行政行为侵犯自己的合法权益,依照《中华人民共和国行政诉讼法》向人民法院提出诉讼请求,要求人民法院依法予以保护的诉讼行为。

根据《中华人民共和国行政诉讼法》的规定,公民、法人或其他组织提起土地行政诉讼,应当具备以下条件:

(1)原告必须是认为土地行政主管部门的具体行政行为侵犯其合法权益的公民、法人或其他组织。一般来说,土地行政主管部门没有对其实施土地管理具体行政行为的公民、法人或其他组织不能作为原告。但是,如果有权起诉的公民已经死亡,其近亲属可以作为原告提起诉讼;有权起诉的法人终止,承受其权利的法人可以提起诉讼。实施土地管理具体行政行为的土地行政主管部门,不能作为行政诉讼的原告。

(2)有明确的被告。原告起诉应指明作出具体行政行为,侵犯其合法权益的是哪一个土地行政主管部门。被告必须是实施具体行政行为的土地行政主管部门,土地行政主管部门的工作人员不能成为土地行政诉讼的被告。依据《中华人民共和国行政诉讼法》和最高人民法院司法解释的有关规定,原告依法直接起诉的或者选择复议且复议机关维持原具体行政行为的或者复议机关在法定期限内不作出复议决定、原告对原具体行政行为不服的,作出原具体行政行为的土地行政主管部门是被告;原告选择复议,不服复议机关改变原具体行政行为的,复议机关是被告。有下列三种情况之一的,即属于复议机关改变原具体行政行为:①复议机关改变原具体行政行为所认定的事实的;②复议机关改变原具体行政行为所使用的法律、法规或者规章的;③复议机关改变原具体行政行为的处理结果,即撤销、部分撤销或者变更原具体行政行为的。

(3)有具体的诉讼请求和事实根据。具体的诉讼请求是指原告提出起诉所要解决的土地行政争议,要求撤销违法的土地具体行政行为,或者要求对土地具体行政行为造成合法权益的损害给予行政侵权赔偿。事实根据是指原告对起诉地政部门所作的具体行政行为侵犯其合法权益,应当提供有关的事实、证据和法律、法规的依据。在行政诉讼中,原告提供证据和被告负举证责任有一定区别。所谓被告负举证责任,是指被告作为行使土地管理职权的主管机关,对所作出的土地具体行政行为具有证明其合法性的责任。如果被告不能提供充足的证据,就要承担败诉的风险。原告作为土地管理的相对人,处于被管理者的地位。原告不负举证责任并不等于不承担提供证据的责任。

(4)属于人民法院受案范围和受诉人民法院管辖。原告起诉的土地行政案件必须是法律、法规规定属于人民法院受案范围的;否则,人民法院不能受理。例如:根据《中华人民共和国行政复议法》第三十条规定,国务院或者省级政府对行政区划的勘定、调整或者征用土地的决定,省级政府确认土地等自然资源权属关系的行政复议决定为最终裁决,人民法院无权受理。

当事人的起诉,在符合人民法院受案范围的前提下,还必须符合有关管辖规定。

二、受理与立案

土地行政诉讼的受理,是指原告的起诉经过受诉人民法院审查,认为符合起诉条件,决定立案审理的行为。

对原告的起诉结合具体的案例进行以下几个方面的审查,分不同的情况进行处理。

(1)符合起诉条件的,应自接到起诉状之日起 7 日内立案受理。对决定立案受理的行政案件,原告自接到人民法院预交诉讼费用通知的次日起 7 日内预交诉讼费。当事人在预交期内未预交又不提出缓、减、免的,按自动撤诉处理。

(2)认为基本符合起诉条件,但在起诉状的内容方面尚有不合理的要求,应当告诉原告,并限期予以纠正,如果原告在限期内不予以纠正,视为撤诉。

(3)认为不符合起诉条件的,应当在接到起诉状之日起7日内作出不予受理的裁定。当事人不服该裁定的,有权在裁定书送达之日起10日内,向上一级人民法院提起上诉。

三、土地行政诉讼的审理

(一)审理前的准备

1.立案

人民法院应当在立案之日起5日内,将起诉状副本送达被告。被告应当在收到起诉状副本之日起15日内,向人民法院提交作出具体行政行为的有关材料或者证据,并提出答辩状。人民法院应当在收到答辩状之日起5日内,将答辩状副本送达原告。被告不提出答辩状的,不影响人民法院的审理。

2.依法组成合议庭

人民法院审理行政案件,应当依法组成合议庭,合议庭的成员应当是3个以上的单数,由审判员组成或者由审判员和陪审员组成。审判人员认为自己与本案有利害关系或者由其他可能影响案件公正处理的,应当申请回避。

3.审查当事人是否委托诉讼代理人

当事人委托诉讼代理人,应向人民法院提交授权委托书,载明委托事项和权限范围,并经人民法院审查同意。土地行政诉讼原告和被告都可以委托1~2名诉讼代理人代为诉讼。律师、社会团体、提起诉讼的公民的近亲属,或者所在单位推荐的人,以及人民法院认可的其他公民,可以受委托为原告的诉讼代理人,被告可以委托其工作人员或者律师为诉讼代理人。土地行政复议机关为被告,可以委托1~2名原裁决机关的工作人员作为诉讼代理人。

4.审查诉讼公文和证据材料

了解原告和被告双方发生土地行政争议的具体事实,及时更换不符合条件的当事人,决定或者通知与诉讼的土地具体行政行为有利害关系的第三人参加诉讼。在证据材料不充足的情况下,要求当事人提供补充证据,或者自行向有关人员调取证据。

5.决定被诉土地具体行政行为是否停止执行

根据《中华人民共和国行政诉讼法》第四十四条的规定,诉讼期间不停止具体行政行为的执行。但是,具有法律、法规规定可以停止执行被诉具体行政行为的情形除外。土地具体行政行为,原告应当按照《中华人民共和国行政诉讼法》的规定执行,实际上,有的土地具体行政行为具有一方的特殊性,如果原告没有执行土地具体行政行为,在行政诉讼期间,土地行政主管部门申请人民法院强制执行被诉具体行政行为,人民法院可不予执行,这不形成被诉具体行政行为暂时停止执行的情况,只有等待人民法院作出的裁判发生法律效力之后才能解决。

(二)审理的方式

按照《中华人民共和国行政诉讼法》的规定,人民法院第一审土地行政案件必须实行开庭公开审理的方式,不得采用书面审理,但是涉及国家秘密、个人隐私和法律另有规定的,可以不公开审理。

按照《中华人民共和国行政诉讼法》的规定,人民法院审理行政案件,不适用调解,人民法院审理土地行政案件,主要是审查土地具体行政行为是否合法。而土地行政主管部门的行政行为是代表国家以国家名义实施的行为,土地行政主管部门在诉讼中无权任意处分其实体权利。所以,在土地行政诉讼中,人民法院不能适用调解或者以调解作为结案方式。但是,人民法院审理土地行政赔偿诉讼,对于赔偿的数额争议,可以适用调解。

(三)审理的内容

人民法院审理土地行政案件,应当审查土地管理具体行政行为是否合法,着重从以下五个方面进行审查:

(1)审查被诉地政部门是否依法取得实施被诉土地管理具体行政行为相应的行政管理职权和是否超越职权;

(2)审查被诉土地行政主管部门实施的具体行政行为认定的事实是否真实、证据是否确凿;

(3)审查被诉土地行政主管部门实施的具体行政行为所适用的法律、法规和规章是否正确;

(4)审查被诉土地行政主管部门实施的具体行政行为是否符合法定程序;

(5)审查被诉地政部门作出的行政处罚具体行政行为是否显示公正。

(四)审理中的撤诉

根据《中华人民共和国行政诉讼法》第五十一条的规定,人民法院对行政案件宣告判决或者裁定前,原告有权依法申请撤诉。原告撤诉有以下三种情况:

(1)原告在被告地政部门未改变被诉土地具体行政行为的情况下申请撤诉,自愿放弃起诉的权利,接受地政部门原具体行政行为。

(2)原告在被告主动改变被诉土地具体行政行为后,经土地主管机关同意并申请撤诉,应当接受土地行政主管部门重新作出的具体行政行为。被告在人民法院审理行政案件第一审程序中,依法可以改变原具体行政行为,如果原告不同意和不申请撤诉,或者原告同意并申请撤诉,未经人民法院准许,人民法院就继续审理被诉的原具体行政行为。

(3)原告经人民法院两次合法传唤,无正当理由拒不到庭的,视为原告自愿撤诉。在开庭审理期间,原告未经人民法院的许可,中途退庭拒不返回的,也可视为原告申请撤诉。

(五)缺席判决

人民法院在审理土地行政案件时,在一方当事人缺席的情况下,可以缺席判决:

(1)在被告经人民法院两次合法传唤,无正当理由拒不到庭时,人民法院可以缺席判决。

(2)在被告到庭参加诉讼期间,未经人民法院许可,中途退庭又拒不返回的,人民法院可以缺席判决。

(3)在人民法院裁定不准许原告申请撤诉的情况下,原告经两次合法传唤仍拒不到庭的,人民法院可以缺席判决。

四、土地行政诉讼的判决

依照《中华人民共和国行政诉讼法》第五十四条的规定,人民法院经过审理,根据不同情况,分别作出行政判决。

(一)判决维持

土地行政主管部门作出的具体行政行为,同时具备证据确凿,适用法律、法规正确,符合法定程序三项条件的，属于合法的具体行政行为，人民法院应判决维持。

（二）判决撤销或者部分撤销，并可判决被告重新作出具体行政行为

地政部门作出的具体行政行为，具有：①主要证据不足；②适用法律、法规错误；③违反法定程序；④超越职权；⑤滥用职权等五种情况之一的，属于违法的土地具体行政行为，但在调取证据，适用法律、法规或者遵守法定程序方面存在问题，并影响案件正确处理的，人民法院可以在判决撤销或者部分撤销的同时，判决被告依法重新作出具体行政行为。

（三）判决履行

法律、法规规定属于土地行政主管部门的行政职权和法定职责，相对人符合法定条件，向土地行政主管部门申请颁发土地使用许可证等，在被告不履行或者拖延履行法定职责时，人民法院可以判决被告必须在一定期限内作出履行法定职责的具体行政行为。

（四）判决变更

原告的行为违法，依法应追究行政责任，但被告作出属于行政处罚的具体行政行为显失公正时，人民法院可以作出直接改变土地行政主管部门的具体行政行为的判决。

五、土地行政案件的执行

土地行政案件经过人民法院判决、裁定发生法律效力以后，当事人必须自觉地履行；否则，享有法定权利的一方可以申请人民法院强制执行。

如果原告拒绝履行判决，土地行政主管部门可以向第一审人民法院申请强制执行。让人民法院按照法定程序，根据发生效力的法律文书所确定的执行内容，对属于被执行人的原告方可以采取以下措施：

（1）裁定冻结、划拨被执行人的存款或者扣留、提取被执行人的劳动收入。

（2）裁定查封、扣押、冻结、变卖被执行人的财产。

（3）强制被执行人退出非法占用的土地或者拆除非法占用土地上新建的房屋。此项强制执行措施，必须由人民法院严格依照法定程序进行。

如果被告土地行政主管部门拒绝履行判决、裁定的，原告可以申请强制执行。第一审人民法院对被告可以采取以下措施：

（1）对应当归还的罚款或者应当付给的赔偿金，通知银行从被告的账户内划拨。

（2）在判决规定的期限内不履行的，从期满之日起，对该被告按日处50～100元的罚款。

（3）向被告的上一级地政部门或者监察、人事机关提出司法建议。接受司法建议的机关，应当根据有关规定进行处理。

（4）拒不履行判决、裁定，情节严重，构成犯罪的，依法追究主管人员和直接责任人的刑事责任。

当事人向第一审人民法院申请执行生效的判决、裁定的期限为3个月，从法律文书规定期限的最后一日起计算；逾期申请的，人民法院不予受理。

思考与分析题

1. 什么是行政许可和确认？

2. 土地行政诉讼与土地行政复议的关系如何？

第十五章　土地法律责任

第一节　土地民事法律责任

民事法律责任是指由于民事违法行为或特定事实的出现所导致的赔偿或补偿的法律责任。土地民事法律责任是指与土地资源、土地财产等有关的民事法律责任。其特征为：

(1)土地民事法律责任主体主要是个人或者组织。无论是侵权一方还是被侵权一方，都是平等的民事法律主体，其法律地位平等。

(2)土地民事法律责任可以由土地法直接规定，也可以由双方当事人之间自主约定和协商确定。这是因为民事权利义务既可由法律规定产生(如当事人依法享有土地所有权和使用权)，也可以由双方当事人依法签订的合同产生(如土地承包合同、土地使用权出让合同或者转让合同、土地依法租赁或者抵押合同等)。

(3)承担土地民事法律责任的方式主要是采取强制履行应尽义务，或者承担因侵权行为或者违约行为造成损害的民事赔偿责任等方式。土地侵权行为的民事赔偿责任(合同外责任)和土地违约行为的民事责任(合同内责任)，都以补偿因不履行应尽义务所造成的损失为原则。由于侵犯土地权利和违反土地义务的性质内容不同，违法者承担民事责任的方式也不同。根据有关土地法的规定，承担民事责任的方式主要有排除妨碍、消除危险、停止侵占、恢复原状、返还财产、赔偿损失、支付违约金等。

(4)由于土地法中的民事责任引起的争议，属于土地侵权行为造成损害的民事赔偿责任，可以依法由地政部门处理。这时，地政部门处于管理者的地位，作为处理土地侵权行为的侵权人和被侵权人的第三方，一般不涉及自身承担民事责任的问题。如果土地侵权行为人或被侵权人认为地政部门所作出的土地侵权民事赔偿责任的裁决不合法，可以向人民法院提起民事诉讼(以侵权人为被告)。

不过，对于双方当事人发生的争议，一般由人民法院通过审判解决，对于实施土地违法行为应承担民事责任的当事人依法追究其民事责任。

第二节　土地行政法律责任

一、土地行政法律责任的概念和特征

土地法中的行政责任是指实施违反土地法律规范的行为者，依法接受行政制裁所应承担的法律责任。其基本特征在于：

(1)这种法律责任属于轻微违法失职，尚不构成追究刑事责任的一种法律制裁。追究违法行为人行政法律责任的目的是通过惩罚违法人，教育本人和其他人。

(2)这种法律责任是有法律规定的行政机关依法实施的行政处罚的行为。处罚者与被

处罚者之间的地位是不平等的，一方为管理者、领导者，另一方为被管理者、被领导者。

(3)这种法律责任是通过《中华人民共和国行政处罚法》规定的法律程序进行的，承担行政法律责任的形式主要有行政处罚、行政处分和行政赔偿。

二、行政处罚

违反土地法规的违法行为及应当受到行政处罚的情况包括以下几种。

(一)买卖或者以其他形式非法转让土地行为及其处罚

买卖或者以其他形式非法转让土地的违法行为主要表现为以下三种情况：一是买卖、非法转让国有土地、农民集体所有土地所有权的行为。二是非法转让国有土地使用权的行为。《房地产法》、《出让和转让条例》等对国有土地使用权的转让活动作出了规定。违反上述规定转让的，即构成规定的非法转让土地使用权的行为。三是违反法律规定，转让农民集体所有土地的使用权用于非农业建设的行为。

这类违法行为的行政处罚包括以下几种：

(1)没收违法所得。所谓违法所得，是指依照违法行为，一方应当交付给另一方的钱或物。在买卖或者其他形式非法有偿转让土地中，一方得到钱或物，另一方得到土地，则违法所得的内容包括金钱和土地，均属没收之列；在非法无偿的转让土地中，一方得到土地，另一方没有所得，因此违法所得仅为土地，应予没收。

(2)限期拆除新建的建筑屋和其他设施。如果在买卖或者以其他形式非法转让的土地上新建了建筑物和其他设施的，并且这些建筑物和其他设施违反土地利用总体规划的，则应当责令违法者在规定的期限内将新建的建筑物和其他设施拆除，恢复土地原状。

(3)没收新建的建筑物和其他设施。如果在买卖或者以其他形式非法转让的土地上新建的建筑物和其他设施符合土地利用总体规划的，则可以不拆除，由作出处罚决定的地政部门予以没收。

(4)罚款。对买卖土地或者以其他形式非法转让土地的，除采取上述处罚措施外，还可以对当事人处以非法所得的50%以下的罚款。

(二)破坏耕地种植条件和造成土地荒漠化、盐渍化的行为及其处罚

这类违法行为包括：

(1)非法占用耕地建窑、建坟或者擅自在耕地上建房、挖沙、采石、采矿、取土等破坏种植条件的行为。

(2)因开发土地造成土地荒漠化、盐渍化的行为。

对这类违法行为的处罚措施包括以下两种：第一，责令限期改正或者治理，即责令违法者在确定的期限内，停止违法活动，包括清除所建砖窑等违法建筑物、停止取土、停止开发开垦土地的活动。限期治理是指在清除违法建筑物、停止取土等行为的同时，对造成耕地破坏的，采取措施，恢复土地原状，达到耕地要求的种植条件等，或者对开发开垦造成土地荒漠化、盐渍化的，责令负责组织开发的单位和个人采取补救措施或者其他必要措施，进行整治。第二，作出责令限期改正或者治理的决定的同时，依据具体情节，可以作出并处罚款的决定。但是否处以罚款，应当由作出处罚决定的地政部门视违法行为所造成的后果依法确定。

(三)拒不履行土地复垦义务的行为及处罚

这类违法行为有以下两种情况：

(1)对拒不履行土地复垦义务的,由县级以上人民政府地政部门责令限期改正,即限期进行土地复垦,并经验收合格。

(2)对经责令限期改正而逾期不改正的,由地政部门在责令其缴纳复垦费的同时,依情节可以作出处以罚款的决定。

(四)未经批准或者采取欺骗手段骗取批准或者超过批准的数量非法占用土地的行为及处罚

这类违法行为包括以下情形:

(1)建设单位或者个人未经用地审批或者采取欺骗手段骗取批准而占用土地的。

(2)涉及农用地改为建设用地未取得农用地转用审批或者采取欺骗手段骗取农用地转用审批的。

(3)超过批准的数量占用土地的。

根据《土地管理法》规定,对非法占用土地的行政处罚有:

(1)责令退还非法占用的土地。即将非法占用的土地恢复到占用以前的状态,如果非法占用的土地是公共用地或未确定给单位和个人使用的国有土地的,要恢复到占用以前的原貌;如果非法占用的土地是其他单位或个人使用的国有土地的,要将非法占用的土地退还原使用者,由此而给原土地使用者造成损失的,可以依法追究其民事责任;如果非法占用的土地是农民集体的,作出处罚的地政部门应当责令其交还原农民集体。

(2)对违反土地利用总体规划擅自将农用地改为建设用地的,限期拆除在非法转让的土地上新建的建筑物和其他设施,恢复土地原状;对符合土地利用总体规划的,没收在非法转让的土地上新建的建筑物和其他设施。

(3)罚款。对非法占用土地的,除采取上述处罚措施外,还可以对当事人处以罚款。是否给予罚款,由地政部门根据情节依法确定。

(五)村民未经批准或者采取欺骗手段骗取批准的或者超过批准的数量,非法占用土地建住宅的行为及处罚

这类违法行为包括:

(1)村民占地建房的住宅用地未经乡(镇)人民政府审核及县级人民政府批准的行为。

(2)村民占地建住宅,对涉及占用农用地的,未办理或者采取欺骗手段办理农用地转用审批手续的行为。

(3)村民骗取批准,占地建住宅的行为。

(4)超过省、自治区、直辖市规定的标准,多占土地建房的行为。对这类违法行为的处罚是:责令退还非法占用的土地,包括退还超占的土地,限期拆除在非法占用的土地上新建的房屋。法律没有规定可以适用罚款和没收的处罚,因此不能适用罚款和没收的处罚。

(六)依法收回国有土地使用权而当事人拒不交出土地的,临时使用土地期满拒不归还的或者不按照批准的用途使用国有土地的行为及处罚

对拒不交还土地的行政处罚是:县级以上人民政府土地行政主管部门责令交还土地的,处以罚款。

(七)擅自将农民集体所有的土地的使用权出让、转让、出租用于非农业建设的行为及处罚

对擅自将农民集体所有的土地的使用权出让、转让、出租用于非农业建设的,由县级以上地政部门作出以下行政处罚：

（1）责令限期改正，即要求受让方、承租方应当在限定的期限内将集体土地使用权退回对方。

（2）没收非法所得，包括出让金、转让金和租金以及受让方、承租方因受让土地使用权或者承租土地而获得的直接收益。

（3）并处罚款。

依照规定责令限期拆除在非法占用的土地上新建的建筑物和其他设施的，建设单位或者个人必须立即停止施工，自行拆除；对继续施工的，作出处罚决定的机关有权制止。建设单位或者个人对责令限期拆除的行政处罚决定不服的，可以在接到责令限期拆除决定之日起 15 日内，向人民法院起诉；（不适用行政复议）期满不起诉又不自行拆除的，由作出决定的机关依法申请人民法院强制拆除，费用由违法者承担。

三、行政处分

根据《土地管理法》和有关法律规定，各级人民政府和有关行政主管部门及其工作人员在土地管理活动中违反规定，应当给予行政处分的，对实施违法行为的单位的直接负责的主管人员和其他直接责任人员，由其所在单位或者上级主管部门或者行政监察部门，依法给予行政处分。应当承担行政处分的违法行为有以下几种情形：

（1）买卖或者以其他形式非法转让土地的。

（2）对未经批准或者采取欺骗手段骗取批准的，或者超过批准的数量，非法占用土地的。

（3）非法批地的行为。其包括以下四种情况：①无批准权而非法批准占用土地的行为；②超越批准权限非法批准占用土地的行为；③依照规定，享有有关土地批准权的各级人民政府，不按照土地利用总体规划确定的土地用途批准用地的行为；④违反法律规定的程序，批准占用、征用土地的行为。

（4）侵占、挪用被征用土地单位的征地补偿费用和其他有关费用，不构成犯罪的。

（5）土地行政主管部门的工作人员玩忽职守、滥用职权、徇私舞弊，尚不构成犯罪的。

四、行政赔偿

根据《土地管理法》第七十八条的规定，对非法批地的，除依法给予行政处分和追究刑事责任外，对当事人造成损失的，还应当由非法批地的机关依法赔偿，即行政赔偿。行政赔偿是指国家行政机关或者其他工作人员违法行使行政职权，侵犯个人或者组织的合法权益（包括人身权利和财产权利）并造成损害的，由国家给予赔偿的法律制度。《中华人民共和国国家赔偿法》对此作出了具体规定，目的在于保障个人和组织享有依法取得国家赔偿的权利，促进国家机关依法行使职权。

构成行政赔偿责任，应当具备以下条件：国家行政机关或者其工作人员违法行使职权，即侵权主题是国家行政机关，包括各级人民政府及其职能部门，或者其工作人员，并且侵权主体实施了违法行使职权的行为，即未按照法律法规规定的程序、方法等行使法定的权利，履行法定的职责，造成个人或者组织的合法权益的损害，并且该损害与违法行为有因果关系。

第三节　土地刑事法律责任

一、土地刑事法律责任的概念

刑事法律责任是指行为人实施了《中华人民共和国刑法》所禁止的行为，即犯罪行为所导致的受刑事处罚的法律责任。刑事法律责任的基本特征为：

(1)追究刑事责任的前提条件是当事人的行为已触犯了《中华人民共和国刑法》并构成犯罪。

(2)追究刑事责任的依据是《中华人民共和国刑法》以及其他法律中有关刑事责任的规定。

(3)同民事和行政法律责任的处罚形式相比，刑事处罚是最严厉的制裁措施，它可以剥夺犯罪人的人身自由、政治权利，甚至剥夺其生命。

(4)追究刑事责任由检察机关主动提起，由人民法院通过刑事诉讼程序进行判处。

土地刑事法律责任是指与土地或土地管理有关的刑事法律责任。根据罪刑法定的原则，对犯罪及其刑事责任由刑事法律作专门规定，土地刑事法律责任也不例外。因此，对违反土地管理法律、法规的行为，应当进一步依照刑法有关规定确定其是否构成犯罪，应受何种刑事处罚。

1997 年 3 月，第八届全国人民代表大会第五次会议通过了修订后的《中华人民共和国刑法》。《中华人民共和国刑法》中增设了四条土地犯罪的条款，包括非法转让、倒卖土地使用权罪，非法占用耕地罪，非法批准征用、占用土地罪和非法低价出让国有土地使用权罪。这四个罪名，涵盖了管地、用地和流转三大领域，从而使土地管理受到了《中华人民共和国刑法》强制性的保护。

二、非法转让、倒卖土地使用权罪及其处罚

(一)非法转让、倒卖土地使用权罪的概念及其认定

所谓非法转让、倒卖土地使用权罪，是指以牟利为目的，违反土地管理法规，非法转让土地使用权、非法倒卖土地使用权的犯罪行为。

以牟利为目的是指以获取经济利益为目的；违反土地管理法规是指违反了国家颁布的《土地管理法》和其他有关土地方面的法规；非法转让土地使用权是指将依法管理或持有的土地使用权，违反土地法律、法规的有关规定，擅自转让给他人的行为；非法倒卖土地使用权是指违反土地法律、法规的规定，将土地使用权进行倒卖，从中牟利的行为。

认定非法转让、倒卖土地使用权罪，应当把握以下几点：

(1)该罪的主体是一般主体，既可以是自然人，也可以是单位。

(2)该罪在主观方面是故意，而且是直接故意。它是指行为人有意识地通过非法转让、倒卖土地使用权的方法获取不正当的经济利益。

(3)该罪在客观方面表现为行为人实施了非法转让、倒卖土地使用权的行为。非法转让土地使用权较多地表现为以下几种情形：①以物易地，如有的机关、企事业单位利用国家的建筑材料、生产设备、车辆等为条件换取农村集体的土地。②借开办乡(镇)企业之名大

量无偿占用乡村耕地。③以与乡村开办联营企业之名非法占用乡村集体的土地。④以提供贷款、招工、解决子女入学等为条件非法占用集体土地。⑤以转让地上物为名非法转让土地使用权。无论此类行为的具体形态如何,但其实质都是相同的,即转让土地使用权,而且违反国家土地管理法规,未经有权部门许可。

(4)该罪侵犯的客体是国家对土地使用权依法转让的制度。在社会主义市场经济下,国家对土地使用权的管理,主要是为了保障它的依法转让,这从根本上讲是为了维护经济秩序,以免出现经济生活的混乱。

我国《土地管理法》明确规定:任何单位和个人不得侵占、买卖或者以其他形式非法转让土地。国有土地使用权可以依法转让。可见,土地使用权的享有和转让是由国家法律、行政法规明确规定的,不能作为一般商品进行任意买卖,这是认定本罪是否成立的重要依据。

(二)对非法转让、倒卖土地使用权罪的处罚

依照《中华人民共和国刑法》第二百二十八条的规定,犯非法转让、倒卖土地使用权罪,情节严重的,处3年以下有期徒刑或者拘役,并处或者单处非法转让、倒卖土地使用权价额5% ~20%的罚金;情节特别严重的,处3年以上7年以下有期徒刑,并处非法转让、倒卖土地使用权价额5% ~20%的罚金。

三、非法占用耕地罪及其处罚

(一)非法占用耕地罪的概念及其认定

所谓非法占用耕地罪,是指违反土地管理法规,非法占用耕地改作他用,数量较大,造成耕地大量毁坏的行为。

违反土地管理法规是指违反《土地管理法》以及其他法律和国务院的有关规定;非法占用耕地改作他用主要是指违反土地利用总体规划或计划,未经批准或骗取批准擅自将耕地改为建设用地或者作其他用途的情况,如占用耕地建窑、建坟或者擅自在耕地上建房、挖沙、采矿、采石、取土等,造成严重破坏耕地种植条件,难以复耕的情况。

认定非法占用耕地罪,应当注意以下几点:

(1)非法占用耕地罪的主体既可以是自然人,也可以是单位。

(2)非法占用耕地罪在主观方面表现为故意,即明知自己的行为会造成大量耕地被毁坏的结果,而故意非法侵占,以致发生了耕地毁坏。

(3)非法占用耕地罪在客观方面表现为非法侵占耕地,数量较大,造成大量耕地毁坏的行为。

(4)非法占用耕地罪侵犯的客体是国家对土地,特别是耕地,进行保护的法律制度。

(二)对非法占用耕地罪的处罚

依照《中华人民共和国刑法》第三百二十四条的规定,犯非法占用耕地罪处5年以下有期徒刑或者拘役,并处或者单处罚金。

四、非法批准征用、占用土地罪和非法低价出让国有土地使用权罪及其处罚

(一)非法批准征用、占用土地罪和非法低价出让国有土地使用权罪的概念及认定

所谓非法批准征用、占用土地罪,是指国家机关工作人员徇私舞弊,违反土地管理法规,滥用职权,非法批准征用、占用土地情节严重的行为。所谓非法低价出让国有土地使用权

罪,是指国家机关工作人员徇私舞弊,违反土地管理法规,滥用职权,非法低价出让国有土地使用权情节严重的行为。

对非法批准征用、占用土地罪和非法低价出让国有土地使用权罪的认定,应注意把握以下几点:

(1)犯罪主体都是特殊主体,即专指国家工作人员。

(2)这两个罪在主观方面都是故意犯罪,即明知自己批准征用、占用土地,或者低价出让国有土地使用权违反国家土地管理法规,仍然滥用职权,非法批准征用、占用土地,或者非法低价出让国有土地使用权。这两个罪的动机是徇私,一般表现为徇求私利,包括物质利益和非物质利益。

(3)这两个罪在客观方面都表现为徇私舞弊,违反土地管理法规,滥用职权。所谓徇私舞弊,一般表现为弄虚作假,欺上瞒下,掩盖事实真相。所谓违反土地管理法规、滥用职权,是指违反《土地管理法》、《房地产法》等法律、法规关于批准征用、占用土地以及出让国有土地使用权的规定,不正确地行使批准征用、占用土地或者出让国有土地使用权职权的行为。

(4)这两个罪侵害的客体是国家机关工作人员职务行为的正当性。其社会危害性具体表现为:破坏了国家对征用、占用土地的正常管理活动,破坏了国家对出让土地使用权的正常管理活动。此外,这两个罪的社会危害性还表现为使国家或者集体利益遭受重大损失。

另外,根据《中华人民共和国刑法》的规定,构成这两个罪还必须以情节严重为构成要件。所谓情节严重,一是主观恶性深,谋取的私利大,或者多次非法批准征用土地或非法低价出让国有土地使用权;二是客观危害后果严重,非法批准征用、占用的土地或者非法低价出让国有土地使用权的数量大,致使国家利益遭受重大损失等。

(二)对非法批准征用、占用土地罪和非法低价出让国有土地使用权罪的处罚

根据《中华人民共和国刑法》第四百一十条的规定,构成非法批准征用、占用土地罪和非法低价出让国有土地使用权罪,处3年以下有期徒刑或者拘役;致使国家或者集体利益受到严重损失的,处3年以上7年以下有期徒刑。

(三)非法批准征用、占用土地罪和非法低价出让国有土地使用权罪与受贿罪的界限

这两个罪的犯罪行为人由于具有徇私的动机,因此在徇私舞弊,违反土地法律、法规,滥用职权,非法批准征用、占用土地和非法低价出让国有土地使用权的犯罪过程中,常常收受利害关系人的财物,因此易与受贿罪发生混淆。这两个罪与受贿罪的界限关键是看行为人收受的财物是否达到受贿罪构成所要求的数额标准,如果达到受贿罪的数额标准,应依法认定同时构成受贿罪,则与本罪数罪并罚;如果没有达到受贿罪数额标准,则依法不能认定构成受贿罪,只能以非法批准征用、占用土地罪和非法低价出让国有土地使用权罪认定。

五、认定土地犯罪的具体依据

以上介绍的四种土地犯罪,即非法转让、倒卖土地使用权罪,非法占用耕地罪,非法批准征用、占用土地罪和非法低价出让国有土地使用权罪,是《中华人民共和国刑法》第二百二十八条、第三百四十二条、第四百一十条分别规定的。不过,《中华人民共和国刑法》只是进行了定性的规定,在法律实践中,如何定罪、如何处罚,需要更具体的,最好是定量化的规定,才便于操作。为此,最高人民法院2000年6月19日发布了《关于审理破坏土地资源刑事案件具体应用法律的若干问题的解释》。其中明确规定:非法转让、倒卖基本农田5亩以上等行为，以非法转让、倒卖土地使用权罪定罪处罚；非法占用基本农田5亩以上或者非法占用基本农田以外的耕地10亩以上等行为，以非法占用耕地罪定罪处罚；国家机关工作人员非法批准征用、占用基本农田10亩以上等行为，以非法批准征用、占用土地罪定罪处罚；国家机关工作人员非法低价出让国有土地使用权面积在30亩以上，并且出让份额低于国家规定的最低价额标准的60%等行为，以非法低价出让国有土地使用权罪定罪处罚。

思考与分析题

1. 什么是土地行政法律责任？其具体内容有哪些？
2. 什么是土地刑事法律责任？我国《中华人民共和国刑法》中的土地犯罪类型有哪些？

参考文献

[1] 曹康泰,陈邦柱.中华人民共和国测绘法释义[M].北京:法律出版社,2004.
[2] 张万峰.测绘法实施实用参考[M].北京:法律出版社,2005.
[3] 张万峰.测绘法律知识读本[M].北京:法律出版社,2006.
[4] 黄张裕,高俊强.测绘管理法规概论[M].南京:河海大学出版社,2007.
[5] 国家测绘局职业技能鉴定指导中心.测绘管理与法律法规[M].北京:测绘出版社,2009.
[6] 李维森,谢经荣.中华人民共和国测绘成果管理条例释义[M].北京:中国法律出版社,2006.
[7] 王瑜婷.国家测绘局公布二〇〇七年十大测绘违法典型案件[N].中国测绘报,2008-03-25.
[8] 张军连.土地法学[M].北京:中国农业大学出版社,2007.
[9] 黄河,等.土地法教程[M].北京:中国政法大学出版社,2005.
[10] 陈根利.土地法学[M].北京:中国农业出版社,2002.
[11] 杨永芳.土地法学[M].开封:河南大学出版社,2009.
[12] 李元.新土地管理法学习读本[M].北京:大地出版社,1998.
[13] 郑润梅,等.土地法理论与实践[M].北京:中国农业科技出版社,1997.
[14] 胡中流,等.中国税制[M].武汉:武汉大学出版社,1993.
[15] 刘俊.中国土地法理论研究[M].北京:法律出版社,2008.
[16] 史尚宽,等.物权法[M].北京:中国政法大学出版社,2000.
[17] 王功慧.土地法-焦点·难点·指引[M].北京:中国法制出版社,2008.
[18] 罗豪才.行政法学[M]新编本.北京:北京大学出版社,1998.
[19] 葛洪义.法理学教程[M].北京:中国法制出版社,2000.
[20] 江平.中国土地立法研究[M].北京:中国政法大学出版社,1999.
[21] 曲福田,等.中国土地制度研究[M].徐州:中国矿业大学出版社,1997.
[22] 张小华.土地行政法[M].北京:人民出版社,1993.